爱上机器人

Robot:
making on your time

小型智能机器人制作全攻略

（第4版）

Robot Builder's Bonanza（Fourth Edition）

[美] Gordon McComb 著　　臧海波 译

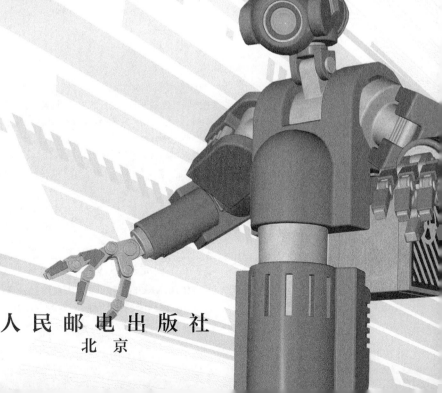

人民邮电出版社

北京

图书在版编目（CIP）数据

小型智能机器人制作全攻略：第4版 /（美）麦库姆
(McComb, G.) 著；臧海波译. -- 北京：人民邮电出版
社，2013.6（2019.6重印）
（爱上机器人）
ISBN 978-7-115-31469-7

Ⅰ. ①小… Ⅱ. ①麦… ②臧… Ⅲ. ①智能机器人—
制作 Ⅳ. ①TP242.6

中国版本图书馆CIP数据核字(2013)第064624号

版 权 声 明

内 容 提 要

本书是小型智能机器人制作的资料宝典，通过实例讲解，告诉你制作机器人需要掌握的综合知识，内容翔实，通俗易懂。初学者可以边玩边学，了解小型智能机器人设计、制作和使用的技巧。有一定制作经验的爱好者也可以从本书中"淘"到不少好点子。这本书意在启发你使用不同的组件来构建机器人，你可以按自己喜欢的方式把书里介绍的模块化的项目加以组合，创建出各种形状和尺寸、高度智能化的机器人。

◆ 著　　　[美] Gordon McComb

　　译　　　臧海波

　　责任编辑　宁 茜

　　执行编辑　马 涵

　　责任印制　杨林杰

◆ 人民邮电出版社出版发行　　北京市丰台区成寿寺路 11 号

　　邮编　100164　电子邮件　315@ptpress.com.cn

　　网址　http://www.ptpress.com.cn

　　固安县铭成印刷有限公司印刷

◆ 开本：800×1000　1/16

　　印张：42.5

　　字数：1 024 千字　　　　　　　2013 年 6 月第 1 版

　　印数：14 501 — 15 000 册　　　2019 年 6 月河北第 20 次印刷

著作权合同登记号　图字：01-2012-3279号

定价：129.00 元

读者服务热线：(010)81055493　印装质量热线：(010)81055316
反盗版热线：(010)81055315

献给 Lane 和 Firen，
精神永存

作者简介

Gordon McComb 著有 65 本书，在杂志上发表过数以千计的文章。他的作品印刷数量超过一百万份，被译成多种语言。13 年来，Gordon 从事着一家联合周刊的计算机和高科技类专栏文章的写作工作，全球有数百万读者。他经常为 *SERVO Magazine* 和其他几家出版物撰写稿件，维护着一个致力于教授技能和机器人制作科学的热门网站。

致谢

我再次登上了巅峰。现在让我回过头来看一看那些帮助我把愿望变成现实的人们。

感谢我在圣地亚哥机器人团体的朋友们；感谢 John Boisvert 和他那令人赞叹的机器人大卖场；感谢 Mike Keesling、Alex Brown 和 Tony Ellis；感谢那些多年以来我在 comp.robotics.misc 新闻组里所遇到提供了极好的想法、学识、支持和建议的人们；同时还要感谢 Frits Lyneborg 和整个 LetsMakeRobots.com 团体。

感谢高水平机器人制造专家 Russell Cameron，来自 Pololu 的 Jan Malasek、Robotshop 的 Mario Tremblay、Revolution Education 的 Clive Seager、Lynxmotion 的 Jim Frye、SparkFun 的 Nathan Seidle、Devantech 的 Gerry Coe，还有 Claudia 以及 DAGU 的全体人员。

感谢那些创造并更新着 Arduino、PICA×E、BASIC Stamp、FIRST CAD Library 和 Fritzing 这些杰出的工具和功能强大的软件及技术的人们。

感谢 McGraw-Hill 的 Judy Bass 和编辑们，感谢他们这些年来一直对我的鼓励；感谢我在 Waterside Production 的代理商；同时还要感谢早在 1985 年（时间过得真快）最先帮助我开始这个项目的 Bill Gladstone。

最后特别感谢的是我的妻子 Jennifer。

我衷心地感谢每个人。

照片和插图

Adafruit Industries (www.adafruit.com)：图片 37-2、37-3、37-10

Christopher Schantz (www.expressionimage.com)：图片 2-14

Cooper Industries (www.cooperhandtools.com)：图片 30-4

Devantech (www. robot-electronics.co.uk)：图片 48-2

General Electric：图片 2-4

Hitec RCD (www.hitecrcd.com)：图片 23-1

Lynxmotion (www.lynxmotion.com)：图片 1-1、2-6、2-7、20-10、27-2、28-13

iRobot Corporation (www.irobot.com)：图片 1-6、2-3

Maxbotics Inc (www.maxbotics.com)：图片 43-14

Miga Motor Company (www.migamotors.com)：图片 25-7

Parallax Inc (www.parallax.com)：图片 2-10、34-2、39-1、43-3、48-6

Pitsco Education (www.pitsco.com)：图片 1-7

RoboRealm (www.roborealm.com)：图片 44-12

Pololu (www.pololu.com)：图片 10-4、10-7、45-5、45-19

Russell Cameron/DAGU Hi-Tech Electronic：图片 1-1、44-10

Scott Edwards Electronics (www.seetron.com)：图片 27-6

SparkFun Electronics (www.sparkfun.com)：图片 42-14、46-7、46-9、46-10

笔者向 FirstCadLibrary.com 的 3D CAD 模型的开发者 Ed Sparks 致以最深切的感谢；感谢 Fritzing 项目（www.fritzing.org）的开发者和贡献者；感谢维基百科对公共艺术领域的用户开发授权；感谢那些创作了书里面所使用的 3D 模型的天才艺术家们。

本出版物包含的图像授权许可来自 Corel Corporation、HEMERA Technologies、Shutterstock.com 及其他授权方。

内容简介

0.1　机器人技术：灵感科技

哪些领域涉及机器人技术？可供选择的内容包括：工程、电子学、心理学、社会学、生物学、物理学、人工智能、数学、艺术、机械设计、机械结构、计算机编程、音效合成、视觉、超声学、语言学、微电子技术、过程控制、系统自动化、音乐学。如果你说"它们都涉及"，那么你的答案就是正确的。

如果你认为我漏掉了一些，我承认。机器人技术涉及上述所有这些领域，此外还有很多很多。机器人技术的普及是伴随着它所包含的这些学科一起进行的。当你制作一个机器人的时候，你就可以窥探到从机械设计到计算机工程再到行为科学的一切事情。

每个机器人都是不同的个体，它的创造者就是你。想制作一个用蜡笔在纸上旋转着绘画的艺术机器人吗？为什么不呢！这是你的创造，由你来设置规则。

0.2　研究机器人的好时机

新技术已经大大压低了制作一个机器人的成本，更不用提制作它们所花费的时间了。现在是研究机器人的最佳时候。和五年前相比，机器人的造价从来没有如此便宜。用不超过 75 美元，你便可以构造一个复杂的、可以用计算机编程的完全自主的机器人。你可以尝试新的设计，轻松地改变它的行为。

机器人还是一门家庭工业。它有大量的增长空间，有很多尚未开发的市场。或许你想成为它们中的一员？如果是这样，这本书会给你带来很多帮助。

0.3　本书的组成

这本书一部分是教程，另一部分是参考。它会告诉你制作一个机器人需要掌握的所有东西，以及一大堆关于机器人的科学与艺术知识。

《爱上机器人——小型智能机器人制作全攻略（第 4 版）》可以使你在边玩边学中了解小型机器人的设计、施工和使用的技巧。常见项目可以带你从制作基本的移动平台到赋予机器人一个大脑，教会它走路和说话，并服从你的指令。

这本书意在启发你使用不同的组件构建机器人。你可以把书里介绍的模块化的项目组合起来创建出高度智能化和可以工作的各种形状和尺寸的机器人。你可以按自己喜欢的方式混合搭配这些项目。

在这本书里的项目是一个制作智能型机器人的资料与方法的大宝藏。你可以找到搭建个人机器人需要知道的最基础的信息。

供参考

刚开始学习机器人和电子技术吗？那么一定要访问 RBB 技术支持网站，看一看免费的"我的第一个机器人教程"。见附录 A 里的"RBB 技术支持网站"获得更多的信息。

0.3.1　关于版本

这本书是一本完整的更新修订过的并极大地扩展了内容的《爱上机器人——小型智能机器人制作全攻略（第 4 版）》，英文版第一次出版于 1987 年，然后在 2001 年和 2006 年修订。

这本书的早期版本已经成为常年的畅销书。我可以很自豪地说，这是一本业余机器人领域出版过的读者人数最多的书籍。

在接下来的页面里，你会发现最新的激动人心的技术，像 Arduino 和 PICA×E 单片机；采用独特的光线、视觉和声音传感器的常见项目；用高品质的木头、塑料和金属制作机器人的方法；先进的舵机和直流电动机控制技术以及采用快速成型法在创纪录的时间里制作机器人的技术。

这个版本的另一个特点是制作方案不仅价格实惠，而且容易使用常见的材料加以实现。为了使它更适合初学者，这本书里的项目都不需要昂贵或复杂的工具。

0.3.2　免费在线内容、零件搜寻器、视频、补充项目

这本书包含免费在线内容：RBB 技术支持网站。见附录 A 里面的介绍。在网站里你可以找到：

● 我的第一个机器人—— 一系列简单易懂的配有插图的教程，你可以学习到基础的电子、焊接、机器人方案和制作的知识；

● 项目零件搜索器——在这里可以找到本书项目里的所有零件，包括来源和零件编号；

● 动画和互动学习工具，包括电路仿真器；

● 新加入的、更新过的网站和制造商链接；

● 增强和更新了的电子版机器人方案；

● 视频演示、补充文章、机器人制作教程及更多资料。

供参考

为了留出更多的空间讨论机器人制作的细节，一些较长的程序例子转移到了 RBB 技术支持网站，该网站提供免费下载。在适用的情况下，你会看到一个告诉你去支持网站获取代码的提示。

0.4　你可以学到的东西

《爱上机器人——小型智能机器人制作全攻略（第 4 版）》分为 8 个部分，每部分包含了一个

制作机器人的重要组成环节。

第一部分：机器人制作中的科学与艺术。 开始需要做什么；制作工作室；如何以及去哪里获取机器人零件。

第二部分：制作机器人。 用塑料、木头和金属制作机器人；常见材料的加工；把玩具改造成机器人；机械加工技术；用快速成型法制作快速而廉价的机器人。该部分包含3个完整的机器人项目：PlyBot、PlastoBot和TinBot。

第三部分：动力、电动机和运动。 使用电池；机器人的动力；使用不同类型的电动机；用电脑控制电动机；安装电动机和车轮；使用太空时代的形状记忆合金。

第四部分：常见机器人项目。 制作轮式、履带式和腿式机器人的大量项目和想法；构建机械臂；制作机械手。

第五部分：机器人电子学。 机器人电路；常见元件及工作原理；用免焊实验电路板制作电路；制作自己的焊接式电路板。

第六部分：计算机与电子控制。 机器人上的智能电路；引入单片机的概念；程序的基本原理。

第七部分：微控制器构成的大脑。 3种流行的单片机Arduino、PICA×E和BASIC Stamp的介绍；单片机或计算机的接口电路；通过电缆、红外和无线遥控来操作机器人。

第八部分：传感器、导航和反馈。 碰撞检测和回避；检测附近的物体；重力、罗盘和其他导航传感器；使用超声波和红外线测量距离；机器人的眼睛；导航技术；听觉与发音；烟雾、火焰和热量的检测。

 提示：只要是实用知识，我就会把它看作是一块单独的积木加以介绍，这样你可以根据自己的需要把这些积木组合成你希望的结构。你创造出的机器人将是独一无二的，属于你自己的。

0.5　需要掌握的经验

其实，你不需要任何经验就可以阅读这本书。它会告诉你需要知道什么。

如果你碰巧已经掌握了一定的经验，比如制作、电子或编程的经验，那么你可以直接阅读需要的章节。书里面有很多交叉引用的部分，可以给你提供更多的思路。

《爱上机器人——小型智能机器人制作全攻略（第4版）》不包含复杂难懂的公式，不包含你的电子或机械专业水平以外的内容，也不包含只有经验丰富的专业人士才能解决的复杂设计。

我写这本书的目的是希望任何一个对机器人感兴趣的人都可以享受业余制作机器人所带来的刺激和兴奋。书里面所介绍的项目不需要昂贵的实验室设备、精密工具或专业材料——这点成本不算什么。

> 提示：如果你的年龄在 15 岁以下，最好在家长或老师的帮助下进行。因为如果不采取一定的安全措施，书里的一些项目所使用的工具和技术可能会存在一定危险。
>
> 　　写入书里的项目已经考虑到了避免涉及危险物品的问题，但是如果你不小心的话仍然可以产生严重烧伤、割伤、刺破或者中毒等意外。

0.6　期待精彩后续

　　《爱上机器人——小型智能机器人制作全攻略（第 4 版）》可以看作是一场技术的冒险，并由此引发了很多免费的乐趣。

　　一旦你开始搭建机器人，你就会学到当今最新技术的第一手资料。它会让你站在技术的最前沿，不论你对机器人的兴趣为了学习还是为了工作，或者只作为一门业余爱好。

　　几年前，公众甚至没有听说过的智能手机，机器人爱好者对电子罗盘、加速度计、陀螺仪、全球定位卫星、单片机、触摸屏、人工智能、语音控制、语音合成等。这些概念也很模糊。机器人技术是一张让你搭乘当今这些激动人心的技术的车票。

　　本书可以看作一张机器人制作的藏宝地图。你可以按照自己方式寻找路线制作出一个或多个功能齐全的机器人。翻开新的一页，开始你的冒险之旅吧！

CONTENTS

目 录

第一部分

机器人制作中的科学与技术

第 1 章

欢迎来到机器人的精彩世界

在一间孤零零的破败而又阴暗潮湿的地下室中，一个人坐在里面渡过了无数个漫长的夜晚。随着他挥舞着手中的圆头锤，地下室里传来一阵阵震耳欲聋的似乎永远也不会停止的回音。慢慢地，他的作品的雏形显现了出来——从起初的一堆无法辨认的金属和塑料，很快就转变成了一个令人毛骨悚然的人影。

才华横溢，或许有点疯狂，他超越着他的时代：一个社会异类，一个特立独行的人，既不是科学家又不是小说里面的虚构人物。他就是一名狂热的机器人实验者，所有他想做的事情就是制造一个可以在聚会上为他端上一杯酒，或者在早晨把他叫醒的机械生物。

好吧，我承认这是从一个黑暗视角观察当今的业余机器人爱好者，但是你应该意识到上述情节是带有破折号的，实际情况并不是这样。这是很多局外人对机器人制作艺术所持的看法——类似这样的看法存在了超过 100 年的历史，自从使用技术手段制作一个类人机器的设想提出来的时候就已经存在了。

无论你喜欢还是不喜欢，如果你想制作机器人，那么你就是一个古怪的人、一个理论家，以及一个有点神秘的人。

作为一个机器人实验者，你和 Mary Shelley 在 1818 年创作的科幻小说里面塑造的 Frankenstein 医生不同。与在夜深人静的时候挖掘坟墓人不同，你会无情地"搜刮"电子商店、跳蚤市场和剩余物资经销店——你渴望获得各种类型和尺寸的电动机、电池、齿轮、电线、开关和其他小零件。像 Frankstein 医生一样，你从这些"没有感觉的"的零件上激励出生命。

1.1 制作机器人的乐趣

准备开始制作你的第一个机器人了吗？你将由此踏入一段精彩的旅程，看着你的作品在地板或者桌面上做一些简单的运动将是一件非常开心的事情。

这些围着你团团转的小东西虽然不能直接分享你的喜悦，但是它们是你用自己的双手和智慧制作出来的，不管它们有多么初级，也会让你充满了成就感。

如果你已经装配过一个能够正常运转的机器人，那么你一定能够体会到我谈论的这种心情。你一定会了解当机器人像一只忠实的小狗一样服从你的命令的时候是多么令人兴奋的一件事。

你完全能够体会在制作这些机械奇迹时所花费的时间和心血，也许就和图 1- 1 的机器人动物园里面的其中一个机器人是一样的，它们都是业余制作的机器人。尽管其他人可能并不总是会欣赏它（特别是当它的橡胶轮胎在厨房的地板上留下印子的时候），你对自己的成就总是感到满意。你会期待下一个挑战。

如果你已经制作了一个机器人，你一定也能体会到在机器人制作过程中所伴随着的种种伤心和无奈。你知道不是每一个设计都是成功的，甚至一个简单的工程缺陷都可以使数周的努力付诸东流，更不要提零件损坏的问题了。这本书将帮助你——不论是初学者还是经验丰富的机器人创作者都可以更有效地开展机器人爱好。

1.2　为什么制作机器人

我最开始萌发制作自己的第 1 个机器人的想法是在我看到一部经典的科幻电影《地球停转日》（原始版，不是后来翻拍的版本）的时候。很多人都是看过电影以后开始对机器人着迷而一发不可收拾的，这类电影比如《星球大战》、《霹雳五号》或者《终结者》。

无论你的灵感来自于哪里，都会有若干的理由来制作自己的机器人。这里提到的只是其中的一部分。

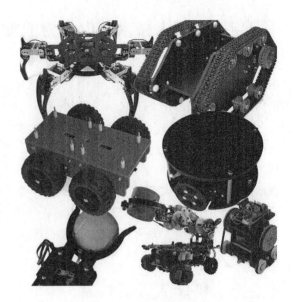

图 1-1　业余爱好者制作的机器人有多种形式和尺寸：移动式机器人使用车轮、履带或腿来推进；机械手和夹持器使机器人可以灵活的操纵周围的物体（照片里面包括 Lynxmotion 和 Russell Cameron 出品的机器人）

1.2.1　机器人技术是现代科技的基石

我最近购买了一个新的智能手机。当我查看它的功能列表时我很惊讶地发现它能做的所有事情——其中一些技术是我们这些机器人爱好者早在 10 年前就已经接触过的。

机器人技术是各种新想法的试金石。机器人爱好者是所有业余爱好者中最先接触到单片机、加速计、数字罗盘、语音控制、电子陀螺仪、全球卫星定位模块、语音合成器、固态成像仪、视觉识别、触觉反馈和其他许多尖端技术的群体。

此外，所有这些材料的成本都比较低。图 1- 2 展示的一个口袋大小的单片机电路板，它的成本低于一份双人套餐，而它的思考能力可以与当年把阿波罗上的宇航员送上月球的计算机相媲美（在第 37 章 "使用 Arduino" 中你可以学习到更多关于这个单片机的知识）。

不管你是一个汽车修理工、学生或者是一名在世界 500 强企业中工作的工程师，业余机器人实验都可以让你有足够的机会去发现未来世界中将要使用到的新技术。

1.2.2　机器人技术可以作为职业生涯的一块敲门砖

仍然在学校读书吗？还没有决定好以后要从事什么职业？不管你相信与否，制作一个机器人可能使你找到适合自己的方向。

机器人技术涉及几十个相互关联的科学和学科——机械设计和结构、计算机编程、心理学、行为科学、生态和环境学、生物学、太空科学、微型化、水下研究、电子等。

只是为了制作机器人你不需要成为这些领域的专家，你可以把精力集中在你最感兴趣的方面，把机器人技术作为一个拓展兴趣的大门。

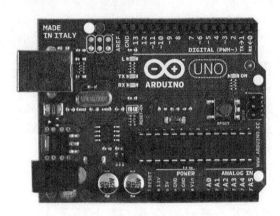

图 1-2　现代的单片机，比如这个 Arduino 控制器具有可以控制一个机器人的强大的计算能力

1.2.3　机器人救援技术

科幻小说中所描绘的机器人往往都是邪恶的——不管是机器人自己还是科学家创造出来的怪物都是如此。然而，事实证明，机器人的出现可以使人们的生活变得更好，寿命也更长。

- 机器人可以到达人类去不了或者不想去的地方。可以把机器人放到倒塌的矿井、海洋的深处，或者是尘土飞扬的火星表面。它们会出色地完成工作，并且不需要呼吸空气或者是吃一顿麦当劳的工作餐。
- 一个拆弹机器人可以拯救很多人的生命。它可以找到炸弹并可以使用比人工操作更安全的方式拆除掉炸弹。
- 机器人可以充当医生和护士，甚至在世界各地中具有高度传染性疾病的地区工作。
- 经过研究证明儿童与机器人之间的互动可以帮助培养他们的人际交往能力。甚至有一些机器人可以用来治疗一些存在一定学习障碍和社会疾病的儿童。

1.2.4　最重要的一点，机器人实在是太好玩了

你可以只是出于好玩的目的制作机器人，很多时候确实如此。

你可以开展一个充满挑战的新项目并和世界各地的爱好者分享你的经验，或者把你的设计发表在博客或论坛上大家一起探讨。你还可以发起一个机器人竞赛，看看谁制作的机器人跑的最快，谁的机器人结构最强壮。最后，你可以把机器人的视频发布在 YouTube 上，炫耀一番。

1.3　模块化制作方式

机器人是由多个独立的部分组合在一起制作而成的，这些独立的部分起着模块或子系统的作用。因此，学习业余机器人制作技术的最好的方法是先制作独立的部件，然后再把它们组合在一起形成

最终的功能齐全的机器。

用模块化制作方式创造出来的机器人在进行改造和升级的时候相对比较简单。如图 1- 3 所示的模块化结构的机器人，当设计和制作工艺都比较成熟的时候，同类型机器人之间的部件是通用的。你可以把一些部件拆下来设计新的机器人，零件重复利用能够为你省下不少时间和金钱上的开销。

这本书里面大部分的模块化设计都是完整的可以正常工作的子系统，其中一些子系统不需要连接在机器人或计算机上面也可以工作。模块的实际连接方式取决于你的设计。你还可以对单个模块进行试验或者改造，一旦它能够按你预想的方式工作，你就可以把它安装在机器人上或用于后续的项目。

视觉　手臂　夹持器　障碍检测　超声波、红外线范围检测　计算机控制单元　声音、音乐、语音合成　驱动系统　动力系统

图 1-3　一个基本的模块化全能型机器人包括一个计算机控制单元或其他中央处理器、移动式机器人的驱动系统以及各种各样的传感器

1.4　成本更低，机器人更好

在过去，自制机器人是一项造价昂贵、旷日持久的工作，功能欠佳的电子控制中枢也限制了机器人的应用范围。现在的业余机器人已经不存在这些情况：

● 更低的成本。即使制作一个相当复杂的自主型机器人造价很可能也不会超过 75 美元，而且只需要使用普通的工具。类似这样的机器人在过去可能要花费 500 美元或 600 美元，并且需要专业工具进行制作。

● 更简单的制作。成品传感器、专业电路和预制件随处可见，模块组合式的思路使制作机器人变得更简单。

● 功能更加强大。便宜的单片机可以实现更多的功能、更大的内存和更快的处理速度，并且容易与其他组件进行连接。现在只要你有一台带有 USB 端口的个人电脑，就可以进行单片机的开发工作。很多时候只需要花费几元钱就可以控制整个机器人。

1.5　需要掌握的技术

为了制作机器人，你完全不需要成为一个电子和机械设计方面的专家。看看下面哪一项更适合你:

● 我刚刚开始。如果你是一个初学者，以前没有接触过机器人技术，那么你可以先去 RBB 技术支持站点看看我的第一个机器人教程（参考附录 A 获得详细信息）。这个教程可以指导你制作一个便宜的自主运行的 RBB 机器人，你可以学习到电子和机器人技术的原理。

●我有一些电子或机械方面的经验，你可以直接查看制作指南和后面的操作说明。这本书的内容分成多个部分，你可以根据你掌握的技能和知识进行阅读。

●我是一个经验丰富的巧手匠。如果你对电子和机械已经非常精通，那么你可以按照自己的方式成为一个出色的机器人实验者。你可以选择性阅读书里面的章节，各个章节之间有大量的交叉引用，可以帮助你把握重点。

1.5.1 电子学背景

电路可以使机器人成为一个"会思考的机器"。你不需要掌握大量的电子知识也可以享受机器人的制作乐趣，可以先从一个少数零件构成的简单电路开始，随着制作水平的增长，你将能够（至少）设计出符合自己要求的电路。

这本书不包含电子理论方面的内容，只涉及制作机器人的实用技术。如果你需要大学水平的电子教科书，可以查看任何一家当地的图书馆或者在网上搜索电子相关的书籍和刊物。

这本书里面的许多电路都采取原理图的方式，这是一种描述电路中的零件是如何连接的图纸。如果你从来没有接触过示意图，可以阅读本书第五部分中关于它们的内容，以及我的第一个机器人教程（见附录 A RBB 技术支持网站），其中包含了一个电子快速入门。在教程中你可以了解到一个简明示意图是如何与你制作的电路里面的实际元件相对应的，如图 1- 4 中的例子。实际经常用到的电路符号只有十几个，你只需要一个晚上的学习就可以把它们完全掌握。

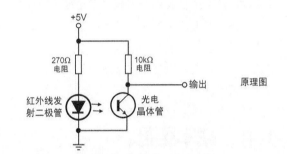

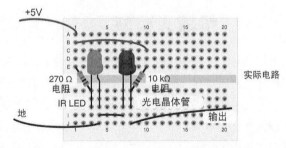

图 1-4　原理图好像一张制作电路的路线图。你只需要学习十几个常用符号就可以用自己的方式来制作常见的机器人电路了

供参考

这本书里面的电子制作项目所需的元件全部挑选的是广泛使用且价格合理的类型。我在书里面没有包括供应商的零件编号，因为它们的更新非常快。

反之，你可以访问的 RBB 技术支持网站（见附录 A），查找本书相应部分的元件更新列表以及去哪里购买它们。你还可以发现许多零件的链接地址，点击就可以访问。

1.5.2　编程经验

现代机器人使用计算机或单片机来控制它们的活动。在这本书里你可以发现大量的把机器人的硬件连接到多个不同类型的成品机器人大脑上面的项目、计划和解决方案。

像所有的计算机一样，控制机器人的计算机也需要进行编程。如果你从来没有接触过计算机编程或是对它只有简单的了解，可以参考第 36 章"程序概念：基本原理"。本书里面的项目均不需要昂贵或复杂的编程工具。

1.5.3　机械经验

与电子和编程方面的工作相比，一些机器人爱好者更喜欢机械方面的工作，因为他们可以直观地看到齿轮的啮合与滑轮移动。而借助电子技术，即使你对机械和工程理论方面的知识不是特别精通，也可以制作机器人。

这本书提供了几个完整的机器人的设计方案，设计中使用多种材料，从纸板到太空时代的塑料再到铝。如果你刚开始学习手工制作，你会发现很多对你有帮助的提示，比如使用什么样的工具以及制作机器人身体的最佳材料等。

如果你不喜欢切割木板或者是给塑料钻孔这样工作，那么这里有一个好消息：你可以发现大量的购买机器人骨架的邮购信息。你仍然需要组装一些东西，但是你需要的只是一把螺丝刀。这些资源登记在附录 B 的列表里，同时也贯穿全书，在附录 A 提到的 RBB 技术支持站点里也可以找到。

1.5.4　手工技能

为了成为一名机器人制作高手，你应该习惯使用自己双手进行工作。即使不需要由始至终采用全手工的方式制作机器人的身体，你也应该能够熟练使用基本工具进行装配。

如果你觉得自己的手工技术还不过关，可以先尝试制作一个基本的机器人平台（身体），详见本书第二部分的内容。你可以选择木头、塑料或金属制作机器人的身体。

你可以发现制作技巧和技术始终贯穿本书，但是没有什么比亲自动手体验学习更快的了。随着经验的积累和信心的增加，你的作品可以达到更专业的效果。

1.5.5　两个非常重要的技能

目前为止，我谈论的都是业余机器人爱好领域应该具备的基本技能，还有两个非常重要的你无法在书本中学习到的技能：它们就是毅力和学习的兴趣。

- 要有耐心。给自己足够的时间进行项目的实验。做事情不要急于求成，否则你必然会犯错误。如果一个问题始终困扰着你，不妨先把这个项目放在一边，等几天再说。养成做笔记的习惯，用一个小笔记本随时记下你的想法，防止需要的时候把它们忘记了。

- 学习新知识的热情。如果问题仍然存在，可能你需要学习更多的知识才能把它解决。乐于钻研本书以外的知识，寻找属于自己的答案。研究总是有益的。

1.6　自制、套件或者成品

对一个业余机器人爱好者来说，时间永远都是不够用的。你不仅可以从零开始制作机器人，你还可以买任何类型的几十个机器人套件，用一个螺丝刀等常用工具把它们组合起来。

1.6.1　自己制作

这本书里面包含了很多用木头、塑料和金属制做的机器人项目。图 1- 5 显示的是一个你可以制作的机器人。这个机器人称为 Hex3Bot，选自第 27 章"制作腿式机器人"。它的制作过程大约需要一天（取决于你的手工技能），只需要使用基本工具。

图 1-5　使用适当的材料和工具，用不了一天就可以制作一个自制机器人。Hex3Bot 机器人的主体材料使用的是易于切割的塑料

或者你可以试着制作一个机械手，手臂的各个关节由独立电动机驱动。见第 28 章"实验机器人的手臂"，这是一个可以在你自己的工作室里完成的项目。在接下来的第 29 章"实验机器人夹持器"，你可以给机器人的手臂装配上手和手指。

1.6.2　成品机器人

如果你对机器人结构制作方面的技术不是很感兴趣，那么你可以购买现成的机器人身体——不需要自己装配。有了一个现成的机器人，你可以把所有的精力用来研究传感器的连接，并设计出新的、更好的编程方法。图 1- 6 显示的例子是一个 iRobot 公司生产的成品机器人。它有点像 iRobot 公司的室内吸尘机器人，但是没有吸尘器部分。它可以作为教育工作者、学生和开发人员使用的移动式机器人平台。

1.6.3　套件或零件

你可能听说过 Erector 制作套件，这种古老的建筑玩具里面提供的材料可以搭建出各种建筑物、桥梁、汽车和其他机械结构。传统的 Erector 制作套件使用的是不同尺寸的轻质金属梁架，可以用钢制紧固件把它们组合在一起。

图 1-6　如果你对机器人的机械部分不感兴趣，你可以通过一个成品机器人平台进行学习。图中这个产品是设计用来学习机器人编程的（图片来自 iRobot 公司）

几个专业机器人公司在 Erector 制作套件的理念上又迈进了一步，改进后的思路可以很好地应对制作机器人遇到的一些特殊问题。它们的制作套件可用来创建功能齐全的机器人，你也可以用里面的零件完成自己的设计，虽然价格算不上便宜，但是它们使用起来非常方便，可以搭建出效果不俗的设计原型。

这里有 4 种比较流行的专门为机器人定制的制作套件。

■ 1.6.3.1　VEX 机器人设计系统

这一系统针对的是教育和业余爱好者市场，VEX 系统使用的是和 Erector 制作套件风格相似的带有安装孔的预制梁架和连接件。大部分零件都是采用传统的螺丝和螺母固定的方式。VEX 套件里面的零件是特别为搭建小型机器人而设计的。套件里面包括与梁架配套的电动机、齿轮、车轮和许多其他的硬件材料。

■ 1.6.3.2　Lynxmotion 舵机制作套件

Lynxmotion 生产的舵机制作套件由各种支架和专门用来连接标准尺寸的 R/C 舵机的结构件组成。你可以把这些架子固定在一个传统的机器人底盘上制作一个滚动或步行机器人，还可以用把它们安装在管子、接合器或连接器上自行设计出更加时髦的外观。

■ 1.6.3.3　Bioloid 机器人套件

Bioloid 机器人结构套件设计用于制作高标准的机器人。套件由金属和塑料零件混合组成，Bioloid 零件可以结合起来，创造出轮式和步行机器人，以及功能齐全的夹持器和手臂。套件里还包括特制的高扭矩数字电动机和一个用来控制整个电子部分的中央控制器。

■ 1.6.3.4　Pitsco / FIRST 机器人 FTC 套件

FIRST（科技灵感与创新）是由 Dean Kamen，两轮自平衡电动车（Segway）的发明者所创立的一个组织，旨在以发展的方式激发工程和技术领域的年轻人的创造热情。该组织举办全国性的比赛，如 FIRST 技术挑战赛（FTC），要求学生团队制作、编程并演示一个可以完成特定任务的机器人。每年的任务都有变化，使比赛保持一定的趣味性。

为了提供一个公平的竞争环境，FIRST 规定机器人的结构必须使用经过预先核准的零件套件，最新的套件是由教育设备的巨头 Pitsco 组装的。在 FIRST 技术挑战赛里面，套件采用的是金属和其他制作零件。

提示：如果你喜欢最新的 FTC 科技竞赛套件里面提供的零件，可以采取不通过 FIRST 组织另行购买的方式。访问 www.pitsco.com，并搜索 TETRIX。他们的预制件和支架设计成与 R/C 舵机和直流减速电动机配套的形式（见图 1-7），可以用来制作各种漂亮的项目。

1.6.4　与你的技能相称的项目

无论你是选择购买现成的机器人还是采取套件组装的形式，或者从零开始自己制作，你一定要确保你的技能与项目是相称的。这尤其适用于你刚开始机器人爱好的时候。虽然你可能很想找一个富于挑战的复杂项目，但是如果它超出了你所拥有的技能和知识水平的话，你很可能会因为遇到各种问题而放弃这门爱好。

图 1-7　一些装配必须的材料：预制切割件和钻孔件使你可以把零散的金属或塑料部件组合在一起搭建出一个机器人（图片来自 Pitsco 教育机构）

1.7　像机器人设计师那样思考

机器人爱好者有一种独特的看待事物的方法，他们认为没有什么东西是理所当然的。

● 在餐厅里，机器人爱好者是那些喜欢收集龙虾和螃蟹肢体学习这些海洋生物是如何运用身体关节里面的肌肉和肌腱的人，或许龙虾腿的结构可以被复制设计成一个机器人手臂。

● 在一个县集市上，机器人爱好者是那些研究打蛋器工作原理的人，看到各种齿轮之间配合默契的旋转，也许可以用这种齿轮组的方式制作一个独特的机器人运动系统。

● 切换电视频道时，机器人爱好者会想到如果遥控器可以控制一台电视机，那么同样的技术也可以应用到机器人上面。

● 在卫生间洗手的时候，机器人爱好者会研究自动水龙头的控制。当手靠近水槽时，水流可以自动开启或关闭。能否适合在机器人上安装一个同样的系统，使它可以判断距离并察觉到前面的东西？

上述情况是没有止境的。在我们周围，从大自然的杰作到最新的电子产品，可以提供出无数种让我们设计出更好和更先进的机器人的思路。然而各种方案都需要进行验证，重要的是理清设计思路并让它们正常工作。

这正是一个机器人爱好者所擅长的。

第 2 章

机器人的构造

人类的身体从结构上可以看成是一部近乎完美的机器：它聪明灵巧，可以举起重物，可以自由活动，并且具有自我保护机制，饥饿时寻找食物，受到惊吓时逃离危险。其他生物虽然也具有类似功能，但是很难达到人类身体结构所具有的高度完美的特性。

机器人经常被设计成模仿人类的特征，即使结构不像，最起码在功能上也会非常接近。大自然给机器人设计师提供了一个直接的模板，但是它也使我们面临诸多挑战。自然界中的一些构造可以在机器人工厂里复制出来。机器人可以被制作成用眼睛去看、耳朵去听、嘴巴去说，从而能够熟练地探索和应对周围环境的机器。

当然这只是理论意义上的想法。实际情形又是怎么样的呢？一个机器应该具有哪些基本的部件才能被称为"机器人"？让我们仔细看看本章介绍的机器人结构和用来制作它们的各种业余材料。为简单起见，这里不会对每一个机器人子系统都进行介绍，只讨论业余爱好者经常用到的结构部分。

2.1　固定与移动式机器人

我们想象里的大多数机器人是一种用腿自由行走或者用车轮驱动在地面上行驶的机器。

实际上，大多数机器人都是原地不动的，只是对放在它们前面的物体进行操作。这种机器人常用在工厂里的生产线上，它们是静止的，用螺栓固定在地面上。这样的固定式机器人，如图 2-1 所示，它们的用途是装配汽车、机械甚至其他的机器人。

相反地，移动式机器人（见图 2-2）可以从一个地方移动到另一个地方。轮式、履带式或腿式结构可以让机器人在地面上活动。移动式机器人也可以装配上手臂，使它们可以操纵周围的物体。如果在两者之间进行选择，移动式机器人可能是最受欢迎的制作项目。

图 2-1　固定不动的机器人。它们固定在工作台（工业生产环境）或用螺栓固定在地面

试想一下机器人在地面上飞驰，与小动物追逐嬉戏的场景，这将是多么令人开心的一件事。

作为一个专业的机器人设计师，对这两个类型的机器人都应该予以重视。固定式机器人设计用来抓举物体，为了防止它们损坏被操作的对象，这类机器人需要更高的精度、更大的力量和更优异的平衡性。同样地，移动式机器人也需要解决一系列问题：机动性、充足的动力以及躲避障碍。

2.2　自动与遥控式机器人

最早向观众展示的机器人只能算作手动模型，它们的机械装置是由人在舞台后面操纵的，不能称为真正意义上的机器人。不管怎样，人们开始对机器人的概念着迷了，并对它们的功能充满期待。你知道，那个时候有很多大胆的想法，比如驾驶着自己的直升飞机去上班和 1975 年移民火星。

现在，传统观念上把机器人看作是一种可以自主运转的机器装置。比如《禁忌星球》里面的 Robby，《星际迷航》里面的机器人 B-9，或者《星球大战》里面的 R2-D2。这些机器人（电影中展现出的都是虚构版本）不需要人工操作，不需要使用遥控器，舞台后面也没有人。

如今许多机器人已经实现了完全的自动控制，而在过去的几十年许多重要的机器人都是遥控控制的。遥控式机器人是由一个人在远程进行遥控操作的。它们经常用来执行警察部门或战术打击的工作，如图 2-3 所示。遥控机器人通常都安装一个视频摄像机，它好比是操控者的眼睛。操控者可以通过摄像机查看一定距离的场景并对机器人发出相应的指令。遥控观测的距离近可能只有几英尺，远可达数百万英里。

当今的遥控机器人与 20 世纪 30 年代和 20 世纪 40 年代世界博览所展示的无线电遥控机器人相比是截然不同的。许多遥控机器人，比如，著名的火星探测车，人类制造的第一辆跨星际沙滩车，实际上是半遥控半自动控制的。机器人的底层功能是由探测车上安装的一个微处理器进行控制。操控者用人工的方式给机器人发送常规控制指令，比如"前进 10 英尺"或"隐藏，这里有火星人"。

图 2-2　移动式机器人。通常使用车轮、履带，也包括腿或其他方式进行推进

图 2-3　遥控机器人需要一个操控者对其进行控制。机器人通常为半自动，通过无线电获取基本的遥控指令执行预定任务（图片来自 iRobot 公司）

机器人在一定程度上可以自主执行一些基本指令，操控者不必对机器人的每个行为都进行控制。

> **提示：** 遥控的概念早已有之，可以追溯到 20 世纪 40 年代以及著名的科幻小说作家 Robert Heinlein 所写的一部短篇小说 *Waldo*。当时，遥控还是一个大胆而怪异的想法，如今现代科技已经使其成为现实，稍微有一点电子常识的人对它都不陌生。

3D 立体摄像机可以给人以三维空间的感知能力。传感器、电动机和机器人的手臂将信息反馈给操控者，使其可以真正感受到机器装置的运动或某些障碍所导致的力度变化。虚拟现实头盔、手套和运动平台将使体验者获得身临其境的感觉。

2.3　人工与自主机器人

人们总喜欢辩论，什么才能使一个机器装置成为一个"真正的"机器人。一方的说法是机器人是一个完全自主和自动化（自动控制）的机器装置，可以根据主人的指令完成不同的任务。自主机器人有自己的动力系统、智能、车轮（还有腿或履带），高精度执行机构如夹持器或机器手。机器人在执行任务时不依赖于其他的机械装置或系统，它是完全独立运转的。

另一方的说法是机器人是一种用电动机驱动运转来执行特定任务并且显示出一定智力的机器装置。机器人通过自己的执行机构完成实际的工作，而它的电子控制部分或组件可以是独立出来的。机器人与控制部分的连接可以是一根电缆、一束红外线或一个无线电信号。

例如，图 2-4 显示的一台 1969 年制造的实验性质的机器人，一个人坐在机器装置里面操纵着机器人的运转，感觉像是在驾驶一辆汽车。这台四足"机车"的实验目的不是创造自主运行的机器人，而是为了进一步研究人形机器的控制理论。它们也被称为半机械人，这个概念来自作家 Martin Caidin 在 1972 年写的一部小说 *Cyborg*（同时也引发了 70 年代一部电视剧《无敌金刚》的创作灵感）。

图 2-4　通用电气公司制造的一台四足机器兽，人坐在机器里面进行控制（图片来自通用电气公司）

2.4　那么，机器人到底是什么

我不打算在这里辩论机器人的语义，毕竟本书向你展现的是一张藏宝图，它不是一个课本或是一本理论书籍。当然，书中仍然确立了机器人的一些基本特点。

什么使机器被称为机器人？从本书出发，我们可以认为机器人是可以通过一种或多种方式模仿人类或动物功能的机器装置。在这个观点下，机器人具体做什么并不重要，但是它已经足够让我们开展制作了。

机器人爱好者对机器人功能感兴趣的方面可以说是包罗万象：从听声音到展开行动，说话走路或在地面移动，拣起物体或感觉特定的条件例如热量、火焰或光线。因此，当我们谈论到一个机器人时，它可能是：

- 一个自主机器人可以独立运转，甚至带有可以自我编程的大脑，可以学习并适应周围的环境。
- 它可能是一个小型自动驾驶装置，由一套预定好的指令进行控制，可以重复执行相同的任务，直到电池电量耗尽为止。
- 它还可能是一个无线电控制的手臂，你可以手动操作控制面板进行控制。

尽管其中的一些机器人用途更大也更加灵活，但每个机器人的功能都非常有限的，通过阅读本书中的内容，你可以决定自己的机器人复杂到什么程度。

2.5 机器人的身体

对大多数机器人来说，它们的身体起着将不同的部分连接在一起的作用。身体是机器人结构的核心，电子和机电部分都固定在上面防止散落。机器人的身体有很多种叫法，包括平台、框架、基础和底盘，它们所指的概念是相同的。机器人的身体有不同的尺寸、形状和样式，它们的样式又具有不同的结构，相对应的它们也有不同的制作方法。

2.5.1 机器人的尺寸、形状和样式

机器人有各种各样的尺寸。一些可以放在你的手掌上，另一些大到可以将两个人同时举起来。

家庭机器人的尺寸一般有小猫或小狗那么大，虽然一些可以紧凑到只有鱼缸里的乌龟那么大而另一些可以做得和 Arnold Schwarzengger 一般大（如果有人问你，"你是萨拉康纳"，回答一定是"不"）。机器人的外形通常由机器内部的元件来决定，但是大多数设计都遵循以下的类别：

- 乌龟（或桌面）机器人；
- 小车机器人；
- 步行式机器人；
- 手臂 / 夹持器（也称做附件）；
- 机器人和类人型机器人。

越小的机器人制作的难度就越大，但是它们的造价也更低。它们的小尺寸意味着更小的电动机、更小的电池和更小的底盘，这些都会使造价降得更低。

■ 2.5.1.1 乌龟或桌面机器人

乌龟机器人也称桌面机器人，它们的结构简单而紧凑。根据词义，这些机器人被设计用来在桌

面上活动。乌龟的名称来自于它们身体上类似龟类的外壳。研究员 W. Grey Walter 在 1948 年制作过一系列这类小型机器人。按照通俗习惯，乌龟机器人的名称也来自一个曾经流行过的程序语言，使用一个海龟箭头的 Logo turtle 编程软件在 20 世纪 70 年代的机器人中应用非常广泛。

多数业余爱好者的制作都属于乌龟机器人（图 2- 5 显示了它们中的一个）。这种类型的机器人在非战斗竞赛类机器人中非常流行，例如走迷宫机器人或足球机器人。乌龟机器人通常由基本智能单元（基于简单电子元件的 BEAM 机器人就是一个极好的例子）、单芯片大脑或单片机进行控制。

图 2-5　小型乌龟机器人的特点是制作简单、造价便宜。它们适合用来学习机器人设计、制作与编程技术

图 2-6　多足爬行机器人是一个值得一试的项目，例如图中的这个六足模型。机器人的每条腿有 3 个独立的关节，一共使用了 18 个电动机（图片来自Lynxmotion）

■ 2.5.1.2　小车机器人

小车机器人的种类涵盖所有的轮式和履带式机器人，它们设计用于需要一定功率驱动的场合，比如真空吸尘、啤酒或苏打搬运、清理草坪。这些机器人的体积都比较大，最小的也有电熨斗那么大，无法在桌面上运行。流行电视节目"死亡竞赛"里面的战斗机器人属于最大的小车机器人，其中重量是夺冠的决定性因素。

小车机器人的尺寸都比较大，机器人上有充足的空间安装各类控制系统，从简单的晶体管电路到台式计算机都可以作为它们的大脑。机器人爱好者曾经流行使用老式笔记本电脑，尤其是单显模式的笔记本电脑制作小车机器人。这类电脑可以运行 MS-DOS 或早期版本的 Microsoft Windows，它们可以通过标准数据接口对机器人进行控制。

■ 2.5.1.3　步行机器人

步行机器人用腿推进运转，而不是车轮或履带。大多数步行机器人都有 6 条腿，好像一只昆虫，六足可以提供极好的支撑和平衡性。然而，在业余制作项目和商业套件中比较流行的还要说是双足或四足机器人。

图 2- 6 显示的是一个典型的六足步行机器人，Lynxmotion 出品的 Phoenix，这是一个商业化的机器人套件。它由无线电控制的舵机、预制的塑料和金属结构件组成。

制作步行机器人需要极高的精度。车轮或坦克履带式机器人在结构的设计上比用凸轮、连接器、杠杆以及其他机械装置组成的步行机器人简单许多。因为这个原因，机器人初学者应该从轮式机器人开始学习，积累了一定经验以后再制作效果更棒的步行机器人。

请注意，考虑到设计和制作方面的技术难度，双足步行式机器人类似人一样也有自己的分类（见下文）。制作一个小型的可以在桌子上行走的双足机器人是一回事，创造一台类似 C-3PO 的机器人完全是另一回事，即使你的名字是 Anakin Skywalker。

■ 2.5.1.4 手臂和夹持器

能够根据周围状况熟练地操作物体是人类最显著的特征，动物王国里面的一些动物也具备这种能力。没有了手臂和手，我们就无法使用工具，没有了工具我们就无法制作房屋、汽车以及机器人。

手臂和夹持器可以作为固定式机器人使用，也可以将它们安装在移动机器人上面。手臂可以看成是机器人上能够单独执行具体操作任务的附件，夹持器（也称为末端执行器）由手掌和手指组成，可以直接安装在机器人或手臂上面。

人类手臂的关节可以自由弯曲伸展。同样，机器臂也有这样的自由度。在大多数设计里面自由度的数量都相当有限，一般为 1 ~ 3 个自由度。此外，自由度也决定了手臂可以活动的区域（也就是夹持器的活动范围），这个区域被称为工作区。阅读第 28 章里面的内容"实验机器的手臂"获得更多信息。

你可以用一对电动机和一些金属棒制作出类似人类手臂的机器臂。在机器臂的末端安装上夹持器，你就创造了一个完整的手臂结构。当然，不是所有的机器臂都是仿照人类器官制造的。其中的一些机器臂看起来更像是叉车，还有一些使用可伸缩的推杆控制机器手或夹持器的活动。

机器人夹持器有很多种风格，但只有少数是仿照人类结构设计的。一个实用的机器爪可能只有两根手指。手指闭合后可以像台钳一样对物体施加巨大的压力，如果有必要，压力数值可以达到令人吃惊的程度。参见第 29 章"实验机器人夹持器"获得更多信息。

■ 2.5.1.5 机器人和类人型机器人

机器人和类人型机器人是仿照人类的结构制造的，包括有头部、躯干、双腿以及手臂。从术语上来讲，机器人和类人型机器人是不一样的：机器人从外观上看起来更接近人类，它们包括耳朵、头发，甚至带有一个会说话的嘴。类人型机器人具有人类的基本结构——双足（两条腿），位于机器人上方的头部，两侧的手臂，但是不具有类似人类的生理结构。

图 2- 7 显示了一个你可以制作出来的类人型机器人的例子。图 2- 8 显示的是一个真正的机器人，它的造价和技术含量已经超出了业余制作的范围（坏笑）。

不论是机器人还是类人型机器人，这类机器人都可以算是机器人爱好者的终极梦想。

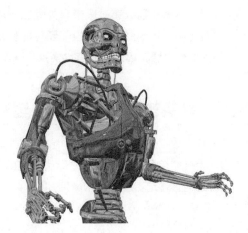

图 2-7　双足机器人（两条腿）的制作具有一定挑战
性，不论是制作机器人还是给它编程都有一定难度。
使用如图所示的标准化金属支架，可以简化结构搭建
过程。这样你就不用准备一整套金属加工设备自己加
工这些结构件了（如果你已经有了这些设备，请尽可
能使用它们）（图片来自 lynxmotion）

图 2-8　仿照人类结构的机器人，包括头、躯干、两
只手和两条腿。这类机器人的设计最难实现，甚至对
于那些可以支出数百万美元研发经费的公司也是一样
的。这里显示的机器人由三维建模程序绘制而成，目
前它还只存在于想象中

　　它们也是最难制作的，由于设计复杂性的增加，它们的制作成本比其他类型的机器人高出很
多——300 美元的配件很常见。

　　令人信服的机器人应该是一部有两条腿可以走路的机器装置，并且可以和人类一起生活和工作。
与此相反的机器人必须依靠车轮或履带行走，它们的行动能力非常有限，不能上下楼梯，甚至地板
上散落的衣服都可能阻碍它们的活动。

2.5.2　骨骼结构

　　在自然界和机器人世界里有两类常见的支撑结构，分别是内骨骼和外骨骼。哪个更好？这个问
题不可一概而论。在自然界，动物的生活条件及饮食和生存策略决定了它们骨骼的最终形态，这个
道理同样适用于机器人。

　　● 内骨骼支撑的结构常见于各种动物，包括人类和哺乳动物、爬行动物和大多数鱼。骨骼结构
位于身体内部、器官、肌肉、身体组织和皮肤在骨骼外面。内骨骼是脊椎动物的重要特征。

　　● 外骨骼支撑是指"骨头"在外面包裹着器官和肌肉。常见的外骨骼动物是蜘蛛、贝类，如龙
虾和螃蟹以及各种各样的昆虫。

　　机器人的主要组成部分通常是木头、塑料或金属框架，它们的结构有点类似房子的框架，包括
顶部、底部和两侧。这使得全自动式机器人看起来像一个箱子或一个圆柱体，它们可能是任何形状。

电动机、电池、电路板和其他必要的元件安装在机器人的框架上面。在这个设计里，机器人的主要支撑结构可以看成是它的外骨骼，因为结构位于主要部分以外。

> 提示：这些机器人有时候带有外壳或一层表皮，但是这种"皮肤"所起的作用只是为了好看（有时候也起到保护内部元件的作用），而不是用作支撑。主要起作用的部分是机器人的外骨骼，因为它们造价便宜、强度高，也更不容易出问题。

2.5.3　骨头和肉——木头、塑料或金属

在 1926 上映的一部经典电影《大都会》中，一个对现实不满的科学家 Rotwang 将冰冷的机器人改造成为一个美丽的女性身体的形状。这部电影被公认为是第一个科幻电影史诗，它也为以后机器人题材的电影奠定了基础，尤其是 20 世纪 40 年代和 50 年代的科幻电影。

图 2-9 显示的是荧幕中的角色，Rotwang 和他所创作机器人被证明是无数电影里一个共同的主题。与其他机器人电影相比，这部电影里面的女机器人的性格也发生了改变，它不再是邪恶的化身。机器人在过去经常被描绘成没有感情的金属生物。

这给我们带来了一个有趣的问题：是不是所有"真正意义上的"机器人都是由重型钢甲组成，因为它们的外壳及其坚固，以至于子弹、激光炮甚至原子弹都无法穿透？是的，金属是一种最常见的机器人材料，但它不是唯一的。除了金属以外，还有很多种选择。

● 木头。木头是一种极佳的制作机器人身体的材料，尤其是多层硬木胶合板，比如一种用于飞机模型和模型帆船的航空胶合板。成品板材常见的厚度从 1/8 英寸到 1/2 英寸不等，适用于大多数机器人制作项目。阅读第 7 章"木头的加工"学习制作木制机器人的方法。

● 塑料。塑料具有较高的强度，比金属更容易加工。你只需要使用常用工具就可以对塑料进行切割、定形、钻孔甚至黏接。我最喜欢的是发泡 PVC 塑料。塑料板材有很多种商业名称，例如辛特拉，它们可以在工业塑料经销店里买到。塑料的特点是便宜和容易加工，参考第 9 章"塑料的加工"获得更多信息。

图 2-9　1927 年上映的一部经典电影《大都市》里面的科学怪人 Rotwang 和他制造的机器人。这个机器人的外形看起来像一个女人，她领导工人发动了起义

● 泡沫板。艺术用品供应商店里可以买到泡沫板（也称为泡沫夹心板），这是一种特殊的建筑材料通常用来制作建筑模型。它是一个三明治纸夹心结构，两层纸板或塑料板中间夹着一层高密度的泡沫。你可以用小刀或小号的手工锯切割它们。这是一种快速制作机器人的上选材料。在第 14 章"快速成型法"里面，我将详细介绍泡沫板及类似材料的用法。

● 铝。如果你喜欢使用金属，铝是最好的机器人建筑材料，这种材料尤其适合制作中、大型机器人。在这个重量级别，铝可以保证足够的强度。铝可以用工具店里常见的工具切割和钻孔。更多使用铝制作机器人的信息见第 11 章"金属的加工"。

● 锡、铁、铜。铁和锡常被制作成角铁和加强板等五金件的形式（具有多种厚度，最小厚度为 1/ 32 英寸），用来钉接加固房子的框架。它们的成本相当低。参考第 13 章"装配技术"学习使用普通角铁制作机器人的方法。

● 钢。钢（包括不锈钢）的强度很高，如果没有特殊工具很难进行加工，它们有时用来制作框架结构的机器人。钢是制作战斗机器人的理想材料。本书将集中讨论体积小、重量轻、制作简单的桌面机器人，这里对钢不进行过多介绍。

2.6　运动系统

运动是指一个移动式机器人如何进行活动。运动的实现有很多种方式，典型的有车轮、履带和腿。每种情况下，运动系统的驱动可能是通过电动机、传动轴、凸轮或杠杆来实现的。

2.6.1　车轮

车轮是最常见的使机器人具有机动性的方法。地球上很可能没有以轮子代步的动物，但是对于机器人爱好者来说车轮驱动是万无一失的选择。轮式机器人，如图 2- 10 所示，它们可以制作成任意大小，受限制的只是机器人的规模和你的想象力。龟型机器人通常使用小号车轮，轮子的直径小于 2 英寸（1 英寸= 0.0254m）或 3 英寸。中等大小的小车机器人使用的车轮直径可达 7 英寸或 8 英寸。一些不太常见的设计还会用到更大的自行车轮，它们的尺寸虽然比较大，但是结构上既轻巧又结实。

图 2-10　车轮驱动是最常见的移动式机器人的解决方案。尽管双轮平衡是最常见的设计形式，但是不同机器人在车轮尺寸、形状甚至是位置可能不尽相同（图片来自 Parallax Inc）

尽管双轮是最常见的形式，但是机器人也可以具有很多个车轮。机器人的两个车轮依靠一个或两个万向轮来保持平衡，也可以使用一个固定滑轮或滑垫。四轮或六轮机器人也是比较常见形式。你可以阅读第 20 章"让机器人动起来"和第 26 章"制作轮式和履带式机器人"，了解更多关于轮式机器人设计的问题。

2.6.2　履带

履带驱动机器人的设计非常简单。两条履带分别位于机器人的两侧，它们所起的作用类似两个巨大的车轮。履带旋转带动机器人前进或后退。大多数机器人履带的长度和它自己的长度是一样的。

履带传动（见图 2- 11）出于多方面实用性的考虑，包括它可以使机器人轻松跨越各种障碍。使用正确的履带材料，履带传动可以提供非常好的牵引力，机器人甚至可以在光滑如雪的表面、湿滑的路面或清洁的厨房地面上行驶。查看第 26 章的内容，你可以找到一些负担的起的履带机器人制作方案。

图 2-11　履带机器人有着非常好的机动性，可以在不平坦或致密的表面上行驶，例如沙地、玻璃或岩石。制作履带的材料可以是橡胶、塑料或金属，塑料是最常用的也是最便宜的材料

2.6.3　腿

对各种类型的移动式机器人的制作来说，用腿行走的机器人最具挑战性，同时它们也是爱好者之间谈论最多的话题。为了制作一个有腿的机器人，你必须战胜各种设计和制作方面的难题。首先要解决的问题是腿的数量和机器人在行走或站立不动时腿所提供的固定支撑。接下来的问题是腿如何推动机器人前进或后退，最困难的部分是如何控制机器人的转向，使其可以避开死角。

你的步行机器人可以由 2 条腿或多条腿组成。腿的数量越少，设计难度越大。2 条腿的（双足）机器人使用特殊的平衡方式使其不会跌倒。4 条腿的机器人（四足动物）比较容易掌握平衡，但是需要增加额外的关节和一些精密的算法才能保证协调一致的步态和灵活的转向。

6 条腿的机器人（称为六足昆虫）能够轻快迅捷地爬行，灵活地转弯，跨越崎岖不平的地面，吓得周围的小动物四散奔逃。因此，6 条腿的机器人（见图 2- 12）在机器人爱好者中非常流行。阅读第 27 章"制作腿式机器人"学习并制作你自己的步行机器人。

图 2-12　腿使机器人具有使用车轮和履带所实现不了的活动能力，同时它们看起来也很酷。图中这个设计使用 4 个电动机驱动 6 条腿，机器人腿部的活动通过特定的时序进行控制

2.7　动力系统

我们吃下的食物通过身体转化成能量控制肌肉运动。为了产生动力使机器人运转，你可以给机器人设计一套消化系统，喂给它汉堡包、薯条或其他半放射性食物，更简单的方法是去商店买一套电池。用电池作动力，你所要做的只是将它们连接到机器人的电动机，控制电路和其他部分就可以了。

2.7.1　电池的种类

电池的种类非常多，第 18 章"电池大全"中介绍了更多电池方面的知识以及哪种电池更适用于机器人。这里只介绍几个简单的入门信息。

电池是产生电压的元件，电池分为两类：充电电池和一次性电池。一次性电池包括在超市可以买到的标准锰锌和碱性电池，但是只有碱性电池才适合机器人使用。

可充电电池包括镍镉（NiCd）、镍氢（NiMH）、密封铅酸电池和特制的可充电碱性电池。NiCd 和 NiMH 电池是最受欢迎的选择，因为它们很常见，具有统一的规格，可以反复充电并且充电器的价格也非常便宜。

2.7.2　其他动力来源

小型机器人可以安装上合适的太阳能电池，以太阳能作动力。太阳能动力的机器人可以直接从太阳能电池上获得能量也可以采用太阳能电池给可充电电池组充电的方法。以太阳能作为动力是 BEAM 机器人最喜欢使用的方式，BEAM 机器人的设计强调简约至上，同样包括机器装置的动力部分。

液压动力使用油或流体的压力来驱动机构的运转。工作中的搬运渣土的推土机使用的就是液压动力。你驾驶汽车时也会用到液压动力，制动踏板所连接的制动装置就是通过液压传动的。同样地，气压动力使用空气驱动机构的运转。气动系统比液压系统更清洁，但是综合考虑，它的力量不如液压系统强大。

液压与气动系统必须加压才能够工作，常见方法是用电动或燃气发动机驱动一个高压泵。液压与气动系统施工困难，造价昂贵，不容易实现。但是它们可以提供更多的动力。花上几百美元，购买剩余物资商店里面的汽缸、软管、配件和其他材料，你可以制作一个能举起椅子、自行车，甚至是人的机器人。

本书将不对这些替代动力进行过多说明，如果你有兴趣可以查询当地图书馆里面关于太阳能、液压和气动的书籍。

2.8　传感器

想象一下世界中没有了视觉、听觉、触觉以及味觉或嗅觉。没有了这些感觉，我们只不过是一个无生命的机器，就像家里的汽车、客厅里的电视一样。我们的感觉是生命的一个重要组成部分。

　　机器人的传感器越多，则与环境互动的效果越好。这是机器人能够自主运转的重要条件。图 2-13 显示的是传感器如何组成机器人的核心部分。

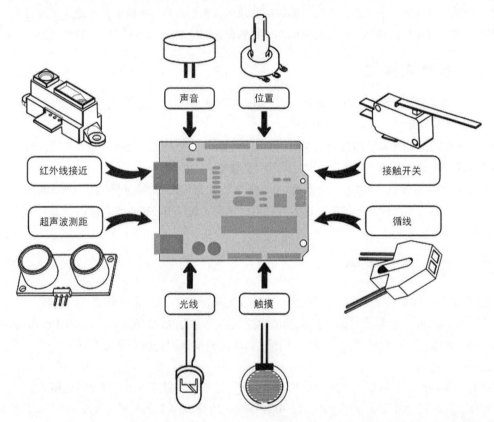

图 2-13　传感器使机器人感受到它周围的世界。人类可以借助视力和听力感知环境，但大多数机器人使用简单的技术如超声波、红外线测距或光线、声音和接触。传感器安装在控制电路的输入端口上面，由控制电路处理它们采集到的信息并控制机器人执行一系列动作

2.8.1　触觉

　　触觉是通过机器人的框架上面安装的开关来实现的，触觉可以使机器人知道它撞到了什么东西或什么东西碰到了它。另一种实现触觉的方法是使用压力传感器，传感器可以检测到作用在它上面的力。你可以自己制作低成本的压力传感器或花几美元购买现成的传感器，见第 42 章"添加触觉"。

2.8.2　光线和声音

　　机器人可以非常容易地实现对光线敏感，事实上，光线传感器是所有机器人传感器中最便宜的

一种。第 44 章"机器人的眼睛"提供了一些给机器人添加视觉的方案，甚至可以在你的间谍机器人上面安装一个摄像机，使它向另一个房间传送图像。

你还可以用光线与机器人远距离沟通信息。使用一只标准的红外遥控器就可以实现对机器人的遥控，你需要先对机器人编程使它响应特定的编码信号，这样每当你按下一个键机器人就可以执行相应的指令了。

机器人同样可以实现对声音敏感，声音很容易检测，参考第 46 章"听觉与发音"获得更多的信息。

2.8.3　嗅觉和味觉

使用一些比较便宜的传感器，机器人可以敏感地闻出危险有毒气体，嗅到四周的烟雾，检测到火焰并发出音响警报，或出现过热情况时触发应急按钮。参见第 48 章"注意安全，独行侠"了解一些常见的感知明火、高温、火焰和气体的方法。

2.8.4　遥感

人类有一套复杂的感官系统，包括视觉、听觉和其他感官来判断周围的事物。机器人使用一套便宜的传感器可以做同样的事情并且实现起来非常容易。

一种方法是使用类似蝙蝠的超声波。这种传感器可以发出一个类似潜艇声呐的短促信号，等待回声。传感器通过信号的往返时间判断物体的距离，虽然听起来比较复杂，但实际只需要使用一个小型的预制模块，它的成本低于 20 美元。

另一种方案使用不可见的红外线来测算距离。这种测距系统更详细地介绍见第 43 章"接近与距离传感"。值得一提的是，红外线传感器的体积比超声波传感器更小，价格也更便宜。

2.8.5　倾斜、运动、定位

现在可供业余机器人爱好者使用的传感系统越来越多，比如用来检测倾斜和运动的加速度计，测定速度的陀螺仪，还有能够检测出机器人在地球上的哪个位置的全球卫星定位系统。阅读第 45 章"机器人的导航"获得更多关于这些高级玩意的信息。

2.9　输出设备

输出设备是机器人向外面的世界传递信息的元件。这里有几个机器人使用的输出设备的例子：

- 一亮一灭的发光二极管（LED），表示机器人的工作状态。
- 液晶显示屏（LCD），可以显示完整的信息。
- 声音，让机器人的沟通方式更加直接。你可以给机器人添加一个语言合成器使它能够对你讲话，也可以给它编程，使它能够在早晨播放你最喜欢的歌曲叫你起床。你可以预先录制好任意的声音，使机器人在必要时进行重播。

阅读第 46 章"听觉与发音"和第 47 章"与机器人互动"获得更多的信息与提示。

2.10　"机器人"名称的由来

在本章的末尾我想加入一点高论：机器人来自哪里，这个名称对一般爱好者有什么意义？

我们现在常用的 robot（机器人）是单词 robota 的衍生词，捷克小说家和剧作家 Karel Capek 是这个单词的创造者。他在一部短篇小说中首先使用了这个单词，并一直沿用到现代的一部经典剧目，名为 *R.U.R.*——即 *Rossum's Universal Robots*。

此剧在 1921 年首次登上舞台，它是 Capek 写作的众多反乌托邦主题中的一个——乌托邦是一种误入歧途的思想。剧中表达的主题是"理想的社会"存在致命的缺陷。在 *R.U.R.* 里面，机器人被人类创造出来从事全部劳动，包括在农场和工厂中工作。最终，机器阴谋造反并杀死了它们的创造者。

Robota 意味着"工作"或"奴役"——就像图 2-14 显示的这个可怜的机械家伙一样，整天在户外工作，打扫其他人丢弃的垃圾。这种工作性质的机器人经常会被人们所遗忘，但是用它们来定义"机器人"比其他任何东西都要准确。

机器人所从事的工作不一定要很复杂。它可以简单设计成一个在客厅寻找温血的动物机器人，当它发现目标时会发出刺耳的警报，尽管有时候会使人讨厌，但它仍然是一个机器人。

我们中的很多人希望把机器人设计成可以在房间里面从事复杂的工作，比如清洁地毯，从冰箱里取出一罐汽水，或是收集地板上的脏袜子。不可否认，这些目的都非常好，此外还应该注意一点，制作机器人最主要的目的还是为了娱乐。制作一个机器人，逗你和你的家人开心是第一位的，或者给家里的猫咪也找点乐子。

图 2-14　机器人被制造用来进行单调乏味的日常工作。在捷克、斯洛伐克和波兰语言里，单词 robota（robot 由它衍生而来）指的就是"工作"（图片来自 Christopher Schantz）

第 3 章

准备材料

到哪里购买机器人所需的材料呢？如果本地有机器人配套材料商店，当然是再好不过了，但是这个条件对于多数机器人爱好者来说都不太现实。幸运的是，网络拓宽了购物渠道，弥补了这个不足。通过网上商店购买材料是个不错的选择。

制作机器人所需的材料包括：

- 控制机器人的基础电子元件。它们包括核心电子元件，如电阻、电容、导线、开关和继电器。
- 安装在机器人上的专业模块和完整的电路。这部分涉及的材料非常多，最主要也是你最感兴趣的是单片机（为机器人编制程序、控制电动机和其他关节运转）和传感器。
- 驱动机器人运动的电动机和车轮。
- 制作机器人身体或底盘的结构材料。你可以使用身边的材料（旧 CD 唱片、小塑料瓶）或者木头、塑料、金属、泡沫甚至硬纸板制作机器人的底盘。
- 将机器人连接成一个整体的紧固件、黏合剂及其他结构制作材料。它们包括螺丝和螺母，以及尼龙扎带、尼龙扣和胶水。

在本章里我们将总结制作机器人所需材料的购买方式。

供参考

查看附录 A "RBB 技术支持网站"和附录 B "网上材料资源"。获得更多的查找与购买信息。这两个网站中还包括与书中制作项目相配套的材料更新目录。

3.1　电子配套材料商店

在以前，很多城镇里都至少有一家电子零件商店，甚至一些自动贩卖机都提供多种规格的电子管、晶体管和其他电子材料的零售业务。现在，RadioShack 是全美仅存的一家电子配套材料连锁店。它也是美国各大城市里唯一能找到的实体店。

在其他国家，大多数也是相类似的情形。例如，英国的 Maplin Electronics 和 Farnell，澳大利亚和新西兰的 Dick Smith。

像 RadioShack 这样的连锁店始终面向爱好者提供电子配套材料的零售业务，但是它们库存的都是比较常用的元件。这种商店适合购买一些临时替换元件或者一些常备材料。如果你需要一些特殊规格的元件、导线、开关等，你不得不选择另一个途径——也是最理想的选择，网购。

提示：在购买电子材料或工具时，如果遇到以前没听说过的电子零售商，一定要核对电话运营商所提供的企业名录（黄页或类似信息），以保证良好的售后服务。你可以访问www.yp.com，查询所在城市的黄页信息。

3.2　在线电子经销商

挑选合适的在线商店，可以减少你购物等待的时间，还可以节省购物成本。

一些在线商店的规模非常大，目录的下面还有更详细的分类，多达几百个页面，这使你不太可能浏览整个网站的内容。你需要知道所要购买的零件的型号或规格，这样你可以利用网站的搜索功能查找特定的零件或按类别进行检索。

下面列举的是北美地区几个比较大的在线电子零售商店的名称和网址，你在采购材料时可能经常要用到：

All Electronics: www.allelectronics.com（他们在洛杉矶地区有实体零售商店）

DigiKey: www.digikey.com

JamecoElectronics: www.jameco.com

Mouser Electronics：www.mouser.com

RadioShack：www.radioshack.com

这里只列出了非常小的一部分，此外还有很多，还包括许多美国本土以外的经销商，查看附录B"在线材料资源"获得更多信息。

3.3　使用 FindChips.com 查找元件

你可以使用 FindChips.com 来查找一些特殊的电子元件（见图3-1）。输入完整或部分的元件名称，网站会帮助你在若干个在线电子商店中进行查找，最后你可以对比价格和供货。FindChips.com 的查找功能是免费的。

图 3-1　使用 FindChips.com 查找电子元件。网站可以帮你免费查找在线电子商店的供货、价格、库存情况

提示： FindChips.com 查找出的结果中包括一些电子代理商或批发商，他们会有一个最小订单标准，资金额度通常为 20 ~ 25 美元。

3.4　专业在线机器人零售商

随着机器人成为一项热门爱好，一个新兴种类的零售商也迅速地应运而生了，它们就是专业机器人技术网站。这些网站提供一站购齐服务，你差不多可以买到制作一个机器人所需的全部材料。

每个网站销售的产品都有自己的特点，一些产品是专业定制的。毫无疑问，你可以在众多网站中选择自己喜欢的风格。我经常光顾下面的几家网站，看看谁家推出了新产品或谁的价格最低。

Acroname Robotics： www.acroname.com

Lynxmotion： www.lynxmotion.com

Parallax： www.parallax.com

Pololu： www.pololu.com

RobotShop： www.robotshop.com

SparkFun Electronics： www.sparkfun.com

查看附录 B "在线材料资源" 获得更多信息。

3.5　业余爱好和模型商店

业余爱好和模型商店也是购买机器人材料的理想途径。它们提供各种小零件，包括轻质塑料、铜棒、无线电遥控模型舵机、齿轮和结构件。业余爱好商店所销售的这些材料通常都被设计用来制作专业模型或玩具。用发现的眼光查看这些商品，你会发现其中的一部分也适合用来制作机器人。

按我的经验，很多业余爱好商店的店主或营业员都不太了解他们的商品与机器人的关系。你最好确定你在商店中看到和买回来的材料可以用来制作机器人。很多材料，尤其是无线电遥控模型通常带有包装，从外面看不到里面的内容。你需要事先对它们有一定了解，才能保证买到合适的材料。

如果在你的本地没有理想的业余爱好商店，下面有几个大型的在线式业余爱好用品商店可供选择。

Hobby Lobby： www.hobbylobby.com

Hobby People： www.hobbypeople.net

Horizon Hobby： www.horizonhobby.com

Tower Hobbies： www.towerhobbies.com

3.6　工艺用品商店

工艺用品商店销售家庭工艺与艺术材料。作为一个机器人爱好者，你对下面列出的材料一定感兴趣。

- **泡沫橡胶垫**。这种材料颜色各异，密度很大，可以用来制作脚垫、碰撞缓冲器、防滑垫、坦克履带和其他用途。橡胶垫的密度非常大，需要使用锋利的剪刀或刀片进行切割（我喜欢使用旋转裁纸刀，可以获得光滑、笔直的切面）。

- **泡沫塑料**。泡沫塑料有不同的颜色和厚度，用两张硬纸板把泡沫塑料像三明治那样夹起来，可以制作出小型、轻质的机器人。泡沫塑料可以使用雕刻刀和纸胶带进行切割。

- **玩具娃娃和泰迪熊里面的材料**。这些材料很适合制作机器人。高级娃娃内部有可以活动和自由调节的支架，你可以将它用到机器人上。连接装置、可弯曲的金属丝和眼睛（可以使机器人看起来更人性化）都是可以用来制作机器人的素材。

- **电子灯饰和声音按钮**。它们被设计用来作为圣诞节装饰品和贺卡，同时也是制作机器人的好材料。电子灯饰套件里面有多种颜色的低压 LED 或小灯泡，可以随机闪烁或按节奏闪烁。当你按下声音按钮时，内置的模块可以发出声音。你可以把这种按钮作为触摸传感器，比如把它安装在一个动物外形机器人的肚子上。

- **塑料手工制作材料**。它可以被用来代替价格昂贵的专业套件，比如很多商店销售仿传统风格的塑制插片（传统插片的材料为木质，结构没有塑制的坚固）。塑料插片带有插槽，可以把它们组合在一起购成骨架或结构。

- **模型材料**。很多工艺用品商店里面也卖模型材料，而且价格比一般的模型商店低很多。木制、金属材料，胶水和结构工具都是制作机器人的好选择。

此外，在工艺用品商店里还有很多令人感兴趣的商品。到店里面转一圈，大都会有所收获。如果附近没有这类商店，也可以选择上网看看。查看附录 B "在线材料资源"里面收录了几个较大的零售商店。

3.7　五金和家装材料商店

五金和建材零售店里销售的手工工具非常适合用来制作机器人。此外，这类商店还提供螺丝，螺母和其他紧固件、黏合剂，以及可以用来制作机器人底盘的材料。

到附近的五金店里面逛一圈，随身带个笔记本，简单记录下他们的商品情况。当你寻找某件特定材料时，你可以随时查阅你的笔记本。有规律利用空闲时间到附近的五金店看看，你总能发现一些新上架的和有意思的材料，它们可以用来制作机器人。我一直保持着这样的习惯。

3.8　电子制造商的样品

这是一个小秘密，只要你提出申请，一些电子产品制造商就可以提供免费样品。

免费样品主要用来面向在校的教师或者大公司里从事产品研发工程师。实际情况是很多半导体制造商和电子厂商也乐于向学生和业余爱好者提供免费样品，只是不要太贪心，商家的慷慨总是有限的。

　　免费样品在可得性上有很大优势，爱好者可以申请获得那些最新制造出来还没有进入市场流通环节的半导体芯片，而这类芯片一般很难从正规渠道买到。新材料可以使你的设计保持领先，并成为你工作的一部分。

　　批发商、分销商和代理商偶尔也会提供免费的样品套件。很多套件中包括电子元件、紧固件和小五金。这种套件通常都是功能简化版，商家的意图显然是鼓励你购买更多的服务，但是它们是免费的。收集好这样的套件，里面的材料说不定哪天就会用到。

　　如果你是一名学生或是机器人俱乐部的成员，可以用团体的名义（显得更加正规和专业）进行样片申请，当然事先一定要获得学校或俱乐部的许可。许多电子制造商已经意识到现在这些机器人专业的学生和爱好者或许就是将来的工程师，从而乐于与他们（也包括你）建立一种积极友好的合作关系。

提示: 很多新近生产的集成电路芯片为贴片封装，你需要将它们焊接在转换板上进行使用。这会增加成本（你不得不购买配套的转换板，而这类板子通常都不便宜），同时需要你具备熟练的焊接技巧。

3.9　上网查找你需要的材料

　　互联网是机器人科学与技术得以发展的强大推动力。现在通过网络，你可以找到许多制作机器人所需的不太常见的材料。此外，通过大型搜索引擎的帮助——Google（www.google.com）或者 Bing（www.bing.com），你可以在遍布世界的数百万网站中查找自己感兴趣的话题。

　　互联网连接着全世界。你找到的一些网站可能在国外，很多网站都提供国际业务，有一些则不提供。

提示: 如果你设计所需的材料不太常见或者用来拆出特定材料的玩具不再生产了，你可以去 eBay(www.ebay.com) 或分类广告网站 Craigslist（www.craigslist.org）上去碰碰运气。

3.10　有计划的一次性采购

　　不论是在本地购买还是邮购，包括国际网购，你都会希望在一次购买尽可能多的材料。这样可以节省时间，减少麻烦，降低花销。

　　在本地购买材料，存在购物往返上的麻烦，这会浪费你的时间和汽油。通过邮购的方式购买材料，重复采购会造成运费的增加，一只晶体管价值不过 25 美分，但是达到最小采购数量再加上附加的运费，最终花销可能高达 5 美元或 10 美元。下面一些方法可以帮助你理性购物。

● 建立一个库存清单，凡事提前做好准备。计划好你的下几个项目，一次尽可能买全制作它们所需的全部材料。

● 在同一家商店购物可以采取团购的方式。即使它家的价格不是最低的，加上往返路费或者邮费的花销，总体算下来还是比较经济的。

● 对于那些最基础的电子材料，可以购买多种规格搭配在一起销售的混装包。像电阻或电容这类小元件（在第 31 章"机器人常用的电子元件"中有详细地讨论），每个只要几分钱。花 10 美元买一个常用规格的混装包，可以省去你不少的时间和金钱。

● 不要忘记那些你已经买过的材料，查看本章末尾的部分"做事情有条理"，为你的库存材料建一份有效的清单。

3.11　令人难忘的剩余物资商店

剩余物资是极好的东西，但是多数人不好意思购买这类商品。为什么？如果一件东西被冠以剩余物资，按照常识去理解，它们一定是毫无价值的垃圾。事实并不是这样的。剩余物资字面的意思是指额外的储备，因为储备太多了，所以通常会采取定价销售的方法来清除库存。

剩余物资商店里经常可以见到全新或者使用过的机电材料。注意不要把它与那些销售剩余服装，露营用品和办公用品的商店搞混了。很多城市里至少会有一家从事销售机械 / 电子类剩余物资的商店。因为这类剩余物资商店的市场需求不是很大，所以找到它们也不会很容易，可以查找电话黄页里面的剩余物资分类获得一些有价值的信息。

剩余物资也可以通过邮购的方式购买。有少数几个在线的剩余物资零售商面向客户提供业余爱好所需的材料。如果你有足够的耐心，可以在网上找到更多类似的商家，查看附录 B "在线材料资源"获得更多提示。

剩余物资商店提供了一个很好的购买机械材料（比如直流电动机和减速箱）的渠道。与此同时，你必须懂得一些购买技巧。商家称他们所销售的商品是剩余物资并不意味着它的价格就一定最低或者定价合理。一些热门的剩余物资因为需求很高，它们甚至会被抬高价格进行销售。

3.12　从专业商店购买材料

专业商店面对公众销售一些在常规五金店或电子零件商店里很难买到的材料，注意它们和前面讨论过的剩余物资商店是不同的。

那些专业商店对机器人爱好者有帮助呢？可以考虑以下几类：

● **玩具商店**。寻找像 Erector、Meccano、LEGO 或其他品牌的结构制作类玩具。电池动力的玩具车或者装有发动机的坦克模型都是不错的材料。如图 3-2 中减速电动机驱动的履带结构，非常适合用来制作履带式机器人。

● **机修商店**。在这类商店里面可以找到小齿轮、凸轮、杠杆和其他精密零件。一些商店还会销售报废的整机。你可以低价买到旧机器，分解以后取出有价值的材料制作机器人。

● **汽车零件商店**。个体汽配商店销售的材料比正规连锁店要丰富很多。你在他们琳琅满目的货架上总会有一些意外发现，注意搜集那些小开关、导线和工具。

● **废物堆积场**。如果你打算制作大型机器人，旧汽车里面可以找到动力强劲的直流电动机，它们被用来驱动挡风玻璃的雨刷、电动车门和自动调节座椅（但是要注意，这类电动机的效率低、耗电大，不适合制作电池动力的机器人）。

图 3-2   玩具可以看作是最好的机器人材料，尤其是装有发动机的军事坦克模型和电动车。它们非常适合用来改装成履带式机器人

● **割草机销售服务商店**。割草机使用质量极好的电缆、旋转轴承和各种各样配件。在这类商店中你可以买到新的或二手的材料，用来制作机器人。

● **自行车销售服务商店**。在这里我不是指那些销售自行车的百货公司，而是专业销售自行车及其配件的商店。有一些材料你会感兴趣：钢丝、链条、制动装置、轮子、胶皮、链轮、此外还有很多。

● **工业材料商店**。一些地方销售齿轮、轴承、轴、电动机和其他工业规格的成套五金配件。对机器人爱好者来说，工业品的缺点是价格高（当然其品质也好），而在业余制作中往往不需要使用太高级的材料。

3.13   回收：利用现有资源

很多时候不需要买全新的材料（或旧货、剩余物资）来制作机器人。事实上，许多非常棒的机器人材料或许就在你的车库或阁楼里。想象一下，一台报废的录像机里面会有什么。它起码包含不止一个电动机——实际不会少于 5 个，各种齿轮以及其他的电子和机械小零件。

根据品牌和制造时间，它可能包含皮带和滑轮、微型接触开关、红外线发射和接收二极管，还有多种导线以及配套插接端子。这些都是可以回收利用的好材料。总的来说，一台报废的录像机里面至少可以提取出价值 30 美元的有用材料。

提示：不要轻易丢弃那些报废的小电气或机械装置，把它们拆开看看，总能找到一些有用的材料。如果你的一台 CD 机坏了，暂时没有时间处理，先把它存放起来，等闲暇下来再慢慢研究。

同样地，经常光顾一些汽车修理站和旧货商店，从二手或者已经损坏的商品里寻找可以再利用的材料。我会定期查看本地二手商店，只需要花很少的钱就可以买回一大堆东西，从里面可以提取出好多有用的材料。可以使用的二手商品的价格比损坏的东西要贵很多，对于机器人制作来说，损坏的东西也是非常不错选择。向店主询问是否有损坏不能工作的设备，他们会卖给你一个合理的价格。

下面的列表里总结了一些可以回收利用进行机器人制作的电子和机械产品。

● 录像机是最好的材料来源，同时市场上有大量的报废录像机。向前面讨论过的，你可以在录像机里发现电动机、开关、导线端子和其他有用的东西。

● CD机里面有光学材料，你可以用它们来制作机器人的视觉系统。拆除激光二极管，在CD机光头组件上可以发现聚焦透镜和其他光学零件，此外还可以找到微型电动机。

● 旧传真机包含多个电动机、齿轮、微型开关和其他机械材料。

● 鼠标、打印机、老式扫描仪、磁盘驱动器和其他停产的计算机外设里面都包含有价值的光学和机械材料。鼠标里面的光学编码器可以用来记录机器人车轮的旋转，打印机里面有电动机和齿轮，磁盘驱动器里面有电动机，诸如此类。

● 机械玩具，尤其是电动机驱动的玩具，可以拆里面的材料或作为机器人的底盘。两只车轮单独驱动的玩具车最适合用来改装机器人。

3.14　做事情有条理

我父亲曾经在军方的资产管理部门工作过20年。他有能力组织好周围的一切，从大型卡车和飞机到小型轴承。

在这方面我没有继承父亲的优点，我无法像父亲那样有条理的保管好每件东西。随着年龄的增长，直到成人，我总是忘记把使用过的东西放回原位。因为没有做好库存记录，我还经常会两次甚至三次购买重复的东西。

在认识到自己的这个缺点以后，我开始培养自己理智的购物习惯以避免库存越来越混乱和增加额外的花销，尽量在购物之前多想一想。

虽然我的工作室远不够完美，但是它已经被有条理的管理起来了。各种元件分类存放在格子里，还有几个塑料收纳盒和自封口塑料袋。我的方法对自己来说还不错，你一定可以做得更好。

3.14.1　小材料的收纳柜

塑料分类柜非常适合用来保管小零件。它们有各种样式和尺寸，从12个抽屉组成1英寸×2英寸的小型柜子（放在书架里正合适）到20、30甚至40个抽屉的大柜子。大柜子无法放进书架，除非你的书架的格子设定的很高，但是它们可以与工作台或桌子很好的搭配。

我喜欢由多种尺寸抽屉组合在一起构成的组合式收纳柜，这种柜子可以容纳体积不等的物品。比如，包含有24或30个1.5英寸×2英寸的小抽屉，6个、9个或12个2英寸×4英寸大抽屉的组合式收纳柜。这样你可以很方便地把电阻分类保管在小抽屉里，用大抽屉装体积比较大的电容。

> **提示：抽屉收纳柜的质量差异悬殊，最好亲自挑选。你可以在家装、超市或打折商店里找到这种柜子，挑选那些材质比较厚的柜子，确保它们坚固耐用。**

3.14.2　大型储存柜

大型塑料储存柜在体积和价格上都高了一大截。这些 1～3 英尺高的柜子里面有 3～6 个坚固的大塑料抽屉。抽屉的尺寸可能全部相同也可能大小不等，你可以挑选自己需要的规格。高品质的柜子可以存放大型电动机、金属齿轮和其他结构材料。

这种柜子设计用来存放沉重的毛衣或牛仔裤，尺寸比较大（可能存在轻微弯曲的问题），但是可以承受一定的负荷。它们的结构是可以摞起来安放的，你可以根据需要决定购买的数量。注意顶部的抽屉不要存放过重的物品，防止柜子因为头重脚轻意外倒塌。

3.14.3　工具箱和背包

有时不得不离开工作室进行工作，你需要随身带着工具和材料。对于比较大的物品，一只标准规格的塑料或金属工具箱将是不错的选择。

我仍然保存着自己的 Sears Craftsman 生产的 24 英寸钢制工具箱，它是我在 30 年前买下的，一直在为我服务。

对于轻量级的工作，塑料制成的专用钓具箱或者手提箱（见图 3-3）可以很容易地携带材料。常见的钓具箱顶部设计有一个储物盘，可供存放小零件。当你打开箱子的上盖，储物盘会上下滑动，方便你取用箱子底部的大工具和材料。

图 3-3　一个塑料工具箱或背包可以将机器人制作材料保存在一个便利的地方。选择那种结构上有数个间隔的工具箱，用来保管小零件

3.14.4　保管好你的存货清单

除非你有非常好的记忆力，否则你不得不使用一些办法来记录下材料的使用情况。最原始的办法也是最有效的办法，用记号笔给每个元件做标记。你可以使用任何品牌的记号笔，我最喜欢的是 Sharpie 笔。

除了在塑料密封袋上写字，你还可以在储存柜里使用标签或记录卡片。如果库存发生了变化，你只需要重新写一张新卡，宽的透明胶带也可以用来做这个工作。

对于那些存放各类小零件的抽屉，做好电子标签是最好的保管方法（回忆一下电影 Austin Powers《王牌大贱谍》里面 Vanessa Kensington 那只做满了标签的手提箱），给大型机器做标签就显得容易得多了。

> **提示：** 如果你的工作室需要很多储存箱，可以考虑使用硬纸箱。它们不用花钱，随手可得。将硬纸箱折叠起来就可以使用，不需要的时候将其拆开放平保存。套装商店也批量销售运输用纸箱，通常为 25、50 或 100 个为一套。

3.14.5　特别的储存方案

很多时候，越简单越随意越好，不必给每样东西都配备一个高档的塑料储存箱。下面是一些比较经济的材料储存方案。

● 硬纸做的鞋盒是个不错的储存工具。保管好盒盖，你还可以把它们摞起来存放，也可以拿掉盖子，只是作为一个随取随用的工具箱用。

● 自封口的食物储藏袋，尤其是高级冷藏袋，非常适合用来存放小东西。用记号笔做好标记，提示：宽底袋子可以保持直立，比较节省空间。

● 玻璃或塑料的婴儿食品罐是极好的容器，可以储存微小的零件，比如 2~56 号的五金件。玻璃罐不会产生静电，可以存放对静电敏感的电子元件。

● 空鸡蛋箱或鸡蛋托盘也是有用的材料，可以用它们存放小零件，但是注意不要使箱子或托盘发生倾斜，因为托盘上面预制放鸡蛋的凹坑比较浅，如果不小心，存放的材料可能会洒出来或混在一块。

第二部分
制作机器人

第 4 章

安全第一（永远放在首位）

制作机器人相对来说是一种安全的并且对智力大有益处的兴趣爱好，前提是你要小心应对并且妥善处理好可能发生的危险。比如，使用电烙铁进行焊接操作可能会导致烧伤，切割操作可能会导致创伤，家庭电压可能会导致触电等。

采取简单的几个步骤，养成良好的工作习惯，可以把制作机器人所带来的危险降到最低。在进行制作前先花时间思考一下安全问题，你完全可以避免被烙铁烧伤，被锯或刀割伤或者被裸露的电线电击。

4.1　操作安全

如果你计划制作机器人的身体或者骨架，你将用到锯、钻或其他加工工具。所有工具应该严格按照厂家使用说明进行操作。所有工具应该在光线充足、通风的环境下进行操作。在加工中，需要穿戴好劳动保护的衣服和鞋子。

电锯是非常危险的工具，即使工具本身带有安全保护装置，在使用中也一定要慎之又慎，千万不要让孩子在工作区域玩耍。此外还有以下几点。

- 工作中一定要佩戴安全护目镜，尤其是金属切割和钻孔的环节。眼镜或护目镜能很好地保护太阳穴附近的区域，防止加工产生的碎屑从侧面飞入眼睛。

- 确保锯条和钻头的刀口锋利。如果用钝了，将它们研磨锋利或者以旧换新。

- 一些制作中需要使用刀具进行切割作业——用泡沫塑料制作机器人的底盘。使用一只锋利的小刀，在合适的垫板上切割材料。千万注意不要用空闲的另一只手压着材料，如果刀具打滑，你会被割伤。正确的做法是用一条直尺压住材料。

- 当使用电锯或其他电动工具时要佩戴好防噪声耳塞。

 警告：我再次重申佩戴安全护目镜的重要性。我的一只眼睛曾经被碎屑打伤，险些丧失视力，幸运的是两只眼睛都还健全。因此在我的工作室里，不论对我自己还是对我的助手，佩戴护目镜都是一项强制性的操作规范。

4.2　电池安全

机器人使用的电池电压一般只有几伏特，但是电池的电极发生短路将产生非常大的电流，并造成电池过热。幸运的话，电池的电极会被烧毁，严重的情况会造成电池起火爆炸。

不要尝试进行电池的短路试验。储存电池时注意电池的电极不要碰到金属物体，一定要使用与电池规格相匹配的充电器进行充电。

4.3　焊接安全

电路焊接需要使用热量非常高的烙铁或焊台。这些工具的温度可达 600 ℉，即使是短暂的接触也可能造成三度烧伤。这个温度相当于一台设置在中高挡的电烤炉，由此你可以想象一下会有多么危险。

如果你准备进行焊接工作，一定要牢记下面几个安全提示。

- 在任何时候都把烙铁放在与之配套的架子上，永远不要把通电加热的烙铁放在桌子或工作台上。
- 在焊接过程中会产生酸性有毒的气体。保持良好的通风，防止这些有害气体在工作室的积累，避免吸入焊接中产生的气体。
- 如果你的焊接工具带有温控功能，将其设定在与焊锡相匹配的温度，通常 650 ~ 700 ℉ 的温度适合搭配标准的 60/40 含松香焊锡使用。
- 不要尝试在已经通了电的电路上进行焊接。这样做可能会造成对电路、焊接工具，甚至你自己的损伤。

4.4　防火安全

在使用电子设备进行机器人的制作过程中，火灾是潜在的危险。烧热的烙铁可能会引燃周围的纸张、木头或者衣物。电池短路造成的强大电流可能会烧坏导线。还有一种情况在本书的制作中不太常见，那就是工作中的电路也可能会产生大量的热量，烧坏外壳或引燃周围的物体。适当的制作技巧再加上耐心细致的检查，会帮助你避免这类意外事故的发生。

如果机器人使用交流电作为电源，在试运行的几个小时里一定要对它格外关注。注意任何不正常的情况，如打火、过热、燃烧等问题。假如机器人在启动的时候发生跳闸，那么可以肯定哪里的线路连接不正确。

提示：书中的全部制作项目均不牵扯到交流电直接供电的问题。市电将通过稳压电源或变压器降压之后进行使用。如果可能，应该尽可能避免直接使用交流电，采用稳压电源降压供电是比较理想的方案。

显而易见的，当你进行项目制作的时候应该远离易燃物体，包括汽油、打火机油、焊接设备及化学清洗剂。准备一只灭火器放在你随时可以伸手拿到的地方，确保发生起火时可以立刻进行扑救。

熔化的塑料会释放出毒性很高的化学气体。聚氯乙烯（PVC）塑料在熔化时会释放出对人体危害非常大的氯化氢气体。火灾扑救以后一定要保持彻底通风，如果感觉不适，需要马上就医。

4.5　防止静电损害

古埃及人将动物的毛皮与琥珀相摩擦发现了静电。当这两种材料相摩擦时，它们互相吸引，虽然埃及人不理解物体之间的这种神秘的不可知的力量，但是他们发现了它的存在。现在我们对静电已经有了深入的了解，并且知道它可以对电子元件造成损害。

作为一名机器人爱好者，你应该采取有效的预防措施避免静电放电（简称 ESD）。只需要采取简单的几个步骤，就可以消除静电所带来的损害，起到保护你自己、你的工具和你的制作项目的目的。

4.5.1　静电放电的问题

静电放电涉及非常高的电压和非常低的电流。在干燥的天气里，你的头发摩擦会产生好几万伏的静电，但是电流非常微小，几乎可以忽略不计。因为电流极低，使你不会受到严重伤害。

面对静电放电，很多半导体材料制成的电子元件都无法幸免于难。静电会对晶体管和集成电路，尤其会对那些以金属氧化物为基板的元件造成损害。它们包括：

- 金属氧化物半导体场效应晶体管（MOSFET）；
- 互补金属氧化物半导体集成电路（CMOS ICs）；
- 几乎所有的单片机芯片；
- 包含上述元件的电路模块，如数字罗盘、传感器等。

不要担心因为自己不了解这些元件的名称或者编号而无法分辨它们。静电敏感元件都会采用抗静电塑料袋或者抗静电海绵进行包装。这也是静电敏感元件的存放方式，只有当你需要使用它们的时候才可以去掉它们的包装。

从静电安全的角度考虑，对所有的半导体元件都应该重点加以保护。当然你也不用走极端，对于像电阻、电容、二极管、电动机、机械装置，开关或继电器这些通常对静电放电不敏感元件只要维持一般的操作就可以了。

4.5.2　使用防静电腕带

如果你居住的地区是气候干燥或者工作环境比较干燥，在工作的时候可以使用防静电腕带保护那些对静电敏感的元件。腕带的式样如图 4-1 所示，通过腕带将自己接地，防止静电的积累。

腕带的使用方法是将其绕在手腕上固定好，将腕带上的夹子连接到地线或者大型金属物体上。

工作台附近的电脑机箱（电脑电源的保护地与电源插座的保护地线连接）或铁制的桌子，书架都是不错的接地体。如果你使用抗静电工作台或地毯，可以把腕带的夹子夹在它们的金属接头上。即使抗静电地毯本身不接地，但是它的表面积很大，也可以达到消除静电的目的。

你可能从其他途径听说过把腕带直接连接到房间电源插孔上的保护地的做法。我认为这并不是一个好主意，如果操作不当或者搞错插孔，很容易导致自己触电。

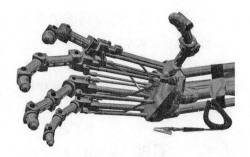

图 4-1　防静电腕带可以消除你身体上的静电，保护那些易受静电损害的敏感电子元件。一定要按照厂家的使用说明正确地佩戴腕带

4.5.3　保存静电敏感元件

塑料是最好的防静电材料。集成电路芯片的条带式包装容器就是采用塑料制成，芯片在这种塑料条带里可以长期妥善保存。如果离开了包装，芯片管脚上积累的静电最终会造成敏感元件的损坏。

不幸的是，被静电损坏的元件无法用肉眼直接分辨出来。通常情况是直到你开始使用这个元件，你才会发现它已经损坏了。

静电敏感元件最好采用以下方式中的一种进行保存。将元件的全部管脚都连接在一起（接地），以此来减小静电的影响。注意，没有哪种方法可以保证 100% 万无一失。

- 抗静电垫。这种垫子看起来像一块黑海绵，它实际上是一种可以导电的泡沫材料。抗静电垫是非常有用的材料，一定要小心收藏！你可以用它来制作压力传感器，详细内容参考第 42 章"增加触觉感应"。
- 抗静电袋子。抗静电袋子由塑料制成，袋子内部有一层特制的金属导电层。很多袋子都是自封口的形式，可以反复使用。
- 抗静电管。批量生产的集成电路芯片通常被装在塑料管里运输和储存。这种管子带有的导电涂层可以帮助减小静电的产生。

 提示：尽量将敏感元件保存在抗静电包装里，只有当你准备使用这些芯片或晶体管时才可以拆下它们的包装。

■ 4.5.3.1　合适的服装可以减小静电

避免穿着涤纶或化纤的衣服，它们可以产生强烈的静电。实验室中常见的棉质外套可以有效地降低静电的产生，这种外套在很多化工商店里都可以买到。除此以外，穿上它可以使你看起来更像是一位科学家。

唯一需要注意的是，在使用电动工具进行切割或钻孔工作时不要穿这种过长的外套。工作服长大的袖子或者衣角极易缠绕在工具上发生意外。

■ 4.5.3.2　使用接地的焊接工具

静电损害经常发生在使用一只不接地的电烙铁或者焊台进行电路焊接的时候。不接地工具的电源插头只有 2 个端子，而不是 3 个。第 3 个端子（圆头）的作用是接地。

接地工具不光可以帮助降低静电损害，还可以降低你的意外触电风险。一定要使用带有地线的插座，如果你使用延长线，也一定要处理好接地的问题。

4.6　用电安全

虽然书中的制作项目均不涉及交流电直接供电的问题，但是为求安全起见，我们还是应该采取必要的预防措施。市电使用不当可以造成死亡，对于使用交流电的电路一定要加倍小心。通过下面这些基本指导方针，你可以把交流电的用电风险降到最低。

- 总是使交流电路保持良好的绝缘。
- 保持交流电路与直流电路的隔离。如果有必要，在你的制作中使用塑料板将这两部分的线路分开隔离。
- 全部交流电源都应该安装保险丝。保险丝的额定电流应该可以满足电路的正常工作，还要保证电路发生短路时可以迅速熔断。
- 将交流电路安装在塑料机箱里，不要使用金属机箱。
- 给电路通电之前，起码检查 2～3 次。如果有可能，准备第一次合上开关测试之前，最好找其他人帮助你再次检查一遍你的作品。

4.7　急救

无论你多么小心，意外总是不可避免。幸运的话，可能会出现一些小事故，不会造成太大的伤害。如果伤害的情况比较严重，一定要及时加以处理。如果有必要，需要马上就医以防情况进一步恶化。

身边常备一本医疗参考书，它可以告诉你当出现割伤、擦伤和其他轻度伤害时应该怎么处理。你应该准备一个急救包，把它存放在工作室或洗手间等显著的位置，确保随时可以拿来使用。

购买回来的急救包需要妥善保管。急救包中的药品或工具，在使用完以后应该及时放回原处。每年检查一次急救包，将过期或损耗的物品及时换新。

4.7.1　眼睛伤害的急救

或许眼睛伤害是最糟糕的一种情况。一定要注意，在焊接和使用工具的过程中，哪怕是最微小的操作都要对眼睛采取可靠的保护。焊锡飞溅出的杂质，用钳子给元件剪脚时蹦起来的金属碎片都会危及眼睛的安全。如果这些物体飞入眼内，给你带来的将不仅仅是伤痛，它们会对眼睛造成严重伤害，可能导致暂时或永久性的失明。

如果不慎导致异物进入眼内，尤其是玻璃、金属或塑料物体，一定要求助于专业眼科医生，千万不要试图自己处理，那会使情况变得更加严重。

4.7.2　电击伤害的急救

电路或者电池都可能导致电击伤害。仔细检查受伤部位的皮肤，采取与烧伤相同的处理办法。

当你受到电击时，应该立刻停止手头的工作并且有意识的使自己平静下来。检查你的脉搏或心脏是否正常，排除电击产生的副作用。如果你觉得哪里不舒服，应该马上向医生咨询。

4.8　利用常识，并享受你的爱好

常识是应对意外和伤害的最好武器，但是它不可能被写成一本书。你应该在工作中积累经验，并用这些经验来保护好自己。机器人制作是一个令人着迷的业余爱好，不要因为你忽略了一些必要的安全措施而酿成大祸。

第 5 章

制作机器人的身体——基本知识

我们已经知道机器人是机械与电子的巧妙结合体。机械部分构成的机器人的身体经常被称为框架、底盘或平台。这些名称的含义都是一样的。

制作一个机器人的身体包括 3 方面的工作：

● 选择材料（可以混合搭配）；

● 如果需要，对材料进行切割定型，并钻出其他零件的安装孔；

● 将全部零件组装到一起。

在本章里，将向你介绍业余制作机器人使用的主要材料，以及你将这些材料加工成预想的形状或尺寸所需要的基本工具。

在后面的第二部分将向你提供更详细的使用这些材料的操作说明。章节里面包括了几个易实现、功能全的机器人移动平台的方案，你可以把它们作为制作机器人的起点。

 提示：完成本书里面的任何一个设计都不需要使用太贵或太专业的工具，你需要的只是一些最基本的工具。很可能你的车库里面已经备齐了一套这样的工具，或者你可以借用朋友或亲戚的。

5.1 选择合适的制作材料

机器人可以用木头、塑料、金属，甚至坚固的硬纸板制作或泡沫来搭建。哪一种材料更合适？这完全取决于机器人的设计目的，它有多大、多重以及你打算用它来做什么。它可以是简单的一块木头，或者它可以是一个漂亮的组合结构，高科技的塑料外壳里面包裹着一个由铝型材和金属支架组成的身体。

你的预算和制作技术以及工具的强度，也会影响你对材料的选择。与铝板或钢板的切割和钻孔相比，使用 1/4 英寸厚的胶木板或 1/8 英寸的塑料板可以减轻工作强度。工艺用品商店里销售的泡沫板也可以很容易地制作出机器人。

● **木头**。木头很容易加工，可以被打磨或切割成任意的形状，它在干燥的情况下是不导电的（可以避免短路），它随处可见。

● **塑料**。塑料价格便宜，强度比大多数金属都要高，很容易加工。你可以切割、定型和钻孔，甚至黏合。一些特殊的塑料可能会很难找到，除非你本地有库存充足的塑料专卖店。网购是一个比较好的方式。

● **金属**。本书中谈论最多的就是铝，也包括业余爱好商店里能买到的铜板、黄铜板以及管材。这 3 种都是制作机器人的极佳材料。

● **轻质复合材料**。艺术用品商店里的"泡沫板"，也称为泡沫夹心。泡沫板的外层是纸或塑料，里面是高密度压缩泡沫。重型硬纸板和轻质塑料板也是可供选择的材料。

我们下面仔细分析一下这些材料，更详细地使用这些材料制作机器人的细节问题将在后面的章节中进行讨论。

5.1.1　木头

如果诺亚可以用木头制作方舟，那么它大概也是制作机器人的好材料。木头价格适中，可以用普通工具进行加工。

尽量避免使用又软又厚的木头，比如松木和冷杉。设计用来进行模型制作的硬木胶合板是一个不错的选择，尽管它们的价格有点贵，是 7 ~ 10 美元可以买一块 12 英寸 × 12 英寸的正方形板材。这种材料非常适合制作机器人，它们不易弯曲、开裂或出现斑点。你可以在业余爱好或工艺用品商店里买到这种材料。

供参考
参考第 7 章"木头的加工"获得更多使用木头制作机器人的信息。

5.1.2　塑料

塑料有数千种，但是不要让这个数字吓到你。对于机器人来说，只有一少部分符合业余制作的要求（既负担得起，又容易买到）。同样地，这些塑料也比较容易用标准工具进行加工。

● 丙烯酸树脂主要用于装饰和实用用途，比如相框和色拉碗。它一般是透明的，也包含各种明亮的颜色。这种材料承受不了太多的重量，否者将会开裂。

● 聚碳酸酯看起来类似丙烯酸树脂，但是强度更大。这种塑料可以用来制作玻璃窗，因为密度增加了，它变得更难加工，同时也更昂贵。

● 一种特制的聚氯乙烯板材，称为发泡 PVC，是制作小型和中型机器人的理想材料。图 5- 1 显示了一个用 PVC 制作的机器人，它比丙烯酸树脂和聚碳酸酯更容易加工。

● 特种塑料。最后是一些不太常见的塑料（你可以在专业塑料批发店里找到，查看你本地的电话黄页），它们具有某些特定的优点。它们包括 ABS、聚甲醛树脂和尼龙。这些塑料材料在机器人中的应用将在第 9 章"塑料的加工"里面进行更详细的说明。

图 5-1　发泡 PVC 是制作机器人的理想材料。它价格便宜、重量轻，可以像木头一样切割和钻孔。这种塑料有多种颜色和厚度，你可以根据项目需要进行选择

5.1.3　金属

　　机器人的原始材料就是金属。从成本和重量上来看，它是最昂贵的机器人材料，同时它很难加工，对加工工具和加工技术的要求都非常高。如果你要求机器人必须在"死亡竞赛"中取胜或者机器人设计用来在户外比较复杂的环境里运转，金属是必不可少的。

　　对机器人来说，铝和钢是最常见的金属。铝属于软金属，因此很容易加工。钢的强度比铝高上好几倍，容易焊接，适合用来制作大型的机器人。

　　图 5-2 显示了 3 种常见的用金属构造的机器人。

　　● 一个水平的框架可以作为机器人的底盘并给它提供支撑。箱式框架就像名称里所指出的那样，是一个三维的箱子，有 6 个面。它适合制作大型机器人或装配那些需要额外支撑的重型部件。

　　● 定形的底盘是将一块金属切割成特定形状的机器人。金属必须具有一定的刚性使其足以支撑电动机、电池和其他部件的重量而不会弯曲变形。一些非常能干的机器人的主要结构就是一块金属板，板上安装有车轮，顶部放有一台笔记本电脑。

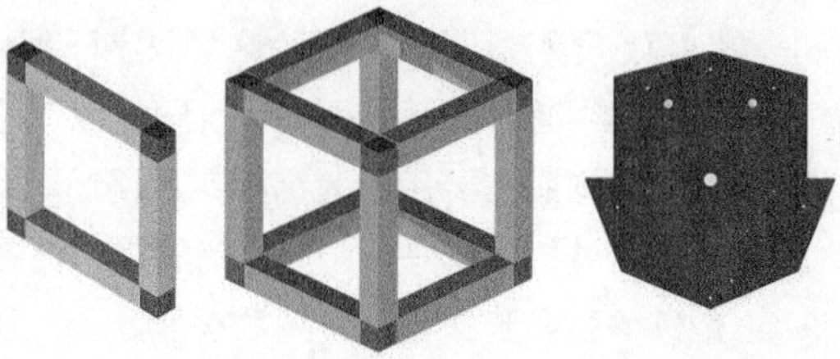

图 5-2　3 种基本的机器人底盘的类型：正方形框架（可以用木头、塑料或金属制作）、箱式框架，以及定形的底盘。它们构成了机器人的主体结构

　　除了金属（一般是铝）以外，机器人的结构还可以用木头、塑料和其他材料制作。常见的金属零件包括固定用的支架，以及螺丝、螺母和一些其他的紧固件。

供参考

参考第 11 章 "金属的加工" 获得更多用金属材料制作机器人的方法。

5.1.4　轻质复合材料

不需要把每一个机器人都制作的像火星车那样可以承受极度恶劣的环境，一种快速成型的制作技术使用轻质材料，可以用美工刀或小手锯这类手工工具切割，用锥子或钉子扎孔。快速成型技术是你可以在极短的时间里制作出机器人，并且造价很低。它非常适用于正式制作机器人前的设计和测试工作。

快速成型是业余机器人制作中的一个比较重要概念，书中单独安排了一个章节对其进行详细的介绍（参见第 14 章 "快速成型法"），这里先介绍一些常用的材料。

- 重型硬纸板的强度非常大，然而它们很容易切割和钻孔。这种材料比常见的硬纸箱要厚重很多，但是概念是一样的。它们由瓦楞纸夹心的结构制作而成。重型发动机零件一般都是采用这种纸板制成的箱子包装和运输的。你可以买到全新的重型硬纸板。

- 混合层压材料包括泡沫板，这是一种塑料泡沫夹心的板材，外层是硬纸板。其他种类的层压板可能使用木头、纸、塑料，甚至是细小的金属。

- 波纹塑料板是广告商最喜欢的一种材料。他们使用这种板材制作轻质（造价也很低）的户内或户外招牌。这种材料看起来像硬纸板，如图 5-3 所示，只是全部由塑料制成。

图 5-3　塑料波纹板的结构和瓦楞纸板一样，只是材质是塑料的。它非常适合快速制作小型和轻型机器人。这种材料可以用美工刀切割

5.2　评论：选择正确的材料

我们现在来回顾一下这 4 种主要的机器人制作材料，并比较一下它们的优缺点。

材料	优点	缺点
木头	随处可见；价格适中；使用普通工具就可以轻松加工；硬木胶合板（推荐用来制作机器人的底盘）非常结实坚固	强度比不上塑料和金属；受潮容易弯曲变形（需要进行油漆或密封防水处理）；受力容易开裂
塑料	强度高；耐用；形式多种多样，包括板材和挤压型材；一些常用的塑料板（丙烯酸树脂、聚碳酸酯）在五金商店和家装建材商店很容易买到；其他类型可以通过网上渠道购买	高温熔化变形；一些类型的塑料（例如，丙烯酸树脂）受冲击易开裂破碎；PVC 和另一些塑料会发生受力变形的问题；特制类型很难购买；优质塑料价格昂贵；高水平的切割和钻孔需要使用特殊工具

续表

材料	优点	缺点
金属	强度很高；铝有多个品种和适合使用的形状（板材、挤压型材）；可以承受高温和高负荷	比其他材料重；需要使用电动工具和锋利的锯条、钻头进行加工；施工难度大（需要一定的技巧）；造价昂贵
复合材料	重量轻；容易使用常用工具切割和钻孔；可以快速成型验证新设计和新想法；非常便宜；有多种厚度	强度比不上其他材料；由纸或者木头制成的复合材料不耐潮湿；一些类型可能不太容易找到，除了专业或网上商店

请注意！没有纯粹"理想"的机器人制作材料。每个项目都需要考虑以下几个问题。

机器人。尤其是它自身的物理属性——大、小、轻、重。

机器人需要执行的工作。机器人不适合完成繁重的工作，比如举起物体或破坏其他机器人。不需要使用重量级的材料。

你的预算。每个人购买机器人的材料都有一个底限。预算紧张可以选择便宜的材料。

你的制作技巧。用木头、塑料或复合材料制作机器人比用金属要容易得多。

你的工具。用金属或厚塑料板制作机器人需要使用重量级的工具，而木头或薄塑料板（译者注：原文为厚塑料板，描述有误）对工具的要求就没那么高。

5.3　用"身边"的材料制作机器人

在结束机器人材料的话题之前，我想谈一种特殊制作类型——使用身边的材料。你可以在后面的第 16 章"用玩具制作高科技机器人"和第 17 章"用身边的材料制作机器人"更详细地了解这个概念，在此只做一个简单介绍。

你可以用周围的一些常见材料（商店里、屋子里、马路边上）充当机器人的底盘。便宜的家庭器物、五金零件和玩具都可用于多种创新的制作方法，既提高机器人的制作速度，又节约成本。身边的材料，例如，旧的 CD 和 DVD 盘片以及塑料包装盒等。

5.4　制作机器人的基本工具

制作工具是你用来制作机器人的框架和其他机械部分的东西。它们包括平常的螺丝刀、锯和钻。

在你的车库和工作室里面找一找，很可能你已经有了一整套制作机器人所需的工具。如果你只有一两件工具，也不用着急，因为业余制作机器人（至少在这本书里）不需要使用任何专业工具。

另外一类是用来制作机器人电路部分的工具。这些工具有专门的一章介绍，见第 30 章"制作机器人的基础电子学"。

5.4.1　卷尺

你需要一种方法来测量你制作的机器人。一个可收缩的 6 英尺或 10 英尺卷尺就可以满足要求，不用太高级，花几美元在折扣店买一个就可以用。

卷尺刻度带有英尺和毫米两种单位用起来会比较方便，但不是特别要求。

　　有些百货店里可以找到免费的一码长的纸或布卷尺，可以作为临时使用，但是可能不够精确。使用它们可以方便地测量拐角部位。

5.4.2　螺丝刀

　　你需要准备一套正规的一字和十字头的螺丝刀，如图 5- 4 所示。它们分成不同的尺寸，你需要一对 #0（小号）和 #1（中号）的十字螺丝刀和一对小号和中号的一字螺丝刀。磁性头部使用起来比较方便，但不是必须的。一定要购买高质量的螺丝刀，拿着体验一下握感是否舒适。塑料柄的螺丝刀不能太硌手。橡皮护套的手柄可以提供良好的握感。

5.4.3　锤子

　　本书里面的制作都不要求给木头钉钉子，但是你仍然需要准备一只锤子，锤子可以敲击材料使材料对齐成一条直线或配合中心冲敲出钻孔标记。一只标准尺寸 16 盎司的羊角锤就非常好用，奶头锤也可以用。机器人制作不需要用到太大的工具，在锤子的选择上可以适当放宽，一般的小锤子都能够满足使用。

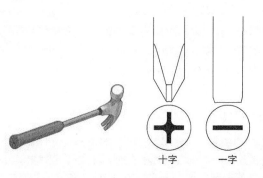

图 5-4　螺丝刀是制作机器人的基本工具。十字和一字是两种最常见的类型

十字　　一字

5.4.4　钳子

　　钳子可以使你在工作时固定好零件。平口钳和尖嘴钳各准备一只就可以满足 94.5% 的工作了。不要把它们作为扳手来紧固螺母，这将会磨圆螺母的棱角，给以后的拆卸增加难度。紧固螺母应该使用套筒螺丝刀，详见下文。

　　对于高强度的应用，可以买一只大号的尖嘴钳。一套"养路工"钳子可以用来进行繁重的工作，它们还带有锋利的切口可以剪断不太硬的电线。

5.4.5　钢锯

　　钢锯是最主要的机器人制作工具，选择那种可以快速更换锯条的型号。常见的锯条长度为 10

英寸和 12 英寸，在切割金属时建议使用长度比较短的锯条，购买那种规格
为每英寸 18 或 24 齿（单位常用 tip 或 pitch 标示）的碳钢锯条。

　　按照习惯，锯条在安装的时候锯齿应该朝前，就是说当你向前推动钢锯
的时候锯条是处于切割状态。然而，这个技术细节并没有严格的规定，你可
以根据试验确定最适合你操作的安装方式。

5.4.6　电钻

　　钻是用来钻孔的工具，电钻可以使钻孔的过程变得更容易。选择带有
1/4 英寸或 3/8 英寸卡盘的电钻，卡盘是插入并固定钻头的零件。卡盘的尺寸
决定了钻头的最大直径。大多数小型机器人使用的钻头尺寸都小于 1/4 英寸。

**提示：最好选择转速和转向可调的电钻，虽然这会增加一点投资，但是非常值得。转速
可调在加工不同种类的材料时非常有用，一些材料（例如金属）需要非常低的转速。**

5.4.7　钻头

　　钻的作用是带动钻头旋转，钻孔实际上是通过钻头完成的。

　　根据这个事实我们可以采纳以下的建议：买一套满足日常零用要
求的钻头。在美国和另一些使用英寸为单位的国家，钻头的尺寸表示
为分数英寸。一套常见的英制钻头包含 29 根（或多或少）钻头，尺
寸从 1/16 英寸到 1/2 英寸，跨度标准为 1 英寸的 1/64。对于大多数机器人作品来说，你只需要用
到 3 个尺寸的钻头，备齐一套钻头的好处是可以满足不时之需。

> **供参考**
>
> 　　1/4 英寸以下钻头的尺寸有时也用数值表示，比如一个 #36 的钻头和 7/64 英寸的钻头是一
> 样的。参卡附录 C"机械参考"里面提供了一个方便查阅的钻头数值与分数英寸的对照表。

- 价格最便宜的适用于制作机器人的钻头是高碳钢钻头。
- 质量好一点的钻头是用高速钢制造的，它们可以长时间保持锋利。这种钻头可以满足大多数
业余机器人工作室的需要。
- 碳化钨合金钻头即使用来加工金属也可以长时间保持锋利。它们的价格也比其他的钻头贵。
- 钻钻头是终极之选。它们几乎可以加工任何材料，包括硬质钢材。

　　钻头有很多种涂层，涂层可以延长它们的使用寿命。但是，涂层钻头不能重新打磨，因为打磨过
的部位将不再受涂层的保护。发黑氧化涂层是这类钻头中造价最低的一种，它们适用于木头、软塑料
和薄铝板。各种各样的钛涂层钻头可以极大地延长你的钻头的寿命，你可以用它们加工厚铝板和钢材。

> 提示：为了节省资金，可以买一套标准的高速钢钻头，在这个基础上再补充购买特定规格的价格昂贵的长寿钻头。我的工作室使用最多的钻头是 1/8 英寸，为此我额外多准备了几根钛涂层的钻头。

5.4.8　螺丝批头

当你需要安装大量螺丝的时候，可以花钱买一套与电动螺丝刀配套使用的十字和一字批头。这些批头可以像钻头一样安装在电钻或电动螺丝刀的卡盘上，用途是上紧或松开螺丝。为了方便使用，你的电动螺丝刀的转速应该是可调的，批头的转速太高非常容易将螺丝拧花。

5.4.9　雕刻刀

雕刻刀带有可替换的刀片，常见的品牌如 X-Acto，它们是切割硬纸板、泡沫板和薄塑料板的理想工具。值得一提的是：这类刀具的刀片极度锋利，使用时千万要小心。

5.4.10　套筒螺丝刀

套筒螺丝刀看起来类似普通的螺丝刀，但是它们的用途是紧固六角（外六边）螺母。它们有英制（英寸）和公制两种尺寸。对于英制来说，常见的尺寸有：

螺丝刀尺寸	适用螺母
1/4 英寸	#4
5/16 英寸	#6
11/32 英寸	#8
3/8 英寸	#10
7/16 英寸	1/4 英寸
1/2 英寸	5/16 英寸

5.5　可选工具

以下是几个值得拥有但对制作机器人来说又不是特别重要的工具，如果你的预算允许，建议把它们也添置齐。

● 斜锯架可以使你笔直或呈一定角度的切割管材、棒材和其他有一定纵向长度的材料。斜锯架需要固定在工作台上使用。

● 当你钻、切或以其他方式"折磨"零件的时候，可以用台钳对它们进行固定。选什么尺寸的台钳合适？大小可以固定 2 英寸的木头、金属或塑料的尺寸就足够了。

● 工作台或桌子上放一个钻床。钻床可以帮助你加工出更漂亮、更精确的钻孔，旋转一个手柄降低钻头的高度给材料钻孔。

5.6　五金用品

一个机器人大致上是由 70% 的结构部分和 30% 的电子与机电部分所组成，大多数机器人零件都可以在本地的五金商店里买到。以下是一些制作机器人时应该常备的材料。

5.6.1　螺丝和螺母

螺丝和螺母是最常见的紧固件，它们可以把物品固定在一起。螺丝（大号的称为螺栓）和螺母有多种尺寸，包含公制和英制两种标准。本书中主要参照英制尺寸，它也同样适用于美国标准，也是我现在使用的。

这里列出了一些你在制作机器人时经常要用到的紧固件。你可以在第 13 章"装配技术"中阅读到更多紧固件的介绍。

● 装配典型的桌面型机器人可以使用 4-40 号的螺丝和螺母。编号前面的"4"表示它是一个 #4 紧固件，"40"表示它每英寸有 40 个螺纹。螺丝有不同的长度，制作小型机器人常用的规格是 3/8 英寸、1/2 英寸和 3/4 英寸。我最常使用的螺丝是 4–40×1/2 英寸。

● 安装大零件或制作更大的机器人，使用 6-32、8-32 和 10-24 号的螺丝和螺母。最常用的螺丝长度为 1/2 英寸、3/4 英寸、1 英寸和 1⅛ 英寸。这些和其他尺寸的螺丝都可以在任何一家五金或家装商店里买到，你可以在需要的时候直接到商店里去挑选。

● 对于非常重量级的工作，你需要 1/4 英寸 -20 或 5/16 英寸 -20 的五金件（1/4 英寸 -20 是指螺丝的直径是 1/4 英寸，每英寸有 20 个螺纹，这是一个标准尺寸）。只有在设计需要的时候再去购买。

锁紧螺母是一种特制的螺母，在机器人里面使用的也比较多。它们的螺纹里有一个尼龙塑料的内核，这使它们拧在螺丝上以后可以锁死，不会意外松动。

5.6.2　垫片

垫片与螺丝和螺母配合使用，帮助分散紧固件的压力。它们也可以将螺丝和螺母固定死使其不会松开。最常见的是平垫片，用来防止螺丝的头部（或螺母）不会陷进材料里面。齿牙和开口锁紧垫片产生的力可以防止螺母松动。

5.6.3　支架

小号的钢或塑料支架也是制作机器人的理想材料，支架的作用是将两个零件固定在一起。它们有不同的尺寸，小号的支架非常适合制作桌面机器人，支架越小重量越轻。我通常使用1½英寸×3/8 英寸的扁平钢支架将两块切割成 45° 斜角的材料连接在一起，制作框架结构。

5.7　准备一个工作室

你可以在任何地方制作机器人，但是一个光线充足、整洁和舒适的工作环境可以使你工作起来更加心情舒畅。

车库是一个理想的场所，你可以在里面随意地切割和钻孔而不用担心碎屑弄脏地面。电子装配可以在室内或室外完成，我发现在铺着地毯的房间里面工作时，脚下最好再铺另一块地毯或在地毯上加一层保护罩。当小块地毯上积满焊锡渣和小碎片以后把它拿到外面拍打并清扫干净，它就又完好如初了。

无论机器人工作室选在哪里，都应该确保将所有工具摆放在伸手可及的位置。特殊工具和用品可以单独存放在一个廉价的渔具材料箱里面进行保管。钓具箱里面有很多独立的小隔间，可以分类存放螺丝或其他小零件。为了达到最好的效果，你应该保证即使离开工作室一段时间，制作中的机器人也不会受到干扰。工作台附近也应该加以限制高度让小孩无法够到。

工作室必须提供良好的照明。机械和电子装配需要耐心细致的工作，因此你需要良好的照明环境，让一切都能看得清楚。头顶照明的灯泡功率不应该小于 60W。此外，你可能会长时间坐在工作台前工作，一个舒适的椅子或凳子也是必不可少的。

第 6 章

机械加工技术

很可能，你曾经用工具制作或修理过一些东西，对常见工具已经有所了解。即便如此，你也很可能不知道机器人加工与制作的一些细节问题。如果你是一个模型专家，那么很好，你可以跳过这一章进行下面的内容。如果你缺乏基本的制作常识和工具的使用技巧，或者你想加深了解这方面的知识，请继续阅读本章的内容。

本章假设你已经阅读过前面第 5 章 "制作机器人的身体——基本知识" 里面关于工具的内容，它包含了一个对业余制作机器人所需的各种工具的介绍。如果你还没有阅读过那部分内容，建议你先翻回去看一遍，然后再继续。这里增加了几个专业工具的内容。

本章还假设你准备加工的材料是木头、塑料或金属。如果你使用的是轻量、易加工的快速成型材料，例如泡沫板，你可以参考第 14 章 "快速成型法"。

 提示：本章不会教你怎么制作东西，毕竟这是一本关于机器人的书，而不是一门实习课。 如果你想掌握更多知识，建议阅读 *Time-Life* 或者 *Reader's Digest* 里面 DIY 的内容。它们写得非常好，并且包含简明扼要的插图。

6.1　重中之重：眼镜与耳朵的保护

在使用任何电动或手动工具时，一定要佩戴好护目镜。这可以预防有害碎屑飞入眼睛以及可能导致的损伤。

在使用电动工具时别忘了保护好耳朵。高速工具，尤其是电锯和气动工具，会产生高分贝的噪声，工作时需要戴好车间专用的可以包住耳朵的特制隔音耳塞或本地药店销售的普通入耳式隔音耳塞。

供参考
阅读更多关于如何更好更安全的开展机器人爱好的内容，见第 4 章 "安全第一"。

6.2　计划、起草、测量、标记

先从计划开始，想象一下机器人的外观和内部的零件。然后，

● 详细制定一个预算方案。如果你刚开始机器人的制作，手头可能不会有太多的配件和耗材，寻找你需要的东西（见附录 A"RBB 技术支持网站"和附录 B"在线材料资源"），列一个清单记录下它们的名称、编号和价格。

● 在纸上或用计算机的矢量图形软件画出设计草图。我喜欢使用 Inkscape，它是一个免费软件。

如果你需要切割和钻孔，可以直接在材料上做标记。木头、硬纸板和泡沫板可以使用 2 号的软铅笔做标记。其他的选择是黑色的 Sharpie 记号笔或其他类似的记号笔，细笔尖效果最好。

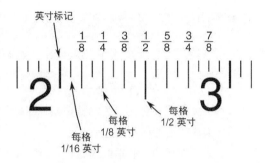

图 6-1　学习阅读卷尺的刻度是掌握好任何制作项目的第一步。大多数卷尺的刻度单位是英寸，并细分到 1/16 英寸或 1/32 英寸

用卷尺保证测量的精度。如果你使用的卷尺刻度单位是英寸（见图 6-1），可能会细分成 1/2 英寸、1/4 英寸、1/8 英寸和 1/16 英寸的小格。细分的格子很容易看错导致计算或测量不准确，所以需要对每次测量出的数值进行仔细检查。

6.3　材料的钻孔

除了快速成型法（类似第 14 章"快速成型法"里面介绍的内容）以外，大多数机器人都需要进行钻孔，这样你才能在它们上面安装电池仓、电动机和控制电路。

不论给什么材料钻孔（木头、塑料、金属），基本的操作都是一样的：给钻具（手动或电动）装上一根钻头，在材料上标记好钻孔位置，开始钻孔。高质量的钻孔工作涉及一些简单的规程，描述如下。

6.3.1　选择正确的钻头

29 合 1 的钻头套装可能是你最想收到的生日礼物，你可以在这些钻头里面挑选出你最常用的规格。但是在实际工作中，你很可能只用到它们中的少数几个，其他规格的钻头只是偶尔使用。这是我的亲身体会。

我使用 5 种规格的钻头完成大多数小型机器人的钻孔工作，平时我把它们存放在一个方便取用的木架子上。

钻头规格	用途
5/64 英寸	定位或引导孔
1/8 英寸	4-40 号螺丝孔
9/64 英寸	6-32 号螺丝孔
3/16 英寸	8-32 号螺丝孔
1/4 英寸	零碎工作（如电缆通孔）

参考第 5 章 "制作机器人的身体——基本知识" 了解钻头的种类，包括带有特制涂层的长寿命钻头。

- 给金属或硬塑料（丙烯酸树脂、聚碳酸酯）钻孔时，先用 5/64 英寸的钻头钻一个定位孔，然后再换成期望的钻头进行扩孔。

- 除非你要加工非常大的钻孔，否则在给木头或软塑料（PVC 或 ABS）钻孔时你可以直接使用需要孔径的钻头进行钻孔。

- 加工尺寸大于 1/4 英寸的钻孔，尤其是给金属钻孔，可以先采用小钻头打孔再逐步扩孔的方法。比如加工一个 3/8 英寸的孔，先从加工 1/8 英寸的定位孔开始，然后换成 1/4 英寸的钻头扩孔，最后换成 3/8 英寸的钻头完成钻孔。

6.3.2　选择合适的速度

不同的材料需要使用不同的速度进行钻孔。高速电钻适合加工木头，但是用来加工金属钻头很快就会变钝，用来加工塑料会导致其破裂。

材料	钻头转速
软木（松木）	高
硬木（桦木）	中到高
软塑料	中
硬塑料	低到中
金属（铝）	低
金属（钢）	非常低

大多数电钻都无法直接测量出工具的转速，你只能猜测转速是高、中，还是低，也可以通过工具的声音判断转速。如果你使用一个转速可调的手电钻，把开关按到头可以获得最大转速。释放开关，通过听电动机的声音估计开关在一半的位置（中速）和开关在 1/4 位置（慢速）时的转速。

如果你使用钻床（台钻），可以调整电动机上面的皮带的位置来调节转速，将皮带放在高、中、低的位置获得相应的转速。因为皮带调整起来很麻烦，你可以把它设置在低速，完成所有的钻孔工作。用慢速钻头钻木头比用高速钻头钻金属要好得多。

6.3.3　保养好钻头的卡盘

卡盘可以看作机械的 "咽喉"，它与电动机的传动轴连接在一起，既起到定位的作用，又起到加紧钻头的作用。少数电钻带有自动卡盘系统，大多数都是使用卡盘钥匙进行操作的：将钥匙插在卡盘侧面的洞里，可以放松或收紧卡爪。使用卡盘时需要注意一下几点。

只能将钻头光滑的末端插入卡盘，不可深及钻头的切刃部分。否则，钻头可能会损坏。

在上紧卡盘之前，一定要确定钻头位于卡爪的中间位置。如果钻头偏离中间位置，钻孔会过大和扭曲。

不要将卡盘上得太紧。如果卡盘上的太紧，当你想取下钻头时会很难将其松开。

使用至少两个钥匙洞来上紧卡盘。这可以均衡卡盘上的力矩，工作完成以后更容易将其松开。

6.3.4　控制钻孔的深度

大多数钻孔需要将材料彻底贯穿，但是有些情况你需要钻到一半深度就停止。比如，你需要一个有限深度的钻孔来安装机器人嘴部铰链的一个固定销。

有很多种方法可以控制较厚材料上面的钻孔深度。我喜欢在钻头上面缠一圈胶带作为深度标识（见图 6-2）。调整好胶带底边与钻头头部的距离，使其符合预定加工深度就可以了。

另一种控制钻孔深度的方法是加工沉头孔，这种方法所加工出来的钻孔直径是不同的。沉头孔作业如图 6-3 所示，先用小号钻头打一个通孔，再用大一点的钻头钻入材料一半的深度。这个技巧经常用来配合锥形螺丝钉的安装，钻孔的特点是底部比顶部的直径略小。

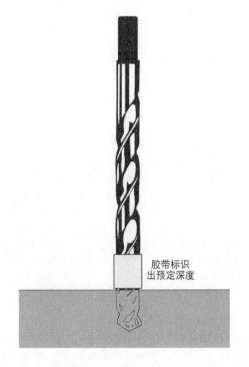

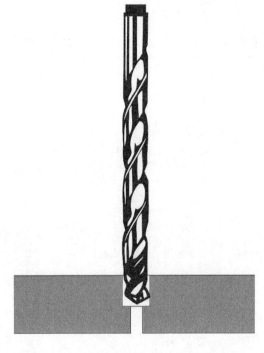

胶带标识
出预定深度

图 6-2　一个快速简便的加工特定深度的钻孔的方法是在钻头上缠一圈胶带进行标识。调整好胶带底边与钻头头部的距离

图 6-3　沉头孔内部有两个尺寸。它的用途之一是安装木螺丝，木螺丝的顶部没有螺纹，钻孔底部的小孔可以上紧木螺丝的螺纹

6.3.5　钻孔的垂直校正

任何手工工具钻孔都会产生一定的误差，即使是经验丰富的技术工人也不能保证钻孔与材料的表面的夹角总是直角。

加工对精度有严格要求的孔时，需要用到转床（台钻）或钻模，后者可以在大型五金店或者提供专业木工附件的工具商店里找到。但是，坦率地说，我从来没找到过这种东西。

钻床是保证钻孔垂直对齐的理想工具。标准入门级钻床的价格在 100 美元以下。钻床非常耐用，我现在仍在使用的一台钻床是 30 年前买的。

6.3.6　使用夹具和台钳

当使用电动工具钻孔时，一定要将零件用夹具或台钳固定好。不要用手直接拿着零件，尤其是比较小的零件。因为在钻孔的过程中，钻头会旋入零件里面，使它产生一个跟着钻头旋转的力。如果你用手拿着零件，它可能会从手里脱出，引起伤害。

夹具和台钳有多种形状、尺寸和规格，没有一种型号可以满足所有情况。弹簧式夹具（它们看起来像大夹子）适用于非常小的零件，C 型夹具适用于大块材料。台钳可以配合钻床加工各种类型的小零件，加工小而轻的零件可以用大号的多功能钳或大力钳配合工作。

6.3.7　钻孔窍门

这里有几个加工木头、金属和塑料的钻孔窍门。所有的速度单位均为 r/min。

	木头	塑料	金属
常规操作	木头可以用电钻、手钻或钻床进行钻孔。钻头的转速取决于钻头的尺寸和木头的密度。下面是常用转速的几点建议： ●大于 1/8 英寸：2 000 ● 1/8 到 1/16 英寸：4 500 ●小于 1/16 英寸：6 000	对于软塑料（例如 PVC），转速可以设置成与木头一样或者稍微低一点。对于硬塑料（丙烯酸树脂和聚碳酸酯），应该将转速降低一半	金属应该用电钻钻孔。加工小尺寸的零件最好用钻床。 下面是加工铝板和其他软金属的常用转速的几点建议，如果是硬金属，需要把转速降低 50% ～ 70%。 ●大于 1/8 英寸：500 ● 1/8 到 1/16 英寸：1 000 ●小于 1/16 英寸：1 500
钻头选择	木钻头的顶部刃角是 118°（非常标准的规格）。可以用来加工出硬木（橡木）以外的各种木头，普通碳钢麻花钻就很合适	加工软塑料可以用木钻头。加工丙烯酸树脂和聚碳酸酯这类硬塑料需要使用特制的尖头钻头	铝板和其他软金属可以用 118°刃角的标准钻头。加工类似钢这样的硬金属（甚至硬塑料）需要使用 135° 刃角的钻头。 为了延长钻头的使用寿命，可以选择钛钴涂层的特制金属钻头
降温方式	可以自然冷却。如果木头太硬太厚，可以每 30 秒暂停一下使钻头降温	可以自然冷却。为了防止钻孔附近的塑料过热熔化，可以采用减慢钻孔速度，钻先导孔再扩孔或加一点水辅助降温的方法	使用金属切削油（薄铝板可以不加油，直接钻孔）可以避免过热导致钻头钝化的问题

6.4　材料的切割

木头、金属和塑料可以用手动或电动工具进行切割。加工除轻质材料以外的材料，使用电动工具可以提高工作速度。

对于手动工具，可供选择的有：

木头使用短锯，金属和塑料使用标准的钢锯。钢锯的锯条是可以替换的，适合用来加工比较硬的材料。

弓锯可以在木头、塑料或软金属上切割出圆滑的角度。弓锯和钢锯的结构相似，锯条用钝了以后也是可以替换的。

剃锯用来切割薄木板和塑料。它的形状类似短锯，但是尺寸更小。你可以在业余爱好商店里找到剃锯。

对于电动工具，可供选择的有：

木工线锯。你需要使用速度可调的线锯，除非你只加工软木（不建议用它来制作机器人）。

圆锯和桌锯适合用来进行比较长的直线切割，可以用来加工木头和金属。一定要选择合适的锯条，否则会造成材料或锯条的损坏。

斜切锯适合用来切割铝槽和铝棒。它可以代替钢锯、斜锯架并减轻工作量。当切割金属时一定要用夹具将材料固定好。

提示：还有很多锯类工具在这里没有提及，例如钢丝锯，它可以将木头、金属或一些塑料切割成非常复杂的形状。你可以根据喜好选择合适你的工具。

6.4.1　注意安全

在各种工具里面，锯是最危险的，哪怕只是手锯。在工作中你应该注意遵守各种安全措施，永远不要拆除工具上面的安全保护装置，应该保证工作环境的光线充足，周围没有多余的障碍物。下面是一些需要特别注意的安全警示。

● 使用锯的时候注意做好眼镜和耳朵的保护。

● 使用桌锯时，切割到最后 6 英寸左右的位置要用一个平板辅助给进。这部分在木工手册上有详细的操作说明。

● 不要穿宽松的衣服，包括长袖衬衫、领带、宽松的裤子等。衣料的边角可能会绞在旋转的锯条上面。

● 保持锯条的锋利，总是使用合适的锯条进行工作。不要用木工锯条切割铁质金属（包括铁），锯齿可能断裂，蹦飞的金属碎片会对你造成伤害。

6.4.2　使用锯的窍门

这里有几个使用锯加工木头、金属和塑料的窍门。

	木头	塑料	金属
常规操作	对于弓锯、带锯和钢丝锯，使用中牙（每英寸齿数）锯条。对于电动工具，将速度设置在最高挡	将速度降低一半以下	对于电动工具，将速度设置在 25%
锯条选择	根据厚度和纹理选择合适的锯条。圆锯条常根据它们的用途来进行分类（比如，"横切锯条"），可以用分类作为参考	对于圆锯：如果可能，使用切割塑料专用的"非熔"型锯条，如果你找不到它们或者价格太高，可以使用高质量的胶合板切割锯条。切口的宽度取决于锯条的厚度，避免熔化是第 1 位的。弓锯和钢丝锯可以使用中牙锯条（每英寸 18 ~ 24 齿），宽切口的锯条是最理想的选择	一般来说，3 ~ 5 齿的锯条适合金属加工，还要考虑你要切割的材料的厚度。切割大块铁质金属可以使用电砂轮
降温方式	可以自然冷却，如果材料密度太高，可以适当使用一点蜂蜡	自然冷却是最常用的方法。如果材料发生溶化，用压缩机在切口部位直接吹送 50 ~ 75psi 的空气	切割特厚金属使用切削油或蜡

 提示：上表里面的切口指的是锯条切割出来的缝隙的宽度。许多锯条的锯齿是左右交错排列的（通常称为一对锯齿）。这样的结构使锯条可以切割出一个比较宽的切口，有助于锯条更好的切入材料。当切割塑料时，比较宽的切口可以更好地防止熔化。

6.4.3　限制切割深度

当使用电锯时，你可以很方便地改变锯条的高度来控制切割的深度。这个功能非常有用，你能够在材料上切割出狭长的沟槽而不会把它完全切开。下面的方法适合切割厚度在 1/4 英寸以上的木头或塑料，太薄的材料不适合限制切割深度的加工。

 用锯条在材料上反复切割出微槽。这种方法适合分割非常硬的材料，比如聚碳酸酯塑料，切出比较深的微槽以后，在微槽下边垫一根木棒，可以很轻松地将材料掰开。

在比较厚的材料上切出沟槽，需要将锯条的切入深度设置在 1/3 英寸到 1/2 英寸之间。沟槽的宽度相当于锯条切口的宽度再加上锯齿运转时两边的一些偏差。

完全切割意味着锯条彻底穿过材料。

6.4.4　其他金属切割方法

锯是最常见的切割材料的方法，此外还有其他的方法。选择哪种方法取决于你要切割的材料和技术要求。

● 非常薄的（小于 1/8 英寸）硬塑料可以用锋利的工具刀划切。在划切出来的微槽下边放一根 1/4 英寸的木棍，在两侧均匀用力将材料掰成两半。

● 薄（大约 20Ga.）金属可以用铁剪刀或气动剪刀。气动剪刀可以使工作进行的更快。手工剪刀可以笔直切割、左侧切割和右侧切割。

● 对于比较厚的金属，或是分割比较大薄金属板，使用剪板机（也称作金属戳冲床）切割。

● 薄壁管（铝、铜、黄铜）可以使管子割刀，如图 6-4 所示。管子割刀非常容易操作，它们的效果比锯要好得多。

● 非层压的泡沫材料（例如聚苯乙烯泡沫塑料）可以用电热丝切割。电热切割工具在很多工艺用品商店里可以买到。

图 6-4　一个管子割刀，它可以轻易的将管子切为两段，效果比用锯要好得多。它适合用来切割薄壁管，厚壁管不适用。使用图中的较小的那个工具可以切割 1/2 英寸以下的管子，它在很多模型商店里都可以买到

6.5　使用手持电动工具

电动工具可以帮你提高制作机器人的速度，哪怕机器人结构是全木制的。电动工具使用起来非常简单，除了严格按照使用手册或者具体的参考书进行操作以外，还有一些问题是应该特别引起注意的。

6.5.1　工具的安全

打火在很多电动工具的电动机里面相当常见，但是过度的打火表示电动机已经发生了问题。

户外工作时，交流电的插口应该带有漏电保护装置。

电动工具的地线插头不能省略。

6.5.2　工具的保养

保护好工具上面的风扇，随时清除掉上面的杂物。风扇的进气口不要放置金属物体以防卡死。

一些动力工具必须定期上油保养，根据制造商的说明进行维护。这尤其适用于往复运动的锯类工具。齿轮驱动的工具（例如，重型电钻、齿轮锯床）应该定期添加黄油或高黏稠的机油。

6.5.3　使用常识

使用电源延长线时，一定要看清它上面的额定电流。一般来说，中型工具需要的电流为 8 ~ 10A，可以使用线径为 14Ga. 的延长线，长度不要超过 50 英尺。Gauge（美国线规，简写为 Ga.）指的是导线的密度，数值越小导线越粗。参考工具的说明书获得详细信息。

保持工具清洁，经常用干布将它擦拭干净。污垢可以用稍微潮湿的布料擦除，不要水或其他液体直接清洁工具。

6.6　使用气动工具提高工作效率

电动工具非常普及，你几乎可以在任何一家工具店里面找到它们。另一种动力工具则采用气动（压缩空气）的形式，靠高压气体驱动。常见的气动工具有气钻（有标准的和可以正反转的型号，见图 6-5）、气锤、气动剪刀（非常好用的金属切割工具，我的最爱）以及气动扳手。气动工具有以下一些优点。

● 气动工具拿起来比较轻，因为它们里面没有笨重的电动机。

● 气动工具比电动工具便宜，因为它们的动力部分只是一个简单的气泵。当然，你需要额外的空气压缩机补给空气。

● 它们适合在户外使用，因为这类工具不需要电。你可以把压缩机放在室内，压缩机和工具之间通过一根塑料软管连接。

图 6-5　一个气钻与电钻相比，它要轻巧许多。但是气钻需要额外的空气压缩机给它提供动力

● 适当的保养，气动工具可以使用一生（你的一生，就是这样）。

水会造成气动工具的毁坏，用气动工具油可以驱散水汽，经常给工具上油保养可以极大的延长它们的使用寿命。上油工作非常简单，每次使用前只要在工具的进气口滴上 1 ~ 2 滴就可以了。

气动工具需要获得一定的气压和气量才能工作，一定要确保你的压缩机能够提供工具要求的气压和气量。随工具配套的说明书里面会对其进行详细说明。

不要把空气软管留的太长，软管越长，工具得到的压力越低。尽量将软管的长度控制在 25 英尺以内。我喜欢使用不盘旋的软管，因为直管可以提供更高的压力。盘旋软管的优点是可以自由伸缩，使用起来更方便。

第 7 章

木头的加工

亿万富翁 Howard Hughes 用云杉制作出了世界上动力最强的飞机，用同样的材料制作小型机器人就显得简单多了，虽然木头和高科技不太沾边，但是它却是制作小型机器人的理想材料。木头随处可见，价格相对便宜，并且容易加工。

在本章中，你将了解木头在机器人制作上的用途，学习使用简单的木工技巧制作木制机器人平台的技术。

供参考

查看第 8 章"制作木制移动平台"中的实例，学习用木头制作机器人底盘的方法。这是一个基础移动平台，使用它对多种机器人设计和测试。

7.1 硬木和软木的区别

地球上有数千种树（也就是有数千种木头），但是只有相当小的一部分适合用来制作机器人。木头可以简单归为两类，即硬木和软木。它们的区别包括木头的硬度还有木头的结构。

硬木取自阔叶和落叶（每年落叶一次）树，软木则取自针叶树（松类）或不随季节变化的（不落叶）树。一般来说，落叶树可以产生出硬木或高密度的木头，但也并不总是这样。比如一种常见的硬木就是材质轻而软的轻木，经常用这种木头来制作飞机模型。

7.2 木板与胶合板

除非你是 Abraham Lincoln，可以从肯塔基的森林里砍伐木头来制作机器人，否则你只能购买已经加工好的木板或胶合板（层压板）。成品板材将被切割成统一的规格。

木板是由木头原料加工而成的一张板材。它们有标准的宽度和厚度，长度不一（通常为 4、6、8英尺）或按尺销售。

胶合板是由两片或多片木板压制而成。木头的纹理（树木的自然生长方向）是交错排列的，为的是增加板材的强度。

木板或胶合板可能是由软木也可能是由硬木制成。根据地区货源的特点，本地家装商店可能只有软木层压板或少数的硬木板（大多为橡树）。为了扩大挑选的范围，你需要去专业的木头商店购买或采取订购的形式。

7.2.1　使用胶合板

　　胶合板是最适合制作机器人的板材，尤其适合用来制作机器人的基础平台。胶合板通过两片或多片薄木板叠加在一起增加强度，木头的纹理（生长方向）为交错式排列（见图 7-1）。胶合板的强度通常会高于同等厚度的单张木板，层和层之间互相加强，提高了板材的强度。

木头的纹理
交互堆叠

图 7-1　胶合板由很多层薄木板压制而成，层和层之间的纹理交错叠在一起增加强度

　　常见的胶合板一般用于住宅或商业建筑中，这种板材由软木制成，也非常适合用来制作小型机器人。一个更好的选择是专业的硬木胶合板，可以在工艺或业余爱好商店买到。它们密度更大，而且不容易开裂破皮，性能更理想。

　　硬木胶合板分成两个"等级"：航空级板材和工艺级板材。一张典型的航空胶合板使用 3 ~ 24 层桦木压制而成，层数更多，密度也更大。它们被设计用于飞机模型的制作，强度是非常关键的指标。工艺胶合板的价格便宜，不适合制作飞机模型。它们使用经济型木头制作而成，强度比较低。对于大多是机器人来说，工艺胶合板就已经非常好了。上述两种板材都没有统一的尺寸，板材规格取决于制造商和货源。业余爱好商店通常销售一种 12 英寸 × 12 英寸的方形胶合板。

　　胶合板有多种厚度，起始厚度为 1/4 英寸，最大厚度可以超过 1 英寸。薄板材非常适合制作小型机器人移动平台，但只限于硬木头质的胶合板。典型的厚度如下所示。

板材厚度

公制	英寸	层数
2.0mm	0.7874	3 ~ 5
2.5mm	0.9843	5
3.0mm	1.1811	7
4.0mm	1.5748	8
6.0mm	2.3622	12
8.0mm	3.1496	16
12.0mm	4.7244	24

提示：不要将硬木胶合板与纤维板相混淆。纤维板为人造板材，是制造商将锯末粉碎成细末，然后经过压制成型的板材。参考下面章节"中密度纤维板"了解这种板材在机器人制作中的用途。

7.2.2　使用木板

胶合板的替代品是木板。硬木板，例如橡木或桦木，硬度非常高加工起来也比较困难。其他的选择是花旗松或松木，这类软木板同样适合制作小型机器人，并且很容易切割和钻孔。

木板的宽度不会超过 12 英寸或 15 英寸，因此，你在设计机器人平台的时候必需考虑到这个因素。此外还要考虑板材的受潮变形问题。准备一只木工方尺，在各个方向仔细检查木板的外形和平整度，避免买到不规则的板材。

木板在受潮和干燥时会发生弯曲，导致开裂或变形，这将严重影响机器人的制作质量。为了避免这个问题，应该购买经过老化防腐处理的木板，而不是户外储存的原木。如果木头外表有绿膜和小细纹，说明它没经过防腐处理。

7.2.3　常见木板规格

成品木板将被切割成统一的规格。除非特别说明，成品尺寸都会略小于标准值，这是由切口造成的。当你准备购买规格为 2 英寸 ×4 英寸（截面）的木板时，只有 1½ 英寸 ×3½ 英寸的板材可供选择。

尺寸	厚度（英寸）	宽度（英寸）
1×4	3/4	3½
2×4	1½	3½
1×6	3/4	5½
2×6	1½	5½
1×8	3/4	7¼
1×10	3/4	9¼
1×12	3/4	11¼

7.2.4　中密度纤维板

中密度纤维板（MDF）是一种人造板材，常见的规格为 4 英尺 ×4 英尺或 4 英尺 ×8 英尺。它们的制造方式是将木质纤维和树脂压紧以后成型的板材。

高密度纤维板非常坚固耐用，可以用来制作机器人平台。其他的密度板，比如刨花板内部由比较粗糙的锯末和木头渣构成，强度比较低，所以不要使用刨花板（碎芯板）制作机器人。

在家装商店里可以找到切割好的密度板，这样你就不用买一整张板材自己加工了，或者去办公用品商店找一种价格更低的剪贴板，它们的材质通常为厚度 1/8 英寸的密度板。另一个选择是使用小块的硬木地板样品，它们也可以在家装商店中找到，非常适合（性能好,价格便宜）制作小型机器人。

提示：密度板有没有缺点呢？有一点。一块 12 英寸 ×12 英寸，厚度 1/4 英寸的密度板的厚度可以达到 2 磅。与其他木质板材相比，密度板的边沿更容易掉皮。你可以用砂纸或锉刀将它们的边沿打磨圆滑避免这个问题的出现。

7.3　木工技巧

机器人平台的结构比较简单，你不需要使用特殊的工具或具备专业技巧也可以完成板材的切割。最基本的切割工具有：手锯、短锯、弓锯这几种。

- 当切割胶合板或比较宽的木板时，使用木工手锯或锯床，使用锯床可以获得笔直的切割效果。
- 当切割窄木板或小块木头时，使用短锯（我最喜欢用的一种工具）、手锯或线锯。

注意要使用木工专用锯条。木屑颗粒比金属或塑料颗粒要粗糙，如果使用电锯，工具原配的锯条将不太适合用来切割胶合板，但是也可以工作，最好的方法是替换专门切割胶合板的锯条。它们每英寸的齿数更密一些，产生更细的切削效果。

手锯包括两个版本：横切锯和粗齿锯。横切锯非常适合用来切割胶合板和其他制作机器人的板材。

7.3.1　切割一个底盘

正方形是最容易实现的形状，即使你打算制作复杂的多边形底盘，也可以先从正方形开始。圆形也不例外，因为它可以看成是一个无数条边的多边形。

准备一块已经具备了大致尺寸的正方形或矩形木板，你可以先用电锯将买回来的板材切割成最基础的正方形或矩形。

■ 7.3.1.1　多边形底盘的加工

问题是，正方形不是一个理想的机器人底盘的形状。因为当机器人在室内运行时正方形底盘的四角很容易刮蹭到物体。只需要一些边角的切割工作，你可以很容易的将正方形改造成八边形、六边形和五边形。为了保证一定的精度，建议你使用手动工具进行切割，除非你能够非常很熟练地操作锯床。图 7-2 和图 7-3 中的示意图提供了几个切割方法。这些多边形底盘加工方法非常简单，每个边的切割只需要几分钟就能完成，最后你将获得一个看起来更漂亮的机器人底盘。

- 制作八边形（六角形）底盘，将原料的边角做 45° 切割。
- 制作六边形（六角形）底盘，将原料的边角做 60° 切割。
- 制作五边形（五角形）底盘，将原料的边角做 72° 切割。

 提示：如果你有大型砂带机，可以免去切割工作，直接使用砂带机将边角打磨下去。这种方法的效率更高，开始先用粗砂带（见本章后面关于打磨的介绍）打磨出外形，最后用细砂带将边沿打磨光滑。

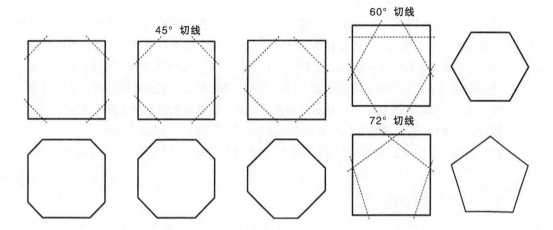

图 7-2　切掉正方形木板的边角，制作出适合机器人的底盘。切掉四角，你可以制作出一个八边形的底盘，最后的形状取决于你将板材切下去多少

图 7-3　参照图中所示的切割方法，你可以制作出六边形和五边形底盘。你可以借助量角器（很多学校或办公用品商店里都有）确保切割的角的准确

■ 7.3.1.2　去除更多的角

你可以去除更多的角，来获得近似圆形的材料。将八边形 8 条边上的角切掉（斜切）可以获得一个近似圆形的十六边形（见图 7-4）。另外，在图 7-5 中，展示了五边形斜切制作十边形和六边形斜切制作十二变形的示意图。

切割之前，需要在木板上做好标记（标记不需要太精确，一般近似 1/4 英寸就很好了），也可以用方格纸粘（可以使用学校手工课常见的胶水或固态胶棒）在木板上作为标尺。

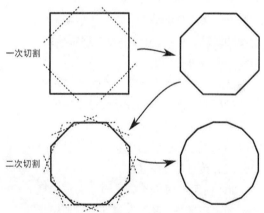

图 7-4　为了制作近似圆形的底盘，你可以先切掉正方形的 4 个角，再切去八边形的 8 个角来实现。工作进行起来有一点复杂，但是效果还不错

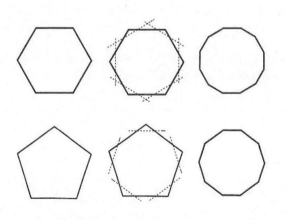

图 7-5　另外两种对六边形和五边形的角进行斜切制作近似圆形的示意图

提示："但是我就想要一个纯粹的圆形底盘"，这也是可以实现的。如果你不希望最后的作品看起来比较失败，还需要准备一些特殊的工具。电动剞刨机和线锯都可以切割出理想的圆形。线锯比较常见，容易使用，价格也比较低，它的工作方式有点像长臂圆规。开始先在一块木板大致正中的位置上钻一个孔，然后把圆形切割器设置成底盘半径的一半。比如，如果你想制作一个 6 英寸的圆形底盘，就需要把切割器设置在 3 英寸。你还需要给锯条钻一个先导孔，这个孔可以选择圆形底盘的圆周上的任意一点。

将切割器的定位点固定在木板中间的孔上，锯条从先导孔的位置开始，沿着圆周进行切割。

■ 7.3.1.3　制作轮框

目前为止书中所介绍的机器人底盘都没有考虑轮框部位的加工。轮框是一个很好的结构，它们可以使你不用对底盘的高度进行调整就可以将车轮布置在底盘内侧（或近似内侧）。图 7- 6 显示了最基本的方法。

如果车轮位于机器人底盘的一侧，轮框的加工相对会简单得多。当车轮位于机器人底盘的中间位置时，你需要多次切割，"雕刻"出轮框的结构。这个工作最好使用电动线锯或弓锯进行，弓锯的锯条很细，可以切割很小的角度。

图 7- 7 显示了一个简单的 3 次切割制作轮框的方法。开始先用线锯或短锯沿着底盘的侧边垂直切割两次。

1. 设计好轮框的切割深度，通常 1 英寸或 2 英寸就足够了。

2. 使用一根 1/4 英寸的钻头在轮框一端的内侧钻一个孔，注意孔应该位于将要被切下的部分，不会破坏加工以后的部位。

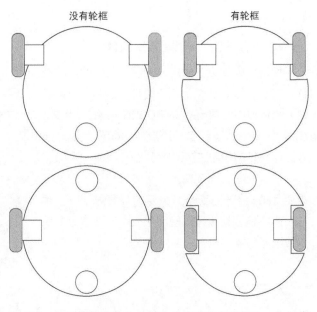

图 7-6　采用轮框结构的机器人外形看起来更简洁。轮框使车轮可以布置在底盘内侧，而不是外侧

3．如果使用线锯，将锯条穿入孔中，沿着示意图所示进行切割。如果使用弓锯，锯弓子的一端拆开，把锯条穿过木板上的孔，再装好锯条进行切割。

图 7-8 显示了另一种切割方法，比较适合使用手工工具进行切割。

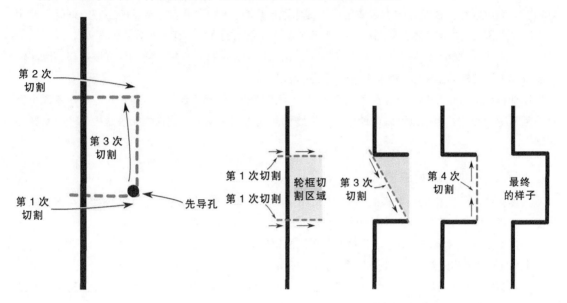

图 7-7　典型轮框的制作方法。参考图中所示，在底盘上标注好的矩形并按顺序切割。钻一个先导孔，穿过线锯的锯条进行切割

图 7-8　轮框可以使用手动工具切割，比如弓锯。先沿着轮框的边沿平行切割两次。弓锯的锯条可以完成后面小角度的切割

1．使用短锯进行第 1、2、3 步的切割。短锯是直线切割的首选工具。

2．使用弓锯进行后续第 4 步的切割。

此外，轮框的内角也不一定就是直角。图 7- 9 显示了使用线锯（或弓锯）切割两次制作的圆角形状的轮框。这种方法需要一定的技巧，为了达到理想的效果，可以先在废板上练习几次，掌握一定经验以后再正式开始制作。

7.3.2　框架的切割

框架结构使你可以在控制重量的前提下制作更大型的机器人。框架相当于机器人的骨骼，在框架上可以安装轻质支撑材

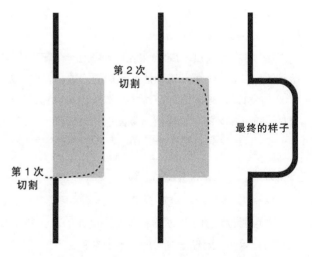

图 7-9　圆角形状的轮框可以使用线锯、弓锯或钢丝锯进行切割。这种方法需要一定的技巧，不能操之过急

料和机器人的部件。框架结构还可以组合在一起搭建出具有一定高度的机器人。比如，你可以用支柱和框架一层一层的搭起来制作出多层结构的机器人。

木制框架可以使用硬木条进行搭建。很多业余爱好商店都提供桦木和红木，它们是制作框架的好材料。你可以购买预制好的木条或自己用锯床进行切割。对于10英寸以下的正方形框架，使用1/2英寸到3/4英寸宽的木条就可以了，使用1英寸或更宽的木条搭建更大型的机器人。

框架木头的挑选非常重要。不要使用软木，例如松木、冷杉和红杉，它们的强度不够，除非你是制作很小的结构。航空级胶合板是一个不错的选择。

制作框架最好使用小型斜锯架和短锯。这两种工具的总价格不超过20美元，这是一笔很小但是非常值得的费用。斜锯架可以帮助你提高直线和斜线的切割精度，这在框架搭建中是非常重要的因素。

■ 7.3.2.1　正确的测量

虽然斜锯架可以帮助你准确的切割45°角，但是你还是要仔细确定好组成框架的4根木条的长度。否则，框架的形状将是不规则的正方形或矩形。

根据下面的分步操作说明，准确地测量和切割框架。

1. 确定框架的外部尺寸。比如，我们假定你制作一个9英寸的正方形机器人。

2. 开始加工框架的顶部，用斜锯架，在一根木条的末端切割一个"左手"斜边。我比较喜欢左手斜边，因为连接头将位于框架的左侧。

3. 用卷尺沿着你刚才切割好的顶角量出9英寸的长度，用一根铅笔做好标记。

4. 再次使用斜锯架，在标记好的位置切割一个"右手"斜边。切割时，一定要使锯条位于标记的右侧。这被称为"找齐"，这个做法可以确保切割下来的木条长度为准确的9英寸，并且不受锯刃宽度的影响（你可以回顾一下第6章中的内容，这被称为切口）。

5. 现在切割框架的底部。使用第4步里面留下的木条，它已经有了一个准确的右手斜面。准确的量出9英寸并做好标记。

6. 将木条转过来放进斜锯架，切割一个左手斜面，一定要和第4步中的那样进行找齐。将木条转过来以后，9英寸的标记位于切面的顶端，这个方向看起来比较清晰。

7. 现在，对比切割好的两根木条。如果它们的长度不等，你需用砂纸仔细地将较长的那根磨短一些。打磨时注意不要将截面磨圆，否则接头部位将出现缝隙。

8. 重复第2至第7步，切割好左右两边的木条。它们的长度也是9英寸，所以步骤完全相同。

■ 7.3.2.2　组装框架

材料切割好以后，就可以组装成完整的框架了。4根木条通过L型角铁和钢制紧固件装配在一起。

先用侧边和顶边的两根木条组装框架的左上角，取一个角铁，对照上面的安装孔在一根木条上做好钻孔标记。记住一次只加工一根木条，不要同时给两根木条都做标记。在木条做好标记以后，拿走角铁开始给木条钻孔（钻孔的方法见下面的内容）。参照图7-10，将角铁安装在木条上，螺母下面加一个平垫片进行固定。

下面开始安装框架左上角的第 2 根木条。取另一根木条，对照着角铁另一端的安装孔做好标记。和之前一样，给木条钻孔并用紧固件将角铁和木条安装在一起。现在，完成了左上角的组装。

将装好的左上角放在一边，重复上面的步骤完成框架右下角的组装。完成以后，你将获得框架的左上角和右下角两个结构。

继续完成下面的工作。将两个结构部分仔细对齐、标记、钻孔和安装，最后组装好整个框架。

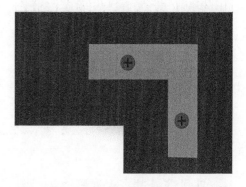

图 7-10　L 型角铁将框架连接在一起。使用机制螺丝、螺母和垫片进行固定

 提示：我不建议使用小钉子、骑缝钉或胶水固定框架。虽然这些方法造价更低，安装起来也更快，但是结构的强度不能满足机器人的使用。此外，当使用角铁和紧固件安装时，你还可以很方便地拆卸和重新组装。

7.3.3　木头的钻孔

在机器人上安装零件时需要钻孔，钻孔使用的工具是钻和钻头，你可以使用手钻或电钻在木头上钻孔。电钻的效率高，是理想的钻孔工具。如果你不喜欢使用电动工具，也可以使用手摇钻。不管使用哪种钻，保持钻头锋利是最重要的。如果你发现钻头变钝了，要及时更换新的或将其打磨锋利。

另一个重要的问题是钻孔应该是垂直的，否则会影响机器人的装配。如果你有大型台钻，你可以在胶木板或厚木板上钻出笔直的孔。

■ 7.3.3.1　使用垫板

为了防止工件在钻孔时打滑或移动，可以在其下面放一块废木板。使用软木，比如松木做为垫板，当钻头穿过正在加工的木板时你能够感觉到。

如果加了垫板以后，木板的底部仍然比较滑，可以试着减小压下钻头的力量，同时一定要确保使用锋利的钻头，钝了的钻头需要马上更换。

■ 7.3.3.2　调节钻孔的速度

如第 6 章 "机械加工技术" 中所介绍的那样，你可以使用一个适当的高钻速来给木板钻孔。转速取决于木头的种类——硬木的密度高，就要使用较低的转速进行加工。

给不同种类的木头钻孔的转速没有特别的规定，你需要根据经验来判断。我建议先用一些废弃不用的边角

钻头

工件
垫板

料做实验，检查它们钻孔以后的质量。当你掌握了一种木头的特性以后，就可以给它确定一个适当的钻速了。

7.3.4 木头的打磨

你可以通过简单的打磨来提高木制底盘或框架的外观和使用寿命。打磨是木工的最后一步工序，指的是将木头表面的纹理打磨光滑，然后就可以进行上漆或防潮处理了。小木块可以手工打磨，大型的木制底盘最好使用磨砂机打磨。

■ 7.3.4.1 粗磨和休整

你可以使用木锉打磨木头的外形。木锉的结构类似锉刀，表面也布满了齿，只是木锉的齿更粗糙，更适合加工木头。你还可以使用大型砂轮机或砂带机打磨木头的外形，砂带机配套有非常粗糙的砂纸（见下面关于砂纸的内容）。

■ 7.3.4.2 砂纸

砂纸用来打磨木头，去掉木头在切割时形成的锯齿、毛刺和其他不光滑的部位。砂纸有不同的颗粒标准，砂纸的标号越低，颗粒度越高。特粗的砂纸可以进行木头的粗磨。

建议先使用粗砂纸修磨材料表面的毛刺和粗糙的部位，然后用中号或细砂纸进行精细修整。对木头来说，可以使用氧化铝或石榴石砂纸进行精磨。氧化铝砂纸的颗粒比较细，打磨时间比较长。注意木头需要干磨的，不可加水。手工打磨可以把砂纸包裹在木块或塑料块的表面，产生适当的压力。

用途	颗粒度			
	F	M	C	EC
粗磨			适合	适合
修整		适合		
磨平	适合			

标号	含义	颗粒度
EC	特粗	30 ~ 40
C	粗	50 ~ 60
M	中	80 ~ 100
F	细	120 ~ 150

■ 7.3.4.3 油漆

木头的表面可是使用刷子或喷雾进行油漆。刷子油漆的方式适合使用丙烯油漆（工艺商店可以买到），这种方法耗时，但是完成以后的效果非常好，并且没有浪费。涂一层就足够了，为了获得更好的效果，最好涂两层。木头裂缝的部位预先需要使用清漆、底漆或密封漆进行密封，否则油漆将渗入木头的缝隙里。你也可以取消油漆工序，只进行防潮密封就可以了。

喷漆是另一种油漆的方式。一定要严格依照产品说明中指定的喷雾器，并在户外或通风的环境中进行操作。

第 8 章

制作木制结构的移动平台

在前面的章节中你学习了如何用木头制作机器人。在本章中你将把学习到的知识付诸实践，制作一部木制结构的 PlyBot 机器人。PlyBot 是一部简单、经济、可升级的小型木制移动平台。机器人底盘使用一小块 1/4 英寸厚的胶合板制作而成，加工中涉及直线切割工艺。钻孔工作也非常简单，你只需要在底盘上钻 6 个孔，用来固定两只电动机和一只万向轮。

制作 PlyBot 不需要特殊的工具，你只需要一把木工锯用来切割木板，一只电钻用来给木板钻孔，另外，在进行组装的时候还要用到螺丝刀和钳子。制作 PlyBot 的零件可以在线购买或在大一点的模型商店里买到。

在下面的内容中我提供了制作所需的每个零件的规格、型号。请记住这不是唯一的方案，你可以在实际制作中根据手头材料加以灵活变通，选择更加经济实用的替代材料进行制作。查看 RBB 在线支持网站（见附录 A）获得更多的零件采购信息和供选方案。

8.1　制作底盘

参考表 8-1 的零件目录。

图 8-1 展示的是一个组装好的 PlyBot 移动平台，包括木制底盘、一对减速电动机、车轮和起平衡支撑作用的万向轮。机器人的尺寸是 5 英寸 ×7 英寸。底盘材料为 1/4 英寸厚的 5 层桦木胶合板，驱动装置为两只田宫蜗轮减速电动机。田宫电动机是套件形式，买回来以后需要自己组装，组装好一只减速电动机需要花 15 ~ 20 分钟的时间。车轮也是田宫自家的产品，可与电动机减速箱上面的车轴很好地配合，用套件里面提供的五金件进行良好固定。

PlyBot 的第 3 个车轮是一个球形万向轮，专业术语中常被称为万向输送球。这是因为它们经常被使用在仓库或工厂的传送装置上负责转移货物（装箱成品、组件、机械零件等）。我使用的球形万向轮是从 McMaster-Carr(www.mcmaster.com) 购买的，这是一家比较知名的大型工业品在线零售商店，这只万向轮的价格不足 5 美元，你可以选择其他尺寸合适

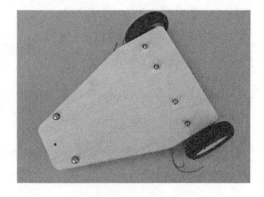

图 8-1　PlyBot 使用 2 个田宫减速电动机和车轮，以及起到平衡作用的万向轮（或滑垫）制作而成。底盘为一块 1/4 英寸厚，5 英寸 ×7 英寸的航空胶合板

的替代品。注意这个平台所使用的万向轮从法兰盘到球体的纵深应该在 1 ~ 1.5 英寸。

表 8-1   PlyBot 移动平台零件目录

机器人底盘：

数量	规格
1	5 英寸 × 7 英寸 1/4 英寸厚 5 层桦木胶合板 *
2	田宫蜗轮减速电动机套装，型号 72004†
1	田宫窄胎车轮（一对），直径 58mm，型号 70145†
1	直径 11/16 英寸 球形万向轮，McMaster- Carr 采购编号 #5674K57‡
6	装配五金件：4-40×1/2 英寸机制螺丝，4-40 号螺母

* 桦木胶合板可以在模型或建材商店里买到。购买时选择 1/4 英寸厚度的航空级胶合板。
† 天宫电动机和车轮可以在网上模型商店买到，比如 Tower Hobbies，或其他机器人类的网站。
‡ 球形万向轮法兰盘到球体的纵深是 1 ~ 1.5 英寸。这个制作对万向轮没有特别的要求，你可以选择自己喜欢的替代材料。

8.1.0   切割和钻孔

首先切割一块 5 英寸 ×7 英寸的胶合板。按照图 8- 2 所示，切掉板子两侧的部分，加工出一个逐渐变窄的形状。完成后的底盘如图 8-3 所示。

底盘切割好以后，用砂纸或木工锉将四角打磨圆滑。这部分的工作是使机器人的外形看起来更漂亮。大致外形处理好以后，进一步要用砂纸打磨掉底盘边沿的毛刺。如果有条件，最好给底盘上一遍防水木制漆或清漆。这可以保护木板，防止其因受潮而开裂或变形。

参考图 8- 4 中的钻孔示意图，使用 1/8 英寸的钻头钻出全部的孔。除了 2 个电动机的固定孔允许少量误差以外，其他孔的位置应该力求精确。

注意，田宫减速电动机固定座上面的安装孔是长方形的，通过这几毫米的余量可以微调电动机的位置并使之对齐。

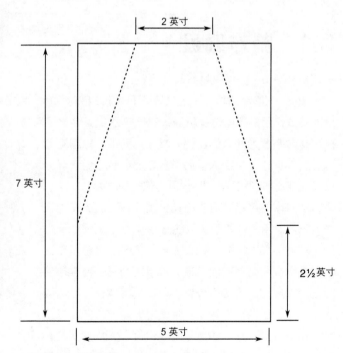

图 8-2   PlyBot 的切割示意图。如果你想制作更大的机器人，图中的尺寸可以根据实际情况灵活调整

提示：在钻电动机的安装孔之前，可以先对照实物在纸上画出安装孔的位置，然后再对照纸样用钉子或冲子在底盘上做好钻孔标记。

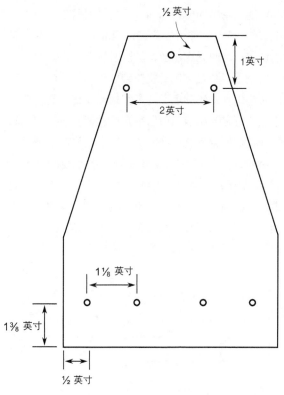

图 8-3　切割出大致外形的底盘。用砂纸或木工锉将四角打磨圆滑使其看起来更漂亮

图 8-4　PlyBot 的钻孔示意图。如果你不想用万向轮，最顶部的附加的孔可以用来安装滑垫。钻孔时将底盘翻过来，这样可以减少机器人底部零件安装面的误差

8.2　安装电动机

　　PlyBot 使用 2 个田宫 72004 型蜗轮减速电动机。蜗轮指的是电动机减速箱内部使用的齿轮机构的类型。虽然电动机的齿轮箱内部只有 3 个齿轮，但是减速比很高，这意味着轮子转动会很慢——这样的速度非常适合制作小型机器人。

　　组装电动机时，有两种减速比可供选择，分别是 216∶1 和 336∶1。我制作的 PlyBot 原型使用了 216∶1 的低减速比，机器人在地面跑动的比较快。你可以选择另一种减速比，注意电动机的安装方向是相同的，否则你的 PlyBot 只会原地转圈。电动机包装里附有详细的装配说明，此外你还需要准备一个小螺丝刀和尖嘴钳进行组装。

电动机套件里包含 2 个长轮轴，将一根轮轴穿入齿轮箱两侧的轴孔里，剩下的一根轮轴可以用来进行其他制作。

轮轴通过紧固螺丝固定在齿轮箱的齿轮上，左右两侧电动机轮轴伸出来的部分需要分别留出 1 英寸，如图 8- 5 所示。你可以安装好电动机以后再调整轮轴的位置，此时先用螺丝将其暂时加以固定。

特别提示！在将电动机安装到齿轮箱之前，先手动旋转齿轮，使轮轴上面的紧固螺丝露在外侧。这样当你组装好电动机以后可以很方便对紧固螺丝和轮轴进行调整。如果不这么做，你将很难调整这个螺丝。

将组装好的电动机安装在胶合板底盘的下方，如图 8- 6 所示。使用两组 4-40 号 1/2 英寸的螺丝和螺母进行固定。螺丝位于电动机一侧，螺母位于底盘顶部一侧，从顶部将螺母拧紧。你可能还需要将 4 号的垫片（可选）安装在螺母一侧。

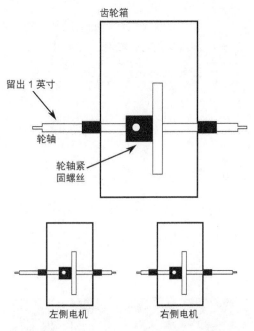

图 8-5　田宫蜗轮减速电动机减速箱和轮轴的布局方式。调节紧固螺丝，将轮轴留出 1 英寸安装车轮。注意左侧和右侧电动机齿轮箱上的轮轴伸出的方向不同

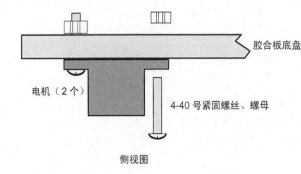

图 8-6　使用 4-40 号五金紧固件将电动机安装到底盘上

 提示: 你需要组装一左一右两只减速电动机。注意这两只电动机轮轴伸出来 1 英寸的部分，方向是不同的。

8.3 安装车轮

零件目录中所列的田宫车轮的型号设计成可以直接安装到蜗轮减速电动机的车轴上。车轮以套件形式提供，包含 2 个不同规格的轮毂。选择可以搭

配 4mm 直径蜗轮减速箱轮轴使用的轮毂，轮毂的中心有一道小细槽，你需要按照套件中的说明进行装配。

在安装车轮之前，用一对老虎钳将一个小弹簧销（包含在电动机套件里）固定在车轴外侧（车轮侧）的孔里，弹簧销卡在轮毂上面的细槽里。如果不安装弹簧销，车轮将会在车轴上滑动。

车轮需要使用配套的螺母固定在车轴上。窄胎车轮套件中包含有一个用来紧固车轴上的螺母的小塑料扳手。注意套件中只有两个紧固件，千万别弄丢了。它们的尺寸很小，很难找到合适的替代品。

8.4　安装球形万向轮

球形万向轮使用两套 4-40 号 1/2 英寸的螺丝和螺母安装在机器人底盘的前侧。螺丝从底盘的顶部安装，用螺母在球形万向轮法兰盘的另一侧进行固定。图 8- 7 为 4-40 号紧固件和球形万向轮的安装示意图，图 8-8 是万向轮安装在 PlyBot 底部的样子。

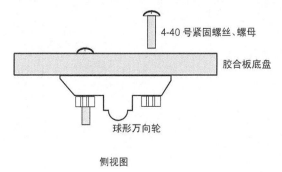

图 8-7　用 4-40 号紧固螺丝、螺母安装球形万向轮

图 8-8　球形万向轮(也称为牛眼轮)，规格见表 8-1。你可以使用任何其他尺寸相等的万向装置替换

提示：PlyBot 机器人是可倒转的结构，就是说你可以把它翻过来，使安装电动机的一面作为机器人的顶面。但是如果你这么做，球形万向轮将失去作用。除非增加一个由 8-32 号，3/4 英寸长的机制螺丝、六角螺母和闭口螺母（帽）组成的滑垫。闭口螺母提供了一个平滑的表面，使滑垫可以在地面上无阻碍的滑动。你可以使用六角螺母调节滑垫的高度。

钻一个比螺丝直径略小的孔，使螺丝可以嵌合在钻孔里不会松动。注意不要把孔开的太小，否则螺丝拧在里面过紧会使木板裂开。

8.5　PlyBot 的使用

PlyBot 上面使用的田宫电动机的额定电压是 3 ~ 6V，你可以手动切换电动机的状态（启动 /

停止，转向）或使用电路来控制，在第22章"使用直流电动机"中将对这个话题进行展开讨论。同时，RBB技术支持网站中的我的第一个机器人教程中也进行了说明。

> **提示：虽然在这里提这个话题有点超前，但还是有必要引起重视：当电动机使用4.5V电压供电时，它消耗的电流小于100mA。但是当电动机失速电动机上面仍然有电压时，电动机停转，此时电流消耗可以猛增到1.5A。**
>
> **当使用电路控制电动机时请牢记这一点，一定要保证电动机的驱动电路可以承受这个电流。参考第21章和22章获得更多关于电动机的电流消耗的知识。**

PlyBot移动平台的顶部有大量的空间（底部也一样），可以用来安装电路、电池、传感器和其他有用的部件。因为底盘是木制结构，很容易进行钻孔和安装。

8.6　其他方式

PlyBot是基础的T型结构的机器人，两个电动机安装在机器人的后方，一个万向轮或滑垫安装在前方。图8-9是这种结构的示意图，从图中你可以清楚的了解T型结构机器人的技术细节。

这种结构的一个优点是很容易用普通材料进行制作。电动机安装在T型结构的顶端，万向轮安装在另一端，见后面的章节（比如，参考第14章"快速成型法"）。你可以找到很多具有这样形状的材料，只要将万向轮和电动机安装上去，你就制作出了一个移动底盘。

底盘形状精确与否并不会影响机器人的功能，但是圆形的轮廓可以让机器人看起来更漂亮。方形机器人的边角很容易碰到其他物体或卡在角落里。增加一点工作，给机器人制作一个流线型的外观，使它行驶起来更加流畅，同时避免对它周围的物体产生破坏。

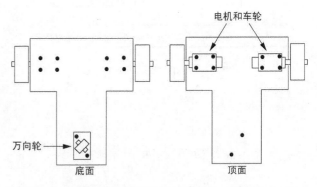

图8-9　T型结构机器人的结构示意图。例如PlyBot，车轮位于机器人的后方，起平衡作用的万向球安装在前方

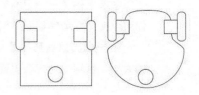

第 9 章

塑料的加工

塑料的发明起源于台球。台球刚发明的时候，是使用象牙制成的。到了 19 世纪 50 年代，象牙资源稀缺，价格也一路飙升，所以到了 19 世纪 60 年代，一家主要的台球制造商 Phelan & Collender 提供了十万美元的奖金鼓励人们寻找象牙的替代品。接受这项挑战的竞争者中有一个来自纽约的打字员，他的名字是 John Wesley Hyatt。

Hyatt 最后没有得到十万美元的奖金。他发明的材料（赛璐璐）存在很多问题，例如在生产过程中极易燃烧。虽然 Hyatt 的名字没能写进台球的历史纪念馆，但是他的发明却引发了一场塑料工业的革命。赛璐璐是制作男士衣领、女士内衣、器皿，乃至电影胶片的极佳材料。

随着赛璐璐的广泛使用，塑料也逐渐进入了我们的生活。很多时候，塑料都会给人一种廉价的感觉，从银行卡到塑料制品都是如此。不过，即使是最挑剔的评论家，也无法否认塑料的几大优点。

- 塑料的价格便宜，每平方英寸的价格低于木头、金属以及其他多数建筑材料的成本。
- 某些塑料的强度极高，抗张强度甚至可以接近铜、铝等轻金属的性能。
- 多数塑料都不易破碎。

所以，你可以把塑料作为一种制作小型机器人的理想材料。阅读本章的内容，学习更多关于塑料的知识以及如何对塑料进行加工技术。在下一章里，我将向你展示如何使用低成本的塑料零件制作一个简单易制的龟型机器人——PlastoBot。

9.1 常见塑料的种类

塑料家族的种类繁多，它们的名称也非常花哨，例如，树脂玻璃、莱克桑、聚丙烯酸酯、辛特拉。多数塑料都只适合特定的用途，只有少数塑料可以用来进行机器人的制作。

你可以使用塑料制作完整的机器人或机器人上面的零件，使用塑料作为结构上的辅助装配材料就是一个不错的思路。例如，图 9-1 展示的一个便宜的舵机安装支架就是使用轻质塑料制作而成。你还可以用多种材料混合搭建机器人，木头、各种塑料、金属、硬纸板或其他材料都可以作为机器人的建筑材料。

图 9-1 使用塑料可以制作完整的机器人或机器人上面的零件。比如图中这个塑料制成的舵机安装支架

下面是我整理出来的一些可供用来制作机器人的塑料种类。

ABS

ABS 是"丙烯晴 – 丁二烯 – 苯乙烯"的英文缩写。ABS 常被用在下水道和排水系统，你在家装商店里可以买到这种材料制成的大黑管子或者配件。ABS 可以制成多种颜色和形状，乐高积木就是由 ABS 塑料制成的。你还可以买到 ABS 制成的塑料板材。

聚甲醛树脂（acetal resin）

这种塑料可供多种工程应用，例如制作模型，因此也被称为工程塑料。它们经常被冠以商标名称，杜邦均聚甲醛以板材或大块原材料的形式提供。

丙烯酸树脂（acrylic)

丙烯酸树脂主要用于装饰塑料工业。这种塑料的性质比较脆，很容易成型，但也很容易开裂，钻孔时候要特别小心。在美国，业内人士对丙烯酸树脂的流行叫法为"树脂玻璃或透明合成树脂"，在英国，称作"珀斯佩有机玻璃"。

尼龙（nylon）

尼龙的硬度高，表面光滑，并且具有自润滑特性。这种塑料制成的轻质螺丝和螺母，可供用来制作机器人。许多塑料批发商也销售尼龙棒或尼龙板，尼龙的另一个特点是很难进行黏接。

聚碳酸酯（polycarbonate）

聚碳酸酯和丙烯酸树脂有一定的亲缘关系，但是具有更好的耐久度和抗破坏的能力。这种塑料有棒材、板材或管材几种形式。聚碳酸酯常被用作玻璃窗的替代品进行销售，它很难切割和钻孔。常见商标为莱克桑、Hyzod 和 Tuffak。

聚乙烯（polyethylene）

聚乙烯在英国和另一些地区常被写作 polythene，这是一种轻质半透明的塑料，常被用来制作可弯曲的管道。此外还有一种高密度聚乙烯（简写为 HDPE），常被用来制作厨房中的切菜板，非常耐用。我很喜欢这种材料，但是它很难（几乎不可能）进行黏接。

聚苯乙烯（polystyrene)

聚苯乙烯主要用于玩具工业。尽管常被标注成"高强度"塑料，实际上聚苯乙烯是一种易碎材料，温度过热或阳光照射都会造成老化。这种塑料在机器人上的用处不是特别大，之所以提到它是因为很多业余爱好商店都提供聚苯乙烯板材。

PVC

PVC 是一种用途极广的聚氟乙烯材料，最常见的应用是室内的淡水管道。PVC 可以有多种颜色，一般为白色。PVC，尤其是板材，是一种制作机器人的极好材料。本章后面的内容将对这种材料进行详细地介绍。

9.2   最适合用于机器人的塑料

下面我们比较一下这些塑料的特性，看看哪种最适合用来制作小型机器人。我们关注的是塑料的可操作性，可分为切割、钻孔和黏接这几种特性。

塑料名称	典型机器人应用	可操作性	黏合特性
ABS	底盘材料，切割成适当尺寸和形状的小零件	容易钻孔和切割	极好
丙烯酸树脂	底盘材料，切割成适当尺寸和形状的小零件。避免用于受力较大的部位，材料容易开裂或变形	中度可操作性，难以切割和钻孔，易裂	极好
聚碳酸酯	底盘材料	难以切割和钻孔，但是没有丙烯酸树脂那么易裂	好
高密度聚乙烯	底盘材料，结构框架	比较容易切割和钻孔，但是需要电动工具	坏
PVC	底盘材料，切割成适当尺寸和形状的小零件	非常容易钻孔和切割	极好

9.3　哪里去买塑料

一些五金店提供塑料，但是可供选择的余地很小。最好的购买塑料的场所（各种风格、形状、材质可供挑选）是塑料专卖店或塑料标牌加工店。大城市至少有一家塑料专卖店或标牌加工店对公众开放，查找电话黄页里面塑料零售的分类获得这方面的信息。

另一个有用的资源是塑料制品行业，可供选择的渠道比塑料零售商店更多。他们通常制作成品的商品展示架和其他塑料制品，虽然他们的经营范围一般不会面向个人，但是大多数会乐意向你销售板材或边角料（谈的好的话，还会给你一些折扣）。即使他们不提供整张板材，你也可以选择向他们买一些加工剩余的材料，足够用来制作小型机器人了。

9.4　硬质发泡 PVC 的特性

硬发泡 PVC 是机器人爱好者的理想材料，我对这种材料的喜欢超过其他任何一种塑料。图 9-2 显示了一个用 1/4 英寸厚的发泡 PVC 板制作的原型机器人。

硬发泡 PVC 常用来制作宣传标志，因此它的价格相对便宜，重量轻，色彩也非常丰富。它是制造厂将汽油与熔化的塑料混合在一起加工而成的产物。塑料可以挤压成不同的形状，如板材、棒材、管材、型材等。汽油在塑料中形成微孔，促使其发泡膨胀。发泡的结果是使材料变得厚而轻。发泡 PVC 的表面比较粗糙，可以看到泡沫的痕迹，因此也称其为"微孔发泡 PVC"或"泡沫 PVC"。

9.4.1　发泡 PVC 的优点

硬发泡 PVC 有各种形状、尺寸和颜色，但是板材是我们最感兴趣的形式。因为它在生产中有一个发泡的过程，发泡 PVC 的塑料含量比普通 PVC 要小，经过发泡处理的 PVC 有一下几个优点。

● 塑料含量小，即重量轻。轻质材料在制作机器人中用处非常大，因为随着重量越大，电池的续航时间越短。

● 塑料含量小即密度低。这个特性使发泡 PVC 更容易切割、钻孔和打磨。如果你切割过丙烯酸树脂，你会发现这种塑料非常容易出现碎裂和破口，由于它的密度太高，很难用手工工具加工。薄发泡 PVC 板可以用小刀切割，厚板用常用锯条就可以切割。

硬发泡 PVC（或简称为 PVC）经常用来替换木头使用。作为机器人爱好者，我们更喜欢用这种 PVC 板制作个性化的外形。

板材可以作为原始素材来使用，它有多种尺寸和厚度，千变万化的颜色：蓝、红、橙、棕、黑、褐色、黄色等。

PVC 板材有很多商业名称，例如安迪板、雪弗板、Sintra、Celtec、Komatex、Trovicel 和 Versacel。但是最轻松最常用的叫法还是发泡 PVC 或泡沫 PVC。

图 9-2　你可以把 PVC 板材进行切割钻孔制作出各种形式的机器人。图中是一个双层结构的机器人，每层底盘都是由正方形板材切掉边角部位制作而成。机器人由 4 只舵机驱动，舵机通过支架安装在底部

9.4.2　选择板材的厚度

PVC 板材的厚度通常为几毫米，下面是一些常见的规格。

● 3mm 或大约 1/8 英寸

● 6mm 或大约 1/4 英寸

● 10mm 或大约 13/32 英寸

下表展示了不同厚度的 12 英寸 × 12 英寸硬发泡 PVC 板材的重量。表中还给出了丙烯酸树脂每英寸的重量作为参考。表中的重量为平均值，不同品牌之间可能存在或多或少的差异。

厚度	重量（磅／平方尺）	
	发泡 PVC	丙烯酸树脂
0.080 (5/64 英寸)	0.287	0.547
0.118 (1/8 英寸或 3mm)	0.429	0.729
0.197 (3/16 英寸)	0.722	1.09
0.236 (1/4 英寸或 6mm)	0.858	1.46
0.393 (3/8 英寸)	1.03	2.19
0.500 (1/2 英寸)	1.30	2.91

9.5　怎么切割塑料

供参考

阅读第 6 章"机械加工技术"中的内容，了解更多关于锯类工具和常见材料的切割方法。

软和薄的塑料（1/16 英寸以下）可以使用锋利的小刀进行切割。切割时，需要在桌子上垫一

个硬纸板或专业的切割垫。这样做可以防止刀片切到桌子弄花桌面，并使刀片保持锋利。当你切割直线的时候，可以用木工尺或钢尺作为辅助，注意不要将刀片倚在尺子上，防止刀刃磨损变钝。

9.5.1   裁切技巧

硬塑料有很多种切割方法。当切割厚度低于 3/16 英寸的丙烯酸树脂塑料时，可以采用裁切的方式（见图 9-3）。

1．用美工刀和木工尺沿着切线划进行加工。用刀片在一个方向划出微槽，如果有必要，用夹具压住尺子。大多数塑料板的两面都带有保护皮，在裁切时注意保持边沿的完整。

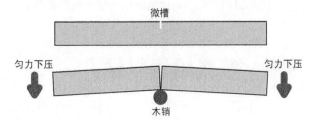

图 9-3　用锋利的刀子划线裁切丙烯酸树脂、聚碳酸酯等硬塑料。将划好微槽的板材放在一根木销上，两边匀力下压进行分割

2．根据塑料板材的厚度，沿着切线反复划 5 ~ 10 次，使切口处形成一个比较深的微槽。厚板材需要多划几次，确保切口有足够的深度。

3．使用一个 1/2 英寸或 1 英寸直径的木销垫在塑料板下，使切线位于木销的上方，用手指或手掌沿着塑料板的两侧小心匀力地下压分割开板材。如果板材比较大，可以使用一块 1×2 或 2×4 的木板来辅助加强力度。

提示：力度不均匀很容易导致边沿出现蹦口或开裂，小心的沿两边向中间匀力下压。不要试图用蛮力掰开板材。如果板材分割的不彻底，可用美工刀片加深切口。

9.5.2   用锯切割

厚塑料板，比如挤压管材、小管、型材必须使用锯进行切割。如果你有一台锯床，在切割丙烯酸树脂或其他硬塑料时需要将锯条换成专门切割非金属材料的细牙锯条，在切割 PVC 时可以使用与胶合板配套的锯条。切割丙烯酸树脂或其他硬塑料时需要缓慢给料，用力过大或刀片比较钝会造成塑料切口部位的过热变形甚至熔化。

当使用电动工具进行切割时，可以将一块木板用夹具固定好做为材料的导轨，确保材料的直线切割。

你可以使用手锯切割小块的塑料。手锯（见图 9-4）配上一根中牙或细牙的锯条（每英寸 24 或 32 齿）是一个不错的选择，还可以使用弓锯（配细牙锯条）或剐锯。

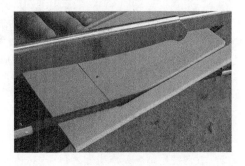

图 9-4　使用配有中牙或细牙锯条的手锯切割塑料。用弓锯切割曲线

它们非常适合用来加工一些细小的拐角和弧线等部位。

你可以用电锯来切割塑料，但是必须设法保持直线切割。你可以将一片胶木板用夹具固定好作为导轨。在切割过程中，一定要将材料扶稳，否则塑料会随着刀片振动，形成非常粗糙的截面和不平坦的切线。

 提示：降低圆锯的转速防止塑料切口部位随着切割而过热。如果使用很低的转速塑料仍然过热熔化，可以换成锯齿粗一点的锯条。

9.6　怎么给塑料钻孔

木头钻头可以给发泡 PVC 或 ABS 塑料钻孔，对于丙烯酸树脂和聚碳酸酯最好使用专用钻头。常规钻头的刀刃部位在钻硬塑料时可能会突然卡死，塑料将跟着钻头旋转造成破裂或损坏。

不用说，这个问题不止会造成材料的损坏，还极其危险，细小的塑料碎屑会蹦的满处都是。所以，在工作中应该佩戴好护目镜，哪怕只是从事钻一个小孔这样简单的工作也丝毫不能疏忽大意。

9.6.1　先定位再扩孔

如果你不想为购买塑料专用钻头增加额外的花销，也可以使用常规钻头逐渐扩孔的加工方法。比如先用一根 5/64 英寸的细钻头钻一个孔，再换大尺寸的钻头，直到达到你要求的孔径为止。这种方法可以避免钻头的刀刃卡住塑料的问题，加工 PVC 塑料时可以使用常规高速钻头。

9.6.2　电动工具的转速

给塑料钻孔应该使用转速可调的电钻。在加工丙烯酸树脂和聚碳酸酯这类硬塑料时，将转速降低到 500 ～ 1 000R/min，并在塑料下面垫一块木板，如果没有垫板，塑料会非常容易开裂。注意在钻孔过程中，不要太用力操作，并时刻保持钻头的锋利，用钝的钻头会加重摩擦产生热量并导致塑料熔化。

发泡 PVC 可以不加木垫板，但是小心不要钻得太过了。

供参考
阅读第 6 章"机械加工技术"获得更多关于钻孔工具以及操作使用方面的信息。

9.7　制作塑料底盘

我对使用塑料制作机器人有一种偏爱。就小型机器人的尺寸来说，塑料的强度超过大多数木头，同时它比金属更容易加工，价格也更便宜。我最喜欢的塑料种类依次是发泡 PVC、ABS、高密度聚乙烯（HDPE）和聚碳酸酯。发泡 PVC 在工业上常用来替代木头使用（例如，木制模型），它的切割和钻孔效果也接近木头。

9.7.1　参考木制底盘的设计

很多使用木头制作漂亮的机器人底盘的技术同样也适用于塑料，尤其是 PVC 板材。参考第 7 章"木头的加工"里面"切割一个底盘"中的内容，学习如何才能切割出好看的机器人底盘。

与木头不同的是，切割塑料时最好不要使用电动线锯，除非你能够非常熟练的操作这类工具。线锯在工作时，振动的锯条会影响切口的平整，尤其是在加工比较薄的 1/8 英寸的塑料板时这个问题会更加明显。最好的结果是锯条振动导致切口的边沿和截面非常粗糙，最坏的结果是塑料可能会开裂甚至损坏。

下面是几个附加的使用塑料板制作底盘的方法。

9.7.2　直线切割制作底盘

第 7 章详细地说明了在机器人底盘上切割出轮框结构的优点（见图 9-5）。多数情况下，同等厚度的塑料比木头要硬，这可以简化塑料底盘上面轮框的切割方式。底盘的原料可以是正方形或矩形。图 9-6 显示了具体的方法，使用三块 3mm 厚的发泡 PVC 组合成一个机器人底盘。

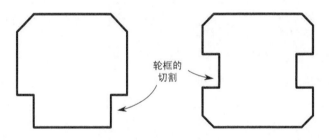

轮框的切割

图9-5　切去底盘的一部分，形成轮框。轮框的空间里面用来安置车轮

1．开始先切割中间的材料。这块材料的长度就是机器人底盘的总长，材料的宽度为轮框内侧的间距。

2．切割两块末端材料。材料的宽度是机器人底盘的宽度，长度为从轮框的一侧到底盘末端的距离。

3．最好去掉底盘的直角（如果可能的话），如图 9-6 所示斜切掉末端材料的两个角。你可以使用锯、锉或粗砂纸进行这个步骤。如果你使用电动打磨机，比如砂轮机或者砂带机，一定要控制好打磨的力度，否则塑料板会熔化。

4．将三块材料用胶水黏合或用紧固件装配在一起。普通的建筑胶就可以进行塑料的黏合，你还可以使用与塑料类型相匹配的专业接触式黏合剂或液状黏合剂（本章的后面会做介绍）。

提示：底盘的两端使用厚度 3mm 的塑料板，中间部位使用 6mm（大约 1/4 英寸）厚的板材。这个搭配适合 10 英寸以下的机器人底盘。注意此时底盘的边沿只有 1/8 英寸厚，虽然这部分不会影响主体结构的强度，但是最好不要在上面安装太大太重的部件。

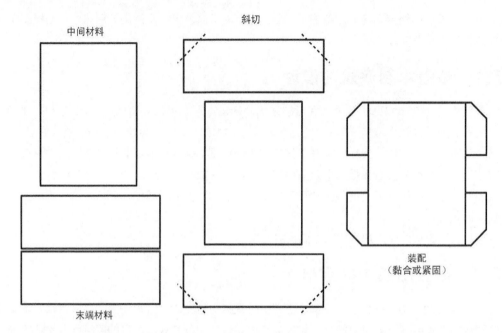

图9-6　在切割轮框结构时，如果材料不好加工或没有合适的工具，你可以采用将几块矩形材料组合装配在一起制作出机器人底盘的方法

9.8　制作塑料框架

在第7章"木头的加工"中，介绍了用木头搭建大型框架结构的方法。市场上能买到的塑料多数都有一定的柔韧性，尤其是发泡PVC材料，更容易弯曲。塑料的这种特性使它们不太适合制作机器人的框架结构。

如果塑料有一定厚度（3/8英寸或更厚），就可以降低它容易弯曲的特性。你可以将几条厚度6mm的PVC组合在一起，制成1/2英寸的框架材料，如图9-7所示。参考第7章了解如何用斜锯架和短锯来切割框架材料末端的45°斜角，同样使用平角铁和紧固件进行装配。

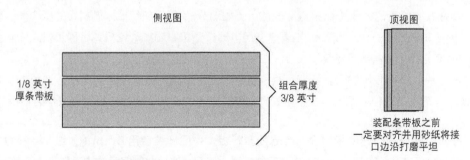

图9-7　采用将几片薄塑料板一层层叠起来的方法提高材料强度。你可以用几条1/4英寸厚的塑料条带组合成硬质边框，它们是搭建框架的好材料

9.9　如何使塑料弯曲定型

很多种塑料都可以通过局部加热的方法改变形状。一种比较好的加热弯曲塑料板（如 PVC 和丙烯酸树脂）的方法是使用电热丝式加热器，这种工具可以在加工预制塑料的商店里买到。通过电话黄页查找本地的商店或参考附录 B "在线材料资源"获得更多网上销售塑料材料和塑料配套工具的商店。

加热工具通电以后，一根长电热丝开始发热，用它来加热塑料需要弯曲的部位。加热软化后的塑料可以弯曲成各种角度。

塑料加热器很好使用，但是需要经过大量的练习才能达到比较好的效果。先用一些边角料进行试验，直到你对自己的操作感到满意为止。本书中的制作项目均不需要对塑料进行弯曲定型的加工，你可以自行尝试这方面的制作技术。下面是一些对你有所帮助的提示：

- 一定要将塑料加热到可以弯曲的程度再进行弯曲。否则，你的操作会造成塑料的破裂或使弯曲部位过度受力（受力部位将出现裂缝或皱纹）。
- 弯曲塑料的角度要比你预计的角度大一点。塑料冷却以后会伸张，你必须事先留有余量。通过试验来了解应该留多大的余量，弯曲余量根据塑料的种类和加工形状的不同而不同。
- 使用适当的温度加热塑料。如果热量太高，会使你感到不适还会影响健康。发泡 PVC 的熔点非常低，大约 165 ~ 175°F。这种材料燃烧时可以释放出有毒和腐蚀性的气体（氯化氢），所以一定要控制好温度。

9.10　如何将塑料的边沿打磨光滑

塑料在切割以后，需要对切口的边沿进行适当的打磨，去除多余的毛刺。像木头一样，你可以使用细纹氧化铝（不是石榴石）砂纸对塑料进行轻度打磨。对于 PVC 这类软塑料，要使用干砂纸。对于硬塑料，可以用干砂纸或沾水砂纸进行打磨。

你也可以用特粗号的砂纸打磨塑料的外型，例如去掉正方形底盘的直角。

推荐颗粒度：氧化铝砂纸

用途	超细	细	粗	特粗
修整			适合	适合
磨平	适合	适合		

颗粒度表示着砂纸表面的粗糙程度。数值越高，颗粒越细。

9.11　如何黏合塑料

制作机器人，我最喜欢使用机制紧固件，包括螺母、螺丝等进行装配的方法。原因是机器人的拆解和重建非常方便，材料可以反复使用。采用黏合的方式，一旦固定好，就很难再次对机器人的结构进行调整。

尽管如此，在很多情况下都需要将材料黏合在一起，许多塑料（尤其是 PVC、ABS 和丙烯酸树脂）都非常适合黏合固定。黏合剂的选择取决于你使用的塑料种类和你期望的黏接类型。

• PVC、ABS、丙烯酸树脂和聚碳酸酯塑料可以采用溶解黏合的方式。黏合剂包含的化学成分可以溶解塑料的黏合面，使两块材料互相溶合在一起形成一个整体。Dark Crystal 就属于这类黏合剂。

• 家用黏合剂也可以用来黏合塑料，根据黏合剂和塑料的种类不同，最后的黏合效果也会有一定差别，通过试验来选择合适的黏合剂。表 9-1 列出了我推荐的几种适合黏接塑料或其他材料的黏合剂。当这些黏合剂都无法进行黏合时，可以试试环氧树脂。

9.11.1　使用液状黏合剂

有很多种适用不同塑料的液状黏合剂。最好使用特制的溶解式黏合剂来黏合对应的塑料，比如使用 PVC 黏合剂来黏接 PVC 塑料等。你还可以尝试使用"全能"或"通用"黏合剂，但是它们的黏合强度比较低。大多数家装商店里都会提供至少一种黏合剂。

在加工发泡 PVC 板时，只要是对应的黏合剂都可以用，黏合 PVC 排水管的黏合剂也可以用来黏合发泡 PVC。清洁好黏合面，用小刷子将黏合剂均匀涂抹在上面就可以进行黏接了。很多家装商店里都有这种黏合剂。

当使用溶解式黏合剂黏合 PVC 或 ABS 塑料时，可以将黏合剂用刷子涂抹或用喷壶喷涂在黏合面上。

一定要确保两块材料的黏合面是完全平坦的，存在缝隙的部位将会影响黏接效果。黏合以后，等待几分钟让黏接部位溶合在一起凝固定型。材料在没有彻底黏合之前不要移动，否则将会降低黏合强度。

表 9-1　塑料黏合指南

塑料类型	专用黏合剂	与其他塑料通用	与金属、木头通用
ABS	ABS 溶剂	橡胶黏合剂	环氧胶
丙烯酸树脂	丙烯酸溶剂	环氧胶	表面胶
聚苯乙烯	模型胶	环氧	CA 胶 *
泡沫塑料	乳胶	表面胶	表面胶
聚氨酯	橡胶黏合剂	环氧，表面胶	表面胶
PVC	PVC 溶剂	PVC–ABS 溶剂	表面胶

*CA 胶的全称是氰基丙烯酸盐黏合剂，商品的通俗名称是"超级胶水"。

9.11.2　使用家用黏合剂

溶解式黏合剂可以黏合小块的塑料，但是它们无法（或效果不好）将塑料黏接到木头、金属或其他材料上。

出于这个原因，你可以尝试采用家用黏合剂。如表 9-1 所示，表面胶可以很好地适用于塑料、金属或木头的黏合。你可以在家装商店里买到表面胶。双份环氧胶（你需要将装在两只管子中的胶水混合使用）就是非常好用的一种黏合剂，它的黏合强度比较高。

　　如果黏合部位的接口边沿无法处理平坦，可以使用比较粘稠的黏合剂进行修补，比如表面胶、环氧胶或家用万能胶都是不错的选择。黏合以后，你可以用锉刀或砂纸将多余的部分打磨掉，形成平坦的接口。

 提示：有一些塑料无法进行黏合。尼龙或高强度聚乙烯就很难采用黏合固定的方式，除非使用价格昂贵的工业级特制胶水和专用的涂抹工具。你可以使用机制紧固件的方式来固定这种塑料。

9.12　使用热胶枪加工塑料

　　使用热胶枪可以迅速将塑料零件组合到一起。热胶枪里面的胶棒加热至熔化以后，你可以将热胶从枪嘴挤压出来并涂抹到黏合区域。

　　许多五金、工艺和业余爱好商店里都可以买到各种规格的热胶枪和配套的胶棒。胶棒为低温固态的形式。低温胶棒具有一定的"渗入"和软化塑料的效果，一般情况下适合大多数塑料的黏合。

9.13　如何给塑料上漆

　　塑料板分为透明和不透明两种，这使你可以灵活选择机器人的颜色。彩色塑料板的颜色与板材是一体的，无法擦去或打磨下去。你可以通过上漆的方式改变塑料的颜色或使其由透明变为不透明，多数塑料表面都可以刷漆或喷涂。

　　喷涂的效果非常好，是首选的方法。在对整个结构进行喷涂之前，需要仔细选择好油漆的种类，并先用一小块材料进行试验。一些油漆包含可溶性成分，会软化并破坏塑料。

　　在各种适用于塑料的油漆中，田宫生产的专门用于模型的罐装喷漆是最好的选择。这是一种为苯乙烯塑料模型特制的喷漆，同样也适用于其他种类的塑料。这种喷漆有多种颜色可供选择。

9.14　家用塑料制品制作机器人

　　许多时候不需要特意去五金店或塑料商店去买制作机器人的塑料。在自己家里就可以找到很多不错的塑料材料。

　　以下是几个值得关注的地方。

　　● 使用过的密纹唱片（CD）。废弃不用的 CD 唱片在现代家庭生活中随处可见。制作 CD 唱片的材料是聚碳酸酯塑料，它们通常被随意丢弃不加以回收。在加工 CD 唱片时需要注意：它们在切割和钻孔的时候极易粉碎，加工产生的碎屑非常锋利会造成一定程度的危险。

• 使用过的激光唱片。这是 CD 唱片的升级版本，随着 DVD 技术的出现而出现。激光唱片的直径是 12 英寸，是收藏爱好者喜爱的品种。你可以在线上商店或二手店里花 1 或 2 美元买到过时的激光盘片。在加工过程中，小心不要使塑料开裂。

• 老式留声机唱片。可以在本地旧货店找到，唱片的材质是乙烯基，可以使用与 CD 或激光唱片相同的方法进行加工。二手商店是最好的寻找这些老唱片的地方，似乎没有人再需要它们，因此价格非常低。注意，老唱片中也不乏精品，比如 V-Discs 在 1940 年生产的唱片就极具收藏意义。除非你确定这张唱片已经没有价值，否则不要轻易毁掉。

• 拌菜碗、餐盘和其他小塑料制品。它们可以用来制作机器人零件。我常去附近的小百货店或打折店寻找可用的塑料材料。

• PVC 排水管。这种材料可以用来制作机器人的框架，使用短的 PVC 管下脚料，花上一个周末就可以完成一些简单项目。你可以用黏合剂、五金件或 PVC 连接器进行固定。

第 10 章

制作塑料结构的移动平台

本章将详细介绍一个塑料结构的机器人 PlastoBot 的制作方法。这是一个小巧灵活的移动式平台，使用一片 1/8 英寸厚的塑料板或其他相似的板材组成机器人的底盘，你可以用手头现有的材料进行这个制作。我的 PlastoBot 原型机器人使用厚度为 3mm（约 1/8 英寸）的 PVC 塑料板制作而成的。

PlastoBot 的形状接近正方形，这种简单的矩形结构只涉及直线切割。为了使机器人看起来美观，将底盘的四角顶端附近倾斜切掉 45°，此举还可以减小底盘与周围物体的碰撞和摩擦。底盘可以制作成车轮内置或车轮外置两种形式。车轮内置的结构会增加底盘加工的难度，但是这样的布局可以使机器人的车轮与底盘很好的融合在一起，整体完成度较好。

PlastoBot 底盘的边长为 4 英寸，在设计上很方便升级。你可以根据自己的喜好制作尺寸更大的版本，如果你有微型电动机和车轮，还可以制作缩小的版本。机器人底盘的边长最大可以达到 10 英寸。当边长超过 5 英寸或 6 英寸时，你需要将塑料板的厚度增加一倍——从 1/8 英寸增加到 1/4 英寸。

提示：我给出了制作所需的每个零件的规格、型号。你在实际制作中可以根据手头的材料灵活调整，还可以选用价格更便宜更容易买到的替代材料。

10.1 制作底盘

参考表 10-1 的零件目录。

图 10-1 展示的是一个组装好的 PlastoBot 移动平台。它的边长是 4 英寸，在一端有一个起平衡支撑作用的塑料小球形万向轮。（如果你不喜欢球形万向轮，也可以给机器人安装一只牛眼轮作为支撑轮，使用一根 8-32 号，1 英寸的机制螺丝和盖帽式螺帽进行固定。详细的操作说明参考第 8 章末尾的内容。）

表 10-1　PlastoBot 零件目录

数量	规格
1	4 英寸 ×4 英寸，厚度 1/8 英寸的塑料板 *
2	Pololu 微型减速电动机，减速比 100：1，编号 992†
1	Pololu 微型电动机支架（一对），编号 989†
1	Pololu 车轮，含橡胶轮胎（一对）直径 32mm，编号 1087†
1	Pololu 球形万向轮，1/2 英寸球体，编号 952†
配件	与上述零件配套的五金件。如果使用替换零件，你可能还需要准备 2-56 号或 4-40 号，1/2 英寸的机制螺丝和螺母

＊使用 PVC、ABS、聚碳酸酯、丙烯酸塑料或其他材质的塑料板。丙烯酸塑料和聚碳酸酯可以在规模较大的建材商店中找到。PVC 和 ABS 塑料板材可以在专业塑料商店或网上商店购买。

†电动机、电动机支架、车轮和球形万向轮可以从 Pololu.com 或其他批发商处购买。你也可以使用其他容易购买到的小型电动机和车轮。电动机的四边大概为 5/8 英寸，长度为 1 英寸。车轮的直径是 32mm（约合 1¼ 英寸）。

　　底盘使用的塑料板厚度为 1/8 英寸，你也可以使用能找到的其他厚度的板材。出于降低重量的考虑，你应该避免使用厚度超过 3/16 英寸的高密塑料板。高密塑料很难切割和钻孔。

　　将板材切割成 4 英寸 ×4 英寸的正方形，然后切掉 4 个角。你可以根据实际情况决定修剪掉多大部分，一般来说 1/2 英寸的斜面就足够了。具体的做法是从角的两边分别量出 1/2 英寸，然后沿 45° 对角线切除不要的部分。

　　PlastoBot 的车轮是内置在底盘里面的，这是我喜欢的一种车轮的布局方式。车轮的参数见表 10- 1，外尺寸为 1⅝ 英寸 × 1/2 英寸。两个车轮都位于底盘中间的位置。图 10- 2 为底盘加工示意图。从图 10-3 显示了车轮内置布局所带来的优势，图中显示了两种不同风格的机器人，你可以对比看出车轮外置和内置的区别。

　　图 10- 2 中显示了 PlastoBot 的另一种替换的设计方案。在这个设计中，车轮位于底盘的一侧。这个形状比较容易加工，不需要处理车轮缺口内部切割的问题。 对于车轮位于中间的设计，缺口的尺寸为 1⅝ 英寸 ×1/2 英寸。

图 10-1　制作完毕的 PlastoBot 移动平台，由 2 个微型电动机、车轮和保持平衡的小号球形万向轮组成。机器人的外轮廓为 4 英寸 ×4 英寸正方形

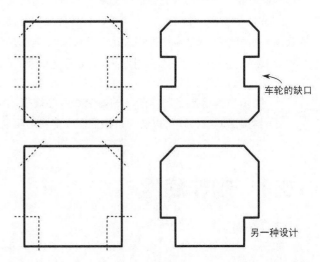

车轮的缺口

另一种设计

图 10-2　加工出斜面和车轮缺口的 PlastoBot 的底盘。你可以将车轮设计在中间位置（首选）或设计在底盘的一侧

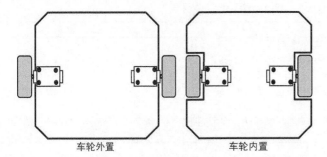

车轮外置　　　　车轮内置

图 10-3　车轮安装在底盘外侧和内侧的示意图。车轮内置的外形看起来更加流畅，还可以避免刮蹭到机器人周围的物体

10.2　安装电动机

　　PlastoBot 的动力部分使用了一对微型电动机，如图 10-4 所示。这是一种高精度的金属齿轮电动机，相比于其他制作小型机器人的电动机，它们价格还可以接受。

　　我使用的电动机直接通过 Pololu.com 在线购买，同时还买了用来将电动机固定在底盘上的塑料支架。它们的网站同时还提供下面将要提到的车轮和塑料万向轮。在其他的专业机器人商店里，可以买到类似规格的电动机和车轮，参考附录 B"在线材料资源"获得更多信息。其实很多机器人商店也销售 Pololu 的产品，与此同时，它们可能还会提供性价比相近的产品供爱好者选择。

　　微型电动机的尺寸为 0.94 英寸 ×0.39 英寸 ×0.47 英寸，输出轴的长度为 3/8 英寸，轴径是 3mm，轴截面为 D 型。电动机轴和特制的车轮是配套的，因为电动机本身非常小，机身上没有安装孔，无法直接把它们安装到底盘上，需要使用配套的支架进行安装。

　　参考图 10-5 中的钻孔示意图，孔间距要求有一定的精度，需要仔细进行测量。支架有 2 个安装孔，间距是 18mm(大约 11/16 英寸)，它们带有配套的 2-56 号不锈钢螺丝和螺母。螺母可以嵌在支架上面的凹槽里，螺丝穿过底盘将电动机固定在正确的位置(见图 10-6)。现在可以暂时先用手把螺母拧上去。

提示： 2 个电动机支架和球形万向轮都以毫米为单位。我在示意图中标注了两种单位，毫米和转换成英寸的近似值，精确到 1/16 英寸。

图 10-4　金属齿的微型电动机。PlastoBot 需要使用 2 个（图片来自 Pololu）

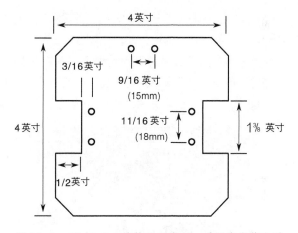

图 10-5　PlastoBot 的钻孔示意图。对用来安装电动机的两组固定孔的水平位置要求不太高，但是孔的垂直间距力求尽量准确。它们将用来固定电动机支架

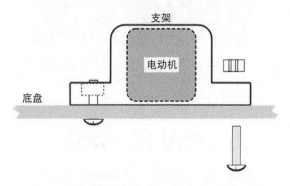

图 10-6　用特制的支架安装电动机。与支架配套的小型 2-56 号紧固件的安装方法如图所示

10.3　安装车轮

PlastoBot 的车轮由塑料制成，车轮包含有可拆卸的橡胶轮胎。车轮有很多种尺寸，我按照机器人的高度选择的是最小号的车轮。如果你制作大比例的 PlastoBot，你就要给机器人配备更大尺寸的轮子，比如 80mm 或 90mm 的车轮，适用于 3 倍或 4 倍比例放大的 PlastoBot。

车轮上面有 D 型的轮毂，与电动机输出轴的形状是配套的，安装时只需要把车轮套在电动机输出轴上面就可以了。

安装好车轮以后，将电动机放入支架，分别调整每只电动机的位置，使车轮与底盘保持相同的间隙，最后拧紧螺丝将电动机牢靠的固定在底盘上。

10.4　安装球形万向轮

配套的万向轮使用一个 1/2 英寸的塑料球（见图 10-7），球可以在万向轮的内部灵活的旋转。和电动机支架一样，球形万向轮也包含自己的附件，2-56 号的紧固件。附件里还有一些塑料垫片，使用比较厚的 2 个垫片将万向轮垫高，使它可以配合 PlastoBot 车轮的直径。螺丝必须从万向轮底座的一侧安装，用螺母安装在底盘的顶部。

图 10-8 显示的是 PlastoBot 底部的样子，万向轮、电动机和车轮已经安装就位。

图 10-7　小号球形万向轮，塑料滚球的直径为 1/2 英寸。球可以在底座中的凹槽里自由滚动（图片来自 Pololu）

图 10-8　PlastoBot 的底部，显示了支架固定的电动机和球形万向轮的安装方式

10.5　使用 PlastoBot

PlastoBot 使用的是高效率的微型电动机，电动机的工作电压为 3 ~ 9V，6V 是正常值。你可以给它装上开关，手动控制电动机值。你可以把机器人配置成手工切换的模式（启动 / 停止，转向）

或使用电路来控制，在第 22 章 "使用直流电动机" 中将对这个话题进行展开讨论。

　　这种电动机在工作时消耗的电流非常低，你几乎可以使用任何类型的控制电路。当空转时（不加负载），电动机消耗的电流只有 40mA。当失速时（电动机阻转停止），电流将升高到 360mA，这是一个还可以接受的值。低电流需求的电动机使你在选择电动机驱动电路时具有很大灵活性。

供参考
参考第 21 章 "选择正确的电动机" 获得更多关于电动机转矩、毫安、电流测量、电压和其他电动机参数的说明。 　　如果你制作车轮位于底盘中间版本的 PlastoBot，注意让重心稍微偏向球形万向轮的一侧，此举可以避免机器人向没有万向轮的一侧翻倒。

10.6　更改 PlastoBot 的设计

　　PlastoBot 的底盘有很大的改进空间，比如，增加斜面的长度，你可以制作出一个六角形的底盘。为了实现这个修改，只要将原始底盘的每个斜面多切去一点就可以了。

　　你还可以改进电动机的安装方式，使用标准紧固件和弹性塑料卡子对电动机进行固定。图 10-9 显示的是一个六角形底盘的 PlastoBot，电动机安装孔的间距是 1 英寸。电动机的安装方法见图 10-10，钻两个比电动机略宽的孔，将弹性塑料卡子压在电动机上方，确定好位置以后用机制螺丝拧紧位于底盘另一侧的螺母进行最后的固定。

　　建筑模型玩具、电缆夹具、理线器、家装小零件里都可以找到可利用的塑料紧固件，选择它们的基本原则是（前提是尺寸和形状符合大致的标准）材料应该有一定的柔韧性。这样当你拧紧螺丝以后，就可以依靠塑性变形将电动机固定在正确的位置。

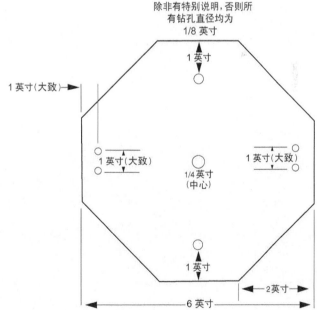

图 10-9　另一种塑料底盘的机器人移动平台。切掉正方形的四角获得一个六角形的底盘

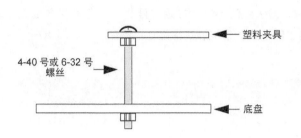

4-40 号或 6-32 号
螺丝

塑料夹具

底盘

图 10-10　用标准紧固件和弹性塑料卡子安装电动机的方法，适用于方形或圆形电动机的安装

提示：另一种使用小号电缆夹具安装电动机的方法。PlastoBot 使用的 Pololu 微型电动机可以用 1/2 英寸的夹具进行良好的固定。你需要准备 2 个夹具，如图所示正反两个方向将电动机安装好。包围着齿轮箱的夹具作用是确定电动机的位置，包围着电动机外壳的夹具作用是防止电动机松脱打滑。

第 11 章

金属的加工

塑料制品在现代社会中广泛应用以前，金属是世界上最主要的制作材料。在过去，生产玩具所需的主要材料是锡，而不是现在常用的塑料。

金属具有其他材料无法比拟的强度，是极好的机器人制作材料。在本章中，你将学习如何利用现成的金属材料，在不涉及焊接和委托加工的前提下，制作自己的机器人。

11.1　适合制作机器人的金属种类

金属常被分为两大类：含铁金属和不含铁金属。

- 含铁金属的主要制作原料是铁（即元素周期表中的 Fe，英文单词 Ferrous 的缩写）。
- 除去铁以外的金属是不含铁金属。它们包括铜、锡和铝。

当你选购一种金属材料时，一般不会用到由这种材料制成的高纯度金属。相应地，一种金属也总是与另一种金属一起加工而成，最后生产出来的材料被称为合金。不同的合金赋予金属不同的性质，例如，铝合金的特性适合用来制作机箱或加工其他零件。

11.1.1　铝

铝是制作机器人结构最常用的金属材料，一方面是因为它价格适中，另一方面是因为它有一定的强度而重量又比较轻。此外，铝是一种很容易切割和钻孔的材料，只需要常见的工具就能够进行加工。你在五金商店中买到的铝其实是铝合金，生铝（由铝土矿生产提炼而成）作为一种成品金属只有很小的商业价值。市场上相当一大部分的铝材都是与其他金属一起加工而成的铝合金。

铝合金的规格用数字表示。常见的铝合金是 6061，它有极好的机械加工特性（很容易进行切割和钻孔），材质较轻且有足够强度。常见的适合用来制作机器人的铝合金包括薄板材和型材，比如方管、角铝和 U 型槽铝（见图 11-1）。

11.1.2　钢

铁常被用来制造成钢，钢是由铁添加一部分碳加工而成。你可以在本地的焊接工厂或家装商店找到一种碳含量比较低的低碳钢。

不锈钢是一种添加了少量铬的特殊钢材。铬在金属表面形成一层微膜，有助于防止生锈和腐蚀。因为不锈钢很难加工，很难焊接，价格也比较高，所以它很少被用来制作机器人（也有例外，如格斗机器人）。

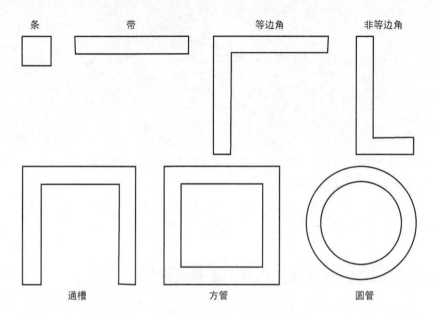

图 11-1   铝型材有多种常用规格，适合用来制作机器人。铝条带、角铝和槽铝是最常用材料

11.1.3   铜

市场上常见的铜材有纯铜，也有与其他金属混合制成的合金。铜和锌混合制作出黄铜，铜和锡混合制作出青铜。这三种都是软金属，相对容易切割和钻孔。

铜和铜合金很容易退火，这是通过将金属加热到一定温度（但没有达到金属的熔点），然后让其慢慢冷却。退火用来将金属材料的特性变软，常被用来制作金属弹簧和金属簧片。

11.1.4   锌和锡

锌和锡常被用来作为金属材料的合金或涂层。锡是一种耐腐蚀和抗锈的金属，常被用来制作工艺品或家居装饰材料。锡是一种软金属，如果板材不是太厚可以直接用一把大剪刀切割。采用薄板"冲压"工艺可以很容易制成固定零件的扎带或其他零件。

11.2   测量金属的厚度

有很多种方法可以表示金属的厚度，最常用的有以下几个。

● 分数英寸 / 毫米。市场上销售的金属可以使用英制或公制单位。厚度以分数的形式表示，比如 3/64 英寸或 1/16 英寸。对于公制单位，厚度以毫米表示。

● 十进制英寸。这种方式以十进制为单位来更精确的表示厚度，最高精度可达 1/1000 英寸。厚度 0.032 指的是金属的厚度是 0.032 英寸或"32/1000 英寸"。

● 密尔（mil）。在这里，密尔指的不是毫米或百万分之一或军队，而是一个 1/1000 英寸的测量单位。一个十进制的厚度 0.032 英寸相当于 32 密尔。作为参照，一个黑色塑料垃圾袋的厚度通常为 2 密尔~ 4 密尔。

● Ga. 是 GAUGE 的缩写，起源于北美的一种计量单位，用于描述各种材料的厚度，尤其是金属板材和导线。不同类型材料的 Ga. 值有不同的标准（比如，塑料和金属之间的 Ga. 值就不同），不同材料之间无法做对比。例如，20Ga. 的铝板，厚度是 0.032 英寸。

简单说，相同厚度的金属板，金属材质不同，它们的 Ga. 值也可能不同。比如一块厚度 20Ga. 的铝板，相当于同样厚度 21Ga. 或 22 Ga. 的钢板，13Ga. 的锌板。

提示：你需要使用机械师使用的螺旋测微计（见图 11- 2）精确的测量金属的厚度。数字式测微计可以切换成十进制英寸或其他单位（通常为毫米）。传统机械式螺旋测微计价格便宜，结构简单，但是需要花一些时间才能熟练使用。
测微计的操作比较简单，但是你需要仔细参照工具的使用说明才能正确的读取测量数据。英制单位的测微计，测量精度为 1/1000 英寸，即 0.001 英寸，因此也称为干分尺。大多数公制单位的测微计，刻度精确到半毫米。

11.3　什么是热处理

当购买金属材料时，你可能会遇到热处理的问题。热处理常被用来改进金属的物理特性，经过热处理的金属价格也比较高，没必要为不需要的东西买单。作为一个成熟买家，你需要掌握以下信息。

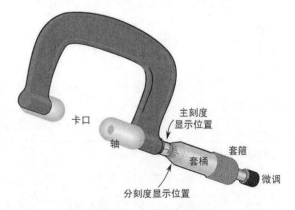

图 11-2　使用螺旋测微计测量小零件的尺寸或厚度

● 淬火水强化以后的金属在强度上的确提高了很多，这种处理过程还会使金属变脆。工具通常由硬化钢制作而成，淬水以后的金属很难进行切割或钻孔。

● 退火软化以后的金属变得更容易加工。可延展，有韧性，比较容易加工的金属一般都经过退火处理。铜是最典型的例子，此外还有很多金属，比如铝也可以进行退火处理。

● 回火会回复钢材的硬度和脆性，经过回火处理的钢材甚至可以变得更坚韧。一个例子就是回火处理过的 6061-T6 铝合金，它的强度比同样材质没经过处理的材料提高了好几倍。

● 表面硬化是利用在软钢表面增加涂层的方法，提高低碳钢，比如熟铁的硬度。钢制工具常采用这种方法。

> 提示：淬火和回火可以在业余条件下完成，这类加工技术非常适合战斗机器人爱好者。这个问题已经超出了本书讨论的范围，如果你感兴趣，可以去本地图书馆查阅家庭金属加工方面的资料。

11.4　哪里去买金属材料

在本地市场可以找到许多金属资源。如果他们提供的材料不能满足你的需要，可以上网搜索，查找适合的提供邮购服务的金属供应商。

五金和家装商店提供一些铝板或钢板，但是角、棒或其他形状的型材更适合制作机器人。见下面"家装商店里的金属材料"获得更多信息。

业余爱好商店销售小尺寸板材以及棒、管和条带等型材，材料有铝、黄铜和铜。在北美的商店里，最常见的一个材料品牌是 K&S Engineering。这类金属材料为小批量生产，价格比较贵，但是尺寸合适，用起来很方便，详见"工艺和业余爱好商店里的金属材料"。

金属材料商店提供焊接作业所需的材料，通常也面向公众提供各种有用的金属材料。很多现货材料的尺寸非常大，你可以要求商家帮你切割成适当大小。提示：看商家是否有切割剩余下来大小合适的边角料。

餐饮配套商店大都面向公众开放，产品原料多为铝或钢。寻找碗、烧烤垫、形状特殊的器皿、滤网和其他适合用来改装成机器人的材料，金属为上选。

11.5　机器人常用金属

表 11- 1 列出了几种适合制作机器人的金属材料。表中指出了每种金属常见的用途，主要优点和本质缺陷。

表 11- 1　机器人常用金属一览

金属名称	典型机器人应用	主要优点	主要缺点
铝	底盘，手臂，各种结构件	价格合理，重量轻，强度高。用常规工具很容易切割和钻孔	品种繁多，给选购带来困难。难以焊接
黄铜	支架或压片，小型机器人的结构件，大型机器人的非结构件	很容易在业余爱好和工艺商店里买到	相对比较软，延展性不好
铜	支架或压片，非结构件	容易切割、弯曲、成型，机加工特性好	相对较贵，容易氧化
钢	重型骨架	强度高，便宜	容易生锈，很难切割和钻孔
不锈钢	重型骨架	抗锈，耐腐蚀	很难切割和钻孔，比其他金属材料贵
锡 *	机器人的外壳，容易制作的零件，比如安装电动机的卡子	软，有延展性。薄板是制作机器人外壳的理想材料。熔点相对比较低，华氏 450°～725°	本地很难买到，可以上网查找用于手工艺行业的"压制锡板"

* 有一些商店卖一种薄的镀锡钢板（马口铁皮），也称为"锡"。虽然本质上是不一样的，但是这两种材料可以互换使用。

11.6　家装商店里的金属材料

本地的家装或五金商店是最好的寻找金属材料的场所。在不同的商店，你可以找到金属材料。

11.6.1　铝型材

铝材有多种形式，包括板材、条铝、棒材和挤压铝型材。铝型材是一种相当理想的制作机器人的材料。我开始用这种材料制作机器人的时间可以追溯到 20 世纪 80 年代，那时很多爱好者仍然使用切割金属板来制作机器人的身体。现在铝型材已经成为一种非常普遍的制作小型机器人的材料。

挤压铝型材通过将熔化的金属从预制模具中挤压出来冷却以定型制作而成，这个过程有点像儿童玩的彩色橡皮泥。挤压铝型材有多种长度，从 12 ~ 12 英尺不等。在本地的五金店里常见的规格是 4 英尺，它们常在家庭装修工程里用来美化木制器物的边沿或制作浴室的推拉门。

使用铝型材制作机器人，有多种截面规格可供选择。常见的形状是等边或非等边角铝、U 型槽铝和铝条。

下面几种是我最常用来制作机器人的铝型材。你可以做为参考，但是不要受它们的限制，灵活选择其他更适合你的形状或尺寸的铝型材开始自己的制作。为了方便进行对照，图 11- 3 中展示了几种最流行的铝型材。

● 等边或非等边的 U 型槽管。流行的尺寸是 1/2 英寸 ×1/2 英寸 ×1/16 英寸的 U 型槽管。它们在装饰行业中用来美化 3/8 英寸胶合板的边沿。

● 等边或非等边角铝。1/2 英寸 ×1/2 英寸 ×1/16 英寸的等边角铝非常适合用来制作 15 英寸大小的机器人。

● 铝条或铝棒。例如：3/4 英寸宽，1/16 英寸厚的铝条。

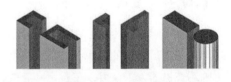

图 11-3　展示了五金店或家装店最常见的几种挤压型铝型材。它们有多种长度，可以使用钢锯进行切割

11.6.2　加强板

加强板设计用来与铁钉配合加强两块或多块木头结合部位的强度，加强板由镀锌防锈的钢板制作而成。镀锌工艺会在板材表面造成比较明显的斑点。

在家装商店的木头销售区查找这种材料。它们中的很多是按特定的用途预制成型的，例如加固顶棚 2×4 横梁的钉子板。适合制作机器人的是平板（或带有卷边的平板，它们也非常有用），材料有多种长宽规格，常见的是宽度为 3 ~ 5 英寸，长度为 3 ~ 7 英寸。图 11-4 展示了几种最常见

的加强板，它们的尺寸分别是 3 英寸 ×5 英寸、
3 英寸 ×7 英寸和 3 英寸 ×9 英寸。

　　你可以使用现成的材料或切割成需要的尺
寸。板材上面有很多用来钉钉子的预制钻孔，
但是板材比较薄（通常为 20Ga. 或近似的规
格）你也可以很容易地钻新孔。注意工作中一
定要使用锋利的钻头。

　　在北美，最常见的加强板的品牌是辛普森
（Simpson Strong- Tie），访问该公司的
网站（www.strongtie.com）查看各种尺寸
和规格的产品。在第 12 章里你将学习如何用
一些常见的价格便宜的加强板制作一个坚固的
金属机器人底盘。

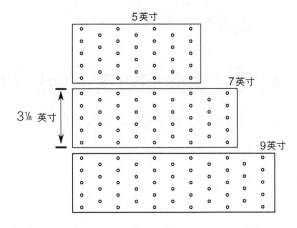

图 11-4　加强板由镀锌不锈钢制成，可以用来制作
机器人的金属底盘。它们有多种尺寸，尽量挑选合适
的尺寸，减少切割工作

11.6.3　钢管和角铁

　　大多数五金商店都会提供一定数量的钢制圆管或方管，还有角铁和其他形状的材料。这些坚硬
并有一定重量的材料是由厚度 14Ga. 的钢材制成，当你制作大型支架时可以使用这种材料。很多
产品的边沿已经预制好了安装孔，为你省掉了不少的麻烦。尽管如此，你仍然可能要切割它们，使
用换上新锯条的钢锯进行加工，详细的操作说明见本章后面的内容。

11.6.4　EMT 管子

　　EMT 是电气金属管的简称，常被叫作薄壁金属管。
它们用于建筑物中的布线，导线穿在管子里面，也可以
用来制作机器人。你可以在五金商店或家装商店的电气
区里找到这种材料。

　　这种管子有多种尺寸，从 1/4 开始增加，1/2 和 3/4
是最常见的规格。电气金属管可以用来制作风格独特的
机器人框架，你可以使用弯管器来弯曲这种管子。

　　除了 EMT 管子，与它相关的材料也可以用来制作
机器人。配件包括骑马夹和管子夹具，如图 11-5 所示，
它们是安装电动机之类机器人零件的好材料。你总是可
以找到适合圆形电动机的骑马夹或管子夹具，如果尺寸
上稍有出入，可以通过挤压或伸展的方式对材料进行
调整。

图 11-5　EMT 管子夹具，可以用来安装机
器人的电动机。它们的材质通常为塑料或
金属，有多种尺寸和外形

提示： EMT 管子的实际尺寸不是分数英寸，虽然在目录里总是用这种方式列出来。根据金属材质的不用，EMT1/2（1/2 称为商业尺寸）的实际尺寸是内径 0.622 英寸，外径 0.706 英寸。购买这种管子时，带一个卷尺进行实际测量，确保你买到的是需要的尺寸。

11.7　工艺和业余爱好商店里的金属材料

工艺和业余爱好商店是另一个便利的寻找金属材料的场所。常见有不锈钢板、铜材，甚至还可以买到青铜。因为许多金属产品都是用作装饰材料，所以它们的材质都非常薄，不适合用作机器人的结构材料，它们看起来更像是厚铝箔而不是金属板。另一些比较厚的材料（22Ga. 或更厚）适合用来制作机器人底盘或框架。

除了金属板以外，还有金属带、金属条以及圆型或方型的金属管。金属管的尺寸有多种规格，小尺寸的金属管可以像望远镜筒那样套在大尺寸的金属管里。你可以用它们制作轴连器的替代品，例如，配合将一个小输出轴连在一个大内孔的车轮上，在第 24 章 "安装电动机和车轮" 中将详细讨论这个问题。

11.8　金属加工技术

使用金属制作机器人的原因之一是它们的强度很高。同时，金属制品看起来也非常漂亮——虽然，塑料制品的外表也可以做的和金属一样漂亮，但是材料的性质是无法和金属相比的。金属的另一个优点是耐用，不需要特别关照就可以使用很久，甚至当机器人从桌子上跌落下来或被小狗当做玩具，它仍然会完好无损。

虽然金属具有木头或塑料无法比拟的优点，但是它的缺点也很明显：加工困难，成本高，重量也更大。可根据实际需求进行选择。

像前面第 6 章 "机械加工技术" 中讨论过的那样，你需要用钢锯配合每英尺 24 齿或 32 齿的细牙锯条来切割金属。手弓锯、锁孔锯和其他手持锯通常设计用来切割木头，它们的锯齿不够细，不适合切割金属。

多数情况下，你需要手工进行金属的切割。你可以使用斜锯架来切割框架结构，不需要任何其他更高档的工具，一定要购买那种在垂直和水平方向都能够进行 45° 角切割的斜锯架，并将其用五金件或大号夹具牢靠的固定在工作台上。

使用好的、锋利的工具有助于提高你的工作质量，钝的、粗制滥造的工具将无法有效地切割铝材或钢材。不好用的工具会增加工作难度，这就失去了制作机器人的乐趣。

> 提示：金属的切割、钻孔和打磨过程都充满了危险，在工作中一定要佩戴好护目镜并做好听力保护，不要拆卸工具上的安全保护装置。当使用电动工具时，需要严格按照厂家的说明书进行操作，小的加工材料一定要使用台钳或夹具进行固定。永远不要空手拿着材料进行加工。

11.8.1　切割底盘

金属板可以制作机器人的底盘。软铁和铝板是最常用的机器人材料，它们价格也相对比较低。在板材厚度的选择上要与机器人的尺寸和重量相匹配，还要注意板材自身重量的影响。下面是一些可供制作时参考的数据。

对于大小在 8 英寸以下的小型机器人：

- 铝板：1/32 ~ 1/16 英寸（0.03125 ~ 0.0625 英寸）
- 钢板：22Ga. ~ 20Ga.

对于大小在 9 ~ 14 英寸的中型机器人：

- 铝板：1/16 ~ 1/8 英寸 (0.0625 ~ 0.125 英寸)
- 钢板：20Ga. ~ 18Ga.

对于 14 英寸以上的大型机器人：

- 铝板：1/8 ~ 1/4 英寸 (0.125 ~ 0.250 英寸)
- 钢板：18Ga. ~ 16Ga.

手工切割金属板是一项繁重的工作，选择合适的工具，可以减小一部分工作量。下面是几个切割金属板的专用工具。

铁剪刀可以用来切割 1/8 英寸（0.125 英寸）以下的铝板或 18Ga. 的钢板。当切割圆形底盘时，可以根据自己的操作习惯选择左手或右手工具，称手的工具有助于改善切割效果。"右手"和"左手"指的是切割的方向，而不是指你要用哪只手拿着工具。

板料切锯机可以提高一部分工作效率，可以对板材进行切割和打磨。

气动剪刀可以快速的完成金属板材的切割。我个人非常喜欢这种工具，没有它我将无法工作。气动剪刀本身很便宜（通常 40 美元以下），但是你需要准备一台气泵作为它们的动力。另一个选择是电动剪刀，但是它的价格比较贵。这两种工具都可以切割厚度为 18Ga. 的钢板。

不论你使用哪种切割工具，板材的加工工序是相同的。

1. 用划针或记号笔（可以使用任何能够在金属上写字的笔）标记好切割线。

2. 一只手拿着金属板（如果需要，戴上工作手套），另一只手拿着切割工具，或将金属板在台钳上夹紧。

3. 沿着事先做好的标记进行切割。如果需要切割死角，你不得不浪费掉一点材料，从不同方向进行切割（或打磨）。

4. 用钢锉或细砂纸将材料的边沿打磨光滑，详见本章后面的内容。

图 11- 6 展示了使用气动剪刀切割厚度为 20Ga. 的镀锌钢板的情形。铁制加强板的价格非常便宜（图中加工的板材不足 1 美元），它们常用在家庭建筑里。

图 11-6　气动剪刀可以快速切割金属板。用铅笔标记好切割线，操作工具缓慢的沿着画好的外形进行切割

11.8.2　切割厚金属板

厚金属板需要使用专用的金属切割工具进行加工。大尺寸的原材料可以使用金属斩板机分割成小块。你自己很可能没有这种大型设备，你可以求助于学校实验室的老师，借用他们的设备。

特别厚的钢板（1/4 英寸以上）可以用冲压机进行切割，然后用电磨处理好边沿。总的来说，进行这类工作需要使用重型工具并且要具有一定的工作经验。

11.8.3　切割薄金属板

薄铝板（1/32 英寸以下）可以用铁剪刀（见上文）或普通的大号剪刀进行切割。你还可以使用速度可调（使用低转速）的圆锯以及专用的金属切割锯条进行板材的切割。

11.8.4　切割框架

使用铝型材可以搭建机器人的框架，在前面的"家装商店里面的金属材料"已经进行过讨论。这种材料常用来作为装饰或制作浴室的推拉门，它们也非常适合用来制作机器人。

● U 型槽铝（等边或非等边）。U 型槽铝有等边和非等边两种类型。你可以挑选尺寸合适的作为制作材料。这种型材的最小厚度是 1/32 英寸。

● 角铝（等边或非等边）。有等边和非等边两种类型，可以使用标准角铁、拉铆钉或机制螺丝紧固件进行装配，制作框架结构。最小厚度是 1/32 英寸。

● 铝条。有各种宽度和厚度，可以用来制作支架或支撑架，或进行结构加固。

● 铝管。有方形，矩形和圆形几种形状。这种材料的价格比较贵，不太适合用来制作框架。

购买这些铝型材的场所：

大尺寸： 本地的五金或家装商店是不错的选择，如果本地商店的产品脱销了，在线商店可以作为另一种选择。

小尺寸： 业余爱好和工艺商店是最好的选择，一些家装商店也提供品种不太全的小材料。像本章前面所述，一个最流行的金属材料品牌是 K&S Engineering，查看它们的网站 www.ksmetals.com 获得更多的产品信息。

■ 11.8.4.1 　使用短锯和斜锯架

切割铝材制作框架的过程与制作木制框架时采用的方法是一样的，可以参考第7章"木头的加工"中的内容，获得每个步骤的详细说明。

小型、轻量、结构坚固的框架结构可以使用1/2英寸×1/2英寸×1/16英寸的U型槽铝制作，用斜锯架将材料切割成合适的长度。这种铝材外部的尺寸是1/2英寸，内部尺寸是3/8英寸，你可以使用3/8英寸宽的L型角铁进行连接（见图11-7），这种角铁也可以在五金店里找到。

使用4-40号的机制螺丝和螺母进行安装，螺丝的长度可以是3/8英寸或1/2英寸。角铁的每个腿可以只使用一个螺丝，这样可以减少工作量并减轻框架的重量。作为替代，你也可以使用6-32号的机制螺丝和螺母，但是它们更大也更重。

图11-7　硬质金属框架可以使用U型槽铝，3/8英寸宽的L型角铁和金属紧固件进行搭建。使用斜锯架和钢锯切割槽铝

■ 11.8.4.2 　制作箱式框架

箱式框架可以赋予机器人三维的外形。它们可以由两个或多个正方形框架组成，使用金属或塑料支柱进行固定，如图11-8所示。

为了获得足够的强度而不增加重量，我喜欢使用6mm的PVC塑料，支柱切割成3英寸宽。

1.　在支柱的上下两侧各钻两个孔。两个孔的间距不要小于1/4英寸（上下两侧都是），同时孔距离支柱的边沿不要小于1/2英寸。

2.　在框架每个边近似中间的位置钻对应的安装孔（见下一节"给金属钻孔"）。

图11-8　使用支柱(也称为立柱或支撑柱)，你可以将框架堆积起来，制成箱式骨架的机器人

3.　使用4-40号，1/2英寸的机制螺丝和螺母进行安装，注意在每个螺丝帽下加一个平垫片。

在制作超过14英寸的大型框架时，需要在框架的每个边安装两个支柱，一共需要8个支柱，每个支柱距离框架的边角为1～2英寸，这样在盒子的中间可以有足够的空间安装机器人的部件。

11.8.5 　给金属钻孔

金属钻孔需要使用较低的钻头转速。就是说，当使用电钻时，需要把转速设定在额定值的25%。现在可调速电钻的价格只有30美元，它们将是一笔有益的投资。使用锋利的钻头进行工作，钻头用钝了应该及时换新或将它们打磨锋利。一般来说，买一套新的钻头比打磨翻新投资更低（专业的钻头打磨工具价格不菲），这取决于你。

■ 11.8.5.1　冲定位坑

当给金属材料钻孔时，你会发现钻头非常容易在金属表面滑动，很容易出现偏差。在钻孔之前你可以先用中心冲在金属上冲一个凹坑进行钻头的定位，铁钉也可以作为替代品使用。使用锤子轻轻敲打冲子，在金属上冲出凹坑。

■ 11.8.5.2　使用钻孔油

当给厚度大于 1/16 英寸的铝板或厚钢板钻孔时，先在钻孔的位置加一滴钻孔油。如果你加工的材料非常厚，你还需要在中途停下来，加入更多的钻孔油。油量的多少没有严格的规定，一般每 1/16 英寸或 3/32 英寸的厚度加一滴油就可以了。钻孔油的用途是给钻头降温，使其可以持续工作。

■ 11.8.5.3　使用钻床

当加工金属材料时，尤其是槽型或管型金属材料，最好准备一台钻床。钻床可以提高精度和加工速度。

此外还需要准备一个与钻床配套的台钳，永远不要用手拿着材料进行加工。特别是给金属钻孔时，手里的材料很容易被钻头带着旋转，划伤手指。台钳可以固定在钻床上使用，如果台钳足够重，也可以不进行固定，利用自身的重量也可以很好地把持钻孔中的材料。

如果在钻床上不好放置台钳，你也可以使用夹钳或其他类似的夹持工具对材料进行固定。夹钳开口的尺寸可以进行自由调节，从而将材料牢固的卡在工作面上。

固定好以后，你可以把持着夹钳开始加工，注意用力不要过大。工作完成以后，释放夹钳的手柄，取下加工好的材料。

在使用钻床时，你需要调节转床上面控制转速的皮带以获得尽可能低的转速。

■ 11.8.5.4　给金属攻丝

当使用 1/16 英寸或更厚的铝板时，你可以给钻孔攻丝，使它们可以安装机制螺丝。在攻丝之前，你必须先给材料钻一个尺寸合适的孔，然后将丝锥旋转着拧入钻孔里，加工出与螺丝相匹配的螺纹。

你不需要专门购买一套专业的 10 合 1 攻丝工具，只要准备两个常用尺寸的丝锥，并配备与它们对应的钻头就可以了。我制作的机器人差不多只用到两种规格（4-40 号和 6-32 号）的螺丝，所以我只需要 4-40 号和 6-32 号的丝锥。如果你还使用其他规格的螺丝，单独购买与之配套的丝锥就可以了。

为了使用丝锥给钻孔攻丝，你还需要准备一个 T 型扳手（见图 11- 9）。如图所示，丝锥用卡盘或螺丝固定在扳手上。参照下面的步骤进行钻孔和攻丝。

1. 使用适当规格的钻头进行钻孔。孔的直径要比丝锥小，比如，用丝锥加工一个安装 4-40 号螺丝的螺纹，要用 3/32（或 43 号）钻头进行钻孔。

2. 在钻孔的位置加一滴油，开始钻孔。

3. 钻孔完毕以后，检查并去掉钻孔边缘的毛刺，详细说明见下一节"修整金属"。

4. 将丝锥安装在 T 型扳手上。将整根丝锥涂抹上适量的切削油。

5. 尽量保持丝锥与金属表面垂直，缓慢的将丝锥旋入钻孔。在扳手上施加平稳向下压力，很快你就可以感到丝锥开始切入钻孔了。

6. 继续将丝锥旋入钻孔，直到大约 1/4 英寸的丝锥完全从另一面露出来。

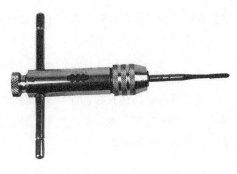

图 11-9　攻丝用的 T 型扳手。一定要根据丝锥的尺寸选择大小合适的钻头进行钻孔

7. 除去切削下来的金属屑，加一至两滴切削油，小心的将丝锥从孔里面退出来。最后将加工好的螺纹彻底清理干净。

供参考

查见附录 C "机械参考"里面常用丝锥尺寸和配套钻头的对照表，单位包含英制（英寸）和公制两种。

11.8.6　弯曲金属

大多数金属都可以通过弯曲来改变形状，金属片可以用金属折弯机加工成骑马夹或角铁。空心管，例如电气配线用的金属管可以使用弯管器（强烈推荐）进行弯曲。

不是所有金属都容易弯曲，有的需要借助特殊工具进行加工。金属的厚度、尺寸、形状、回火特性都会影响弯曲的难易程度。条形软金属例如铜和黄铜就很容易进行弯曲。薄材料可以手工弯曲，反之你就需要使用台钳和橡皮锤将材料敲击成型。

没经过热处理的低碳钢有一定硬度，需要用台钳辅助折弯。为了获得更好的效果，最好使用金属折弯机。

 提示：金属管的弯曲，尤其是薄壁的铝管或黄铜管，需要一定的技巧或专用工具才能确保管子不会断裂。弯管的诀窍是在弯曲时不要形成死角。弯管器根据管子的不同有多种规格。业余爱好商店里提供的小金属管可以用紧密的弹簧辅助弯曲，有一定经验以后，你还可以用灌沙的方法来弯曲薄金属管。

弯曲产生的应力会降低金属弯曲部位的强度。一些铝合金的材料特性是可以折弯的，但是很多五金或家装商店里提供的金属材料比较硬，不适合进行折弯。这种材料弯曲的角度超过 20°或 30°，都会显著降低它的结构强度，尤其不要弯成 90°角以后再展平，这样可能会使金属裂为两半。

金属经过退火以后变得容易弯曲，退火会使金属变软并使其具有一定的延展性。如果你需要弯曲 1/8 英寸以上厚度的铝，可以使用预先经过退火处理的铝合金，你还可以使用乙炔焊枪自己对铝材进行退火处理。在本书中我将不作更详细地介绍（你可以去本地图书馆查找金属处理方面的书籍），按照一般经验你可以将金属加热到华氏 700°，再让它慢慢冷却到室温完成退火。金属被加热的地方在冷切以后会变软，适合弯曲和定型。

11.8.7　修整金属

金属在切割和钻孔以后经常会留下粗糙的边沿，称为毛边。这些边沿可以用金属锉或特细砂纸进行打磨，如果不进行处理，材料将不能很好地装配在一起，边沿的毛刺还会划伤皮肤或刮坏地毯。铝材上面的毛边很容易处理，处理钢材和锌材上面的毛边则需要花上一点功夫。

 提示：如果需要去除大块的材料，可以将小砂轮安装在电钻或模型工具上进行操作，例如电磨。推荐使用标准的 Dremel 电磨，这种工具由两部分组成，一个轴和一个高速电动机。还要为电磨准备一个尺寸合适的氧化铝砂轮，例如 Dremel 配套的 541 号砂轮，这种砂轮是两片直径为 7/8 英寸的砂轮片组合在一起的结构。

■ 11.8.7.1　使用金属锉

金属锉和其他锉的外形相同，只是用来金属锉的锉牙更细。加工金属只能使用金属锉，永远不要用木锉来打磨金属，因为木锉的锉牙非常粗糙。除非你计划做大量的金属工作，否则只需要购买一套便宜什锦锉或只买需要的规格就可以了。我一般只使用下面一种或两种。

● 加工铝材，使用单纹锉，锉刀的一面是扁平的，另一面是半圆的。除非你喜欢，一般不需要给锉刀装柄。

● 加工钢材，可以使用同样形制的双纹锉。

每英寸的锉牙数量决定了材料加工以后的光滑程度。一般除去毛刺的工作，使用每英寸 30 ~ 40 个锉牙的金属锉就可以了。这相当于"粗磨"或"整型"锉，带有这种标志的锉都适用。

加工小块材料，你可以准备一套针锉，之所以这么叫是因为这种锉非常小，就像大号缝衣针。针锉有不同的尺寸和形状。

 提示：多数锉的锉牙都是从锉柄向外排列。因此，只有当你将锉向外推时，它才开始削磨金属，而不是向内拉。掌握了这个特点可以使你的工作变得更容易，不要像用小刀切面包那样使用锉刀，正确的手法应该是匀力向前推，轻轻向后拉。

■ 11.8.7.2　使用砂纸

你可以用砂纸可以将金属边沿打磨光滑。这不只是为了看起来美观，也是为了满足功能的需要：

金属的表面需要加工的像玻璃一样，关节运转起来才能滑动自如。

你需要氧化铝或石英砂纸打磨金属。一般的修边和清洁工作，可以使用细或中号的氧化铝砂纸。最后修整的打磨抛光工作使用金刚砂纸（不要使用硬纸板），在工作时将砂纸放入水里浸湿。砂纸的颗粒度越高，抛光的效果越好。

标号	名称	颗粒度
M	中砂纸	80 ~ 100
F	细砂纸	120 ~ 150

使用 00 或 000 号的钢丝绒进行最后的光面精整工作，你可以在五金或家装商店的油漆类用品区里找到这种材料。

■ 11.8.7.3 金属上漆

软铁制成的底盘和框架可以上漆防锈。阳极氧化处理过的铝材不需要进行上漆或其他的防锈处理，这类材料表面已经具有漂亮的银色、黑色或彩色光泽。没经过处理的铝材，其表面也可以进行任何修饰，但是为了美观你最好给它也涂上漆。下面是各种给铝材或钢材上漆的方法。

● 刷漆是最简单的方法，但是在金属上很容易留下刷漆的痕迹，还会造成漆层过厚的问题。

● 使用为金属特制的喷漆进行喷涂可以获得比较好的效果，但是你需要反复几次进行喷涂。一般先喷一层底漆，然后再一遍一遍地均匀喷涂直到获得最好的效果。特别值得一提的是汽车专用喷漆，这种漆的持久性比较好。注意等喷漆完全干透以后再进行后面的工作。

● 粉末涂料是利用静电在金属表面形成一层漆膜的工艺，涂料渗入金属的表面形成的漆膜更加持久耐用。如果你有配套的设备可以在家里进行粉末喷涂，通常这种工作都是在专业的喷漆车间里进行的。

不论采用哪种方法，在上漆之前一定要使用工业酒精对金属的表面进行彻底清洁以及除油（包括手印）和除尘的工作。材料的边角和缝隙也要仔细进行清洁。

第 12 章

制作金属结构的移动平台

与木头和塑料相比，金属材料的强度更大也更耐用。在使用金属材料制作机器人时，工作变得更加复杂，还需使用专用的削磨工具进行切割和钻孔。一个制作精良的金属机器人可以用上很多年，并且室内和户外均可以运转。

本章将详细介绍一个由金属组成身体部位的主要零件，小型和可调整的 TinBot 机器人的制作方法。它在设计上使用常见的五金材料，只需要很少的成本和少量的加工就可以满足要求。实际上，TinBot 的结构件只需要对薄不锈钢板进行两次切割，切割工作相对简单，使用普通的钢锯就可以完成。

提示：当你制作 TinBot 之前，先查看第 23 章中关于在机器人上使用的无线电遥控模型舵机的内容，这种类型的电动机不能直接用电池供电实现机器人的运转。

模型舵机需要特殊的控制信号。在机器人中，最常用的产生控制信号的方法是使用单片机。本书第七部中将对这种特殊的控制电路进行讨论。

12.1　制作底盘

参考表 12-1 的零件目录。

图 12-1 展示的是一个组装好的 TinBot 移动平台，尺寸为 7 英寸 ×6¼ 英寸，站立高度为 2¼ 英寸。机器人使用两只无线电模型舵机驱动。通常，这种舵机的旋转角度被限制在 90°～180°。TinBot 中的舵机经过改造，可以连续旋转，它们工作起来类似常见的减速电动机。

参考第 23 章"使用舵机"里面的操作说明，你可以自行对舵机进行改造，也可以购买成品的连续旋转型舵机。很多在线专业机器人商店，比如 Parallax 和 Pololu 都销售可以连续旋转的舵机。这种舵机的价格比标准舵机略高，但是省去了自己改造的时间。

表 12-1　TinBot 移动平台零件目录

数量	规格
1	Simpson 加强型 TP35 钉接板 (3⅛ 英寸 ×5 英寸)*
1	Simpson 加强型 TP37 钉接板 (3⅛ 英寸 ×7 英寸)*
2	Simpson 加强型 LSTA9 条带 (1¼ 英寸 ×9 英寸)*
2	标准尺寸无线电模型舵机，改造成可以连续旋转†
2	1½ 英寸或 2⅝ 英寸的车轮，包含用来安装在舵机上的舵盘†

右上角：续表

数量	规格
2	塑料舵机安装支架 ‡
4	L 型金属角铁支架，大约 3/4 英寸 ×1/2 英寸宽 §
1	$1\frac{1}{4}$ 英寸万向轮 ¶
1	1/4 英寸万向轮底盘
6	6-32 号 3/8 英寸机制螺丝
2	6-32 号 1/2 英寸机制螺丝
8	6-32 号螺母
14	#6 垫片
16	4-40 号 1/2 英寸机制螺丝和螺母
8	#4 垫片

* 这些材料在大多数五金或家装建材商店里可以买到。

† 舵机可以在任何一家无线电模型商店里买到。你需要把舵机改造成连续旋转运行，或者直接购买成品可连续旋转舵机。车轮必须包含与舵机（Futaba 或 Hitec）输出轴花纹相配的舵盘，参考第 23 章中的内容。

‡ 制作说明参考本章下面的内容。你也可以使用预制的塑料或金属舵机安装支架，材料可以在专业机器人网上商店中购买，见附录 B。

§ 首选 Keystone 生产的 619 型角铁支架（可以从网上商店买到，比如 Mouser 和 Allied，见附录 B）。每条腿的尺寸是 0.687 英寸 ×0.687 英寸，架子的宽度是 3/8 英寸。你还可以使用五金或家装商店里常见的一种稍微大一点的角铁支架，它的尺寸是 3/4 英寸 ×1/2 英寸宽。

¶ 如果有必要，你可以将 $1\frac{1}{4}$ 英寸的万向轮换成 $1\frac{1}{2}$ 英寸规格的。

图 12-1　装配完毕的 TinBot，机器人使用五金或建材商店里常见的金属板制作而成

图 12-2　Simpson 加强型 TP35 和 TP37 钢制钉接板，用来制作机器人的身体。注意这些钉接板上的孔是预制的

　　TinBot 的金属骨架由 20Ga. 厚的镀锌钢板组成（见图 12-2），适合业余制作和维护。零件目录中列出的 Simpson 加强型五金件在很多家装建材商店里都能买到。如果买不到这个牌子，也可以选购其他尺寸大致相等的产品。

12.1.1　准备材料

　　像前面所说的那样，切割工作你只需要使用钢锯和辅助工具把两个 LSTA9 条带切去 $5\frac{1}{2}$ 英寸的一段就可以了，使用轴锯箱（见图 12-3）确保切线笔直。塑料轴锯箱是一种价格适中，方便使用的工具，适合用来进行各种机器人的制作工作。切面不需要太整齐，可以事后用锉刀进行修整，

图 12-4 显示了条带切割前后的样子。

修整好条带的边沿的毛刺以后，再用锉刀将材料的四角打磨圆滑。

图 12-3　你需要在条带上切割几英寸的长度。钢锯（由锯弓子和锯条组成，可以切割金属）最好配合斜锯架使用

图 12-4　原始的和切割以后的金属条带。切割以后，用锉刀去除边沿的毛刺

提示：如果你有一台金属剪床，可以用它来代替手工操作，使工作变得更加简单和高效。为了达到最好的效果，可以先用钢锯锯出一个浅槽，然后再用剪床切割。在切割部位上一点机油，延长工具的使用寿命。

12.1.2　钻孔

钉接板和条带上面含有预制孔，这些孔的布局一般都不符合我们的设计要求。可以使用这些金属板材上的一部分预制孔，再配合一部分与之相匹配的钻孔。见图 12-5 中的钻孔示意。TinBot 的设计在条带初始位置，使用了一个现有的预制孔，你还需要给每根条带增加两个新的钻孔。

使用一根新的 9/64 英寸的钻头给条带钻孔，参考第 11 章中的介绍，在钻孔之前先用中心冲或钉子在金属钻孔的位置砸一个浅浅的凹坑。在钻孔的部位上一点油，将电钻设置在低转速进行钻孔。施加的压力不要太大，防止钻头折断。

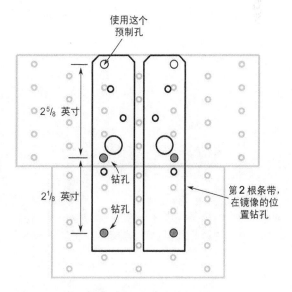

图 12-5　参照 TP35 和 TP37 金属板的预制孔的位置钻新的安装孔。每根条带需要增加两个新的钻孔

12.1.3　组装条带和钉接板

金属条带和钉接板的组装方法见图 12- 6。使用 6-32 号紧固件，并在金属板的上下两面都加上垫片，先用手将六组紧固件对齐安装就位，最后再把它们拧紧。

12.1.4　安装舵机支架

参考图 12- 7 中的示意图制作好舵机的安装支架。你需要准备两个支架，它们的材料可以是厚度为 1/4 英寸的航空胶合板或 PVC 塑料，还可以使用 1/8 英寸厚的聚碳酸酯或丙烯酸塑料（胶合板和 PVC 更容易加工）。支架底部的虚线是可选择的切割线。如果你觉得支架里面的舵机安装孔较难加工，可以沿着虚线将其切断，这样做会降低支架的强度，但是很容易操作。

你也可以购买预制好的舵机支架，同时你可能需要在它们上面钻新的孔来配合现有钉接板上的孔。示意图中支架上面孔的布局是按照 TinBot 移动平台上的 TP35 钉接板进行设计的。

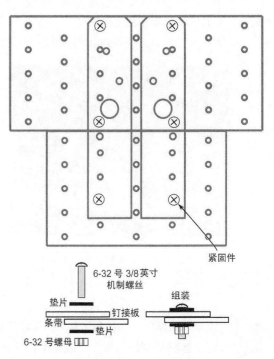

图 12-6　使用 6-32 号紧固件将条带和钉接板组装在一起

舵机支架使用金属角铁支架安装在机器人的底盘上，如图 12- 8 所示。使用 4-40 号五金件进行安装，一定要将螺丝拧紧，防止日久松脱。角铁支架每条腿的长度应该为 3/4 英寸。

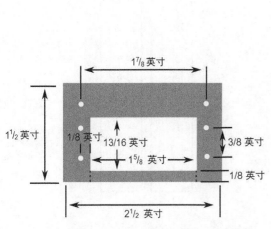

图 12-7　舵机支架的切割和钻孔示意图。底部的虚线是可选择的切割线，可以降低舵机安装孔的制作难度

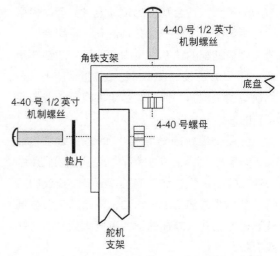

图 12-8　TinBot 上面舵机支架的安装说明。使用 3/4 英寸的金属角铁支架和 4-40 号的紧固件进行安装

提示：另一种方法，你可以不使用舵机支架，把舵机直接固定在角铁的腿上。此时你需要在 TP35 金属板上增加新的孔用来配合舵机的安装孔。

这种方法会使机器人的高度降低 1/2 英寸，问题本身影响不大，但是要注意万向轮的尺寸也必须相应地减小。你可以买到 3/4 英寸或 1 英寸的旋转万向轮，但是这个规格的万向轮质量下降严重，旋转不太灵活。你可以把旋转万向轮替换成球形万向轮，细节可以参考第 8 章中介绍的 PlyBot 机器人。另外，球形万向轮的价格会稍微高一些。

12.1.5　安装万向轮

你需要钻两个孔来安装用来使机器人保持平衡的万向轮，孔的位置取决于你所使用的万向轮。钻孔之前，先参考图 12- 9 中的说明将万向轮的底盘放在机器人的金属底盘上做好标记。万向轮安装在 TinBot 的底部的边沿。

使用 6-32 号的五金件安装万向轮（见图 12- 10），在机器人的底盘和万向轮底盘之间加上一个 1/4 英寸厚垫。这个垫子可以用 1/4 英寸厚的胶合板或 PVC 塑料制作。简单的方法可以使用 3 ~ 4 个 6 号的垫片代替。

厚垫或垫片增加了 1¼ 英寸万向轮的高度，使它可以更好地配合舵机和车轮。如果使用 1½ 英寸的万向轮，可以省去厚垫。

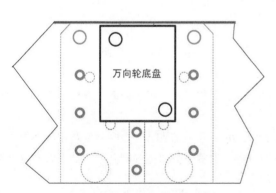

图 12-9　平衡万向轮的安装位置。根据你使用的万向轮的规格在 TinBot 底盘上钻对应的安装孔

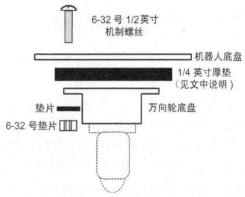

图 12-10　将万向轮安装到底盘上的技术细节。如果万向轮的规格小于 1½ 英寸，你需要用厚垫（你也可以用 3 ~ 4 个垫片摞起来）进行高度调节

12.1.6　安装舵机和车轮

最后一步，将舵机用 4-40 号机制螺丝和螺母安装在舵机支架上，再将车轮安装在舵机上（使用舵机配套螺丝安装车轮），如图 12- 11 中 TinBot 的底视面。

标准尺寸的模型舵机有 4 个安装孔，你只需要用紧固件固定其中的两个就可以了，如图 12- 12 所示。这可以使安装变得简单一点，将紧固件插入舵机上面对角侧的两个安装孔里。注意这种方法不适用舵机支架底部开口的结构，详见前面的内容"安装舵机支架"。这种情况你需要把全部 4 个螺丝和螺母都安装好，以增加强度。

图 12-11　TinBot 的底视图，展示了舵机和万向轮　图 12-12　舵机在支架上的安装细节
的安装方式

12.2　使用 TinBot

如本章开始所述，模型舵机需要专用的控制信号驱动，无法直接用电池供电，参考第 23 章"使用舵机"获得更多关于舵机的说明。

参考第七部分的内容，学习使用单片机来控制舵机。单片机是一种小型的可编程计算机，与其他计算机相比，更适合用来驱动舵机。

TinBot 的金属底盘的上方和下方有充足的空间，可以用来安装电池、控制电路和其他部件。底盘上已经布满了预制孔，你可以直接用它们安装机器人的零件。这些预制孔的布局可能不符合你的要求，你可能需要增加一些新的钻孔。

注意：TinBot 的主要结构是金属，金属是电的良好导体，你在进行电路安装时一定要注意避免出现短路。永远不要让裸露的电线、元件管脚或电路板的底部接触到金属部分，否则机器人上的部件可能会永久损坏。

如果有必要，可以使用塑料垫片（或塑料紧固件）将电路与金属底盘绝缘，也可以使用薄塑料板做绝缘。每次操作 TinBot 的时候，都要仔细查看是否有短路的地方。

定期对 TinBot 进行维护，检查电池、电路及其他部件是否正常，避免任何潜在的危险。

第 13 章

装配技术

　　机器人是由大小不等、重要的和看起来不太重要的零件组合而成。我们不会忘记那些大东西，比如电动机、车轮、电池组、底盘，但是很容易忽视机器人是怎么被组合在一起的，即它们的装配方法。

　　机器人的连接不外乎它的电动机、车轮、电池组和底盘。在这一章，你将学习把机器人的原材料组装在一起形成一个完整的机器人作品，毕竟，即使是弗兰肯斯坦这样的怪物也需要用螺栓固定才能使它的头部不会掉下来。

13.1　螺丝、螺母和其他紧固件

　　机械紧固件是硬件装配的基本材料，它们是用来将零件连接在一起的螺母、螺丝以及垫片。紧固件受欢迎是因为它们价格便宜，容易买到，使用起来也非常方便。大多数紧固件是可以拆卸的，因此你在需要的时候可以把机器人拆开。紧固件的另一个特点是适合教学环境，比如只有一个或两个机器人供多个学生使用的情况。一个组的学生完成了机器人的制作和实验以后可以把它拆开供下一组使用。

　　紧固件的种类多达数十种，业余制作的机器人只用到其中少数几种。它们是螺母、螺丝和垫圈，如图 13- 1 所示。

　　● 顾名思义，螺丝的用途是将零件机械紧固在一起。木螺丝和自攻金属螺丝的尖端可以拧进两个（或多个）材料，将它们紧固在一起。机制螺丝没有尖端，它们设计用来配合螺母或其他带有螺纹的材料进行固定。

　　● 螺母与机制螺丝配合使用。最常见的是六角螺母。螺母可以用扳子、钳子或内六角螺丝刀进行固定。锁紧螺母在机器人中也很常见，它类似一个标准的六角螺母，芯里面有尼龙塑料。尼龙可以防止螺母在工作中松开。

图 13-1　螺母、螺丝和垫片是最基本的机械紧固件。螺母和螺丝带有配套的螺纹，垫片的尺寸与螺丝的直径相对应

　　● 垫片可以分散作用在螺丝头部和螺母上的压力。垫片可以扩大两倍甚至三倍的表面接触面积。垫片的尺寸与螺丝是配套的，其他的垫片还包括带有内齿的垫片和可以锁紧的弹簧垫片，它们可以帮助锁紧防止紧固件松开。

13.1.1 紧固件的尺寸

紧固件有多种尺寸，包括公制和英制两种标准。

■ 13.1.1.1 英制

英制（也称为美制、标准或惯常）紧固件是用直径表示的，可以是数字或分数英寸。机制螺丝和螺母还会给出每英寸的螺纹数。例如，一个螺丝的大小为 6-32 号 1/2 英寸，那么它的直径是 6 #，每英寸的螺纹数是 32，长度是 1/2 英寸。直径在 1/4 英寸以下的表示成一个 #（数字）的大小，直径等于或大于 1/4 英寸的可以用数字更常见的分数英寸进行表示，比如 3/8 英寸、7/16 英寸等。图 13- 2 显示了一个典型的机制螺丝紧固件的尺寸参数。

每英寸的螺纹数有粗纹和细纹两种，除了少数个别情况以外，当地五金店一般只销售粗纹紧固件。一个典型的特例是 #10 机制螺丝，它通常有粗纹（24 螺纹每英寸）和细纹（32 螺纹每英寸）两种规格。买螺丝的时候需要注意，不同规格的螺丝和螺母是无法在一起配套使用的。

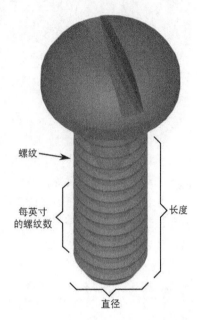

图 13-2　机制螺丝的大小用直径表示（表示成英寸、毫米或刻度），还有每英寸（或毫米）的螺纹数，以及长度

■ 13.1.1.2 公制

公制紧固件的尺寸命名方式与英制不同。螺丝的大小用直径定义，螺距是每毫米的螺纹扣数，其次是紧固件的长度。所有单位均为毫米，比如：

M2-0.40×5mm

含义是螺丝的直径是 2mm，螺距是 0.40 螺纹每毫米，长度是 5mm。

13.1.2 木螺丝和金属自攻螺丝

机制螺丝和螺母可以拧在一起固定。我非常喜欢它们，这种固定方式可以对机器人进行反复组装，很容易将它们拆开或恢复原状。

木螺丝和金属自攻螺丝也有它们的用途，用来将两个或多个木头或金属零件固定在一起。这两种螺丝都是自攻丝的类型，就是说在旋转的时候它们可以靠自身的螺纹拧进材料内部。如图 13-3 中对这几种螺丝的比较。

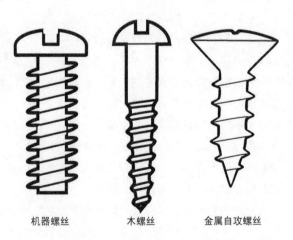

机器螺丝　　　木螺丝　　　金属自攻螺丝

图 13-3　主要 3 个类型的螺丝：机制螺丝、木螺丝和金属自攻螺丝。机制螺丝需要与螺母（或螺纹孔）配套使用，木螺丝和金属自攻螺丝可以直接拧进材料里面固定

● 木螺丝适用于木头，它们的后段没有螺纹，没有螺纹的这部分距离应该等于装配的第一块木板的厚度。你可以用木螺丝来定软塑料，比如发泡 PVC。

● 金属自攻螺丝的用途是将薄金属板固定在一起。它们的螺纹一直延伸到螺丝的头部。

对于大多数项目（材料），你可以混搭使用木螺丝或金属自攻螺丝，效果也会非常好。这可能不是太正规的操作方法，但业余制作没有那么多限制，你只要保证结构不会散开，材料不会开裂或损坏就可以了。你可以根据自己的需要灵活选择。

13.1.3　螺丝头部的样式

购买螺丝时（机制螺丝、木螺丝或金属自攻螺丝），你可以选择多种头部样式。头部的作用是在拧紧螺丝时提供足够的扭转力。此外，一些螺丝头部设计的比较低，固定好以后露出来的部分也比其他螺丝少。

	平头螺丝	很好用的通用紧固件。但是这种螺丝的头部比较浅，螺丝刀不能施加太大的力。
	圆头螺丝	圆头螺丝的头部比平头螺丝高一些，有一定深度，可以更好地配合螺丝刀工作。如果对头部露出的部分没什么要求，这种螺丝非常适合高扭矩的场合。
	沉头螺丝	适用于螺丝头部必须与材料的表面齐平的情形，需要你加工配套的沉孔（如果材料比较软，例如 PVC 塑料，也可以将螺丝的头部拧进材料里面）。
	加强螺丝	超深的头部获得非常高的扭矩。螺丝的头部是圆形的，经常用来固定飞机和汽车模型里面的小型机械零件。
	六角螺栓	螺丝头部没有螺丝刀的槽口，需要用扳手上紧。适合高扭矩的场合。

这些是最常见的样式，此外至少还有十几种其他的样式。它们在大多数机器人中用的不多，所以这里没有列进去。

13.1.4　螺丝刀的样式

五金商店里的大部分螺丝都有配套的各种类型的螺丝刀（就是用来上紧或松开螺丝的工具）。不同尺寸的螺丝刀可以用来配合大小不同的螺丝。一般来说，螺丝越大所需要的螺丝刀就越大。

	一字螺丝	通用紧固件，适合低扭矩的场合。螺丝刀上紧的时候容易滑槽。

十字螺丝　　十字交叉的结构可以防止滑动，但使用不配套的螺丝刀很容易将螺丝的头部弄花。

内六角螺丝　　六角扳手可以防止滑动。适用于非常小或超小型的螺丝。

外六角螺丝　　可用一只扳手或套筒螺丝刀拧紧或松开。套筒螺丝刀看起来和螺丝刀一样，只是它的头部是一个带有六角形插孔的套筒，你也可以用它们来拧紧或松开螺母。

　　哪一种更好？我个人比较喜欢十字螺丝。它们尤其适合与电动螺丝刀一起使用。这种螺丝的缺点是对螺丝刀的尺寸要求比较高，使用太大或太小的螺丝刀都会弄花螺丝的头部，所以一定要仔细选择符合要求的工具进行工作。

13.1.5　螺母

　　当使用机制螺丝时，你需要用配套的紧固件才能把它拧紧。螺母负责的就是这个工作（你也可以使用材料上攻好的螺纹，见本章后面的内容）。螺母的尺寸必须符合机制螺丝的螺距，就是说，如果你使用的是一个 4-40 号的螺丝，你就需要一个 4-40 号的螺母，这是情理之中的。

　　图 13-4 显示了几种常见的适用于机制螺丝的螺母，包括标准的六角螺母、螺帽、带有螺纹嵌件（尼龙锁紧）的螺母和通孔螺母。除了这些以外还有很多，这里我只列出了在机器人制作中使用最多的类型。

　　● 标准六角螺母是最常见的，因为它们有 6 个边（6 角形有 6 条边）而故此得名。

　　● 螺帽看起来像六角螺母，但是一边没有洞。你可以把它们用于装饰用途，一种更常见的用法是作为两轮机器人的滑垫。

　　● 尼龙嵌件螺母有一个尼龙塑料的内核。它们可以用来创建自锁机构。用法是将螺母拧紧在指定位置。塑料内核使螺母在工作中不会松动。

　　● 通孔螺母看起来像一个极长的螺母。它们可以作为间隔使用，如果长度极大，还可以起到分层抬高机器人底盘的作用。

　　这些螺母可以用扳手或套筒螺丝刀上紧。

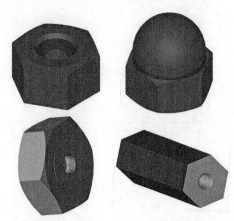

图 13-4　4 种常见的与机制螺丝配套的螺母，包括六角、螺帽、螺纹嵌件和通孔螺母

13.1.6　垫片和它们的用法

　　垫片是圆盘形的金属或塑料片，与紧固件一起使用。它们自己起不到紧固作用，但是它们可以

提高螺丝和螺母的紧固效果。

　　垫片有两种常见的形式：平垫片和锁紧垫片（见图 13- 5）。平垫片起到间隔和分散表面积的作用。每个尺寸的螺丝都有一个相对应的"标准尺寸"的垫片。特制垫片有更大的尺寸和厚度。比如，一个汽车挡泥板的垫片的尺寸就非常大，比配套的螺丝大很多。

　　锁紧垫片，简称弹垫，有两种基本类型：齿牙与开口。齿牙类型的垫片表面冲压成犬牙交错的齿，可以使紧固件保持在固定位置。开口垫片通过挤压产生的力防止紧固件松动。

标准平垫片　　　　　　　锁紧垫片

图 13-5　标准垫片可以作为间隔垫或起到分散紧固件表面压力的作用。开口垫片可以锁紧紧固件，防止日久松动

　提示：哪一个类型的弹垫更适合你使用？开口垫片可以提供更好的锁紧强度。但是为了达到效果，你需要将紧固件上得足够紧，使垫片的开口部位被挤压平展。这意味着它们更适用于金属。

　　齿牙锁紧垫片适用于软材料，比如木头、塑料，甚至铝（齿牙咬进材料防止松动），此外还适用必须使用尼龙紧固件或不能将螺丝拧的太紧的情形。

13.1.7　紧固件的材料

　　最常见也是最常用的金属紧固件的材料是镀锌钢，你几乎总会用到它们。值得一提的是金属紧固件的材料还可以是黄铜（一般用于装饰用途）、不锈钢和尼龙。尼龙紧固件比钢制紧固件要轻，但是它不适合高强度的应用。

13.1.8　紧固件的购买

　　购买一定数量的紧固件可以为你节省很多钱。如果你在制作机器人时经常需要使用特定规格的紧固件，你可以成批的购买一些以节省投资。当然，如果可能最好买散装的。你制作机器人时会发现哪种尺寸的紧固件最常用，这些可以适当多买一些。

　　机器人爱好者倾向于使用自己最喜爱的材料，紧固件也不例外。我无法告诉你买哪个规格的紧固件最好，因为你的设计可能和我不同。我可以告诉你哪些是我的工作室里面最常用的紧固件，也许它可以给你一个参考，使你制定出自己的采购计划。

　　对小型桌面式机器人来说，我会尽可能使用 4-40 号的螺丝和螺母，因为它们的重量只有 6-32 号螺丝的一半，当然体积也更小。我使用 4-40 号 1/2 英寸的螺丝和螺母将舵机固定在支架上，使用 4-40 号 3/4 英寸的螺丝安装小型电动机。更大的电动机（超过几磅以上）可以使用 6-32 或 8-32 的紧固件。

　　我总是常备几十个下面列出的紧固件。

- 4-40 号钢制机械螺丝，长度分别为 1/2 英寸、3/4 英寸和 1 英寸
- 6-32 号钢制机械螺丝，长度分别为 1/2 英寸和 3/4 英寸
- 8-32 号钢制机械螺丝，长度分别为 1/2 英寸和 1 英寸
- #6 1/2 英寸和 #6 3/4 英寸的木螺丝，用来固定硬质的发泡 PVC 面板。

当然，我还备有相对应的螺母，以及平垫片和弹垫，尺寸为 #4、#6 和 #8，其他规格的需要用到时另行购买。

13.1.9　攻出螺纹

你不是只能用螺母将螺丝固定就位。如果你装配的材料具有一定厚度，你可以使用自攻螺丝或在钻孔里攻出螺纹的方法来安装螺丝。

机制自攻螺丝看起来很像是一般的螺丝，只不过它们的末端比较尖一些。同时，它们的螺纹也非常粗糙。它们非常适用于较软的塑料或金属（比如铝），用法是钻一个比螺丝直径略小的孔，然后将螺丝上紧在孔里，螺丝会靠自身的螺纹攻入孔中。

攻丝需要使用丝锥，这是一种专用工具，看起来类似钻头。它的工作方式类似机制自攻螺丝，但是它可以制作出标准的螺纹，这样你可以配合常规螺丝一起使用。

对金属进行攻丝作业，需要材料的厚度不小于 1/16 英寸，或至少要等于 2 ~ 3 个螺纹的厚度，螺纹的数量越多越好。比如，4-40 号的螺丝，每英寸有 40 个螺纹，使用 1/16 英寸厚的材料，厚度大概可以超过两个螺纹。

使用塑料材料时，最小的厚度不应该低于 4 或 5 个螺纹，发泡 PVC 需要至少 8 ~ 10 个螺纹。如果材料太薄，当紧固件收紧的时候螺丝会出现滑扣的问题无法进行安装。

供参考

参考第 11 章"金属的加工"获得详细的使用丝锥攻丝的操作说明。这个技术也适用于大多数塑料。

13.2　支架

支架的用途是将两个或多个零件固定在一起，常见的是直角支架，此外还有许多其他类型的支架，比如，你可以用支架将舵机安装在机器人的底盘上面。你需要知道的是，支架有不同的形状和材料。

13.2.1　镀锌钢板支架

虽然镀锌五金支架最初的设计用途是将两根木头固定在一起，但是它们也是理想的通用机器人制作材料，在随便一家五金商店里都可以找到不同尺寸和样式的支架。你可以用多种常见的支架制

作机器人的框架结构，参考第 7 章"框架的切割"获得更详细的使用支架制作机器人框架的方法。

最常见的支架使用 14 ~ 18Ga. 厚度的钢板制成，Ga. 值越小，金属的厚度越大。为了防止腐蚀和生锈，钢板表面是镀锌的，这使支架看起来有一定的光泽。（一些支架表面镀的是黄铜，适用于装饰用途。）

钢支架常见的尺寸和形状见图 13-6。

• 1½ 英寸 ×3/8 英寸的平角（或 L 形）支架。可以将切割成 45° 斜角的木头、塑料或金属连接在一起制作框架。

图 13-6　直角支架（角铁），包括平角（L 形）和 90° 弯角两种。它们有不用的尺寸、厚度和材料。机器人常用的规格见文字说明

• 1 英寸 ×3/8 英寸或 1 英寸 ×1/2 英寸的顶角支架。通常以垂直的方式固定在底盘上，适合在机器人上面安装各种元件（比如电动机）。

13.2.2　塑料支架

金属支架会给机器人增加额外的重量。塑料支架相对就比较轻巧，它们更适合制作小型机器人。这种支架由耐久塑料制成，比如高密度聚乙烯（HDPE）。

为了增加塑料受力部位的强度，支架带有模塑的加强衬。这使得支架获得近似于钢支架的强度，但是又比较轻。图 13-7 显示了使用一对塑料支架安装舵机的方法。使用支架可以很容易的将零件安装到机器人上面或拆下来。

遗憾的是，带衬塑料支架很难找到。在一些家具经销店或类似在线商店或许可以找到，参考 RBB 技术支持网站（见附录 A）获得一些提示。这类支架的尺寸和形式非常有限，但是现有的规格已经可以胜任大多数工作的需要。

图 13-7　塑料支架可以用来在机器人底盘上固定零件，比如图中的这对支架的作用是将模型舵机固定在机器人的底部

13.3　黏合剂的选择和使用

胶水已经有数千年的历史，材料诸如树木汁液、食物蛋白和昆虫分泌物。很可能最初的胶水只是草纸浸泡上骆驼口水，但是这已经无据可考了。

现代胶水，准确的名称黏合剂，是一种设计用来将两个表面黏合在一起的化学合成物质。黏合剂的种类异常繁多，但是只有少数适合业余使用。很多专用黏合剂需要使用昂贵的工具进行黏合作业，而且大部分有毒的，并且只能整桶（55 加仑）购买。

13.3.1　接合与定型

所有的胶水黏合都要经历若干的阶段。主要阶段是接合（也称为固定），然后是定型。在第一个阶段，胶水从液态或糊状转化成凝胶或固态。接合以后的黏合剂看起来会比较"硬"，但是还没有达到最大强度，此时需要有一个固化的过程。大多数黏合剂的接合过程为几分钟甚至几秒钟，但是固化过程会比较长，通常需要 12 ~ 24 小时（见图 13-8）或者更长时间。

对大多数黏合剂来说，固化时间在很大程度上取决于以下几个因素。

● 表面温度。温暖的表面可以加快固化。这在黏合金属时尤其显著。

● 黏合剂数量。接合部位的黏合剂越多，固化的时间就越长，因此你应该适量使用黏合剂。

● 环境温度。环境越温暖，固化越快（同理，接合的也越快）。

● 环境湿度。 不同的黏合剂受空气湿度的影响也不同。一些，比如超级胶水，空气湿度较大的时候固化比较快。另一些，比如环氧树脂，在干燥环境下固化得更快。

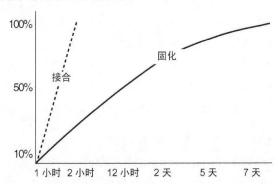

图 13-8　黏合剂有一个接合时间和固化时间。所谓的瞬间胶水只是接合时间比较短，固化仍然需要比较长的时间，一般需要几分钟、几小时，甚至几天

13.3.2　家用胶水

你平时在家里经常使用的"家用胶水"涉及的范围很广，品种很多，无法进行精确的定义。它们的用途是黏合破碎的木板或修理坏了的椅子。家用胶水很适合用来制作机器人，它们很常见，价格便宜，而且无毒无害。

■ 13.3.2.1　PVAc（聚醋酸乙烯）

PVAc 是一种最常见的多用途黏合剂，它们常见的颜色是白色或黄色，称为"木工胶水"。它们是水溶性的，非常容易清洁，价格便宜。它们非常适合多孔性材料的黏合，比如木头。

■ 13.3.2.2　硅酮

硅酮用于黏合和密封。它们可以连接大多数无孔表面，比如金属和硬塑料。硅酮胶水最典型的特征是它们具有弹性。这种胶水只能在通风良好的环境下使用，用完后需要密封防止进入湿气。

■ 13.3.2.3　接触黏合剂

接触黏合剂包含有多种易挥发的有机化合物，我个人无法忍受它们的气味，因此我尽量不使用它们。尽管如此，它们仍然是一种理想的黏合材料，适用面非常广。

顾名思义，这种黏合剂设计用来进行接触式黏合。这是通过在接合部位的一个或两个表面上加入薄薄的一层黏合剂，然后将接合部位黏合在一起，在接合部位施加适当的压力达到最佳黏合效果。常见的接触黏合剂包括 Weldwood 和 Fastbond。

■ 13.3.2.4　液状黏合剂

液状黏合剂使用化学物质溶解材料进行黏合。但是这种黏合剂对黏合材料有一定要求，对很多材料达不到任何黏合效果。

最常见的液状黏合剂主要用来黏合 PVC 水管，也可以黏合发泡 PVC 板，详见第 9 章"塑料的加工"。此外还有适用于 ABS 塑料、聚碳酸酯、丙烯酸树脂和苯乙烯的液状黏合剂。

13.3.3　使用家用胶水

除极少数例外，大多数家用黏合剂（上面介绍的，不分等级）都是由单一的化学物质构成的，不需要混合。只要打开容器，将黏合剂涂在待黏合的表面就可以了。

- 尽量节省使用黏合剂。一个常见的错误是认为黏合剂使用的越多黏合效果越好，但是事实是正好相反的。
- 对于浓度很低的液态黏合剂，可以使用一个小刷子或医用棉签。对于黏稠的黏合剂，可以直接从胶管里挤出或用木牙签蘸取。
- 大多数黏合剂都无法抵制油脂和污垢，所以在黏合之前一定要清洁好材料的黏合面。家用级（异丙基）酒精可以很好地完成清洁工作。
- 在黏合剂生效以前，应该避免移动接合部位。如果需要，可以用夹子或胶带固定好零件的接合部位。

13.3.4　双份环氧树脂黏合剂

当一般的家用黏合剂不能满足要求时，你可以使用强度更高的双份环氧树脂黏合剂。它们被称为双份的原因是你在使用的时候需要将单独的树脂和硬化剂（又称为催化剂）组合在一起。否则，黏合剂会始终保持在液体的形式。当两部分接合在一起使用时，硬化剂与树脂快速混合并发生反应。在这个过程中，液态的环氧树脂填充到材料表面的孔隙和裂缝里将材料黏合在一起。

■ 13.3.4.1　环氧树脂特别在哪里

环氧树脂的接合时间相对比较快，一般在 5 ~ 30 分钟。环氧树脂属于一种比较黏稠的黏合剂，因此它具有良好的填充间隙的特性。这非常适合有一定表面差异的零件的装配。环氧树脂可以黏合很多种表面，包括纸张、木头、金属、玻璃、塑料、织物。

典型环氧树脂黏合剂由双份的管装或瓶装组成：一

图 13-9　组合式涂覆器可以加快双份环氧树脂的施工速度和精度

份是树脂，另一份是硬化剂。在一些产品里胶水是两份分装的，另一些产品里是组合在一起的，中间有一个单独的"活塞"，可以准确配量树脂和硬化剂。图 13-9 显示了一个典型的活塞式的管型涂覆器，它比两份独立包装的产品好用得多。

> **提示：** 之所以称为 5 ～ 30 分钟环氧树脂指的是胶水的接合时间，而不是最终的固化时间。大多数环氧树脂需要 6 ～ 24 小时达到 60% ～ 80% 的固化，最终固化可能需要好几天。一旦固化完成，接合部位将达到它的最大强度。

■ 13.3.4.2 使用双份环氧树脂

使用环氧树脂，必须先将材料混合在一起，或者使用一个带有预先混合功能的涂覆器。后者对一般消费者来说不太常见，因此我们只介绍人工混合的方法。大多数消费类环氧树脂的液体配比为 1：1。

1. 从两只胶管里挤出一小段（1 ～ 2 英寸）等长的树脂和硬化剂，放到一张卡纸上。一次不要混合的太多，你可以根据需要随时调整。

2. 用一根木（不能使用金属或塑料）牙签将胶液搅拌在一起，必须完全彻底的混合。可以这么做：用之字形搅拌的方法混合平行放置在一起的两段树脂和硬化剂（见图 13-10），然后将材料向中间堆成一团，最后连续搅拌 15 ～ 20 秒。

3. 将混合好的环氧树脂涂抹在接合部位的表面。

4. 大多数环氧树脂的接合部位需要用胶带或夹具固定好防止接合期间发生移动。如果在环氧树脂的接合其间发生移动，会严重破坏接合部位的强度。

混合以后不再使用的环氧树脂必须作废，它无法被再次利用。等废弃不用的环氧树脂在卡纸上自行硬化以后再丢进垃圾桶。

13.3.5 你、机器人和超级胶水

超级胶水是一种商业叫法，它也是乙醛 -氰基丙烯酸盐黏合剂，简称 CA，系列黏合剂的常用名称。超级胶水之所以出名是因为它几乎可以在几秒钟以内黏合任何物体，但是效果有好有坏。如果使用不当，CA 胶水将只能起到不太牢固或临时性的黏合效果。使用氰基丙烯酸盐黏合剂时需要注意以下几点。

千万不能有裂缝。 大多数氰基丙烯酸盐黏合剂都比较怕

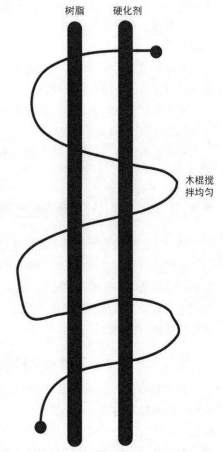

树脂　硬化剂

木棍搅拌均匀

图 13-10　使用前一定要将两份材料充分混合在一起。将同等数量的胶液放在一张卡纸上，用木牙签搅拌 30 秒

水，它们也无法填充材料接合部位的缝隙（如果有特别需要，选择更浓稠的缝隙填充类的胶水）。

保持清洁。CA 胶水对灰尘和油污非常敏感会导致失效。准备黏合以前，用异丙基酒精清洁好材料的表面。

不要用的太多。CA 胶水用的太多往往不会达到很好的效果，适量足矣，只在黏合面上滴几滴试试看。

接合部位远离热源和阳光。否则，黏合强度会降低，甚至可能突然裂开。

不要接触天然纤维。CA 胶水与木或棉接触会发生反应，在使用 CA 胶水的时候不要佩戴棉手套。

核对日期。氰基丙烯酸盐黏合剂的寿命相对比较短，超过一年以上的产品将无法使用。未使用的产品应该保存在阴冷干燥的场所。

不要让胶水碰到你的皮肤，否则你的手指有可能粘在一起。如果你遇到这种情况，使用丙酮可以很好的溶解 CA 胶水。同时为了安全，一定要远离脸部，如果 CA 胶水不慎进入眼内需要马上就医。

13.3.6　使用热熔胶

热熔胶呈棒状（至少我们常用类型就是这样），通过一个特制的胶枪加热。依照胶棒的种类，熔化温度为 250 ~ 400 ℉。胶枪关闭以后，热熔胶不再流动，当塑料分子接触并变硬时塑料会发生黏合。

热熔胶的主要优点是操作迅速，不到一分钟就可以产生足够强度的黏合效果。胶枪的使用非常简单，下面的方法可以帮助你确保可靠的黏合。它的主要缺点是黏合不是永久性的，尤其是使用消费级的胶棒的情况。在高强度或可能发生撞击的情况下尽量避免使用热熔胶。

1. 随着胶枪开始升温，先处理好待黏合的表面。表面必须保持清洁与干燥。

2. 如果表面太滑，可以先用 100 ~ 150 号的砂纸打磨粗糙。

3. 如果需要，用纸巾清洁好胶枪的头部。千万小心，头部和熔化的胶液非常烫。

4. 在纸巾上试验胶液涂抹的效果。胶液应该没有延迟的持续流出。

5. 一旦你确定胶枪工作良好，就可以将熔化的胶液挤压在一个接合面上了。胶液不要太多，适量就好。如果你需要将胶液涂抹到一个比较大的表面上，可以使用之字形或螺旋形的手法进行作业。胶液距离接合部位的边沿应该大于 1/4 英寸的距离。

6. 尽可能快的（不要超过 5 秒）与另一面贴合到一起并施加一定的压力使胶液均匀散开。如果可能，将最初的接合面轻微旋转 5° ~ 10°，然后重新对齐，此举可以有助于胶液的扩散。如果有多余的胶液渗出接合部位，迅速的用纸巾把它们擦干净。不要直接用手指去擦除胶液，它可能还会非常烫。

13.3.7　用夹具或胶带固定好接合部位

接合部位需要时间（几分钟甚至几小时）才能将材料黏合在一起。对于接合时间一或两分钟的快速黏合剂，可以手持固定材料知道它们接合在一起。接合时间比较长的黏合剂需要使用夹具或胶带辅助固定。这包括：

● 接合部位需要足够的压力。夹具的压力可以有效保证使黏合剂与材料接触。这种方法最适合多孔性材料的黏合，对一些无孔材料（比如，塑料或金属）也起作用。

● 不要移动，直到接合部位牢固的黏合在一起。如果发生移动，黏合效果会大打折扣。

木工夹具，如图 13-11 所示，适合固定大型零件。对于比较小的零件，使用胶带缠绕固定的效果会比较好。涂好胶水并实施黏合以后，用胶带保持接合部位的固定。遮蔽胶带适合大多数情况，如果你需要强度更高的固定，还可以使用绷带。它的宽度为 1/2 英寸或更多。

图 13-11　在黏合剂的接合和固化过程中，夹具可以辅助将零件固定在一起

13.3.8　接合加固的方法

对齐与定位是影响接合强度的至关重要的两个环节。两个材料一头对一头的接合在一起，强度是最弱的（不是开玩笑），原因是接合部位的表面积太小。原则上，表面积越大，黏合剂就可以将越多的材料黏合在一起，接合强度也就越高。

为了提高接合强度，你可以采取一些辅助方法增加接合部位的表面积。接合类型与加固技术解释如下（见图 13-12）。

表 13-1　黏合剂的选择

黏合剂类型	优点	缺点	最佳用途
接触黏合剂	非常快的黏合	对零件的表面精度要求高，气味难闻且有毒	多层扁平底盘
氰基丙烯酸盐黏合剂（比如，超级胶水）	适合黏合橡胶和塑料	填充效果不好，不耐冲击，使用过的容器很难处理	多孔性材料和密度不是特别大的无孔材料
环氧树脂	操作得当的时候可保证足够的黏合强度	气味难闻且有毒，对温湿度敏感，必须准确混合	可以黏合除硅有机树脂、特氟龙等比较光滑的材料以外的所有材料
热熔胶	施工方便，接合速度快，无毒无味	受热强度降低，不耐冲击，普通胶枪无法准确控制施胶量	可以黏合木头、塑料和轻质金属，高温胶枪可以黏合比较笨重的材料
聚醋酸乙烯	家庭常用胶水	无法黏合无孔材料	适用于多孔材料对多孔和无孔材料的黏合（比如，木头与金属，泡沫与塑料）
液状黏合剂	黏合橡胶和塑料的强度非常高	材料需要使用相应的黏合剂	黏合橡胶和塑料
硅酮	固化后可以弯曲	气味难闻且有毒，强度低	黏合橡胶和塑料，可用于密封

对接接合。 对接的特点是表面积小，接合强度弱，是所有接合方式中强度最低的。尽量避免使用这种方式。

重叠接合。 材料重叠在一起接合，而不是一头对一头的接合。这种方法在个别情况下不适用，但是如果可行，它会是一种简单而且快速的接合方法。你可以根据需要调整重叠量。

加强接合。在结合部位上面重叠一块附加材料。尽可能使用比较宽的材料进行重叠加固，目的是增加表面积。将黏合剂涂在这块附加材料上，用夹具或胶带固定好。你也可以使用小号紧固件进行加强。

斜接接合。斜接可以提高结合部位的表面积，适用于材料厚度大或等于 1/4 英寸的情况。这种技术尤其适用于木质材料的接合。

衬加固。在接合部位的顶部或底部使用加强衬。

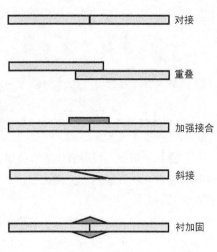

图 13-12　使用加固技术提高结合部位的强度。其中，简单对接的方式强度最弱，重叠或加强接合的强度是最大的

13.3.9　总结：选择合适的胶水

市场上的黏合剂种类繁多，很难进行正确的选择。表 13-1 总结了几种最常见的黏合剂，它们的优缺点以及它们最适合的用途。表 13-2 提供了每种黏合剂的使用建议。

表 13-2　根据黏合的材料，推荐使用的黏合剂

黏合到：				
黏合剂	金属	塑料／泡沫	橡皮	木头
接触黏合剂	可以	推荐	可以	推荐
瞬干胶	可以	推荐	可以	可以
环氧树脂	推荐	推荐	可以	可以
热熔胶	可以	推荐	—	可以
聚醋酸乙烯	—	可以	—	推荐
液状黏合剂	—	推荐	可以	—
硅酮	可以	可以	可以	可以

— 代表不适用或者无效。

第14章

快速成型法

不是每个机器人都需要使用高质量的制作方法。比如，有时你只是想验证一个想法是否是可行。你可以舍弃木头、塑料、金属这些传统的材料，只是制作一个"粗糙"的机器人原型，并用它进行各种测试。

这个思路称为快速成型法，它借鉴了其他方面的技术工艺为你提供了一个制作机器人的简单快捷的方法。制作所需的时间更短，花费也更低。快速成型最大的用途是验证一个设计是否可行，这种方法也可以用来制作一些轻量级的小型机器人。

在这一章你将学习使用重量轻，价格便宜，并且容易切割和钻孔的材料搭建机械结构的方法。记住，最终的机器人可能不会帮你赢得美丽的奖杯，它的寿命可能也会很短，快速成型的结构强度很低。当然你也不用会花很多心思来制作它，它只是用来验证你的想法是不是有价值。

14.1 选择轻量机器人材料

快速成型的关键是要选择轻量但是有一定强度能够支撑起机器人身体的材料。为了缩短制作时间，你需要选择容易切割和钻孔的材料，最好使用手动工具就可以加工。因此我们寻找那种可以用小刀、剃锯或剪刀就可以加工的材料。可供选择的材料包括硬纸板、空心塑料板、层压纸、泡沫塑料等。

总体上，它们通称为"基底"材料，因为它们常被做为垫层使用，比如室内或室外装饰，临时商业展览的隔断墙或挂在你墙上的海报。

基底通常（但不总是）由很多层互补原料构成，多层结构互相补强，增加基底的强度。图14-1是一个基底截面的示意图。顶层和底层（通常为纸或塑料）中间夹着一个重量很轻的芯，例如聚苯乙烯泡沫塑料。每一层都十分轻薄，但是组合到一起的材料具有很高的强度并且非常结实。

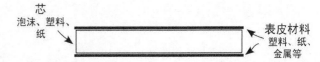

图14-1 基底由多层原料压制在一起构成，层与层之间互相补强。一些超轻量基底材料的中心是一层泡沫，表皮为厚纸或塑料板

14.1.1 加厚硬纸板，就是它

硬纸板是最常见的快速成型基底材料。你可以用普通包装箱的纸板制作一个机器人的底盘，但

是它有点薄实际效果不太好，你可以将多层硬纸板组合到一起增加底盘的厚度。

重型硬纸板的厚度为 1/8 ～ 1/2 英寸。你可以购买大张的板材或者从重型包装箱上面切下一块来用，多层压制在一起的硬纸板更厚也更坚硬。内部结构为十字交叉排列的瓦楞纸板的强度非常好。纸板可以使用优质的纸胶水或接触式黏合剂进行黏合。切割纸板可以使用锋利的小刀（小心手指）或任何规格的细齿锯。

高负荷条件下使用的硬纸板采用蜂窝结构的内层。这种纸板的价格比普通硬纸板贵，但是如果使用得当，它们可以容纳超过 50 磅的重量。你通常可以在运输很重的物体，比如汽车发动机的包装材料中找到这种纸板。你需要使用手锯或电锯来进行加工，因为这种纸板太厚，无法安全地用刀进行切割。

14.1.2　空心塑料板

空心塑料板常见用途是制作各种商业标志。它可以用于临时的户外标志，餐馆菜单招牌以及诸如此类的东西。空心塑料板由若干层组成，在制造过程中所有层被组合在一起。为了使材料具有一定强度，板材的内芯采用了类似硬纸板的瓦楞结构。空心塑料板有多种厚度，常见规格为 1/4 英寸。你可以用小刀甚至比较大的剪刀来切割它。使用简单的工具，花上几分钟时间就可以快速制作出一个简单结构或测试原型。

空心塑料管的硬度得益于它的瓦楞式内芯设计。它的主要用途是作为临时的户外广告牌，所以在结构上并不是特别坚固。如果你需要更坚固的基板，可以将几层塑料板互相交错 90° 叠在一起。这种方法可以适当提高材料的硬度。

14.1.3　泡沫塑料板

泡沫塑料板（也称为泡沫塑料芯，一个品牌的名字）也是一种适用于快速成型的材料。

这是一种在工艺用品或者艺术用品商店里常见的材料，结构是一片泡沫塑料芯外面夹两张硬纸板。多数泡沫塑料板的厚度是 1/4 英寸，也可以买到其他厚度的规格，从 2mm 到半英寸不等。你可以在艺术用品商店里找到多种颜色的泡沫塑料板。彩色板材的价格比较贵，但是你实际上只需要用到白颜色的板材。

使用小刀或业余爱好的模型锯来切割板材，用手摇钻进行钻孔。因为板材外层为纸质，你可以使用各种纸胶水进行黏接，灵活多变的开展设计。

14.1.4　建筑泡沫

建筑泡沫是一种用作建筑物地板下面的垫层材料，起到绝热和隔音效果。这种材料通常称为"蓝色泡沫"，与发泡聚苯乙烯塑料是同一类材料。

提示：**虽然称为"蓝色泡沫"，但是它的颜色有蓝色和粉红色两种。这种泡沫材料具有不同的密度，多数粉红色泡沫的密度都比较低。你会发现蓝色泡沫更方便使用，因为它们的密度比较高，不易变形。**

　　蓝色泡沫的厚度为 1 ~ 3 英寸，也有特制的版本，比如非常薄的木地板隔音垫。这种隔音材料可以在销售木地板的商店中找到。

　　蓝色泡沫可以作为机器人底盘的辅助材料，起到基底和"塑型"的效果。一定尺寸的材料的重量非常轻，并且具有一定的硬度。它非常适合作为其他基底材料的填充物使用，比如空心塑料板或硬纸板。两种材料组合在一起，可以构成强度高，重量轻的机器人底盘。

14.1.5　相框牛皮纸板

　　制作相框的材料通常为厚牛皮纸板。在艺术用品或美术用品商店里可以买到牛皮纸板，根据成份的不同，价格大都低于 1 美元每平方英尺。常见的尺寸是 16 英寸 ×20 英寸，也可以买到更大尺寸的纸板（但是不适合邮购），还有预先切割好的更小的尺寸，比如 5 英寸 ×7 英寸或者 8 英寸 ×10 英寸。你可以用美工刀或者专用的纸板切割工具来切割这种纸板；你可以让相框商店帮你将纸板切割成适合的尺寸；还可以选择方形、圆形、椭圆等多种形状。

提示：**询问相框商店的店员，是否有切割下来准备丢弃的牛皮纸板。当切割牛皮纸板制作一个相框时，只需要用到外侧的部分，里面挖空的部分（这部分是制作机器人的好材料）是没有用的。运气好的话他们可能会免费给你一些。**

　　牛皮纸板从外面看就像一张非常厚的纸板，实际上它是由一层一层的材料黏合在一起压制而成的。常见的质量比较好的 1/8 英尺厚度的牛皮纸板一般有 8 ~ 12 层。特制的加厚牛皮纸板的价格不贵，结构也比较简单。它们一般是用几层 1/8 英寸厚的纸板堆在一起，并用普通的纸胶水黏合而成。

14.2　基底板的切割和钻孔

　　选择这些材料的主要思路是它们很容易切割和钻孔。大多数情况下，常规手动工具就可以开展制作。用手摇钻就可以钻孔，因此这类材料非常适合初学者进行制作实践（给小孩子已经切割定型的材料，避免让他们操作锋利的刀具）。

　　在切割硬纸板、泡沫塑料板或空心塑料板时，你应该知道小块材料比大块材料的强度更好。一张 2 英尺 ×4 英尺的空心塑料板拿在手中会感觉非常轻薄，当你把它切割成一个经常使用的尺寸，4 ~ 8 英寸的圆形或正方形时，材料的硬度会超过你的想象。如果在你将材料切割成较小的尺寸以后，还是觉得太薄强度不够，可以将两层板子叠在一起增加厚度或黏接一些业余爱好商店里常见的细木条、金属片等作为结构支撑。

14.2.1　使用小刀进行切割

当用小刀切割基底时，注意保持刀刃的锋利。钝的工具将使你不得不加大操作的力度，这会造成不规则的切口并增加因刀片滑动而造成意外伤害的危险。

可以用一只手压住一条金属直尺辅助切割。我使用的是一条 2 英寸宽的铝直尺，在本地的五金商店里购买花费了我 5 美元，在尺子的中间安装一个将塑料手柄（一定要在手柄的底部钻孔，并用平头螺丝固定在尺子上）。你还可以在尺子上黏合木头或塑料作为手柄，这里不需要使用太专业的工具。切割步骤如下。

1．用 2 号铅笔按照设计画出切割线。即使你使用一条直尺作为比齐，切割线也可以帮助你找准位置。

2．将基底材料放平，下面垫一层"切割垫"，可以使用废弃的卡纸或硬纸板替代。切割垫可以避免划伤桌面。

3．将直尺与切割线对齐，用手压住直尺并固定牢靠。

4．先用小刀在切割线上划出一道较浅的刻痕。下刀的力度要控制在能够切开表层的基板为准。

5．继续用美工刀对材料进行彻底的切割。为了形成比较深的刻痕（深度至少为 1/8 英寸），需要用美工刀大力度反复划切几次，一定要确保每次刀片切割的路径都是笔直的。

14.2.2　使用纸板切割器

纸板切割器设计用来切割制作相框的牛皮纸板，它也可以用来切割软材质的基板，比如泡沫塑料板。大多数纸板切割器在设计上都带有直尺。切割工具安装在一个可以在直尺上自由滑动的高强度手柄里。

与美工刀相比，纸板切割器的优点是它们在使用上相对比较安全（如果误操作也会导致伤害），同时它们也更精确。一定要使用可以调节切割深度的切割器，切割深度至少与你要加工的板材厚度相等，常见的规格在 1/4 英寸左右。

提示：不是全部的切割器都是直线切割。有一些可以切割曲线和圆。圆形切割器使你可以制作小型的圆底盘，个别的切割直径可以达到 20 英寸。将圆形切割器调节到最小尺寸，你甚至可以制作自己的车轮。如果你不想为此单买一只切割器，可以让附近的相框商店帮你进行切割。

14.3　使用临时紧固件辅助快速成型

胶带、尼龙扎带、卡子、电缆夹具和搭扣都可以用来作为快速成型结构的紧固件。固定的持久性取决于紧固件的特点，接触面积的大小（胶带越大，黏接越牢）和机器人所用的材料。

下面介绍的紧固件包括消费级的胶带、尼龙搭扣和其他产品。你还可以使用工业级的材料，它们可以担任同样的工作，但是使用效果更好，固定强度也更大。当然，工业材料也更难买到，价格也比较贵，并且需要比较大的购买数量，可以到规模较大的工业用品专卖商店里面看看，比如McMaster-Carr。

> **提示：标准的机制螺丝和螺母紧固件也可以用来进行快速成型结构的制作。这种方法装配起来也非常快，而且可以使用效率更高的电动螺丝刀。一点建议：当使用硬纸板、泡沫塑料板和其他软基板时，给螺丝和螺母配上垫片。垫片具有稳固性，防止紧固件涨开材料。**

14.3.1　搭扣紧固件

尼龙搭扣的发明来自于发明家看到一只小狗的毛上沾满了带有毛刺的杂草。尼龙搭扣在结构上分为两部分：一部分是刚性材料（相当于毛刺），另一部分是软性材料（相当于狗毛）。这两部分发生接触，它们就会接合在一起。术语"Velcro（搭扣）"是一个组合词，来自于两个法语单词，分别是"Velour（丝绒）"和"Crochet（钩针）"。

维可牢是尼龙搭扣的一个商业名称。维可劳尼龙搭扣公司所销售的搭扣数量可能超过其他任何一家公司。它有各种尺寸和类型，从普通的家用搭扣到前面提到过的工业级加强型搭扣，最大可以支持超过 100 磅的负荷。图 14-2 显示了尼龙搭扣在机器人上的应用。它可以用来安装万向轮。

图 14-2　使用尼龙搭扣将零件临时固定在机器人上面。加强型搭扣可以固定更大的部件

最有用的搭扣产品是整根的扣带，你可以裁剪成需要的长度。成包装的扣带长度一般是 1 英尺多一点，有多种宽度，常见的宽度是 1/2 英寸和 1 英寸。扣带的背面带有类似即时贴一样的背胶。如果你觉得背胶的黏性不够强（有时就是这样），你可以使用高强度环氧树脂、螺丝、钉子或类似的东西进行补强。

尼龙搭扣或许是最常见的搭扣材料，但它并不是唯一的。一种比较好的替代品是工具商店里面卖的 3M 双重锁扣（见图 14-3），它是一种特制的带有微小的塑料卷须的全塑扣带。双重锁扣不像尼龙搭扣那样由分开的"钩"和"环"两部分组成，它

图 14-3　3M 双重锁扣是一种全塑版本的搭扣产品。它有多种厚度，分成带背胶和不带背胶两种类型

是靠自身的结构进行连接。

14.3.2　塑料扎带

塑料扎带的用途是捆绑导线或其他松散的物品，它也可以用来固定机器人上面的零件。扎带由一根带齿的带子和锁定装置组成。扎带可以打圈插进锁定装置并穿出来。锁定装置设计是单方向的：你可以勒紧扎带，但是不能将其松开（大多数扎带都是单向锁定的结构，个别的带有解锁功能）。

制作塑料扎带的材料是强度很高且非常耐用的尼龙。它们具有不同的长度，最小的是 100mm（比 4 英寸少一点），大的可以超过 12 英寸。将扎带穿过机器人上面钻好的孔，或使用几个特制的尼龙扎带固定片进行安装（见图 14- 4）。我比较喜欢用五金紧固件进行安装，它们的强度更好。

图 14-4　塑料电缆扎带和扎带固定片可以用来固定机器人上的小零件。使用多根扎带组合可以固定比较大的部件。扎带固定片可以选择自黏式尼龙扎带固定片或使用小号紧固件辅助安装

14.3.3　胶带

胶带是一种门类众多的产品，它们可以一面或双面黏接。胶带的特点是便宜、好用，可以迅速附着在物体表面。胶带是一种便利的成型材料，但是要记住揭除胶带以后会在零件表面留下残胶，可以使用变性酒精擦除这些杂质（首先要确定酒精不会溶解机器人上面需要保留的零件）。

 提示：**大多数胶带的尺寸比较小，黏接都不是十分牢固。在比较大的负荷下，例如直接固定驱动电动机，黏合效果会降低。随着使用时间的增加，零件会发生松动。胶带只适合作为一般固定用途，除非你用其他方式（比如机械限位）辅助固定才能达到比较好的效果。**

14.3.4　双面胶带

双面胶带是机器人爱好者工作室里的必备材料。这种胶带和前面提到的类似，只是厚度更大。胶带里面有一层弹性海绵，厚度通常为 1/32 英寸或 1/8 英寸，宽度为 1/4 英寸至 1 英寸以上。胶带的两面都涂有强力黏合剂。双面胶带的用法是撕下保护纸，将胶带放在要连接的部位中间。黏合部位需要施加一定的压力，等待 24 小时达到最大黏合强度。

很多消费级的泡沫双面胶带的黏合剂性能一般。你可以比较轻松的把它从黏和部位上揭下来。或许这就是你想要的效果，或许不是。为了达到更稳固的黏合效果，可以使用工业级的双面泡沫胶带，这种产品可以在比较高档的五金商店里买到，也可以从工业用品商店邮购，比如 McMaster-Carr。一个可选的产品是 3M 的 VHB 自粘胶带。

14.3.5　电缆夹具

电动机需要固定在机器人底盘上，并要确保它们不容易掉下来并且不会晃动。电动机的输出轴如果互相交错会导致车轮偏移，使机器人很难进行控制和正常行驶。

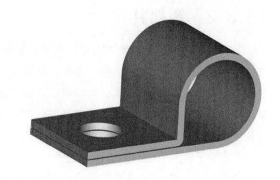

当使用圆形电动机时（最常见的种类），可以使用与电动机尺寸相配套的电缆夹具进行固定，它们可以在五金商店或在线电脑配件商店里买到。这些夹具可以容纳电缆的规格从 1/4 英寸到 1 英寸以上，可以用螺丝进行可靠的表面安装，见图 14-5 里面的示意图。用 1～2 个夹具安装电动机，如果电动机的尺寸太小可以在外面缠一些电工胶带增加少许厚度。

图 14-5　电缆夹具，设计用来将导线或电缆固定在一起，可以用来安装机器人上面的小电动机（或其他东西）

　提示：当只使用一个夹具来固定电动机时，你需要采取一定的手段阻止夹具沿着固定孔旋转。你可以将螺丝拧的尽可能紧一点。另一个比较好的方法是在夹具的前后两个方向做限位。最简单的限位方法是在机器人底盘上增加两个螺丝，利用凸起来的螺丝帽对夹具进行限位，安装大尺寸的电动机可以使用两个夹具，并将夹具的安装孔布置在电动机的两侧。

14.3.6　可用于快速成型的各种黏合剂

常见的黏合剂为管装或瓶装的形式，也有其他的灌装方式，下面简要介绍的是一些适合用来进行快速成型制作的黏合剂。

工业胶点，一个商业叫法，这是一个具有代表性的涂覆固定式黏合剂。这种黏合剂为卷盘式封装，可以手工或机器操作。胶点有不同的"点数"，点数越高黏合越牢固，低点数可以用作临时固定。胶点的黏合效果取决于压力的大小。

胶棒，另一个商业叫法，这是一种以聚合物为代表的产品，类似果冻一样的涂抹式黏合剂。大多数消费者用胶棒进行纸张的黏合，工业级胶棒可用于黏接金属、塑料、橡胶和其他材料。

自粘胶带（胶转移带），看起来和普通胶带一样，只是它的黏合剂部分与胶带是可以分离的，黏合以后只有黏合剂留在黏合部位。3M 是一家最大的自粘胶带制造商。这种胶带最好使用配套的专用施胶装置进行铺设，起到在黏合材料之前有效保护黏合面的目的。

气溶胶，需要借助喷枪，喷雾器或压缩空气罐作业。气溶胶的特点是可以快速在很大的面积上形成很薄的一层黏合剂。3M 的照片喷雾胶就是一个很好用的产品。

第 15 章

用计算机辅助设计机器人的草图

机器人可以依靠自己的动力运转，但是你可能要用手进行设计和组装。你可以利用计算机设计或计算机辅助设计（CAD）来简化施工工艺流程。正式动工以前先在计算机上尝试不同的设计方案，你需要用到设备只有你自己的一台电脑、一套低成本的 CAD 软件和一台打印机。

在这一章里你将学习产生设计和结构布局的方法，先用手（使设计过程更直观），然后再使用电脑。在电脑上对原始设计进行优化，你甚至可以将设计好的文件发给一些加工中心，委托他们按照你的设计加工出最终的部件。听起来有点贵，你会惊讶地发现这种制造模式已经离你越来越近了。不管怎样，让我们开始下面的内容。

供参考

本章集中介绍结构设计方面的内容。当然，采用计算机辅助设计的方法也可以制作印制电路板，组成机器人的电子部分。电路方面的话题将在后面的第 33 章"制作电路板"中进行详细讨论。

15.1　规划钻孔和切割的布局

做任何事之前，需要先制定好一个计划。

借助计算机的图形化程序，可以自由修改设计，降低手工钻孔和切割成型所需的时间。例如，你想调整一个尺寸，在计算机上可以轻松准确地调整布局的大小。

15.1.1　手工设计布局

设计机器人最直接的方法是手工画出它们的草图。草图可以直接画在准备加工的材料上，也可以画在纸上，正式加工的时候把图纸贴在材料上。

■15.1.1.1　直接绘制

你可以用软铅笔直接在材料上绘制。常用的软铅笔是红蓝铅笔，可以在当地五金店里买到。这种铅笔的芯比较软，适用于多种材料的表面，可以在塑料、金属甚至镀锌铁板上做标记。你还可以使用尖头黑色记号笔，比如 Sharpie 记号笔。

■15.1.1.2　使用纸模板

将布局绘制在纸上作为模板使用可以让工作变得更灵活。如果哪里画错了马上可以换一张纸重新再来。纸样使用普通白纸就可以绘制。如果你觉得普通纸的幅面太小，可以使用牛皮纸，这种纸是成卷销售的，在工艺用品或折扣店里可以买到。

用铅笔将布局绘制在纸上，用直尺及其他绘图工具辅助，使线条更笔直和精确。如果你喜欢，还可以使用绘图专用的方格纸（1/4 英寸的格子）帮助规划布局。

纸模板做好以后可以直接固定在材料上，如图 15-1 所示。用胶带、胶棒或其他临时性的黏合剂将纸样固定就位，根据纸样在材料上打好定位孔再进行后续的钻孔工作。

切割和钻孔工作完成以后，就可以除掉材料上面的纸样了。塑料和金属可以用工业酒精擦拭，木头可以采取轻微打磨的方式。

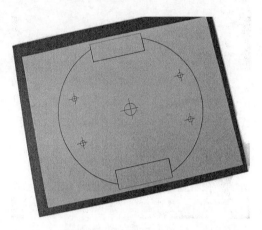

图 15-1　用纸模板确定切割和钻孔的位置，可以制作多种规格的机器人底盘。一定要注意模板的打印比例。将打印好的纸样用胶点或其他非永久性的黏合剂粘在材料上进行加工

■15.1.1.3　制作多个零件

使用纸模板可以很容易地制作出多个同样的零件。根据材料的种类和厚度，你可以参考下面的两个方法。

● 将绘制好的布局用复印机复制成若干份，分别贴在准备用来加工机器人零件的木头、塑料或金属材料上。一定要注意复印出来的布局与原始布局的比例是一致的，图像必须清晰，没有遗漏任何细节。一些复印机会自动对图像进行 2% 左右的缩小，而一些比较高级的复印机则具有一定的图像放大功能，可以灵活使用。

● 只准备一份图样，用它一次加工多块材料。将材料像蛋糕一样一层一层地摞起来，同时对这些材料进行切割和钻孔。这个方法适合比较薄的材料，比如 1/8 英寸厚的发泡 PVC 或硬木胶合板。

■15.1.1.4　使用复写纸和划线器

有时你不需要（或者无法）将纸样粘贴到材料上面。你可以用复写纸代替这部分工作。复写纸的用法有点类似老式碳素纸，但是操作起来更干净，用圆珠笔对照纸样描一遍，轨迹就会通过复写纸印在材料上了，不想要的线条可以用软铅笔橡皮擦除。复写纸在艺术用品商店里可以买到。

对于表面粗糙或不规则的材料，可以用划线器做标记。机械师使用的划线器是最合适的工具，但是价格非常贵。可以用锋利的金属物体代替划线器，比如划针或钉子（头部磨尖），它们可以很好地在塑料、铝和其他软材料上做标记。

15.1.2　用计算机图形程序设计布局

与手工绘图相比，使用计算机图形程序可以获得更好的效果。你可以在电脑上设计和储存现有的布局以供将来使用，与他人分享你的设计，或者几个人使用同样的程序协同工作。

常见的图形程序有两类：位图和矢量图。它们之间的差别是程序的存储方式和图形绘制方式的不同。

● 位图是由一系列的点阵组成，类似报纸上的照片。微软的画图程序就是一个很好的位图程序的例子。选择程序里面的画线工具，可以绘制出一个由点阵构成，具有形状大小和颜色的线段。

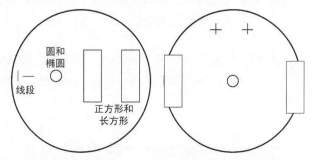

● 矢量图是由线段和其他形状组成。你通过组合的方式进行绘制，比如将正方形、长方形、线段和其他的东西组合在一起，如图 15-2 里面的例子。

图 15-2　用简单形状组合在一起的方法制作结构模板。图中的布局是圆形、正方形、长方形和线段的组合

位图修改起来很困难，这是因为位图图像是以像素的形式保存的，本身的形状无法进行编辑。反之，你可以直接改变矢量图里面的形状甚至删除它们，矢量图修改起来更简单。

■15.1.2.1　矢量图是最佳的选择

上述两类图形程序，矢量图形程序最适合用来进行机器人设计。你可以用程序完成总体设计——在电脑上绘制出机器人完成以后的样子。你还可以用程序设计钻孔和切割的布局模板——与手绘模板类似但是实现起来更方便。

你的电脑上可能已经安装了矢量绘图程序，甚至微软的 Word 办公软件里面就有矢量绘图工具。此外还有很多免费开源的矢量图应用程序可供使用，有一些更适合用来设计制作机器人。这些程序包括 Inkscape，这是一个有点接近工业标准的绘图程序，还有 Google Sketch，程序有免费和付费的版本，免费版本的功能已经足够完成大多数工作了。

■15.1.2.2　使用 Inkscape 设计机器人

Inkscape 是一个很好用的矢量图形绘制程序，非常适合用来设计机器人。图 15-3 显示了 Inkscape 的程序界面。这里简要说明程序里面几个重要的组成部分。

菜单和工具栏：菜单和不同的工具栏用命令的方式控制着程序的运行。

画布：画布是程序界面中间的区域，你可以在上面绘图。利用缩放功能，可以查看绘制好的图形。

绘图工具：你可以用屏幕左侧工具条里面的工具进行设计或修改。类似 Inkscape 这样的矢量绘图程序是基于贝兹曲线对图形进行绘制的，图形由一根或多根线段组成。线段可以弯曲成锐角或

圆弧，一个圆是由一根首尾相连的线段组成。

　　调色板：调色板位于屏幕的底侧，图形和线段可以用预先设置好的颜色进行填充。使用调色板里面的专用工具还可以设置其他的数百万种颜色。

提示：Inkscape 还支持在图形上输入文字。使用文字工具可以标记零件或尺寸。Inkscape 无法自动标记尺寸（CAD 程序更擅长这方面的功能，见下一节），但是你可以很方便地输入尺寸。

　　图 15- 4 展示了一个用 Inkscape 设计的简单的钻孔和切割的布局。圆形是机器人的底盘，长方形是配合电动机和车轮的轮框。带有十字线的小圆圈标示了钻孔的位置，圆圈的尺寸表示出大致的钻孔直径。

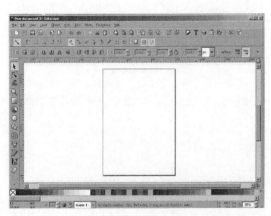

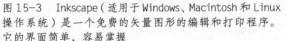

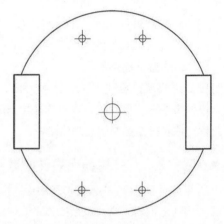

图 15-3　Inkscape（适用于 Windows、Macintosh 和 Linux 操作系统）是一个免费的矢量图形的编辑和打印程序。它的界面简单，容易掌握

图 15-4　用 Inkscape 按照图 15-1 设计出的钻孔和切割布局，可以比例打印

　　将设计好的布局打印出来作为模板，黏接或复制在用来制作底盘的材料上，使用和前面介绍的"手工设计布局"相同的方法进行加工。

15.1.3　用低成本 CAD 程序设计布局

　　另一种设计机器人布局的方法是使用计算机辅助设计（CAD）程序。CAD 是一种矢量作图程序，同时具有机械制图的功能。你不光可以用 CAD 绘制出一个正方形，你还可以精确地设定它的边长。绝对测量值保存在 CAD 文件里，使用相应的打印机可以打印出高精度的图纸。

> 提示：CAD 程序通常有 2D 或 3D 两种形式。2D CAD 程序可以进行二维绘图。布局里面有高和宽，但是没有深。这好比你在设计一个切割和钻孔的布局。
>
> 　　3D 程序可以进行三维制图，包括高，宽和深。多数 3D CAD 程序都能够用一套复杂的照明和阴影选项渲染出立体外形。设计基本的机器人布局不需要使用 3D CAD，它可以用来预览或验证机器人的结构。

AutoDesk 出品的 AutoCAD 可能是最流行的 CAD 程序。像大多数商业 CAD 软件一样，AutoCAD 的价格非常昂贵。如果你是一个学生，你可以折扣价购买。

可供替换使用的免费或低成本的 CAD 程序，有一些可以直接从互联网上下载。它们可能无法与 AutoCAD 这样高端的商业产品相比，但是它们的功能完全可以满足我们的需要。

低成本 CAD 程序的代表产品是 TurboCAD。它有多种不同的版本，包括低端和高端版本，面向消费者的豪华版比专业版便宜很多。图 15- 5 显示了用 TurboCAD 设计的一个简单的钻孔和切割模板。模板可以打印下来粘贴在木头，金属或塑料板材上进行后续的加工。

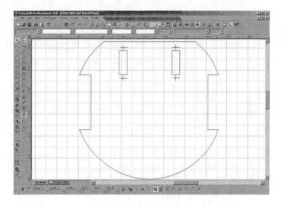

图 15-5　TurboCAD 创建的简单切割和钻孔模板。TurboCAD 是众多 CAD(计算机辅助设计)软件的一种，可以用来精确制图。它有面向消费者的经济版本

■ 15.1.3.1　CAD 的优点

用 CAD 程序创建切割和钻孔布局有以下几个优点。

准确：使用 CAD 可以相对容易地绘制出图形的精确尺寸。全部设计都可以在程序中展现。你可以精确的控制线段、圆和其他对象的尺寸以及它们彼此间的相对距离。操作中可以使用大小和尺寸工具，借助对齐功能绘制并确定物体的大小和边界。

自动绘图：举例说，如果你想在一个直径 6 英寸的圆盘上设计 20 个一串的钻孔，CAD 程序里提供的相应工具可以使这个工作变得非常简单。

可编辑：当你需要调整设计的时候，可以在程序中进行快速修改。你可以对设计进行局部修改，也可以回到原始设计进行较大地改动或重新开始。

自动构建：第 4 个优点适用于使用数控机床或其他计算机辅助加工设备生产出成品。使用你在 CAD 程序里设计好的图纸，可以直接生产出最终零件。很多与计算机辅助加工设备配套的软件都可以读取 DXF 格式的文件，这是一种普遍支持的 2D CAD 程序文件，见下面的 "矢量图形的格式"获得更多关于文件格式的信息。

提示：很多人都没有自己的数控机床，但你可以随时将设计好的图纸发给提供机加工服务的制造商，用他们的机器帮你制作零件，见下一节"使用激光切割服务"。把设计送出去进行加工是比较合算的做法，除非你准备将自己的机器人产品推向市场，否则没有必要购买昂贵的数控机床。

■ 15.1.3.2　基本 CAD 功能

大多数 CAD 程序都比较复杂，需要长时间的学习和实践才能运用自如。但是对于机器人爱好者来说，它的基本使用还是比较简单的，包含以下几个功能。

● **绘图设置**。在这里你可以定义图纸尺寸和绘制比例（例如 1∶1、1∶12 等），计量单位，以及网格大小和图纸的分辨率。对于大多数机器人项目，你可以使用 1∶1 的比例，网格设定在 1/4 英寸或 1/8 英寸，分辨率为 1/100 英寸或 1/1000 英寸。

● **绘图工具**。典型的机器人布局图纸只需要用到少数几个形状，它们是线段（包括折线）、圆、矩形。线段用来标记材料的切割布局。折线由一组线段组成，共享至少两个顶点（角），它们用来标记更复杂的形状。圆通常用来表示钻孔。矩形或正方形是一个封闭的折线形状，可以用线段、折线或矩形工具绘制。

● **编辑 / 尺寸工具**。你可以用鼠标或在命令行中输入数值的方法调整大小和查看形状。鼠标适合简单直观的设计，命令行输入适合需要确定精确定位的设计。

● **文件保存 / 打印**。图纸绘制完成以后，你可以将它保存成文件供日后使用或打印出来。多数打印机都可以完成图纸打印工作，比如常见的激光或喷墨打印机，CAD 程序不一定非要使用笔式绘图仪。

● **图纸放置工作区**。2D CAD 程序有一个简单的 x 轴和 y 轴构成的坐标系统，用来表示绘图的初始位置（虚拟空间的起点）。大多数 CAD 程序的绘图初始位置位于程序界面的左下角，并表示为（0，0），第 1 个数字是 x 轴坐标，第 2 个数字是 y 轴坐标。

15.2　矢量图形的格式

你可能已经非常熟悉 GIF、JPG 和 PNG 这些图形文件了。它们都是位图文件，网站上经常看到的典型图像格式。它们中的每一个代表一个不同的数据格式，根据约定，具体格式作为文件的扩展名，一个 myrobot.jpg 的文件，表示的是一个人的机器人的 JPG 位图文件。

同样，矢量图形也有它们自己的文件格式。其中很多格式是为特定用途的图形程序创建的，它们往往只适合自己一家的程序使用，与其他程序的兼容性不好（有时你可以用转换程序变换一些文件的格式，但是效果往往不是很好）。

在众多矢量图形格式中，下面的一些是最常见的格式。你可以用它们作为标准进行设计并与他人分享你的设计。

- SVG，可缩放矢量图形，现在已经成为矢量图像的超级标准，由维基百科支持。它也是 Inkscape 程序中的默认文件格式。
- EPS，被封装的 PostScript 是由 Adobe 所倡导的一种交换格式。它包含有 PostScript 命令代码定义的图形元素，再加上（通常为）程序中可导入的一个中等分辨率的位图。各种绘图程序对 EPS 格式的支持也不同，一些像 Inkscape 的程序需要使用附加的插件才能读取这种格式。
- AI，Adobe Illustrator 的固有文件格式，Adobe Illustrator 是应用最广泛的商业化矢量图形应用程序。几乎每个人都有 Illustrator 或类似的程序，这种格式的矢量图的保存和分享变得非常简单，实用效果仅次于 SVG。
- DXF，CAD 程序最常用的图形交换格式，最初由 AutoDesk 开发，目的是使其他应用程序兼容 AutoCAD 所产生的 2D 图形文件。它实际上已经成为了所有 CAD 应用程序所公认的标准格式。
- DWG，与 DXG 相同，是一种用来与 CAD 程序交换的图形格式，主要用于三维图形，业内对它的支持不如 DXF。

一些 3D CAD 程序常用的文件格式包括 SAT、STEP、IGES 和 INV，不是所有的 CAD 程序都可以打开它们。如果你想与他人分享设计，一定要确保每个人都使用相同的 CAD 程序，否则即使能够打开文件也会丢失里面的重要信息。

15.3　使用激光切割服务

看过图 15-4 里面的切割和钻孔模板了吗？它是按着精确比例设计的，你可以按照它绘制出自己的机器人底盘并使用专业的激光切割机进行加工。激光切割机可以用铅笔芯大小的高强度激光对木头、塑料甚至一些金属材料进行钻孔和切割。

切割成本取决于切割数量和材料的类型以及厚度，但是它的花费比大多数人想象的要便宜。如果你有一个复杂的设计，并要求达到手工切割所无法保证的精度，那么激光切割将是一个很好的选择。

激光切割服务对材料有一定的限制。一般来说，硬纸板、胶合板、聚苯乙烯、聚碳酸酯都是可接受的加工材料。激光切割一般不能进行铝材或发泡 PVC 的加工，这些材料可能会造成机器设备的损坏。

本地或者网上都可以找到定制激光切割服务。你可以在网上搜索激光切割。如果你只想使用本地服务，网上业务目录（或电话黄页）可以帮你缩小范围，搜索到附近的商家。

一些提示：

- 一定要弄明白商家支持的文件格式。大多数激光切割车间使用 DXF 格式（文件带有一个 .dxf 扩展名），正规的 CAD 或矢量绘图程序都可以将设计保存成这种格式。
- 只是用单线条绘制，对任何图形都不要进行填充操作。孔应该是圆形，钻径就是圆形的直径。
- 绘图应该从左下角的（0，0）处开始，图纸中任何低于 0 以下的部分将可能不会被切割。
- 在所有的 CAD 和矢量绘图程序中，绘制的形状（对象）在工作区中是一个挨一个堆叠在一起的。确定对象堆叠顺序的注意事项：切割机从底层开始切割，直至顶层结束。当切割一个底盘时，你会希望底盘的轮廓最后才被切割。查看你的 CAD/ 矢量图形程序的手册，了解如何安排对象在工作区上的顺序。

15.4　金属与塑料零件的快速成型

感谢计算机与自动化技术的飞速发展，现在你可以经济便捷的用金属或塑料加工出各种机器人零件。这个概念最初的灵感来自激光切割工艺，并将其提高到了一个新的水平，称为快速成型。用业内统一标准的 CAD 软件或图形软件进行设计，把设计文档交给制造商，制造商在他们的自动化设备上生产出最终的零件，一般只需很短的时间。

常见的快速成型的零件包括定制的电动机或舵机支架、夹持器，甚至是一套完整的机器人骨架。铝材是应用最广泛的快速成型材料，因为它们具有良好的机械加工性能，可以在自动化机械上进行切割、折弯等操作。

另一种方式是使用 3D 打印机。3D 打印机是一种用精确喷射打印的方式逐层增加材料形成 3D 实体的设备。它所使用的材料是液态 ABS、丙烯酸树脂（亚克力）或聚碳酸酯塑料。3D 打印也称快速成型制造技术，如 RepRap（一个流行的开源 3D 打印项目）以及 FDM（熔融沉积建模）。

为了将你的设想转化为 3D 实体，你首先要用 3D 软件（SolidWorks 是一个被众多快速成型制造商认可的 3D 设计软件）或其他主流程序进行设计，或者你也可以用快速成型制造商所提供的专业建模软件进行设计。

第 16 章

用玩具制作高科技机器人

使用现成的玩具也可以搭建出结构非常复杂的机器人。你可以使用经典的拼插类或螺丝组装类套装玩具里面的预制件完成自己的创作，例如 Erector（商标名、建筑工）或 Meccano（商标名、钢件结构玩具）制作套件。玩具制造业对机器人题材的产品一直情有独钟，你可以买一个电动或不带动力的机器人，把它作为原材料，在此基础上增加更加复杂的功能。

一些套装玩具，像乐高和 K'NEX，甚至创造出了未来版的电动机器人和车辆模型。你可以用套件里面的配件进行制作或对这些玩具进行改造。这类玩具里面的零件已经具有了你所需要的形状，从而在很大程度上简化了机器人制作的过程。让我们仔细看看本章里面的这些用玩具制作机器人的思路并对比介绍一些简单、低成本、可实现的套装建筑玩具。

16.1　Erector 制作套件

（注：本节里面的内容也适用于 Meccano 或其他品牌的梁架组合类制作玩具。）

一些 Erector 制作套件里面包含轮子、结构横梁和其他各种配件，你可以用它们制作一个机器人底盘。这些制作套件里面通常不包括电动机，但是你随时可以把它们加上去。

 提示：我发现通用制作套件是最好的选择。套件里面有用的材料包括带有预制孔的金属大梁、塑料和金属板、轮胎、车轮、轴和塑料安装板。你可以选择那些看起来合适的零件，用玩具里面的配套的五金件或用自己的 4–40 号或 6–32 号的机制螺丝和螺母装配出自己的机器人。

Erector 制作套件里面带有预制孔的金属大梁是安装电动机的好材料。它们重量轻，厚度小，可以用台钳弯曲成 U 字形电动机支架，在支架的两头弯出一对耳朵，用来安装机制螺丝，还可以使用 Erector 制作套件里面提供的角铁作支架。

大多数 Erector 车辆使用 4 个车轮，但是这种车轮布局很难控制机器人的行驶，反之，可以使用二轮驱动的设计，如同第 20 章"让机器人动起来"里面所介绍的那样。给机器人提供电源的电池仓可以安装在平台的顶部。

给不带动力的 Erector 套件装上发动机的方法是使用两个廉价电动玩具车里面拆出来的电动机。玩具车里面的结构是单个电动机带动两只车轮同时转动，轮子安装在电动机的两侧。使用这种电动机驱动机器人平台,需要拆下电动机一侧的车轮,如图16-1所示。

- 对于右侧的电动机，需要拆下左侧的车轮。
- 对于左侧的电动机，需要拆下右侧的车轮。

你现在获得了两个独立的电动机驱动器，使用Erector套件里的大梁或其他配件将电动机安装在底盘上。

16.2　慧鱼（Fischertec-hnik）

慧鱼模型诞生于德国，通过几个教育公司引进到北美，称得上是制作玩具中的劳斯莱斯。实际上，"玩具"是不太确切的形容，因为慧鱼模型不仅仅是专为儿童设计的。事实上，很多套件适用于高中和大学工业工程专业的学生，它们提供了一种组合的方式进行电磁、液压、气动、静电和机器人机械装置的实验。

所有的慧鱼零件（见图16-2）都是可互换的，可以安装在一个通用的塑料基板上。你可以随意将基板扩大到你想要的尺寸，基板可以作为机器人的底盘。你可以用套件里自带的电动机或使用自己的电动机进行制作。

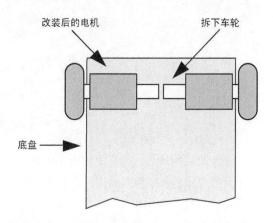

图16-1　使用两个廉价玩具里面的拆出的两个电动机制作出来的机器人底盘。每个电动机都拆下一侧的车轮

图16-2　多用途的套件Fischertechnik工程积木里面的零件

16.3　K'NEX

K'NEX使用独特的半圆形塑料辐条和连接杆，可以完成从桥梁到摩天轮再到机器人的各种各样的模型的制作。你可以用K'NEX里面的零件制作一个机器人，也可以把它们作为配件与其他零件混合在一起组合完成一个较大的机器人。例如，步行机器人的底盘可能是使用一块铝薄板制作而成的，而机器人的腿部可能是由一些K'NEX零件制作出来的。

市售的K'NEX套件品种非常多，从简单的入门级套件到异常壮观的专用收藏级（其中大部分为机器人、恐龙或机器恐龙）套件。一些套件里面包含齿轮减速电动机，使你可以创造出移动式机器人。套件里的电动机也可以单独购买。

16.4 其他值得一试的制作套件

玩具商店里摆满了各种各样的拼插套件和成品机器人玩具，它们都是很好的机器人制作材料。此处介绍一些值得关注的玩具。

16.4.1 Inventa

Inventa 是由英国的勇士科技开发出的一种针对教育市场的价格合理的制作系统。Inventa 套件里面包含齿轮、齿条、车轮、车轴和许多其他机械配件。结构大梁是半刚性的，可以切割成一定尺寸。大梁可以通过角铁或支架以各种方式进行连接。美国国内的玩具市场里无法买到 Inventa，它们可以通过互联网邮购，见 Inventa 的网站 www. valiant-technology.com。

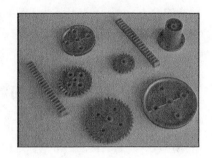

16.4.2 Zoob

Zoob 是一种结构独特的制作玩具。一个 Zoob 零件的两端分别是一个球和插座。你可以将球和插座连接在一起搭建出各种结构。球上的凹坑可以与插座进行可靠的连接。Zoob 套件的一个实际应用是创造出像人或动物骨架的机器人。Zoob 零件的工作方式有点类似骨关节。

16.4.3 Zometool

Zometool 套装由球形连接器（称为几何顶点珠）和各式各样的支柱组成，产品适用于孩子、家长、学生和教师。套装可以用来创建出各种物理模型，比如 DNA、分子、平面和立体几何模型，等等。对机器人来说，你可以把它们的零件作为结构大梁或支架使用。

支柱可以牢固地插入几何顶点珠里面，但是这个结构很可能不足以支撑机器人在底板上跑动。如果需要，可以用胶水（一点热熔胶就可以）将材料临时固定在一起。永久固定可以使用 ABS 液状黏合剂（参考第 13 章"装配技术"了解各类黏合剂的使用方法）。

16.4.4 值得纪念的制作玩具

在撰写本文时，这些最优秀的套装制作玩具已经不再生产了——尽管也有可能变成某些公司买下它们的版权以及生产模具，重新发布产品。不管怎样，你还是可以在加油站的售货商店、二手商店和在线交易平台（试试 Craigslist 和 eBay）中发现它们的身影。

- Milton Bradley Robotix
- Capsela
- Construx

16.5　元件拼插式制作

我不追求过于专业。我不介意使用像乐高积木（见图 16-3）、MEGA Bloks 和 K'NEX（见上文）搭建我的机器人。如他们的产品宣传中所说的"材料就是零件"。除非你想完成一个不同寻常的设计，这里不涉及任何切割或钻孔的工作，你只需要挑一块想用的材料，把它拼接在预想的地方就可以了。

16.5.1　建立永久性的连接

图 16-3　乐高拼接玩具制作的小型桌面式机器人。材料用黏合剂固定在一起

拼接元件组合在一起是不牢固的。它们被设计成可以拆开重复使用的形式。这可能是你的最新的机器人作品想要实现的目标，还是一定要牢记这种临时结构很可能会意外散开，尤其是机器人操作不当、从工作台上跌落或者撞到物体或其他机器人的时候。

通常用拼插零件制作机器人的方法对是否使用黏合剂没有太严格的规定，你也可以使用其他的接合技术对它们进行固定，包括使用双面泡沫胶带和尼龙扎带。对机器人爱好者来说，把材料固定在一起的方法是无穷无尽的，没有任何限制。这里我将保留这个话题，使你有自己的思维空间，创造出更有趣的方法。

如果你决定使用将零件黏合在一起的方法，你需要选择与塑料模型材料相配套的胶水。

制作材料	临时固定	永久固定
乐高、K'NEX，Zometool	乳胶	ABS 塑料液状黏合剂；双份环氧树脂
MEGA Bloks 儿童积木，塑料模型（比如飞机和汽车模型）	乳胶，低温热熔胶	塑料建筑模型（聚苯乙烯）液状黏合剂；双份环氧树脂
慧鱼模型，其他大多数塑料制作玩具	低温热熔胶	ABS-PVC 液状黏合剂；双份环氧树脂

- 对于高强度但是非永久性的接合部位，只需使用一点液状黏合剂或环氧树脂就可以了。
- 对于非永久性的结合部位你可以用氰基丙烯酸盐（CA）。超级胶水是一个常见的 CA 黏合剂品牌，黏合面只需单侧涂胶，拆除时可以两边用力将其拧开。
- 高温热熔胶的制作效果介于临时和永久之间，如果你希望以后可以将零件拆开，只需使用少量就可以，随时可以将不想要的胶质铲掉。
- 柔性黏合剂，比如黏鞋胶水或任何硅酮类 RTV 黏合剂也可以实现高强度但是临时性的固定。

根据制作玩具的结构方式，你也可以用机制螺丝将材料固定在一起。举例说，你可以在乐高、MEGA Bloks 或 K'NEX 零件上钻孔，用小号的 2-56 或 4-40 机制螺丝和螺母来固定。塑料很容易钻孔，螺丝在需要的时候也相对比较容易拆卸。

16.5.2　用拼接零件组装模块

你可以用拼接零件自由搭建各式各样的机器人身体或结构。你还可以用多出来的或不准备再用的乐高积木或其他类似的结构件制作专用的附件。这些零件可以扣紧的特性使得制作出来的附件可以反复使用，你可以把它们应用在不同项目中。

比如，你可以在一个平底的乐高积木上粘一个标准舵机（可以使用胶水，这样电动机可以重复使用。当你不想再用这个附件的时候只需要把电动机从乐高积木上撬下来就可以了）。利用舵机可以迅速便捷地在机器人底盘上面安装一个传感器转台，只需要在舵机的顶部加上一个支架，固定好超声波或红外线传感器，再把这个舵机附件插在底盘的适当位置上就可以了。

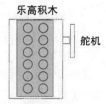

同样的思路也适用于其他元件的安装，比如指南针、加速度计、单片机、扬声器和灯泡。这个想法是将零件安装在一个或多个乐高积木上，确保整体符合一定的规则。这样制作出来的乐高附件可以反复使用。

这个方法不是只限于使用乐高积木里面的大梁、立柱、板材和其他配件。你也可以使用 Erector 套件里面塑料或金属结构件，使用这些零件制作附件的一个好处是一旦你有了成熟的设计，就可以用它们很容易地在机器人上实现出来。举例说明，你可以把一个乐高的结构大梁和一个舵机支架永久的固定在一起（见图 16-4），把它作为一个专门用于硬纸板底盘原型的舵机安装架。

图 16-4　你可以将乐高积木和手工制作的塑料配件组合在一起，制作出类似模型舵机安装支架这样的结构件

16.6　改装机器人的特制玩具

一些玩具和套件是专门设计用来对机器人进行硬件改装（改造、重塑）的。对于一些现成的机器人，你可以对把它们设计成非电子控制的手动机器人。这里有几个使用廉价玩具自制机器人的方法。

16.6.1　田宫

田宫是一家专门生产各种无线电遥控模型的制造商。他们也销售可用于机器人的高品质套装变速箱。一个经常用来制作机器人的双电动机变速箱（物品编号 70097），里面包含了两个小型电动机和各自的驱动部分。你可以在它们的输出轴上安装车轮、腿或履带。这个变速箱是我的第一个机器人教程里面的内容，参考附录 A"RBB 技术支持网站"里面的介绍。

> 提示：田宫双电动机变速箱的一个最大的缺点是它使用的直流电动机的效率非常低。在大负荷或失速（有动力但是电动机不转）的情况下，每个电动机消耗的电流可达2A。对于这个尺寸的电动机来说，电流的确有点大（安培和其他参数的详细介绍，见第22章"使用直流电动机"）。
>
> 　　双电动机变速箱可以用开关或继电器控制，如果你想用晶体管进行控制，需要把它的直流电动机换成效率更高的版本。Pololu和另一些在线商店提供这类配件，每个电动机的花费低于3美元。

其他的田宫的套件还包括单个电动机的减速比可调的变速箱、基本步行式机器人、轮式和其他种类的模型。

16.6.2　OWIKIT 和 MOVITS

OWIKIT 和 MOVITS 机器人属于精密的微型的机器人套件。有多种型号可供选择，包括手工（开关）和单片机控制的版本，可以直接使用成品套件组装出机器人也可以机器人里面的电子控制系统进行升级。比如，OWIKIT 机器人手臂训练组件（型号 OWI-007），一般是通过一个线控的压力板进行控制的。稍微进行一点改装，你就可以将手臂与计算机（比如，用继电器就可以完成改装）进行连接，通过软件控制手臂的运转。

大多数 OWIKIT/MOVITS 机器人包含预制的电路板，你只需要组装机械部分就可以了。一些机器人的零件非常小，装配的过程需要格外的耐心。套件包含3个技术难度等级：初学者、中间级和高级。如果你刚开始学习制作机器人，你需要选择初学者级别的套件。

装配好的 OWIKIT 和 MOVITS 机器人可以使用很长的时间。我有一些市场上已经停产了的型号。我在20世纪80年代中期把它们制作好以后，只是偶尔做一下紧固螺丝、上油这类简单维护，它们至今仍然可以运转顺畅。

16.7　把玩具车改装成机器人

玩具汽车、货车、拖拉机和坦克可以作为理想的机器人平台。对一些机动车辆的电动机连接部分进行修改，你可以直接把它们改装成机器人，这个方法简便易行。对于其他车辆，你可能就要做一点拆卸和重建的工作了。特别是对于那些只有一个驱动电动机的玩具，你最好准备两个。

同时不要忘了，你可以从非机动的玩具车里面拆零件使用。我已经从便宜的"一元店"玩具中得到了很多零件。带有橡胶履带的推拉玩具有很高的利用价值，你可以把它们的履带拆下来安装在自己的机器人底盘上。

16.7.1　机动车辆

我们先从廉价的无线电遥控汽车入手。它们有一个驱动电动机和一个独立的伺服机构，这样的配置不适合机器人的改装。在多数情况下，转向机构不能单独控制，你需要通过它的扭转带动汽车的"转向"。汽车从直线向前行驶到反方向行驶需要转一个很长的弧度。这些问题使它们不适合直接作为机器人的底盘使用（但是可以拆它们的零件），你应该把注意力放在其他地方。

另一方面，大部分无线电和有线控制拖拉机（农机、军事坦克、机建）可以非常方便地改装成一个机器人。拆下拖拉机上多余的零件，只保留最基本的底盘、驱动电动机和履带。

你可以保留遥控系统或拆掉遥控接收器（或电缆，如果这是一个有线控制器），增加新的控制电路。对于有线控制器，你可以用继电器或电子线路替换掉有线控制器里面的开关。当然了，每一个玩具都会稍微有一点不同，所以你需要根据你所使用的车辆的结构对线路进行一些调整。

供参考

最常见的代替开关的电子线路是晶体管双向驱动电路，在第 22 章"使用直流电动机"中会进行更详细的讨论。当用双向驱动电路替换手动开关的时候，一定要注意电动机的电流消耗不要超过驱动电路允许的范围，否则电路可能会损坏。

第 21 章里面详细介绍了测试电动机电流消耗的方法。你需要一个数字万用表来完成测试。

另一个选择是使用两个小型电动玩具车（迷你四轮驱动卡车是最理想的），拆下对边一侧的车轮，将它们安装在机器人平台上。机器人将用剩下的车轮牵引。每个玩具车用一个电动机驱动，两个玩具车组合在一起的结构（见图 16-5），使你可以分别控制两侧的车轮。

图中的驱动装置取自一对田宫怪兽大脚车模型（产品编号 # 17001），另一些田宫的玩具产品中也使用同样的四驱装置，不同的只是玩具上面的车身部分——举例说，包括越野吉普车（产品编号 # 17014）和丰田喜力士怪兽赛车（产品编号 # 17009）。拆下车轮替换上一个 1/8 英寸的硬辊环，这可以防止车轴脱离出底盘。辊环用一个小型螺丝固定在车轴适当的位置，螺丝和辊环是成套的。

不管你使用什么车辆，一定要确保它们是同一型号。设计中的变化（电动机、车轮等）会导致机器人向一侧"跑偏"，无法走成一条直线。原因：一侧车轮的电动机肯定比另一侧的电动机转的更快或更慢，不同的速度使机器人的方向不停变化。

图 16-5　这个四驱机器人底盘由两个电动玩具模型制作而成。模型是一个电动机驱动 4 个车轮的结构。将每个电动机反方向一侧的车轮拆下来，用螺丝固定在底盘上，留出车轮转动的空间

16.7.2　使用车辆里面的零件

这被称为再利用。玩具是一个很好的零件来源，否则你不得不花很多钱购买那些制作精良的"机器人专用配件"。这尤其适用于轮式和履带式机器人。

批量生产会使成本降低，一个 10 美元的玩具里面包含了 4 个车轮，而单个车轮的零售价可能达到 5 美元——相当于省了 50%。同样的道理也适用于橡胶、塑料，甚至金属履带，这类零件通常很难找到。一套坚固耐用的机器人专用橡胶履带的零售价格为 30 ~ 50 美元，而一个有着同样履带的玩具坦克可能只卖 19.95 美元。

图 16-6 显示了一个电动遥控坦克，它配备有橡胶履带、驱动链轮和对履带进行限位的"惰轮"。它由两个电动机驱动，一个电动机配合一副履带——这个玩具上甚至还有一个电动机，用来控制炮塔的来回旋转。

这些玩具大多数都是从中国进口的，它们的库存总是变化，所以你永远不知道哪些玩具有现货，或者要等多久。这是一件令人无奈的事情，但是如果你肯花时间常去玩具商店看看，至少可以买一些现货回来。

我买了 4 个这样的坦克进行试验，在之后的 6 个月内它们一直是无货的状态，产品被替换成了其他的玩具车（这种情况令人遗憾，但是一贯如此）。原则：尽量多关注一些适合改装成机器人平台的电动玩具。

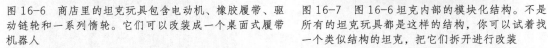
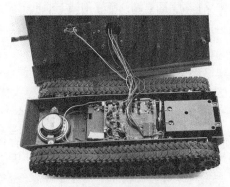

图 16-6　商店里的坦克玩具包含电动机、橡胶履带、驱动链轮和一系列惰轮。它们可以改装成一个桌面式履带机器人

图 16-7　图 16-6 坦克内部的模块化结构。不是所有的坦克玩具都是这样的结构，你可以试着找一个类似结构的坦克，把它们拆开进行改装

类似这样的玩具车辆是非常理想的机器人底盘材料。拆下遥控电路，把你自己的电路连接到坦克里面的电动机上。坦克的内部结构如图 16- 7 所示，你可以看到安装在独立隔舱里的电动机、一个产生音响效果的扬声器，还有包含着遥控和电动机驱动单元的电路板。电路板可以很容易地拆下来，换上你自己的单片机和电动机驱动电路。

16.7.3　零件的重新组装

拆除履带的同时注意保管好驱动链轮和那些用来对履带进行限位的惰轮。你也可以把这些零件重新装配在机器人上。图 16- 8 和图 16- 9 显示了一个用履带和 20 美元的坦克玩具上的零件灵活组装在一起构成的机器人底盘。图中显示了一种你可以在电动玩具里面找到的零件。

图 16-8　从包装盒里拿出来的坦克玩具　　　　图 16-9　坦克玩具的电动机驱动单元，包括驱
　　　　　　　　　　　　　　　　　　　　　　　　　动橡胶履带的链轮

供参考

　　参考第 22 章"使用直流电动机"了解多种操控玩具电动机的方法。可供选择的方法有开关手动切换、继电器控制和双向电动机驱动电路。后两个方法使你可以用单片机或其他电路控制车辆的运转。

第 17 章

用身边的材料制作机器人

"身边材料"指的是生活中常见的物品，在修理店、街头五金店或其他类似的地方都能找到许多可以用来制作机器人的材料。它们可以作为机器人里面的某个零件，也可以组成一个完整的机器人。身边材料可以降低制作机器人的成本。如果找到形状合适的材料，还可以省去切割环节和相应的工具，从而降低机器人结构的制作难度。

玩具是最常见的身边材料，本书中有一个章节的内容介绍如何利用玩具来制作机器人，见第16 章 "用玩具制作高技术机器人" 获得更详细的资料。在本章中，你将学习如何改造一些常见的生活日用品，赋予这些材料新的用途，并用它们制作出生活化的机器人。

你可以使用能找到一切材料来制作机器人，制作它们的身体或身体的一部分，对材料的数量和种类没有任何限制。本章的内容不是要归纳出所有可利用的身边材料，而是提出一些典型材料的变通用法，帮助你展开思路，激发你的创造力。

17.1　几个寻找可用材料的思路

换一个思路，从产品设计用途以外的视角来观察身边这些常见的物品。你会发现在自己周围有大量可以用来制作机器人的材料。你可能会对下面列举的这些东西感兴趣（很多爱好者，包括我，已经用它们做出了效果还不错的机器人）。

塑料密封盒：这种塑料盒子坚固耐用，有矩形、圆形和其他各种形状。你可以在超市的家庭用品区找到它们，盒盖可以根据需要保留或是去掉不用。盒子的尺寸各异，有的只能装下一块小点心，有的可以做到鞋盒那么大。

小型垃圾桶：这种小桶的内部有足够的空间，可以装下比较大的设备。桶身是规则的圆柱形，桶盖可以自由开合，非常适合用来制作小型的 R2-D2 机器人。塑料桶很好加工，可以切割或钻孔安装电动机以及其他部件。

鼠标：损坏的鼠标可以改造成一个非常不错的微型机器人的身体。鼠标底部有两颗固定螺丝，拧下螺丝就可将它拆开，几乎所有的鼠标都是这样的结构。取出鼠标里面的电路板、滚球、连线和开关，现在你可以把微型电动机、小电池和小型控制电路安装进去。

CD 和 DVD 盘片：废弃的塑料盘片随处可见，这种 4.7 英寸直径的圆盘可以用来制作机器人的底盘。注意在塑料上钻孔时一定要小心，这种材料在加工中很容易开裂和产生尖锐的碎屑。如果你需要增加强度，可以把两张盘片夹在一起。

　　面包板：面包板的用途是测试实验，只有电路测试通过了，才会正式进行制板焊接或绕线装配。你可以把电动机和车轮安装在面包板下面，这样你就制作了一个灵活多变的移动式底盘。

　　塑料收纳盒：RadioShack 和另一些电子商店都销售这种盒子，它们设计用来保存电子材料。盒子配有金属或塑料盖子，方便存取物品。塑料很容易钻孔和安装电动机以及其他部件。

　　透明或彩色展示罩：也称为半球罩或半圆罩，展示罩的直径从 2 英寸到 12 英寸不等。罩子可以用作机器人的身体或是保护电路板的盖子。两个罩子黏合起来可以组成一个"机器球"。机器人的轮子在球体里旋转，推动机器球在地板上滚动。

　　五金结构件：这里主要是指在房间里固定木框架的那种 T 型铁。五金结构件在尺寸和形状上有很多种规格，去建材商店逛一圈，你会找到很多可用的形制，按尺寸来选择，可以制作手掌大小的机器人或是 50 ～ 75 磅重的移动车。本章末尾将进行详细说明。

　　宽嘴饮料瓶盖：饮料瓶的塑料盖子是制作机器人车轮的好选择，它们既便宜又好用。寻找那种直径在 1½ 英寸的宽嘴饮料瓶盖，它们可以很好地与改装过的无线电遥控舵机配合。在使用时，将舵机的圆形舵盘安装在盖子的内侧。提示：可以用厚橡皮圈套在瓶盖上作为轮胎。

　　PCV 水管：PVC 水管可以组成多种形式的多边形框架。很多五金店和管工材料店都销售各种尺寸和薄厚的 PVC 管。根据机器人的重量和尺寸选择合适的管子。很显然，你需要用更大和更厚的管子来制作庞大笨重的机器人。

17.2　尝试"免切割"金属底盘的设计

　　在机器人制作的各个方面，切割环节是我最不喜欢的，尤其是涉及金属材料的切割。很多机器人设计使用储备金属材料：U 型槽、管子、条带或整张金属板，这些材料必须经过切割才能使用。

　　能不能找到尺寸和外形都合适的材料呢？答案是可以的，但是这种材料不是在金属材料商店，而是在五金店。对于这种材料，你可以保持其本来的形态，搭建"免切割"的金属底盘，不需要（也可能会涉及一小部分）进行切割整形的工序。

　　最初的免切割的想法是使用基础五金件，这种材料已经具备了合适的尺寸和形状。机器人的各个部件——电动机、传感器、电池和其他零件可以通过紧固件、胶水、扎带、双面胶、尼龙扣或其他方式固定在上面。

　　最好的购买这种免切割材料的地方是五金店，其他类型的零售店里也可能买到。多注意观察，你会发现很多这类拿来就用的预制材料，它们不需要额外的锯和打磨加工就可以组成机器人的底盘。下面有一个用使用常见的材料（价格也很便宜）制作的免切割移动式机器人的设计方案。

17.2.1　迷你 T-BOT 简介

　　迷你 T-bot 使用 6 英寸的 T 型铁制作而成，这种材料通常用来固定房间中的木制结构。T 型铁有很多种尺寸，6 英寸是我能找到的最小规格，最大可达 16 英寸。尺寸从 T 型铁的顶部开始计算，不同的设计规格，垂直部分的长度也不尽相同。

最常见用的 T 型铁是 Simpson 生产的加强型 T 条带铁片。材料的品牌并不重要，只要满足要求都可以用。迷你 T-bot 使用的是 Simpson 66T，这种材料是用 14Ga. 厚的镀锌钢板制成，尺寸是 6 英寸 ×5 英寸，条带的宽度是 1½ 英寸。和大多数 T 型铁一样，66T 也带有螺钉安装孔。这些安装孔的排列方式通常与你设计的机器人所需的安装孔不一致，你需要自己钻出新的安装孔。钻孔工作最好使用钻床来完成。

17.2.2　制作迷你 T-BOT

迷你 T-bot 的基本布局模板如图 17-1 所示。机器人所需的材料见下面的清单，包括 T 型铁和一些五金紧固件。材料的选择不是唯一的，你可以使用手头现有的或更好的材料来进行替换。

- 田宫蜗轮减速电动机，#72004（两个）。
- 田宫窄轮胎，直径 58mm，#70145（一套含两个）。
- 田宫球形万向轮，#70144（一套含两个，只需要一个）。

田宫材料在很多在线业余爱好商店里可以买到（见附录 B "在线材料资源"）。电动机安装在十字架的末端，万向轮安装在底部。田宫万向轮有两种高度，我选择的是比较高的那种，这样可以与电动机和车轮达到很好地配合。

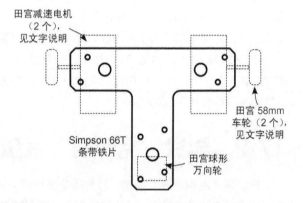

图 17-1　迷你 T-BOT 的设计布局。使用 6 英寸的 T 型镀锌铁片。这种材料可以在家装或五金商店的木头配件区买到

在 T 型铁上需要钻几个固定孔，我用的是一根 5/32 英寸的钻头钻孔，配合 4-40 1/4 英寸的机制螺丝。小的紧固件配稍微大一些的安装孔，提供一定的余量。有了这个余量，你可以很方便地对齐万向轮的位置（不严格）和两只电动机的位置（严格）。

迷你 T-bot 的总重量，包括 66T 条带铁片、电动机、车轮、万向轮、电池仓和电池、25 行面包板以及各种小开关，一共是 17.5 盎司（换算成公制单位是 496g）。注意在机器人中，4 节 AA 电池占了 3.5 盎司（大约 100g）的重量。

供参考，这里是一些最常用的 Simpson 加强 T 型条带的详细规格，重量的单位是盎司和克。大机器人可以用尺寸更大的 T 型铁。1212T 条带的重量差不多达到 1 磅，因此你需要更大的电动机（和电池）来适应这个重量。

型号	材质	长	高	宽 *	重量
66T	14Ga.，镀锌	6 英寸	5 英寸	1½ 英寸	5 盎司，142 克
128T	14Ga.，镀锌	12 英寸	8 英寸	2 英寸	11 盎司，312 克
1212T	14Ga.，镀锌	12 英寸	12 英寸	2 英寸	14 盎司，397 克

* 宽是指条带的宽度。

17.2.3　使用大号 T 型铁制作大机器人

图 17- 2 中的机器兽使用一对 1212T 条带，用 5 英寸长的铝柱连接成双层结构。在这个特殊的设计中，下层的 T 型铁弯折了 45°，电动机的安装有一个夹角。这在一定程度上是根据电动机的结构进行的调整，电动机的安装孔在传动轴和车轮的另一侧。

图 17- 3 所示为常规的安装方式。电动机是平行安装在 T 型铁上面的，在 T 型铁上面钻孔，用凸缘式安装座或电动机配套的固定架进行安装。

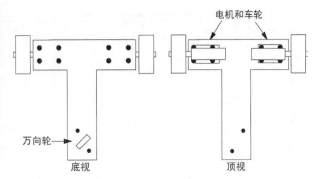

图 17-2　加大版本的 T-BOT，使用一对 12 英寸 T 型铁制作而成。因为条带、电动机、电池重量的关系，下层的条带向上弯折了一个角度，电动机和车轮呈现出一个拱形的形状

图 17-3　采用常规电动机安装方式的 T-BOT 布局

17.2.4　木头加强用的金属片

不要只局限于使用 T 型铁制作机器人，在家装商店的木头配件区里还有很多其他的选择。一些特别成型和弯曲的材料设计用来吊起阁楼或车库里 2 带 4 的托梁，与展平材料相比这种材料的用处不大。

图 17- 4 显示了 3 种常见的钉子板的草图——名称的由来是因为它们常配合钉子一起使用，将两节木头连接在一起。与制作迷你 T-bot 的 T 型铁一样，它们也是 Simpson 制造的。如果你买不到这个牌子，市场上还有许多类似的产品。

LSTA9 扎带：实测 9 英寸 × 1¼ 英寸。举例应用：步行机器人的支撑架，连接木头、金属或塑料底盘，循迹机器人底盘侧角的托座。

66L L 型铁：L 型铁片每边的长度均为 6 英寸。如果你需要更大的，还有 88L，每边长度为 8 英寸。举例应用：大机器人的安装架，电动机支架。

TP37 以及类似的铁垫片：不同长度的板型材适合不同的应用。这种材料的宽度都是 $3\frac{1}{8}$ 英寸。TP35 的长度是 5 英寸，TP37 的长度是 7 英寸，TP39 的长度是 9 英寸。举例应用：机器人底盘，框架式机器人沉重部件（大型电动机、电池）的固定板和侧面板。

图 17-5 展示了两个用不同材料组合在一起组成机器人底盘的方案。你还可以用 LSTA9 作为横杆固定电动机和腿或将其作为坦克机器人侧面的托架。

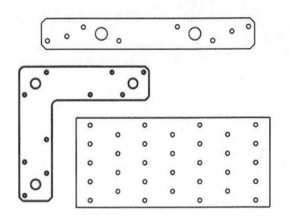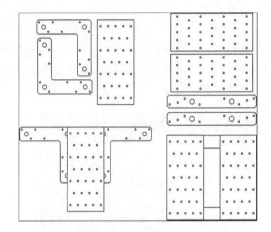

图 17-4　3 种常见钉子板的草图。像 T 型铁一样，它们也可以在本地的家装或建材商店的木头配件区买到

图 17-5　使用钉子板可以组成各种尺寸和形状的机器人底盘。图中为多种组合方式中的两种

　提示：你可能根据实际需要对一些材料进行切割加工，因为它们已经具备了大致的形态，这就使切割工作减轻了不少。18Ga. 或 20Ga. 厚的木工铁垫片可以用手工锯、铁剪刀或机器剪（电动或气动驱动）进行切割。

■ 17.2.4.0　更多思路

当然，不切割的制作理念不仅限于文中所提到的迷你 T-BOT 和其他金属条带组成的机器人。你可以用同样的思路和其他金属材料制作出更加独特的机器人。关键的思路是以下几点。

- 材料应该具备你需要的大致尺寸，不需要再做切割。
- 可能需要钻孔。避免使用已经预先加工出很多固定孔的材料。这些孔可能会扰乱你的设计，使电动机或其他部件很难进行布局。一些距离太近的预制孔还会增加钻新孔的难度。
- 微型机器人应该避免使用太厚的材料，它们会增加不必要的重量。
- 选择可以弯曲的板型材料制作不同寻常的机器人底盘的外形，如图 17-6 中的例子。这个 BuggyBot 使用一片在本地业余爱好商店买到的 6 英寸 ×12 英寸的标准铝板制作而成。

供参考

RBB 在线支持网站（见附录 A）上有 BuggyBot 的详细制作说明。

图 17-6   BuggyBot，使用一片金属板手工
折弯成隆起成小婴儿车的形状。RBB 在线支
持网站（见附录 A）上有详细的制作说明

17.3   使用木头和塑料样品

在一家货物齐全的家装商店里你可以发现不少免费的木头或塑料样品，它们都是制作机器人的好材料。举例说明，硬木地板的样品尺寸刚好可以用来制作小型机器人。如果样品不是免费的，它们的价格也会非常低，大概 1 美元就可以买到一片 4 英寸 ×8 英寸的木板（生产厂家不同，尺寸也有区别）。

很多硬木地板都是层压工艺制成的高密度板，厚度 1/4 英寸。样品边沿通常加工有木地板拼接用的榫槽，你可以锯掉或者打磨掉这些没用的部分。为了避免木板的四角的碰撞磨损，可以把棱角部位打磨光滑。

 提示：如果样品的尺寸太小，你可以使用前面提到的类似 LSTA9 这样的金属条带将它们拼接起来使用。使用短的木螺丝将木板和条带固定在一起，也可以采取临时性的方案，用强力双面胶带将它们黏合在一起。

其他种类的小块样品（通常免费或只收取很低的成本价）可以在家装商店的餐具配件区找到，寻找那些使用福米卡塑料贴面、合成树脂或其他材料制作的 2 英寸 ×3 英寸或更大的橱柜台面样品。对于制作机器人底盘来说，它们的尺寸可能有点小，可以考虑把它们作为传感器的支架，触碰开关的固定座或其他需要进行结构调整的地方。

17.4   注意观察多动脑

离开家装商店之前，一定要在各种材料区多转转。用一个机器人爱好者的眼光去看货架上摆放的商品，你一定会有不少意外的惊喜。一定要多看看水管配件区——塑料管、管接头、排水管的盖子（它们是大的、圆的，看起来很有趣，但是它们有利用价值）和其他便宜的小玩意。这些材料你可能从来没见过，除非你是一名专业的管子工人。

　　直观的检查一个物品是不是可以作为机器人的替代材料是最好的方式。如果你不能亲自去家装商店，也可以上网看看它们的线上零售店。大型的家装和五金连锁店都设有网上商店，你可以按分类进行浏览，将你认为可能有用的物品加入收藏夹，等以后有机会去实体店购物的时候再对着实物好好看看。

提示：身边材料不仅限于五金店和家装店，可以在手工用品店（传统的），小百货店或者缝纫用品店，二手商店（卖旧录像机或其他东西），购物中心里面的打折玩具和家庭用区，体育用品经销店以及其他很多很多商店里都能找到可以进行机器人制作的材料。

第三部分
动力、电动机和运动

第18章

电池大全

不要去想微型原子反应堆，也不要去想双锂晶体。科幻小说中的机器人与现实生活中的机器人之间存在着巨大的差异。除了少数例外，当今的机器人都是以电池作为动力的，机器人电池和手电筒、便携式 CD 播放机或者手机里面使用的电池是一样的。对机器人来说，电池就是生命之源，没有电池，机器人将停止运转。

可以肯定的是，电池可能无法代表最激动人心的机器人技术，但是选择正确的电池可以延长机器人的运行时间，有助于展示出其他部分的更有趣的功能。这就是你需要知道的。

18.1 动力概述

在讨论更深层次的如何选择电池的话题之前，让我们首先回顾一下移动式机器人实际使用的动力。注意到实际一词的含义了吗？虽然在这个世界上有很多可供选择的动力，但是考虑到它们的大小、安全和成本，一些形式的动力并不适合用于机器人。

● 发条机构通过缓慢释放发条的张力提供动力。一个最常见的应用是钟表的发条。使用金属圈作为张力弹簧。发条释放的时候带动一个轴或其他机构运转。对机器人来说，发条机构只限于小玩具，特别是老式风格的收藏级玩具。

● 太阳能电池从太阳或其他光源获得能量。太阳能电池的缺点是它的能量直接受光源强度的影响。太阳能动力的机器人通常要装配一个可充电的电池或一个大电容，它们储存太阳能电池的能量供以后使用。

● 燃料电池作为一种替代能源逐渐流行起来，大部分使用氢通过复杂的化学反应产生出热，同时在两个电极上产生电流。

● 电池是至今为止最便宜也是最方便的给移动设备提供动力的方法。电池可以分为两大类：不可充电电池和可充电电池。它们在机器人中有各自的用途，成本和便利性是决定使用哪一个的主要因素。这些问题将在整个章节中进行讨论。图 18-1 显示了一个机器人和它的动力——安装在一个电池仓里的普通家用电池。

图 18-1 桌面机器人（这个使用履带）把电池隐藏在一块扩展面板下面。机器人内部的空间可以增加更多的电池（如果需要）或使用更大的电池仓

18.2　适用于机器人的电池

虽然电池的组成多达数百种，但是只有一小部分适用于业余制作的机器人。

18.2.1　碳 - 锌电池

碳锌电池也被称为"手电"电池，因为它们的主要用途就是手电照明。它们的技术比较老，不适合运行机器人。让我们跳过这类电池，继续前进。

18.2.2　碱性电池

碱性电池（不要误以为是底特律老虎队的名人 Al Kaline）是现在最流行的一次性电池，它们的性能比碳锌电池要大上好几倍。机器人相对比较耗电，碱性电池的放电特性可以满足它的要求。对于使用多个电池提供动力的机器人，每个电池上的电流是均等的。碱性电池的性能很好，但是花费较高。

提示：碱性电池也有高容量的形式，这类电池的名字里面一般都带有类似的描述。比如怪兽和超高容量碱性电池，适用于对动力要求比较高的场合，尽管它们非常贵，但是可以提供更大的动力。如果机器人运行不了多少时间就会停止，那么换成这种电池会有一定的效果。

18.2.3　可充电碱性电池

相对于常规一次性碱性电池，可充电碱性电池是满足高标准应用并节省电池开支的最佳商业解决方案，尽管电池制造商在设计这种电池时主要针对的是诸如便携式 CD 播放机这类电子产品，但是它们显然也适用于机器人。可充电碱性电池需要一个专用充电器进行充电，它们可以反复使用几十次或上百次。

可充电碱性电池可能是直接替代常规碱性电池的最好选择，原因是大多数可充电电池中每个电池的电压是 1.2V，而可充电和一次性碱性电池的输出电压是相等的，单个电池的电压均为 1.5V。见本章后面的内容"了解电池的参数"，获得更多关于电池电压的知识。

18.2.4　镍 - 镉电池

镍 - 镉充电电池是一种古老的技术，它们的缺点是会造成环境污染，电池里面的镉是极其有害的物质。最近，电池公司开始生产更加绿色环保的金属镍和氢离子合成的镍氢电池。市场上的镍镉电池仍然充足，你可以用它们来完成一些项目。

镍 - 镉（简称 NiCd）电池有各种标准尺寸，也有一些特制的小尺寸电池，用来制造消费类电子产品里面的密封电池组，比如可充电的手持式真空吸尘器、无绳电话等。大部分电池制造商宣称他们的镍镉电池可以持续进行一千或更多次的充电。

新型高容量 NiCd 电池的寿命比标准镉 - 镍电池高出 2~3 倍。更重要的是，这些高容量的电池可以提供更多的动力，非常适用于机器人的工作。当然，它们的价格也比较贵。

早期生产的 NiCd 电池存在"记忆效应"，这使电池的容量随着充电次数的增多而降低。在过去的 10 年左右生产的比较新的 NiCd 电池据说不存在这种效应，起码不像老产品那么明显。

18.2.5　镍金属氢化物电池

镍金属氢化物可充电电池的性能比 NiCd 电池要好很多，丢弃不用的电池也不会对鱼类、动物和人类造成危害。它们是当今可充电电池的首要之选，也包括机器人，但是它们的价格不低。它们需要使用专用的充电器（见图 18-2）。许多最近生产的充电器可以给碱性、NiCd 和 NiMH 电池进行充电，不要用专用的 NiCd 充电器给 NiMH 电池充电。

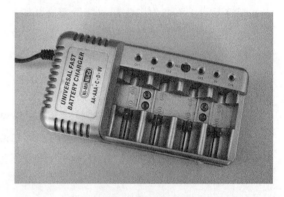

NiMH 电池可以重复使用 400 ~ 600 次，它们的内阻也很低。这意味着它们在短路瞬间可以输出很高的电流。与 NiCd 电池不同，NiMH 电池不存在记忆效应。NiMH 电池的充电次数不如 NiCd 电池多，相对于 NiCd 电池 2000 次的充电，NiMH 电池大约可以循环使用 400 次。

图 18-2　这个通用充电器可以给镍镉电池和镍氢电池充电。你可以通过开关选择充电电池的种类

18.2.6　锂离子电池

锂离子电池经常用于笔记本电脑和高端便携式摄像机里面的可充电电池组。它们是电池中的梅赛德斯 - 奔驰，相对于所能提供的电流，它们的重量非常轻。然而，锂离子电池需要特制的充电器，电池和充电器的价格非常昂贵。

18.2.7　密封式铅 - 酸电池（SLA）

密封式铅酸电池类似于你汽车里面的电池，它们的工作方式是相同的。SLA 的含义是"密封"，用来防止泄漏，现实中的电池含有微小可以透气的毛孔。SLA 电池可以用简单的充电电路进行充电，可以满足大电流放电的要求，适用于战争机器和巨型机器人。

相对于它们的规格，这种电池非常便宜。然而，它们是所有可充电电池里面最重的，因此它们只能用于可以支持它们重量的机器人上面。

常见的 SLA 电池有 6V 和 12V 两种规格，如图 18 - 3 所示（24V 或更高规格的电池也可以买

到，但是不太常见）。电池内部的结构是由多个 2V 电芯组合在一起，达到所需的电压，比如，使用 3 个电芯可以做出一个 6V 的电池。

18.2.8　应该选择哪种电池

图 18-3　密封式铅－酸电池 (SLA) 是最大也是最重的电池，它们可以提供更高的电流，适用于大型机器人

大多数经验丰富的机器人爱好者会缩小范围，根据电池的尺寸和机器人的用途来选择电池。

● 碱性、镍镉和镍氢电池是小型桌面机器人里面最常用的电池。使用碱性电池时，你可以选择一次性或可充电的类型。一次性碱性电池使用非常方便，但是如果你需要经常更换电池，那么它们的花费会很高。选择可充电碱性电池可以节省一部分花销，或者使用镍镉和镍氢电池。

● 中等大小的"小车"机器人可以使用大号的镍氢或锂离子电池。密封铅酸式蓄电池适用于更大的机器人。SLA 电池的容量有很多规格，容量越大电池的重量和体积也越大。

● 考虑到动力的需求，大型机器人如战斗机器，如果可能的话尽量使用密封铅酸电池。更大型和更粗犷的机器人可以使用摩托车、小船或汽车里面常用的电解液电池。这类电池异常笨重，但是它们动力强劲。

 提示: 哪一种对环境更好？镍－镉还是镍金属氢化物电池？实际上，它们都包含有害金属，都存在一定危害。不要随意丢弃你的电池，不管它们是用什么材料制造的，最好加以回收，如果条件允许，尽量使用 NiMH 电池，但同样注意回收。

18.3　了解电池的参数

电池包含多种参数和说明。两个最有决定性的参数是电压和容量。

18.3.1　电压

电压（简写成 V）的重要性是显而易见的：电池必须提供足够的电压才能维持和它连接的电路的运转。一个 12V 的系统最好使用一个 12V 的电池。电压较低不能维持电路的运转，电压较高又需要进行降压或稳压，两者都会消耗掉一部分能量。

■ 18.3.1.1　名义上的（"标称"）电压

电池的电压不是固定不变的，电池在使用时电压会降低。

一个电池的额定电压是 1.5V。它可以产生 1.5V 左右的电压，可能高一些也可能低一些。这个电压变化的范围非常重要，这意味着电池的额定电压可能会高出 10% ~ 30%。当完全充满以后，一个 1.5V 的电池上面的电压可能达到 1.65V，完全放电以后，电压可能下降到 1.2V。

电池有一个额定的标称电压（见图 18-4），在名义上代表着电池的"标准"电压，但是只有在电池放电的过程中它才能产生出这个特定的电压。

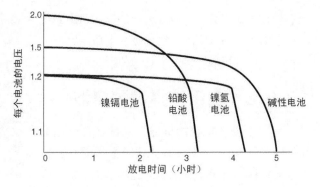

图 18-4　机器人里面常用几种电池的简单但有代表性的放电曲线，图中包括了镍镉、镍氢、碱性和铅酸电池

电池类型 *	标称电压
碱性电池	1.5V
镍镉、镍氢	1.2V
密封铅酸	2V

* 指单个电池。

为了获得比较高的电压，你可以把电池像圣诞树上面的彩灯那样连接在一起，见本章后面"增加电池的额定值"的内容获得更多信息。举例说，把 6 个 1.5V 的电池连接在一起，你的电池组可以产生出 9V 的电压。

■ 18.3.1.2　电压下降的问题

电池上面的电压在放电过程中会发生变化，这一般不是一个太大的问题，除非电池的电压低于一定临界值。这个临界值的大小取决于机器人的具体设计，它会对电子系统造成比较大的影响。

电池的电压如果只能达到额定电压的 70% ~ 80% 就可以认为它们已经失效了。就是说，如果一个额定电压为 6V 的电池，当它只能输出 4.8V 的电压时，这个电池就不能再用了。即使有些设备可能在低于这个电压水平的情况下仍然可以工作，电池的效率也会大大降低。

大多数机器人的电子系统里面都会用到某种类型的稳压电源，在稳压电源的上会消耗一些电压，通常为 1V 或 2V。当电池电压下降到小于稳压电源许可的输入值以后，电路会进入一种"欠压"状态，电路仍然消耗能量但是无法保持可靠的运转。

电力不足是机器人一种常见的而且很难处理的问题，你应该采取一切手段来避免这个问题，参考第 19 章"机器人的动力系统"获得一些提示。如果机器人有一个机载计算机，你一定要避免电压下降导致的一些运行中的工作失去控制的问题。最好情况是，它会使人恼火；最坏的情况是，它会损坏机器人或与其相关的物体。参考第 19 章，学习如何给机器人添加一个简单的电池电压监视器。

18.3.2 容量

电流可以比作管道里面流动的水，如果把电压比作水压，那么电流就是每秒钟管道里面流过的水的数量。

电池的电流决定了与它连接的电路可以从事多大强度的工作。较大的电流可以点亮更明亮的灯泡、驱动更大的电动机以及推动大型机器人以更高的速度在地板上跑动。

电池不能无限制的提供能量，电池的电流是最常用的表示能量的方法，也称为容量，简称为 C。

■18.3.2.1 用安时表示容量

电池的容量用安时表示，大体上可以理解为电池在一定条件下放出的电量（对电流进行测量）。实际上，安时是一个理想化参数：它是通过电池在 5 ~ 20 小时内的放电情况确定的，如图 18-5 所示。

术语上的安时究竟是什么意思？基本上是指电池（再次，理论上）在 1 小时所能提供的连续放电电流。这个电流表示为安培，简写为 A，它也是电路中常见的表示电流单位（严格来说，1 安培相当于大约 1 秒流过的 6.24×10^{18} 个电子，计算这些电子的数目一定是个苦力活）。

［注：此图横坐标（0~5）为 Ah］

如果一个电池的容量是 5 Ah，那么这个电池在理论上 1 小时可以提供 5A 的连续放电电流。1A 放电电流可以工作 5 小时，依此类推。

电池在一个非常低的放电电流下工作 10 或 20 小时，经过指定的时间以后，测量它还剩余多少容量。电池的额定容量可以用放电电流乘以放电时间再加上剩余的容量计算出来。

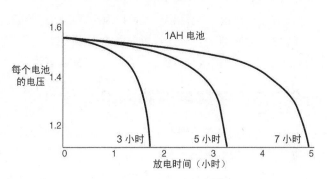

图 18-5   电池容量用安时表示，电池的负载电流越小它的工作时间越长。电池在不同电流下放电也可以维持更长的时间

■18.3.2.2 预留出一定容量

在挑选电池的时侯，选择一个容量大于机器人所需电流 40%（或者更多）的电池。记得在设计机器人时应该尽量考虑使用更大规格的电池，如果事后发现电池过大，你也可以很方便地换成小一点的电池。问题反过来就会变得非常麻烦。

机器人里面的一些元件在它们启动的时侯会消耗很大的电流，接着回复到一个适当的水平。电动机就是一个极好的例子。一个额定负载下消耗 1A 电流的电动机在启动时电流可以达到好几安培，如图 18-6 所示。这个周期很短，为 100 ~ 200ms。

■18.3.2.3 过放电的危害

电池放电时会产生热量。热量不仅会对电池造成损坏（因此，电池内部通常设计有过热保护装置），还会改变他们的电气特性。

放电的速度越快，产生的热量越多。根据一些免责条款，电池无法承受它们在短路时所产生的电流，因此制造商为它们的产品提供的只是一个正常使用条件下的理想参数。

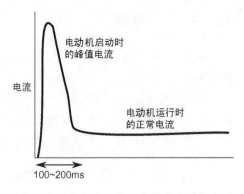

■ 18.3.2.4　小电池的容量

小电池无法产生出很大的电流，它们的容量用毫安时表示。1000mA 等于 1A。因此一个额定电流为半安培的电池，它的容量为 500mAh。

容量更大一点的电池也可以用毫安时表示，比如镍镉和镍氢电池，2000mAh 的表示方法就很常见，这相当于电池的容量是 2Ah。密封铅酸电池的容量则常表示成安时。安时通常简写为 Ah，或简单表示为 A，比如：500mAh 或 3.5Ah（3500mAh）。

图 18-6　当电子元件，尤其是电动机在通电启动的时候会消耗非常大的电流。电流的峰值可以持续一秒左右，可能会导致机器人电路出现问题

少数一些场合，电池容量还可以表示成瓦特，尽管这种方法不太准确。技术上讲，瓦特是电压与电流的乘积，即 $V \times I$（我暂且以电流做标准，不用管它为什么，事实就是这样）。因此，一个额定电压为 12V 的电池，容量是 2Ah，它的容量就是 24W。

18.3.3　了解电池的内阻

像人类打网球时遇到的阻力一样，电池的内部也存在阻力。这种现象被称为电池的内阻，电池内阻越高它上面的电流就越小。电池的内阻决定了它可以输出的最大电流。

● 碱性电池和锂离子电池有较高的内阻。它们仍然能提供电流，但是无法在非常短的时间里释放出所有的能量。它们就好像长跑运动员。

● 铅酸电池、镍镉和镍氢电池的内阻很低。根据负载的需求，如果有必要，这些电池可以在几分钟内完成彻底放电。他们属于短跑或田径运动员。

电池越大它们内部的极板也就越大，这也会对内阻产生影响。这就是为什么大功率电池可以带动更高的负载。

对于机器人来说，电池内阻不是最主要的问题，只有当机器人需要完成电流消耗比较大（短时间）的任务时，它才会产生一定影响，比如战斗机器人或用电池做动力的无人机的电动螺旋桨。

提示：任何电池的快速大电流放电都会产生过热、起火，甚至爆炸的后果。这也是为什么你一定要避免造成电池电极的短路。短路会使电池迅速的释放出所有的电流。

18.3.4　了解电池的充电参数

大多数电池的充电时间都比它们的放电时间要慢。按照原则，给任何电池充电时都应该把充电电流限制在电池额定安时值的 1/2~1/10。对于一个容量 5Ah 的电池，安全的充电电流可以是 500~2500mA。

当给镍镉和镍氢电池充电时，对电流的限制尤为重要，充电速度过快会导致电池的永久损坏。铅酸电池可以偶尔进行快速充电，但是重复地快速充电会使电池的寿命降低。

电池的充电时间，即电池需要进行多少小时的充电，这取决于电池的类型，建议电池的充电时间为其放电时间的 2~10 倍。

18.4　给电池充电

镍金属氢化物电池、可充电碱性电池和可充电锂离子电池都需要专用的充电器。一定要避免使用与电池种类不符的充电器进行充电，否则可能会损坏充电器或电池，还有可能发生火灾。

电池的充电需要在它们的电极上面提供电压和电流，具体需要多高的电压和多大的电流，取决于电池的类型。下面是一些常识和需要注意的地方。

- 大多数铅 –酸电池可以用一个简单的 200 ~ 1000mA 的充电器进行充电。充电器甚至可以使用一个电视游戏机的直流适配器，只要适配器的输出电压略高于电池电压就可以。充电 24 小时以后就可以将电池从充电器上取下了。
- 标准镍镉电池最好进行慢速充电，典型的充电电流低于 100mA 或 200mA。充电器提供的电流如果太高，可能会造成电池的损坏。
- 可充电碱性、镍氢和锂离子电池必须使用与他们配套的专用充电器。高容量的镍镉电池可以在高于额定值的情况下进行充电，有一些充电器是专门为它们订制的。
- 给电池充电时要时刻注意它们的极性。电池的电极与充电器接反会损坏电池或充电器。
- 锂离子电池不正确充电会发生火灾，只能使用与电池组配套的专用充电器进行充电。

18.5　机器人电池一览

如你看到的那样，电池包括可充电和不可充电两大类。不同类型的电池，单个电池的电压也是不同的。表 18-1 显示了一些机器人里面最常用的电池，标称电压指的是它们充满电以后单个电池的电压，表中还包含了一些其他的标准。

18.6　常见的电池尺寸

电池尺寸的标准化已经有几十年的时间了（见图 18- 7），消费者对一些常见电池的尺寸已经非常熟悉了，比如 N、AAA、AA、C、A 和 9V 方块电池。此外还有很多其他的"中间"尺寸。

　　一般来说，电池的尺寸直接影响着它们的容量——如果是同一种类的电池做比较。比如，C 型电池的体积大致上是 AA 电池的两倍，显而易见的 C 型电池的容量也两倍于 AA 电池（实际上，电池大小与容量的关系比书里面讨论的要复杂得多，但是它可以作为一个基本的参考）。

表 18-1　电池和它们的参数

电池	单个电压 *	适用范围	可充电†	内阻	备注
碳锌	1.5	低电流，手电，不适用于机器人	否	中等	便宜，不适合机器人或其他高强度电流的应用
碱性	1.5	小型电动机装置和电路	否	高	随处可见，用于机器人这类需要大电流设备时，更换电池的费用昂贵
可充电碱性	1.5	适用于各种使用碱性电池的场合	是	高	非常适合替换不可充电的碱性电池
高容量碱性	1.5	和其他碱性电池一样，但是能提供更大的电流	否	低	比普通碱性电池贵，适合紧急需要
镍镉	1.2	中高电流，包括电动机	是	低	因为它们有毒，逐渐被淘汰
镍氢	1.2	高电流，包括电动机	是	低‡	容量高，有点贵
锂离子	3.6§	高电流，包括电动机	是	高	昂贵，重量轻，电流负荷大
铅酸	2.0	非常高的电流	是	低	相对于体积比较重，容量非常高

* 名义上代表电池组中每个电池的电压。增加电池可以获得更高的电压。

† 一些不可充电的电池可以给它们持续加上几小时和几伏特的电压进行"激活"。可是这类电池使用这种方法无法进行完全的充电，放电也非常快。

‡ 新买来的 NiMH 电池的内阻比较低，但是随着充放电次数的增加内阻也会增加。

§ 锂离子电池的电压根据生产厂家的不同也有不同规格。3.6V 是最常见的规格，但不是唯一的标准。锂离子常用来制造智能电池组（它们内部包含有控制电路），电池组的典型电压值为 7.2V、10.8V 或 14.4V。

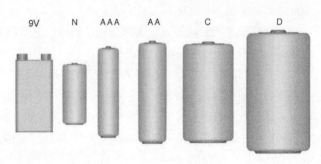

图 18-7　消费类电池尺寸对比。规格从 N 到 D，还有 9V 的方块电池

供参考

　　更多的关于电池、电池尺寸和选择的内容可以访问 RBB 技术支持网站（见附录 A 获得更多信息）。

18.7　增加电池的额定值

借助电的魔力，你可以将两个或更多电池连接在一起获得更高的电压和电流，增加电压或是增加电流取决于你将电池连接在一起的方法。

为了增加电压，需要将电池串联在一起。所得到的电压是所有电池输出电压的和。这是最常见的连接电池的方法。

为了增加电流，需要将电池并联在一起。电流是所有电池输出电流的和。

特别提示：当你把电池连接在一起使用时，它们的充放电电流可能并不一定相同。尤其是当你把两个用了一半的电池和两个全新的电池混合使用的时候这种情况会更加的明显。新的电池会消耗比较大的电流，它们使用的时间也会跟着降低。因此，你需要同时替换所有的电池或同时给所有的电池进行充电。同样地，如果电池组里面的一个或几个电池失效了，你也应该及时把它们替换下来。

第 19 章

机器人的动力系统

在前面的章节中，介绍了电池方面的知识，现在你可以把它们应用到实际的机器人制作中。这将涉及将电池或电池组固定在机器人上，以及通过导线将电池连接到电动机和机器人的电子部分。

虽然说起来简单，但是具体操作起来需要解决很多细节问题。本章将向你介绍给机器人提供动力所需掌握的技术。

供参考

本章中的内容以常见的电子元件，如电阻、电容、二极管做为参考。如果你刚开始接触这些问题，可以参考第 30 章 "制作机器人的基础电子学" 和第 31 章 "机器人中常见电子元件"。你还可以查看 RBB 技术支持网站（见附录 A）中的新手教程——我的第一个机器人。

19.1　电源和电池的电路符号

我们先用在电路设计中常用的符号来表示出电源和电池的来源。电路图是用图表形式表示的电子电路的路线图。在大多数电路中，所有的一切都是从电源开始的。对于机器人，电源通常来自电池。图 19-1 显示了电源和电池最常用的符号。

● 当电源来自外接设备（电池、插墙式稳压电源或其他类型的电源），在电路中常被表示成一个小圆圈，有时也用一个向上的箭头表示。作为电源连接的补充，电路还会包含一个地线的连接。地线符号有很多种画法，三段线逐渐缩减到一个点是最常使用的地线符号。

● 当电源来自单块电池或一个电池组时，符号表示为在正极的一个 +。负极与正极是相对表示的。

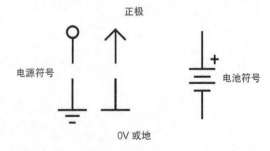

图 19-1　电路图中常见的电池符号。本书中使用的是左边的和右边的两个符号

提示： 接地有很多种名称，你经常会遇到的有：负极、0V，返回底盘和地。这些术语并不总是表示同样的事情，按应用的不用，含义也不同。但是对于常见的电子产品和机器人的制作来说，除非在电路中另行说明，你可以假设它们是可以互换的。

19.2　使用预制电池组

现在很多消费类电子产品都使用可充电电池组，机器人也可以用。电池组里面的电芯可以排列成各种尺寸和形状。导线和插头使电池组可以非常容易地接入或移出电路，通过它们可以对电池组进行充电或更换。

你可以拆卸废弃电子产品里面的电池组再次使用。比如拆一个不再使用的无绳电话里面的电池，这样机器人就有了一个不错的电源，同时，也有了一个无绳电话附带的充电器。

你也可以直接购买电子产品的替换电池组，但是这类产品都存在溢价问题，除非你已经有了一个与电池组配套的充电器。最好的方案是购买下文所述的无线电遥控模型配套的电池组。

19.2.1　使用模型预制的电池组

无线电遥控模型，像模型飞机和模型汽车，都是耗电大户。高能充电电池有自己的标准。电池组有多种规格的电压和容量，可以在本地或网上的专业无线电遥控模型商店里面买到。常见的电压为 4.8V、7.2V、9.6V。

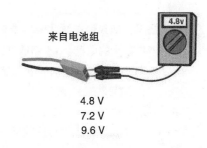

来自电池组

4.8 V
7.2 V
9.6 V

7.2V 电池组或许是最适机器人使用的规格。注意上面列表里小数点以后电压值的变化，这是因为电池组是由多只电压为 1.2V 的电芯连接起来组成的。电流容量可以从 350~1500mAh 或更高。电池组的电流容量越高，越能为机器人提供更长时间的动力。高容量电池的缺点是更大和更重。

提示：你应该为机器人选择容量合适的电池，而不是使用你能找到的最大的电池。大容量电池的重量更大，价格也更高。随着制作经验的积累，你可以根据电池的尺寸来决定它是否适合机器人。

19.2.2　镍镉或镍氢电池

在第 18 章"电池大全"里介绍了两种容易买到且负担得起的可充电电池，它们是镍镉（NiCd）和镍氢（NiMH）电池。这两种电池在无线电遥控上应用非常广泛，并且可以反复多次充电使用。其中，镍镉电池稍微便宜一些，因为它们发明的比较早。镍氢电池的容量可以做的很高，额定容量通常在 900~3000 mAh，甚至更高。

镍镉和镍氢电池都需要使用专用充电器进行充电，好一点的充电器可以给多种电压规格的电池组充电。我建议你购买这种多功能充电器，这样你就不用同时保留好几个充电器了。

19.3　制作你自己的可充电电池组

　　受机器人形状和布局的限制，你可能很难使用标准尺寸的电池组或下一节中介绍的电池仓给机器人供电。你可以把可充电电池按设想的方式焊接起来，制作自己的电池组。专业的电芯带有焊接端子，它们的尺寸比常用电池略小。一节2/3AA电芯的直径和标准的AA电池相同，但是长度差不多（或近似）是AA电池的2/3。

　　根据机器人的结构的需要，你可以把电池组合成各种形状。当电池一个接一个串联起来的时候，它们的电压是累加在一起的。当电池一个挨一个并联起来的时候（见图19-2）它们的电流容量是累加在一起的。

　　多数电池组采取串联的形式，从一个电池开始，将它的正极连接到另一个电池的负极，如图19-3所示，依此类推，直到所有的电池都连接在一起。

 提示：如果你需要使用导线来连接电池，注意选择能够满足电流需求的导线。粗导线可以通过更大的电流。14号或16号的标准导线（不是单股硬芯线）是一个不错的选择，见附录D"电工参考资料"获得更多导线规格的信息。请记住：导线的标号越小，线径越粗。

　　当你将电池焊接在一起以后，需要用热缩材料将电池包起来。一根PVC塑料管可以把电池漂亮的封装在一起，用一个设置在高热挡的电吹风，使塑料收缩把电池包起来。注意热量不要太高，否则PVC材料会裂开。电池热缩膜可以在很多销售模型飞机或汽车的业余爱好商店里买到，也包括网上电池零售店。

　　你还需要给电池组准备一个配套的充电器，要求这个充电器不光要满足电池连接在一起以后的电压，还要满足电池的容量。充电器有镍镉和镍氢之分（也有2合1的产品），常见电压规格如下。

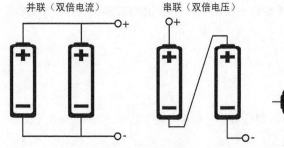

图19-2　电池可以串联或者并联。极少采用并联，因为即使不将电池连接在电路里，电池之间也会消耗电流

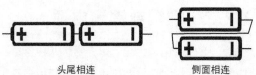

图19-3　带有焊接端子的电池可以头尾或侧面连接在一起。根据需要选择最合适的外形

电压	电池数量	电压	电池数量
2.4	2	9.6	8
4.8	4	12	10
7.2	6	14	12

使用奇数数量的电池，可以获得更多的中间电压，比如 7 节镍镉或镍氢电池组的电压是 8.4V，你只需要确定你的电池充电器可以匹配这个电压。一些充电器有一个可变的工作范围——比如，9.6~18V。充电器可以自动调整到合适的电压。

使用一个双芯连接器你可以很容易地把电池连接到机器人上。永远不要让导线裸露，这会增加短路的风险。充满的电池发生短路可能导致起火或爆炸，这会对电池造成永久损坏。

19.4 使用电池和电池仓

使用电池和电池仓给机器人供电是最方便的的方式。电池安装在电池仓里，电池之间靠簧片连接，输出端电压是全部电池电压的总和。

电池仓可以适用多种常见规格的电池，甚至包括一些不太常见的电池。如果你准备使用 2/3AA 电池，或其他小尺寸电池，你最好制作一个电池组。2 节或 4 节一组的电池仓是最常见的规格。电池仓的材料有塑料和金属两种。塑料电池仓的尺寸略大，但是它们轻便、经济，便于安装。

电池仓的形状主要取决于电池和电池的排列方式。比如，4 节电池可以并排成一列或肩并肩组合起来。图 19- 4 显示的是几种单面型电池仓的布局，此外还有很多种双面型的电池仓。

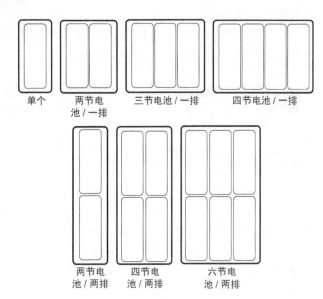

图 19-4 几种电池仓的布局。图中所示全部为单面型电池仓，同样的布局也适用于双面型电池仓，可安装电池数量将增加一倍

19.4.1 将电池仓安装在机器人上

单个和并联电池仓可以使用下面 3 种方法中的一种很方便地进行安装。

● 紧固件安装。大多数电池仓带有安装孔，可以用小型机制螺丝进行固定。使用 2-56 号螺丝或适当扩孔使用更大号的螺丝，可选择平头螺丝，将螺丝先穿过安装孔，这样螺丝不会影响电池的固定。

● 尼龙搭扣、双锁扣或两件套卡子。你可以随时将电池仓固定或从机器人上取下来。两件套搭扣可以非常方便地分开，你可以轻松取下电池仓，更换完电池再将它装回原位。

● 双面胶或海绵带提供了一种快速和简单的固定方式。和搭扣一样，这是一种暂时的固定方式。很多时候，甚至不希望使用黏性太强的胶带。反之，如果你不需要经常移动电池仓，可以将其用强力胶带在机器人上固定死。

尽可能选择方便更换电池的地方安装电池仓，比较理想的位置是机器人的下底盘。多数电池仓在设计上都可以将电池牢牢地卡在里面，所以你可以把它倒过来安装而不用担心电池会掉下来。

19.4.2　9V 电池卡扣和电池卡子

用一个带有极性的电池卡扣来连接 9V 电池。电池通过一个 9V 电池专用卡子固定在机器人上，卡子分为正面固定和侧面固定两种。我喜欢金属卡子，你可以把卡舌向里稍微挤压一点，使电池可以更牢靠地卡住。

可以用双面胶带、尼龙搭扣或紧固件将卡子固定在机器人上。我更喜欢紧固件安装的方式，这样可以确保电池始终呆在一个固定不变的位置。

19.4.3　用电池仓实现"中间"电压

有些时候你可能需要用奇数数量的电池来产生一个中间电压。举例说，5 节可充电电池可以获得 6V 电压，5 节普通电池可以获得 7.5V 电压。电子制造商也生产奇数规格的电池仓，因为产量小很难买到，而且价格比较贵。

一个变通的方法是使用一个标准的偶数规格的电池仓，把其中一节电池的正负极跨接起来起来，从而产生奇数节电池的电压。一个 4 节 AA 电池的电池仓，输出电压是 6V，这个电压对使用 5V 电源的电路有点高了。从电池仓里卸下一节电池，电压减小为 4.5V，这样就在正常运转范围以内了。

图 19- 5 显示了将 6 节电池仓中的一节电池短接实现奇数节电压的目的。6 节电池仓通常有单面和双面两种版本。你可以临时使用一个导体替换下一节电池。对于永久性使用，你可以在最末一节电池的位置用一段导线将电池两极的簧片焊接起来。

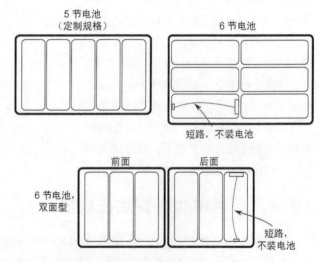

图 19-5　在电池仓中实现"奇数电池"的方法。用导体跨接在一节电池的位置，并保持可靠的电气连接。这个方法可以使你的电池仓减少一节电池

供参考

查看附录 A 里面介绍的 RBB 在线支持网站，获得更多电池、电池仓和电池组的信息。

19.5　最好的电池布局

电子产品里的电池，为了方便更换或充电，通常会安装在一个方便操作的部位，同样的道理也适用于机器人。如果可能，应该将机器人上面的电池仓或电池组安装在一个可以快捷操作的部位。

机器人的下方是一个非常理想的安装电池仓或电池组的位置，前提是机器人底盘距离地面有足够的空间。这种安装方式使你可以快速的更换电池或进行充电，只需要把机器人翻转过来就可以了。电池安装在底盘下面的另一个好处是可以给电子部分和其他结构腾出更多的空间。注意：那种需要拆开大部分零件来更换电池的布局是不可取的。

19.6　电池和机器人的连接

把电池连接到机器人上面有很多种方法，具体采用哪种方法取决于机器人的结构设计和结构的复杂性。

不管哪种方式，最重要的一点是在连线的设计上应该避免造成电池的短路。还有一点是设计防反接插头，通过它防止电池反接对电路造成的损害。具体方法见下一节中的介绍。

简易机器人，可更换电池。大多数入门级机器人都使用电池仓搭配普通电池作为动力。你可以直接把电池仓焊接到机器人的电路和电动机上，更换电池或给电池充电只需要把它们从电池仓上取下来就可以了。

免焊接的面包板。与焊接式电路不同，你需要将电池组的导线插入面包板的正负汇流条上面。为此，你需要将一段（半英寸）长 22Ga. 规格的单股导线焊接在电池组的接线端子上，通过导线将电池连接在面包板上。

带有 0.100 英寸双孔母插头的可充电电池组。在电路板或面包板上使用配套的公插头，这样你可以非常方便的连接或断开电池组。危险注意，这种方法有可能造成反接，参考本节下面的内容，采取措施避免电池反接的问题。

带有双极插头的电池组。在电路板或面包板上使用配套的插座。常见的双极插头是插墙式稳压电源（见图 19-6）上面的桶形同轴插头，在下一节中会进行讨论。这种插头也可以用来和电池仓配套使用，比如使用一个 6 节电池仓（7.2V或 9V) 和一个 2.1mm 的桶形插头给 Arduino 控制板供电。

带有定制双极插头的电池组。你可以在制作中定制自己的规格，也可以对无线电遥控模型的

图 19-6　带有桶形插头的插墙式稳压电源。如果你准备为机器人配备一个插墙式稳压电源，需要确定它的电压是否正确，以及插头的尺寸和极性是否与机器人上面的插座相匹配

电池组进行接口改造。详细方法见下一节的内容。

19.7　预防电池反接

要不惜一切代价，避免电池反向连接在机器人电路上。电池反接，最好的结果是机器人会无法工作，最坏的结果（这种情况几率更大）是造成电路板上的元件烧坏。有两种方式来避免反接：结构互锁和电路反接保护。

19.7.1　结构互锁式连接

使用双极结构的连接器，你可以降低甚至避免将电池接错的风险。最简单也是最常见的双极连接器是插墙式稳压电源所使用的桶形同轴插头。同时你需要给电路板或面包板准备一个与这种插头相配套的插座。

桶形插头和插座有多种直径标准，单位是毫米。你需要确定你的电池组上面的插头是正确的规格，比如，Arduino 控制板上的电源插座是 2.1mm 的桶形插孔。在市面上很多 Arduino 配套材料商店都提供带有 2.1mm 插头的 9V 电池组。

桶形插头的内芯可以作为正极或负极使用，将插头焊接到电池组（或使用带有桶形插头的插墙式稳压电源）时，一定要确定极性是否正确。通常情况下，内芯都为正，但是不能假设都是这样。为了确保万无一失，一定要确认无误才可以使用。

 提示：大多数插墙式稳压电源上面都会标示出插头的极性，类似后面的这个图示。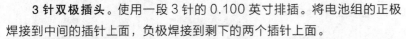**可以使用万用表检查插头的极性。如果你不知道怎么用万用表检查电压，可以查看第 30 章"制作机器人的基础电子学"中的详细说明。**

你可以使用标准 0.100 英寸的排阵和排座制作原始版的双极连接器。这种方式需要进行少量的焊接工作。自制插头也适用于面包板电路。具体的方法是使用 3 针或 4 针的插针（不要使用 2 针），布局的原则是使电池不可能反向接入电路。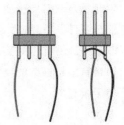

3 针双极插头。使用一段 3 针的 0.100 英寸排插。将电池组的正极焊接到中间的插针上面，负极焊接到剩下的两个插针上面。

使用免焊接的面包板时，仍然有可能因为粗心没对准正确的插孔而弄错极性。解决这个问题的办法是把电源进线的插孔安排在面包板的一侧，在插孔周围布置一些限位（其他什么都不做）跳线，避免你将电源插头插错位置，如图 19-7 所示。

4 针双极插头。使用一段 4 针的 0.100 英寸排插。将电池组的正负极焊接在两侧的插针上。把里面一侧的插针切断，将切下来的插针插入电路板或面包板电源插座上面相应的位置。这根插针起到限制反接的作用。

见第 30 章和 32 章中介绍 0.100 英寸连接端子的内容，你还可以购买限制反接的连接器。双极连接器和配件可以在本地或在线无线电模型商店里面买到。

19.7.2　电路反接保护

除了结构互锁式的防止电池反接的保护措施，你还可以使用一些简单的电路来保护机器人。

最简单的方法是在电源的正极串联一个二极管。二极管限制电流只能向一个方向流动。如果你把电池反接在电路上，二极管将处于截止状态，此时的机器人什么都不会做，电路也不会受到损害。

二极管的最大允许电流应该能满足电路的正常工作。1N4001硅二极管可以承受最大 1A 的电流，N5401 二极管的最大电流是 3A。

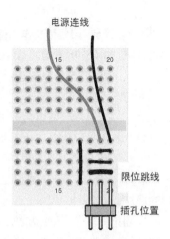

图 19-7　在面包板上使用限位跳线，防止意外将电源插头插错列

这种方法的缺点是二极管上会产生一个电压降。硅二极管的电压降大约为 0.7V，肖特基二极管的电压降则只有 0.3V。参考第 31 章"机器人中常见电子元件"获得更多不同种类二极管的信息。

19.8　在线资源：如何给电池仓或插墙式稳压电源焊接桶形插头

查看 RBB 技术支持网站（见附录 A）中的操作说明，学习如何给电池仓或插墙式稳压电源焊接桶形插头，制作你自己的桶形连接器。

19.9　加入熔丝保护

大型铅酸蓄电池，镍氢和镍镉电池在短路时会产生巨大的电流。事实上，如果电池的两极意外接触在一起，或者电路中存在短路，连接导线会突然熔化并产生起火。

这就是为什么会发明保险丝。熔丝保护可以避免短路或电源过载给机器人带来的损害，将保险丝串联接在电池的正极，位置距离电池正极端子越近越好。你可以购买能够连接在电池导线上的保险丝座。

给保险丝选择正确的额定值是一件比较棘手的事情。这需要你知道机器人在正常运转或失速时所消耗的大致电流。你可以将机器人各部分消耗的电流加在一起，取一个高出 20% ~ 25% 的数值作为保险丝的额定值。

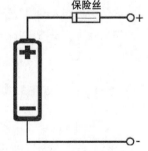

提示: 如果你制作的是功耗比较低的小型机器人，可以用万用表来测量机器人的电流消耗。如果你的万用表有 10A 电流测量挡，工作会变得非常轻松。万用表的接法和读取电流的方法，可参考第 21 章"选择正确的电动机"。

我们可以做个假设：两个驱动机器人的电动机每个电动机消耗的电流是 2A，主电路消耗的电流是 500mA（0.5A），其他部分消耗的电流小于 1A，这些都加起来结果是 5.5A。使用额定值不小于 6A 的保险丝可以确保电路正常工作而保险丝不会过早的熔断。在此基础上增加 20% ~ 25% 的余量，可以计算出需求值是 7.5A 或 8A。最后，你可以在保险丝的标准值中选择比计算结果略高的规格。

回忆一下，当电动机启动的时候将消耗比标准值高得多的电流。为了降低这部分浪涌电流的影响，可以使用慢熔断型保险丝。否则，保险丝有可能过早的熔断。

保险丝有很多种尺寸。为了使你的制作标准化，可以选择 3AG 规格的保险丝，它的尺寸是 1¼ 英寸 × 1/4 英寸，与之配套的保险丝座也很容易在电子零售商店买到。

提示： 除了常规的玻璃管式保险丝，还有一种自恢复的 PPTC 保险丝。PPTC 的含义是高分子聚合物正系数温度电阻（名称有点绕口）。PPTC 是一种可以对电流产生反应的小型电子元件。如果通过保险丝的电流过大，它会在瞬间对电路产生阻断效果。当电路故障（比如短路）排除时，PPTC 又会恢复到连通状态。PPTC（或称为 PTC）的体积比玻璃管式保险丝小，两者用法相同。

与标准的玻璃管式保险丝一样，你也要按照你的电路的最大电流消耗给自恢复保险丝确定一个合适的额定值。选择保险丝的依据是它的阻断电流，按照你期望的最大电流值进行选择。PPTC 保险丝提供的阻断电流从 100mA（0.1A）到 50A 不等。

19.10　提供多组电压

有些时候机器人需要超过一组的电压。比如，控制电路需要 5V，电动机可能会需要 10V 或 12V。

为了给机器人不同的子系统提供合适的电压需要进行仔细的规划，有 4 种方法给机器人的各个部分提供电压。每种方法都有自己的特点，具体采用哪种方法取决于机器人的总体设计和每个子系统的动力需求。

19.10.1　单电池、单电压

根据机器人的设计，你可能只需要使用一块电池提供一个电压就可以满足各个部分的正常工作了。一些简单的电路，可以工作在超过 5V 的电压，比如 LM555 时基集成电路的最大工作电压可以达到 18V。加在电子元件上面的电压过高可能会其烧毁，所以事先一定要查看参数说明。

　　这种方法的缺点是电子部分和电动机共用一个电源。直流电动机，尤其是大型电动机在工作时将产生大量的电噪声，这会干扰单片机或其他控制电路的正常运行。

　　如果你计划使用单个、非稳压的电池组给机器人供电，一定想办法抑制电动机的噪声。具体方法非常简单：将 0.1uF 的无极性瓷片电容焊接在电动机的两极。为了达到更好的效果，分别在电动机每个电极与金属外壳之间也焊接上一个 0.1uF 的瓷片电容。参考第 21 章"选择正确的电动机"中相应的内容，获得更多的信息。

19.10.2　单电池、多组电压

　　大多数家用或办公类电子产品都使用一个电压，通常由插墙式稳压电源提供。电子产品中的每个部件，都使用这个电压（包括散热风扇），或将电压转换到适合其工作的数值。

　　这种方法也适用于机器人，比如用一块 12V 的电池给各个子系统供电，用稳压电源给每个子系统提供其所需的精确电压。在本章中还会对稳压电源进行更详细的讨论，见下一节"调整电压数值"中的内容。

19.10.3　多组电池、多组电压

　　另一种方法，也是我最喜欢的方法，是使用彼此独立的电池和电池组，分别给它的子系统提供正确的电压。一个电池组可以给机器人的主电路提供动力，另一个给电动机提供动力。这种方法的效果非常好，因为电路通常会需要稳压而电动机可以直接供电。与电路配套的电池组可以是 6V 或 9V（稳压后降低到 5V），与电动机配套的电池组可以是 12V。

　　这种方法通常被称为"分组电源"。它的主要优点是两组电池可以分别给自己的子系统提供动力，消除或避免了很多潜在的问题。这种方法的关键是把两组电源的地线（负极端子）连接在一起，每个子系统从对应的电源得到合适的电压，共地连接使不同的部分可以一起工作。

19.10.4　多组电池、分组电压

　　最后的方法是把电池串联起来，从电池之间提取所需的电压，如图 19-8 所示。图中使用的是 1.5V 电池串联，也可以用其他规格的电池串联。

- 一节电池的正常电压是 1.5V。
- 两节电池串联，你可以从第 1 节电池获得 1.5V，从第 2 节电池获得 3V。
- 电压抽头的极性是相对的。如果你

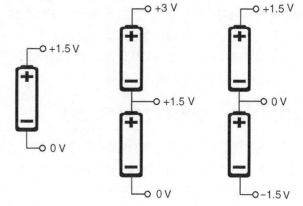

图 19-8　电池连接起来可以获得多组不同的电压。注意此时的地线是相对的，当地线位于电池之间时，你可以获得正负两组电压

有如图所示的两组电源，中间的抽头可以作为地线（或者 0V）。这意味着底部电源的负极实际提供的是负电压，即 –1.5V。顶部电源的正极提供 +1.5V。

此外，电压抽头也不仅限于单个电池之间。举例说，假如你有 8 节电池，你可以从任意一节电池上抽头，获得 3V、6V、9V 和 12V 电压。你还可以用两组 6V 电池产生 6V 和 12V 电压或 + 6V 和 –6V 的双电压。这种分组电压的形式对一些电动机非常有用，查看第 22 章"使用直流电动机"获得更多思路。

19.11　调整电压数值

机器人的一些部件可能需要特殊的电压才能稳定工作，尤其是机器人电路部分的典型工作电压通常为 5V 或 3.3V。实际的电压可能略有变化，但不能差太多。举例说，一个额定电压为 5V 的系统，可接受的电压范围是 4.5 ~ 5.5V，不能太高也不能太低。

 提示：直流电动机的电源一般不需要稳压。多数电动机都可以在一个很宽的电压里很好的工作。提高电压所带来的效果是电动机转的更快，反之转速降低。模型舵机是个例外，除非特别说明，它们的操作电压大多为 4.5 ~ 7.2V。

电压调整有很多种方法。下面列举的是 5 种最常见的方法，前 4 种在本章中有详细的说明。

● 硅二极管串联起来可以逐级降低电压。这不是真的稳压，但是操作起来非常方便，适合只需要简单降低电压的应用。串联在电路中的硅二极管，电压降大约是 0.7V。

● 稳压二极管可以将电压限定在一个特定的数值，使电压不会增高。

● 线性稳压器，这是最常见的稳压方式，造价便宜，但是效率比较低。它可以把输入电压降低到另一个数值，差额部分转化成热量散发了。

● 开关式稳压电源的效率比较高，可以达到 80%。它们的使用效果比线性稳压器好很多，但是在实际使用还需要给这种稳压器增加一些额外的组件。很多开关式稳压器可以提高电压，比如从 3V 提高到 5V，还可以将单电压转换为双电压。

● 内置电压调整功能的调制型 DC–DC 转换器。它们内部使用一个或多个开关式稳压器，同时包含全部配套组件。它们的价格也更昂贵。

19.11.1　使用硅二极管降压

二极管是所有半导体元件中结构最简单的元件。二极管常被用来在一个电路中限制电流的方向，使其只能单方向流动。在实现这一点的同时，二极管上会产生一个电压降。对最常见和最便宜的硅二极管来说，这个电压降大约为 0.7V。

 提示：二极管起不到稳压作用，它们只能把电压降低一定数量。多数电路对稳压没有特别的要求，但是如果你的电路需要使用稳压电源，你就要选择其他的方法来调整电压了。

此外，需要将二极管串联接入电路才能测量出实际的电压降。当负载电流升高时，电压降也会增加。最高的电压降和二极管的最大额定电流是相对应的。

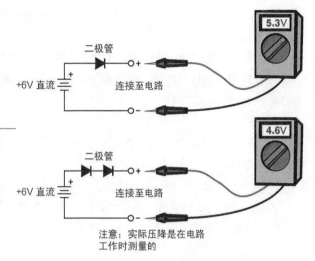

你可以利用二极管的这个特性以 0.7V 为单位简单的降低电压。使用一个二极管，6V 的电源电压被降低到大约 5.3V（见图 19-9）。这个电压很接近大多数电路所需的 5V 电压。使用两个二极管可以降低更多，获得大约 4.6V 的电压，依此类推。

在使用二极管降低电压时，你还需要考虑电路消耗的电流。二极管的额定电流单位是安培，你需要选择能承受电路的电流消耗的二极管。最常见的 1N4001 型硅二极管的电流为 1A，电压为 50V。1N5401 硅二极管的电流可达 3A，电压 100V。

图 19-9　二极管可以用来降低电路中的电压。硅二极管的电压降大约是 0.7V。串联的二极管越多，电压降越大

提示：这类二极管常被称为整流二极管。注意不是所有的整流二极管都是硅管。当你不太确定时，可以查看二极管的手册中的正向电压降参数。大多数硅二极管的电压降大约为 0.7V，肖特基二极管和锗二极管的电压降约为 0.3V。LED 发光二极管的正向电压降比较高，但是它们承受不了太高的电流，不适合用做降压场合。

19.11.2　稳压二极管的电压调整

稳压二极管是一种简单经济的电压调整元件。典型的应用方法如图 19-10 中的电路图。你可以使用稳压二极管给那些电流消耗不大的电路（一般为 1A 或 2A）进行稳压。

在稳压二极管中，平常状态下是没有电流通过的，只有电压达到一定数值时二极管才开始导通。使二极管导通的电压称为击穿电压，超过这个电压值的电压将被稳压管分路，从而有效地限制了电路中的电压。稳压二极管有多种电压规格，比如 3.3V、5.1V、6.2V 等。5.1V 的稳压管非常适合使用 5V 电压的电路。

稳压二极管的标定值有 1% 和 5% 两种误差。如果你需要·精确的稳压，需要选择误差为 1% 规格的二极管。

它们还有自己的额定功率，单位是瓦特。在低电流应用的场合，功率为 0.25W 或 0.5W 的稳压二极管就可以满足要求了。

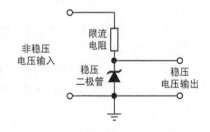

图 19-10　稳压二极管可以简单的进行稳压。电阻的阻值取决于输入电压和电路中的电流消耗。见文中的说明，选择合适的电阻

高电流的场合则需要 1W、5W 甚至 10W 的二极管。注意图 19-10 中的电阻，它限制了流过稳压管的电流。

在计算电阻值时，你首先要知道你的电路的最大电流消耗，使用下面的计算方法。

1. 计算输入电压与稳压二极管额定电压之间的压差。举例说明，假定输入电压是 7.2V，你使用的是 5.1V 的稳压二极管：

7.2 - 5.1 = 2.1V

2. 确定电路的电流消耗。为了使稳压管可靠的工作，电流需要增加一倍的余量。举例说明，电路的电流消耗是 100mA，那么电流就是：

0.1 × 2 = 0.2

和前面提到的单位换算一样，此处的 0.1 指的是 100mA。

3. 通过压差和电流消耗确定分流电阻的阻值。

2.1 / 0.2 = 10.5 Ω

阻值最接近的是标准的 10 Ω 电阻，这个阻值已经足够满足实际需要了。

4. 下一步确定电阻的功率。用第 1 步中压差的平方乘以确定的电流消耗算出电阻的功率。

2.1 × 0.2 = 0.42W

电阻功率常以分数形式表示：1/8W、1/4W、1/2W、1W、2W 等。按照等于或大于计算值的标准来确定电阻功率，在本例中，确定电阻功率为 1/2W。

5. 最后，确定稳压二极管的耗散功率。用电路的电流消耗乘以稳压管的额定电流：

0.2 × 5.1 = 1.02 W

你需要使用功率不小于 1W 的稳压二极管。

提示：上述公式只是最简单的计算，没有考虑稳压二极管的反向电流等因素。所以计算出来的是一个大致的结果，比如估算的电流余量和选择标准元件等。如果你发现元件过热，可以增加稳压管和电阻的功率。如果输出电压过低，你可以适当减小电阻的阻值。

19.11.3 线性稳压器

与稳压二极管相比，固态线性稳压器使用起来更加灵活，同时它们的价格相对来说也不太贵，多数情况下只需几美元。这种元件在电子零售店里很常见，有多种规格和输出特性可供选择。

两种最常见的稳压器是 7805 和 7812，分别可以提供 +5V 和 +12V 的电压（还有其他输出电压的型号可供使用，查看元件后两位的数字）。你需要将它们的正极和负极（或地线）如图 19-11 所示那样连接到机器人电路中。按照惯例，你还需要在输入、输出与地线之间接入一些电容器，这些电容器起到滤波作用。

最小号的线性稳压器采用小型的 TO-92 晶体管封装（参考第 31 章中的内容，获得更多信息）。实际上，它们看起来也很像小型晶体管。对 7805 和 7812 稳压器来说，制造商通常会在元件上以

L 作为标示，比如 78L05，TO-92 型稳压器只能使用在电流等于或小于 100mA 的场合。

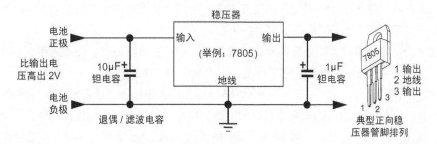

图 19-11　一个线性稳压器通常不需要额外的元件，但是通常（作为正规设计）会加入电容器帮助稳压器起到更好的稳压效果

采用 TO-220 型功率晶体管封装的稳压器可以提供更大的电流。它们可以应用在电流小于 500mA 的电路中。不同规格的 TO-220 型稳压器可以控制 1A 或更高的电流。查看元件的配套手册获得更多信息。

 注意：稳压器的管脚有多种排列方式。反向稳压器的管脚排列与正向稳压器不同。接错稳压器的管脚可能导致其烧毁，所以在使用前一定要对照元件手册仔细核对它的管脚排列。

如果你需要更大的电流，可以使用更大的 TO-3 型晶体管封装的线性稳压器。根据元件规格的不同，它们可以提供高达数安培的电流。

你还可以选择电压可调的稳压器，下面是 2 个最常见的规格。

● LM317T 是一个 TO-220 封装的电压可调稳压器。使用一些外部元件（见手册），你可以获得 1.2 ~ 37V 的稳压电压，稳压器的最大电流为 1.5A。

● LM317L 的电压调整范围与上面的相同，但是只适用于电流等于或小于 100mA 的场合。

 提示：为了使稳压器能够在额定电流下工作，你需要将其安装在散热片上。如果不使用散热片，稳压器只能工作在电流不太高的场合。

线性稳压器需要输入电压至少高出输出电压 1V，通常要高于 2V。举例说明，一个 5V 稳压器，输入端的非稳压电压应该高于 2V，也就是 7V 的输入电压，同理，还应该避免使用过高的输入电压。稳压器会将额外的电压转化成热量，这不光会浪费能量还会造成稳压器的过热损坏。对 5V 稳压器来说，最适合的输入电压应该在 7~12V。

19.11.4　开关式稳压电源

线性稳压器可以将输入电压降低到特定的数值，但是效率比较低。稳压器的降压过程也是一个浪费能量的过程，输入电压与输出电压的差值，都以热的形式散发了。

交流电路的效率比较高，但是它不太适合以电池为动力的系统。

此外，大多数线性稳压器要求输入电压高于输出电压。输入与输出的压差称为电压降，这也是你为什么至少要用 7V 的电压来满足 5V 电路的工作。

除了线性稳压器还有开关（或开关模式）稳压器，它们的价格更高，但是效率也很高。很多高科技电子设备都采用开关电源供电，它们很常见，价格也不是高的离谱。

一个很好的例子是 Maxim 生产的 MAX738 降压型开关稳压器。这是一个双列直插（DIP）封装的 8 脚元件，DIP 封装的元件非常适合业余电路的制作。只需要少量的外部元件，你就可以制作一个简单、紧凑、高效的稳压器。根据外部元件的参数，输出电压可调。MAX738 手册中包含典型应用电路可供参考。

提示：一些型号的开关稳压器可以提高电压。它们被称为升压型或提升型稳压器。一个典型的应用是将 2 节电池产生的 3V 电压转换成 5V，以此来提供一些单片机电路的工作。Maxim 生产的 MAX756 就是一个很好的升压型开关稳压器，可以将 1 ～ 5V 的电压转换为稳压的 5V 电压，效果非常好。

19.11.5　使用多组电压调整

机器人的各个子系统可能需要使用不同的电压，一些部件可能需要 3.3V，另外的部件可能需要 5V。这就需要你使用多个稳压器给它们分别供电，还有，即使不同的子系统使用相同的电压，也尽可能不要只用一个稳压器给它们供电。考虑各种情况，最好的解决方案是使用多组稳压器。

多组电压调整实现起来非常简单（见图 19-12）。每个使用稳压电源的子系统都有自己的稳压电路。为了降低各个子系统之间电噪声的干扰，一定要给每个稳压器加入退偶电容。电容器可以有效地过滤稳压器的输出电压，降低电源杂波。

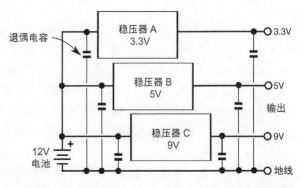

图 19-12　在机器人的稳压电源系统中，每组电源的输入和输出端使用独立的退偶电容。你可以在输出端增加退偶电容获得更好的效果。典型电容值见图 19-11 中的电路

供参考

阅读第 30 章"制作机器人的基础电子学"中的内容，学习更多关于退偶电容的知识和使用它们的方法。简言之，退偶电容是指那些在电源中帮助过滤电噪声的电容。

电容被放置在电源的正极与地线之间。

19.12　处理电力不足的问题

为了使机器人连续正常工作，需要给它提供不间断的动力。在某一时刻，机器人可能伺机而动，只消耗非常少的动力。在另一个时刻，它可能在地毯上快速行驶穿过客厅，与此同时，机器人将消耗大量的电流。

每次电动机启动，都要从电池中消耗大量的电流。这种电流的增长可以造成电池两端的电压瞬间下降。如果电池同时也给机器人的控制电路供电，就会导致电力不足的情况。

当电池电压降低到稳压器的正常工作电压以下的时候，电路就会进入欠压状态。此时电路上面的电压可以维持电路工作，但是电路工作在非正常状态。以下几种方法可以避免可能出现的电力不足。

● 使用不同的电池给电路和电动机供电。这是最简单有效的避免电力不足的方法。使用小型电池或电池组给电路部分供电，用大型的 AA 电池，或 C 型、D 型电池组给电动机供电。注意：为了使电路正常工作，两组电池的负极必须和地线连接在一起。

● 使用电压高一级的电池来确保稳压器获得足够的电压余量。比如，你使用的是镍镉或镍氢电池，每节电池的电压为 1.2V，可以把它们换成电压为 1.2V 的碱性电池。

● 使用一个或多个附加的电池来提高电池组的电压。试着找找不太常见的 5 节电池仓，替换下原来的 4 节电池仓。用 5 节镍镉或镍氢电池供电，可以将电压从 4.8V 提高到 6V。

● 用一块 9V 电池单独给电路部分供电，同时采取必要的稳压措施。Arduino 控制板上带有稳压电路，可以用 9V 电池直接供电，产生单片机所需的 5V 电压。

● 不要使你的电池过放电，这样它们将无法满足机器人电路的正常工作。

● 设计低压监测电路。一些单片机最低工作电压是 3.3V，可以以这个电压作为标准。

19.13　电池电压监视器

怎样才能简单迅速地知道机器人电池的使用情况？一个电池监视器可以满足你的要求。电池监视器在机器人运转时持续（测量电池电压的最佳时机）的监视着电池上的电压，并提供一个可视的或逻辑的输出。图 19-13 所示为一个适合单片机的电池监视器。监视器使用一个 5.1V、1/2W 的稳压二极管作为 LM339 四合一电压比较集成电路的电压参考。电路中使用集成电路中的一个比较器，另外 3 个可以做其他用途。

电路设置为当电源电压低于（或近似为）稳压二极管的 5V 阈值时进行翻转（实际的测试结果是电压低于 4.5V 时比较器翻转）。当这种情况发生时，比较器的输出马上下降到 0V。

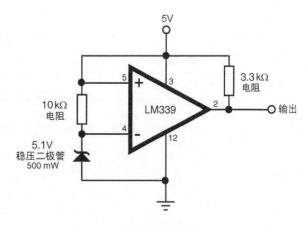

图 19-13　以电压比较器和稳压二极管为核心元件组成的简易电池电压监视器。你可以调节电压比较器的翻转电压。比较器的输入电压随输出电压发生变化。通过实验，左边的电阻取值为 10kΩ

第 20 章

让机器人动起来

根据定义，所有的移动式机器人都是可以自由活动的。一个机器人应该可以借助车轮、履带或腿在地面上行走。让机器人动起来称为机器人的运动，而如何安排车轮、履带或腿这些机构的方式称为机器人的驱动方式。让机器人运动起来可以有很多种驱动方式，有简单易实现的方式，也有比较复杂的方式。

如何选择正确的运动系统和驱动方式主要取决于你要用机器人来做什么工作，还涉及传动机构的设计和调整问题。初学者常犯的错误是"贪多嚼不烂"，设计出的推进系统不切合实际需要，比较典型的例子就是刻意追求腿式驱动。与轮式相比，腿式机器人的结构复杂，制作难度增加，且需要对活动关节定期进行保养才能确保机器人的正常运转。

在本章中，你将学习与运动系统和驱动方式相关的一些知识，并学会选择最适合机器人推进系统。

 提示：在第四部的第 26、27 章中对常见的 3 种机器人运动系统：轮式、履带式和腿式，会进行更加详细的补充说明。在本章中，会对运动系统的基本概念进行介绍，并分析 3 种常见的运动系统。

20.1　选择一种运动系统

我们先简要了解一下上述 3 种移动式机器人经常采用的运动系统。对照表中的专业术语会在后面的文章中做详细解释。

运动方式	驱动方式	机械结构
轮式	* 常见的结构是两只驱动轮安装在底盘对称的两侧，还有一或两只万向轮起支撑作用。还有四轮或六轮驱动的高级结构，这种结构不需要使用万向轮 * 机器人的运动速度取决于车轮的大小，在电动机转速相同的情况下，车轮越大的机器人跑得越快 * 在双驱动轮加万向轮的结构中，驱动轮可以居中对称安装在机器人底盘的两侧，也可以靠近前侧或后侧安装 * 轮式机器人在测距或路程计算上有很大优势。与之相比，履带式或腿式很难做到精确测量	* 作轮式底盘，最困难的部分是车轮与电动机或车轮与车轴的连接。可持续 360° 旋转的舵机在车轮的安装上非常便利，经常被作为小型移动式平台的首选方案 * 对精确性有一定要求的轮式平台，在安装车轮时应注意避免偏心和晃动的问题

续表

运动方式	驱动方式	机械结构
履带式	* 履带的优点是与地面的接触面大，小车行驶起来更加平稳。可以把履带看成一只大而宽的车轮 * 履带车不需要额外的万向轮支撑。 * 还有另一种不太常见的车轮与履带相结合的结构，类似军用的半履带式装甲车。车体两侧的车轮和履带各占一部分	* 制作履带底盘的材料很难找，通常采取的办法是改装现成的玩具坦克 * 履带的接触面大，摩擦力增加，造成车体转弯困难，履带松弛还有可能脱落 * 玩具的橡胶履带可以用很长时间。比较理想的是配备有张紧轮机构的履带车
腿式	* 腿式步行机器人有 2、4、6、8 条腿的结构。其中以 6 足昆虫机器人最为常见 * 腿式机器人采用静平衡机制，这意味着腿被安排在身体对称的部位，防止机器人跌倒。还有一种比较少见的动平衡机制，当机器人行进的时候重心是变化的 * 活动关节被称为自由度。自由度越多，机器人的移动就越灵活，制作难度也越大	* 在所有的运动方式里，腿式结构需要最高级别的加工工艺和装配精度 * 腿的弯曲活动会导致材料变形，尤其是塑料结构，甚至会老化断裂 * 独立关节的腿式结构（每条腿都是单独运动）是最难制作的。比较容易实现的方案是把机器人的腿部机构作为一个整体来设计，腿关节之间协同运转，此举可以减少活动零件和电动机的数量

20.2　轮式运动

用轮子驱动机器人小车运动，按转向方式的不同，可以有很多种方案。

20.2.1　差速运动

差速转向运动是轮式机器人普遍采用的方式。最基本的形式是将两只车轮安装在机器人底盘的两侧，如图 20-1 所示。之所以称其为差速运动，是因为机器人是通过改变两只驱动轮之间的速度和方向来改变行进方式的。

大多数差速转向机器人的一个特点是，它们使用一个或两个万向脚轮或滑轮，万向轮被安装在机器人底盘中线的前侧或后侧，为底盘提供支撑。参考 26 章的内容"制作轮式与履带式机器人"，获得更多的信息，并根据实际情况为机器人设计脚轮和滑轮。

在两个轮子的基础上，还有 4 个或 6 个轮子（4WD、6WD）的轮式机器人，主要原理是相同的。底盘上安装两只以上的车轮，在这个情况下，一般不需要安装额外的脚轮或滑轮。

● 有一种"双重"驱动的技术，在车体的两

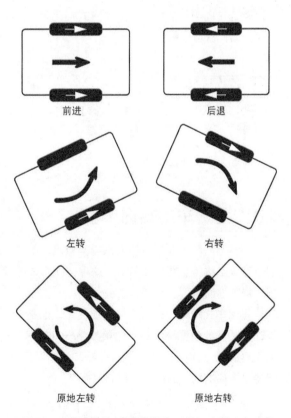

图 20-1　差速转向涉及安装有一左一右两只电动机的移动式平台，机器人通过改变电动机的转向和速度来改变行进方向和拐弯

侧，每只电动机同时驱动两个轮子（见图 20-2）。车轮通过链条、皮带或齿轮系统连接在一起。两个轮子在设计上需要靠得很近，这样有利于转向，机器人利用每侧轮子中间的虚拟位置作为支点。

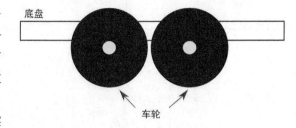

图 20-2　双轮应该尽量靠近，获得最大的转向效果。如果轮子之间的距离过大，会造成转向困难的问题

- 另一种在 4WD 系统中采用的技术，实现起来容易，但是造价高昂，即每只车轮都使用单独的一只电动机驱动。每侧的两只电动机是协同工作的，同时启动或停止。

- 还有一种 4WD 机器人的驱动方式，每侧只有一个驱动轮，另外一只轮子是可以自由旋转的。

提示：注意这种方式与差动传动的区别，只有使用差动齿轮箱的机器人（类似汽车的差动器），才能称为差动传动。正确的定义应该是差速转向，这解释了机器人如何精确的行驶。实际上，你可能已经注意到在本章中所讨论的话题都是围绕着机器人的行驶展开的。

差速转向与其他种类的运动方式相比有一个显著的优点，它可以做原地旋转，只需要改变一个轮子的转向就可以做到，如图 20-3 所示。

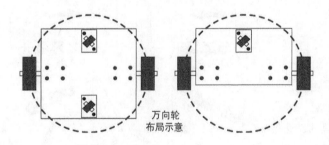

万向轮
布局示意

图 20-3　差速转向的机器人可以自己在原地转圈，被称为信地旋转。转弯的圆形半径取决于机器人的尺寸和车轮的布局

20.2.2　车式转向

还有另一种方式，机器人采用类似汽车的转向机构，通过前轮转向控制机器人行驶。车式转向的机器人结构（见图 20-4）。这种转向方式比差速转向较难操控，比较适合户外应用，尤其适用于粗糙的地面。

虽然车式转向方式看起来更现代化，但是实现起来会有很多制约。最主要的一个问题是对两只驱动轮的一致性要求很高，如果其中一只转速不稳，机器人的行走路线将是摇摇晃晃的。你可以从技术上通过监视和调节两只电动机的转速来解决这个问题，但是这会使机器人的结构变得非常复杂。

为了获得更好的牵引力和转向精度，可以让内侧驱动轮转向的幅度比外侧的更大一些。这种技术称为阿克曼转向，在汽车制造业中普遍运用，机器人制造中则不太常见。

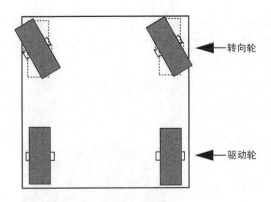

图 20-4   车式转向机构为户外机器人提供了一种可行的方案，但是它不适合室内机器人或障碍物比较多的环境

20.2.3   三轮车式转向

采用车式转向机构制作而成的室内机器人非常笨重，比较好的方案是使用一只电动机控制后侧的两只驱动轮，前方单独设置一个转向轮，结构类似一辆儿童三轮车。见图 20-5。

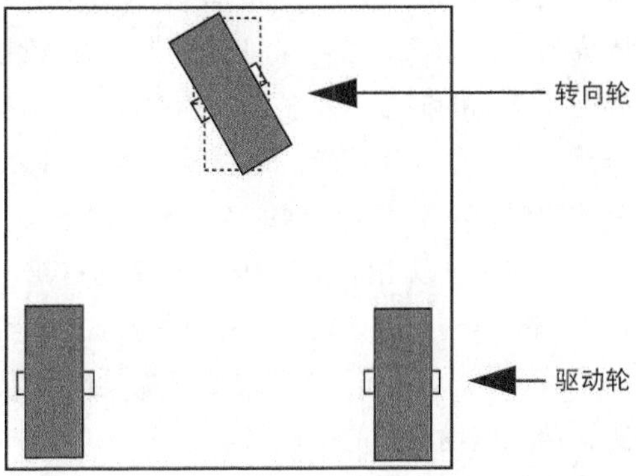

机器人可以在比其主体结构略宽的半径上转圈。注意安排好机器人的轴距（从后轮轴到前轮轴的距离）。底盘过短会使机器人的转弯变得不稳定，极易在旋转的方向上翻倒。

三轮车式机器人需要一个精确的电动机来控制前轮的转动，电动机应该可以准确的设定前轮的角度，否则，将无法保证机器人走成直线。大多数情况下，使用舵机来控制前轮，舵机采用闭环反馈系统，可以提供高精确度的角度输出。

图 20-5   在三轮车式转向机构中，一只传动电动机控制机器人的驱动轮转动，底盘前侧的一只转向轮控制着机器人的行驶方向。在结构安排上，注意前后车轮的轴距不能太小，否则机器人在转弯的时候容易发生侧翻

有两种最基本的三轮车式转向驱动方案如下。

● 转向轮不提供动力。转向轮可以自由旋转，但是没有动力装置。机器人靠其他的轮子来驱动。

● 转向轮提供动力。转向轮即负责驱动机器人，又控制转向。其他的两只轮子是可以自由旋转的。

还有一种稍微改变了形式的三轮车式底盘，车轮的位置是前后颠倒的：两个驱动轮安装在机器人底盘的前侧控制机器人的行驶，第 3 个轮子安装在后侧作为支撑轮。支撑轮的选材非常灵活，家具的脚轮、万向轮或牛眼轮都可以用。在以下万向轮种类的章节中会有详细介绍。

20.2.4   全方位转向

上面介绍的所有的转向方式都是不完整的。从本质上分析（或单纯看外表），机器人为了转向，不得不改变身体的方位。汽车就是一个不完整转向的实例。汽车可以转向，但是只能沿着以 4 个车轮为轴的圆周进行旋转。汽车无法突然向任意一个水平方向行驶。

全方位转向机器人的特点是它们可以在任意时刻，向任意方向运动。它们可以在直线前进的过程中，突然向一侧 90°的方向行驶，而身体不需要做任何方向上的调整。球体可以很好地描述全方位运动：球体可以在地面上滚动，并可以任意改变滚动的方向。

全方位转向系统共有的一个特征是机器人可以全方向运动，可以无拘束的在 x 轴和 y 轴的水平面上任意移动。最常见的全方位转向机器人的结构包括 3 个电动机和 3 个轮子，之间呈三角形排列。

■ 20.2.4.1　全方位转向是如何实现的

它到底是怎么工作的？对于大多数使用全方位转向装置的机器人来说，奥秘就在轮子上。全方位转向的机器人有 3 个轮子，每只轮子都由独立的电动机驱动。轮子的结构比较复杂，在其外圆周排列有一圈可以自由旋转的小滚筒，这种结构的轮子被称为全向轮，如图 20-6 所示。每个滚筒与轮子主体呈相同的角度排列。当轮子转动的时候，轮子上的小滚筒起到与地面摩擦的作用，在轮子正常旋转的时候提供摩擦力。在机器人转向的时候，小滚筒可以帮助轮子侧向滑行。

机器人可以由任意两只电动机带动着朝一个方向（前方）行驶，通过改变 3 只电动机的速度或方向实现转弯（见图 20-7）。这种类型的轮子最初被设计用作原料输送装置，用来取代老式的传送带。机器人科学家很快就发现了它的新用途，用来制作全向机器人的推进系统。

图 20-6　全转向机器人使用的全向轮示意图。与固体橡胶式轮胎不同，全向轮的外缘安装有数个小型滚筒，这些滚筒的方向与轮子旋转的方向呈对角排列

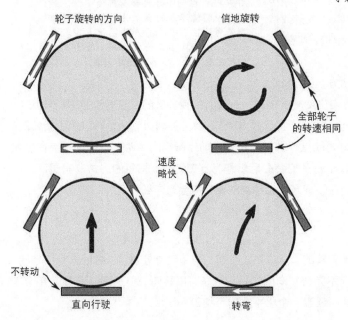

图 20-7　全转向机器人移动式平台通过控制 3 个轮子的转速和方向来实现行驶。举例说，以相同的速度驱动两个轮子，让第 3 个轮子怠速，使机器人实现直向行驶。用同样的速度驱动 3 个轮子，使机器人信地旋转。改变一个轮子的速度或方向，使机器人转弯

■ 20.2.4.2　其他结构的全方位转向

还有结构的全方位转向，底盘上的每只轮子都可以独立旋转。

它们有不同的叫法，比如同步全方位转向。每只驱动轮的旋转可以通过彼此独立的电动机控制。另一种方式是使用一只电动机，通过齿轮箱或同步齿形带控制全部的驱动轮。

20.3　履带式运动

从第一次世界大战开始，坦克成为军事战场上标志性的武器系统。坦克具有优异的越野机动性，通体覆盖着厚重的装甲，行进中伴随着钢铁履带碾压路面发出的震耳欲聋的轰响，车体上装备有强大的直射火炮系统，这些特点使坦克受到极大的尊敬。有趣的是，坦克式底盘在机器人爱好者中也广受赞誉。根据同样的原理，使用军事坦克推进机构的机器人，适应不平坦路面的能力要优于传统的轮式机器人。

此外，在科幻电影中也可以看到大量的履带式机器人的身影。例如霹雳五号，迷失太空里的机器人 B-9 等。与影片中的那些步行机器人相比，这些履带式机器人看起来更实际一些。它们宽阔的履带落在地面上，给机器人的身体提供平稳的支撑。图 20-8 展示了一个小型的塑料履带式机器人。

与常见的双轮驱动式机器人相同，履带式机器人也是采用差速转向的。两条长长的锁链式履带或带状履带，平行安装在车体的两侧。每条履带由一只独立的电动机通过链轮驱动，锯齿状设计的链轮可以确保履带卡死的时候驱动机构不会在原地打空转。履带靠车体两侧间隔排列的一组惰轮进行限位，防止脱落。

图 20-8　可以通过增减履带板的数量来调节塑料履带的长短。因为塑料履带没有延展性，它们不会轻易从驱动机器人的链齿轮上脱落。如果换成橡胶履带，情况就不会那么乐观了

提示：履带的传动方式决定了机器人最适宜的行驶的地面是地毯或其他不光滑的表面。柔软的带状橡胶式履带将无法在光滑坚硬的表面正常行驶，可以通过不时改变履带方向的办法来降低摩擦所造成的影响。

因为履带具有一定的长度，坦克式机器人不需要额外的万向轮或脚轮作支撑。机器人两侧的履带就好像是一对巨大的轮子。

- 如果两条履带向相同的方向转动，机器人将被推进着笔直向前或后退运动。
- 如果其中一条履带的转向改变，机器人将转弯运动，如图 20-9 所示。

这种方式通常被称为坦克转向或履带转向，用现在的观点来看，其本质和差速转向是相同的。履带式底盘的最大优点是可以适应粗糙的路面。履带提高了机器人的越野能力，使其可以在路

况不太好沙地、草地等路面上行驶。这个优势是轮式机器人所无法企及的。

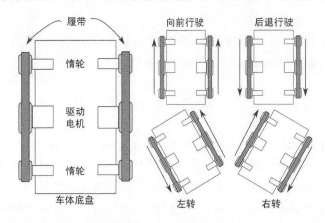

图 20-9　履带式机器人的差速转向原理大体上与轮式机器人相同。只有一点例外，履带式机器人要求在转向时，两条履带向相反的方向转动。如果其中一条履带停转，机器人在转向时会出现侧翻或履带脱落的问题

供参考

　　参考第 26 章"制作轮式和履带式机器人"，查看关于履带的选择和使用的补充说明。你将发现一些实用的制作履带式机器人的方案。

20.4　腿式运动

　　随着功能强大的单片机控制器和低成本无线电遥控模型专用舵机的普及，图 20-10 所展示的腿式机器人也逐渐成为机器人爱好者制作的对象。相比普通的轮式机器人，腿式机器人在结构的制作上需要非常高的精度。机器人的制作成本也增加了。

　　一个最简单的六足步行式机器人，最少也需要 2 ~ 3 只舵机。复杂一点的六足或八足机器人，将需要 12 只或更多只电动机。舵机的售价大概为 12 美元一只（大功率高品质的舵机价格还会更高），由此可以算出一个步行机器人的造价不菲。

图 20-10　这个六足昆虫式机器人每条腿使用 3 只电动机，电动机总数达到 18 只。因为电动机数量多，这种机器人的制作难度和花销都非常高（图片来源 Lynxmotion）

显然，设计这类机器人最先考虑的问题应该是腿的数量。

● 因为平衡问题，单腿跳跃式机器人或双足机器人是最难制作的。很多双足机器人都使用大尺寸的脚掌增加与地面的接触面积来获得较好的平衡。

● 四足或六足机器人比较常见。六足结构可以为机器人提供一个稳定的静态平衡，使其不会轻易跌倒。在任意时刻，机器人都至少有三条腿着地，形成一个稳定的三脚支撑式平台。

● 此外还有 8 条或更多条腿的机器人，但是它们存在制作费用、自身重量等问题，使得这类机器人不太适合业余爱好者开展制作。

供参考

参考第 27 章"制作腿式机器人"查看更多关于腿式机器人的结构与制作说明。

20.5　其他运动方式

轮式、履带式和腿式机器人是爱好者们经常采用的方式，此外还有许多种推进机器人运动的方式。此处例举几个变通的运动方式，你可以在它们的基础上设计和制作自己的推进系统。

● 轮 - 腿组合式系统。在美国凯斯西储大学的仿生机器人实验室里，科学家正在试验将这种推进方式的机器人应用在太空和军事场合。轮腿组合式机器人最大的优点是对地面的适应性好，有较高的机动性和灵活性。

● 脚蹼式机器人与轮腿组合机器人相比，优点是更适合在沙地和水中运动。结合轮腿和脚蹼这两种机器人的优点，可以制造出水陆两栖机器人。

● 模仿毛虫、蛇或其他爬行动物制作的多关节仿生机器人。机器爬虫可以在行进中有序的转动每一组关节。图 20- 11 展示了一个由 5 个关节组成的爬虫机器人模型。关节接触地面的部位安装有脚垫，增大摩擦力，加强牵引效果。

● 蛇形机器人通常由两种或多种组合运动方式组合而成。比如，机器人的推进系统可以是关节与轮子组合的形式，也可以使用小型履带作为机器人的脚。其他种类的蛇形机器人还可以把头部的两只前足设计为功能实用的夹持器。长蛇的名称来自于希腊神话，传说水蛇精许德拉是一只长有 9 个头的怪兽，把守着地下世界的入口。

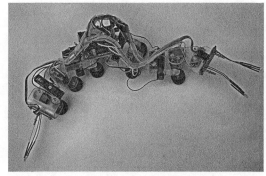

图 20-11　这个多关节式机器人的运动方式类似一只毛虫。它借助模型舵机来实现各个关节上下左右运动。底部的橡胶脚垫给机器人的行进提供必要的摩擦

- 无人驾驶水下机器人使用各式各样的推进系统。例如螺旋桨和推进器，机器人可以在淡水或海水中航行。
- 同样地，全自动无人机则是按比例缩小了的飞机或直升机。

20.6　在线资源：控制机器人的重量

网上有很对相关话题。查看 RBB 在线网站（见附录 A）上的免费文章，了解如何控制机器人的重量，如何规划机器人的重心，以及另一些可能遇到的问题。

第 21 章

选择正确的电动机

电动机好比是机器人的肌肉。把电动机和车轮组装在一起，机器人就可以在地面上行驶了。把电动机和杠杆组装在一起，机器人的手臂就可以上下运动了。把电动机和滚柱组装在一起，机器人的头部就可以前后旋转，查看周围的环境了。电动机的种类非常多，但是适合业余自制机器人的种类却比较少。在本章里，我们将了解各种各样的电动机，以及它们的用途。

21.1 交流电动机还是直流电动机

直流驱动的机器人使用直流电源给机器人提供动力。控制电路的工作，继电器的吸合与释放，电动机转动推进机器人在地面行走，这些都是靠直流电源来实现的。图 21-1 中展示了一些适合用来制作小型机器人的直流电动机。它们价格便宜，可以被设计用来制作多种类型的机器人。在本章中，你将了解具体的实现方法。

另一种电动机是交流电动机，它们极少被用在机器人的制作中。交流电动机更适合用在电风扇或其他使用市电作动力的家用电器上。

当选择直流电动机时，应该确保你购买的电动机是可以正反转的。只有极少数机器人要求电动机单向旋转，大多数都要求电动机双向旋转。正反转是直流电动机固有的特性，但是也有一些电动机在设计上限制了可逆旋转，所以在购买的时候要仔细确认。

最简单的测试电动机是否可逆旋转，只需要准备一个电压适当的电池组，如图 21-2 所示。将电动机的两个端子连接到电

图 21-1　一些直流电动机的合影，照片中包含有齿轮减速箱的直流电动机。这些低压直流电动机的工作电压在 12V 以下，大部分工作电压低于 6V。非常适合用在电池做动力的机器人上

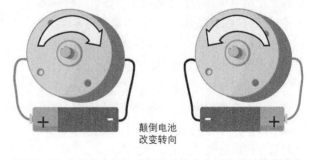

颠倒电池改变转向

图 21-2　大多数直流电动机的旋转方向可以通过简单的改变电源的极性来实现。把一个电池组或直流电源连接在电动机的两个端子上面，电动机顺时针方向旋转。颠倒极性，电动机逆时针方向旋转

池组或直流电源上，注意查看电动机轴的转向，接着颠倒电源的极性，电动机轴应该向反方向旋转。

供参考

不了解交流和直流的含义？查看 RBB 网站上的内容（见附录 A），参考我的第一个机器人制作教程，你可以看到一篇基础电子速成教学的文章。

21.2　连续旋转还是步进电动机

直流电动机包括连续旋转和步进两种类型。它们的差别是：连续旋转的电动机，顾名思义，当接入电源时电动机轴是连续不间断的旋转。电动机轴只有在电源被切断或负载过重时才会停止转动。

对步进电动机来说，电源所起的效果是使电动机轴旋转一个很小的角度，然后停止。为了保持电动机轴的旋转，必须使用脉冲电源来驱动电动机。步进电动机常被用于通过电动机产生一定位移的场合。步进电动机无法产生像连续旋转电动机那么大的机械扭矩，仅适用于负载较轻的特定场合，精度高是它们最大的优点。例如，可以用步进电动机控制机器人顶部炮塔的旋转，炮塔上安装有传感器和泡沫子弹发射器。在第 22 章"使用直流电动机"将详细介绍连续旋转电动机。

21.3　舵机

舵机是一种结构特殊的连续旋转电动机，由连续旋转直流电动机与反馈电路组合在一起构成，反馈电路控制直流电动机进行精确旋转。普通舵机经常被用于模型和无线电遥控汽车、飞机等玩具上面。舵机在机器人中被广泛使用，对于机器人爱好者来说是一种必不可少的电动机。

比较图 21-3 中的无线电遥控模型舵机与图 21-1 中的直流电动机。你首先会发现舵机的外形是一个精致小巧的长方形盒子。这是舵机最显著的特征。无线电模型舵机的尺寸有通用标准（不论大型还是小型舵机），甚至安装孔也是标准的，你可以很容易地把它们安装到机器人上。

舵机也经常被用来执行与步进电动机相同的工作。因为它们价格低，容易购买，操作比步进电动机简单，所以在业余爱好者制作的机器人中，舵机基乎彻底取代了步进电动机。

因为这个原因，我们专门设立了一个章节来讨论舵机，见第 23 章"使用舵机"获得更多的

图 21-3　无线电遥控车模、航模使用的舵机。舵机由直流电动机、反馈电路和减速箱组成

关于舵机的信息——不仅包括用舵机驱动机器人在地面上跑，还包括使用它们控制机器人的腿、臂、手、头和几乎全部的附属器官的运动。

21.4 电动机参数

电动机包含有大量的参数，其中一些是常见的参数，另一些则不常提及。对于业余机器人制作爱好者来说，电动机的全部参数中只有少数几个是真正有用的。我们将着重讨论这几个常用的参数，它们是电动机的工作电压、电流消耗、转速和转矩。

21.4.1 工作电压

很多电动机都有额定的工作电压。一些小型的直流"业余"电动机，这个额定电压通常有一个范围，比如 4.5 ~ 6V。对于另一些电动机，则仅指定一个准确的额定电压。不论哪种情况，大多数直流电动机都可以在高于或低于额定电压的条件下运转。一个 6V 的电动机也可以在 3V 电压下工作，但是电动机的旋转不会那么有力，转速也会降低。当电压低于额定电压的 40% ~ 50% 时，很多电动机将不能工作或无法正常工作。类似的，一个 6V 的电动机也可以在 12V 电压下工作，你可以想象到它的转速会提高，电动机也将输出更大的功率。

 注意：我不建议使电动机持续运转在高于额定工作电压 50% ~ 80% 的条件下，至少不要长时间那么做。否则，电动机内部的电磁线圈将会过热，这可能导致电动机损坏。对于非高速旋转设计的电动机将会因超负荷工作而烧毁。

如果你不知道一个电动机的额定电压，你可以用不同的电压对其进行一个测试，确定一个能输出适合功率并产生较小的热量和噪声的电压。让电动机持续工作几分钟，感觉电动机外壳的温度是否正常。听电动机工作时发出的声音，在正常的速度下转动的声音应该是平稳持续的。

21.4.2 电流消耗

电流消耗是电流的数量，单位是毫安或安培，指电动机在工作时电源所提供的电流。电动机参数说明中提到的载荷运转时的电流消耗是一个非常重要的参数，是指电动机带动东西旋转或工作的情形。空转运行（没有载荷）的电动机的电流消耗非常低，但是当电动机带动车轮推动机器人在地面上行走时，电流消耗将增加几个百分点。

很多直流电动机内部使用永磁铁。这些电动机也是最常见的类型，它们的电流消耗会随着负载的加重而增加。你可以通过图 21-4 的图表看到它的变化。很多电动机工作时需要带动轴承跟着旋转，这将需要更多的电流。电动机制造商在进行负载测量时，没有统一的标准可以遵循，所以在你的实际设计中，电流消耗可能大于或小于指定参数。

最佳的情况是电动机可以完成预想中的各种工作但是不会形成更多的电流消耗。在工作过程中输出轴停止旋转，意味着电动机处于失速状态，这是最糟糕的情况。此时电动机的电流消耗达到最大值，其他情况除非是短路。如果你设计的机器人可以应付停转电流，那么它就可以应付其他各种情况。

为机器人挑选电动机时，你应该知道所选用的电动机的载荷电流的大致数值。万用表可以用来测量电动机的电流消耗，详见后面章节中介绍的"测量电动机的电流消耗"。

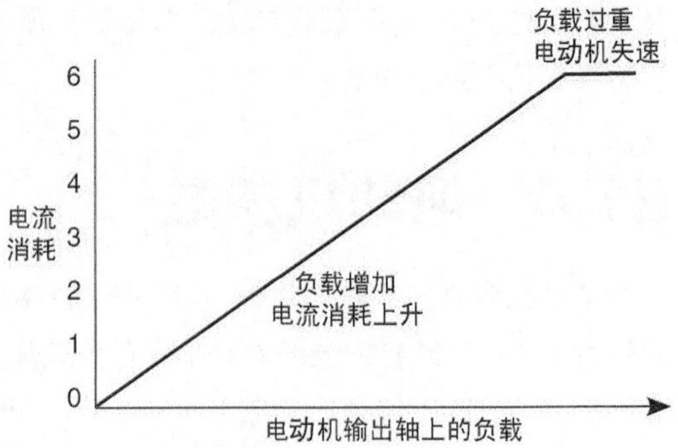

图 21-4　电动机的电流消耗取决于电动机本身的设计及其所带动的负载。随着负载增加，电流消耗也跟着上升，达到某一数值时，电动机会因为负载过重而停转，但是仍然会消耗电流。这个电流称为失速电流

21.4.3　转速

电动机旋转速度表示成每分钟转动的次数，英文缩写r/min。很多连续旋转电动机的正常转速为 4 000~7 000r/min。一些特殊用途的电动机，比如磁带录音机和计算机软盘驱动器里面的电动机，转速会低于 2 000r/min。此外还有一些高转速的电动机，转速可达 12 000r/min 或更高。

制作机器人不需要转速太高的电动机。实际上，移动式机器人上面的直流电动机的转速需要被降低到不超过 200 或 250r/min，通常还会比这个范围更低。

最简单的降低电动机转速的方式是加入齿轮组。这种方式还可以增加旋转力矩（称为转矩，见下面的章节），使电动机可以推动更大的机器人运转或举起更重的物体，在第 24 章"安装电动机和车轮"中将更详细地介绍齿轮的知识以及如何将它们用在电动机和机器人上。

21.4.4　转矩

转矩是电动机施加在负载上的力量——负载可以是任何移动的东西。转矩越大，带动的负载越大，转速越快。降低转矩，电动机的转速下降，负荷加剧。进一步降低转矩，负载将进一步加重电动机的负荷。最后，电动机制动停转，此时电动机将消耗大量的电流，不用说，还会产生大量的热。

电动机的转矩也许是在机器人设计中最难理解的一个参数，不是因为这个问题本身难以理解，而是因为电动机制造商也没有一个统一的测量标准。工业、军事和其他行业里面的电动机都有不同的标定方式，而大多数面向消费者或业余爱好者的电动机则不会提供转矩参数。

最基本的转矩测量方法是将一根杠杆固定在电动机的输出轴，另一端固定一个重物或测量仪器，如图 21-5 所示。杠杆可以是任意长度如 1cm、1 英寸或 1 英尺。牢记这点，它在转矩测量中起到非常重要的作用。

重物可以是任何物体，石头、铅块或者更常见的一个弹簧秤，如图 21- 5 所示。给电动机通电，它开始带动杠杆旋转，电动机举起的重量就是它的转矩。此外还有很多种电动机的测量方法，这是最方便的一种。

现在的工作就是单位换算了。记得杠杆的长度了吗？长度是转矩参数里面的另一个单位。

● 如果杠杆的长度是 1 英寸，可以成功举起 1 盎司的重物，那么电动机的转矩就是 2 盎司·英寸或 oz·in。一些人习惯将盎司和英寸反过来，就是英寸·盎司，含义是一样的。

● 转矩也可以规定成克而不是盎司，此时杠杆的长度也应该改为厘米。转矩表示为克·厘米或 gm·cm。

● 大型电动机的转矩应该表示为磅·英尺，或 lb·ft。

● 牛顿·米是一个越来越流行的转矩单位，这个标准正在逐渐被电动机制造商所采用。你在电动机参数里可以看到其表示为 N·m。1N·m 的转矩相当于 1N 的力施加在 1m 长的杠杆上产生的效果。

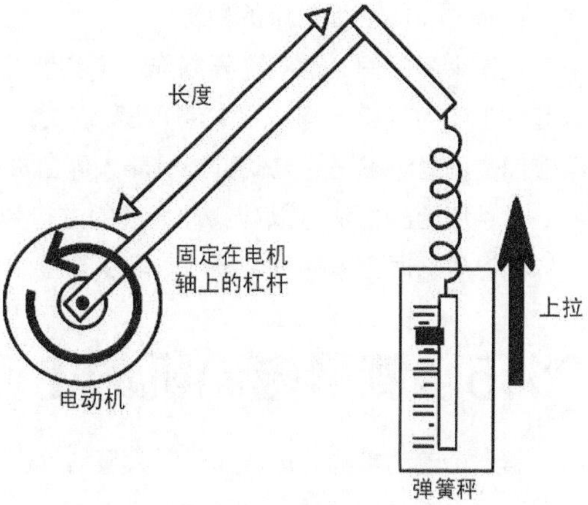

图 21-5　电动机的输出功率或者转矩可以通过一个简单分度的弹簧秤进行测量（普通的小弹簧秤就可以）。用一根杠杆将电动机与弹簧秤相连接。拉力与杠杆的长度可以用来表示电动机的转矩

作者注：此处的 newton（牛顿）是力学单位，而不是 fig newton（一种夹心饼干）。如果你想进一步了解这个单位的含义，它相当于使 1kg 的物体产生 $1m/s^2$ 的加速度的力。

21.4.5　失速或额定转矩

电动机的转矩参数是指额定转矩，也就是输出轴持续旋转时所产生的力矩。对机器人来说，这是最重要的参数，它决定了在多大的负载下电动机可以持续旋转的问题。

电动机制造商使用多种技术手段来测量电动机的额定转矩。爱好者在业余条件下很难仿照他们的方法进行测量，除非有非常详细的操作说明和配套工具。反之，你可以按照下面内容中所介绍的方法搭建一个简易的测量平台，通过试验判断一只电动机是否能满足应用。

另一个转矩参数失速转矩，电动机制造商通常会将其忽略或是作为额定转矩的补充参数。失速转矩是使电动机的输出轴被夹住时所产生的力，此时电动机停止转动。

21.4.6　判断电动机的转矩

如果你找到一只没有标注额定转矩的电动机，你不得不想办法估计一下它的相对力量。你可以使用很多方法来测试电动机是否能满足特定条件下的工作，在许多机器人技术书籍里，都讨论过类似问题，比如 *Building Robot Drive Trains*（作者 Clark 和 Owings，McGraw-Hill，2003 年版）。实际上，很多人会这么做：将电动机固定在一个临时的平台上，给电动机装上轮子组成一个移动式机器人，把机器人放地面上进行试验。如果电动机可以驱动平台运转，就试着增加平台的重量。如果电动机在负载增加的情况下继续运转，说明它可以满足工作要求（这叫做观察实验，也是大发明

家 Thomas Edison 最常用的做法）。

在这个测试里，你不需要制作一个完整的机器人。找一块轻质的材料，比如硬纸板或手工模型的泡沫板作为底盘就可以了。参考第 14 章"快速成型法"获得更多信息。第 14 章里面的技巧可以使你快速地对不同的电动机和机器人平台进行测试。

这种原始的方法可以帮助你直观的进行判断。如果你以前制作过机器人，那么你肯定已经对什么样的电动机适合搭配多大尺寸、多少重量的机器人有了一个大致的概念。

21.5　测量电动机的电流消耗

看一个电动机的外形，你可以大概估计出它有没有足够的转矩驱动机器人。但是用同样的方法，你无法确定电动机运转时需要消耗多少电流。通过电动机的尺寸、外形或型号来推断它的电流消耗的做法是不准确也是不明智的。

掌握好电流消耗非常重要：你需要确定机器人的电源部分和电路部分是否有能力来处理这个电流。如果电动机的电流消耗过大，机器人的电路可能会因为过热而永久损坏。

如本章前面所述，很多电动机都提供了电流消耗，这个数值代表的是电动机空转时的电流。这是非常有用的信息，但是还不够详细——你无法知道电动机带动负载转动或过载（最坏的情况）停转时的电流。

你可以使用万用表准确的对电动机的空转、正常负载和失速（彻底停转）情况下的电流消耗进行测量。这里有两个测量方法，下面分别加以说明。

供参考

如果你以前没使用过万用表，需要先仔细阅读它的说明书，同时可以参考第 30 章"机器人电路基础"获得更多信息。以下的内容假设你已经对万用表的使用方法有了最基本的了解。

21.5.1　直接测量电动机电流

这个测量方法需要准备一只可以测量大电流的万用表。大多数万用表都有额定 10A 电流的输入端子，如图 21- 6 所示。小型机器人所使用的电动机，即使在失速的状态下，电流消耗也不太可能超过 10A。但即使是这样，为了安全起见，你也需要检查一下你的万用表是否设置有可替换的过流保险丝（保险丝一般位于电池仓）。

如果以下几项内容中的任何一项是肯定的，你可以跳过这一节，参考下一节的方法"间接测量电动机的电流"。

- 我的万用表没有 10A（或更高）的输入。
- 我的万用表没有输入过流保险丝。
- 我的电动机的电流消耗可能超过 10A。

按照图 21-7 所示进行连线。一定要将红表笔（＋，正极）插在万用表的 10A 电流输入端，然后用两头带有大号鳄鱼夹的跳线将电动机与表笔连接起来。这个步骤需要使用一红一黑两根跳线连接对应的表笔。然后进行如下操作。

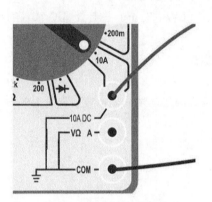

图 21-6　你可以用一只带有大电流（10A 以上）输入端的数字式万用表直接测量电动机的电流消耗

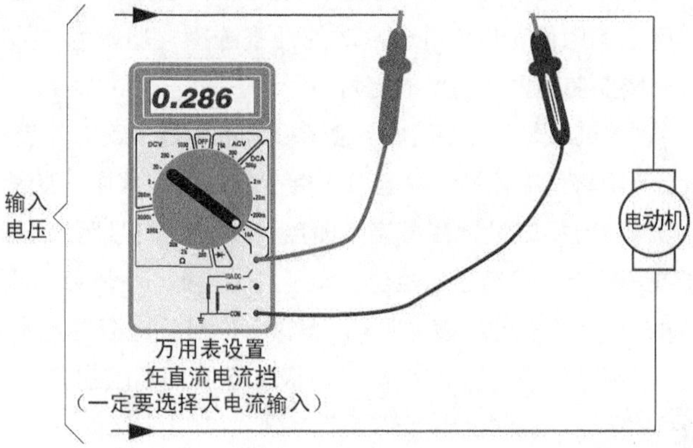

图 21-7　将万用表的正负表笔串入电动机与电源之间，测量电动机的电流消耗。万用表必须设置在直流电流挡

1. 将万用表设置在 10A 电流挡。

2. 给电动机通上电。

3. 查看万用表显示的数值，单位应该是 A。举例说明：0.30 的读数是指 300mA 或 0.3A，1.75 的读数是指 1.75A。

此时你得到的是电动机空转时的电流消耗。为了获得其他转矩条件下的电流消耗，你需要给电动机加上负载。

对于没有减速箱的小型电动机，你可以用手指捏着电动机的输出轴使其转度下降。随着电动机转速的下降可以看到电流逐渐升高。当你捏死输出轴，使其彻底停转的时候，电动机将处于失速状态，此时万用表显示的电流为电动机的失速电流。失速电流也是电动机消耗的最大电流。

对于带有减速箱的小型电动机，你可以向电动机输出轴或减速箱中最靠近电动机输出轴的齿轮施加压力。这个方法是假设齿轮露在外面的情形。

　提示：你可以暂时把电动机和减速箱拆开，单独对电动机进行测量，然后再把减速箱装回去。

大型电动机很难用手指的压力使它们停转，最好给电动机安装上轮子（轮子的直径越大越好），然后向轮子施加压力。千万不要采用钳子或其他工具夹住输出轴或齿轮的做法，这样将会导致电动机损坏。最起码，你可以对其进行空转测量。

21.5.2 间接测量电动机的电流

如果你的万用表没有 10A 大电流挡或电动机的电流消耗可能超过 10A，你可以用这个方法进行测量。解决方案是将一只低阻值的大功率电阻串入电源正极与电动机之间。

电阻的阻值可以为 1~10Ω 的任意选择，功率为 10W 或 20W。对于一些电流超过 10A 的电动机，需要使用更大功率的电阻。

1. 将红表笔（+，正极）插入标准的电压 / 欧姆 / 电流插孔。

2. 用鳄鱼夹和跳线将电阻连接在电动机电路中，如图 21-8 所示。

3. 将万用表设置在直流电压挡。如果你的万用表没有自动调节功能，你需要把它设定在一个大于或等于电动机电压的挡位。

4. 将万用表的红表笔（+，正极）连接到电阻靠近电源正极的一端。

5. 将万用表的黑表笔（-，负极）连接到电阻的另一端。

6. 给电动机通上电。

此时你可以读取到电阻两端的电压。你可以使用欧姆定律的一个简单公式来计算出电阻上面的电流。这个公式是

$I = E/R$

在这里，I 是电流，E 是电压，R 是电阻。

你知道了电阻上面的电压，还知道电阻的阻值，现在求电流。我们假设：

- 测量电压时 2.86，
- 电阻的阻值是 10Ω。

由此可得 $I = 2.86/10$，即 $I = 0.286A$ 或 286mA

当你增加电动机输出轴上面的负荷时，可以看到电压读数上升。参考前一节

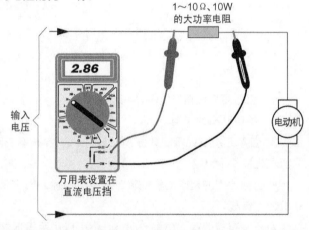

图 21-8　另一种测量电动机电流的方法。将一只低阻值（1 ~ 10Ω）大功率的电阻串联在电源与电动机之间。用万用表的电压挡读取电阻上的电压，参考书中的说明关于如何把电压读数转换为电流

中的内容，对不带减速箱和带减速箱的电动机可以采取同样的方法进行负载和失速条件下的电流消耗的测量。

21.6　处理电压下降的问题

大多数机器人电动机消耗的电流都非常大。在电动机启动和停止的时候，提供给它们的电压会发生变化。产生这个问题的原因是在电流消耗非常大的情况下，电池上面的电压会突然下降。虽然电压下降可能只有几分之一秒的时间，但是这已经足够导致一系列问题。

如果机器人控制器与电动机连接同一组电源上，电压下降会导致一个短时间供电不足的问题，

如果供电不足使电压下降到一个门限值（见图 21-9）以下的时候，控制电路将无法正常工作。这极有可能使机器人失去控制。

供电不足尤其会对单片机电路造成影响（见第七部），单片机是一种能够执行你设计的程序指令的小型计算机。在供电不足期间，单片机可能会自动重启，这会导致它的程序回到原点。这个过程在一秒钟内可能会发生几十次甚至上百次。

在供电不足期间机器人可能会停止运行（这是比较好的情况），还有可能突然倾斜、原地转圈，或者做一些无法预料的事情（这是比较坏的情况）。

下面几个方法可以避免因电动机引起的电压下降问题。

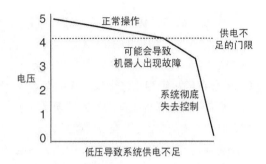

图 21-9　当机器人系统上面的电压下降到一个特定的最小值会发生供电不足的问题。当电压下降到最低门限以下的时候，机器人会失去控制

- 增加机器人电池组的电压。如果电池组的正常电压为 6V，在电动机电流消耗加重期间可能会跌落到 4.5V，那么可以增加另一个电池获得 7.2V 或 7.5V 的电压。多出来的部分可以防止电压下降导致的供电不足。

- 使用规格更大容量（安时）更高的电池组。电压可以不变，但是增加的电流容量可以提供一定的功率储备防止电压下降。

- 给控制电路部分增加第 2 个电池组。这是我喜欢的办法，因为它可以有效地隔离电动机和电子部分的电源，即使电动机消耗电流，也是消耗它们自己的电池组中的能量，不会影响给电子部分供电的电源。

对于小型机器人你可以使用一个 AAA 到 D 型的电池组给电动机供电，一个 9V 的方块电池给机器人的电子控制部分供电。如果你的电路上面有大量的元件——单片机、多重传感器，或许还有一个视频摄像头，那么你需要准备第 2 个电池组，可以选择能够提供电路所需电流的容量适中的电池仓。

21.7　消除电噪声

电动机在工作的时候会产生大量的噪声。在某种形式上，这种噪声有点像暴风天气的雷电对一台中波收音机产生的影响。即使是远在千里之外的一个闪电，它的电磁脉冲也会通过空气进入收音机的电路，最终导致扬声器里发出噼啪声。

幸运的是，你可以使用很简单的方法消除机器人电动机产生的电噪声。具体方法是把一个或多个电容放置在距离电动机端子尽可能近的位置。电容器可以吸收电动机上面的杂散信号，从而降低它们所产生的噪声。

- 作为良好操作习惯中的一步，每次安装电动机的时候在电动机端子之间放置一个 0.1μF 的瓷片电容，沿着电动机的电源线把这个"吸收器"焊接就位。

● 如果电动机仍然会干扰电路的正常工作，可以采取额外的防范措施，在电动机的每个端子和金属外壳之间各焊接一个 0.1μF 的瓷片电容（这个操作可能有点困难。焊接前首先要保证电动机的外壳是干净的，可以把焊接部位用小锉刀稍微打磨一下。如果需要，可以加一点助焊剂，用烧热的烙铁头给焊接部位上锡）。

图 21-10 显示了具体思路，增加电容器可以起到滤除电动机产生的电噪声，帮助减小回馈到电路里面的噪声数量的目的。

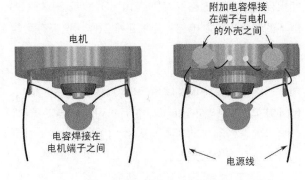

图 21-10　直流电动机内部产生的电噪声可以影响机器人电路的运转。可以采取把小型瓷片电容（0.01 ~ 0.1μF）焊接在电动机端子上面的方法抑制这种噪声

第 22 章

使用直流电动机

直流电动机是机器人里面最主要的元件。一个看起来毫不起眼的电动机，通过齿轮减速系统连接到车轮上面就可以轻松带动很多机器人。开关的打开与关闭、继电器的吸合与释放、晶体管的导通与截止都可以控制电动机的启停与转向。一个简单的电路就可以使你灵活有效地控制电动机的转速，从缓慢推进到快速旋转。

本章将向你介绍如何使用可以连续旋转的直流电动机（相对于步进电动机或舵机）带动机器人。重点讨论用电动机推动一个机器人穿越你的客厅的方法，当然你也可以将同样的电动机控制技术应用于其他场合，包括控制夹持器的关闭、关节的弯曲和传感器的位置。下面的内容适用于带有减速箱和没有减速箱的直流电动机。

供参考

本章讨论与直流电动机的控制相关的电子元件和电路。如果你对这方面不太了解，一定要参考第 30 章 "制作机器人的基础电子学" 和第 31 章 "机器人常用的电子元件" 里面的内容。

22.1 直流电动机的原理

直流电动机有很多种制造方法。所有的直流电动机都使用直流电（DC）作动力，与大多数家用电动工具里面使用的交流电（AC）作动力的交流电动机有本质的不同。

22.1.1 永磁直流电动机：经济实惠，使用方便

大多数常见的直流电动机都是永磁类的，因为它们里面使用了两块或多块固定不动的永磁体而得名。电动机旋转的部分包括轴、转子（或电枢）以及转子上面固定着若干组导线——称为线圈。这些导线缠绕在金属片上。转子的末端是换向器，它用来改变线圈里的电流。

图 22-1 显示的是一个电池供电的简化图，电流通过换向器（这里面简化了）给中间的转子通电。当转子旋转时，电流通过电动机的线圈使转子保持运动。只有当电流从线圈上消失（或电动机轴阻转）的时候，电动机停止转动。

注意图 22-1 里面两个暗灰色的方块，它们是电动机的电刷。电刷与换向器接触，负责将电流传递给换向器。低档次的电动机使用的电刷一般为一段铜线，弯曲成合适的形状。高品质电动机里

面的电刷是可以导电的碳刷。这两种电动机都称为有刷电动机。

　　这两种类型的电刷随着使用时间的增长都会磨损，损坏的电刷会切断电池和换向器之间的电气连接。这就是为什么直流电动机使用一段时间以后就会失效的原因。

　　你在模型舵机里面可能也会遇到无刷电动机。这种电动机的造价非常昂贵而且购买时需要预定，它们损坏的后果将是灾难性的，比如一架造价 1000 美元的直升机模型突然失去控制。

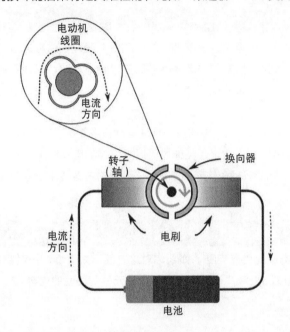

图 22-1　直流电动机结构简化图。电流从电池流向电刷，电刷连接着换向器。转子周围的线圈通电后，转子开始旋转

　提示：无刷电动机使用电路而不是电刷来切换线圈中的电流。无刷电动机广泛应用于计算机硬盘、"静音"风扇、CD 和 DVD 播放器以及精密电子设备。你可能对这类电动机有所了解，从上述设备里拆出来的电动机需要额外的电路才能进行操作。

22.1.2　转向可逆

　　直流电动机的一个主要优点是大多数（不是全部）电动机是可逆旋转的。电流沿着一个方向——电池的正负极对应着电动机的正负极，电动机顺时针旋转。将电流换一个方向，电动机逆时针旋转。这个能力使得直流电动机非常适用于机器人，很多情况下机器人都需要电动机做逆向转动。逆向转动使机器人能够后退避开障碍或者控制一只机器手臂的起落。

　　如果你在剩余物资商店里购买过直流电动机，可能会遇到一些转向不可逆的电动机。这可能是因为电动机内部线圈的结构或者加入了特制的机械结构所造成的。仔细阅读电动机的说明书，说明书里一般都会指出电动机是否是双向的，即使没有这方面的说明，至少也会标明轴的转向，CW（顺时针）或 CCW（逆时针）。

参考本章后面的部分"控制直流电动机"的内容，获得多种实现电动机正反转的方法。

22.2　评论直流电动机的参数

电动机参数，比如电压和电流，在第 21 章里面进行过介绍。这里快速重述一下给机器人挑选直流电动机时所要关注的几个要点。

● 直流电动机可能经常会在大于或小于它们额定电压的条件下运转。如果电动机的额定电压是 12V，你用 6V 电压给它供电，结果是电动机仍然会旋转，只是转速和转矩都会降低。反之，如果用 18V 电压给电动机供电，电动机的转速会加快转矩也会增加。

● 但是这不是说你可以有意地降低或增加电动机的负荷。长时间过载运转将导致电动机寿命迅速降低。用 12V 电压给额定电压是 10V 的电动机供电或者用 4 ~ 5V 电压给 6V 电动机供电是相对比较安全的做法。

● 直流电动机在失速的时候将消耗较高的电流。如果电动机上面有电流但是轴不旋转就会发生时速的问题。你所使用的电池、控制电路或驱动电路应该能提供电动机失速时所需的最大电流，否则就会发生比较严重的问题。

● 直流电动机的转速通常比较快，无法直接应用于机器人。为了降低电动机的转速，必须使用一些特定类型的齿轮减速机构。传动装置降低转速的同时还有着增加转矩的积极效果。

22.3　控制直流电动机

如我提到的那样，想改变直流电动机转动的方向非常容易。用开关切换电动机的端子与电池的极性就可以控制电动机反转，需要电动机停转时拿走电池就可以了。

这种方法在工作台上做试验很容易实现，但是怎么控制已经安装在机器人上面的电动机呢？你有很多种选择，每种选择都有它自己的位置。你将要从本书中学习到的方法是：

● 开关
● 继电器
● 双极晶体管
● 场效应晶体管
● 电动机双向模块

22.4　用开关控制电动机

你可以使用开关以人工的方式控制机器人。这是学习机器人控制和进行不同的机器人底盘的试验的一个好方法。开关通过导线连接到机器人上面，你可以控制电动机的运转和转向。

22.4.1　用开关实现简单的开/关控制

一个最基本的单刀单掷（SPST）开关可以控制电动机的启动和停止。多数机器人上面都有两个电动机，因此你需要用两个开关分别控制每个电动机。

按下开关启动电动机

- 使机器人前进，同时打开两个开关。
- 使机器人向不同的方向旋转，打开一个开关的同时将另一个开关关闭。
- 最后，使机器人停止，当然需要同时关闭两个开关。

22.4.2　用开关控制转向

使用一个双刀双掷（DPDT）开关（见第31章"机器人常用的电子元件"里面的详细介绍），你可以控制电动机的转向——将开关推向前方使电动机向一个方向旋转；将开关拉回来，电动机将向另一个方向旋转。

 提示：即使你不打算用开关控制机器人，这部分仍然是值得一看的内容，它可以帮助你了解 DPDT 开关是如何控制电动机反向运转的。同样地，基本反向技术也适用于其他场合。

同样地，对于常见的使用两个电动机两个车轮的机器人，你要用一对 DPDT 开关控制两个电动机。一个开关操作左侧的电动机，另一个开关操作右侧的电动机。如果你的 DPDT 开关带有中间断开的挡位，可以使用同样的两只开关切断电动机控制机器人的停止。

图 22-2 中的例子说明了如何将两只 DPDT 开关从电池组连接到机器人上面的一对电动机上。把电池和开关放在一个控制盒里。用两套导线（一共 4 根）将控制面板上的开关与机器人上的电动机连接在一起。

记得使用带有中间关断挡位的 DPDT 开关。当它们放置在中间挡位时，电动机上面没有动力，机器人停止移动。

图 22-3 显示了如何连接开关（这个技术也适用于继电器，见下文）实现电动机的反向旋转。刚开始看到这个线路图可能会觉得连线有点乱，实际上它工作起来非常有条理。开关控制着电流的方向，就是说，当开关位于 A 挡时，电流从一个方向通过电池流经电动机。把开关切换到 B 挡，电池电流的方向会变成

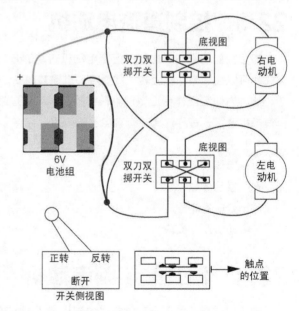

图 22-2　如何连接双刀双掷开关控制电动机的转向。用两个开关以人工的方式控制两个电动机的转向。带有中间断开的开关可以使你按照开关操纵杆动作的方向控制电动机的状态

从另一个方向流经电动机。这自然会使电动机向另一个方向旋转。

值得一试的内容。

● 只启动一个电动机（另一个电动机停止）控制机器人的转向。注意转弯的速度。

● 现在让一个电动机向前走另一个电动机向后走。注意转弯的速度，它变快了。此时机器人实际上是原地旋转。这是军用坦克转弯所采用的方法，称为坦克的信地旋转。这个技术在机器人中更加常见，称为差速转向。

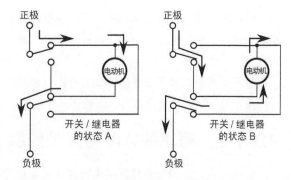

图 22-3　电流在双刀双掷开关中的流通方向。如图所示，开关连接的方式可以切换电池连接到电动机的极性

● 用开关操作机器人可以很好地学习它到底是如何工作的，但是很快你就想升级成非手动的模式，使你创造出的机器装置可以自己转动。其他专注于技术的直流电动机的控制方法可以实现机器人的全自动控制。

 提示：试着使用瞬时接触的自动复位开关，当你松开它们的时候开关里面的弹簧会使它们回复到中间挡位。相对于来回拨动的钮子开关，用它们控制机器人会变得很轻松。自动复位的 DPDT 开关价格稍微有点高，但是它们操作起来更加方便。

22.5　用继电器控制电动机

在开始介绍用全电子的方法控制电动机之前，我想花一点时间谈一谈另一个有点古老的方法：使用继电器。是的，我知道现在是 21 世纪，像继电器这样的东西差不多是 200 年以前的发明。的确如此！

但也有很多很好的理由关注一下继电器，它们可以看成是一个全电子控制的开关。此外，小型继电器价格便宜使用方便也非常适用于小型机器人。

 提示：继电器随着时间的增长会出现磨损，它们切换的速度也没有电动机电子控制电路快，不论从哪方面看它们都不是最佳的选择。适用于中等大小的桌面式机器人的小型簧片式继电器有几十万次的切换寿命。它们切换的速度慢，电动机运转会更慢，它们是机器人里面动作速度最慢的零件。

22.5.1　继电器的内部结构

一个继电器就是一个电子控制的开关。它和前面介绍的手动开关一样，只是加入了通过电子信号进行控制的功能。

　　继电器的操作原理非常简单：一个线圈放置在一个相当于开关的动片的金属片附近。当线圈里面有电流通过的时候，线圈像电磁铁一样产生磁性。线圈的磁性拉动开关上的金属片，这会使开关吸合。

　　差不多所有的继电器都是自动复位的，就是说，当电流从线圈里面消失的时候，金属片上的一个弹簧会将其恢复到初始位置，这会使开关释放。

22.5.2　简单的继电器开关控制

　　你可以用一个单刀单掷的继电器实现电动机的基本开/关控制，原理和使用手动开关一样。在接线上通过继电器的常闭触电切断电池与电动机的连接，当继电器吸合的时候电池与电动机连通，电动机开始旋转。

　　如何控制继电器的吸合是你需要仔细考虑的问题。你可以用一个按钮开关来控制继电器，但是效果和直接使用手动开关控制没什么区别。你机器人里面的简易电路板或单片机产生的数字信号也可以很容易地驱动继电器。

　　图 22-4 显示了一个由继电器组成的基本控制电路。

　　如果你刚开始接触基础电子学，可以先了解一下这些专用的术语。

　　● 逻辑 0（称为低电平）是数字电路里面的专用术语，含义是继电器上的电压是 0V。

　　● 逻辑 1（称为高电平），含义是继电器上有（一定数值的）电压。在大多数数字电路里，这个电压是 5V。实际上，除非特别告知，我们都会假定它是 5V。

　　● 门是数字电路的输入和输出，比如一个计算机或单片机上面的输入和输出。像你可能猜到的那样，当你用一个数字信号控制一个继电器时，使用的是一个输出门。

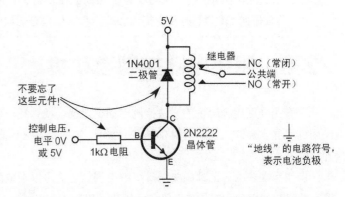

图 22-4　继电器可以用来切换电动机的启停。晶体管和电阻的作用是驱动继电器，通过一个 0V 或 5V 的控制电压来控制继电器的动作

　　在这个电路中，低电平使继电器的释放，高电平使继电器吸合。很多种数字门都可以对继电器进行控制。本书第五部分的章节里将更广泛地讨论用电路和计算机进行控制的方法。如果你想试验继电器控制，需要先弄明白图 22-4 显示的接线图。这可以使你为后面章节的学习做好准备。

22.5.3　用继电器控制方向

　　用继电器控制电动机的转向比控制电动机的开/关增加了一点难度。像前面章节介绍的手动开关控制一样，相应地，这里需要使用一个 DPDT 的继电器，连接上述的开 / 关继电器的后面。图 22-5 显示了这两个继电器是如何进行连接的。当 DPDT 继电器里面的触点在一个位置时，电动机顺时针旋转。当继电器吸和，触点的位置发生变化时，电动机开始逆时针旋转。

此外，你可以非常容易的用数字信号控制转向继电器的工作。逻辑 0 使电动机向一个方向转动（假设向前），数字 1 就会使电动机向另一个方向转动。

你可以看到如何使用两个由计算机数字电路或单片机产生的数字信号

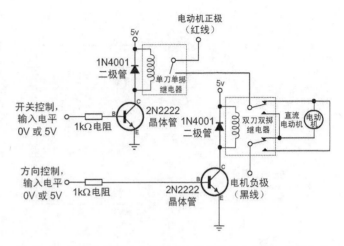

图 22-5　两个继电器组合实现对电动机的完全控制，包括电动机的启停、正转和反转。上面的继电器类型为单刀单掷，下面的继电器类型为双刀双掷

来控制电动机的启停和转向。大多数机器人在设计上包含两个驱动电动机，你用 4 个数字信号就可以控制机器人的运动和方向。实际上，这个方法适用于本章里介绍的全部电动机控制电路。

提示: 你需要使用两个继电器来达到和带有中间关断功能的 DPDT 开关控制一样的效果。一个 SPST 继电器用来控制电动机的启动和停止，一个 DPDT 继电器用来控制电动机的转动方向。

22.5.4　创建一个继电器半桥

前面介绍的用 SPST 和 DPDT 继电器组合控制电动机的方法在电路上等效于使用开关控制，它适用于大多数你可能会使用到的电动机。这里还有一个更简单的用继电器控制小型低压直流电动机的方法。它非常适合控制那些工作电压在 1.5 ～ 3V 的电动机，比如流行的田宫双电动机减速箱里面使用的电动机。

图 22-6 显示了用两个 SPST 继电器制作的半桥控制电路。为了使它工作，你需要准备一对电池组（见图 22-6 ）。一个电池组向电动机提供正电压，另一个提供负电压。

提示: 你可以使用一对含有两个 AA 电池的电池仓来驱动电动机，电池可以使用碱性或可充电的镍镉或镍氢电池。当使用碱性电池的时候，每个电池仓的电压是 3V，使用可充电电池时电压是 2.4V。这两个电压都适用于田宫双电动机减速箱里面的电动机或其他类似的电动机。

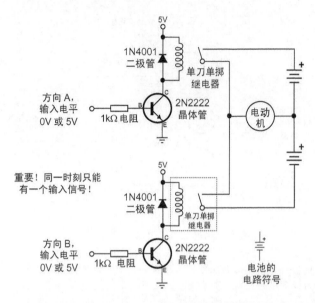

图22-6 另一种使用一组双电源（电源提供正负电压，简单方法可以将两个独立的电池组连接起来，如图所示）和两个单组触点的继电器控制电动机的方法。没有输入信号的时候电动机不会转动

按照下表控制电动机，千万注意不要让两个继电器同时吸和。

继电器1	继电器2	动作
释放	释放	电动机停转
吸合	释放	电动机正转
释放	吸合	电动机反转
吸合	吸合	不允许

如果你喜欢全电子控制的方式，见下面章节介绍的使用晶体管控制的方法，里面会再次涉及半桥控制的想法。

22.5.5 继电器的额定电流

当你为机器人挑选继电器的时候，需要确保触点的额定电流能满足电动机的要求。所有继电器都有触点容量，它们的电流可以从0.5A到50A以上，电压为125V。继电器容量越大它们的体积也越大，同时需要更多的动作电流。这意味着它们需要更大的晶体管来驱动它们，同时对控制电路里面的元件也有了更高的要求，这样会增加制作难度。

本书里面介绍的业余机器人的重量普遍低于30磅，你可以使用更小的电动机，这意味着更小的继电器。对于书中描述的机器人，你不必使用电流超过2A或3A的继电器。如果你计划用更大的电动机制作更大的机器人，你应该考虑使用双向电动机驱动模块，详见下面的章节。

22.5.6 简易继电器驱动电路

控制两个电动机需要使用4个继电器，这意味着4个晶体管、4个二极管和4个电阻。这些元件的作用都是什么呢？

- 晶体管用来提高数字门的电流（比如，单片机的数字输出），因为不是所有的门都有足够的电流直接驱动继电器。晶体管担任着电流放大器的角色。

- 二极管保护晶体管不受继电器在释放线圈中产生的反向电流的影响。这是因为继电器释放的时候，线圈上的电流会产生一个反向电动势。这个反向 EMF（EMF 含义是电动势）会损坏晶体管，二极管可以防止这个情况的发生。

- 电阻控制着从数字门流向晶体管的电流大小。没有电阻，晶体管会吸收过多的电流造成门电路的损坏。

对于一个 5V 的电路来说，电阻的典型值为 1kΩ（1 000Ω）~4.7kΩ（4700Ω）。电阻值越低，从门电路流向晶体管基极的电流越大。1kΩ 电阻适用于需要更多电流的比较大的继电器，反之，电阻值可以适当增加。

 提示：用高阻值电阻与晶体管基极连接可以使继电器的动作更可靠。你可以从 4.7kΩ 开始向下进行试验，直到你找到一个最适合电路工作的阻值。

晶体管－电阻－二极管组合电路是最典型的将继电器接入电路中的方法。你也可以使用一个 16 脚的专用 IC 来节省一些空间和组装时间。ULN2003 集成电路里面包含了 7 个驱动器，每个驱动器类似前面例子中提到的晶体管－二极管－电阻组合电路。

使用方法是将控制门信号连接到驱动输入，将继电器连接到输出，如图 22-7 所示。图中显示了使用 7 个驱动器中的一个。你可以用剩余的驱动器连接其他的继电器，或者是一些完全不同的东西，比如点亮一个超量的发射二极管。如果某个驱动器没有使用，可以把它的输入与地连接起来，输出端不连接。

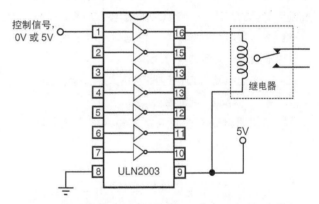

图 22-7　ULN2003 达林顿阵列集成电路里面包含了 7 个独立的驱动电路。这些驱动电路包括前面继电器电路中的反向保护二极管。使用 ULN2003 是同时控制多个继电器的最简单的方法

 提示：你可能会看到在类似的电路中，ULN2003 的输出端使用了二极管。这是可行的。虽然芯片内部已经设置了二极管，但是一些设计者还是喜欢额外的保护措施并加入他们自己的二极管。对于模型机器人使用的小型继电器来说，通常不需要额外的二极管，如果你喜欢也可以把它们加上。

22.6　用双极型晶体管控制电动机

双极型晶体管的"双极"二字不是指它的特性有两个极端。在这种情况下，双极只是形容它的

内部构造，这和我们将要介绍的内容没什么关系，故此不做更多的介绍（而且，市场上起码有一万本书籍和网站已经讨论过这个话题）。此外还有很多其他类型的晶体管，这里我们暂且先关注双极型的品种。

> **提示：稍微多说几句。双极型晶体管准确的应该称为双极结型晶体管，简写为 BJT。 含义是一样的，只是叫法上多了几个字。**

对于机器人电动机控制来说，你可以把双极型晶体管当成一个开关使用。实际上，晶体管所起的作用也像一个开关：电流的通断控制着晶体管（开关）的打开或关闭。为了使它可以工作在电动机控制状态，还需要给晶体管增加一些常用的电子元件，具体说就是一个电阻和一个二极管。下文很快就会介绍到它们的用途。

22.6.1　基本的晶体管电动机控制

图 22- 8 的电路显示了一个最基本的用晶体管控制电动机的方法。一个数字的低电平或高电平信号送到晶体管电路的输入端。根据输入电平的低或高，电动机相应的启动或停止。

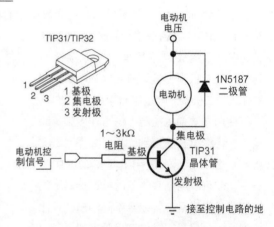

图 22-8　使用一个晶体管的电动机全电子控制电路。这个简单的电路可以通过输入信号控制电动机的启停。选择合适的电阻，使有输入信号的时候晶体管完全导通（此时电动机应该接近全速）

- 当你把电动机控制电路的输入端连接上 5V（高电平），电动机启动旋转。
- 当你把电动机控制电路的输入端连接到地（低电平），电动机停止转动。

图 22- 9 更进一步用两个双极性晶体管创建了一个半桥。一个晶体管的类型是 NPN，另一个的类型是 PNP（参考第 31 章"机器人常用的电子元件"，获得关于这些术语的更多信息）。如果你使用具有相同参数的 NPN 和 PNP 晶体管（称为互补对管），可以达到最佳效果。参考图 22-9 里面的控制状态表对电动机进行相应操作。因为要使用 NPN 和 PNP 两种类型的晶体管，这种方法不太常用。

注意二极管在电路中的作用。当电流从电动机上移走的时侯，电动机会继续旋转直到它自然停止。在旋转的过程中电动机会产生反向电流，这可能会损坏晶体管。这里使用的二极管有很多种叫法，保护二极管、缓冲二极管、续流二极管和抑制二极管，还有其他很多种名称，指的都是同样的东西。叫法的不同只是从不同角度描述二极管的功能，而不是类型。

你需要使用两个电源提供的双电压维持这个电路的运转。准备一对两节电池的电池仓，如图所示把它们连接好。

提示：图 22-8 所示型号的晶体管在它的集电极（"C"）和发射极（"E"）之间存在
一个电压降。这个电压通常大约是 0.7V。这个电压已经很高了，你会明显注意到电动机
的转速比直接用电池供电的时候降低了一点。使用场效应晶体管可以有效地避免这个副
作用，见下文的描述。

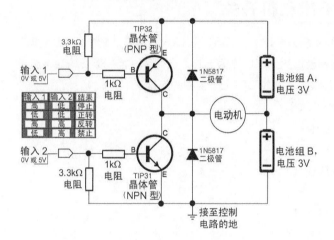

图 22-9　简单的双电源电动机控制电路，电
源为串联在一起的两组电池。注意晶体管的
是不同的，一个是 NPN 型，一个是 PNP 型

22.6.2　双向晶体管控制

　　一个更复杂的晶体管电动机控制电路使用的是全桥，也称为 H 桥。"H"来自于电动机在它的
控制电路中的连接方法，乍一看有点像英文的大写字母 H。

　　H 桥需要使用 4 个晶体管，以及一些相关元件——电阻、保护二极管，可能还会更多，这取决
于具体的设计。这种电路的制作和调试都很困难。相较于其他控制电路而言，晶体管 H 桥不是最佳
的技术方案，其他电路实现起来会更容易，成本也会更低。

　　反之，你可以用下面章节里介绍的场效应晶体管，或者物美价廉的双向电动机驱动 IC、模块实
现对电动机的双向控制。本章末尾会涉及 IC 和模块的问题，这两种方法操作起来都更加灵活，多
数情况下它们的造价更低，制作更简单。

22.7　用功率场效应晶体管控制电动机

　　MOSFET 的含义是"金属氧化物半导体场效应晶体管"。金属氧化物指的是它们的生产过程，
场效应涉及晶体管导通电流的方法。功率场效应管是更进一步的分类，这类器件更适合驱动一些特
定负载，比如电动机。

　　场效应晶体管看起来和双极型晶体管没什么区别（它们的封装是一样的），但是它们的内部存
在很多明显差异。首先，金属氧化物的结构使它们更容易被静电损坏，因此在使用之前需要将它们

妥善保存在专用的防静电容器里，保证元件管脚的周围始终包裹着导电海绵。

其次，管脚的名称与双极型晶体管不同。这些变化在第31章"机器人常用的电子元件"里面会进行更深入的讨论。现在你只需要知道如果一个MOSFET在你的电路中连接不正确，在打开电源的瞬间它就极有可能被烧毁。双极型晶体管通常不会这么容易损坏。

22.7.1　基本的 MOSFET 电动机开关

一个常见的功率MOSFET是IRF5xx系列，比如IRF510、IRF520等。它们采用常见的TO-220型晶体管封装。当这些器件安装在合适的金属散热器上时，它们可以控制数安培的电流。散热器是一块表面积很大的金属材料，它可以散发掉MOSFET上面的热量。

图22-10显示了一个用常见的IRF510功率MOSFET构成的基本电路。它可以实现对电动机的简单开/关控制。给晶体管的栅极加上一个5V信号，电动机就会旋转。电阻的作用是对电路中的晶体管提供额外的保护。

注意图中的电动机电压，加到电动机上的电压与控制MOSFET的电压是不同的。在大多数情况下，机器人控制电路的电源电压是5V。电动机上面的电压可以是5V或者更高，它取决于MOSFET的额定限制，一般这个电压至少是20V或30V。对于IRF510来说，它的极限电压是100V。

IRF510在很多在线商店里面都可以买到，它的价格低于1.5美元。

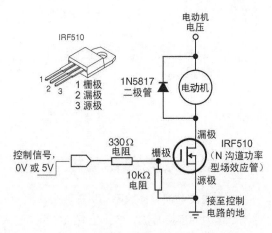

图22-10　功率型场效应管在电动机运转的时候可以提供近似电源电压的电压

22.7.2　使用场效应晶体管的电动机 H 桥

图22-11显示了MOSFET晶体管H桥的基本概念。晶体管栅极连接着地或5V电压。Q1和Q4导通，电流从一个方向流过电动机，电动机开始顺时针旋转。Q2和Q3导通，电流从另一个方向流过电动机，结果造成电动机逆时针旋转。

根据器件内部导电沟道的特点，把MOSFET分成两类——N沟道和P沟道。这两类晶体管内部化学组成是不同的，这

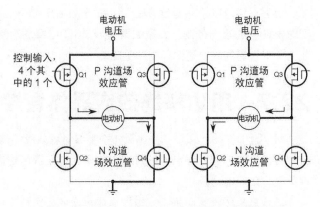

图22-11　一个用4个场效应晶体管构成的最基础的双向电动机控制电路。注意最上面的两个晶体管是P沟道的类型，下面的两个晶体管是N沟道的类型，不要搞混

对器件里面电子传导的方式会产生不同的影响。图中的电路结构是根据 N 沟道和 P 沟道晶体管各自的特点进行规划的，实际的 H 桥所起的作用非常像一个机械开关。

注意 N 沟道或 P 沟道 MOSFET 的导通是相对的，对于 P 沟道晶体管来说，它的工作方式与你想象的正好相反。

栅极信号	N 沟道	P 沟道
0V（低电平或逻辑 0）	截止	导通
5V（高电平或逻辑 1）	导通	截止

与双极型晶体管当电流通过它们的时候会产生一个电压降的情形不同，MOSFET 晶体管几乎可以向电动机提供全部的电源电压。

提示：你使用的 N 沟道和 P 沟道 MOSFET 晶体管应该是互补对管，就是说晶体管的类型不同但是它们的参数是相似的。这提供了一个平衡的电流运送能力。比如，你需要使用 IRF530/IRF9530 对管或 IRF540/IRF9540 对管。不是全部的晶体管都用这种编号方式表示它们是对管。你可以翻阅一本基础数据手册查找互补对管，并仔细阅读在线零售商所提供的参数。多数零售商会直接向你提供 MOSFET 制造商的数据手册的链接，你按照需要核对并对比它们的参数。

供参考

MOSFET 晶体管 H 桥有很多种结构，每个设计思路都有其独特的优势。与其在这里简单的把它们一一列举出来（这对它们是不公平的），不如去 RBB 技术支持网站（参考附录 A 里面的说明）看看附加的 H 桥项目。项目里包含几个从简单到复杂的测试版本。

22.7.3 常见晶体管 H 桥的设计要点

如果你想设计自己的 MOSFET 晶体管 H 桥，需要注意以下这些设计要点。

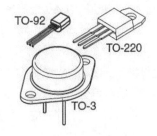

首先，你选择的晶体管必须能够满足电动机的电流需要。根据电动机的参数确定它们的最大电流消耗，或者你可以按照第 21 章"选择正确的电动机"里面的方法测出电动机的电流。

大多数电动机的电流至少是 500mA，这个数值超出了小型 TO-92 封装的 MOSFET 晶体管的最大电流运送能力。你所使用的大多数电动机需要使用相应的 TO-220 或 TO-3 封装器件。

大功率 MOSFET 晶体管的外壳兼做管子的漏极。如果你把晶体管安装在普通散热器上这个问题显得非常重要，特别是你准备把散热器安装在机器人的金属框架上的时候。为了避免可能出现的短路，需要给晶体管配备一套绝缘垫。绝缘垫在起到导热作用的同时可以隔绝晶体管与散热器之间的电气连接。

当使用 TO-220 或 TO-3 封装的晶体管时，如果电路板上的晶体管距离太近，一定要避免让它们外壳的金属部分碰在一起。

大多数 H 桥的设计给每个晶体管都配备了一个保护二极管。没有这些二极管，电动机产生的反向 EMF 可能会对晶体管造成损坏。发生这种问题的时候，你将注意到晶体管使电动机持续转动，但是电动机上的电压明显降低了。虽然现在生产的大多数功率 MOSFET 晶体管内部已经包含了一个二极管，但是很多机器人爱好者还是建议在晶体管外面加上自己的保护二极管。对控制中小型电动机的 H 桥来说，像 1N5817 这样的快速肖特基二极管就是一个不错的选择。

最后，注意电动机产生的噪声问题。你需要在电动机电压的输入端与地之间并联一个铝或钽电解电容（47 ~ 330μF），与晶体管的距离越近越好。

22.8　用双向模块控制电动机

电动机控制电路的应用非常普遍，市场上起码有数十家公司都提出了自己的一套完整的电子解决方案。这些产品涵盖了价格便宜的 2 美元的集成电路到造价高达数十万美元的精密模块。当然，我们的讨论只限于它们中的低端产品。

电动机控制模块里面带你在前一节中学习到的 H 桥。模块可以仅由一个 IC 组成，也可以是一块包含了 H 桥电路的成品电路板。不论哪种方式，电动机控制电路都带有两个或多个用来连接到控制电路的引脚，当然，还包括连接到电源和电动机的引脚。

典型的引脚功能有：

● 电动机电源。这些引脚连接着电池或其他的电动机电源。我喜欢用独立的电池组分别给电动机和机器人电路供电。使用电动机模块上面的电源引脚，可以很容易地实现。

● 电动机使能。在使能激活的状态，电动机转动；在使能注销的状态，电动机停止。一些控制电路在注销的时侯对电动机不进行操作，电动机轴失去惯性后自然停止。另一些控制电路在注销的时候会在电动机的端子上产生一个制动电流，电动机可以实现急停操作。

● 方向。设置方向引脚可以改变电动机转动的方向。

● PWM。大多数 H 桥电动机控制 IC 在控制电动机启停和方向的同时还可以控制电动机的转速。这是指用脉宽调制，简称 PWM 的方法来改变电动机的速度。在后面的"控制直流电动机的速度"章节会进行更全面地介绍。很多 H 桥 IC 上面的电动机使能和 PWM 输入是相同的。

● 制动。控制电路在使能注销的时侯对电动机不进行操作，一般需要一个专用的制动输入端对电动机进行制动控制。

● 电动机输出。控制电路输出连接电动机的引脚。

高级一点的电动机控制电路带有过流保护电路，防止因电动机消耗过多电流导致芯片过热甚至损坏的问题。一些控制模块甚至带有电流传感器，你可以用它们判断机器人是否卡死。

记得本章前面曾提到过直流电动机在失速的时候会消耗非常大的电流。如果机器人被某些东西卡住不能转动，它的电动机会停转，电流消耗会猛增。

22.8.1 使用 L293D 和 754410 电动机驱动 IC

最常见也是最便宜的电动机控制 IC 是 L293D 和与其性能接近的 754410。它们都是小型 16 脚的集成电路，引脚排列也是一样的。两者之间较大的区别是芯片允许的最大电流不同。

- L293D 可以提供超过 600mA 的电流（每个通道的连续电流）。
- 754410 可以提供超过 1.1 A 的电流（每个通道的连续电流）。

这两个芯片都可以工作为 4.5 ～ 36V 的电源电压条件下，并都可以同时连接两个电动机。

以下我们仅以 L293D 做参考，同样的讨论也适用于 754410。

 提示：购买 L293D 的时候，一定要注意芯片编号的末尾带有一个 D。"D"指的是二极管。本章前面曾经介绍过用二极管来保护 H 桥里面的晶体管。L293D（和 754410）里面带有内置的二极管。如果你买的是 L293，末尾没有 D，那么你需要自己给芯片加上这些二极管。

我们在讨论二极管的问题时，一些机器人爱好者对 754410 里面内置的二极管是否起到保护作用持有疑问。754410 的数据手册里对这个问题解释的不是很清楚，几个不同版本的手册里还有其他错误，使这个概念变得更加混淆。如果你想确保 754410 处于完全保护状态，你可以给它加入额外的二极管，比如 1N5817。出于安全的考虑，最好给 L293D 和其他型号的电动机控制 IC 也加上额外的保护。

图 22- 12 显示了一个基本的 L293D 控制一对电动机的电路图。注意 L293D 的两个电源引脚：一个引脚是 IC 的电源，它应该是 5V；另一个引脚是电动机的电源，电压最高可以是 36V。电动机的最小电压是 4.5V。

每个电动机通过 3 个引脚控制，它们也被称为输入端。两个电动机在图中表示成电动机 1 和电动机 2。

与电动机 1 对应的控制端是输入 1、输入 2 和使能 1。电动机 2 的控制端则为输入 3、输入 4 和使能 2。

为了激活电动机 1，使能 1 必须是高电平。然后你就可以在输入 1 和输入加上一个高电平或低电平信号来控制电动机的转向了，具体

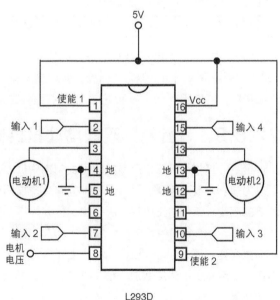

图 22-12　双向集成电路包含对电动机的全部控制

如下表所示。

电动机 1

输入 1	输入 2	动作
低	低	电动机停转
低	高	电动机正转
高	低	电动机反转
高	高	电动机停转

对电动机 2 的控制也一样，只是要用到输入 3 和输入 4。

使能端也用于控制电动机的速度（使能 1 对应电动机 1，使能 2 对应电动机 2）。除了持续的高电平信号，你还可以使用一个快速变化的高低脉冲，脉冲的长度决定了电动机的转速，更多信息见本章后面的"控制直流电动机的速度"。

L293 系列和 754410 芯片具有令"电动机快速停转"的功能，当把使能端置于高电平并同时把两个输入端置于低电平或高电平（二选一，对结果没有影响）时可以实现这个功能。根据电动机自身的特性，这可能不会产生太明显的制动效果。如果你需要让电动机快速停止转动，可以用瞬时反向来实现。如果你不想要"电动机快速停转"的功能，可以通过把使能端置于低电平的方法注销电动机。

 提示：L293D 中间的 4 个引脚作为 IC 的接地脚同时也担任一部分散热工作。为了使芯片可以驱动比较大的电流，你需要在 IC 的顶部加一个大一点的金属散热器。你可以购买成品或者用铜片（裸铜片）在 4 个引脚上焊接成"叉指"的结构。

22.8.2　附加项目：使用 L298 电动机驱动 IC

L298 是另一个常见的电动机驱动 IC，它可以给每个电动机提供 2A 的电流。它使用起来比 L293D 稍微复杂一点，但它们的操作原理是一样的。RBB 技术支持网站里面有 L298 附加项目的详细资料，还包括 Arduino 和 PICAXE 控制器的示例程序。

22.8.3　"智能"双向电动机控制模块

最近的趋势倾向于使用串行信号控制电动机，由简单设置以后就可以自动工作的模块组成，它可以为你解决很多问题。用一个单片机通过一根简单的串行通信电缆连接好模块，你就可以指挥电动机的启动、停止和正反转。所有的现代单片机都提供某种形式的串行通信接口，因此，这个技术适用于任何一个使用单片机作为主控核心的机器人。

更重要的是，你可以让电动机改变速度，而不必担心复杂的电动机速度控制（详见下一节）。你可以使用多少挡速度取决于模块的特性，但是至少也有 64 挡速度，从缓慢爬行到全速行驶再到飞速狂飙。

大多数这种智能模块都有单电动机或双电动机的版本，电流容量为 50A、75A，甚至 100A，非常适合你制作大型或战斗机器人。

 提示：还有一种高速遥控赛车模型使用的 ESC 电动机速度控制器（电调）。任何一家模型商店里都可以买到。虽然 ESC 电动机速度控制器是设计用于遥控接收机，但是你也可以用普通的单片机模拟出它所需的信号。可以把它当作一个舵机来控制。

22.9　控制直流电动机的速度

很多时候你需要机器人上面的电动机转动的慢一点或者维持在一个预定的速度。直流电动机的速度控制是一门独立的学科，但是它的基本原则十分简单。

22.9.1　不应该采取的方法

在讨论正确的控制电动机的速度的方法以前，我们先说说不应该怎么做。很多机器人爱好者最初会尝试用一个电位器来改变电动机的速度。这个方法可以工作，但是它会浪费大量的能量。升高电位器的电阻（它属于一个可变电阻）会降低电动机的速度，但是同时会导致大量的电流通过电位器。电路产生的热会消耗掉电池里面宝贵的电能。

22.9.2　基本速度控制

一个更好方法是以短暂的开 / 关脉冲的形式给电动机提供它的额定电压。脉冲变化的速度非常快，以至于电动机没有时间响应每个开 / 关变化。在这个情况下电动机处于一种平均的开与关的状态，电动机得到的是一个低于额定电压的平均电压，能量的利用率也提高了。

电动机的速度控制系统称为脉宽调制，简称 PWM。它是一个基本速度控制电路，适用于全部电动机。脉冲持续的时间越长，电动机转动的越快，这是因为它在一个更长的周期里得到了充足的能量。脉冲持续的时间越短，电动机转动的越慢。

图 22-13 显示了 PWM 的开 / 关特征。每个脉冲之间的时间称为周期，它们通常很短暂，只有微秒级别。在典型的 PWM 系统中，每秒钟的里面的这些周期可达 500 ~ 20 000 个，甚至更多。

注意，提供给电动机的动力或电压是始终不变的，它总是 5V（或者 6V、12V 等）。唯一改变的是电动机得到这个电压的时间。如果打开的时间相对于关闭的时间长，电动机就可以得到更多的动力。大多数电动机都可以在 PWM 占空比为 25% 或更高的时候正常工作。根据电动机自身特性和其他因素，占空比过低会导致电动机无法获得足够的动力带动负载。

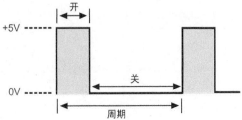

图 22-13　几乎所有的直流电动机都可以通过改变供电周期（打开和关闭的时间）的方法来调节速度。打开的时间越长，电动机的转速越快

> **提示：** 脉冲的频率（指一秒钟发生多少次）是不变的，改变的只是开和关的相对时间。
> **1kHz（每秒钟 1 000 次）至 20kHz 以上是最常用的 PWM 频率，具体数值取决于电动机特性。**

除非你有电动机制造商提供的参数说明，否则你不得不做一些实验来确定"理想"的脉冲频率。你所选择的频率应该既可以让电动机输出最大的动力又不会消耗太大的电流。

22.10　附加项目：电动机控制模块的接口电路

我在 RBB 技术支持网站增加了几个额外的电动机控制模块的项目，包括使用 Arduino 控制多个品牌和系列的电动机控制电路。你可以找到电路图、程序代码和零件清单。

还包括一个简单的程序项目，使用书中介绍的 3 个具代表性的控制器：Arduino、PICAXE 和 BASIC Stamp 控制经典的 L293D 和 L298 电动机模块。参考附录 A，获得更多关于 RBB 技术支持网站的信息。

示例代码演示了电动机的转向控制和 PWM 速度控制。

第 23 章

使用舵机

直流电动机属于一个开环系统——你向它们提供动力，它们开始旋转。在没有额外的机械和电子部分的情况下，它们旋转的量是不可控的。

另一方面是舵机，它们属于闭环系统。这是指电动机的输出是通过电路控制的。当电动机旋转的时候，控制电路监视着电动机旋转的位置。只有当电动机旋转到预定的位置时控制电路才会让电动机停转。所有这些都是舵机自己完成的，你不需要做任何额外的事情。

舵机在机器人中占有非常重要的地位。对机器人爱好者来说比较幸运的一件事是在另一种业余爱好——无线电遥控模型的市场中已经生产了大量容易使用、价格便宜的舵机。

在这一章，你将学习如何把无线电遥控（R/C）舵机应用于机器人项目之中。市场上有很多种舵机，遥控模型类的舵机是最常见的种类，价格也是一般人能够可以负担得起的，所以我将从它们开始介绍。

供参考

一定要参考第 24 章"安装电动机和车轮"，学习如何将舵机安装在机器人上。书中的第七部分"微控制器构成的大脑"中介绍了如何用程序控制舵机完成复杂的操作。

23.1　遥控舵机的工作原理

舵机设计用于无线电遥控系统，因此它们也被称为无线电控制（或 R/C）舵机，但是事实上舵机自己并不是通过无线电控制的。实际使用中舵机是连接在飞机或汽车模型的一个无线电接收机上，接收机的信号控制舵机动作。这就意味着你不一定非要用无线电信号来控制舵机（当然，除非你喜欢这种方式），你可以用你的 PC 机或一个类似 Arduino 这样的单片机来控制舵机。

图 23-1 显示了一个典型的用于飞机或赛车模型的标准尺寸的 R/C 舵机。它的尺寸大致是 $1\frac{1}{2}$ 英寸 ×3/4 英寸 × $1\frac{3}{8}$ 英寸。对于这种类型的舵机来说，不管是哪家制造商生产的，它们的尺寸和安装方式都是相同的。这意味着你在购买时可以在不同品牌之间挑选并进行价格比较。除了图中所示的类型以外还有另一些常见尺寸的舵机，但是我更倾向于这种类型。

图 23-1　一个标准尺寸的用于无线电遥控飞机或汽车模型的舵机。舵机带有安装孔，固定起来非常简单。舵机的输出部分可以安装舵盘、摇臂或其他机构（图片来自 Hitec RCD）

23.1.1　内部结构

舵机的内部包含了一个电动机和各种不同的元件，它们装配在一起构成一个整体（见图23-2）。尽管不同品牌的舵机可能不尽相同，但是它们都包含了 3 个最主要的部分：电动机、减速齿轮和控制电路。

● 电动机。一个双向旋转的直流电动机构成了舵机的心脏。

● 减速齿轮。高速电动机的转速通过一个齿轮系统进行降低。舵机的输出齿轮和输出轴可以称得上是对传统电动机的革命性改进。

● 控制电路。输出齿轮连接着一个电位器，这是一个常见的电子元件，类似于传统收音机的音量控制。电位器的位置标示了输出齿轮的位置。

电动机和电位器连接在一个控制电路上，这 3 部分构成了一个闭环反馈系统。舵机的电源电压是 4.8 ～ 7.2V。

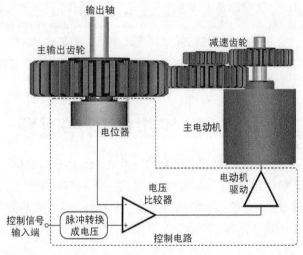

图 23-2　无线电舵机的工作原理。控制信号令电动机旋转，带动舵机的输出轴从当前位置转动到指定位置

　提示：你无法只是简单的用一个电池让舵机旋转，它需要特殊的控制信号进行操作。舵机可以通过简单的程序进行控制，实现起来并不是太困难。本书的第七部分提供了很多的程序示例。

23.1.2　旋转限位

像你猜测的那样，舵机和可以连续旋转的直流电动机不同，它在设计上带有旋转限位。当然有一些成品舵机也是可以连续旋转的，你也可以把一个普通舵机改装成可以自由旋转的类型（见本章后面的内容），R/C 舵机的主要用途是在 180° 范围以内实现精确的旋转。

尽管 180° 只是转动了半圈，听起来有点少，实际情况是这种类型的控制可以实现对机器人行驶方向的控制、带动机械腿抬起或落下、旋转一个传感器扫描房间等更多应用。舵机可以在特定的数字信号下进行精确的角度旋转，这个特性使它被广泛用于机器人的各个领域。

23.2　R/C 舵机的控制信号

控制信号由一串稳定的电子脉冲构成，它指挥舵机的输出轴转动到指定位置。脉冲的持续时间精确到毫秒，决定了舵机的位置，如图 23-3 所示。

值得注意的是舵机的控制信号不是指每秒钟脉冲的个数，而是指脉冲的持续时间。这对彻底了解舵机是如何工作的以及如何用单片机或其他电路进行控制非常重要。具体来讲，如果控制脉冲的持续时间为 1.5ms，舵机将置于中间点。更长或更短的持续时间会使舵机向不同的方向旋转。

- 一个持续时间为 1.0ms 的脉冲使舵机彻底转动到一个方向。
- 一个持续时间为 2.0 ms 的脉冲使舵机彻底转动到另一个方向。
- 对于复位，一个持续时间为 1.5ms 的脉冲可以使舵机返回到中点。

舵机在每秒钟大约需要 30~50 次这样的脉冲，如图 23-4 所示。这被称为刷新率或帧率，如果刷新率太低会导致舵机的精度和力度的降低。如果每秒钟的脉冲次数太多，会使舵机产生抖动而无法正常工作。

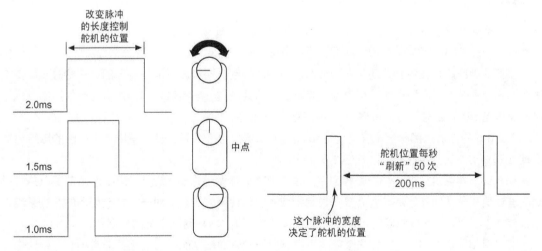

图 23-3　控制脉冲的长度决定了舵机输出轴转动的角度。脉冲的范围是 1.0ms（或 1000μs）～ 2.0ms（2000μs）。一个 1.5ms（1500μs）的脉冲使舵机的输出轴转动到中点

图 23-4　控制脉冲的频率（刷新）大致为 50Hz（每秒钟 50 次）

23.2.1 脉冲同样控制着速度

如上所述，舵机转动的角度取决于脉冲的持续时间。这项技术多年来被冠以许多名字。

一个你可能经常听到的术语是数字比例——舵机的运动与输入给它的数字信号成正比。

舵机内部的电动机所消耗的功率与输出轴当前的位置和需要抵达的位置的差（转动的角度）也是成正比的。如果舵机只需要转动一个很小的角度就可以到达它的新位置，那么舵机内部的电动机转动的速度也会很低。这样可以确保电动机不会"超出"预定位置。

但是如果舵机需要转动一个很大的角度才能到达新位置，为了尽可能快的到达这个位置，就需要让它全速度运转。当舵机的输出轴将要抵达新位置时，电动机的速度降低。

 提示：人们经常把控制 R/C 舵机的脉冲称为脉冲宽度调制或 PWM。这是可以的，但是它可能会导致一些概念上的混淆。

从技术上讲，R/C 舵机的脉冲信号更恰当地叫法应该是脉冲持续时间调制。PWM（详见第 22 章"使用直流电动机"）指的是脉冲的工作周期，脉冲的占空比指的是一个脉冲周期内高电平在整个周期中所占的比例。R/C 舵机不关心脉冲的工作周期和占空比，它们只关心脉冲的长度。只要舵机能够在每秒钟接收到至少 20 个（50 个最理想）脉冲，它就可以很好地工作。

不管你把舵机上面的信号叫什么名字，需要记住的是舵机的这个"PWM"信号和直流电动机的 PWM 信号没有任何关系。实际上，如果试图用直流电动机的 PWN 信号去控制舵机会造成它的过热甚至损坏。

23.2.2 脉冲宽度范围的变化

大多数舵机在设计上可以在满幅时序脉冲的控制下实现来回 90°到 180°的旋转。你会发现半数以上的舵机都可以实现 180°旋转，或近似这个数值的旋转。

不同品牌的舵机在完全转动到左边或右边所需的控制脉冲长度可能是不同的，有些时候即使相同的制造商生产的不同型号的舵机也存在差异。你需要通过一些实验找出最适合你所使用的舵机的脉冲宽度范围。这部分工作使机器人制作过程变得非常有趣。

1~2ms 的脉宽范围是一个安全边际量，它可以防止舵机损坏。虽然使用这个范围的脉宽只能实现 100°的旋转，但是它可以胜任许多工作。

如果你想要舵机完全从一边旋转到另一边，那么你需要给它提供比 1~2ms 这个范围以外的更短一些或更长一些的脉冲，具体需要多长完全取决于你使用的舵机。对一个特定型号的舵机来说，全程旋转（至停止）所需的脉宽可能在一个方向是 0.730 ms，另一个方向是 2.45ms。

当你使用比推荐的 1~2ms 这个范围更短或更长的脉冲控制舵机时一定要非常小心。如果你试图让一个舵机做超出它的机械限制的动作，电动机的输出轴会在内部卡死，这会导致齿轮滑齿或抖动。如果让这种状态持续的时间超过几秒，齿轮可能会永久损坏。

介于 1 ~ 2ms "中间"的 1.5ms 脉冲对所有样式或型号的舵机来说也可能不代表准确的中点。即使同一型号的舵机内部电路的微小差异也会使中点位置产生极小的变化。

 提示：R/C 舵机信号的时间通常规定为毫秒，还是可以使用一个更精确的单位——微秒（μs），或称为百万分之一秒。在后续的编程章节中你会经常看到以微秒表示的舵机时序脉冲。

将毫秒转换成微秒只需要把小数点向右移动 3 位。举例说，如果一个脉冲是 0.840ms，移动 3 位小数点后得到 0840 或者是 840 μs（取消掉前面的零，它是不需要的）。

23.3　电位器的作用

舵机的电位器起着非常重要的作用，它使电动机可以准确设定输出轴的位置，因此值得对它专门做一些介绍。

电位器与舵机的输出轴是机械连接在一起的（在一些型号的舵机里，电位器和输出轴是一体的）。因此，电位器的位置非常精确地反映了舵机输出轴的位置。

舵机内部的控制电路比较着电位器的位置与输入到舵机的脉冲。这个比较的结果得出的是一个错误信号。控制电路令舵机内部的电动机做不同方向的转动来补偿这个误差。当电位器达到它的最终的合适位置时，错误信号消失电动机停止转动。

23.4　特殊用途的舵机类型和尺寸

除了最常见的用于机器人和无线电遥控模型的标准尺寸的舵机以外，还有很多其他类型、样式和尺寸的 R/C 舵机。

● 1/4（或大尺度）舵机的尺寸比标准舵机大一倍，输出力度也显著提高了很多。1/4 舵机非常适合驱动机械手臂。

● 迷你和微型舵机是标准舵机的缩小版，它们设计用于空间紧凑的模型飞机或汽车，也可以用于机器人。它们的强度不如标准舵机。

● 收索舵机的设计目的是实现最大强度，主要用于移动帆船模型上面的三角帆或主帆。

参考这一章后面的"典型舵机规格"表，了解这些不同类型的舵机之间的尺寸差异。

23.5　齿轮机构和输出力度

R/C 舵机内部电动机的转速为几千 r/min。这种方式的转速太快无法直接使用，所有舵机都会使用一个齿轮机构将电动机的转速降低到大致为 50 ~ 100 r/min 的数值。舵机齿轮可以由尼龙、金属或其他专用的材料制成。

- 尼龙齿轮的重量是最轻的，造价也最低。它们适用于一般用途的舵机。

- 金属齿轮比尼龙齿轮要强壮得多，适用于需要强劲动力的场合，但是它们也显著增加了舵机的成本。它们被推荐用于重型的步行机器人或大型的机器臂。在很多舵机里只有一部分齿轮是金属的，其余的是高强度尼龙或其他塑料材料。

- 专用材料包括 Karbonite，在 Hitec 舵机里可以找到这种材料制作的齿轮。这种材料提供了比塑料更高的强度。

 提示：很多舵机，特别是中高价位的舵机（20 美元以上）都提供可替换齿轮组。如果一个或多个齿轮损坏了可以把舵机拆开替换上新的齿轮。

23.6　输出轴的轴衬或轴承

除了驱动齿轮，舵机的输出轴也承受着巨大的损耗。便宜一点的舵机的输出轴用一个塑料或树脂的轴衬支撑，这样的结构在舵机高负荷运转时会很快磨损。轴衬是一段支撑着输出轴与舵机壳体的套管或套环。

金属轴衬通常由含油轴承专用黄铜（商业上常被称为 Oilite）制成，增加了寿命但是舵机的成本也提高了。好一点的舵机装备的是滚珠轴承，它可以提供更长的寿命。

在评估舵机时，你通常会比较关注轴承的型式（轴衬还是轴承），以及它的材质是塑料的还是金属的。你还应该注意"顶部"或"底部"标示，这是指一个轴衬或轴承是位于输出齿轮的顶部还是底部（最好同时都有），如图 23-5 所示。

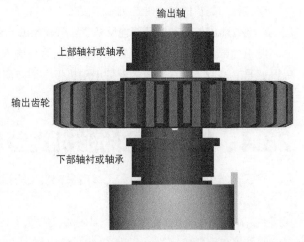

图 23-5　为了延长舵机的寿命，在舵机输出齿轮的底部或顶部可能会安装有滚珠轴承或轴衬

23.7　典型舵机参数

R/C 舵机遵循一定的标准。这种同一性主要适用于标准舵机，测量值近似是 1.6 英寸 × 0.8 英寸 × 1.4 英寸。其他类型的舵机尺寸在不同的制造商之间会有所不同，因为它们是设计用于从事专业工作。

表 23-1 概括了几种类型舵机的典型规格，包括尺寸、重量、扭矩和切换时间。当然，除了标准舵机以外，根据品牌和型号的不同这些规格也可能会发生变化。记住，所有类型的 R/C 舵机可能

都会存在一些变化。

规格里面使用的一些术语需要单独做一点介绍。

● 在第 21 章 "选择正确的电动机" 里面解释了电动机扭矩是指它输出的力矩。舵机具有非常高的扭矩,这要感谢它们内部的齿轮机构。

● 切换时间(也称为转换速率)指的是舵机旋转一定角度,通常为 60°,所需的近似时间。切换时间越快,舵机的动作执行时间也越快。

 提示:你可以用 60° 的切换时间乘以 6(得出转满一圈 360° 所需的时间),再把得出的结果用 60 去除,计算出舵机的 r/min 数值。举例说明,如果一个舵机 60° 的切换时间是 0.20s,那么它转一圈所需的时间就是 1.2s(0.2×6=1.2),或 50 r/min(60/1.2=50)。

表 23-1　典型舵机规格

舵机类型	长度	宽度	高度	重量	扭矩	切换时间
标准	1.6 英寸	0.8 英寸	1.4 英寸	1.3 盎司	42 盎司·英寸	0.23s/60°
1/4 比例	2.3 英寸	1.1 英寸	2.0 英寸	3.4 盎司	130 盎司·英寸	0.21s/60°
迷你微型	0.85 英寸	0.4 英寸	0.8 英寸	0.3 盎司	15 盎司·英寸	0.11s/60°
矮款	1.6 英寸	0.8 英寸	1.0 英寸	1.6 盎司	60 盎司·英寸	0.16s/60°
小型收索	1.8 英寸	1.0 英寸	1.7 英寸	2.9 盎司	135 盎司·英寸	0.16s/60° 1s/360°
大型收索	2.3 英寸	1.1 英寸	2.0 英寸	3.8 盎司	195 盎司·英寸	0.22s/60° 1.3s/360°

23.8　连接器的类型和配线

虽然不同型号的舵机规格可能会有所不同,但是用来将舵机连接到它们的接收机的插接式连接器是遵循统一标准的。

23.8.1　连接器的类型

R/C 舵机主要有 3 种连接器。

● "J" 或 Futaba 样式

● "S" 或 Hitec/JR 样式

● "A" 或 Airtronics 样式

几个主要的舵机制造商——Futaba、Airtronics、Hitec 和 JR 所生产的舵机使用的连接器类型是最常见的。此外一些生产舵机的竞争厂家通常会提供不同类型的连接器,他们同时还提供连接适配器。

23.8.2　引出线

连接器的具体形状是一个需要考虑的问题。连接器的导线（称作引出线）同样也很重要。幸运的是，除了"老式风格"的Airtronics舵机（不太常见的怪异的四线的舵机），所有舵机都使用同样的引出线，如图23-6所示。

除了极个别的情况，R/C舵机的连接器都是用3根导线，分别提供地线、直流电源（+V）和信号的连接。直流电源的+V引脚事实上总是处在中间位置，这种方式可以保证即使你把舵机的引出线插反了，也很少会造成损坏（一个例外是"老式的Airtronics舵机"，它的接线方式已经不再使用了，如果你有一些这样的老型号的Airtronics舵机 可能会遇到这个问题）。

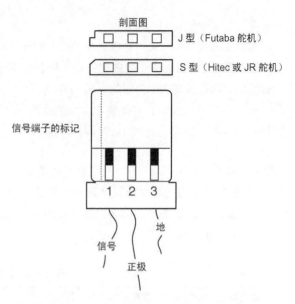

图23-6　R/C舵机普遍使用的标准三脚连接器。连接器可能会用一个凹槽或缺口标记出信号端子的位置

23.8.3　彩色编码

大多数舵机用彩色编码标示出每根连线的功能，不同制造商使用的颜色会有所不同。一些常见的导线颜色编码是：

- 白、桔黄或黄：信号
- 红：+V （直流电源）
- 黑或棕：地线

23.8.4　用排插配合连接器

R/C舵机与配套的接收机之间使用分极式连接器来起到防止反接的问题。

因为这种分极式连接器的价格非常高，所以大多数爱好者都会替换使用电路中常用的0.100英寸的"折断式"排插。你可以在任何一家本地的或在线电子材料商店里买到这种东西，它们的价格非常便宜。

对于舵机的连接，需要掰下排插上的三组针脚然后把它们焊接在你的电路板上。因为这种插针无法辨别方向，可能会出现把舵机插反的问题。你需要标记出舵机连接器与插针的正确连接方向，防止这种问题的发生。

所幸的是，连接器插反一般不会对舵机或电路造成任何损害，因为插反连接器只会交换信号和地线的位置。这个情况不适用于"老式风格"的Airtronics连接器，如果你把这种连接器插反，信号和直流电源（+V）导线会交换过来，这会对舵机和控制电路造成永久损坏。

> **提示：如果插针的连线不正确也会造成损坏。搞混地线和 +V 的针脚，你的舵机在几秒钟内就会永久损坏，或许还会出现冒烟短路等更严重的情况。我曾经看到过一个反接在电路中的舵机底部被彻底烧化了。**

你还可以用插针和免焊电路板简单快速的将舵机连接到机器人电路里面，使用两头都长出来一些的插针可以获得最佳效果（见图 23-7）。

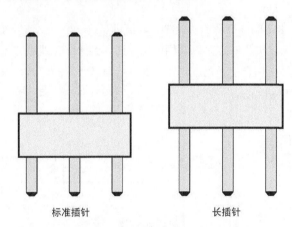

标准插针　　　　　　　　　长插针

图 23-7　标准插针和两端都是长针脚的长插针。你可以用长针脚的插针把 R/C 舵机连接到一个免焊电路板上

23.9　模拟与数字舵机

最常见也是最便宜的 R/C 舵机是模拟的，意味着它们使用传统的控制电路控制内部的电动机。数字舵机使用内置的单片机来提高它们的运行效果。

数字舵机的附加功能还包括大功率和可编程的特征。比如，使用适当的外部编程器（单独购买，增加额外开销）可以控制舵机的最大速度或让舵机在通电后总是转动到一个特定的初始位置。

除了数字舵机的扭矩比较高以外，从应用角度来看，模拟舵机和数字舵机不存在太大差异。你可以用同样的方式控制它们。不过数字舵机的高扭矩意味着它的电动机要从电源消耗更大的电流，同时意味着电池的续航时间也降低了。

对大多数机器人应用来说，不需要使用数字舵机，你可以使用便宜的模拟舵机。一个例外是当制作步行机器人时，数字舵机提供的额外的扭矩迟早都会用到。六足步行机器人的腿部可能要用到 12 个甚至 18 个舵机。更高一些的扭矩可以帮助抵消这些舵机额外增加的重量。

23.10　舵机的控制电路

与直流电动机只需要简单连接一个电池就可以转动的情形不同，为了让舵机的输出轴旋转，需要给它连接上适当的电路。虽然使用舵机的时侯需要进行电路连接，在某种程度上使问题变得复杂化，但是电路实际上是非常简单的。如果你计划用 PC 机或单片机（比如 Arduino、PICAXE 或 BASIC Stamp），你所需要做的工作只是写几行代码。

　　直流电动机通常需要功率晶体管、MOSFET 管或继电器与计算机进行连接。在另一方面，对舵机来说，它们可以直接连接到一个电路或单片机上不需要任何额外电路。全部的操作由舵机内部的控制电路自行解决，为你省去了不少麻烦。这是用舵机和计算机控制机器人的一个最主要的优点。

23.10.1　用单片机控制舵机

　　所有的单片机都可以用来控制 R/C 舵机。基本的连接示意如图 23-8 所示。

　　● 假设单片机有一个板载的稳压器，那么单片机和舵机可以共用一组电源，但是比较理想的方式是给舵机单独准备一组电源。为什么？因为舵机在它们通电或动作的时候会消耗大量的电流。举例说，使用分立电源的方法是——用一个 9V 的电池给稳压的单片机供电，用一组 4 AA 电池给舵机供电，这样可以避免电源干扰的问题。

　　● 当使用分立电源时，一定要注意把电源的地线连接在一起。否则你的电路将无法正常工作。

　　● 一个舵机只需要占用单片机上面的一个输入 / 输出（I/O）引脚。你可以在单片机与舵机的信号输入端串入一个可选的 470Ω，1/8W 的电阻。这样可以防止单片机不受舵机内部电路问题（通常不太可能）的影响。

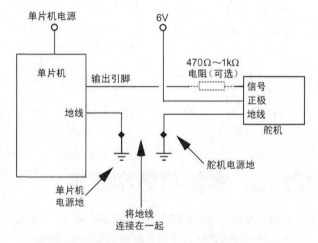

图 23-8　常用的单片机与舵机的连接示意图。470Ω ～ 1kΩ 电阻是可选的，加上它可以防止舵机产生过度的电流消耗

 提示：如果用独立电池组给舵机供电一定要注意按图示进行连接。你可以在舵机电源的正极与地之间加入一个 1 ～ 22μF 的钽电容，此举可以帮助消除舵机运转时产生的噪声对电路的影响。

　　钽电容是有极性的，一定要将电容器的正极连接到舵机的 +V 引脚。更多关于钽电容和其他类型的电容器的信息参考第 31 章 "机器人常用的电子元件"。

供参考

　　见第七部分里面的章节 "微控制器构成的大脑"，获得详尽的舵机与 Arduino 和其他单片机的连接示意图和程序代码。还可以访问 RBB 技术支持网站（见附录 A）获得附加的程序实例。

23.10.2 使用串行舵机控制器

即使速度最快的单片机在同时控制超过 8 或 10 个舵机时，也会有产生信号很难的问题。如果你设计的是一个六足步行机器人，你很有可能要用到很多很多的舵机。

即使你的单片机速度够快，可以产生控制 12 个、18 个，甚至 24 个舵机的脉冲，你可能也不会想用它来完成这个任务。反之，你可以使用一个专业的串行舵机控制器进行控制。它的作用相当于一个产生脉冲的协处理器。

舵机控制器通过串口通信与单片机连接。使用程序代码（你购买的系统会提供实例），你可以把控制指令发送给每个舵机，让它们运动到一个指定的位置。产生适当时序脉冲的工作由舵机控制器来完成，单片机可以空闲出来做其他更重要的工作。

23.10.3 附加项目：

使用 LM555 时基 IC 控制舵机，以及更多方法

参考 RBB 技术支持网站获得附加的控制 R/C 舵机的方法，包括使用一个 LM555 时基 IC 以及几种流行的串行舵机控制器（比如 Lynxmotion 生产的 SSC-32），以及更多方法，见附录 A 获得 RBB 技术支持网站的访问地址。

23.10.4 使用超过 7.2V 的电压

舵机设计用于可充电的遥控模型电池组，这种电池组输出的电压范围是 4.8 ~ 7.2V，电压取决于它们内部的电池数量。舵机许可的输入电压范围相当宽，一个可以输出 6V 电压的 4AA 电池仓就可以提供足够的动力了。不过，随着电池的使用，电压会降低，你会注意到舵机运动的速度和力度都大不如以前了。

但是如果电压超出典型的 R/C 模型所使用的充电电池的电压会怎么样？的确，一些舵机可以工作在 7.2V 的电压下，但是一定要注意查看你的舵机的配套手册。除非你需要额外的扭矩或速度，否则最好不要让舵机的电源电压超过 7.2V，制造商所提供的资料中规定的最佳电压范围是 4.8 ~ 6V。

23.10.5 处理和避免"死区"问题

所有的舵机都存在一个**死区**（死区，dead band，band 亦指乐队），让人联想到 Grateful Dead 乐队。一个舵机的死区是指输入控制信号和位置电位器所产生的内部参考信号的最大时间差。如果等效差异小于死区，比如 $5\mu s$ 或 $6\mu s$，那么舵机将不会试图驱动电动机进行错误校正。

没有死区，舵机会不断地"捕捉"，来回转动寻找一个能够与输入信号和自己内部的参考信号想匹配的位置。死区使舵机可以减少这种捕捉动作，让它在接近的位置稳定下来，虽然这么描述可能不太准确，但大意如此。

死区的数值是不同的，经常作为一个参数列在舵机说明书里面。一个典型的死区是 5μs，如果舵机在 1000μs 的控制脉冲下走完 180°，那么 5μs 的死区就相当这个脉冲的 1/200。如果你有一个分辨率高于这个死区的控制电路，那么脉冲宽度值的微小变化可能不会产生任何影响。反之，如果控制器的分辨率是 2μs，而舵机的死区是 5μs，你就必须让脉冲宽度的变化量不小于 5μs。

23.11　使用连续旋转的舵机

目前为止我所谈到的舵机都只能在圆周以内旋转。它们适用于需要进行精确角度定位的场合，比如控制传感器向两边旋转进行扫描。

R/C 舵机也有可以连续旋转的类型，除了使用现成的产品还可以通过你自己的改造来实现。R/C 舵机可以成为极好的机器人驱动电动机。它们的造价比同样规格的齿轮减速直流电动机要便宜，同时它们还带有自己的驱动电路。它们绝对值得你在下一个机器人项目中加以考虑。

连续旋转的舵机相当于一个常规的齿轮减速直流电动机，所不同的是它们需要通过对电动机发送脉冲进行控制。

- 使电动机向一个方向转动，向它发送 1ms 的脉冲。
- 使电动机向另一个方向转动，向它发送 2ms 的脉冲。
- 使电动机缓慢停止，向它发送 1.5ms 的脉冲。
- 使电动机彻底停止，停止向它发送脉冲。

提示：通过停止发送脉冲让电动机停止的方法不适用于数字舵机。对大多数数字舵机来说，当脉冲停止的时候舵机仍然会处于它最后一次接收到的正确的位置指令的状态，继续进行旋转。

你一般不会使用连续旋转的数字舵机，所以很少会遇到这个问题。但是需要记住数字舵机这个特性。

在写这本书的时候，市场上只有少数可供使用的连续旋转舵机。它们包括 GWS S-35、Parallax 生产的连续旋转舵机以及 SpringRC 的 SM-S4303R。一些在线代理商提供这种舵机，参考附录 B "在线材料资源" 获得更多信息。

23.12　把标准舵机改造成可以连续旋转的舵机

你可以把大多数舵机改造成可以连续旋转的形式，改造后的舵机不再是只能做精确角度旋转，它们还可以作为车轮和履带式机器人的驱动电动机。

你可以使用很多种方法把一个 R/C 舵机改造成连续旋转的舵机。对一些类型的舵机的改造过程涉及拆除机械限位和改变内部的电气连接。

23.12.1　改造舵机的方法

很多种方法都可以实现 R/C 舵机的改造。从难到易依次有以下几种方式。

● 动力部分的改造。这个改造方法是把控制电路完全拆除，电动机由一个外部的 H 桥驱动。拆除所有的限位机构，连同电位器也一并拆除，除非电位器和舵机的输出轴是一体的。这是一个很大的工作，大多数人不会选择这个方法。

● 信号端的改造。这个改造保留舵机的电子部分，但是按照常规拆除掉机械限位部分和分离开电位器。所不同的是，把机器人的计算机或单片机连接到舵机内部电路的 H 桥芯片上，可是不是所有的舵机都适用。一些网站详细介绍了 BAL6686 驱动电路的修改过程，适用于某些 Futaba 型号的舵机和其他舵机。在网上搜索"BAL6686"可以找到一些关于这方面改造的有用的网站。

● 电位器的改造。所有的控制电路都保留，只是彻底拆除电位器（用几个电阻替换）或分离开电位器。这是最简单也是最受欢迎的改造方法。

上面这些方法，我将只讨论最后一个，因为其他的有很多使用上的限制操作起来也更困难。电位器的改造则相对来说比较便捷，不需要焊接，只用到一些最基本的工具。

23.12.2　基本改造说明

舵机的改造介于制作和模型之间，但是基本的步骤是一样的：

1. 拆开舵机的外壳露出齿轮、电动机和电位器。这个步骤需要松开舵机外壳上的 4 个螺丝，把外壳上下分开。

2. 磨掉或切断输出齿轮底部阻止舵轴全程旋转的限位销。这个步骤意味着要拆下一个或多个齿轮，因此你需要非常小心不要丢失零件。如果有必要，画一个齿轮布局示意图，你可以把它们放回原来的位置。

3. 拆除输出齿轮底部的传动座上面的卡子。把电位器与齿轮分离开，这样当齿轮旋转的时候电位器就不会再跟着转动了。一些舵机没有传动座，电位器柄是通过一个塑模的止转楔与齿轮底部连接的。这个情况下你需要小心地把齿轮底部钻开。

4. 重新组装好外壳。

在下面的章节里你将发现改造 Hitec HS-422 舵机的详细说明，同样的说明也适用于其他多个型号的舵机，比如经典的 Futaba S-48 和 GWS S03。用相同的方法或进行一点改动，这些步骤也可以用于一些类似设计的舵机的改造。

23.12.3　你需要的工具

你将需要用到以下工具完成舵机的改造：

● #0 十字螺丝刀

● 1/8 英寸或更小的一字螺丝刀

- "利器"：剪切钳、X-Acto 雕刻刀或剃锯
- 小号用于打磨珠宝的平头锉

23.12.4　选择要改造的舵机

从容易改造的立场看，最好的舵机应该是：

用下轴承或轴套支撑着输出齿轮。 至少，输出齿轮应该有一个塑模的支撑件，而不是直接安装在电位器柄上。

用一个可拆卸的电位器柄固定夹。 为了把输出齿轮从电位器柄上分离开，夹子应该可以很方便地拆除下来。没有可拆卸夹子的舵机会使用一个带有电位器柄固定孔的塑模件代替。Hitec HS-311 和 Futaba S-3003 都是这种情况。如果你的舵机过于结构化，你就需要小心地把输出齿轮的底部钻开，去除掉止转楔，细节见本章后面的介绍。

用的是一个塑料输出齿轮而不是金属齿轮。 重型舵机会用一个金属输出齿轮来提高它的性能。金属齿轮可以承受更大的力度，但是也使它更难进行改造。如果你的舵机使用的是金属输出齿轮，那么一个类似 Dremel 电磨这样电动的模型工具可以使打磨去除限位销的工作变得更加容易。

标准尺寸或更大尺寸。 迷你和微型舵机很难进行改造，很可能你弄坏一两个以后才会总结出一点成功经验。

23.12.5　改造 HITEC HS-422 的步骤

Hitec HS-422 是一个优秀的中档舵机：价格低，随处可见，做工也不错。它的顶部和底部都使用了含油黄铜衬套，输出齿轮的下面带有可拆卸的固定夹。近乎完美！

依照下面的步骤，小心不要擦拭掉或者让你的皮肤蹭掉太多用来润滑舵机内部齿轮的润滑油。如果你认为润滑油的数量不够了，你可以再重新组装之前添加上一点，在任何一家销售 R/C 材料的模型商店里都可以买到透明（或白色）的齿轮油。注意齿轮油不要上得太多。不要使用像 WD-40 这样的喷雾式润滑剂。

 提示：在准备进行改造之前，先对舵机进行用正常操作测试，确保它不是坏的或者存在工作不稳定等问题。虽然很少见，但是一些舵机可能从包装里拿出来就不能工作。而一旦进行过改造，你的产品替换担保协议就失效了。

1. 如果舵机上装有舵盘，用十字螺丝刀把它拆下来。

2. 松开舵机外壳底部的 4 个螺丝。它们在下面的步骤里用不到，你可以暂时把它们放在舵机底部的后盖里。把螺丝松开一定程度以后就可以取下舵机顶部的外壳了。注意少数的舵机，比如 GWS 的 03 系列，外壳的固定螺丝位于舵机的顶部，你工作的时候需要把它们彻底拿下来放在一边。

3. 研究出全部齿轮的配合。取下中间的齿轮，小心不要弄坏它的金属轴。大多数舵机的中间齿轮都需要把输出齿轮同时抬起来才能取下来。把取下的中间齿轮放在一边。

4. 取下输出齿轮。

5. 用锋利的剪切钳、X-Acto 雕刻刀或剃锯去除掉输出齿轮顶部一侧的限位销。我喜欢使用剪切钳，但是一定要小心使用。类似限位销这样的硬塑料在切断时会高速蹦起来，做好眼睛保护。总是把刀刃放在长的一边，一点一点地切断，小心不要破坏齿轮的主体。当使用 X-Acto 雕刻刀或剃锯的时候，观察好角度小心不要切到手指。工作尽可能慢一点。

6. 可能情况是，不论你的切割技术多么好，多多少少都会留下一部分限位销。这部分可以用一把小号平头锉刀打磨下去。

7. 用小号一字螺丝刀除去输出齿轮下面的金属环形传动座。这个环形传动座固定着电位器柄同时起到轴承的作用。

8. 用小号一字螺丝刀除去传动座上的卡子。

9. 把金属环形传动座重新组装到输出齿轮上。

10. 把电位器柄置于中间位置。如果需要，可以把它来回转动找到中间位置。

11. 可选的步骤，你可以把舵机连接到控制电路中。提供一个 1.5ms（1 500μs）的脉冲。如果电动机旋转（即使很慢），旋转电位器柄直到电动机完全静止不动。

12. 一旦设置好电位器的中间位置，你可以不去管它或者使用一点氰基丙烯酸盐黏合剂（超级胶水）把轴固定就位。不要使用太多的胶水，否则电位器会损坏。

13. 把输出齿轮放在电位器上面重新组装在一起。把中间齿轮放回原位，注意让所有齿轮配合无误。如果需要，加入适当的齿轮油。最后，把舵机外壳顶部放回原位拧紧 4 个螺丝。注意不要把螺丝拧得太紧。

把舵机连接到电路中进行测试。一串 1.5ms 的脉冲应该使舵机停止。一个 1.0ms 的脉冲信号应该使舵机向一个方向旋转，2.0ms 的脉冲应该使舵机向另一个方向旋转。

提示：这些步骤实际上也适用于其他几个相同类型的低价舵机，包括 Futaba S-148 和 GWS 的 S03 系列舵机。

23.12.6　改造 FUTABA S3003 舵机的步骤

Futaba S3003 是一个低成本的用来替换金属轴衬或滚珠轴承的舵机。很多这种类型的舵机不使用传动座和卡子连接电位器。你需要钻开输出齿轮的底部，使这个齿轮与电位器失去联系。

1. 按照上面 1 ～ 6 步的操作。

2. 使用一个大号舵盘（越大越好），把舵盘用舵机配套的螺丝安装在舵机的输出齿轮上。

3. 按照 7 ～ 9 步操作，除此以外，要用一个 3/16 英寸（或近似的）钻头小心地把输出齿轮的底部钻开。尽可能把齿轮底部与电位器柄产生关联的塑料部分清理干净。如果你有台钻，最好用它进行操作，如图 23-9 所示。如果你没有台钻，当你钻开止转楔的时候最好让别人辅助固定好输出齿轮（见下面的说明）。

4. 彻底完成上面剩余的步骤。

当你钻开齿轮底部的止转楔时，用一个重型钳子握住一个舵盘（不是齿轮）可以更稳定地固定住齿轮。不要直接架输出轴或齿轮，这会导致塑料开裂，你会以一个功能不正常的舵机而告终。一定要注意不要钻开太多，否则会破坏齿轮。

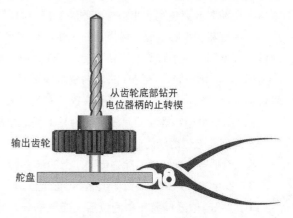

从齿轮底部钻开
电位器柄的止转楔

输出齿轮

舵盘

图 23-9　如果在改造中遇到舵机里面电位器柄是通过一个塑模的止转楔与齿轮底部连接的情况，给齿轮安装上一个舵盘并用 3/16 英寸的钻头钻开它的底部。工作过程中用钳子夹住舵盘

23.12.7　测试改造好的舵机

重新组装以后，在把舵机连接到控制电路之前，你需要测试一下你的改造工作，确定它的输出轴可以平滑旋转，做这个工作需要在舵机的输出轴上安装一个舵盘或摇臂。缓慢小心地旋转舵盘或摇臂，注意是否有卡住的部位。不要旋转得太快，这会给齿轮造成太大压力。

如果你在旋转舵盘或摇臂的过程中遇到任何卡住的情况，这可能是你对输出齿轮的机械限位部分去除得不够彻底。拆开舵机取下输出齿轮修剪或打磨掉多余的地方。

23.12.8　改造舵机的局限性

你需要记住的是，把舵机改造成连续旋转存在着少数的局限性、免责条款和"搞定"。

● 普通舵机的结构不适合高频度的连续运转。根据舵机的负载情况，舵机内部的机件很可能使用不足 25 小时（这是总的共用时间，对机器人来说可以运转很长一段时间）就会彻底磨损。金属齿轮并带有轴衬或滚珠轴承的型号可以用得更久一些。

● 标准尺寸的舵机强度无法与许多其他带有减速齿轮的直流电动机相比。不要期望一个标准舵机可以带动一个重量为 5 磅或 10 磅的机器人。如果机器人太重，需要考虑使用更大型、输出力度更大的舵机（比如 1/4 比例或收索舵机），或者最好使用带有减速箱的直流电动机。

- 最后，同时无疑是最小的问题，记住改造一个舵机将使其失去产品担保。

23.13　用舵机控制传感器转台

在讨论了这么多用 R/C 舵机作为机器人驱动电动机的话题以后很容易忘记了它们被创造出来的首要用途：精确的角度控制。一个常见的在机器人上的应用是传感器转台，这个叫法是因为它的作用相当于一个用来安装一个或多个机器人传感器的旋转炮塔（比如加农炮的炮塔）。

典型的适用于转台的传感器包括超声波和红外线接近检测传感器，在第 43 章 "接近和距离传感" 中会对它们进行更详细的介绍。

传感器转台的思路非常简单：把一个传感器放在舵机的输出轴上面，它就可以随着舵机的左右转动来回进行 "扫描"。一个简单的方法是把传感器安装在一个舵盘的顶上。你可以使用双面胶带、热熔胶，甚至是橡皮筋（来回绕几次）把传感器固定在舵盘上。

或者使用如图 23- 10 所示的特制传感器支架。传感器支架有多种形状和规格，图中的这个设计用于常见的双探头超声波传感器，比如 Devantech 的 SRF05或 Parallax 的 Ping。支架背面的洞使导线可以穿过去。

你可以有很多种方法把舵机安装到机器人上。胶带和热熔胶是最常见的选择，但是我更喜欢使用方便拆卸的机械紧固件。紧固件使机器人的制作和修改变得更容易。

图 23-10　一个控制传感器旋转的舵机，安装在一个支架上

第 24 章

安装电动机和车轮

你现在已经有了两个电动机和机器人的身体。下一步的工作并不是你想象的那么简单：你需要用某种方法把两个电动机安装在机器人的身体上，同时还要让它看起来不是特别的粗制滥造，接着就是安装车轮的事情了。

直流电动机和 R/C 舵机在机器人平台或骨架上有不同的安装方式。它们安装的难易程度也是不同的，有一些比较简单。在这一章里你将学习到如何把常见的和不太常见的电动机安装到机器人的平台和骨架上边，你还会学习到给这些电动机安装车轮的方法。

为了使这章的内容更加充实，我还补充了标准传动元件，像齿轮、链条、皮带和轴连器这类零件的一些实用信息。

24.1　安装直流电动机

直流电动机的安装没有硬性的限制。根据电动机的用途，可以直接把它固定在支架上，否则就会很麻烦，需要用一系列结构件辅助安装。

* 一般来说，电动机在各种应用里都需要借助安装孔、支架，或底座固定，这些零件可以使安装变得更简单。

* 那些针对某个产品设计的电动机有它专门的固定方式。这类电动机不需要安装孔、支架和底座。

机器人电动机（或者至少是业余制作使用的电动机）在设计上都有安装方面的考虑。比如各式各样的田宫电动机套件就全都带有底座或其他的固定方式。Solarbotics、Pololu 和其他几个机器人为主的在线零售商所销售的电动机都是经过特意挑选的方便安装的类型。否则，他们会提出自己的安装解决方案，特别对他们所销售的电动机提出相应的安装方法。

这些电动机以及其他和它们类似的电动机都特别好用，如果你刚开始学习机器人技术，应该优先选择这样的电动机。这会让你的工作变得更轻松！

24.1.1　使用安装孔

一些电动机的面板上带有预制螺纹的安装孔（输出轴的一侧），如图 24-1 所示。螺纹单位可能是英制（英寸）或公制。对于英制标准，2-56 和 4-40 螺纹是最常见的。对于公制标准，你经常可以见到和 3mm 或 4mm 的机制螺丝配套的螺纹。

如果你有一套攻丝工具，你可以钻出自己的安装孔或者用现有的孔攻丝。使用这个方法你必须先拆开电动机取下面板，这样你就可以钻新的安装孔了。拆卸和组装的过程中需要防止金属屑（钻孔和攻丝过程产生的碎屑）进入电动机，否则电动机将无法运转。

 提示：非常重要的一点是你不能把电动机上的机制螺丝拧得太深，否则它们可能会阻碍电动机内部转子的旋转。如果你没有恰当长度的螺丝，你可以把螺丝切割成需要的尺寸，或在外面增加垫圈。垫圈虽然不太好看，但是它们是最简单的解决方法。

如果你安装的电动机和机器人的身体是垂直的，那么你可能需要借助一个支架来固定电动机。本章后面有更多关于支架的介绍。

24.1.2　使用自带的底座

电动机带有自己的安装底座的确是一件值得庆幸的事情！没有比这个更好的了，它可以让你的工作变得非常轻松。你需要做的只是找一些合适的螺丝和螺母，在机器人上标记出安装孔的位置，然后就可以进行后续的组装了。

当配合底座安装时，我喜欢把螺丝穿过底座，让螺丝的头部位于电动机一侧（如果螺丝头部比底座上边的孔要小，可以加入平垫圈）。用螺母在另一侧固定好，如图 24-2 所示。

24.1.3　使用支架

如果你必须要把一个电动机垂直安装到一个水平面上，你就需要使用支架。金属支架在家装商店里很常见的。因为它们是一般的家用产品，所以会显得有点笨重。对于比较小的机器人，我更喜欢轻便的塑料支架，这种支架在专业的网上商店和供应小型金属零件的大型电子零件零售店里都可以买到。

你也可以用金属或塑料制作自己的安装支架。把支架切割成所需的尺寸，再钻出安装孔就可以了。这个方法适用于你使用的电动机是无线电遥控汽车或飞机模型上面常见的舵机的情形。

图 24-1　面板上带有安装孔的电动机可以用一个支架安装。这种方式需要适当尺寸的机制螺丝，如果螺丝太长，它们将会干扰电动机内部转子的运动

图 24-2　电动机带有安装座的时候，在可能的情况下，从底座的一侧插入紧固件。这种方法对螺丝的长度没有太多限制，你可以用自攻螺丝把电动机固定到底盘材料上（木头、塑料等）

■ 24.1.3.1　金属支架

你可以把条状的铝、黄铜，或不锈钢金属进行弯曲，制作出自己的 L 形金属支架。你可以在很多业余爱好商店里找到这种金属条。铝和黄铜很好加工，它们适合制作小型电动机的支架。对于比较大和比较重的电动机，就需要选择不锈钢材料了。

1. 带金属条切割成所需的长度。举例说明，对于一个 1 英寸 ×1 英寸的支架，让金属条的长度稍大于 2 英寸。L 的每一侧都是一条"腿"，腿的长度为 1 英寸。

2. 在支架上用铅笔标记好中点。对于例子里的这个 2 英寸的金属条，位置就是 1 英寸。

3. 把金属条妥善地固定在台钳上，每条腿上面至少钻一个孔（见图 24-3）。对于比较大的支架，最好钻两个孔。钻孔的位置应该和你在第 2 步里标记出来的中点留有一定距离。

4. 接下来的这部分需要使用固定在工作台上的台钳。把金属条放在台钳上，露出中点标记，把台钳拧紧。

5. 用一个锤子或一块木头把支架上露出来的那条腿折叠。你需要让它形成一个规矩的 90° 角。

■ 24.1.3.2　木头或塑料支架

你可以用小块的 1/2 英寸或更厚的木头或塑料制作出好用的实心支架。从一块最小尺寸为 1.5 英寸的材料开始制作。在材料的一面靠近外侧边沿的位置钻两个孔。在另一面靠近中间的位置至少钻一个孔。这样你就可以把这块材料作为一种 L 形支架使用了。

对于比较大的电动机，需要使用更大和更长的块状材料，你还需要在材料的每个面加工出两个甚至三个安装孔。扩大钻孔直径以配合更大的机制螺丝。

对于塑料材料，你可以去本地的塑料零售店（查看黄页找出距离你最近的商家）看一看。大多数商家在样品展室里会摆一个废物箱，里面有很多边角

把金属条切割成需要的长度

钻孔

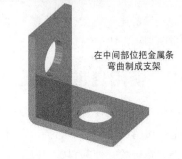
在中间部位把金属条弯曲制成支架

图 24-3　自制金属直角支架的过程是把金属条（铜、黄铜、铝）切割成需要的长度，钻孔，在中间部位弯曲制作出最后的支架

图 24-4　管子夹具或跨带（材料为金属或塑料）可以用来安装圆壳的电动机。塑料跨带有助于配合电动机的尺寸

 提示：在制作小型支架的时候，可以先钻孔再把材料切割成所需的长度。你用这个方法可以一次制作好几个支架。如果你需要制作大量的支架，可以把布局画在一张纸上，把这张纸作为模板在材料上做切线和钻孔的标记。

料。找找看有没有小块废弃不用的厚尼龙、聚甲醛树脂（迭尔林），还有 ABS 塑料。这些零头通常是按磅销售的，花不了几美元就可以买一大堆，足够做十几个这样的实心支架的了。

■ 24.1.3.3　使用夹具

如果电动机没有安装孔，你可以用夹具把它们固定在指定位置。U 型夹具在很多五金店里都可以找到，它们是最好用的固定材料。选择那些尺寸足够容纳下电动机的 U 型夹具。

安装小型电动机可以使用专门为固定 EMT（电气）导电管设计的固定跨带。这种跨带如图 24-4 所示，有各种各样的尺寸，可以固定不同直径的管子。你可以在本地的家装或五金店找到固定这种管子的跨带，它们的材质为金属和塑料。塑料跨带更好加工，重量也更轻。

24.2　用铝槽管安装和校准电动机的位置

构成机器人框架的铝槽管同样（但是尺寸需要大一点）也可以用来安装和校准直流电动机的位置。你需要找的是那种内部尺寸足够容纳下电动机的槽管，最好是正好卡住。这个方法不仅可以让你妥善地固定好那些没有安装孔的电动机，还可以确保两个电动机互相之间精确对齐。

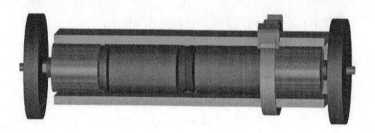

图 24-5　差速行驶机器人上面的电动机可以放入一段 U 型铝管里固定并对齐。铝管内部的尺寸必须能够和电动机的直径精确匹配。用尼龙扎带把电动机固定就位

把铝管切割成适当的长度，如图 24-5 所示，把电动机尾对尾放入铝管。如果电动机露出铝管，你需要用一根电缆扎带把它们固定好——如图右侧的电动机，它上面已经绑好了一根扎带，你可以根据实际使用更多的扎带来固定电动机。把扎带勒紧，使它们可以牢固地固定住电动机。

24.3　安装 R/C 舵机

舵机的安装就是另外一个思路了。舵机上面已经包括了安装座，此外舵机的尺寸和安装孔也非常标准，如果你不想自己制作零件也可以用预制件。

不管使用什么方法，都应该把舵机牢固地安装到机器人上面，使它们不会在运转的时候掉下来。这些年，我发现"硬性固定"——用黏合剂、螺丝或螺栓把舵机安装在机器人上最好的解决方案。这些方法可以大大减少业余爱好机器人在安装舵机时遇到的问题。

提示：硬性安装的一个例外是所谓的"快速成型"制作法，这是一种临时测试机器人的设计是否可行的方法。在这个方法里，维可牢尼龙搭扣、双面胶带和尼龙扎带就已经足够满足工作需要了。参考第 14 章"快速成型法"获得更多思路。

24.3.1　用螺丝安装舵机

除非你有更好的理由，否则在机器人上安装 R/C 舵机的最好的方法还是使用螺丝紧固件。你可以选择两种螺丝。

● 在另一端不需要用螺母把零件固定就位的自攻金属或木螺丝。先钻一个小引导孔，然后插入螺丝。螺丝上面的螺纹会攻入材料并把它固定牢靠。

● 机制螺丝和螺母适用于你需要拆装和重建机器人，或者把零件用在其他地方的情形。

■ 24.3.1.1　特制的舵机安装板

随着舵机在机器人应用上的普及，市场上可以见到各种类型、各种尺寸的舵机安装板。这种零件在本地商店一般不太常见，不过可以从网上买到，见附录 B "在线材料资源"，获得一个整理好的专业机器人零售店的目录，它们中的很多都提供舵机安装板。

■ 24.3.1.2　只做你自己的舵机安装板

你也可以用 1/8 英寸的厚铝板或塑料制作自己的舵机安装板。模板如图 24- 6 所示（注意：这个模板是不成比例的，不能直接按照它制作舵机安装架，你可以参照这个样式确定出合适的尺寸。如果你需要成比例的模板，可以访问 RBB 技术支持网站，见附录 A 里面的详细说明）。

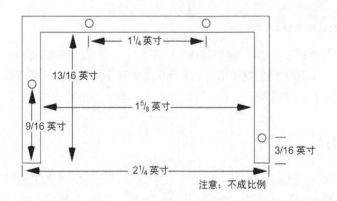

图 24-6　参考这个模板制作你自己的遥控舵机安装板（图中的模板是不成比例的，一定要把它画在纸上不要直接对照书中的比例）。安装板可以用木头、塑料或金属制作，但是一定要注意材料的厚度可以满足舵机的安装

制作舵机支架的第一步是参照模板完成铝或塑料材料的切割和钻孔，然后用一个小号的模型锉刀把支架的边角打磨圆滑，最后用 4-40 的螺钉和螺母或 # 4 的自攻丝螺丝把舵机支架安装在木头或塑料底盘上。

■ 24.3.1.3　舵机的"支撑"式安装支架

你可以制作一对简易的"支撑板"辅助安装任意尺寸的舵机。开始先在一段 1/8 英寸厚的航空胶合板或塑料板上钻出一对和舵机安装座上面的安装孔相匹配的孔。在距离这两个孔 3/8 英寸以外的地方再钻一个或两个安装金属或塑料支架的孔。钻完孔以后，沿着靠近舵机底座安装孔的两个孔的一侧把板子切开。重复上述过程制作好第二个支架。一旦你掌握了其中的窍门就可以在短短几分钟里制作出一对支架。图 24- 7 显示了这样的一对支撑式架子在舵机上的安装方法。

图 24-7　图示的舵机带有一对固定舵机的支撑板和两个 3/8 英寸的金属角铁支架用来将其固定在机器人底盘上面

提示：如果你不想彻底固定死舵机，可以用少量的热熔胶或涂上一点普通的白色家用胶水。黏合连接的部位没有那么牢靠，你可以很轻松地把舵机拆下来把它用在其他的地方。

24.3.2　用黏合剂固定舵机

胶水黏合是一种快速简便地在机器人的身体，包括加厚硬纸板和塑料材料上安装舵机的方法。对于一个永久性的连接部位，只需要使用强力胶，比如双份环氧树脂黏合就可以了。对于一个不是太永久性的构造，我更喜欢使用热熔胶固定，因为它不会发出像环氧树脂一样难闻的气味，操作起来也快得多。

进行黏合的时候，重要的是使材料的表面保持清洁。把物体的表面用锉刀或强力砂纸打磨粗糙可以达到更好的黏合效果。如果你想把舵机黏合在一块乐高积木上，应该在积木的"凹坑"之间加入适当的填补材料。乐高塑料的特点是既坚硬又光滑，所以事先一定要把它打磨粗糙。

24.4　在轴上安装传动元件

传动元件是那些像车轮、齿轮、链轮和其他安装在机器人电动机上的东西。除非零件是配套设计的，否则在电动机的轴上安装传动元件将会是在制作一个机器人的过程中所遇到的最困难的一件事。

尽管如此，这个问题也不是太难解决，而且如果没有了挑战那么机器人也就少了很多乐趣。下面讲述的是一些最常见的电动机轴与车轮、齿轮或其他传动元件的连接方法。

24.4.1　压接

小型传动机构经常使用压接零件，电动机轴是牢固地嵌入车轮或其他元件里面的。工厂通常会用这种方法把零件用高强度液压的方式装配在一起。你的工作室很可能没有这类压接设备，你可以以一把小锤子、一点润滑油再喊上那么几句加油鼓劲的劳动号子把轴敲击到位。

24.4.2　螺丝固定

螺丝固定可以直接把车轮或其他零件固定在电动机轴上。螺丝固定的特点是操作简便，但是它们在业余机器人上并不常见，因为与它们配套的传动零件的造价非常昂贵。你在使用小型金属 R/C 零件，比如齿轮或自锁轴环（见下面自制轴连器的章节）的时候，可能会遇到这种固定螺丝。

固定螺丝的头部通常是内六角结构，因此你需要准备一个六角扳手来拆卸或安装这种螺丝。在购买使用固定螺丝的 R/C 零件的时候，一般都包括一个扳手。

24.4.3　专门设计的互锁机构

一些电动机和车轮（以及其他的传动元件）在设计上是可以组合在一起的。一个很好的例子是田宫生产的各种规格的直流齿轮减速电动机和车轮。很多电动机和车轮是可以互换的。车轮和电动机轴可以使用螺母、销子或其他方式装配在一起。

24.4.4　舵盘

R/C 舵机输出轴的圆周上面加工了大约二十来个细细的花键齿。这些花键和轴心内部的金属固定螺丝可以用来安装各种样式和尺寸的舵盘。大多数舵机都带有至少一个舵盘，常见的是大圆形、小圆形舵盘或十字型的摇臂。

舵盘由塑料或金属制成（金属舵盘通常为铝制）。你可以在舵盘上钻孔安装零件。这是在舵机上安装车轮的一个最基本的方法。你还可以在舵盘上黏接零件，这个方法适用于塑料舵盘和塑料零件的黏合。热熔胶和环氧树脂胶水也是不错的选择。

24.4.5　黏合剂

一些电动机轴、车轮和其他的传动元件可以用黏合剂黏合在一起。这个方法非常适合塑料零件的黏合——不要尝试去黏合金属轴与塑料车轮。

一个例子是用黏合剂把一根乐高车轴和一个非乐高的塑料车轮黏合在一起。这样你就可以把这个车轴 / 车轮组合用在一个乐高作品上面了。在车轮上钻出轮毂，让轮毂略小于车轴，然后用一个小锤子轻轻地把车轴敲入轮毂。你可以用环氧树脂或家用黏合剂把车轴固定就位。

24.5　车轮与直流减速电动机的安装

在当今的业余机器人世界，你可以找到很多和减速电动机配套的车轮。它们使机器人的制作变得更简单，同时也有很多其他的选择。只要花一点心思，你就可以把一个车轮用前面提到的压接或轴连器连接的方法与各种电动机连接在一起。轴连器的介绍见本章后面的内容。

24.5.1　使用配套的电动机和车轮

当我刚开始接触机器人的时候，曾经花费过大量的时间翻阅各种剩余物资的目录，寻找可以组合在一起的车轮和电动机，找到配套产品的机会并不太多。现在很多专业的在线机器人零售店都可以提供低成本的直流电动机和与之配套的车轮了。

我所说的低成本，的确是很低的成本——很容易就可以找到一套价格低于 10 美元的车轮和电动机的组合。一个基本的机器人需要两套车轮和电动机，加上电池、导线和一些简单电路（也可以是一个单片机，比如 PICAXE），你就可以得到一个全功能的自动机器人了，花费不到 30 美元，还不错。

24.5.2　制作定制车轮

配套的电动机和车轮虽然好用，但效果不一定总是那么太理想。你可能想要一个小一点或大一点的车轮，或者你不喜欢车轮上的橡胶履带的宽度。此时你就需要制定出自己的车轮和电动机解决方案了。

供参考

同时一定要参考下面的章节"使用固定和活动轴连器"，了解更多的如何使车轮和电动机轴相匹配的思路。使用轴连器需要进行比书里介绍的方法更多一点的工作，但有些时候你没有其他的选择。

■ 24.5.2.1　车轮和固定螺丝

如果你的车轮的轮毂已经带有一个固定螺丝，那么你已经成功了一半，前提是轮毂尺寸和电动机轴配套。如果符合这个条件，你可以直接进行后续的工作。如果条件不符合，你可以做两件事情来处理这个问题。

● 如果轮毂太小，把它钻开一点使其可以装在轴上。显然这个方法只适用于你需要钻的孔不是太大的情形，否则会破坏轮毂的结构。

● 使用变径衬套，基本上就是一段短空心管。管子的内径和电动机轴配套，外径和轮毂配套。小心地在套管上钻一个洞，然后准备一个比较长的固定螺丝，使其可以穿过套管上面的洞压住电动机轴。

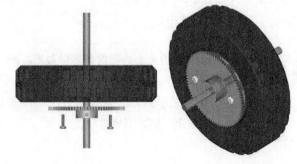

图 24-8　用金属或塑料齿轮作为法兰盘把车轮安装到电动机轴上的思路。齿轮正对着轮毂安装，然后把齿轮作为一个轮毂安装到电动机轴上

■ 24.5.2.2　使用法兰盘

如果车轮没有固定螺丝应该怎么处理？一个方法是使用法兰盘，法兰盘上带有一个固定螺丝和一个内孔大小和电动机轴配套的轮毂。你可以用紧固件把法兰盘和车轮固定在一起，然后再把法兰盘安装在电动机轴上。

任何一个直径小于车轮，并且带有固定螺丝和与电动机轴兼容的轮毂的法兰盘都可以用来连接电动机与车轮。特制的法兰盘可以在 Lynxmotion、Jameco、Servo City 和其他在线零售店里面买到。法兰盘带有不同尺寸的孔洞。价格适中。

多余不用的齿轮可以作为一个不错的成品法兰盘。在齿轮表面钻两或三个和车轮配套的孔，注意保证齿轮和车轮的同心度。按照图 24- 8 所示把齿轮安装到车轮上，然后再把这个组合零件安装到电动机轴上。

24.6　车轮与舵机的安装

一些机器人常用的全程旋转舵机可以很好地与车轮配合。因为这种舵机最适合小型或中型机器人（重量小于 3 磅）使用，所以和机器人配套的车轮尺寸最好在 2 英寸和 5 英寸之间，重量不要太大。

24.6.1　和舵机配套的车轮

最简单的把车轮安装到舵机的方法是使用一个特制的车轮。很多专业机器人零售店都销售和标准尺寸的 Hitec 和 Futaba 舵机配套的车轮。

遗憾的是实际可供选择的车轮直径非常有限。你只能找到少数尺寸为 2½ 英寸（上下不会超过 1 英寸）的车轮。如果你需要更大或更小的尺寸，可以按照下面的说明制作自己的车轮。

图 24-9　大多数车轮都可以在一侧安装一个舵盘，和 R/C 舵机连接在一起。如果你的舵机没有配套的舵盘，你也可以单独购买

提示： 舵机输出齿轮上的花键有多种类型。舵机制造厂生产的舵机，常见的花键有 3 种标准：Hitec、Futaba 和 Airtronics。如果你给车轮购买舵机，一定要确保车轮轮毂上面的花键和舵机相匹配，和标准 Futaba 舵机配套的车轮也可以和其他 Futaba 风格的舵机配合使用，例如 GWS。

24.6.2　制作和舵机配套的车轮

常见的把车轮安装到舵机上的方法是使用和舵机配套的圆形舵盘，并把舵盘用螺丝或胶水固定到车轮上（见图 24-9）。舵盘底部和舵机的输出轴紧密地连接。下面是一些建议。

模型飞机常用的轻型泡沫轮胎，可以用胶水黏合或用螺丝固定到舵盘上。常见的品牌是 Dave Brown 和 Du-Bro，几乎可以在任何一家库存充足的模型商店里买到。轮胎有多种规格，直径为 2 英寸、2½ 英寸和 3 英寸的轮胎最适用于小型机器人。

大号乐高"球形"轮胎带有一个和 Hitec 或其他类似舵机的小圆舵盘配套的轮毂。你可以简单地把舵盘粘到轮胎的轮毂上。

用胶水或螺丝固定好的舵盘可以作为一个代用的轮子或一个驱动车轮的齿轮安装在舵机的输出轴上。

自制 O 型圈结构的车轮，把两个塑料盘切割成任意直径，可以制作出比成品 3½ 英寸更大的车轮。用一个 O 型密封圈作为车轮的橡胶轮胎。在圆盘的中心安装一个大圆舵盘，用微型机制螺丝和螺母拧紧。

皮带轮是把 3 个圆盘以一定间距组合在一起。在盘片的边沿套上一对 O 型橡胶圈作为轮胎，制成一个风格独特的车轮。

聚氨酯滑板 / 滚轴溜冰鞋上面的轮子可以制作出极富"怀旧感"的机器人车轮。技巧，如果可以这么说的话，用一对金属或塑料圆盘把车轮夹在中间。大多数溜冰鞋用的叶轮尺寸都是公制，中间带有一个直径为 22mm 的轮毂。直径为 0.625 英寸的挡板垫圈的尺寸（一般）比车轮的轮毂大一点，装在轮子上正好可以堵住中间的孔，把这些零件从外面用 4-40 的机制螺丝固定在一起，再直接连接到舵机的输出轴上。

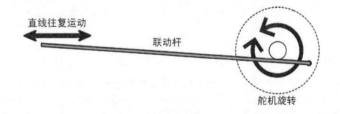

图 24-10　旋转运动可以用一个联动推杆转换成直线运动。随着舵机的旋转，联动杆的末端来回运动

24.7　给舵机安装联动机构

R/C 舵机的一个主要优点是你有很多种方式在它们上面连接东西。在模型飞机和汽车的应用里，舵机经常连接着一个推 / 拉式联动装置（称为推杆）。随着舵机的旋转，推杆来回运动，如图 24-10 所示。

你可以把模型汽车和飞机的硬件结构用在舵机驱动的机器人上。去附近的模型商店看看有没有可以利用的零件，找找推杆和 U 形端子。

24.7.1　控制直线运动

现在你已经知道了推杆可以把舵机的旋转运动转换为直线运动。还有两个常用的控制直线运动数量的方式。

- 在舵机上使用一个或大或小的舵盘。舵盘越大推杆运动的幅度越大。
- 在推杆上加入一个特定的枢轴点，这是一个类似孔眼、通道或孔洞的机械收缩结构，枢轴限制推杆只能来回地运动。如图 24-11 所示，枢轴越靠近舵机运动区域越宽；反之，枢轴离舵机越远，区域越窄。

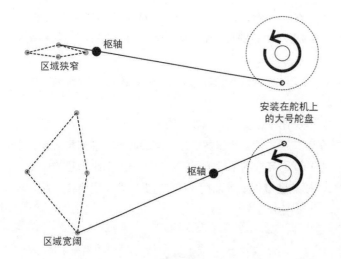

图 24-11　改变枢轴点的位置可以控制推杆的角位移，这是一个简单的机械管道（小管、孔洞、塑料索环），可以限制一侧到另一侧运动。枢轴不能太靠近推杆的任意一端

提示：在直线运动里总会有一些一侧到另一侧的运动。出于这个原因，最好在推杆系统里面留出一点"余量"，比如在推杆的两端分别加上一个可以自由活动的 U 型端子。

24.7.2　增加润滑

滑动的零件之间应该保持润滑，防止它们卡在一起。润滑需要使用黏稠的油脂，而不是油。遥控模型使用的润滑脂可以在任何一家提供模型零件的商店里面买到。这种润滑脂是管装的，颜色为白色或透明色。我最喜欢的是白色的锂基润滑脂。

24.8　机器人的传动元件

推杆机械连接是传动系统的一种形式，它可以把电动机输出的动力从一个地方传递到另一个地方。在机器人作品里面可能会使用到数以百计的传动元件，下面的表格里面总结了几个最常用的元件。这些动力传动元件安装在电动机和车轮或其他驱动元件，比如腿、履带或臂关节之间。

齿轮

齿轮是传动系统里最重要的元件，在机器人上的主要用途是降低车轮驱动电动机的速度和增加扭矩。它们也可以用来在几个轮子或其他元件之间分配动力。

由于齿轮的配合对机械精度有很高的要求，因此业余机器人爱好者一般不会制作他们自己的齿轮装置。关于齿轮的更多信息见后面章节。

同步带

同步带也被称为同步器或齿形皮带，它们可以用来制作机器人的履带，也可以替换更复杂的齿轮系统。

宽度为 1/8 ~ 5/8 英寸，直径从几英寸到几英尺不等。材料通常是橡胶。带子的规格是按照皮带内侧的"突块"或"嵌齿"进行划分的。带齿和同步带轮配套连接。

环状圆皮带

环状圆皮带用来传输低扭矩的运动。皮带看起来像一个大号的 O 型密封圈，实际上，大多数情况下都是这种制造方式。

开槽滑轮和圆皮带配套使用。改变滑轮的直径可以改变扭矩和转速。和同步带一样，你也可以把圆皮带作为车轮的轮胎或履带式机器人上面的一条风格独特的履带。

滚链

滚链和自行车上的链条完全一样，只不过用在机器人上面的尺寸要小得多。

小型滚链的的间距减小到了 0.1227 英寸（链和链之间的距离）。最常见的是 #25 的滚链，它的间距是 0.250 英寸。作为参考，大多数自行车链条的规格是 #50 或 0.50 英寸的间距。链条和具有同样间距的链轮相啮合。

惰轮

惰轮（也称为惰性滑轮或呆轮）的作用是防止皮带或滚链传动机构的松弛。惰轮沿着皮带或链条放置，可以把松弛的皮带或链条拉紧。它不仅可以使设计变得更自由，还有助于稳定机械装置的运转。

轴连器

　　轴连器有两种基本类型：刚性和柔性。它们用来直接把两个轴连接在一起，这样你就不再需要用齿轮或皮带传递动力了。轴连器经常用来把不是专门配套的车轮和电动机连接在一起。

轴承

　　轴承用来减少转动部分的摩擦，比如安装在轴上的车轮或惰轮。轴承有很多种类型，其中以滚珠轴承最常见。滚珠轴承的结构是两个同心圆环之间夹着一排金属球。圆环和滚珠用法兰结构固定在一起。

轴套

　　轴套和轴承的作用是相同的，只是轴套没有运动零件（注：有些人把它们称为实心轴承）。轴套由金属或塑料制成的，并且具有自润滑功能。用轴套代替轴承可以降低设备成本、尺寸和重量，并且可以把运动部件之间的摩擦保持在一个相对较低的水平。

24.9　使用刚性和柔性轴连器

　　轴连器的作用是把两个驱动轴端对端的连接在一起。轴连器的一个常见用途是把电动机的驱动轴和车轮的车轴连接起来。轴连器有刚性的也有柔性的。

　　刚性轴连器最适合用在电动机转矩比较低的情形，例如一个小型桌面式机器人。反之，柔性轴连器可供用于高转矩的场合，它们允许有一定的对位误差。这是因为刚性轴连器在错位时可能会折断，还有可能损坏电动机或轴。

24.9.1　购买现成的轴连器

　　市场上有很多种类型的刚性和柔性轴连器，根据材料和尺寸的不同，价格从几美元到 50 多美元不等。常见的柔性轴连器包括螺旋、万向接头（类似老式汽车传动轴上的 U 型接头）和三件套（梅花型轴连器）。

　　轴连器是通过卡爪、固定螺丝或键槽压接配合固定在轴上的。卡式压接配合的方式常用在低扭矩下运转的小型轴连器，固定螺丝和键槽固定的方式则用于比较大的轴连器。

　　梅花型轴连器（图 24-12 显示了透视和分解图）由 3 个零件组成，比如 Lovejoy 制造的产品就包括了两个可以配合在轴上的金属或塑料件，三件套轴连器的一个优点是它们上面的每一个零件都可以单独出售，因此你可以很容易地"混搭"轴的尺寸。举例说明，你可以把一个 1/4 英寸轴卡和另一个 3/8 英寸的轴卡搭配在一起。注意两个夹爪的外径必须相等。

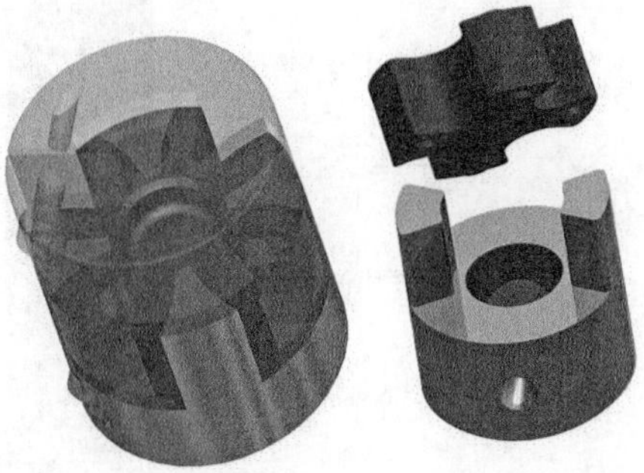

24.9.2　制作你自己的刚性轴连器

为了节省投入，你可以用金属管、金属或塑料立柱，或者螺纹接头制作自己的刚性轴连器。

图 24-12　三件套轴连器使用两个金属或塑料的"卡爪"连接在传动轴上，还有一个起到缓冲作用的柔性（通常是橡胶）内构件

■ 24.9.2.1　用管型材制作轴连器

你可以在模型商店里找到各种直径的黄铜管、钢管和铝管，在家装商店里可以找到尺寸更大的铝管。市场上销售的大多数管子都以它们的内径为准——比如一个 1/8 英寸的管子内部的直径就是 1/8 英寸。管子的厚度决定了它的外径。管子应该能正好安装在电动机或车轮的轴上。

 提示：在配管的时侯要注意管子的 I.D.（内径）。模型商店里的管型材一般可以按照尺寸逐级套在一起，就像一个伸缩式望远镜。你可以用这个特点给轴配上相应的管子。管子常见的厚度为 0.014 ~ 0.049 英寸，根据品牌的不同可能稍有变化。

对于带有小型电动机的轻量级机器人，可以使用 I.D. 为 1/8 英寸或 3/16 英寸的管子。如果可能的话，最好带着你的电动机或车轮（或只是一根轴）去商店，这样你可以当面测试零件的尺寸是否合适。

使用的时候，先把管子切割成指定长度。切割管子应该使用管子割刀，不要用锯，然后你可以用几种不同的方法把管子固定在轴上，它们包括：

● 用一个适当大小的金属轴环把管子压紧在轴上。轴环带有一个固定螺丝，小心地把这个螺丝拧紧在管子上（见图 24-13）。这种类型的金属轴环可以在任何一家 R/C 模型商店里买到，通常把它们称为硬环。如果你找不到尺寸和管子配套的轴环，那么你可以选择一个尺寸小一号的规格，然后把它的孔钻开一点。轴环外表的黄铜通常都是电镀的，所以它并不像看起来那么难钻。

● 使用大号压线钳挤压套在轴上的管子。这个方法仅适用于薄壁管和输出转矩不太大的小型电动机。

使用金属轴环压接技巧的时候，为了便于安装，你可以对着轴环固定螺丝所在的位置给管子钻一个小孔（1/16 英寸）。这个方法对厚壁管非常有效。当在管子外面装配轴环的时候，仔细地把小孔和固定螺丝对齐，然后拧紧螺丝。

不要忘了有些车轮的轮毂会突出一截，如图 24-14 所示。对于这种车轮你甚至都不需要用管子制作轴连器，只要把轴环套在轮毂突出的部分再拧紧螺丝固定就可以了。塑料材质的轮毂受力变形以后可以紧紧地套在轴上。

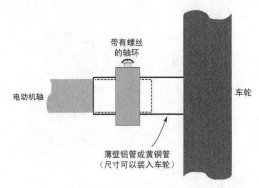

图 24-13　薄壁管没有足够的"咬"劲来固定螺丝。你可以把一个金属轴环套在管子外面增加它的强度。上紧轴环上的螺丝可以把管子和电动机轴紧密地配合在一起

图 24-14　金属轴环可以安装在车轮上作为一个外轮毂（轮毂突出车轮的部分增加了它和轴的接触面）。把轴环套在车轮的轮毂上。借助压力把轮毂紧紧地套在电动机轴上

■ 24.9.2.2　用立柱或螺纹接头制作轴连器

市场上的刚性轴连器在大多数情况下都是使用固定螺丝把轴连器连接到轴上的。薄壁管的管壁太薄无法安装固定螺丝。你需要的是厚壁连接器。

两种现成的短金属或塑料管可以作为制作轴连器的材料，它们就是立柱和所谓的螺纹接头。

立柱常用于电子项目，它们可以让两个电路板或其他零件彼此分开。我经常用金属和塑料立柱给我的机器人添加额外的"加层"。加层就好像一个婚礼上蛋糕。立柱的长度通常为 1 英寸或更长，由尼龙、钢或铝制成。和钢比起来我更喜欢铝，铝很容易钻孔和切割。你可以找到有螺纹或没有螺纹的品种，没有螺纹的立柱更容易加工。

螺纹接头和立柱相似，只是它们一般都是由很硬的钢材制成。你可以在当地的五金或家装商店里找到它们。它们的螺纹尺寸从 6-32 到 5/16 英寸或更大。6-32 的螺纹尺寸和 1/8 英寸的轴是大致对应的。

制作轴连器的时候，你应该准备一个台钳和一台钻床以确保钻孔的准确。你还需要和钻头一起再准备一套攻丝工具，要求钻头的尺寸和丝锥是配套的。

尼龙材料的螺纹强度比不上铝或钢。如果你使用的是一个尼龙立柱，那么只能把它和一面是平的轴搭配使用。圆轴需要更大的压力使它们不会转动，这个增加的压力会破坏尼龙上面的螺纹。

1. 把立柱或螺纹接头水平固定在台钳上，使它便于加工。

2. 用中心冲在钻孔位置打一个标记。你需要在材料末端不小于 1/4 英寸的位置钻两个洞。在塑料或金属上冲出来的标记可以引导钻头防止其偏离指定位置。

3. 对于金属立柱和螺纹接头，在做好的标记上加一点切削油，缓慢地钻出一面的螺丝固定孔。不要把另一面打穿，除非你想在那个面上也固定螺丝。

4. 把立柱或螺纹接头换个方向垂直固定在台钳上。把钻头换成你所使用的轴的尺寸。举例说明，如果轴的直径是 1/8 英寸就换成一个 1/8 英寸的钻头。

5. 向下钻至立柱或螺纹接头长度的一半，然后把它翻过来，钻通另外的一半。

6. 现在加工固定螺丝的孔。根据你要使用的固定螺丝换上适当大小的钻头（如果需要的话）。查看附录 C "机械参考"里面的一个常用孔径的钻头和丝锥尺寸的对照表。

7. 在你钻好的孔里面滴一两滴切削油（只适用于金属立柱或螺纹接头），然后小心地攻出它们里面的螺纹。塑料立柱不需要使用切削油。

提示：我不准备花费太多的篇幅介绍如何用丝锥给钻孔攻丝，因为这类信息在互联网上随处可见。你只需要在网上搜索类似钻孔和攻丝这样的短语就可以了。

24.9.3　制作你自己的柔性轴连器

对于很多桌面式机器人来说，柔软的塑料或橡胶管就可以作为一个不错的轴连器。挑选内径稍小于你所使用的电动机轴和车轴的橡胶管，使它可以套在轴上固定。如果对套接固定来说电动机输出的转矩太大，可以用小型蜗轮管箍辅助固定好管子。你可以在任何一家五金商店买到这种蜗轮管箍。

例如图 24-15 所示，车轮用一个枕木固定在适当的位置，枕木其实就是一块带有一个孔的木头、塑料或金属块，固定在机器人的底盘上。用一个长的机制螺丝作为轮轴，用一对尼龙锁紧螺母把轮轴安装在枕木上，如图所示。塑料管可以在五金店和家装店里买到，此外在很多模型商店和销售水族用品的宠物商店里也可以找到这类材料。

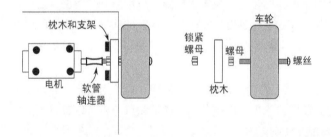

图 24-15　可以用柔性橡胶管或塑料软管把电动机轴连接在车轮自己的轴上。这里显示的是一个机制螺丝制作的车轴，也可以使用其他和管子内径兼容的轮轴。如果软管套在轴上比较松可以用蜗轮管箍固定

使用和电动机轴径大小相等或略小一点的管子。安装之前可以先把管子泡在热水里软化并使其稍微涨开一点。趁着管子还是热的，把它套在轴上。等管子冷却以后，转一下试试，看看它是否牢固地和轴连接在一起了。

套管有不同的表示尺寸的方法，它们有时会按照内径（I.D.）销售，有时用外径（O.D.）作为标准。把你的零件带到商店里对照着看是否搭配。按英尺出售的管子是最实惠的，因为你一次可以只买一段，实际用不了太多。

24.10　不同轴型的用法

电动机轴有多种形状和样式。图 24- 16 显示了几个比较常见的样式。大多数电动机使用的是

一个简单的圆轴，轴和齿轮或轮毂通过紧密地摩擦连接在一起。一面平的或称为"D"型的轴最好和固定螺丝一起使用，螺丝的头部顶在轴的平面上。D 型轴也可以使用摩擦连接。一面平的形状有助于防止轴在车轮内侧或齿轮的轮毂上旋转。

有些电动机轴带有螺纹。举例说明，一些田宫教育系列电动机的轴上带有一个短的外螺纹。你可以用锁紧螺母把车轮和其他零件安装在轴的末端。R/C 舵机的轴带有内螺纹，可以把舵盘或其他配件固定在舵机上面。舵机的轴还带有防止打滑的键槽。

你可能还会遇到其他样式的轴型，包括六角和矩形，这是按照它们的六角形和矩形的形

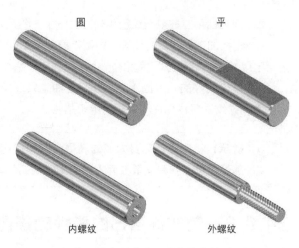

图 24-16　你可能会遇到的几种常见的轴型：圆、平和螺纹（包括内、外螺纹）。一面平的轴看起来像是一个字母 D，也称为 D 型轴

状给出的称呼。它们适用于车轮、齿轮或者其他零件上带有形状和它们相配套的轮毂的情形。

24.11　你需要了解的一些齿轮方面的知识

我们已经讨论过一个事实，即电动机的正常转度超出了大多数机器人应用所需的范围。运动系统需要电动机的转速为 75 ~ 200 r/min。如果超过这个速度，机器人将会在地板上横冲直撞。手臂、夹持机构，还有其他大多数的机械子系统需要转速更慢的电动机。 一个手臂肩关节电动机的转速需要小于 20 r/min，把转速降低到 5 ~ 10 r/min 会更好。

一般有两种方式可以大幅度地降低电动机的转速：制作一个更大的电动机（这个方法有点不切实际），或者给电动机加上齿轮减速机构。在你的汽车、自行车、洗衣机和烘干机，以及其他无数种使用电动机驱动的机械装置上都可以找到齿轮减速机构。

24.11.1　齿轮入门

齿轮有两个主要的应用：

- 把动力或运动从一个机构传递到另一个机构。
- 增加或减少两个连接机构之间的运动速度。

最简单的齿轮系统只使用两个齿轮：驱动（或输出）齿轮和从动齿轮。更精密的齿轮系统还涉及像齿轮系、齿轮箱或传动装置，其中可能包含几个甚至几十个齿轮。带有齿轮箱的电动机可以称为齿轮变速电动机。

我们在制作机器人的时候经常会用到齿轮变速电动机。R/C 舵机带有一体的变速箱，大多数用来驱动机器人的车轮和履带的直流电动机也有一个某种类型的变速箱。虽然电动机已经有了减速齿

轮箱，但是在很多应用里都要添加外部齿轮，比如用一个电动机同时驱动两个车轮。

24.11.2 齿轮是圆形的杠杆

从某方面来讲，齿轮看成是圆形的杠杆，这样可以通过基本的机械杠杆原理来解释齿轮是如何实现它的功能的。

从这里开始：把一个杠杆放在支点上，让一端比另一端长。推动长的一端，短的一端也会按比例移动。但即使你把杠杆移动几英尺，短端也只能移动几英寸。还应该注意到短端上面的力是按比例大于施加在长端上的力。

现在回到齿轮，把一个小齿轮安装在大齿轮上，如图 24- 17 所示。电动机直接驱动小齿轮，小齿轮每转一圈大齿轮会转动半圈。另一种表达方式是，如果电动机和小齿轮的转速是 1 000 r/min，大齿轮的转速将会是 500 r/min，齿轮比为 2 ：1。

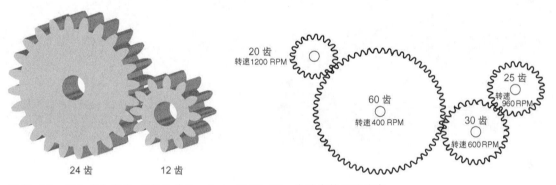

图 24-17　两个啮合齿轮，齿轮比为 2：1。　图 24-18　齿数直接影响速度
左边齿轮的齿数是右边齿轮的两倍

像杠杆一样，还会发生另一个重要的变化：降低电动机转速的同时也会增加扭矩。输出的动力大约是输入的两倍。有一部分动力在减速过程中由于齿轮的摩擦而损耗掉了。如果驱动和从动齿轮的尺寸相等，那么旋转的速度既不会增加也不会减少，转矩也不会受到影响（除了小部分的摩擦损耗）。你可以在机器人上使用同样大小的齿轮把一个轴上的动力传递到另一个轴上。

24.11.3 建立齿轮减速

齿轮是一个古老的发明，起源于大约公元前 3 世纪的古希腊。虽然现在齿轮都非常精密，但是它们仍然是基于最初的结构，两个啮合齿轮是通过齿轮上面的齿连接在一起的。动力从一个齿轮传递到另一个齿轮。

通常相同大小的齿轮除了它们的物理尺寸相同以外，围绕在齿轮圆周上的齿的数目也是相等的。图 24- 17 里面的例子显示了一个包含有 12 个齿的小齿轮和一个 24 齿的大齿轮。你可以把若干齿轮一个接一个地连接起来，这些齿轮可以具有不同的齿数（见图 24- 18）。你可以把一个转速表连接在每个齿轮的中心测量它们的速度。你会发现下面的两个事实：

- 从小齿轮到大齿轮的速度是降低的。
- 从大齿轮到小齿轮的速度是增加的。

很多时候你需要把电动机的转速从 5 000 r/min 降低到 50 r/min。这种减速需要的减速比是 100∶1。举例说明，如果你只想用两个齿实现这个目的，就要准备一个有 10 个齿的驱动齿轮和一个有 1 000 个齿的从动齿轮——这非常不切实际。

反之，你应该使用多个齿轮降低电动机的转速，如图 24- 19 所示。在这个齿轮组里，驱动齿轮带动着一个比较大的"中间"齿轮，它的轴上面固定着一个比较小的齿轮。小的中间齿轮驱动从动齿轮，产生最终的输出转速，在这个例子里，输出的转速是 250 r/min。您可以按照这个思路在齿轮组里面加入更多的齿轮，直到输出转速大大低于输入转速。

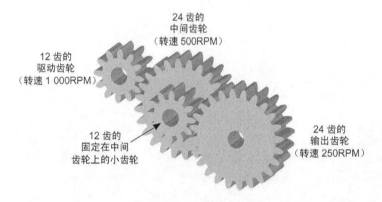

图 24-19　齿轮连接在一起构成的减速系统。概念上总是从少数几个齿转到多个齿，每增加一级，速度随着降低（同时转矩增加）

提示：还有很多其他的方式也可以实现大比例的齿轮减速，这里提到的仅是其中之一。其他技术包括蜗轮、行星齿轮和准双曲面齿轮，你可能会发现使用这些技术的变速电动机的造价通常都会很高。

24.11.4　齿轮齿的种类

上述例子里显示的均为直齿圆柱齿轮，这是最常见的齿轮。它们适用于驱动齿轮和驱动轴平行的结构。锥形齿轮的齿分布在圆盘的表面，齿轮的边缘没有齿，它们用来传递与轴垂直的动力。伞形齿轮也具有相似的功能，但是它们只用在不需要减速的地方。

直、锥和伞形齿轮是可逆的，齿轮组既可以从驱动端也可以从输出端转动。反之，垂直传递动力的蜗轮和丝杠通常是不可逆的。丝杆类似一根螺纹棒，尺条就好像是一个摊开成一根直棒的直齿圆柱齿轮。它们主要是用来把旋转运动转变成直线运动。

24.11.5　常见齿轮规格

下面是一些你会感兴趣的常见齿轮规格。

径节：径节指的是齿轮齿的大小，用齿轮的齿数除以节径可以计算出齿轮的径节。常见的径节是 12（大）、24、32、48 和 64。径节有奇数，当然也有公制。（译者注：英美等国家的齿轮采用径节制，中国采用模数制。径节 × 模数 =25.4。径节的单位是齿每英寸。）

压力角：每个齿面的斜率程度被称为压力角。比较常见的压力角是 20°，但也有一些齿轮的压力角比较特殊，像高品质蜗轮和尺条的压力角就是 14½°。

齿的几何形状：齿轮上的齿的方向可能是不一样的。大部分直齿圆柱齿轮上的齿和齿轮的边缘是垂直的。但是齿轮上的齿也可以成一定角度，在这个情况下，它被称为一个螺旋齿轮。还有很多其他不太常见的几何形状的齿，包括双齿和人字齿。

24.11.6　使用带有减速齿轮的电动机

带有齿轮减速箱的电动机使用起来会比较容易。在选择齿轮减速电动机的时候，你应该关注的是变速箱的输出速度，而不是直流电动自己的实际运行速度。还要注意的是电动机的运行和堵转转矩也会在变速箱的输出上增加。

当使用的电动机不带有一体的减速齿轮的时候，你需要给它加上减速箱或自己制作一个。但是自制减速箱可能会遇到一些难题：

- 电动机的轴径和成品的变速箱可能会有所不同，所以你必须确保电动机和变速箱是配套的。

- 单个的齿轮减速箱很难找到。大多数减速箱要从再利用的电动机里面拆出来，旧的交流电动机是一个不错的资源。

- 加工的变速箱要求尺寸精确，即使一个很小地误差都有可能造成齿轮匹配不上。

24.11.7　哪里可以找到齿轮

齿轮的价格很贵，特别是使用一整块金属加工出来的实心金属齿轮。一些像 Boston Gear、Small Parts、W.M. Berg 和 Stock Drive 这样的在线商家可以提供各种常见的齿轮，但是它们的成本非常高，对大多数机器人爱好者来说意义不大。只要你需要的齿轮不是太特殊，你或许可以从其他渠道找到想要的齿轮。

- 专业模型零售店。下次你可以在模型商店里面找找舵机或者遥控汽车和飞机使用的驱动电动机的替换齿轮组。有些是塑料的，另一些是金属的（通常是铝或黄铜）。

- 玩具积木。不要笑！像乐高、Erector 和 Inventa 这类玩具积木里面的齿轮都可以用在机器人项目里。多数齿轮的尺寸比较大，由塑料制成。

- 剩余物资目录。新的齿轮价格很贵，剩余的齿轮价格就相当实惠了。你经常可以找到全新的塑料或金属齿轮，和完全一样的新品相比，它们的价格只有大约 10 美分。唯一的问题是选择非常有限，甚至在同一家店里购买，也很难买到配套尺寸和规格的齿轮。

● 充电式电动螺丝刀。里面有很多齿轮，通常为"行星"齿轮，用来产生非常大的减速比。螺丝刀除了齿轮，电动机也可以考虑加以利用。

● 改装废弃和打折的玩具，是一个不错的来源。这类玩具包括回力和电池供电的玩具车、玩具"推土机"，甚至一些活动木偶，拆开玩具找到隐藏在里面的珍宝。这些齿轮一般都很小，由塑料制成。

● 旧厨房用品。去二手商店和杂货店里面找找老式食物搅拌机、电动刀，甚至电动开罐器。厨房用品和玩具不同，它们通常使用金属齿轮，至少也会使用高强度的塑料齿轮。

第 25 章

用形状记忆合金控制机器人的运动

金属也有记忆？没错。早在 1938 年，科学家就发现某些金属合金弯曲变形以后，再次受热会恢复到原来的形状。金属的这种特性多少有点超出了研究人员的好奇心，直到 1961 年人们才对金属的记忆特性展开深入研究。William Beuhler 和他的团队在美国海军军械实验室开发出了一种具有重复记忆效应的钛镍合金。Beuhler 与他的合作伙伴一起推出了第一种可用于商业的形状记忆合金或称为 SMA。他们称这种材料为镍钛诺，这个梦幻般的名称来自于镍钛海军军械实验室。

25.1 形状记忆合金与机器人技术

在 1985 年，日本的一家公司 Toki Corp. 推出了一种特制的可以用电流激活的形状记忆合金，这种材料可以小批量面向商业应用和业余爱好者。可供进行试验的长度适中，价格便宜的形状记忆合金极大地丰富了制作机器人的材料的种类。

Toki 生产的形状记忆合金的商业名称是 BioMeta，在各方面的性能上与最原始的镍钛诺相同，并具有可以瞬间电流激活的新特性。

BioMetal 材料与 Mondo-Tronics 的 Muscle Wire 和 Dynalloy 的 Flexinol 产品性能相似。在机器人上有广泛的用途，包括新颖的位移驱动。在这里我们把这种材料通称为形状记忆合金，简称 SMA。

25.2 形状记忆合金基础知识

SMA 基本上可以看成一根由钛镍合金制成的金属丝。你可能对钛已经有所了解，钛是一种"超太空"金属材料，它的强度与钢相同，而个别的钛合金重量只有钢的一半。钛金属丝可以做得非常细（一般可达到 0.006 英寸，仅比一根标准的头发丝粗一点），但是它的强度非常大。

实际上，SMA 的抗张强度可以与不锈钢相媲美：细细的一根金属丝可以承受高达 6 磅的重量。即使在极限重量下，SMA 的拉伸变形也极其微小。除了强度以外，SMA 还和不锈钢一样具有很好的耐蚀性。

形状记忆合金暴露在高于常温的环境下，也包括电流通过金属丝所产生的温度，合金内部的晶体结构会发生改变。当合金冷却以后，结构又会继续发生改变。

更具体一点，SMA 金属丝在制造过程中被加热到非常高的温度，使它可以定型或"记忆"在一个特定的晶体结构。金属丝冷却以后将伸展到它的实际限度。当金属丝再次加热以后，会收缩恢复到记忆状态。这就是为什么 SMA 通常被称为"记忆金属丝"的原因。

形状记忆合金的电阻大约为每英寸 1Ω。这个数值比常见的导线高出很多，因此当 SMA 上面有电流通过时会迅速发热。通过的电流越大，金属丝的热量越高，收缩的幅度也更大。

在通常条件下，一根 2 英寸~3 英寸长的 SMA 金属丝上面最大可以通过 450mA 的电流。这个电流所产生的温度为 100~130℃，记忆合金需要达到 90℃以上温度才会产生记忆变形。大多数 SMA 材料在制造过程中可以任意设定变形的温度，90℃是一个现货供应的标准值。

应该避免在材料上通过太大的电流，因为额外的电流会使金属丝过热，这会降低材料的形状记忆特性。为了达到最佳效果，应该将电流设定的尽可能低，以能产生收缩为准。根据通过电流的大小，SMA 会产生 2%~4% 的收缩。典型 SMA 材料的最大收缩值为 8%，但是这需要很大的电流，超过几秒金属丝就会损坏。

25.3　使用形状记忆合金

形状记忆合金需要使用一些小配件。除了金属丝以外，你还需要准备某些类型的终结器（最好是高强度零件），一个力矩偏置机构和一个控制电路。我将在下面对这些进行详细的说明。

25.3.1　终结器

SMA 金属丝很难焊接，因此不得不在金属丝的末端采取机械固定的方式——这里的终结器不是电影终结者里面的机器人，而是指卷边接头或其他类型的冷压接线端子。因为 SMA 金属丝非常细，无法使用胶水或其他黏合剂将金属丝牢固地安装在机械结构上，在出售形状记忆合金的地方也会配套提供各式各样的终结器。

你可以用 18Ga. 或更小尺寸的冷压接线端子自制终结器。尺寸越小，效果越好。这些接线端子对于粗细只有 0.006 英寸的 SMA 金属丝来说比较大，你可以将金属丝在端子芯里面适当折叠并使用适当的压接工具将其压实。具体的操作方法如图 25-1 所示，一定要将冷压端子彻底压实。如果有必要，可以将接线端子放在台钳上反复挤压确保金属丝与端子紧密结合在一起。

图 25-1 还显示了一种使用小号的 2-56机制螺丝（可以在业余爱好商店里买到）固定金属丝的方法，将金属丝小心地绕过机制螺丝，并配合冷压接线端子进行更牢固的安装。

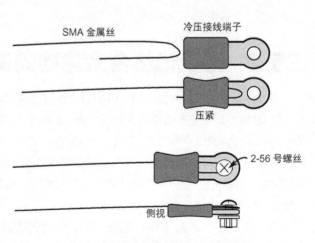

图 25-1　用小型冷压接线端子连接形状记忆合金的方法。可以用首饰加工专用的小工具辅助加工

提示：有一定手工饰品制作经验的爱好者可以将经验借鉴到记忆合金的加工上来。很多工具、技巧和材料都是通用的。制作项链和耳环的工艺也可以用来加工 SMA 材料。寻找那些与珠宝首饰相关的小零件——金属链、钩子、针还有各种可能用的上的冷压端子。在库存充足的业余爱好商店和在线购物场所如 Fire Mountain Gems 里面可以买到相应的工具和零件。

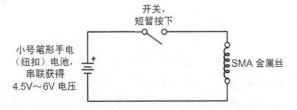

图 25-2　SMA 金属丝需要用力矩偏置弹簧或其他负荷来保持平衡

25.3.2　力矩偏置

给 SMA 金属丝的两端通上电，它会开始收缩。提示信息：

- 金属丝的一端必须连接到运行机构上。
- 金属丝的另一端必须进行力矩偏置，如图 25-2 所示。力矩偏置可以是一根弹簧或一个固定不动的部位。

力矩偏置除了给金属丝提供结构支持，还起到当电流消失以后帮助其恢复到通电前的形状的作用。你还可以使用第 2 根 SMA 金属丝向另一个方向收缩使第 1 根恢复到常态，但是这涉及一些非常精密的机械结构的制作。

图 25-3　一个简单的用开关和电池串联组成的 SMA 驱动电路。纽扣电池给提供的电流比较小，使 SMA 金属丝上面通过的电流不会太大，按下开关的时间不要超过 1s

25.3.3　控制电路

常规 SMA 金属丝可以用 3～4 个 1.5V 纽扣电池（SR44 型）激活。因为通过 SMA 金属丝上的电路接近短路状态，电池会释放出它们的最大电流。普通的 1.5V 纽扣电池（SR44 型）的最大输出电流只有几百毫安，所以通过金属丝上的电流将被限制在一定范围。你可以按照图 25-3 里面的方法，简单将开关与电池串联起来控制金属丝的收缩或伸展。短暂地按下开关，开关的闭合时间以金属丝能够收缩为准。

25.4　用单片机控制形状记忆合金

　　单片机是最理想的控制形状记忆合金的工具。使用一个简单的程序，你可以精确地控制 SMA 金属丝的动作时序。与 LM555 这类时基集成电路组成的控制电路相比，你需要改变 LM555 控制电路里面元件的数值来调整金属丝的动作时序，而单片机电路所要做的只是改一两行代码。

　　单片机使你可以全自动地控制 SMA 的动作时序，你可以用它们制作诸如微型蠕虫或另一些通过 SMA 驱动的结构精巧的机器人。

　　SMA 金属丝不能直接连接到单片机上，你需要用晶体管或其他驱动电路提高金属丝上的电流。图 25-4 显示了如何使用一只 TIP120 达林顿功率晶体管或一个价格便宜但非常好用的 ULN2003 集成电路来驱动金属丝。ULN2003 芯片内部集成了 7 个（参照芯片手册，数量的确是 7 个）达林顿晶体管，每只晶体管可以承受大约 0.5A 的电流。

　　无论采用图中的哪种方法，你都可以给金属丝提供高于 5V 的电压，增加电压可以使金属丝动作起来更有力更迅速。实验使用不同的电压（按照经验，最大电压可以为 12V）驱动金属丝，一定要注意不要在金属丝上通过太大的电流。电流越高，越容易造成 SMA 金属丝的损坏。当电压比较高时，可以考虑在电源正极和 SMA 金属丝的接点之间串一个 10 ~ 15Ω（耗散功率大于 2W）的电阻。

　　sma.pde 是一个 Arduino 控制器的例程，可以产生 5s 间隔的脉动信号来控制（通过电阻和晶体管，ULN2003 集成电路接口）SMA 金属丝，每个脉冲的宽度限制在 250ms（1/4s）。你还可以使用 Arduino 的 PWM 功能来改变施加在金属丝上的短脉冲的占空比（开启相对于关闭）。实验改变延迟时间和 PWM 占空比。例程的开启时间为 3/4s。

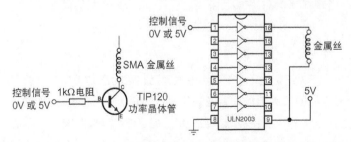

图 25-4　两种用单片机驱动 SMA 金属丝的方法：使用一只功率晶体管（图中为 TIP120 达林顿管）或可靠的 ULN2003 集成电路。图中显示的是 SMA 金属丝连接到 ULN2003 内部的 7 个驱动器中的一个

例程:

sma.pde

你可以在 RBB 技术支持网站找到这部分代码, 见附录 A 的 "RBB 技术支持网站"。

```
int smaPin = 9; //  SMA 驱动电路连接至引脚 D9
int ledPin = 13; // 使用内置 LED
void setup()
{
pinMode(smaPin, OUTPUT); // 引脚设定为输出
pinMode(ledPin, OUTPUT);
}
void loop()
{
digitalWrite(smaPin, HIGH); // 激活金属丝
digitalWrite(ledPin, HIGH); // 点亮 LED
delay(250); // 保持 1/4s
digitalWrite(smaPin, LOW); // 松开金属丝
digitalWrite(ledPin, LOW); // 熄灭 LED
delay(5000); // 释放 / 冷却 5s
analogWrite(smaPin, 128); // 在占空比为 1/2 时激活金属丝
digitalWrite(ledPin, HIGH); //  点亮 LED
delay(750); // 保持 1/2s
digitalWrite(smaPin, LOW); // 松开金属丝
digitalWrite(ledPin, LOW); // 熄灭 LED
delay(5000); // 释放 / 冷却 5s
}
```

 注意: 一定要给 SMA 金属丝和它的驱动电路单独准备一组电池或电源。不要使用 Arduino 控制器上面的 5V 电压来驱动 SMA 金属丝, 金属丝上面的瞬时电流会烧毁 Arduino 控制器上的稳压器。像往常一样, 将 Arduino 上面的地线和独立的驱动电源 的地线连接到一起。

25.5   试验 SMA 机械装置

一旦熟悉了 SMA 的安装方式和动作特性，你就可以发挥自己的想象力把它应用到机器人上面了。图 25- 5 显示了一个典型的应用，使用 SMA 金属丝控制一个滑轮。金属丝加上电流以后滑轮开始转动，产生一个旋转运动。直径比较大的滑轮在 SMA 的牵引下只能转动一个很小的角度，换成小直径的滑轮可以适当增加旋转的距离。

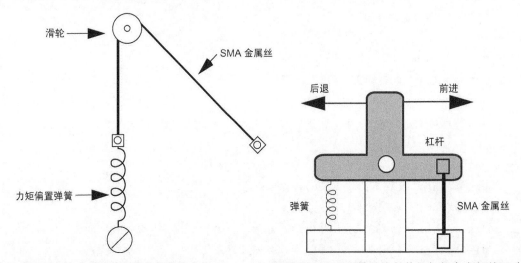

图 25-5   用 SMA 金属丝控制滑轮机构的方法

图 25-6   SMA 金属丝控制钟锤杠杆产生倾斜运动。弹簧的作用是当 SMA 金属丝上的电流消失以后使钟锤恢复到原始位置

图 25- 6 显示了一个使用一段 SMA 金属丝控制的杠杆装置的示意图。在这个结构里，金属丝被固定在钟锤杠杆的一端。杠杆的另一端是一根普通的伸缩弹簧，这些材料在多数五金店里都可以买到。金属丝通电以后会拉动钟锤杠杆。当 SMA 收缩的时候杠杆的驱动臂会产生一定位移。

SMA 金属丝是一种非常细小的材料，你会发现无线电遥控飞机模型里面的小号五金件最适合用来制作这类机械装置。大多数库存充足的业余爱好商店里都提供各式各样的钟锤杠杆、成套杠杆、滑轮、车轮、齿轮、弹簧以及其他小零件和终结器，它们可以使你工作起来更得心应手。

25.6   使用现成的 SMA 机械装置

一些公司根据形状记忆合金的特点开发出了使用更方便的 SMA 机械装置。这类现成产品的价格比较合理，省去了自己压制终结器和安装力矩偏置弹簧等具体的操作，买回来就可以用。Miga Motors（www.migamotors.com）就是一家这样的公司，他们通过自己的网站以及全球的批发商，比如 RobotShop 和 SparkFun 销售自己的产品。

图 25- 7 展示的是一个 Miga Motors Dash 的实物图，这是一个使用形状记忆合金驱动的直

流电动机，可以产生令人不可思议的 1.75 磅输出力矩和 1/4 英寸的行程。这个产品设计用来控制电动门锁，无疑也可以用它来制作机器人，比如用于步行式机器人的腿部驱动系统。同样地，SMA 旋转驱动器也适用在很多需要用到舵机的场合，它们是弹簧加载的，电流消失以后驱动器的转子会恢复到初始位置。

图 25-7　商业化的成品 SMA 直线电动机（图片来自 Miga Motor 公司）

第四部分
常见机器人项目

第 26 章

制作轮式和履带式机器人

当你阅读完本书的第二部分，你就可以使用常见的工具和材料制作出可以实现一定功能的移动式机器人了。你可以使用木头、塑料或金属——或者，对于快速成型也可以使用加厚硬纸板或艺术创作用的泡沫板（谁说机器人就不能是一个迷人的艺术品）。

本章是对前面介绍的内容的扩展，提供了很多制作轮式和履带机器人的方案和设计理念。你可以自由选择制作所需的材料，实验搭建不同尺寸和装配方法的机器人。

如果你想制作一个用腿走动的机器人，可以请参考第 27 章的内容。

供参考

还可以参考第 20 章至第 23 章里面介绍的机器人的一般设计以及用电动机驱动机器人的内容。同时一定要看一看 RBB 在线支持网站里面提供的附加项目，详见附录 A 里面的说明。

26.1 轮式机器人的基本设计原则

除少数例外，大多数机器人都可以借助车轮或坦克履带从一个地方移动到另一个地方。像你在第 20 章"让机器人动起来"里面所看到轮式机器人有很多种转向方法。对于使用车轮或履带推进的机器人来说，最常见的结构是车辆的两侧各有一个电动机。

26.1.1 驱动电动机的设计

最常见的移动机器人用两个相同的电动机驱动底盘两侧的两个车轮运转。车轮提供前后运动和左右转向。如果你让左边的电动机停止不动，那么机器人将会转向左边。如果一个电动机相对于另一个电动机的转向相反，那么机器人将会随着它的车轴在原地旋转（信地旋转）。你可以用车轮的正反向转动实现比较"死"的或原地不动地左右转弯。

■ 26.1.1.1 中置驱动电动机的安装

你可以把车轮和连接着车轮的电动机——放置在平台纵向长度的任意位置。如果把它们放置在中间，如图 26- 1 所示，那么你就需要在平台两端都加上脚轮，以提供足够的稳定性。由于电动机位于平台的中心，它上面的重量分布可以更加均匀。

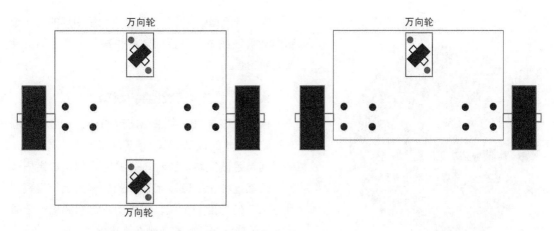

图 26-1　中置和前端驱动在电动机安装方式上的对比。使用中置驱动的布局，底盘的前后各需要一个万向轮，如果机器人非常平稳，你也可以只使用一个万向轮

中置安装的一个好处是，机器人没有前后的概念，至少对驱动系统来说是这样的。因此，你可以创建一种可以轻松地前后移动的多向机器人。当然，这种方法也会使机器人传感器的布局更加复杂。如果机器人只是前面有碰撞开关，那么你需要在它的后面也加上一些传感器，使机器人在反方向运转的时候也能检测到物体。

 提示：根据机器人的大小和它的重量分布，你可能只需给它安装一个脚轮。让脚轮稍微多分担一点重量可以有助于防止机器人侧翻。

■ 26.1.1.2　前置驱动电动机的安装

你也可以把车轮放置在平台的一端。在这种情况下，你需要在平台的另一端加上一个脚轮以提供稳定性，脚轮也是一个转向轴，如图 26-1 所示。显然，平台的重量现在更多地集中在电动机的一侧，可以通过调整电池在平台上面的位置调节机器人的重心。

前置驱动安装的一个优点是简化了机器人的结构。机器人可以通过"转圈"来改变行驶方向，转圈的直径就是机器人中置驱动部分的直径（译者注：两轮间距），但是这个直径会大于机器人底盘的前/后尺寸。根据机器人的整体尺寸以及你打算怎么使用，这个问题造成的影响可能不大。

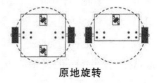

原地旋转

26.1.2　选择合适的车轮

车轮是把轮胎（英式叫法为 tyre）安装在轮毂上制作而成（见图 26-2）。轮胎的材料为橡胶、塑料、金属或其他材料，轮毂是安装车轴或电动机轴的部分。轮毂通常有一个轴孔，常用来安装电动机的驱动轴。

一些机器人的车轮是一体注塑的，其他的像 Dave Brown 生产的 Lite-Flight 轮子则是由独

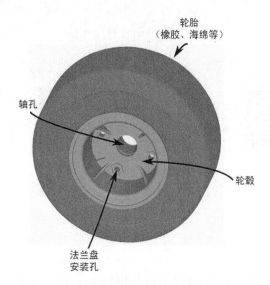

图26-2　常见的车轮由轮毂和安装在上面的橡胶（或其他材料）轮胎组成

立零件组装而成的。Lite-Flight轮子使用的是一个和电动机轴或车轴连接的塑料轮毂，轮毂上面安装着海绵轮胎。

■ 26.1.2.1　车轮的材料

首先应该考虑的是车轮所用的材料。最便宜的车轮和低成本的玩具一样，使用的是一体注塑工艺，材料通常是硬塑料。这种车轮的轮胎和轮毂是一体的。虽然这种轮子可以用在一些机器人上，但是你最好给它们配上一个柔软的轮胎，这需要把一个柔软的橡胶或泡沫轮胎套在刚性的轮毂上。

塑料外面是橡胶：橡胶的硬度会极大地影响牵引力。一个常见的测量硬度的方法是使用硬度计，这是一种测量硬度的设备（建议买一个）。硬度有几个等级，每个等级用一个字母表示，比如A或D。一个硬度为55A的材料相对较软和容易弯曲，75A的硬度适中，95A的硬度比较高。

金属外面是橡胶：常见的的R/C赛车的车轮，这种车轮更重也更坚固，非常适用于更大的机器人。你还可以找到小型的橡胶轮胎和铝轮毂组合在一起的车轮。模型商店出售的模型飞机尾轮使用的就是这种轮胎。

塑料外面是海绵：海绵车轮也是R/C赛车场的常客。和橡胶轮胎一样，它们的硬度也各不相同。

辐条轮外面是橡胶/泡沫：随着车轮尺寸的增加，它的重量也会增加。辐条轮常用来减轻大型车轮的重量。小号自行车或轮椅上面的轮子适合制作较大的机器人。

充气车轮：传统的海绵和橡胶轮胎只是套在它们的轮毂上。充气车轮的轮胎里面充满了空气，可以让车轮变得更坚硬更有弹性。独轮手推车和一些轮椅上面的车轮是充气的。

不通气轮胎：类似充气轮胎的概念，不通气轮胎是中空的，里面填充的不是空气而是橡胶或海绵的混合物。它们常用在轮椅和重型材料搬运车上。这种车轮非常适合用来制作负重比较大的大中型机器人。

■ 26.1.2.2　车轮的直径和宽度

车轮尺寸没有特定的标准。实际尺寸取决于它们的直径还有胎面宽度（胎面是接触地面的塑料、海绵或橡胶材料）。

● 车轮的直径越大，机器人的电动机轴的旋转就可以带动它跑得越快。如果你知道电动机每分钟或每秒钟的转速，你可以快速地计算出线速度。只要把车轮的直径乘以 π 或3.14，再把所得结果乘以电动机的转速就可以了。见下面的章节"用车轮的直径计算机器人的行驶速度"，获得更多信息。

● 车轮的直径越大，电动机输出的转矩越低。车轮遵循杠杆、支点和齿轮的原理。随着车轮直径的增加，车轮上面产生的转矩相应减小。

● 较宽的车轮具有更大的接触面和由此产生的更大的牵引力（来自摩擦）。

● 较宽的车轮有助于使机器人保持方向（称为轨迹）。窄车轮的机器人当车轮不平行的时候会产生轨迹偏移的问题。反之，太宽的车轮与地面所产生的摩擦会使机器人无法灵活转动。

根据车轮的作用确定它的直径和宽度。对于一个使用比较窄的中号车轮（比如轮子宽度为 1/4 英寸，直径为 2.5 ~ 3 英寸）的机器人来说，换上更宽的车轮可以使它的行动变得更加灵活。

■ 26.1.2.3　车轮布局和转弯半径

车轮安装在底盘上的位置会影响机器人的转弯半径。如果可能，尽量把车轮靠近底盘的里面安装，不要太靠外。这可以缩小机器人的有效尺寸还可以让它可以在一个很小的圆里面旋转。图 26-3 显示了车轮安装在底盘的内侧和外侧的情形。

26.1.3　了解车轮牵引

和汽车一样，机器人上面的车轮的作用是抓牢地面。这样就提供了一个牵引着机器人向前的力。然而，奇怪的是，太多或太少的牵引对机器人来说可能都不是一件好事。

再看一遍第 20 章"让机器人动起来"里面的内容，了解一个差速行驶的机器人是如何运转的。机器人的两侧安装着两个相互对应的电动机和车轮。直线牵引实现起来很简单：当两个电动机转向相同的时候，机器人可以在一条直线上向前或向后移动。

值得注意的是轮车牵引的转向问题。有两种方法可以实现机器人的差速转向：让一个电动机相对于另一个电动机的转向相反（转死弯），或让一个停止的同时启动另一个（转活弯）。

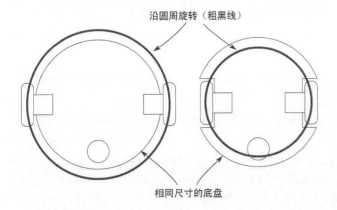

沿圆周旋转（粗黑线）

相同尺寸的底盘

图 26-3　图中表示了机器人原地旋转一圈所占用的面积。两个底盘的直径相同，车轮安装在内部的底盘转弯半径更小

● 牵引不足会导致车轮打滑，这会使机器人的行动看起来像酒醉刚醒的样子。

● 过度牵引会引起"抖动"。这个情况下轮胎和地面的摩擦会使车轮在地面上一顿一顿地弹跳。这个问题在软轮胎和结构复杂的 4 轮或 6 轮机器人上尤其明显。

● 4 个或更多的驱动车轮分组安装在机器人的两侧，功能上类似坦克的履带。车轮在急转弯时会产生大量的摩擦和打滑。如果你选择这种结构，应该把车轮的位置安排的尽可能紧凑一点。

大多数机器人车轮使用的是橡胶轮胎。柔软的橡胶表面有助于稳定行驶。一些模型赛车的轮胎使用的是一种软塌塌的材料，这可能导致牵引过大，会影响行驶的稳定性。非常硬的轮胎材料，比如硬塑料，可能无法提供足够的抓力。

轮胎材料的效力取决于它在什么样的表面上滚动。硬轮胎和硬木地板是一个失败的组合，而硬度适中的轮胎和 Berber 地毯则是一个很好的组合。

26.1.4 用车轮直径计算机器人的行驶速度

驱动电动机的转速是决定机器人行驶速度的两个因素之一，另一个因素是车轮的直径。对于大多数应用来说，应该把驱动电动机的转度控制在 130 r/min（带有负荷）以下。用车轮的平均直径计算，最后得到的行驶速度是每秒大约 4 英尺。这个速度实际上已经有点快了。比较理想的行驶速度是每秒 1 英尺～ 2 英尺（大约 65 r/min），这需要直径更小的车轮和转速更慢的电动机，或者两者兼顾。

如何计算机器人的行驶速度？按照下列步骤操作：

1. 把电动机的 r/min 转速除以 60。得到的结果是电动机每秒钟旋转的速度（RPS）。一个转速是 100 r/min 的电动机每秒钟旋转的速度是 1.66 RPS。

2. 用驱动轮的直径乘以 π，或近似值 3.14。这可以计算出车轮的周长。一个 7 英寸的车轮的周长大约是 21.98 英寸。

3. 用电动机的速度（以 RPS 为单位）乘以车轮的周长。计算结果是由车轮 1 秒所行走的直线距离，单位是英寸。

转速 100 r/min 电动机和 7 英寸的车轮可以使机器人的最高速度达到 36.49 英寸每秒或 3 英寸每秒。这个速度大概是每小时 2 英里。你可以通过减小车轮的直径放慢机器人的速度。把 7 英寸的车轮换成 5 英寸的车轮，同样的转速是 100 r/min 的电动机可以把机器人的速度推进到大约每秒 25 英寸。

需要记住的是机器人装配好以后的实际行驶速度可能会小于这个数值。这是因为机器人越重，电动机上面的负荷就越大，它们的转速也就会越低。

供你参考，这里有一个常用的行驶速度对照表，单位是英寸每秒，适用于各种电动机的转速和几种常见的小尺寸的车轮。

供参考

查看 RBB 技术支持网站里面的机器人速度计算器（参考附录 A），输入电动机的 r/min 值和你所使用的车轮的直径，计算器将会告诉你以英寸每秒为单位的行驶速度。

26.1.5 轮式机器人的支撑脚轮和滑垫

差速转向的机器人需要在它的底盘前面或后面安装一些东西来防止它们翻倒。下面列出了几种常见的方法。

不旋转的滑垫

滑垫可以不使用任何移动零件而在地面上滑动。为了让滑动更顺畅，滑垫的头部是圆的（螺帽或封闭螺母都可以工作得很好）。精密金属、硬塑料，或者特富龙是常见的选择。由于显而易见的原因，滑垫无法让机器人行驶在不平坦的表面上，或有很多障碍物的场所，比如堆满了电线和旧袜子的地方。

旋转脚轮

旋转脚轮（也称万向轮）的直径从 1 英寸到 4 英寸以上。需要按照机器人的尺寸搭配大小适中的脚轮。你可能会发现常见的直径为 1¼ 英寸～ 2 英寸的脚轮适用于大多数中型机器人，对于更大的底盘，你可以选择 3 英寸甚至 4 英寸的脚轮。

常见的旋转脚轮的安装盘分为板式或耳式两种，轮子有以下几种样式：

- 单轮
- 双轮（孪生车轮）
- 球形

家具上使用的球形脚轮的份量比较重。如果你不介意使用这种脚轮，可以留着它们用来制作比较笨重的机器人。单轮式脚轮最常见也很容易找到，购买时挑选可以灵活旋转的脚轮。

球形脚轮

球形脚轮相当于一个全向滚轮。和旋转脚轮不同，它必须在行驶方向上的一个点上旋转，球形脚轮可以随时转向任何一个方向。这个特点使它们非常适合作为机器人的支撑脚轮。

滚球的尺寸从一颗豌豆那么大直到直径超过 3 英寸，它们的材料是钢、不锈钢或者塑料。Pololu 销售各种用于桌面机器人的小号球形脚轮，而像 Grainger、McMaster-Carr 和 Reid Tool and Supply 这样的工业用品经销店里则可以找到更大的脚轮。

全向轮

全向轮基本上由安装在轮胎胎面上的辊所组成。轮胎可以像其他车轮一样在轴上旋转，辊使它可以向任何方向移动。对于脚轮所从事的工作来说，全向轮增加了不必要的额外成本、尺寸和重量。我不认为它们的工作比一个球形脚轮或高品质的旋转脚轮要更好。

尾轮

还可以用 R/C 模型飞机上使用的尾轮（大多数模型商店都可以买到）替代旋转脚轮。尾轮的尺寸从大约 3/4 英寸到超过 2 英寸，它们需要用特制的安装件固定。

总结：对于一个重量小于 2 磅，直径不超过 7 英寸的小型机器人，不旋转的滑垫通常是可以接受的。对于中置驱动电动机的安装，需要使用两个滑垫：分别把它们放置在机器人的前部和后部。对于较大或较重的机器人，滑垫可能会陷在柔软的表面里，或者它可能钩住凸起的东西，比如电线和其他障碍。对于这类机器人，就需要使用一个旋转脚轮或一个球形脚轮。

■ 26.1.5.0　正确的使用脚轮

机器人上面的脚轮必须不妨碍机器行驶的方向或速度。廉价的旋转脚轮可能会在机器人改变方向的时候卡住而无法正常旋转。在选择和使用机器人的脚轮的时候需要考虑到以下这些因素：

- 测试它们是否能够流畅的旋转。带有球形滚珠的脚轮一般会得到更好的效果。

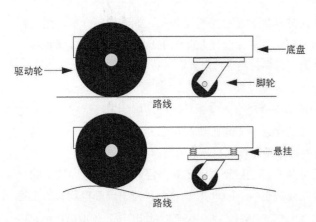

- 在大多数情况下，对那些只用做支撑不提供牵引的脚轮应该选择材料比较坚硬的品种，以减少摩擦。

- 当采用两个脚轮安装在底盘的两端布局的时候，机器人有可能会因为脚轮接触地面但是驱动轮离地而被困在那里。你可以通过把两个脚轮换成一个，或者在脚轮的末端多增加一点重量。你还可以减少脚轮的高度，或者用弹簧悬挂的方式安装脚轮，如图 26-4 所示，选择一个在正常负载下承受机器人的重量刚好开始压缩的弹簧。

图 26-4　弹簧加载可以解决很多常见的脚轮在不平坦的路面上行驶的问题。脚轮高度的调节可以应对路面的颠簸

26.2　双电动机的 BasicBot

BasicBot 是一个简单的差速转向底盘，它的制作非常简单，材料可以使用木头、塑料、硬纸板、画图板或泡沫板。它是一个理想的入门级机器人，圆形的形状可以使它非常适合作为墙壁跟随、走迷宫，或其他在封闭空间里面运转的机器人。底盘的直径是 5 英寸，很多工艺品和模型商店都出售厚度为 1/8 英寸或 1/4 英寸的木板或塑料板，并且材料已经切割成这个尺寸（或近似尺寸），省去了你用锯或切割垫和美工刀把它加工成圆盘的过程。一个搭建完成的 BasicBot 如图 26-5 所示。

BasicBot 使用下列的电动机和机械零件，所有这些材料都可以在 Tower Hobby 或很多其他的在线模型商店里找到（见附录 B 里面的网站列表）。

图 26-5　BasicBot 使用的是单层或双层的底盘、一个田宫双电动机减速套件和一个起平衡支撑作用的脚轮。搭建这个结构所需的时间小于 1 小时

● 田宫双电动机减速，#70097。电动机以套件的形式提供，用一个螺丝刀和小尖嘴钳组装起来大约需要 20 分钟。

● 田宫球形脚轮，#70144。包装里有两个脚轮，你只需要为 BasicBot 准备一个就可以了，第 2 个保存起来可以用于另一个项目。脚轮的组装大约需要 5 分钟。

● 田宫卡车轮胎组，#70101。包装里有 4 个轮胎，你只需要使用两个。

提示： 田宫还提供型号为 # 70168 双变速套件。它的功能和双电动机套件是相同的，只是尺寸稍微有点不同。这意味着如果你使用双变速套件需要相应地调整钻孔的布局，以正确地将电动机安装到机器人的底盘上面。

26.2.1　制作 BasicBot

参考图 26- 6 显示的切割和钻孔布局进行操作，用 1/8 英寸的钻头钻孔。底盘上面的 4 个孔的位置不是固定的，但是要保证间距的准确。你可以对照着电动机和脚轮的安装孔在底盘上做好标记。

1. 首先，根据说明组装好双电动机减速套件。你可以把电动机的减速比设定在 58:1 或 203:1。选择 58:1 的减速比可以让机器人运转得更快。对于迷宫跟随这类任务，你最好把速度降低一点，选择 203:1 的减速比。

2. 把电动机连接到变速箱之前，先给它们焊接上导线，并把导线连接到一组开关或控制电路上，见第 22 章 "使用直流电动机"，了解各种小电动机的控制方式。

3. 按照配套的说明组装好球形脚轮。脚轮带有一些调整高度的零件，完成后的脚轮从底盘到球

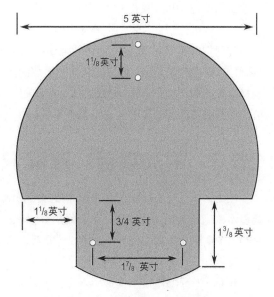

图 26-6　BasicBot 的切割和钻孔布局，所有的孔均为 1/8 英寸

图 26-7　BasicBot 底面的电动机和球形脚轮安装好以后的样子

面的高度应该是 1 英寸。

4. 安装电动机和脚轮。对于一个厚度为 1/4 英寸的底盘，使用 4-40×1/2 英寸的机制螺丝和螺母。如果底盘的厚度是 1/8 英寸，你可以使用长度为 3/8 英寸的螺丝。

5. 把橡胶轮胎套在两个卡车的车轮上，然后把车轮连接在电动机轴上。图 26-7 显示的是 BasicBot 底面的电动机和球形脚轮安装好以后的样子。

26.2.2　添加第二层底盘

单层底盘 BasicBot 上面的空间只能安装一个小型的控制板、迷你免焊实验板和一个 4 节 AAA 电池的电池仓。你可以增加 BasicBot 的面积来获得更大的空间。第二层底盘是一个直径为 5 英寸的圆板。在底层和第二层上钻出配套的孔，用 1 英寸或 1½ 英寸长的金属或塑料立柱分隔着把这两个底盘组装在一起。

26.2.3　使用效率更高的电动机

田宫双电动机套件的特点是经济实惠，配合小型桌面机器人使用非常方便，但是这种套件里面的电动机效率比较低，它们会消耗大量的电流。

你可以把双电动机套件里面的电动机换成效率更高的型号。套件里面使用的是一对马步齐的 FA-130 规格的电动机。你可以用效率更高的电动机来替代它们，只要新电动机的尺寸符合"130"的标准就可以了。Pololu 和其他几个在线商店里可以找到 130 规格的替代电动机，它们消耗的电流比田宫套件里面附带的电动机要小很多。

26.3　附加项目：双层 RoverBot

图 26-8 显示的是一个双层结构的桌面机器人，我把它称为 RoverBot。这个底盘的制作只需要基本的制作技巧（只需要切割直线），材料的选择也比较灵活，可以使用 1/4 英寸厚的航空级胶合板、1/4 英寸厚的发泡 PVC 板或 1/8 英寸厚的丙烯酸树脂板。它的设计思路是易于制作和方便扩展使用。

这是一个 RBB 技术支持网站（见附录 A）上面的附加项目。你在支持网站上可以找到完整的制作方案，包括切割和钻孔布局、零件列表和供应商以及装配说明。

26.4　制作 4WD 机器人

什么比双轮机器人更好？这还用问，当然是 4 个轮子的啦。和双轮机器人相比，四轮驱动（4WD）机器人比它的小兄弟具有更强的机动性，可以轻松应对室外环境。它们是用来探索草地或泥土地区的首选方法。因为 4WD 机器人有 4 个车轮，它们不需要（或使用）脚轮也可以实现稳定的静态平衡。和双轮驱动的机器人一样，4WD 的底盘也是通过差速旋转来探索它们周围的世界的。

遗憾的是，4WD 机器人制作起来比较复杂，而且，根据它们设计的不同，制作成本可能也会更多。但是 4WD 底盘的优点和它们的超额的造价和制作所花费大量时间相比还是非常明显的。

图 26-8　完成后的 RoverBot，结构上只使用直线切割。你可以用木头、塑料或金属作为身体的材料。RBB 技术支持网站提供了完整的 RoverBot 制作方案

提示：常见的 4WD 机器人的结构也适用于那些使用 6 个（或更多个）车轮的机器人。随着你增加更多的车轮，机器人的复杂程度、重量和成本也会扶摇直上。你可以考虑换成履带式底盘，它的结构就像是一个多轮驱动系统，具有无数个车轮。参考下面的章节获得履带式机器人的更多信息。

26.4.1　单独电动机或连接式驱动

虽然常见的四轮驱动的 4 个车轮是同时向机器人提供动力的，但是也有的四轮驱动系统里面有两个车轮是没有动力的。这意味着你必须给每个车轮单独配上一个电动机，或者用某种方式把车轮连接在一起，使它们可以由一个电动机驱动。图 26-9 显示了基本的概念。

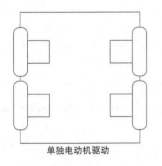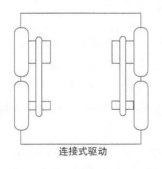

单独电动机驱动　　　　　　　连接式驱动

图 26-9　4WD 机器人有两种驱动形式：一种是 4 个独立的电动机分别驱动 4 个车轮。另一种是两个电动机分别驱动机器人一侧的连接在一起的车轮

● 单独电动机成本较高，但是机械结构比较简单。你只需要在双轮机器人的底盘上再增加两个电动机和车轮就可以了。使用单独电动机的同时你也可以分别地控制它们，这种设计可以更好地应

对松软的地形，比如泥泞的路面。

●连接式驱动可以节省下两个附加电动机的成本，但是你需要开发一个系统，让每一个电动机都可以同时驱动两个车轮。

无论使用哪种方法，4WD 机器人的车轮直径都应该是相同的，并且把它们向着底盘的中心放置。每侧的两个车轮间隔越远，转弯越困难。很多四轮驱动机器人的车轮都是保持尽可能小的距离。

> **提示：** 在这两个方案里，使用单独电动机的 4WD 系统可以提供更大的动力，只是因为每个电动机专门负责一个车轮。在连接驱动系统里，一个电动机同时带动两个车轮，所以底盘的总动力也会比较小。

■ 26.4.1.1　制作一个单独电动机的 4WD 机器人

制作一个简单的但是功能齐全的 4WD 机器人只需要使用 3 个木头、塑料或金属零件。电动机（比如，R/C 舵机）安装在我称为侧轨的零件上。侧轨相当于大号的电动机安装板，带有和电动机主体配套的切口和螺丝安装孔。侧轨用常见的顶角支架固定在一个底盘上。

图 26- 10 显示了一个 4WD 底盘的基本概念。每对舵机的间距取决于你的车轮的直径和舵机在侧轨上的安装方式（每侧舵机的输出轴是对在一起还是分开朝外）。

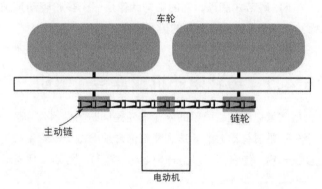

图 26-10　一个 4WD 机器人，使用的是舵机和一些从玩具上面拆下来的大号车轮。把舵机固定在侧轨，再把侧轨固定在一个顶板上组成底盘的结构

图 26-11　链条（如图所示）和皮带可以用来连接用两个电动机驱动的 4WD 机器人上面的车轮。链条对精度的要求比较低

总之，这是一个非常简单的设计：把舵机安装在侧轨上，再把侧轨贴着底盘固定好。

顶角支架的选择权在你。我使用的是一些工作室里闲置的塑料支架，五金商店里常见的 3/4 英寸 × 1/2 英寸宽的顶角支架的固定效果就非常好。

在我的原型里使用的是 6 个一组的 4-40 × 1½ 英寸的机制螺丝还有一些在剩余物资商店里买到的 5/8 英寸的尼龙立柱，立柱的作用是在机器人底板上间隔着安装第二层板，这是一个可选方案。底盘上的孔和切下去的部位用来穿线连接电池、单片机和其他电路。

■ 26.4.1.2　制作一个连接式的 4WD 机器人

一个 4WD 连接驱动系统在机器人的每一侧各使用一个电动机，再用一个传动链把每个电动机和它们所对应的车轮连接在一起。最常用的把电动机和车轮连接在一起的方法是齿轮、链条或皮带驱动。

● 皮带和链条驱动可能是最简单的方法，因为它们内部都有一定的活动空间，对零件的配合精度要求不高。中间的电动机（在机器人的两侧）用富有弹性的皮带或分段链条驱动着两个车轮，详见图 26-11 所示。为了达到最佳效果，应该使用带齿的皮带，也就是说，皮带上模塑的突块可以和电动机以及轮轴上链轮齿相配合。

● 齿轮驱动使用一个电动机上的主驱动齿轮啮合着安装在车轮上的子齿轮（见图 26-12）。大多数商业化的 4WD 玩具都使用这种方法，但是自制这种结构的时候对精度有一定要求。

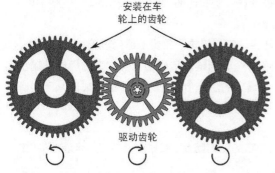

安装在车轮上的齿轮

驱动齿轮

图 26-12　齿轮用来把动力从中间的电动机传递到两边的车轮。齿轮的位置必须精确否则齿轮齿无法啮合在一起

图 26-13　坦克式机器人使用的是橡胶、塑料或金属履带，履带安装在驱动电动机和惰轮上，惰轮不提供动力只起到定位作用。低成本的玩具是一个常见的有用的橡胶履带的来源

 提示：你必须非常小心计算好齿轮的间距，否则它们将无法很好地啮合在一起。如果齿轮靠得太近机械结构可能会卡住，如果它们离得太远又会出现打滑和颤振。

对于小型机器人（比如尺寸低于 8 ~ 10 英寸），田宫制造了一些可以用来制作皮带或链条驱动的 4WD 底盘的产品。首先是田宫的阶梯链轮套件（产品编号 #70142），它由塑料模塑的链轮和可以连接到一起的单个的链接件组成，增减链接件的数量可以精确地调节链条的长度。一套套件只能驱动一侧的车轮，一个完整的机器人底盘需要两套这样的套件。

另一个方法是使用田宫的履带和车轮套件（产品编号 #70100），它包含模塑的塑料链轮和 1 英寸宽的橡胶履带。这个套件常用来制作履带式车辆（见本章后面的内容），它也可以作为 4WD 车辆的皮带驱动系统。

26.5　制作坦克式机器人

另一种常见的滚动式机器人的结构是坦克履带，因为它们的履带（或胎面）和军用坦克上的履带非常相似。像 4WD 机器人一样，坦克履带式机器人也不需要起平衡作用的脚轮或滑垫。它们使用的也是和 2WD、4WD 底盘一样的差速转向，而且适应高低起伏的地形的能力更强。图 26- 13 显示的是一个具有代表性的自制履带式驱动机器人，制作使用的橡胶履带和塑料底盘是从一个 1:8 的坦克玩具上拆下来的。

26.5.1   寻找合适的坦克履带

首先要做的是给坦克式机器人找一对合适的履带。常见的履带材料是橡胶、塑料和金属。

● 橡胶履带也许是最常见的，比如很多坦克和推土机玩具上面履带。你可以把玩具上的履带和其他零件拆下来用在机器人上。

● 塑料履带是把一段一段的硬塑料用销子和铆钉连接起来制作而成的。一些公司（ Lynxmotion、"Vex、JohnnyRobot）生产专门用于机器人的塑料履带。

● 在高级模型玩具和雪地摩托上可以找到金属履带。它们笨重、昂贵，适用于更大型的机器人。

不管使用什么材料，履带的工作方式是一样的：一个驱动链轮和履带上面配套的齿或槽啮合在一起。胎带分布在机器人上的长度可能大于或小于机器人的总长度。无动力的链轮或没有牙的惰轮的作用是把履带限制在适当的位置。

提示：每种履带都有它自己独特的方法和驱动它的链轮啮合。如果可能的话，尽量购买（ 或从玩具里拆 ）有配套的链轮和惰轮的履带。

26.5.2   使用柔性橡胶履带的机器人

正如前面指出的那样，廉价橡胶履带的最佳来源之一是玩具坦克。这些坦克玩具有多种比例，从 1:64（ 微型 ）增长到 1:10 甚至 1:6（ 比例指的是模型相对于实物的尺寸的比例。举例说明，一个 1:24 的模型，它的大小就是实物的 1/24。大多数玩具坦克的比例在 1:24 ～ 1:32 这个范围 ）。

图 26-14 里面的机器人由一个 1/10（ 近似 ）比例的坦克玩具上面的橡胶履带组成。履带的周长大约是 26 英寸，这个尺寸已经需要借助像你在图中所看到的特殊结构进行安装。履带向外伸出来的部分已经超过了机器人身体的长度，即使把它

图 26-14   一个可以翻转的坦克式机器人，正反面都可以运转。履带和惰轮使用的是一个遥控坦克模型上拆下来的零件

翻转过来仍然可以继续行驶。这个机器人可以攀爬障碍，当它翻转的时侯电动机可以立即改变方向。机器人完全不用停止、后退和转弯来绕过障碍。

　　寻找履带不是太松弛的玩具，最起码应该可以把它上面的链轮和惰轮拆下来安装在自己的底盘上面。有些玩具坦克的结构非常易于改装，你只需要简单地把炮塔和车辆的顶部拆除替换上你自己的单片机和 H 桥电路就可以了。这个方法可以使用成品玩具自身的结构，不需要专门为机器人制作身体。

提示：乐高的机械系列套件是一个很好的小型橡胶履带的来源。套件里面还带有和履带内侧的齿配套的链轮。

26.5.3　使用田宫的履带和车轮套件

　　一个机器人上常用的履带是田宫自己生产和销售的田宫履带和车轮套件（编号 #70100）。很多在线资源，比如 Tower Hobbies 和 Hobbylinc 都提供这种套件（见附录 B "在线材料资源"）。这类履带套件还包含田宫的一些其他的产品，像田宫履带车辆底盘套件和田宫的遥控推土机套件。这些套件还带有电动机。

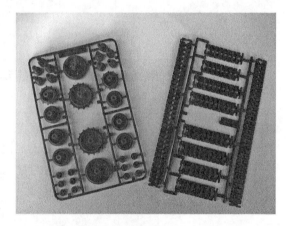

图 26-15　田宫的履带和车轮套件，图中显示套件里面的塑料零件和橡胶履带。你可以把履带连接成各种长度使其配合机器人的尺寸

　　田宫履带的材料是橡胶，具有不同长度的片段。你可以把这些片段连接在一起组成一条履带。套件里带有链轮和惰轮（见图 26- 15）。根据需要挑选你需要用到的零件。片段连接使用的是履带边沿的小销子。不管听起来或看起来怎么样，其实这种履带非常牢靠，除非受太大的力否则很少会自己断开。

提示：对于临时性的制作，你可以把零件用柔性黏合剂黏接在一起，比如使用硅胶。确保硅胶不会渗入履带和链轮齿嚙合的部位同时要保证接缝的平滑。

■ 26.5.3.1　制作一个多用途的履带式机器人底盘

　　你可以用两个电动机（直流齿轮减速电动机或 R/C 舵机）和一个田宫的履带和车轮套件（编号 #70100）制作出一个实用而坚固的履带式机器人的底盘。图 26- 16 显示了完成以后的机器人。理想的制作材料有 1/4 英寸的航空级桦木胶合板或 6mm 的发泡 PVC 板。

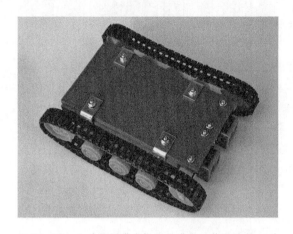

图 26-16　全功能履带式机器人底盘，使用的是一对田宫减速电动机套件和一个田宫的履带和车轮套件。制作起来非常简单，成本加在一起不足 25 美元

制作底盘需要准备的材料：

1 个田宫的履带和车轮套件（编号 #70100）

2 个田宫的三速曲轴变速箱套件（编号 #70093），或其他类似产品

8 个 4-40 ×1 英寸的机制螺丝

8 个 4-40 的尼龙内嵌锁紧螺母

18 个 #4 垫片

6 套 4-40 ×1/2 英寸的机制螺丝和螺母

4 个 3/4 英寸 ×1/2 英寸宽的顶角支架

首先，如图 26-17 所示，切割出底板和侧轨的零件。参考图 26-18 里面的钻孔示意图加工两个侧轨（需要制作两个）。用 1/8 英寸的钻头钻孔。孔的位置非常重要，特别是每个电动机上面的两个固定孔之间的距离，一定要特别小心。

 提示：注意底板上的替代安装孔，这些孔可以增加履带的张力。见后面的章节"组装履带"，获得更多信息。

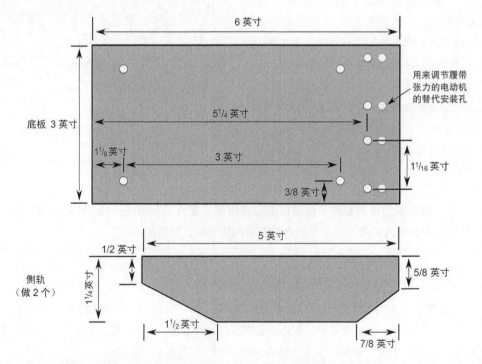

图 26-17　多用途履带式机器人底盘的切割和钻孔示意图。所有的孔都是 1/8 英寸

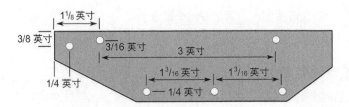

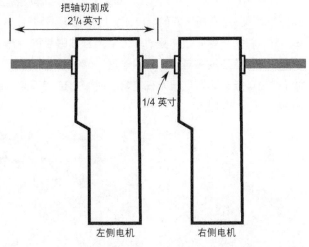

图 26-18　多用途履带式机器人底盘侧轨的切割和钻孔示意图。所有的孔都是 1/8 英寸。为了使履带保持适当的张力，孔的位置非常重要（即使这样，你可能还要重新调整履带的松紧，详见下面的"组装履带"）

我使用的是一对田宫的三速曲轴齿轮变速箱套件（编号 #70093），它们的价格很实惠，并且提供了 3 个不同的齿轮减速比，分别为 17:1、58:1 和 204:1。正常的速度是 204:1，如果你想提高坦克的速度，也可以选择 58:1 的减速比。

准备组装之前，先用钢锯或重型平口钳（一定要戴好护目镜）把六角轴的长度切割成 2¼ 英寸，然后按照套件附带的说明完成电动机的装配。你需要用到一个小号的十字螺丝刀。一定要保证两个电动机的齿轮减速比是相同的。

安装电动机之前，用附带的六角扳手轻轻地拧紧驱动轴和输出齿轮的固定螺丝。你需要制做好一"左"一"右"两个电动机，如图 26-19 所示，调整好驱动轴的位置，使电动机一侧露出来的长度不超过 1/4 英寸。

图 26-19　多用途履带机器人底盘的电动机结构和驱动轴的方向。你需要用一个钢锯或平口钳把轴切割成指定的长度（一定要戴好护目镜）

■ 26.5.3.2　组装侧轨

参考下图 26-20。侧轨是用来安装履带的零件。我们先从左侧轨开始。

1. 用 4-40×1 英寸的螺丝、垫片和锁紧螺母把比较大的那个惰轮安装在侧轨最左侧的孔上。让惰轮面对着你。拧紧锁紧螺母使惰轮刚好可以自由转动，然后反向松 1/8 圈。当你旋转惰轮的时候应该不感觉到发涩也不应该有任何形式的晃动。

2. 用另外三套螺丝、垫片和螺母把 3 个小惰轮安装在侧轨底部的孔上。用和大惰轮一样的安装方式把螺丝拧紧。

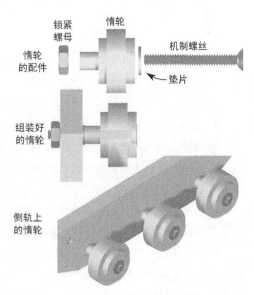

图 26-20　惰轮的详细结构。拧紧锁紧螺母使惰轮刚好可以自由转动，然后反向松 1/8 圈

3. 用 4-40×1/2 英寸的螺丝、垫片和螺母按图所示固定好两个顶角支架。

右侧轨的组装方式是一样的，只是和左侧轨镜像对称。

■ 26.5.3.3　安装直流齿轮减速电动机

用 4-40×1/2 英寸的螺丝和螺母把两个电动机固定在底板上。两个驱动轴的短端是相对的。

用 4-40×1/2 英寸的螺丝、垫片和螺母把侧轨固定在底板上，如图 26-21 所示。电动机位于底盘的后部，左右侧轨的前端应该和底盘的前沿对齐。

暂时将大链轮固定在驱动轴上。用套件附带的六角扳手，轻轻地松开固定驱动轴的螺丝。根据需要，调整驱动轴在电动机上的位置，使链轮和惰轮可以形成一条直线和侧轨比齐。即使一个微小的错位也可能会导致机器人在转弯的时候履带掉下来，所以应该尽可能保证准确。对齐以后，拧紧电动机上的固定螺丝。

图 26-21　惰轮安装在多用途履带机器人底盘上的侧视图

■ 26.5.3.4　组装履带

用履带和车轮套件组装履带，每边的长度按照下面的说明：

- 30 段的一组
- 10 段的两组
- 8 段的一组

段和段之间是互锁连接的。组装的时候用手指把它们连接在一起就可以了，避免使用蛮力或工具，否则可能会使橡胶撕裂。这个步骤可能需要几分钟才能找到一点窍门。参考套件附带的说明获得更详细的信息。

安装履带的时候，先把它套在 4 个惰轮上，然后把履带缠绕在驱动链轮的齿上并小心地拉着链轮安装到电动机轴上。注意：拉动履带的力量不要太大，否则它可能会解锁。

这个多用途履带机器人在设计上是可以调节履带的张力。这个功能非常重要，因为如果履带太松，它们就会很容易脱落。拆下电动机，在距离原来的安装孔取出 3/16 英寸的位置钻出新的孔，然后再把电动机装好。

提示：你还可以加工出一个调节履带松紧的槽。钻几个并排紧挨着的钻，然后用尖头平锉去除掉孔和孔之间不需要的部分，形成一个长槽。

■ 26.5.3.5　替换 FA-130 电动机

三速曲轴齿轮变速箱套件里面的微型马步齐 FA-130 电动机的效率不太高，电动机失速（供电正常但轴不转）时候的电流可以达到几安培。如果你用电子控制的方式驱动电动机，一定要确定电路可以提供足够的电流，最少不应该低于 2A。

或者，你也可以把 FA-130 电动机替换成高电压、低电流的版本。Pololu 和其他几个在线资源提供 130 规格的替代电动机，它们的电流消耗比较小，可以配合小型电动机驱动电路一起使用。参考附录 B "在线材料资源"，获得更多链接信息。

■ 26.5.3.6　可选方案：使用舵机

如果你愿意，也可以使用 R/C 舵机来驱动履带底盘。你可以用自己喜欢的方式把舵机安装到机器人的底盘上（见第 24 章里面介绍的一些可供使用安装方法），然后按照下面的说明把链轮连接到舵机上：

1．切除驱动链轮一侧的模塑保护盖。

2．用 1/4 英寸的钻头在链轮中心钻一个孔。

3．在小圆舵盘上钻两个和链轮相匹配的孔。大多数 Futaba 及 Futaba 风格的舵机自带的小圆舵盘上的孔和链轮上的孔是完全配套的。

4．如图 26-22 所示，用一对 4-40×3/8 英寸的机制螺丝和螺母把小舵盘固定在链轮上。

5．用舵机配套的螺丝把驱动链轮安装到舵机的输出轴上。

■ 26.5.3.7　添加第二层底盘

需要更多的空间？你可以把底盘上面固定顶角支架的螺母拆下来换成六角螺纹立柱，给履带底盘再加上一层底盘。切割一块木头或塑料的顶板，并把它用 4-40×1/2 英寸的螺丝固定在六角立柱上。

图 26-22　在驱动链轮上安装一个小圆舵盘的结构细节。链轮来自田宫的履带和车轮套件

26.5.4　履带式机器人的操控

因为坦克履带和地面的接触面始终都非常大，这样机器人在转动的时候履带必然会产生打滑或滑动的问题。履带距离车辆的中点越远滑动越明显。

和差速转向的双轮机器人不同，履带式机器人不可能通过简单地停止一侧的车轮实现转向，这是履带驱动的一个缺点。履带和地面的接触面非常大，这种形式大大地增加了摩擦。履带停止的时候可能会在地面上跳动（甚至可能脱落），转向也比轮式机器人更难控制。

26.5.5　橡胶履带的特别注意事项

因为尺寸、成本和重量的限制，大多数坦克式机器人的履带材料使用的是橡胶。橡胶比塑料或金属柔软。如果机器人在一个同样柔软的表面（柔软且富有弹性）上行驶，对小坦克来说转向可能会比较困难。

橡胶履带还存在静摩擦力或静态阻力（其他零件可能也会涉及摩擦的问题，我们在此不做讨论）。借助摩擦力，橡胶履带在平整的表面上行驶的时候可以克服打滑的问题，比如玻璃、桌面或硬木地板这样的表面。

有很多种方法可以减少履带车辆转向中的固有问题。一种方法是使用软硬适中的履带材料。橡胶复合物的弹性不一定是均匀的。一条比较理想的坦克橡胶履带的弹性（伸展性）应该是适度的。橡胶履带和地面接触的部位的表面积模塑的方式减小，形成"履带板"。接触面减少了，打滑的机会也降低了。

26.5.6　使用塑料履带

除了橡胶履带以外还有硬塑料的履带，比如 Vex 机器人设计系统里面使用的就是塑料履带。虽然套件是专门为 Vex 系列的机器人设计的，但是你也可以把它里面的塑料链接组装起来用在其他地方。

另一个硬塑料履带的例子来自一个称为 JohnnyRobot 机构，很多在线专业机器人商店（参考附录 B）都销售他们的履带。这种履带由 ABS 塑料的链接组成，链接之间用微型不锈钢棒连接。你可以把链接连接在一起制成你想要的尺寸的履带。

除了塑料履带，还有塑料的链轮和惰轮，可以组成一个完整的履带系统。驱动链轮可以和 Futaba 及 Futaba 风格的舵机、Solorbotics 以及另一些驱动轴是 7mm 双面磨平的直流电动机一起使用。图 26- 23 显示了一个使用 JohnnyRobot 链接制成的履带驱动组件，可以把它直接安装在底盘上。当然，制作一个完整的机器人需要两个这样的驱动组件。

图 26-23　一个用全塑料履带自制的坦克式驱动组件。把一对这样的组件安装到一个底盘上就可以制成一个完整的机器人

提示：硬塑料履带的一个缺点是它会在坚硬的表面上打滑——确切地讲是相对于橡胶履带。根据履带的结构，你可以在履带的片段上加入小块橡胶材料来克服这个缺点。这个方法可以很好地提高履带的机动性和灵活性。

26.5.7　防止履带脱轨

　　橡胶和塑料履带（或者金属履带）受力不均匀会出现脱轨，也称为出轨，或"掉链子"的问题。脱轨主要发生在转向的时候，此时履带受摩擦力的影响最大。当车辆开始转动的时候，重量会倾着压在履带的前面和后面。如果这个压力过大，履带可能会从驱动链轮或导向轮上掉下来。

　　当使用高弹性的橡胶履带的时候，脱轨的情况最严重。履带材料的弹性越大，转向的时候就越容易伸展松脱。如果坦克负重比较大，这个问题会更明显。车辆越重，就越有可能脱轨。为了限制这个问题：

- 减少车辆的重量。
- 降低转弯速度。
- 尽量使用伸展不太明显的橡胶履带。弹性越低，脱轨的机会就越小。
- 必要的时侯可以调节驱动链轮和另一侧的惰轮之间的距离，增加履带的张力。这样可以限制履带的过度伸展。但是应该避免把履带拉得太紧，否则会使履带变形或者使驱动元件上的压力过大。
- 减少履带和地面的接触面。你可以把正反两面的惰轮提高一点。
- 实验对比履带宽度造成的影响。又长又窄的履带比又短又宽的履带的转向要困难得多。
- 在惰轮外侧安装不接触地面的"挡片"。挡片就像一个大圆盘，限制着履带的位置。

　　就性质而言，塑料和金属履带是不伸展的。如果把它们紧贴着链轮和惰轮安装，一般不会出现脱轨的问题。

第 27 章

制作腿式机器人

你喜欢挑战吗？我指的是那些超乎寻常的，需要你废寝忘食的工作才能解决的问题。如果答案是肯定的话，那么你应该试着制作一个步行机器人。

腿式机器人的特点是模仿生物的身体结构解决如何让机器人自由行动的这个老生常谈的问题。这种机器人不仅可以调动起你的创作热情，还具有非凡的跨越障碍的能力。比如跨过一盒吃剩的快餐、你的脏袜子，还有家里的宠物龟——而这些东西可能会对常见的轮式或履带式机器人造成困扰。

在这一章里，你将了解创建能够移动的腿式机器人的意义，特殊的要求以及它们的局限性。你可以看到现成的解决方案，包括几个从零开始并且花费不多的自己制作六足机器人的方案。

27.1　概述腿式机器人

机器人有了腿，可以生活在人类的周围，在理想的情况下，不需要对它们进行任何特别的调整或者改变周围的环境。坡道、马路牙子、台阶、楼梯，以及人行道上的裂缝这些在人类看来很好应对的问题都会对机器人造成很大的难题。

在撰写本文时，具有和人类一样的双腿可以随意走动并且能够从事任何事情的机器人仍然属于科幻小说里面的情景。处于起步阶段的全比例工业化步行机器人和教育研究类步行机器人虽然取得了一定成果，但是耗资巨大，而且它们的动力系统始终是一个问题。

小比例的腿式机器人就是另一回事了。使用市场上可以买到的规格适中的舵机和一些特制的支架，你就可以制作出 2 个、4 个、6 个，甚至更多条腿的步行机器人。与车轮和坦克履带驱动的机器人相比，虽然它们的制作成本更昂贵并且花费更多的精力，但是搭建一个可编程的步行机器人的确可以掌握很多技术。

 提示：腿式机器人不适合初学者。如果你刚刚开始，建议先制作一两个轮式机器人锻炼一下自己的技能。轮式机器人比较简单，无论你购买现成的套件还是自己制作都是可行的。制作步行机器人需要更高的精度还要注意更多的细节问题，否则它们可能无法完整的组装在一起，或者根本无法工作，还有可能跌倒散架。

27.1.1　腿的数量

这个概念在第 2 章"机器人的构造"和第 20 章"让机器人动起来"里面进行过介绍，但是它值得在此重申一下。腿式机器人的最常见的形式是：

两足：可以用 2 条腿走路。一个真正的双足机器人是抬起一条腿迈出一步。当机器人只有一个脚踩在地面上时会很难掌握平衡，因此这种形式的机器人是最难控制的。另一种方法是腿既不抬起来也不落下的"擦地"行走，常见于玩具。

四足：意味着有 4 条腿。更先进的四足机器人可以展示出各种步态，有一些可以模仿动物的行走。这种机器人的制作难度可能会比较高，为了保持平衡和转弯每条腿需要 3 个独立的关节，或者称为自由度，简称 DOF。

昆虫：6 只脚提供了出色的平衡性和活动性。在步行机器人中，它们是最常见的，尽管有更多条腿，但是制作起来比较简单。

当然，从腿部数量上来说，还有其他类型的机器人。一条腿的机器人或者单腿跳，看起来就像是一个没有骑手的弹簧单高跷，它们通过反弹四处运动。还有一些种类繁多风格独特的 8 条腿、更多条腿以及很多节的机器人。分段式机器人行为（外观看起来）就像蛇、蠕虫或者毛毛虫，机器人的每一段由一个或多个电动机控制，和由关节控制的步行机器人在结构上是不同的。

一些实验性的步行机器人采用了奇数数量的腿。如果 4 条腿太少，6 条腿又太多，为什么不制作一个 5 条腿的机器人呢？最后，腿与车轮或履带结合在一起的混合动力机器人诞生了。一个例子是前面有两条腿的 4WD 机器人。腿可以举起机器人帮助它跨越障碍，如果结构合理，腿还可以作为机械手，非常漂亮的设计。

27.1.2　静态与动态平衡

平衡是机器人用它的腿保持直立姿态的能力。平衡包括静态和动态两种。

● 静态平衡是指腿部提供了一个天然的稳定性所使用的一种（或组合在一起）技术。四足和六足机器人实现的最常见的静平衡总是至少有 3 条腿同时在地面上，形成一个三脚支撑的站姿。对所有类型的机器人来说，改善静态平衡都可以有效降低重心，大部分重心可以降低到机器人整体高度的 50% 以下。

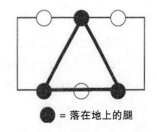

● = 落在地上的腿

● 动态平衡是指机器人利用传感器来使身体保持直立姿态。当机器人感觉到它开始跌倒的时候，传感器会激活一个或多个电动机调整机器人的重心。随着重心的变化，倾斜会被取消，机器人继续保持直立。

27.1.3　两足：机器人或人形机器人

术语机器人（Android）和人形机器人（Humanoid）指的是仿照人类的形式制造而成的机器人（见图 27-1）。它们都有一个头、躯干、两条腿，以及至少一条手臂。这两个词的用法是不同的，它们描述的不是一种东西。Android 指的是一个在设计上尽可能看起来像一个人的机器人，无论是男性还是女性，或者是一个雌雄同体（Androgynous）的组合（单词 Androgyny——双性化是术语 Andr-oid 的由来，意思是"既像男人又像女人"）。机器人有着和我们一样的眼睛、一个鼻子、嘴巴、耳朵以及其他接近人类的特征。

相反地，Humanoid 是一个比较容易混淆的概念，人形机器人只有一个和人类相同的骨架。它有两个腿，顶上是一个脑袋，身体两边是两条手臂。它不是复制人的外观，更多的是复制人类的能力，比如能像人类一样的在走廊里面穿行或者在椅子上坐下。

图 27-1　两足机器人（图右）和人形机器人（图左）

27.1.4　关节数量 / 自由度

腿部的运动是由一系列的关节提供的。有些关节使腿可以前后来回摆动，另一些使腿可以向两侧运动。提供运动的关节数量称为自由度，简称 DOF。在大多数情况下，自由度越多，机器人的行动越敏捷。对于业余机器人来说，2 个和 3 个自由度是比较常见的结构。

除了一些使用巧妙的机械联动装置构成的独特设计，腿上的每个自由度都需要一个单独的电动机控制关节的转动。电动机越多，机器人的造价越高，它也会更大更重，等等。因此在选择步行机器人的设计时，应该考虑到腿部自由度的问题。每条腿上 3 个自由度的六足机器人看起来很神气，令人印象深刻，但是要记住它需要 18 个电动机。这种机器人的价格通常高于 600 美元，还没有算上单片机或其他电子设备的造价。

27.1.5　应对地形

每条腿上 2 个自由度的机器人可以很好地在平坦通畅的地面上活动——厨房的地板或走廊的木地板都是不错的选择。路面不应该太光滑，除非你给机器人的脚部加上橡胶垫。否则，当它积极地扭动着四肢的时候，这个奇妙的装置却只能在地板上打滑。这虽然可笑，但却没什么实际意义。

更高级的带有 4 条或 6 条腿的 3 自由度机器人可以应对更复杂的地形。这是因为它们具有一个额外的关节，这个关节使腿可以抬起或落下运动，而不像 2 自由度的设计那样仅仅是摆动。全腿举起可以帮助机器人跨过低矮的物体，甚至是厚厚的地毯。

图 27-2　商业制造的昆虫机器人套件，腿部是 3 自由度的结构。腿部额外的自由度提供更精确的步态（图片来自 Lynxmotion）

许多精心打造的成品步行机器人套件在设计上具有这个特征。图 27-2 显示了一个例子，机器人腿部的第 3 个自由度使腿可以垂直向上抬起，可以越过高度至少为

1/2 ～ 1 英寸的障碍。当然，这类设计的造价也更高，因为它们每条腿需要 3 个舵机和一些额外的腿部零件。

27.2　选择最合适的制作材料

步行机器人需要坚固而轻巧。可以这么说，比较重的机器人不太可能用自己的两只脚站立。松木和软胶合板不在选择的行列，因为它们对所提供的强度来说有点过于笨重了。

材料的选择，按优先顺序排列是：

● 铝，切割和钻孔成形。1 英尺高度以下的步行机器人可以使用 20Ga.(0.0320 英寸）～ 8Ga.（0.128 英寸）厚的铝板。预制件通常使用计算机控制的大型水刀切割机切割，然后用专业的夹具折弯。当你自己制作时，可能要用到的工具是钢锯、钻床和台钳。

● 聚碳酸酯塑料是一种高硬度的防刮擦材料，常用来替代玻璃。你可以对它使用手动或电动工具进行切割。厚度为 1/8 英寸的板材非常适用于机器人的制造。

● 厚度为 6mm（大约 1/4 英寸）的 PVC 塑料。这种材料的硬度虽然比不上聚碳酸酯，但是PVC 很容易加工，使用普通的木工工具就可以了。

● 厚度为 1/8 英寸或 1/4 英寸的 ABS 塑料。这种材料的特点是切割和钻孔比聚碳酸酯容易，制成的零件可以使用常见的便宜的液态黏合剂实施黏合。

● 木头，但不是所有木头，特别是航空级桦木或其他硬木胶合板。1/4 英寸或 3/8 英寸的板材可以提供足够的强度，并且零件可以使用质量比较好的木工胶水实施黏合。

● 丙烯酸塑料可能是一种最不理想的制作步行机器人的材料了。虽然在外观看起来类似聚碳酸酯，但是它的强度不高，并且在受力的情况下容易开裂。重复弯曲的塑料，随着时间的推移，塑料重复弯曲的部位会形成细微的裂纹和"炸纹"。

27.3　从头开始制作或使用套件

也许制作步行机器人最困难的一个步骤就是腿部结构的制作。所以，在开始任何一个腿式机器人项目之间，你需要对你的工具、技能和预算来决定你是否想一切从头（即从原材料）开始制作或者是使用预制件组装一个步行机器人。随着业余机器人技术的普及，一些在线资源提供专门为制作腿式机器人的设计的零件，包括两条腿和更多条腿。

27.3.1　从头开始自己制作

如果你有相当不错的手工技巧，你可以考虑选择木头、塑料或金属自己从头开始制作步行机器人。腿式机器人最常见的结构是所谓的 X-Y 关节，因为一对电动机在 X（左 / 右）和 Y（向上 / 向下）平面上产生线性运动。图 27-3 显示的是一个使用 6mm 厚的 PVC 塑料制作的 X-Y 关节，关节上面使用小型紧固件安装了一对 R/C 舵机。

关节零件设计可以使用手工工具制作，本章后面会进行详细介绍。用一些这样的关节可以制作出一个全功能的强壮的六足步行机器人，它是 RBB 技术支持网站里面提供的一个附加项目。

图 27-3　自制的构建机器人腿部（特定部位）的 X-Y 关节。零件可以用木头或塑料制作

27.3.2　使用预制件制作

许多像 Lynxmotion 和 Pitsco 这样的商家可以提供 X-Y 关节的预制零件。比如图 27-4 显示的预制铝支架，已经完成了切割和钻孔成形的工作，上面安装普通标准尺寸的舵机。这个支架的重量大约等于使用 PVC 制作的 X-Y 关节的重量（半盎司），但是 PVC 版本的支架制作起来更便宜。

> **提示：不同类型的铝支架可以组合在一起创造出不同的结构。举例来说，你可以重新规划舵机在 L 型支架上面的安装方向，创造出一个 X-Y 支架。在其他方面，这个方法可以用来制作结构更为精简的 3 自由度关节。**

一些带有预制件的套件使用模块化的金属或塑料结构，设计用来进行步行或轮式机器人的开发。例如，Bioloid 机器人套件提供很多种排列组合方式，包括复杂的双足式机器人。设计用于高级研究的套件提供了不同种类的零件。

27.3.3　使用混合零件制作

你可以把自己制作的零件和预制件组合在一起使用，根据需要混合搭配。举例来说，你可能把一个用 PVC 自制的 X-Y 关节和一个预制的 L 型支架组合在一起。你还可以采取自己准备机器人的底盘，去商店购买现成腿部零件的方法。

27.3.4　电动机轴的支撑方式和叉架

最简单的舵机支架如图 27-3 所示，无法对舵机所承担的腿部零件的重量提供很好的支撑。这

个问题对偶尔使用或不是太重的机器人影响
不大，但是当机器人重量比较大或经常用于
展示的时候就需要认真考虑这个问题了。

最常用的减轻电动机负载的方法是使
用一个叉架或者两侧支架（见图 27-5）。
在这里，电动机上的负载被均匀分布到电
动机轴和辅助轴（被动）之间，两个轴在
一条线上。第 2 个被动轴可以是一个钢制
或铝制的圆棒，甚至可以是一个机制螺丝。
轴上使用轴承或轴套确保旋转的畅通。

需要注意的是本章后面介绍的 X- Y
关节不包含辅助轴。你可以加入第 3 块塑
料（或者木板，如果你首选的材料是木头）
零件组成一个叉架结构，用螺丝把新增加
的这个零件固定在支架与电动机轴相对的
位置。

图 27-4　一个预先切割成形的铝制 X-Y 关节，在一些网上
专业机器人零售店里可以买到

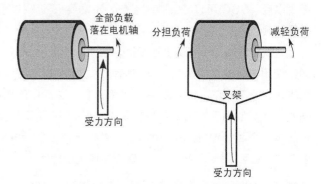

图 27-5　叉架可以有效地分散电动机轴承受的重量和压力。
这可以使电动机工作更有效并延长电动机的寿命

27.4　腿的驱动

当涉及步行机器人肌肉的话题，无线
电控制舵机无疑是最首要的选择，它们体
积小巧并且被广泛使用，而且它们不需要
特殊的接口或驱动电路就可以与机器人的中央处理器进行连接。

相对于轮式机器人几乎可以使用任何一款标准尺寸的 R/C 舵机，腿式机器人在舵机的选择上就
有很多需要注意的细节问题。具体来讲，你需要选择能够提供足够扭矩的舵机，使机器人的腿可以
抬起和移动。六足昆虫机器人的重量通常会达到数磅，动力不足的舵机会使机器人因无法承受自身
的重量而下垂到地面。

27.4.1　控制舵机

回想一下第 23 章 "使用舵机"，舵机需要一个特殊的脉冲信号进行操作。舵机常用的工作电压
为 4.8 ~ 6.0V，然而很多机器人爱好者喜欢把舵机电压提高到 7.2V，这可以使电动机的扭矩增加
30% 或 40%。

超压工作可能会导致 R/C 舵机的烧毁，因此你在尝试这个方法的时候必须格外小心。一些品牌
的舵机，也包括某个品牌里面特定型号的舵机可以接受比其他舵机更高的电压，需要你通过试验来

确定。当给舵机使用高于正常电压的电压时，需要定期对它们进行触摸测试，确保它们不会过热。如果感觉过热或者发出异味应该立即切断舵机。

因为步行机器人上面有大量的电动机，所以你需要专门给它们准备一组电源。使用双组电源时一定要确保把两组电池的电源地连接在一起，否则机器人将无法正常运行。

27.4.2　使用专用舵机控制器

腿式机器人需要同时控制大量舵机，与其把这部分工作交给机器人上资源本就非常有限的主处理器，不如把它交给一个协处理器。这个方案指的是使用串行舵机控制器，简称 SSC（见图 27-6）。这种小型电路板设计用来接收从机器人的单片机上发出的控制舵机动作和它们需要移动到什么位置的指令。接收到指令以后，SSC 可以独立控制舵机，不需要机器人控制器做过多的干预。

这就是所谓的串行舵机控制器，因为单片机和 SSC 之间的通信使用的是一个简单的串行通信链路。这个链路可以是单向的也可以是双向的。大多数单片机都带有一个简单的把串口数据发送给其他设备的指令结构。举例来说，BASIC Stamp 提供的是一个 serout 指令，Arduino 带有一个 SoftwareSerial 的库文件，可以把任何一个 I/O 端口当作串口使用。

图 27-6　一个常见的 Mini SSC II 型串口舵机控制器，可以同时控制 8 个 R/C 舵机运转（图片来自 Scott Edwards Electronics）

> **供参考**
>
> 查看 RBB 技术支持网站（见附录 A 的详细说明），获得几个简单的使用常见的 SSC 和 Arduino 等一些单片机一起工作的例子。

27.4.3　模拟和数字舵机

像你在第 23 章里面了解到的那样，常见的无线电遥控舵机是模拟舵机，数字舵机使用内置单片机提高它们的操作性能。数字舵机的这种工作方式使它们可以输出更大的扭矩，当然也更适用于步行机器人。数字舵机的造价更高（有时价格非常昂贵），因此你需要根据你的步行机器人的重量和其他设计因素仔细地选择舵机。

为什么数字舵机的输出更有力？其中一部分原因在于舵机里面的电动机是如何得到动力的，了解这个问题的答案可以帮助你确定是否可以在有限的预算内选择价格更便宜的模拟舵机。

模拟舵机的情况是，发送给它的控制脉冲相当于一个间断脉动的电流，每个脉动驱动着电动机转动如图 27-7 所示。正常的脉冲重复速率在 20ms 左右，相当于 50Hz（每秒 50 次）。

如果重复速率或"帧速率"下降得太多，电动机的效率会降低甚至无法正常工作。反之，一个更高的帧速率可以使电动机接收到更多的脉冲，它的扭矩会增加。

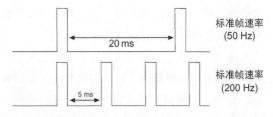

提高帧速率在数字舵机上也会取得同样的效果。即使舵机的正常脉冲定义在 50Hz，舵机内部的电路驱动电动机的速率范围也可以达到 200Hz 或以上。

图 27-7   应用到模拟舵机上面的帧速率直接影响它的输出功率。增加帧速率可以产生更大的扭矩。注意大多数模拟舵机的帧速率都有一个特定的阈值，不可超过这个范围

大多数模拟舵机无法接受一个帧速率为 200Hz 的脉冲，甚至 100Hz 对它们来说也可能太高了。这完全取决于舵机的品牌和型号。如果你的单片机可以指定舵机脉冲的速率，那么你可以实验不同的数值，获得一个既可以使电动机输出最大扭矩，又不会使电动机出现停转或工作不稳定的帧速率。

 警告：当改变舵机控制信号的特性时一定要仔细监测它的运行状态。模拟舵机在一个比较高的脉冲速率下运行会消耗更大的电流，这个电流会导致电动机散发（发出）更多的热量。如果电流过大、热量太高，电动机可能会永久损坏。

除了可以在更快的脉冲速率下工作，很多数字舵机还采取了其他改善扭矩的措施，比如工作效率更高的电动机和绕组，还有更先进的控制电路。舵机本身的质量也更好，表现为电动机能够承受较高的电流、温度和扭矩。许多更高级的数字舵机使用金属齿轮，因此成为驱动重负载的首选舵机。

27.4.4   舵机的额定扭矩

无论是数字或模拟舵机，当你给一个步行机器人挑选舵机时都应该注意它的额定扭矩，厂商会给出舵机在 4.8V 或 6V（或两者）电压下的扭矩。像你在第 23 章"使用舵机"中所看到的那样，扭矩越大，电动机的输出功率也就越高。常见的标准舵机可以提供 50 盎司·英寸或 60 盎司·英寸的扭矩，这个数值适用于桌面机器人和比较小的步行机器人。

对于更大的机器人，你需要使用 90 盎司·英寸或更大的舵机。有一批标准尺寸的模拟和数字舵机可以提供这个额定转矩。非常大而重的步行需要 200 盎司·英寸的扭矩以上，这是实际只与更昂贵的数字伺服系统有关。尺寸非常大并且特别重的步行机器人需要使用 200 盎司·英寸以上扭矩的舵机，可供选择的只有价格非常昂贵的数字舵机。

27.5   腿式机器人的行走步态

步态指的是类似动物或昆虫行走的腿部运动模式。根据移动速度的不同，步态可以分成很多种，快速奔跑和正常速度行走的步态是完全不同的。每个机器人的腿部动作都有与众不同的，因此，事

实也是这样，对机器人来说，它们的步态总是有一定的限制。只有极少数的腿式机器人可以奔跑，至少保证不会绊倒自己。

图27-8显示了一个最常见的每条腿实现了单独控制的六足机器人的步态。这种步态通常被称为"交替三脚支撑步态"，因为总是保证至少有3条腿同时接触地面，提供静态平衡（还有一个类似的交替三脚支撑步态，适用于当机器人的腿是连接在一起时的情形。这种步态在下一节"制作一个3舵机的六足机器人"里面会进行更详细地描述）。

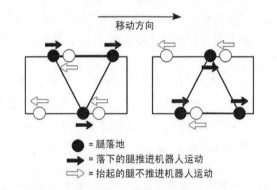

交替三脚支撑步态由一系列动作组成，如图27-8所示。三脚支撑每一侧的腿抬起、落下、向前或向后协调运转。这种方法实现了比较快速地行走，当机器人的重心向两侧偏移的时候仍然可以保持良好的静态平衡。

腿的动作不是抬起就是提供动力。

● 腿抬起运动到一个新的位置。抬起来的腿不负责推进机器人，也不负责保持机器人的平衡。

● 提供动力的腿推进机器人向相反的方向运动。

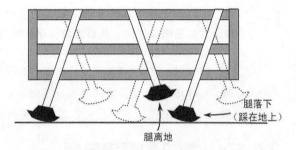

可以肯定的是，不管是六足生物还是六足机器人，都还会有其他方式的步态。它们包括纤毛波（或波浪）和纹波。受版面所限，我无法对它们进行更详细的介绍，你可以上网搜索了解更多这方面的信息。

图27-8　六组昆虫机器人的交替三脚支撑步态。3条腿总是接触地面形成一个三脚支撑的结构。机器人的移动靠的是落地的三条腿交替向机器人运动相反的方向的动作来实现的

27.6　制作一个3舵机的昆虫机器人

你可以用简单的连杆结构制作一个功能齐全的六足步行机器人，只需要用到3个舵机。图27-9显示了的是完成了的Hex3Bot六足机器人，它的尺寸是7英寸×10英寸，高度是3½英寸。当使用推荐的发泡PVC材料，制作完成后的重量仅为11.5盎司（你也可以使用1/4英寸厚的航空级胶合板，但是这会让机器人的重量多一点）。

像其他六足机器人采用的静态平衡一样，Hex3Bot防止跌倒的方法是在任何时间总是至少有3条腿着地，形成一个稳定的三脚支撑结构。步行是通过两侧的前腿和后腿的交替摆动实现的，中间的腿只负责抬起和落下，控制机器人向两边来回倾斜，起到三脚支撑的第3条腿的作用。

机器人的行走步态由3个动作顺序组成，如图27-10所示。

1. 抬起中间的右腿或左腿。在任何时候都只有一条腿是落下的。机器人向中间的腿着地的一侧的反向倾斜。相反中间站已关闭。

2. 前面或后面的主动腿接触地面，机器人被向前推进。

3. 前面或后面的从动腿不接触地面。机器人在这个动作里不向前移动，它只是确定腿在下一组动作里面的位置。

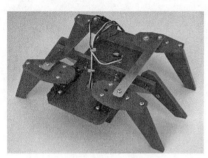

图 27-9　组装完毕的 Hex3Bot 步行机器人，使用 3 个 R/C 舵机驱动。Hex3Bot 是一个典型的腿部采用连杆式机构的昆虫机器人

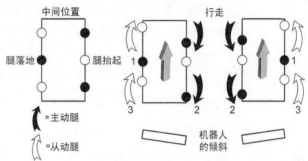

图 27-10　Hex3Bot 的步态。中间腿的作用是使机器人向两侧倾斜。当左腿或右腿落地的时候推动机器人移动。数字 1、2、3 是行走时使用的动作顺序

27.6.1　你需要用到的零件

除了额外的紧固件（详见下面的清单），制作这个机器人要用到以下材料：

- 1 张 12 英寸 ×12 英寸，厚度为 6mm 的发泡 PCV 板（首选）或厚度为 1/4 英寸的桦木板或其他硬木头质的航空级胶合板。
- 3 个标准尺寸的舵机。
- 2 根 12 英寸长，1/2 英寸宽，厚度为 0.016 英寸的黄铜带（可以在模型和工艺材料商店里买到，比如产品编号为 #1412110231 的 K&S 金属带）。
- 2 个六角型（"米字"）舵机摇臂（它们通常随舵机一起提供）。
- 1 个大圆舵盘（通常随舵机一起提供）。

你准备需要下列的紧固件完成 Hex3Bot 的制作（多准备一些，防止制作过程中丢失）：

4 个	3/8 英寸 ×3/8 英寸的小型 L 支架，如 Keystone 的 633
8 个	#4×1/2 英寸的金属自攻螺丝
18 个	4–40×1/2 英寸的机制螺丝
8 个	4–40×7/16 英寸的机制螺丝（合适长度为 1/2 英寸）
2 个	4–40×7/16 英寸的平头机制螺丝（合适长度为 1/2 英寸，平头）
6 个	4–40×3/4 英寸的机制螺丝

续表

2 个	4-40×3/8 英寸的机制螺丝
2 个	6-32×1-1/2 英寸的机制螺丝
2 个	#6 尼龙垫片（也可以使用 #6 的金属垫片）
8 个	#6 尼龙间隔，厚度为 1/8 英寸（在比较好的五金店的特制零件柜台里可以找到，你也可以把两个或三个尼龙垫片垫起来形成一个 1/4 英寸高的间隔）
6 个	#6 金属垫片
6 个	#4 金属垫片
2 个	6-32 锁紧螺母
10 个	4-40 锁紧螺母
24 个	4-40 六角螺母

除非特别说明，机制螺母可以使用平头或圆头。

27.6.2　腿的切割和制作

 提示：除非特别说明，所有的钻孔直径均为 1/8 英寸。

开始先制作腿部的零件，切割和钻孔模板如图 27-11 所示。前面和后面的 4 个腿是由上下两块材料组成，中间的腿只需要一块材料。所有腿部零件的脚（底部）均切割成一个 30°角，用一个量角器标记好角度。如果有一两度的误差也没关系，但是尽可能地使所有的切线做到准确。

使用 #4 的自攻螺丝（不是木螺丝）把腿上方和腿下方的零件组装在一起（见图 27-12）。把上面的腿作为模板，用一根铅笔标记好安装下面的腿的位置。用一个小号的 1/16 英寸的钻头钻出螺丝的导向孔，钻孔不需要太深。用金属自攻螺丝把腿部材料固定在一起，当你拧紧螺丝的时候它们自己会完成攻丝。

注意腿有两种类型：后腿上面包括一个用来连接舵机的摇臂，前腿用一个螺丝和锁紧螺母安装在机器人上。每种类型的腿需要制作两个。我设定的孔间距用来安装舵机的六角型"米字"摇臂，适用于常见的 Futaba 或 Futaba 风格的标准舵机。如果你使用的是其他类型的摇臂，那么你需要适当调整一下孔间距。钻开摇臂上对应的孔，使它可以容纳下 4-40 的机制螺丝。

用两套 4-40×1/2 英寸的机制螺丝和螺母把舵机的摇臂安装在腿上方材料的下侧。见图 27-13 里面的腿部实物照片，包括分开的零件和组装在一起以后的样子。注意腿上方材料额外加工出来的倒角，这部分不是必须的，只是为了使腿部线条看起来更舒服。

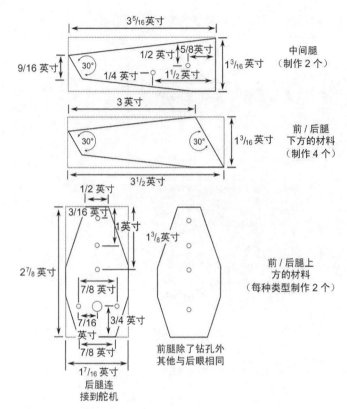

图 27-11 Hex3Bot 机器人腿部的切割
和钻孔模板。除非特别说明所有钻孔均
为 1/8 英寸

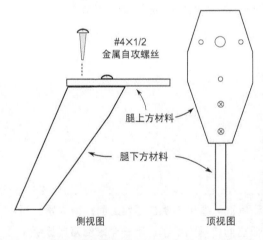

图 27-12 腿部的装配，使用＃4 金属自攻螺丝把
腿上方和腿下方的材料固定在一起

图 27-13 前后腿切割和装配在一起的样子。后腿上
安装有一个六角型 "米字" 舵机摇臂

27.6.3 切割底盘材料

按照图 27-14 所示的切割和钻孔说明加工好底盘、中间的连杆、中间腿的舵机安装板和两个

前腿的间隔条。在给舵机安装板的钻孔时需要格外仔细，它们需要保证适当的精度。

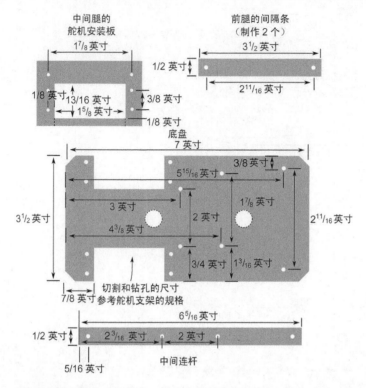

图 27-14　Hex3Bot 底盘材料的切割和钻孔模板。除非有特别的文字说明，所有的钻孔均为 1/8 英寸

底盘中间的两个大孔用来穿线。对孔的尺寸和形状没有特别要求，1/2 英寸是一个比较合适的数值，只要它们不影响机器人的结构就可以。

使用一个 9/16 英寸的钻头（容纳 6-32 的螺丝）完成下面的工作。

- 底盘最右边的两个孔。
- 前腿间隔条的两个孔。

27.6.4　制作联动装置

 提示：Hex3Bot 用锁紧螺母固定它的联动装置。螺母不要在螺丝上面拧得太紧，否则机器人运动起来将很困难，但是也不应该把它们拧得太松。用一个螺丝刀或扳手（套筒螺丝刀）拧紧锁紧螺母，以联动杆可以自由活动为准，然后往回松 1/8 到 1/4 转。

用两根 1/2 英寸宽、0.016 英寸厚的黄铜带，切割并钻孔制作成如图 27-15 所示的 4 个联动杆。从 12 英寸长的黄铜带上开始切割，一种长度是 5½ 英寸，另一种长度是 $3^5/_8$ 英寸。使用安装有一根 18 或 24 齿每英寸锯条的钢锯进行切割，用锉刀把切面打磨光滑，并磨去锐角。

- 比较长的联动杆把前腿和后腿连接在一起。
- 短一点的联动杆把中间腿的舵机连接到中间腿上。

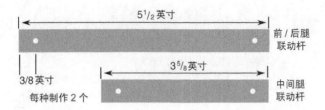

图 27-15　联动杆由 1/2 英寸的黄铜带按长度切割制作而成。两端的孔为 1/8 英寸。每个长度需要制作两个

27.6.5　前后腿的组装

　　准备前后腿的组装需要用到一个前腿、一个后腿，外加一个长的联动杆。使用 4-40×3/4 英寸的机制螺丝、尼龙间隔和 4-40 的锁紧螺母按照图 27-16 所示进行组装。注意一定不要把锁紧螺母拧得太紧。完成另一个前后腿的组装，注意这个和刚才开始那个是镜像对称的。

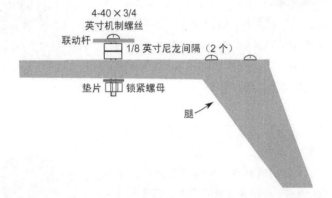

图 27-16　腿和联动杆的侧视图，显示了硬件装配的细节。锁紧螺母不应该拧得太紧，以联动杆能够自由活动为宜

27.6.6　中间腿的组装

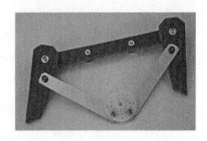

　　按图 27-17 所示准备进行中间腿的组装。使用中间连杆、大圆舵盘、短的联动杆和说明中的紧固件，你需要在大圆舵盘上钻两个可以容纳螺丝的孔，联动杆的另一端连接在大圆舵盘上。按照图示在舵盘的 5 点钟和 7 点钟的位置钻两个孔。

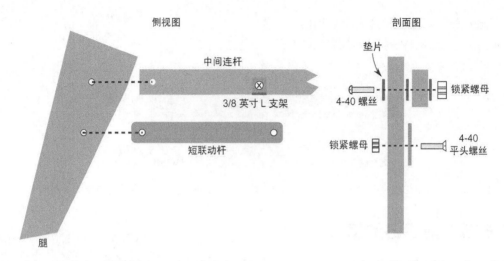

图 27-17　中间腿装配的结构细节。把左右两条中间腿组装在一起，注意它们彼此是镜像对称的

27.6.7　完成 HEX3BOT 的组装

注意关于锁紧螺母的提示。螺母不应该在螺丝上拧得太紧，否则机器人运动起来将很困难。用螺丝刀或扳手上紧螺母，以联动机构可以自由活动为准，然后往回松 1/8 到 1/4 转。

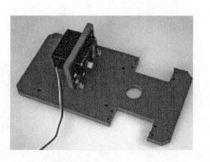

1. 从控制中间腿运转的舵机开始。用一对 3/8 英寸 × 3/8 英寸的小型 L 支架，4-40 × 7/16 英寸的机制螺丝和 4-40 的螺母把舵机安装板固定在底盘的下侧。

2. 用 2 个或 4 个 4-40 × 1/2 英寸的机制螺丝和 4-40 的螺母把舵机固定在安装板上（当使用 2 个螺丝固定的时候，把它们安装在舵机对角的两侧）。

3. 用 4-40 × 1/2 英寸的机制螺丝和螺母把 2 个舵机安装在底盘上。舵机的输出轴应该靠近底盘的后部，位于和中间舵机相反的一面。

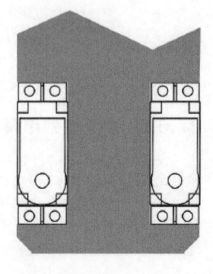

4. 用一对 3/8 英寸的小型 L 支架，4-40 × 7/16 英寸的机制螺丝和螺母把组装好的中间腿固定在底盘顶部。

5. 把 3 个舵机连接到单片机（或类似的电路），向它们发送 1.5ms 的脉冲，把全部舵机都设置在中点或中立位置。

6. 用舵机配套的螺丝把大圆舵盘安装在中间腿的舵机上。

7. 用舵机配套的螺丝把组装好的左腿安装在左边的舵机上面。

8. 用一个 6‑32×1$\frac{1}{2}$ 英寸的机制螺丝、垫片和 6‑32 的锁紧螺母把左前腿安装在底盘上面。两个前腿的间隔条垫在腿部材料的底部和底盘之间，不要忘了加上垫片，如图 27‑18 所示。

9. 重复第 7 步和第 8 步，把右腿安装好。

组装完毕的 Hex3Bot 机器人底视图如图 27‑19 所示。

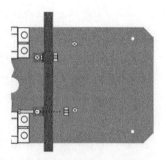

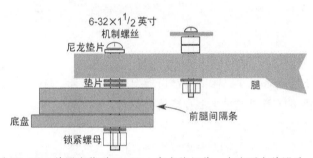

图 27‑18　前腿安装到 Hex3Bot 底盘的细节。左右两个前腿采取同样的装配方式

图 27‑19　组装完毕的 Hex3Bot 的底视图，显示了中间腿是如何与舵机连接在一起的

27.6.8　操纵 HEX3BOT

供参考

查看 RBB 技术支持网站（参考附录 A）获得操纵 Hex3Bot 运行的单片机工作代码。

再次参考图 27‑10，了解 Hex3Bot 的行走步态。你需要使用一个单片机或者串行舵机控制器操作 Hex3Bot 上面的 3 个舵机。图中所示的动作顺序是向前行走的：

1. 开始先是中间腿的舵机转动，使一条中间腿（假设是左腿）落在地面上。通过实验确定一个角度，使同侧的前腿和后腿可以被彻底抬离地面。

提示：在测试版的 Hex3Bot 上面，这个角度从中间算起大约为 60°，你的 Hex3Bot 上面的角度可能会稍微有一点变化，这取决于你制作的零件的特定尺寸。你可能会遇到一些误差，可以在程序里面对其进行补偿。

2. 右侧的前/后腿向后摆动，朝着舵机的方向，推动机器人前进（实际上它会在向前移动的同时向左转，这种"摇摇摆摆地"行走方式在这种结构的六足机器人上很常见）。

3. 左侧的前/后腿向前摆动，移动到相应位置。

4. 中间腿的舵机转动，另一侧的（右）腿落在地面上，右侧的前 / 后腿被抬起。

5. 左侧的前 / 后腿向后摆动推动机器人前进。

6. 右侧的前 / 方腿向前摆动，移动到相应位置。

7. 重复上述步骤继续移动。或者，你可以加入一个语音合成器，发出"我走在这里，我走了"的声音。

● 为了使机器人向相反的方向运动，只需要让前 / 后腿的运动方向与先前描述的相反。

● 为了使机器人转动，只需要让一侧的前 / 后腿推进。

27.6.9　安装电路和附件

Hex3Bot 顶部可供安装电池和电路的空间非常小。因此你很可能要在底盘上添加第 2 层板，同时还要用某种类型的支架或立柱把底盘与第 2 层隔离开。为了不阻碍腿部机构的运动，要求立柱的长度至少应该为 1¼ 英寸。

你也可以用一根适当长度的机制螺丝，一段鱼缸里面的金属或塑料管和几个螺母搭建出替代的立柱结构。先在 Hex3Bot 的底盘和第 2 层板上钻出对应的安装孔，为了能够容纳下底盘和第二层板的厚度以及顶部固定螺母的余量，你还要在计划升高的距离上再加上 3/4 英寸高度。对于一个 1¾ 英寸的立柱，可以选择一个 2½ 英寸长的螺丝，再切割一段 1¾ 英寸长的鱼缸水管。

27.7　制作 X–Y 舵机关节

使用两个舵机（任意尺寸）和一些基本的零件，你就可以制作一个分节连接的 X–Y 关节，适用于多足机器人、伺服转台、夹持器、手臂和手腕，以及各种各样其他的机械装置。

用 R/C 舵机制作 X–Y 关节的方法有数百种，这里列出的一个（也许是第 113 种方法，谁知道呢）设计考虑只需要使用普通工具就可以很容易地制作出来。它缺少一些功能，比如舵机另一侧的支撑轴，这个功能在舵机举起更重的负载的时候是非常有用的。

但是考虑到常见机器人的实际应用，你就会意识到这个方法已经是绰绰有余的了（当然，你可以随时修改设计，进行你认为更合适的改进）。按照制作说明提出的一两点建议。

27.7.1　切割零件

提示：说明中的尺寸假定你使用的是标准尺寸的舵机。如果你用的是更大或更小的舵机，需要对尺寸进行相应地调整。

使用 6mm 厚的发泡 PVC 板材或 1/4 英寸厚的航母胶合板，开始先切割成 2½ 英寸 × 6½ 英寸的一块。这块板材可以构造一对 X-Y 关节。如果你准备制作一个六足昆虫机器人，那么你就需要准备 6 对这样的关节，也就是需要切割 3 块这样的板子。

如图 27-20 所示，接下来是把材料切割成 1½ 英寸的 4 条。根据你使用的锯的切口段度，最后一段材料的宽度可能会略微大于 1½ 英寸，按照需要把它切割成适当大小就可以了。最后你会得到：

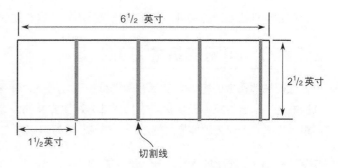

图 27-20　制作 X-Y 关节支架材料的切割示意图。用一块 2½ 英寸宽，厚度为 1/4 英寸的木板或塑料板，把它切割成 1½ 英寸的片段

- 两个舵机安装板。你将用它们来安装舵机。
- 两个实心板。你将用它们安装舵机的舵盘。

最后，在两块实心板的上方斜切出大约 1/2 英寸的两个倒角。倒角可以使用锯切割也可以用电动打磨机把它们打磨下去。

27.7.2　零件的钻孔

使用图 27-21 里面的钻孔模板，钻出相应的固定孔和舵机的安装孔。特别注意，实心板上的钻孔需要与你使用的舵盘相匹配。不同品牌（例如，Hitec 和 Futaba）的舵盘周围的安装小孔的间距是不一样的。你只需要对应这舵盘两侧相对的安装孔钻两个孔就可以了。全部钻孔均为 1/8 英寸，除了实心板中间的孔径是 1/4 英寸。

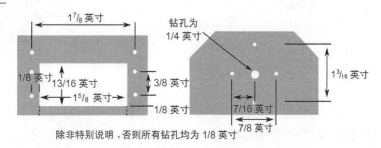

图 27-21　X-Y 关节支架和实心板的最终切割和钻孔示意图。沿着底部的虚线切割可以降低挖孔的难度。如果使用这种方法，对舵机进行固定的时候一定要使用装满 4 个螺丝

供参考

RBB 在线支持网站提供这个项目的打印模板，详见附录 A。模板是 PDF 的格式，打开 PDF 文件并打印在标准的打印纸上，把打印后的模板剪切成形用轻量级胶水（可以用一个胶棒）粘贴在木头或塑料材料上。RBB 在线支持网站还提供了制作 X-Y 关节的预制件的详细信息。

在钻舵机的 4 个安装孔的时候需要格外小心，这些孔的位置要求足够精确。

27.7.3　切割舵机的方孔

按照钻孔模板的舵机切割示意图进行加工。用一个带有常规木工锯条的弓锯，仔细地切割出舵机的方孔，一定注意不要使材料去掉的部分距离安装孔太近。你可以先切下比较少的部分，然后再用粗砂纸或木工锉去除掉多余的部分，使舵机恰好可以装在里面。

27.7.4　组装 X- Y 关节

按照图 27-22 里面的步骤制作一个 X-Y 关节。你需要准备两个舵机：一个安装在身体上（或机器人的其他部位）并连接到实心板上，另一个安装在舵机安装板上。除了舵机以外，你还需要给每个 X-Y 关节准备以下零件：

- 6 个 4-40×1/2 英寸的机制螺丝和螺母
- 2 个 #4×1/2 英寸的木螺丝

1．用 4-40×1/2 英寸的机制螺丝和螺母把舵机安装在舵机板装板上。每个舵机需要使用 4 个机制螺丝。

2．把舵机的输出轴设置在中点位置（可以临时先安装上一个长臂摇臂，借助它转动输出轴。不要太快地转动输出轴防止损坏舵机里面的齿轮）。

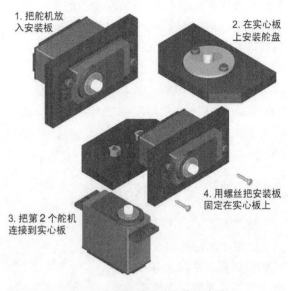

1. 把舵机放入安装板

2. 在实心板上安装舵盘

3. 把第 2 个舵机连接到实心板

4. 用螺丝把安装板固定在实心板上

图 27-22　X-Y 关节和舵机的基本装配步骤

3．用 4-40×1/2 英寸的机制螺丝和螺母把一个圆形舵盘安装到实心板上。你需要把舵盘上面的安装孔钻开一点，使螺丝可以穿过。

4．把实心板没有倒角的一边对着舵机安装板上面的两个孔。用一根铅笔或小钉子在板子的边沿画好标记孔的位置。

5．用一个中心冲或冲钉器在第 4 步标记好的位置冲出一个浅洞。一定要确保洞的位置处于材料截面的正中。小心不要让材料开裂或脱落。你需要的只是一个不要太深的螺丝导向孔。

6．把安装在机器人身体（或手臂、手腕等）的舵机连接到第 3 步里面的舵盘上，把舵盘的固定螺丝（随舵机一起提供）穿过实心板插入舵机输出轴。螺丝不要上得太紧。

7．用两个 4-40 的木螺丝把舵机安装板固定在实心板上完成 X-Y 关节的组装。

图 27-23 显示了制作完成的 X-Y 关节。

27.7.5　作为腿部关节

图 27-23　制作完成的 X- Y 关节，
安装上舵机的样子

　　你可以把一个舵机从机器人底盘的底部（或顶面）安装好，并把舵机连接到实心板的舵盘上面创建出一个适用于步行机器人的二轴腿部关节。见本章后面的章节"制作一个 12 舵机的昆虫机器人"，它使用的就是这种腿部关节。

27.7.6　作为传感器转台

　　电动机驱动的转台可以控制一个或一组传感器来回扫描。带有一个标准的 R/C 舵机的转台可以提供差不多 180°的覆盖范围，来回扫描寻找附近或远距离的物体。 X- Y 关节使你可以控制传感器的水平还有倾斜上下的扫描，把舵机向上安装在机器人的底盘上，把它连接到实心板的舵盘上。这个方式使转台可以向两侧运动。

　　然后把自己设计的一个支架安装到另一个舵机上。支架可以向上和向下倾斜运动。传感器通常都很轻，它们对转台的结构强度要求很低，不需要使用重型转台。这可以节约不少费用，减少很多重量。

27.7.7　作为腕关节的一部分

　　把 X- Y 关节依次组合在一起你可以制作出一个 3 自由度的机器人手腕，它的结构类似人类的腕关节和前臂，可以用来安装不同的夹持器，见第 29 章里面关于夹持器的制作内容。

27.8　补充项目：制作一个 12 舵机的昆虫机器人

　　你可以使用前面章节里介绍的 X- Y 关节制作一个 12 自由度的步行式昆虫机器人。机器人使用12 个舵机，每条腿 2 个。除了已经讨论过的 X- Y 关节和舵机（当然），你只需要准备 6 套简单的腿部零件并把它们安装在一个底盘上就可以了。

    图 27‒24 显示了一个完成后的 12 舵机昆虫机器人，称为 Hex12Bot，机器人由 6 个 X‒Y 关节组成。机器人测量的长宽为 11½ 英寸 ×7 英寸，高度大于 6 英寸。完整的方案、切割和钻孔模板、演示程序、零件列表和源代码在 RBB 技术支持网站上以补充项目的形式提供。

图 27‒24   制作完成的 Hex12Bot，一个六足单独控制的昆虫机器人。每条腿使用 2 个舵机，因此具有 2 个自由度

第 28 章

实验机器人的手臂

机器人没有手臂将无法"伸出手臂去触摸某个人"。手臂增加了机器人的伸展范围，使它们更接近人类。手臂可以提供机器人多种附加能力，有趣的是它们制作起来也不是很困难。你的手臂设计可以用来制作工厂风格的底盘固定式"抓起和放下"机器人，它们也可以作为附属结构安装在一个移动式机器人上边。

这一章讨论的是机器人手臂的概念和设计理论。顺便说一句，当我们提到手臂的时候，我们通常指的是没有手（也称做夹持器）的机械臂部分。第 29 章"试验机器人的夹持器"谈论的是如何制作机器人的手部以及你怎么才能把它们安装到手臂上制作成一个完整的、功能化的附属结构。

28.1　人类的手臂

仔细观察一下你自己的手臂，你将很快注意到几个重要部位。首先，人类手臂的构造之巧妙令人惊奇，这是毫无疑问的。每个手臂有两个主要关节：肩部和肘部（手臂末端的腕关节通常被认为是机器人的夹持器结构的一部分）。你的肩部可以在两个平面上下来回地运动。肘部也具备在两个平面来回和上下运动的能力。

手臂上的关节和你运动它们的能力，称做自由度（DOF）。你的肩膀是 2DOF 的结构，肩部的转动和肩部的弯曲 / 伸展（肩部的弯曲是向上向前的运动；肩部的伸展是向下向后的运动）肘关节增加了第 3 和第 4 自由度：肘部的弯曲 / 伸展和肘部的转动。

机器人的手臂也有自由度，但是与人类的肌肉、筋腱、球窝关节和骨头构成的手臂不同的是，机器人手臂是由金属、塑料、木头、电磁铁、齿轮、滑轮和其他各式各样的机械元件构成的。一些机器臂只有一个自由度，另外还有 3 个、4 个，甚至 5 个自由度的结构。

28.2　常见机器臂的自由度

人类解剖学给机器臂提供了一个不太准确的参考。我们的骨头和肌肉构造提供了一种在机器臂上无法复制的运动方式。举一个最简单的例子，大多数的机器臂无法在肩部使用球状关节。在人类的手臂上，这种关节构造提供了多重自由度。在机器人版本里面，肩部运动只能复制出 2 个，偶尔 3 个独立活动的关节。

图 28- 1 显示了一个有代表性的机器臂，它被安装在一个移动底盘上，底盘甚至提供了一个附

加的自由度，但是大多数机器臂都是固定不动
的。这个手臂提供了 3 个自由度，还有一个附
加的"腕关节"和夹持器。

● DOF#1 指的是手臂在它的底盘上旋转。
根据设计的不同，底盘最多可以旋转 360°，
但是常见的只能在 180° 范围以内旋转。这里
表示的是常见的 R/C 舵机的机械运动范围，R/
C 舵机常被用来驱动低成本机器臂关节部分的
运转。

● DOF#2 和 DOF #3 分别指的是肩部和
肘部的关节。它们组合在一起可以控制手臂的举
起和放下，还可以确定手臂上的夹持器夹取前面
一个物体的高度和距离。

图 28-1　带有 3 个关节的机械手，每个关节提供一
个自由度

需要指出的是，这个手臂的手腕机构加入了它自己的 3 个自由度。手腕上面有 2 个关节，它们
可以控制夹持器的上下和转动，使夹持器手指所在的位置能够更好地抓取物体。第 3 个自由度是手
指机构。

所有手臂上面的关节，包括夹持器上面的部分，一起协同工作实现定位、抓取和移动物体的操作。
通过放平肩关节和肘关节，使腕关节向前运动，手臂可以弯下来拣起地上的东西。

28.3　手臂的类型

机器人的手臂是根据手臂末端（安装夹持器的部位）可以伸展到的区域形状进行分类的。这个
区域被称为工作行程。为简单起见，工作行程不考虑机器人身体移动的问题，只涉及手臂结构。

人类的手臂有一个近似为球体的工作行程。只要是在手臂长度以内，大约一个球体的 3/4 区域
以内的物体，我们都可以伸手够到。想象一个内部掏空的橙子，你靠着一边站立，当你伸出手的时候，
你可以触摸到橘子皮内侧 3/4 的区域。

在一个机器人上面，会说这样的一个机器臂具有旋转坐标。另外 3 个主要的机器臂设计采用的
是极坐标、圆柱坐标和笛卡尔坐标。你会注意到，3 个自由度的机器臂一共有 4 个基本的设计类型。
让我们逐个进行研究。

28.3.1　旋转坐标

图 28-2 的绘画中显示了一个基于旋转坐标的机器臂，这类手臂是仿照人类手臂的结构设计的，
因此它们具有很多与人类相同的能力。可是，常见的机器臂在设计上与人类手臂还存在着一定的差
异，这是因为人类的肩关节比机器人要复杂得多的缘故。

机器臂的肩关节存在两种不同的构造。通过转动机器人的底盘带动肩部旋转，这有点像把手臂安装在一个电唱机的转盘上。肩部的屈伸运动是通过手臂上部结构的向后和向前倾斜运动实现的。肘部的弯曲、伸展和人类手臂的工作方式相同。它可以控制前臂上下运动，旋转坐标手臂是业余机器人爱好者喜欢选择的一种设计方式，它们具有极佳的灵活性，此外它们从外观上看起来也像是手臂。见本章后面关于如何制作一个旋转坐标手臂的内容。

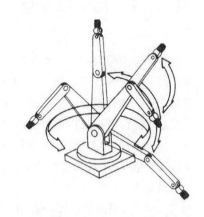

图 28-2   旋转坐标手臂运动示意图。这是最常见的机器人手臂的设计类型

28.3.2　极坐标

极坐标手臂的工作行程是一个半球的形状。和旋转坐标手臂差不多，极坐标手臂同样也可以非常灵活地抓取散落在机器人身边的各种物体。图 28- 3 显示了一个常见的极坐标手臂和它在不同自由度下的状态。

像旋转坐标手臂一样，转盘带动着整个手臂的旋转。这个功能有点类似肩关节的转动。极坐标手臂的肩关节无法伸展和弯曲，第 2 个自由度的肘关节可以控制前臂的上下运动。第 3 个自由度实现的是前臂的各种伸展运动。前臂"内部"关节的伸缩带动着夹持器在机器人上收放。如果没有前臂内部的关节，手臂只能抓取放在前面的一个有限的二维圆周里面的物体。

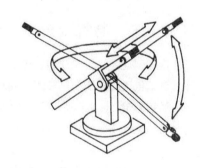

图 28-3   极坐标手臂常用于制造业和工业环境

极坐标手臂通常用于工业机器人，这种类型的手臂非常适合作为一个固定设备使用。为了增加灵活性也可以把它们安装在移动式机器人上面。

28.3.3　圆柱坐标

圆柱坐标手臂看起来有点像一个机器人升降机。它的工作行程类似一个厚壁圆筒，这也是它名称的由来。像旋转坐标和极坐标手臂一样，它的肩关节的转动也是通过一个旋转底盘来实现的。

前臂安装在一个类似升降机的装置上面，如图 28- 4 所示。前臂沿着圆柱提升和下降，抓取不同高度的物体。为了让手臂可以抓取三维空间里面的物体，前臂上面配备了一个和极坐标手臂相似的伸展关节。

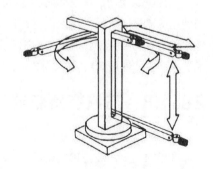

图 28-4   圆柱坐标手臂。它工作起来类似一台可以在底盘上转动的升降机

28.3.4　笛卡尔坐标

笛卡尔坐标手臂（见图 28-5）的工作行程就像一个子盒。与其他 3 种类型的手臂相比，它的结构最不像人类的手臂。这种手臂没有旋转部件，底盘由一个类似输送带的轨道组成。轨道控制着升降机（类似圆柱坐标手臂上面的结构）柱子的来回移动。前臂沿着柱子上下移动，前臂上面的伸展关节可以从机器人上伸出去或收回来。

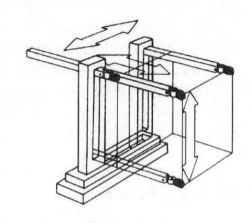

28.4　驱动技术

图 28-5　一个笛卡尔坐标手臂

有 3 种常用的方法驱动机器臂上面关节的运转，它们是电气、液压和压缩空气。对小型机器人来说，电气驱动是首选方法，这种方法造价低并且容易实现，因此我对其他两种方法只做简单介绍。

28.4.1　电气驱动

电气驱动是通过电动机、电磁铁和其他机电设备来实现的，它是最常见和最简单的机器臂的实现方法。电动机控制肘关节的弯曲和伸展，同时也控制夹持器机构的动作，可以把它们靠近底盘安装或直接固定在底盘上，用钢丝绳、牵引线或牵引带把电动机连接到对应的关节上。

电气驱动不一定总是借助电动机或电磁铁等机电设备，还有一些其他形式的可供使用的电气驱动技术。一种特别能引起机器人爱好者兴趣的材料是形状记忆合金，简称 SMA，在第 25 章"用形状记忆合金控制机器人的运动"中会进行介绍。当给金属丝通上电的时候，它就被激活了。

28.4.2　液压驱动

液压驱动使用的是泵体内部的油藏压力，有点类似挖土机和汽车制动系统的工作方式。液压系统使用的流体要求没有腐蚀性并且具有抑制生锈的能力，否则会使系统损坏。虽然水可用于液压系统，但是水无疑会使金属零件生锈和腐蚀，水沉淀的问题也会对系统造成损害。对一个简单的自制机器人来说，使用塑料零件组成一个水动液压系统也是一个不错的方法。

28.4.3　压缩空气驱动

气动和液压驱动的原理类似，只是使用压缩空气来代替油或流体（空气里面常混有少量的起到润滑作用的油）。液压和气动系统可以提供比电气驱动更大的功率，但是它们使用起来非常麻烦。除了它们自己的汽缸以外，还需要一个对空气或油施加压力的泵体，还有控制汽缸收放的阀门。为了达到最好的效果，你还需要使用一个保持压力的聚水柜或液压油箱。

28.5　制作一个机器人的腕关节

有些时候用不着一整条手臂，机器人需要的只是安装在一个类似手腕机构末端的一只手（夹持器），手腕控制手做基本运动。人类的手腕有 3 个自由度，手腕可以在前臂上扭动（旋转），可以上下弯曲，还可以来回摆动。你可以效仿人类的手腕结构，也可以给机器手增加更多的自由度。

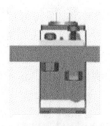

你可以使用第 27 章 "制作腿式机器人" 里面的 "制作 X-Y 舵机关节" 章节中所介绍的 X-Y 部件创造一个基本的 3 自由度的腕关节。首先设计并制作紧凑型的 X-Y 关节（摇摆，上下和左右运动）。把这些关节组装在一起，你就可以制作出一个动作异常灵活的小型腕关节。

你可以在这个腕关节上安装各种夹持器。见第 29 章 "实验机器人夹持器" 获得更多思路以及制作实例。特别要看一下第 29 章里面的 "夹具式夹持器" 章节。

你需要准备的材料：

- 按照第 27 章的方案切割成型的 X-Y 零件，见下面第 1 步。
- 16 个 4-40 × 1/2 英寸机制螺丝和螺母
- 4 个 # 6 × 3/4 英寸木螺丝

1．开始先切割两套 X-Y 零件，见第 27 章里面的说明。为了获得一个完整的腕关节，你需要再制作一个舵机支架。最后你总共需要准备 5 个零件：3 个舵机支架和 2 个实心板。

2．用 4-40 × 1/2 英寸的机制螺丝和螺母把 3 个舵机固定在支架的安装孔里面。注意舵机输出轴与支架上剩下的 2 个安装孔对齐的方向。从前面看，2 个安装孔在下边的时候舵机的输出轴应该在右边。组装完成，你就有了 3 个安装在支架上的舵机。

3．用 4-40 × 1/2 英寸的机制螺丝和螺母把一个舵盘安装在一块实心板上。需要两块装好舵盘的板子。组装完成，你就有了两块安装好舵盘的实心板。

4．把一个安装好支架的舵机按图示方向摆放（安装孔向上）。把舵机的输出轴的位置设置在中点（你可以临时把一个比较长的摇臂固定在舵机上，手工旋转舵机找到中点，转动舵机的动作一定要慢，防止损坏里面的齿轮），注意安装的舵盘方向。实心板斜面的一侧应该在左边。 最后一步是安装舵盘螺丝（螺丝是随舵机一起提供的），螺丝穿过舵盘固定在舵机的输出轴上。注意这个螺丝不要拧得太紧。这部分是手腕的旋转部位。

5．重复第 4 步的过程（包括舵机输出轴的居中），注意让舵机支架的安装孔位于底部而不是向上。安装上实心板以后，它的斜面应该是向下的。这部分是手腕的伸缩部位。

6．用两个 #6×3/4 英寸的自攻螺丝把手腕的旋转和伸缩关节组装在一起。螺丝的头部是扁平的，所以它们能够沉入安装面以下。

完成后的腕关节如图 28- 6 所示。当使用单片机或其他方式控制手腕的时候，一定注意要限制好机械结构运动的范围。大多数情况下，手腕的运动范围都不大，无法实现以很小的动作移动很大的距离。

图 28-6　完成后的 3 自由度手腕关节。手腕可以用普通塑料或木板进行制作，一共要用到 3 个 R/C 舵机

28.6　制作一个实用的旋转坐标机器臂

使用 20 美元的材料，你就可以制作一个属于自己的旋转坐标机器臂——不包括舵机。手臂的尺寸是成比例的，原设计如图 28- 7 所示。标准高度大约是 8 英寸，伸展（没有夹持器）后的长度超过 9½ 英寸。它具有 4 个自由度，包括安装在旋转底盘上的肩部、肘部和腕关节。

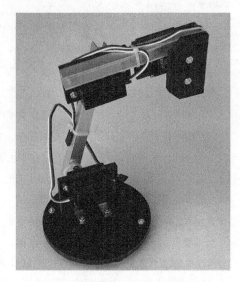

你需要准备 4 个标准尺寸的 R/C 舵机。为了能提供足够的力量，选用的舵机的转矩应该不小于 45 盎司·英寸，65~85 盎司·英寸的舵机效果最好。对大多数舵机来说，转矩越大，旋转的速度越慢，你在为手臂选择舵机时应该意识到这个问题。

制作一条完整的手臂，你需要准备：

● 1 根 12 英寸长，宽度为 3/8 英寸的 U 型挤压铝型材

● 1 个直径为 3 英寸的带有轴承的转盘

● 1 小块（大约为 12 英寸 ×8 英寸），厚度为 1/4 英寸的航空胶合板或 PVC 塑料板

● 1 对小型的 3/4 英寸的直角支架

图 28-7　完成后的机器人旋转坐标手臂。手臂可以安装在底盘或机器人上面，并加上一个夹持器机构

• 适当数量的 4-40 机制螺丝和螺母

28.6.1　制作舵机安装板

机器臂使用两种类型的舵机安装板和一个通用（可选）的用来连接舵机输出轴的实心板。小一点的安装板在第 27 章"制作腿式机器人"里面的"制作 X-Y 舵机关节"章节有详细地说明。你需要准备两个小安装板和一个实心板。你还需要制作一个稍微大一点的舵机安装板，如图 28-8 所示。大安装板的结构几乎和第 27 章的相同，只是顶部边缘比较大，两个安装孔的间距也不一样。你可以使用 1/4 英寸厚的航空胶合板或塑料板制作这些零件。

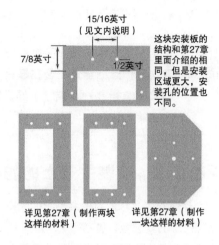

图 28-8　旋转坐标手臂舵机安装板的切割和布局示意图。安装板的基本结构说明见第 27 章

提示： 大安装板上面两个孔的间距取决于和舵机配套的舵盘。图中显示的尺寸适用于 **Futaba** 配套的大圆形舵盘和 **Futaba** 风格的舵机。如果你使用的是不同型号的舵机和舵盘，孔间距可能会稍有不同，相应地需要调整一下安装板上侧边缘两个孔之间的距离。

28.6.2　制作底盘

机器臂的底盘由一个 3 英寸的带有轴承的转盘（俗称 lazy Susan，即"圆转盘"）安装在一个直径为 4½ 英寸的圆塑料板上组成，塑料板起到底盘的作用（如果圆形塑料板不好加工，你也可以把它切割成正方形）。你可以在产品比较齐全的五金店或家装店里买到现成的转盘，也可以采取邮购的方式。上网搜索 3 英寸圆转盘，我的转盘是在亚马逊上买到的，售价低于 2 美元。

1. 开始先钻 4 个安装转盘的孔。用转盘标记好底盘中间的钻孔的位置。标记好以后，用 1/8 英寸的钻头进行钻孔。暂时先不要安装转盘。

2. 使用舵机配套的最大号的舵盘，找出两个对称的间距大约为 3/4 英寸~1¼ 英寸的安装孔。用 1/8 英寸的钻头把它们钻开。

3. 把舵盘放在 4 英寸底盘的中心，插入两个 4-40×1/2 英寸的机制螺丝穿过舵盘和底盘。

4. 在底盘的另一面螺丝露出螺纹的部分穿过一对 3/4 英寸的金属直角支架，用 4-40 的螺母固定好。

5. 再次把底盘翻过来，至少用两个螺丝沿着对角的安装孔固定好转盘。

插入螺丝的时候你需要转一下转盘，使转盘边沿（顶部和底部）的安装孔都露出来。

> **提示：** 这个结构设计不包括安装在底盘下面的第 4 个舵机。我把这个问题留给你，它取决于你想把手臂安装在哪里。你可以把手臂安装在一个移动式机器人（这个机器人的尺寸需要 8~10 英寸）的顶部，或者你可以把手臂固定安装使它在一个有限的空间里运转。

28.6.3　安装关节上的舵机

你需要将 3 个舵机安装到它们的安装板上。像"制作舵机的安装板"中提到的那样，需要使用两种尺寸的安装板，包括两个常规尺寸和一个边缘比较大的安装板。舵机和安装板的固定至少需要使用两个螺丝，每个螺丝安装在舵机的一角。每个舵机在安装时都有一个特定的方向，如图 28-9 所示。从舵机的正面看，输出轴所在的位置如图所示。确保在舵机的安装位置至少使用两个 4-40×1/2 英寸的机制螺丝和螺母。

28.6.4　把肩关节舵机安装在底盘上

安装在较大的那个安装板上的舵机作为肩关节，把这个舵机用 4-40×1/2 英寸的机制螺丝和螺母安装在两个 3/4 英寸的角铁上。这个舵机的安装孔朝向底盘的边沿，舵机的底座位于底盘中心的上方。

图 28-9　舵机在安装板上的方向。舵机固定在安装板上以后它们的输出轴方向如图所示

28.6.5　组装上臂

用一根 6 英寸长，3/8 英寸宽的 U 型铝管制作一个上臂（肩关节和肘关节之间的部分）。先用钢锯把准备好的铝管切割成指定的长度，接着用锉刀打磨掉两端的毛刺。然后：

1. 在和舵机配套的小尺寸圆形舵盘或双向摇臂上，用 1/8 英寸的钻头钻开两侧的螺丝安装孔（见图 28-10）。钻好这两个孔以后，在上臂的两端分别做好 3 个标记，包括你刚才钻好的两个孔和安装舵机输出轴螺丝的中心孔。标记的位置位于 U 型铝管平坦的那一面（"底部"）。

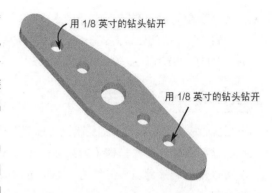

用 1/8 英寸的钻头钻开

用 1/8 英寸的钻头钻开

2. 用 1/8 英寸的钻头在标记好的位置钻孔（为了获得最佳效果，先使用中心冲在标记上打一个凹坑，参考第 11 章"金属的加工"获得更多的技巧和窍门）。

图 28-10　为了连接舵机，需要把舵盘或摇臂的安装孔钻开。为了获得最好的效果，两个孔的间距应该大约为 1 英寸

3. 用一个 1/4 英寸的钻头对上臂每一端钻出来的中心孔进行扩孔，使这个孔足够大，方便安装固定舵盘的螺丝。

4. 用 4- 40×3/8 英寸或 4- 40×1/2 英寸的机制螺丝和螺母把舵盘安装到上臂两端。

28.6.6　把上臂安装到肩关节

手动（慢慢地）旋转肩关节的舵机，使它近似处于中点位置。用随舵机配套的螺丝把肩关节的舵机固定在上臂底部。

上臂安装在舵机上面以后应该处于垂直状态，这样关节可以在两个方向对称转动。不要把螺丝拧得过紧，否则可能会使舵机的输出轴滑丝。

28.6.7　把舵机安装到前臂

使用 4- 40×1/2 英寸的机制螺丝和螺母把两个舵机（安装在较小的安装板上的）安装到前臂。一定要注意舵机在前臂上的方向，一个是朝前的，另一个朝后，如图所示。

● 输出轴朝前的舵机（和 U 型铝管开口部分相同的一侧）安装在右侧。

● 输出轴朝后的舵机（U 型铝管平坦的那一面）安装在左侧。参考完成后的图片了解两个舵机的安装方向。

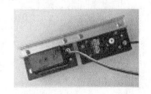

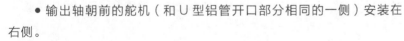

28.6.8　把上臂安装到肘关节

手动（慢慢地）旋转肩关节的舵机使它近似位于中点位置。使用随舵机配套的螺丝把肘关节的舵机安装到上臂的顶端。不要把螺丝拧得过

紧，否则可能会使舵机的输出轴滑丝。

　　和肩关节舵机的处理方式一样，上臂与肘关节也是垂直的。这样肘关节可以在两个方向对称转动。

28.6.9　安装腕关节

　　把实心板安装到腕关节的舵机上。你可以在这个板子上给机器臂安装一个夹持器（如果你的夹持器已经有了一个可以直接连接到舵机的结构，你也可以省掉这块实心板）。

　　参考图 28- 11 显示的完整机器臂在另一个方向上的视图。需要注意的是你需要延长固定在前臂上的两个舵机的导线长度，使它们可以够到控制电路。在专门提供无线电遥控零件的模型商店以及通过在线邮购方式销售舵机的商店里可以买到长度为 12 英寸（还有更长的）的舵机扩展电缆。

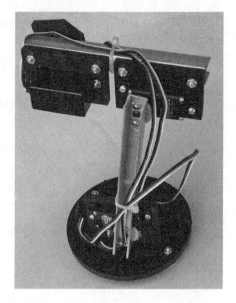

图 28-11　旋转坐标机器臂的反面

28.7　用套件制作一个机器臂

　　上一节介绍的旋转坐标机器臂由简单材料组成，可以用普通工具加工，缺点是精度不高。如果你喜欢更精密的手臂但是又不想从头开始制作，那么你可以选择一些专业的机器臂套件，或使用定制的制作套件进行制作。

28.7.1　用机器人制作套件制作手臂

　　有一种适合成年人的 Erector 制作套件，它们的零件有各种形状和规格，上面带有安装 R/C 舵机、电动机和其他机械部件的预制孔。一个比较流行的机器人制作套件是在线教育商店 Pitsco 提供的 TETRIX 的机器人设计系统。有好几种套件可供选择，每种都含有不同种类的零件。根据需要，你还可以购买单个零件。大多数制作套件都是由铝型材冲压制作而成的，但是里面可能也包含塑料零件。

　　你可以灵活使用这些机器人制作套件里面提供的零件。除非有特定的限制（比如你正在参加一场校内组织的机器人竞赛），否则你可以根据设计需要加入自己的零件。

　　例如，你可以把两个自制的舵机安装板和一个 TETRIX 的 U 型大梁组合在一起构成一个机器臂上面的两个关节（肩和肘关节）。TETRIX U 型材的三面宽度均为 1¼ 英寸，有多种不同的长度。我的上臂部分使用的是 160mm（大约 6¼ 英寸）的型材，如图 28-12 所示。

28.7.2　用专业套件制作手臂

随着业余教育机器人的普及，市场上出现了很多专业的机器臂制作套件。其中一些成本很低，使用手动开关控制，适用于临时试验；而另外一些，如图 28-13 所示来自 Lynxmotion 的机器臂，则使用 R/C 舵机和单片机精确的控制关节的运动。这类机器臂不一定都提供配套的夹持器，你可以自己制作一个或者购买一个夹持器的套件，使用预制零件完成搭建。

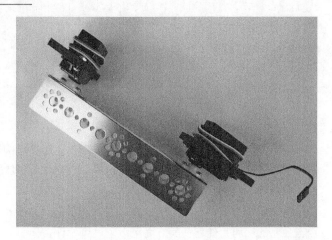

图 28-12　两个舵机安装在一个用 TETRIX 的 U 型大梁自制而成安装架上。这是一个用预制件和制作材料组合在一起构成的手臂

这个特定的机器臂上有 4 个自由度：

● 使用一个旋转底盘实现肩部的转动。这使手臂可以在一个圆形的关节可以 90° 伸展的范围里拣起物体。

● 靠近底盘安装的一个舵机控制肩部的前屈和后伸。

● 安装在轭肩关节的舵机控制肘关节的前屈和后伸。

● 安装在前臂末端的舵机控制手腕的前屈和后伸。

通常情况下，机器臂套件设计使用的是标准和迷你尺寸的 R/C 舵机。套件可能不包括舵机，你可以自己使用现有的舵机。如果你自己准备舵机，需要满足机器臂说明书里面列出的特别要求。比如，一些部位的舵机可能需要有一个最低的扭矩。

图 28-13　机器臂套件，图示包含有电子控制部分和夹持器（图片来自 Lynxmotion）

第 29 章

实验机器人夹持器

只有手臂没有手是还称不上完美。在机器人世界里，手通常称为夹持器（或末端执行器），因为这个名称更接近它们的功能。一些机器手可以通过手动控制的精密电动机来操纵物体，它们可以实现简单的抓握动作，因此被称为夹持器。不必拘泥字面上的含义，我在书中会交替使用手或夹持器两个名称。

夹持器有很多种设计方案，并且没有一个单一的设计可以满足所有的应用。每个设计方案都有自己独特的优势，使它在某方面可以超过其设计，你必须根据适用范围来选择夹持器或机器手。本章概述了一些实用的夹持器设计方案，你可以把它们装在自己的机器人上。大部分夹持器都简单易制，有些人甚至利用廉价的塑料玩具进行制作。夹持器包括手指和抓取两个部分的机构。

29.1　夹持器的基本概念

在机器人世界中有数百种夹持器的制作方法。夹持器往往根据专门的用途进行设计：像彼得潘里面的铁钩船长，金属钩有正常人手无法比拟的优点。一个实用的夹持器可以被设计只是为执行一个单一任务，比如收集乒乓球或拣拾棋子，不用受机器人其他部分的限制。

图 29- 1 显示了一个典型的机器人夹持器的结构，图中描述了 3 个不同的状态：全部打开、半开和全部关闭。这种风格的夹持器由两根可以平行打开或关闭的"手指"组成。这个设计可以保证夹持器对物体的两侧施加的力是均等的，关闭以后可以牢固地夹持住物体。机械部分不难理解，但是你会注意到，它的结构比较复杂，增加了制作难度。

出于实用的考虑，大多数夹持器都安装在手臂的末端。如果把手臂安装在一个轮式底盘上，机器人就可以在房间中行驶，寻找并拣起物体进行查看。机器人可以通过手腕的旋转机构，对夹持器进行垂直或水平定向，抓起各种形式的物体。

夹持器不一定非要安装在手臂上，你也可以直接把它们安装在机器人上面。图 29- 2 显示了一个安装在机器人底盘前面用来收集乒乓球的"二指"式夹持器。底盘前面有一个弧形缺口，作为集球槽，当机器人在房间里行驶的时侯夹持器就可以把地上散落的乒乓球收集起来了。

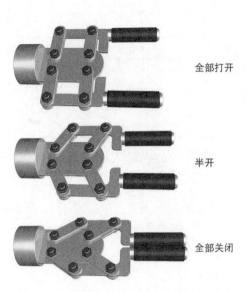

图 29-1　机器人夹持器的 3 个状态：全部打开、半开、全部关闭。各种情况下手指始终保持平行

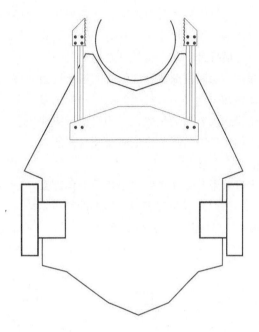

图 29-2　夹持器可以直接安装在机器人底盘上，实现各种用途。比如拣拾乒乓球、罐头盒和鸡蛋等

29.2　钳形夹持器

钳形夹持器由两根可以移动的手指组成，有点类似龙虾的大钳子。本节所述的是几个模型的制作步骤。

29.2.1　基本模型

为了简化制作过程，基本钳形夹持器使用 Erector 制作套件（也可以使用类似的模型制作玩具里的材料）里面的附件进行制作。切割两根长度为4½英寸的金属片（这是 Erector 制作套件里面的标准件，你可以不用进行任何切割工作）作为手指。切割一根长度为3½英寸的末端金属片，作为手指根部的固定关节。用 4-40 或 6-32×1/2 英寸的螺丝和螺母把这两部分连接起来。切割两根长度为 3 英寸的金属片，并按图 29- 3 所示进行安装。两根金属片的一端都切去一角，防止它们在活动的时候蹭到一起。把另一端的 2 ～ 3 个孔挖通，形成滑槽。按照图 29- 4 里面的装配示意图，用 4-40 或 6-32 X1/2 英寸的机制螺丝和螺母安装好手指的转动关节部分。

至此，这个基本夹持器就大功告成了。你可以用很多种方法使它工作。一个方法是在末端金属杆片的两个传动杆之间安装一个小金属圈，用两根细钢丝或结实的线穿过金属圈固定在传动杆上。细钢丝的另一端连接在一个绕线轴或电动机轴上。用轻型弹簧保证绕线轴或电动机不动作的时候夹持器的两根手指是分开的。

你可以用 Erector 套件里常见的角部支撑件和挡风雨条或胶皮组成手指上的垫子。制作完成的夹持器如图 29- 5 所示。

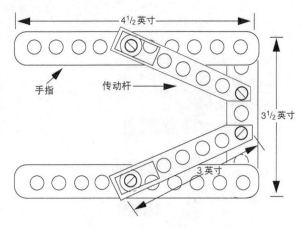

图 29-3　基本钳形夹持器的结构细节，用 Erector 制作套件（或类似材料）里面的零件制作而成

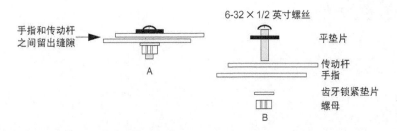

图 29-4　钳形夹持器的传动杆和手指的装配细节：(A) 滑动关节的装配；(B)技术分解

29.2.2　升级方案

你可以把一个现成的塑料玩具改装成一个可以安装在机器人手臂上的效果不错的钳形夹持器。玩具是塑料伸长臂的结构，一端是一个大夹子，另一端是一个手拉操纵柄（见图 29- 6）。拉动操纵柄就可以把夹子合在一起。这个奇妙的装置非常便宜，通常售价低于 10 美元，在很多在线玩具商店里面都可以买到。

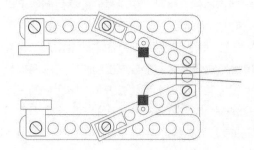

图 29-5　制作完成的钳形式夹持器，包含指尖的垫子和牵引线

图 29-6　一个商业化的塑料玩具，带有手臂的机器爪。夹持部分可以拆下来进行自己的设计

切掉夹持器腕关节 3 英寸以下的部分。你需要将关节内部的铝制牵引杆一并切断。接着切下另

一段 1½ 英寸的套管——只是手臂外面的一层，不要切断里面的牵引杆。把手臂的外管打磨齐整，把一个长度为 1½ 英寸、直径 3/4 英寸的木销配合安装在矩形外管的里面。在木销上钻一个可以穿过牵引杆的孔，注意牵引杆在外管里面不是正好居中的，因为它安装在夹持器的操纵机构上，因此你要确保木销上的孔和它对齐。把牵引杆从孔里穿出来，木销插入手臂外管的深度不小于 1/2 英寸，然后钻一个固定木销的通孔（见图 29-7）。用一根 6-32 × 3/4 英寸的机制螺丝和螺母进行固定。

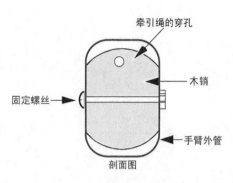

图 29-7　机器爪和木销的装配细节。木销上钻一个可以穿过牵引杆的孔

　　现在你可以用木销把夹持器安装机器人的手臂上面。你可以用一个小号的 U 型螺栓或者在木销的末端安装一个平螺栓把它直接固定在手臂上。夹持器的打开和闭合只需要 1/2 英寸的牵引。在牵引杆的末端安装一个 U 型夹（模型商店里有卖），把它连接到舵机的舵盘上（见图 29-8）。

图 29-8　一种控制夹持器的方法：在铝制牵引杆的末端安装一个 U 型夹（模型商店里有卖），把它连接到舵盘上，舵机控制舵盘转动推拉牵引杆实现夹持器的打开或闭合

29.2.3　创建平行运动的夹持器

　　图 29-9 到图 29-12 显示了另一种钳形夹持器的结构。在手指上增加第 2 根连杆并在连杆的两端都加上转轴，这样可以使指尖部位无论是在打开还是闭合状态下总是保持平行。你可以在这个夹持器上使用一些新技术。这里只是提供一些最基本的方法，使你对这些夹持器的工作原理有个大致的了解。你可以进行多种试验并创造出自己的独特设计。

29.3　夹具式夹持器

　　我想很多从事商业化机器人项目开发的爱好者会被各种技术难题以及生产成本过高的问题所困扰，而这正是我们业余爱好者的优势，不像他们有那么多的制约。

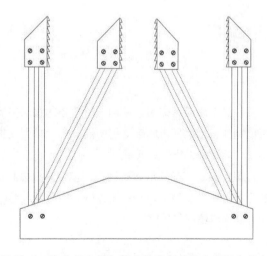

图 29-9　在手指上增加第 2 根连杆并让它可以在轴点上自由转动，这样可以使指尖部位始终保持平行

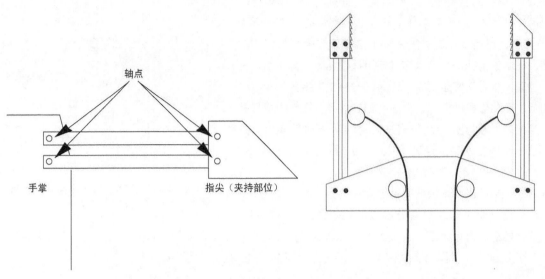

图 29-10　双连杆手指系统的技术细节。注意轴点部分的结构

图 29-11　一种驱动夹持器的方法。用舵机拉动固定在手指上的牵引线。在手指和手掌之间安装一个扭力弹簧（一个薄金属片），当电动机的动力消失的时候它们可以使手指打开

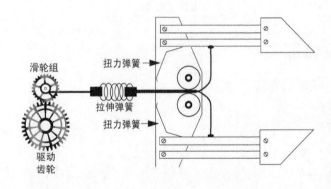

图 29-12　用电动机和齿轮驱动的钳形夹持器的技术细节。拉伸弹簧对被夹持物提供适当的压力。扭力弹簧是一片薄的黄铜片，它的作用是在电动机停转以后把手指重新打开

　　在这个项目里你可以使用一个普通的塑料夹具，在一元店和打折工具店里就可以买到，用它就可以制作一个机器人的电动夹持器。一个模型舵机操纵夹具的打开和关闭。这个夹持器的制作非常简单，运转效果出乎意料得好。

　　塑料夹具有多种形状和规格。你需要选择和图 29-13 里面规格尽可能一样的夹具。这个夹具的测量总长是 5 英寸，夹具闭合以后的宽度大约是 1½ 英寸。夹具带有塑料锁定机构，你需要参考下面的制作步骤将其拆除。

29.3.1　切割夹持器安装板

用 6mm 厚的发泡 PVC 板或 1/4 英寸厚的模型或航空胶合板切割出如图 29-14 所示的夹持器安装板。注意安装板上面的舵机固定孔对切割精度有一定要求。

切割舵机的固定孔最好先在一个角上钻一个孔，然后从孔里穿过一根细的（木工）弓锯条。把锯条安装在弓锯架上，小心地切割出长方形的舵机固定孔。一定要注意不要把固定孔切割得太大，否则你将没有空间加工舵机的安装孔。

图 29-13　制作夹具式夹持器的小型塑料夹具

 提示：一个更简单的加工方法是沿着图 29-14 的虚线部位把不用的材料切下去。这种方法因为支撑部位的材料少了一个边，强度会有所降低。把舵机安装上以后可以保证一定的结构强度，在这个情况下需要安装好全部 4 个固定螺丝。

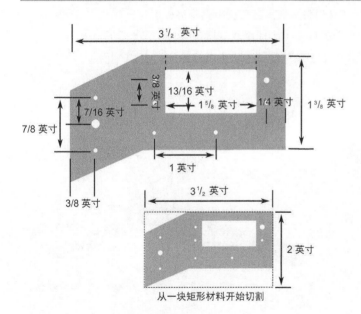

从一块矩形材料开始切割

图 29-14　安装夹具和舵机的切割钻孔示意图

29.3.2　舵机的安装

用 4-40 × 1/2 英寸的机制螺丝和螺母将一个标准尺寸的舵机固定在夹持器安装板上，如图 29-15 所示。把安装板的张角部分朝向右侧，舵机的轴靠近安装板的拐角部位。

如果你想给夹持器增加一个双向活动关节，可以在安装板拐角的末端安装一个舵机的双向摇臂

（舵机的配件包里应该有一个），同样用 4-40×1/2 英寸的机制螺丝和螺母固定。螺母应该位于安装板的顶部（和舵机的输出轴同侧），摇臂应该安装在底部。

29.3.3　夹具的安装

首先拆除夹具的塑料锁定机构。我发现最好的方法是使用蛮力：松开锁定让夹具自然打开，用一个重型钳子夹住锁定机构把它彻底破坏并拆除，如果里面还有残留的碎片，用一个小号的平头螺丝刀把它们剔除干净。

提示：这个方法如果操作不当很可能会毁坏夹具，所以你最好准备两个。它们的价格很便宜，除此以外，很多时候它们都是成对出售的。这也是我总喜欢选择它们的原因。

如图 29-16 所示，在夹具上钻 3 个直径为 1/8 英寸的安装孔。你需要在一个手柄上钻两个孔，孔的间距必须与夹持器安装板上面的孔相对应。另一个手柄上的孔用来连接舵机的拉杆，这个孔的位置没有太严格的要求。一定要注意手柄上所有的钻孔都应该大致取中。

钻孔完成以后：

1. 用 4-40×3/4 英寸的机制螺丝和螺母将夹具固定在夹持器安装板上。
2. 给舵机安装一个双向摇臂或可调节的摇臂（当使用双向摇臂的时候需要切下一边）。
3. 用你的手指缓慢地把夹持器舵机的输出轴调整到它的中点位置。

图 29-15　安装好的模型舵机。注意舵机输出轴的位置

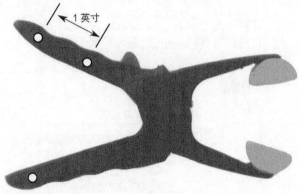

图 29-16　在夹具上钻 3 个用来安装夹具和连接舵机活动拉杆的孔

4. 切一段 1 英寸（大致长度）的硬质琴弦（比如钢琴弦），琴弦可以在五金商店买到。我使用的是从大号安全别针上切下的一小段金属棍，你在本地的打折店花一两美元就可以买上一大把。用一只养路工人用的钳子可以很容易地切断这种材料。
5. 用钳子把金属棍的末端折出大约 1/4 英寸的弯。
6. 把折弯的部分一头放入舵机的摇臂，另一头放入夹具手柄上钻出的孔里。

7. 一旦你调整好金属棍的长度（反复转动舵机，找一个最合适的位置），用钳子把金属棍固定就位。你不需要把金属棍弯死，只要把末端反向弯过来一点确保它不会轻易掉下来就可以了。

图 29-17　制作完成的夹具式夹持器，图中显示了一个安装在夹具和舵机之间的拉杆

装配完毕的夹具式夹持器如图 29-17 所示。夹持器的末端（底部）还装有一个双向舵机摇臂，它使你可以把夹持器安装在机器人的一个舵机上面。这个舵机可以控制夹持器前后运动实现对物体的抓取。如果你的计划是把夹持器直接用螺栓固定在机器人上，那么可以省略这个摇臂。

29.4　在线资源：更多的夹持器设计方案

访问 RBB RBB 技术支持网站（见附录 A）获得更多的夹持器设计方案，包括一个绕线轴驱动的"绝杀"式钳形夹持器，手指的开合通过自制的蜗轮系统进行控制，这个设计讨论的是如何构建像人一样可以灵活抓握的手指。

第五部分
机器人电子学

第 30 章

制作机器人的基础电子学

在前面的章节中你学习到了所有机器人的机械技术方面的知识，包括它们的结构、电动机和车轮以及动力系统。在本章里你将探索赋予机器人生命特征的电子技术。在本章和后面的章节中，你将学习使用现代（价格仍然很便宜）电子技术来制作可以真正实现自我思考的可编程机器人。让我们来开始这一激动人心的尝试吧！

供参考

如果你事先没接触过电子学，你可以阅读我的第一个机器人教程（见附录 A "RBB 技术支持网站"获得更详细的信息），你将学习到有关电和电子学的基础概念。你还可以制作一个通过接触来感知外部世界的简易机器宠物。

30.1 电子制作需要准备的工具

相对于机械部分的制作，你只需要准备少量的工具就可以开展机器人电路部分的制作。如果你愿意，可以花费很多钱来购买各种各样的测试设备和专业电子配套工具。下面列出的是一些最基础的入门工具。

30.1.1 万用表

万用表也叫做电压 - 欧姆表、VOM 或多用表。它可以用来测量电路中的电压和电阻。万用表（见图 30-1）的价格适中，是制作各种类型的电路所必备的基础工具。如果你还没有自己的万用表，你绝对应该准备一只。考虑到它在电路制作中的重要性，这部分的投资是物有所值的。

市场上有很多万用表可供挑选。中档万用表的性能和质量已经足够完成常见的工作了。RadioShack 和其他的在线电子商店里都提供万用表。购买时仔细对比它们的性能和价格。

■ 30.1.1.1 数字或模拟

常见的万用表分为两种类型：数字万用表和模拟万用表。它们之间的差别不是测试电路的种类，而是显示读数方式。数字万用表是最常见的类型，使用与数字时钟不同的数字显示方式。模拟万用表使用传统的机械指针加刻度的显示方式。

■ 30.1.1.2　自动或手动量程

很多万用表需要事先设定好量程才能进行准确地测量。例如，测量一个 9V 电池的电压，你需要将量程设定在接近 9V 但是高于 9V 的挡位。大多数万用表都有 20 ~ 50V 的电压范围。万用表的拨盘上面有许多个设定挡位，根据测量的参数进行选择相应的挡位就可以了，万用表的操作比看起来更简单。

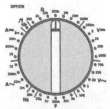

自动量程万用表不需要上面的设定工作，它们用起来更方便。比如，当你需要测量电压时，只要将万用表设定在电压挡（不论交流还是直流）就可以进行测量和读数了，测试结果出现在面板的显示屏上。

图 30-1　数字式万用表可以检测电阻、电压和电流。图中的万用表还可以检测常见的电子元件，包括电容、二极管和晶体管

提示: 为求详尽，本书中介绍如何使用万用表的例子是假定你使用的是一只手动（非自动）量程的万用表。如果你使用自动量程的万用表，可以跳过将量程设定在较高挡位的步骤。

■ 30.1.1.3　测量精度

万用表的测量精度是指它在进行特定测量时所能发生的最小误差。比如，万用表的精度可以是 2 000V，±1%。1% 的误差在机器人使用的各种电压里——通常情况下为直流电压 5~12V——只有 0.1V。数值很小可以忽略不计。

数字万用表还有另一种规格的精度：显示屏上面数字的位数决定了最大量程。很多数字万用表都是三位半的数字，因此它们显示的最低值是 0.001——半位数字上显示的是"1"，位于显示屏的最左侧。

■ 30.1.1.4　测量功能

数字万用表的功能数量和种类非常丰富，不同的功能可以通过表上面的拨盘进行选择。标准万用表最起码的功能是交流和直流电压、直流电流以及电阻的测量。

万用表的最大量程在测量电压、电流和电阻时也是不同的。下面列出的最大量程可以满足大多数应用：

直流电压	1 000V
交流电压	500V
直流电流	200mA
电阻	2MΩ（2 000 000Ω）

图 30-2　制作机器人，你需要准备一只带有电流扩展（10A 或更高）功能的万用表。你可以用它来测量电动机的电流消耗

这里也有一个例外，就是当你测量电动机的电流消耗的数值时，很多电动机的电流消耗都超过 200mA。

高级一点的万用表带有一个独立的直流电流输入端，可以将电流读数扩展到 10A（有的可以达到 20A）。如果资金允许，我强烈建议你准备一只带有电流扩展功能的万用表。多数情况下，在万用表的面板上有独立的电流输入端并清晰标注出来，如图 30-2 所示。

大电流输入端可能带有也可能没有熔丝保护。带有熔丝保护的万用表当输入电流超过额定值时，保险丝将熔断，你需要更换一个新的。一些低价位的万用表输入端没有设置保险丝，电流超过额定值时将烧坏设备，所以一定小心操作。

■ 30.1.1.5　万用表配件

万用表带有一对表笔，一只黑色一只红色。表笔的前端带有一根尖的金属探针。万用表附带的表笔质量一般都比较差，你可以单独购买质量更好的表笔。带有伸缩螺线型导线的表笔可以使工作变得更顺手，高品质表笔的探针也是可以自由调节长度的。

标准的尖头探针可以胜任大多数常规测试工作，也有一些测量环境需要你使用夹子。表笔的一端连在万用表上，另一端是一个带有弹簧的夹子。你可以将夹子固定在测试部位，空出手来做其他事情。夹子外面带有塑料绝缘层防止短路。

■ 30.1.1.6　使用万用表：基本操作

使用万用表时，要先把它在准备测试的电路附近妥善放好，一定要确保万用表的表笔可以够到电路，避免在测试过程中拖拽万用表或电路。然后参照下面的操作：

1. 插好表笔，将黑表笔插入万用表的－或 COM 插孔，红表笔插入＋或带有标示的功能插孔。标示可以是 V、Ω、mA，红表笔插入对应标示以后可以进行相应的测试，在这里对应着电压、电阻和毫安级电流的测试。

2. 进行断路检查试验确保万用表工作正常。这涉及下面几种操作。根据你的万用表的特点，选择电阻 Ω、二极管检测或通断测试。如果万用表的电阻挡不能自动变换量程，可以选择最低的电阻挡。

将表笔的金属探针接触到一起检查万用表是否功能正常，电池状态是否良好，表笔有没有断路。可能会获得以下几个结果：

万用表挡位	好	不好
电阻挡 Ω	阻值为 0 或接近 0	无穷大 * 或高阻
二极管检测 †	通	无穷大 *
通断测试 †	通	无穷大 *

* 不同万用表的无穷大显示方式也不同，一般在显示屏的最左侧显示一个闪烁的 "1"。
† 很多数字式万用表在使用二极管检测或通断测试时，在导通状态会发出蜂鸣提示音，
　一旦确定万用表工作正常，就可以切换到需要的功能和挡位，将表笔接入电路里面进行测量了。

> **提示**：如果万用表无法通过最简单的短路检查，原因可能很简单也很容易处理：检查表里面的电池状态是否良好，如果需要，更换一块新的电池；检查表笔是否存在断路问题，如果表笔比较老，它们的探针可能会腐蚀或生锈，进行清洁或更换一对新的表笔；如果万用表内置有保险丝，可能是因为保险丝熔断了，换上一个备用的保险丝试试。

30.1.1.7　使用万用表：测量电池

你可以使用万用表对电池或其他低压直流电源进行测量。下面是一个帮助你入门的例子，分为几步：

1．打开万用表，拨盘设置在 DCV（直流电压）挡。如果你的万用表不带自动量程，你需要选择一个比预计电压略高的直流电压挡位，对于大多数机器人电路来说可以是 20V 或更低。

2．确保表笔插在正确的插座里，参考前面章节"使用万用表：基本操作"中的描述。

3．将黑表笔连接到电池或电池组的负极（－）端子，红表笔连接到正极（＋）端子。

4．读取万用表显示屏上的数值。如果电池（或电池组）是好的，电压应该接近期望值。比如，一节 AA 电池的电压应该为 1.5V，允许有 0.1V 或 0.2V 的出入。

5．为了好玩，你还可以将红表笔接在电池的负极，黑表笔接在电池的正极。再次读取显示的电压，此时的电压值应该为负数，标志着测量的电池两极是颠倒的。

30.1.1.8　使用万用表：测量电阻的阻值

万用表的另一个常见的应用是测量电阻的阻值。下面是具体的方法。

1．从零件盒里随便找一个四环电阻，要求第 3 个环是棕色的。这将确保电阻的阻值为 100 ～ 990Ω。电阻和它们的阻值以及标记方法将在第 31 章里进行详细说明。

2．参考附录 D，"电学参考"中的电阻色环编码表读取电阻的阻值。举例说，如果前面 3 个色环的颜色分别是桔 - 桔 - 棕，就表示电阻的阻值是 330Ω。

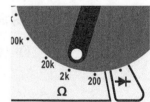

3．打开万用表，将拨盘设置在 Ω 挡。如果你的万用表没有自动量程，选择一挡高于预计读数的量程。举例说，如果量程是 2、20、200、2 000 依此类推，选择 2 000（2k）的挡位。这个挡位高于预计的 330Ω。

4．将表笔插入正确的插孔，详细操作参照前面"使用万用表：基本操作"里面的说明。

5．将电阻放在桌面或工作台上，表笔的探针放在电阻的两端。千万不要接触表笔的金属部分，否则皮肤上的电阻会影响测量结果。

　　6. 在万用表上读出阻值，见图 30-3 中的例子。

提示： 电阻的色环除了表示数值，还可以表示精度。四环电阻上面的第 4 个色环表示了它的误差，或打印值与实际值的差距。金色环表示误差为 5%，银色环表示误差为 10%。对于 330Ω 误差为 10% 的电阻，它在万用表上的读数会是 300 ~ 360Ω。

■ 30.1.1.9　万用表安全保护：良好的操作习惯

　　使用万用表时，即使是测量低压电路，也应该保持这些良好的操作习惯。

　　● 不要接触表笔的金属部分。当测试家用交流电路时不光会造成触电的危险，皮肤上的电阻还将影响测试结果。

　　● 每次使用万用表之前，都要进行断路检查确保万用表状态良好，操作方法参考前面的章节。

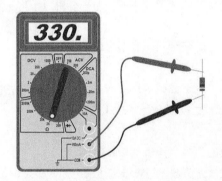

图 30-3　读取电阻的数值。千万不要触摸探针，否则你皮肤上的电阻将影响测量结果。使用不带自动量程的万用表时，需要手工将量程拨盘设定在比预计值高的挡位

　　● 本书中的制作项目都不涉及直接使用交流电供电的问题，全部为电池驱动。你可能会用万用表来测量交流电路，但是一定要严格按照万用表说明书中的安全规范进行操作。

　　● 选择万用表的功能时一定要仔细。永远不要用万用表的电阻挡来测量电压，这样的误操作极有可能损坏你的万用表，至少表内的保险丝会熔断。

　　● 工作完以后，关闭万用表的电源。这可以保护电池寿命。

30.1.2　在线资源：使用逻辑探针

　　逻辑探针是另一种常用的电路测试用具，之所以这么命名是因为它是用来检查逻辑电路中的信号（任何与数字 0 和数字 1，高电平和低电平有关的信号）。这类电路也包括单片机。在 RBB 技术支持网站（参考附录 A）里我提供了一个免费文档"逻辑探针 101"，你可以获得进一步的信息。

30.1.3　钎焊笔

　　制作机器人可以不使用钎焊笔，但是这将使你很难进行除了基础套件以外的焊接工作。即使你

不准备自己给机器人制作电路板，你仍然需要使用钎焊笔进行一些高强度的焊接工作，比如将导线连接到电动机上。图 30-4 展示的是一款我最信赖的钎焊笔。我的一套这样的钎焊笔已经使用了很多年，我用它制作了许多机器人。

　　注意我称它为钎焊笔而不是老式的"电烙铁"。对于现在大多数的电子制作来说，外形修长的钎焊笔操作起来更方便。它比老一辈电子爱好者们用来组装彩色电视机套件的电烙铁要小巧很多，钎焊笔在设计上更适合用来焊接现代电路里常见的微型电子元件。

　　除了钎焊笔以外，你还需要常备一些烙铁头和电热芯等配件。因为随着使用时间越来越久，笔上的加热元件会老化。但是你没必要为此买一套新的钎焊笔，只要替换下老化的零件就可以了。

图 30-4　可调温焊台。图中的型号不带温度显示，但是你可以设定焊接温度。注意不同成分的焊锡具有不同的熔点（照片来自 Cooper Tools）

图 30-5　电子制作常用的 3 个工具：台钳或"机械手"（放大镜为可选配件，起到辅助工作）、清理剪线钳、剥线钳

　　对于常规电子作业，你可以使用一只 25 ~ 30W 电热芯的钎焊笔。温度过高将会烧坏电子元件。使用 40W 或 50W 的电热芯进行导线开关以及大功率晶体管的焊接。如果资金允许，你可以购买温度可调的型号。它们的价格略高，但是使用起来更加灵活。

　　参考后面章节中的"如何进行焊接"，获得详细的焊接作业指南。

30.1.4　电子制作的手动工具

　　你需要准备少量的几件手动工具辅助进行电子制作。下面介绍的这些工具可以使你的电子工具箱更加完备，它们的价格也比较便宜。前面 3 个是最常用的电子制作工具，如图 30-5 所示。

* 清理剪线钳，也称作偏口钳。可以帮助你剪掉电路板上多余的元件引脚。

* 细导线剥线钳。一定要确保它可以处理为 18 ~ 26Ga. 的导线（数值越大，导线的直径越细）。大多数电路连接导线的规格是 22Ga.。剥线钳上面有一排齿孔，你可以选择对应的导线规格。

* 焊接夹具或台钳。夹具或台钳相当于你的"第 3 只手"，它们可以帮助你将准备焊接的材料固定好，使你能够空出两只手来拿钎焊笔和焊锡。推荐使用带有放大镜的焊接夹具。简单的型号只有几个可以灵活转动的夹子，价格更低一点，但同样好用。

* 平头和十字螺丝刀，包括 1 号和 0 号两个规格。

- 小型镊子。
- 牙科剔挖器。它们是理想的刮、切、成型和挖槽工具。你可以在剩余物资商店里买到。

 注意：在使用剪线钳或类似的导线切割工具时一定要佩戴好护目镜。防止剪切导线蹦出的金属碎屑飞入眼内。

30.2　制作电路——基础知识

你可以采用很多种方法来制作机器人的电路部分。最简单的设计是由开关、电池、电动机和连接导线所组成的。此外，这些元件不需要集中在一起进行布置，可以采用的方案包括：

- 免焊电路实验板（面包板）。将元件插入塑料电路板的插孔里就可以简单便捷的组成电路，不需要进行焊接操作。见第 32 章"使用免焊电路板"获得更多的信息。
- 电路板。将元件焊接在电路板上组成永久电路的方法有很多种。你可以使用通用电路板和常规元件或设计自己的印制电路板 (PCB)。参考第 33 章"制作电路板"里面的详细介绍。
- 绕接。使用低成本的工具和非常细的导线将电子元件连接在一起。见第 33 章中的介绍。

30.3　了解导线和配线

几乎所有的电子线路都要使用一种或多种规格的导线。配线是与导线相关的一门学问，在这里我们只简单讨论 3 个方面：绝缘、导线规格和导线种类。

30.3.1　绝缘

大多数用来制作机器人的导线外面都带有起到绝缘作用的塑料外皮，这可以避免导线互相接触造成的短路问题。除了绝缘本身以外，塑料外皮的颜色也应该引起重视。养成良好的用不同颜色的导线标示它在电路中的用途的习惯。比如，红色导线经常被用作电池 +（正极）的连接，黑色导线用作 -（负极）的连接。

30.3.2　规格

导线的粗细或 Ga. 值的大小，决定了它的电流传导能力。一般来说，较粗的导线可以通过较大的电流而不会过热和起火。

参考附录 D"电学参考"，了解常见导线的 Ga. 规格以及假定导线的长度在不超过 5 英尺的情况下最大的允许电流。当你在制作大电流的电路时，一定要选择规格合适的导线。反之，也不需要使用太粗的导线，接触部位过大过厚将增加焊接的难度。

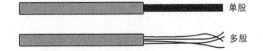

图 30-6　导线的种类：单股和多股，每种都有自己的用途。单股导线适合用来制作免焊电路板。多股导线适合一般使用

30.3.3　导线种类

导线由一股或多股金属丝构成，如图 30-6 所示。

- 单股导线里面只有一根导体。它常被称为单股或单芯线。
- 多股导线的里面有很多根导体，被称为多股线。成品多股线里面每一根导体的直径都非常小，当它们组合在一起形成多股线以后，导体的直径也增加了。

哪一种更好？答案是都好——取决于实际应用。单股导线一般与免焊电路板一起使用。这种导线的制作成本低、价格便宜。此外，单股导线也很容易焊接。多股导线的柔韧度好，不容易断裂，可以重复弯曲。在同样规格下，多股导线比单股导线能传导更多的电流。

30.4　如何进行焊接

只有极少数的制作项目在装配过程里不需要对导线进行焊接。焊接听起来和看起来都很简单，但是里面也有不少学问。如果你现在对焊接还没有什么概念，你需要快速回顾一下前面的教程，并仔细阅读本节里面的焊接基础入门。

30.4.1　焊接用工具

只有使用正确的工具才能获得比较好的焊接质量。如果你还没有这些工具，你可以在 RadioShack 或大多数电子材料商店里买到它们。让我们回顾一下你在焊接中需要使用的工具。

 提示：在前面的章节里我们已经介绍了钎焊笔。参考图 30-7 中钎焊笔的结构示意图。为安全起见，一定要购买带有三芯电源插头的型号，这提供了非常重要的接地保护功能。

■ 30.4.1.1　支架

如果你的钎焊笔不带支架，一定给它配上一个。它们可以将钎焊笔放置在一个安全、正确的位置。记住永远不要将钎焊笔直接放在工作台上。

■ 30.4.1.2　海绵

焊台上准备一块湿海绵（永远不要用干海绵），一定要确保它处于湿润状态。经常用海绵擦掉烙铁头上残留的焊锡，否则多出来的焊锡将严重干扰后面的焊接工作。你可以用湿纸巾或餐巾纸替代海绵，但是一定要注意保持潮湿。用干燥的物体清洁烙铁头部极易发生燃烧。

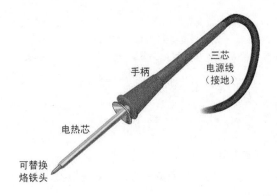

图 30-7　钎焊笔结构示意图。一定要购买三线接地的型号。不要使用没有接地保护的焊接工具。可替换烙铁头是一个很好的设计，当它老化时你只需要换上一个新烙铁头就可以了，不用花太更多钱买一套新的钎焊笔

■ 30.4.1.3　焊锡

使用电路焊接专用的含松香焊锡。焊锡有多种粗细不同的规格。为了达到比较好的焊接效果，可以使用细（0.050 英寸）焊锡进行大多数焊接工作。在电路中不要使用含酸的焊锡或银焊料（注：某些"含银焊锡"可以用来制作专业电子产品，它们也可以用来制作机器人）。

对于非商业应用，你可以使用含铅焊锡或无铅焊锡。在正常操作的情况下，它们都是安全的，但是需要注意无铅焊锡吃下去是有毒的。含铅焊锡相对便宜，更容易使用，因为它们的熔点比较低。

■ 30.4.1.4　其他焊接工具

还有几个值得一提的焊接工具：

● 金属夹式散热片。可以帮助在焊接过程中降低焊接元件的热量。

● 家庭装修常用的异丙醇可以很好地清洁焊点。焊接作业完成以后，等待元件和电路板冷却下来，用洗板水去除掉电路板上的杂质。

● 真空除锡器（或吸锡器）可以通过吸引的方式去除多余的焊锡。它经常被用来进行拆焊——从电路板上拆下导线或元件，进行故障排除等工作。

30.4.2　焊接前的清洁工作

在焊接之前，需要确保所有零件的连接部位是干净的。当你准备在电路板上焊接元件时，先用厨房里面的洗碗布（非金属）蘸温水和去污粉去除掉电路板表面的杂质和氧化膜，然后将其晾干。

接着，用棉花球蘸异丙醇擦拭所有需要焊接的部位。等一分钟，当酒精全部挥发以后就可以开始焊接了。

30.4.3　设置正确的焊接温度

焊台是常见的可调温焊接工具。当你使用焊台和含铅焊锡进行焊接时，将焊台的温度设定在 352～360℃。这个温度范围提供了最佳的焊接效果和最低的造成电子元件损坏的风险。

　　如果你的钎焊笔(焊台)可以调节温度但是无法显示温度值,可以先给它设定一个比较低的温度。等几分钟热量升高以后,试着焊接一两个连接部位。调节温度使焊锡可以在 5 秒以内完成连接部位的熔合焊接。

 提示:为了达到较好的焊接效果,你需要将焊接工具的温度设定的比焊锡的熔点高出很多。大多数焊锡的熔点约为 183℃。无铅焊锡的熔点范围比较大,通常在 40 ～ 70°F。根据焊锡的熔点相应地提高焊接工具的温度。

30.4.4　正确的焊接步骤

　　正确焊接的原则是使用焊接工具加热焊接部位——不管是元件引脚、导线或其他东西。然后将焊锡放在焊接部位进行焊接,不要用钎焊笔直接加热焊锡。如果你走这个捷径,可能会出现虚焊的问题。虚焊是指焊锡与金属表面的熔合度不够好,导致连接部位的电气特性变坏。

　　下面是将元件焊接到电路板上的正确步骤:

　　1.使用小型弯头钳子弯曲元件的引脚,使其与电路板上焊孔的间距相匹配(见图 30-8)。观察确定正确的距离,根据经验找好最合适的弯曲位置。

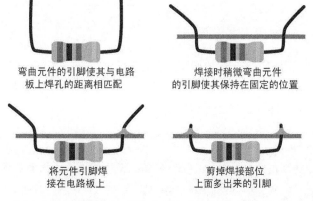

弯曲元件的引脚使其与电路
板上焊孔的距离相匹配

焊接时稍微弯曲元件
的引脚使其保持在固定的位置

将元件引脚焊
接在电路板上

剪掉焊接部位
上面多出来的引脚

图 30-8　将元件焊接到电路板上的过程。从弯曲引脚开始,接着同时对焊盘和引脚进行焊接。剪掉焊接部位上多出来的引脚,最好稍微留一点余量

　　2.将元件的引脚插入电路板的焊孔里。元件应该完全贴着电路板放置,或者留有极小的空间。

　　3.用手指轻轻地弯曲穿过焊孔的引脚,使元件不会掉下来。

　　4.将电路板焊接的一面对着自己放置,将钎焊笔的头部放在元件引脚和焊盘之间。

　　5.等 3~5 秒,将焊锡末端放在焊盘的一侧。焊锡将会开始熔化流进焊盘和元件引脚之间(见图 30-9)。在焊点部位追加适量的焊锡,然后移走焊锡和钎焊笔。

　　6.如果焊锡不流动,多等几秒再试一次。如果仍然不流动,可能是因为钎焊笔的温度不够高。将头部从焊接部位移走,等几分钟让钎焊笔升高到合适的温度。

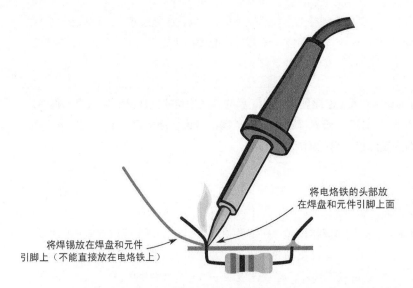

将电烙铁的头部放在焊盘和元件引脚上面

将焊锡放在焊盘和元件引脚上（不能直接放在电烙铁上）

图 30-9　注意将焊接工具放在焊接部位而不是直接用它来熔化焊锡（另外：为了延长工具的寿命，你可以定期用湿海绵擦拭干净焊接工具头部的杂质，将焊锡直接放在上面给它镀一层锡）

7. 焊锡要等几秒才会凝固，在这段时间里，绝对不能移动焊接部位，否则将破坏焊接。

 提示：加热焊接的过程不要太长，长时间加热会对电子元件造成损坏。原则上一个焊点的焊接时间不要超过 5 秒，这个时间已经足够充分了。

■ 30.4.4.1　完工修整

电路板焊接完以后，你需要剪掉焊接部位上多出来的引脚。使用偏口钳或平口钳进行这部分工作。你不需要（也不能）把焊接部位都剪掉，引脚不要剪得太短，适当留有一点余量是可以的。

在剪切引脚时一定要保护好你的眼睛，避免任何金属碎屑飞入眼内。

■ 30.4.4.2　优质焊接的技巧

● 为了应付各种可能的情况，你需要准备一个 30°～ 40° 斜角的刀型烙铁头。大多数带有斜面的烙铁头都可以用。

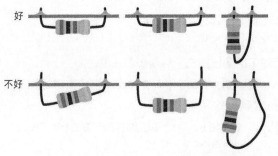

好

不好

图 30-10　好与不好的焊接实例。当把元件焊接到电路板上时，一定要将其完全垂直插入焊盘，不能有歪曲

● 控制好焊接部位上面焊锡的数量，以能均匀覆盖引脚和焊盘为准。焊接时使用过多的焊锡会连通周围的焊盘，导致短路。

● 焊接完成并冷却以后，测试焊点是否焊接牢固。晃动元件检查焊接部位是否牢固。

● 一定要确保元件彻底插入电路板上的焊孔，不能存在歪曲现象（见图 30-10）。元件的管脚留得太长，极易碰到电路板上的其他裸露的部分形成短路。

30.4.5　烙铁头的保养和清洁

当焊接工具升高到一定温度以后，你可以使用湿海绵擦拭烙铁头进行清洁。当你工作的时候，应该定期擦除掉头部多余的焊锡。

烙铁头部应该时刻保持镀锡的状态，就是指在其上面有一层很薄的焊锡。镀锡的步骤是先用湿海绵清洁掉烙铁头部的杂质，然后直接将适量的焊锡放在头部使其熔化（这是一个可以直接将烙铁头与焊锡相接触的操作），最后再用湿海绵擦除掉头部多余的焊锡。

焊接工作完成以后，让工具冷却至少 10 分钟再进行收纳整理。时间久了，烙铁头会逐渐老化，开始出现氧化和变形的问题，此时应该更换新的烙铁头。老化变形的烙铁头热传导效率降低，会严重影响焊接质量。注意一定要使用与焊接工具相配套的烙铁头进行更换。一般来说不同品牌的烙铁头不能进行互换。

30.5　使用排针和排座

很多机器人都是由若干个子系统组成，这些子系统可能不在同一块电路板上，因此你需要用一些导线将这些子系统连接在一起。最简单的连接方法是你可以直接在电路板之间和其他元件之间焊接导线。但是随着机器人的复杂程度的增加，直接焊接导线的方法会使其很难进行调整。

解决方法：尽可能地使用连接器。这个方法是使用带有连接器的导线将各个子系统连接起来。连接器的规格与电路板上的插针相匹配。

30.5.1　自制针式连接器

自制机器人不需要使用太高档的电缆和专业的电缆连接器。实际上，这些材料会给机器人增加额外的重量。比较好的方法是使用 20 ~ 26Ga. 的导线配合单列或双列的塑料排针。

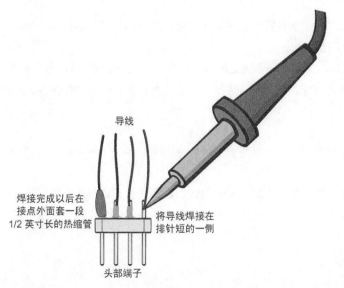

导线

焊接完成以后在
接点外面套一段
1/2 英寸长的热缩管

将导线焊接在
排针短的一侧

头部端子

图 30-11　将导线焊接在排针短的一侧
自制针式连接器。为了使完成后的作品看
起来更专业，可以在焊接部位套上热缩管

你可以使用可分割式排针制作自己的针式连接器。排针的规格通常是 10 个或更多个针为一组，可以把它们分割成你需要的数量。导线焊接在拍针的末端，顶端可以插入电路板上的插座里面。图 30-11 显示了制作方法。热缩管是可选的，剪一小段热缩管，套在焊接部位。用热风枪或吹风机的高热档使热缩管收缩定型。

30.5.2　准备孔式连接器

如果你准备连接的电路上使用的是排针，就需要使用孔式连接器进行连接。你可以购买与排针相配套的排孔连接器。市场上有多种规格的排针，针的距离也不同，一定不要搞错。大多数排针的距离是 0.100 英寸。也有小于或大于这个尺寸的间距，用眼睛就能分辨。

根据图 30-12 中的操作指南，制作孔式连接器。将绝缘导线的头部剥去 1/4 英寸到 3/8 英寸，当使用多股导线时，需要将导线里面的金属丝拧在一起。将导线末端插入特制的簧片里面进行压制，这个步骤最好使用专用工具确保接触良好。最后将压好簧片的导线插入特制的塑料座里，依靠塑料座上面的卡子固定好簧片使其不会脱出。

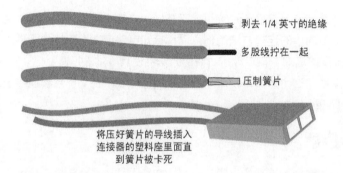

剥去 1/4 英寸的绝缘

多股线拧在一起

压制簧片

将压好簧片的导线插入
连接器的塑料座里面直
到簧片被卡死

图 30-12　使用塑料插座
和簧片自制孔式连接器

30.5.3　最好的连接

将不同长度的导线整理在一起用尼龙扎带捆扎固定，使它们看起来更整洁。还可以使用扁平电缆，这种电缆是将很多根导线组合在一起制成的。

制作连接电缆时，确定好导线的长度，使其在子系统之间进行连接时留有一定的余量。 不要将导线留得太短，否则接好连线以后元件之间会绷得太紧。也不要将导线留得太长，一大团多余的导线会影响美观。

30.6　使用跳线

另一种是用来对机器人电路进行试验或测试的电缆，称为跳线。跳线由柔软的绝缘导线制成，导线两端带有特制的弹簧夹子。你可以将夹子固定在导线、元件或电路的其他部分作为一个临时的连接通路。

你至少应该准备一套用来进行试验或测试的跳线。常见的跳线有下面 3 种类型：

● 小型鳄鱼夹子，适用于小元件和导线。不要用它们来连接集成电路（IC）上面的管脚，这种小夹子对集成电路来说太大了会造成短路。

● 大型鳄鱼夹子，适合用来测试电动机或其他大元件（这种跳线使用的导线也更粗）。

● 推压式钩子，用来连接集成电路管脚的理想工具。

这三种跳线的实物如图 30-13 所示。

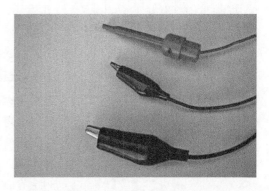

图 30-13　常见的跳线种类：钩子、小鳄鱼夹和大鳄鱼夹。它们有不同的颜色和长度。常使用带有绝缘外皮（塑料护套）的鳄鱼夹子，用来防止短路

30.7　有益的设计原则

当你在制作机器人的电路时，可以参考下面章节中所述的设计原则。即使在你所使用的线路图中不含以下的内容，你也可以自行把它们加上。

30.7.1　使用上拉和下拉电阻

当机器人的一些端子没有连接外部设备的时候，端子上的电压可能会发生上下波动，这有可能干扰机器人的正常操作。在电路的输入端使用上拉或下拉电阻可以避免这类问题。常用的电阻值为 10kΩ（10 000Ω）。这个方法可以将输入端的电平设置在一个"缺省"状态，即使什么也不连接它上面的电平也不会变化。

上拉电阻连接在输入端与电源正极之间，下拉电阻连接在输入端与负极或地之间，如图 30-14 所示。

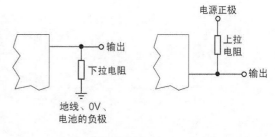

图 30-14　上拉电阻和下拉电阻的概念。常用阻值为 10 kΩ

30.7.2　将没用的输入端设置为低电平

除非元件的使用说明中有其他方法，一般都需要将用不到的输入端连接到电源地避免它们上面产生浮动电压。浮动的输入端可能会导致电路发生振荡，使其无法正常工作。

30.7.3 使用退偶电容

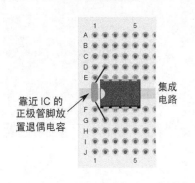

靠近 IC 的
正极管脚放
置退偶电容

集成
电路

图 30-15 退偶电容的概念。将电容放置在集成电路或其他元件的正极附近，它的作用是"减弱"（分散）电源中的噪声

一些电子元件，尤其是高速逻辑电路和全能的 LM555 时基集成电路，会产生大量的电噪声，这种噪声会串入电源回路造成干扰。你可以使用退偶（也称为旁路）电容来降低或消除这种噪声，如图 30-15 所示。

退偶电容的种类没有特别要求，"退偶"指的是它们在电路中所担任的角色。电容器的容量不是固定的，只要容量不超过临界值就可以。我喜欢使用 1 ~ 10 μF 的钽电解电容，将它们放置在产生噪声的元件的电源正极与负极之间。一些设计师喜欢给每一个集成电路都配上一个退偶电容，另一些人则喜欢在电路上每隔 3 ~ 4 个 IC 放置一个退偶电容。

在电路板的电源输入端的正极与负极之间放置退偶电容也是可行的方法，很多专业教科书上建议使用 1~100 μF 的钽电容作为退偶电容。注意钽电容是有极性的，它们有 + 和 - 之分。在电路里面一定要确定好元件的极性，否则电容（或其他元件）可能会损坏。

30.7.4 减小管脚长度

元件管脚的引线留的太长会在电路的其他部分产生电噪声。长管脚好比是一根天线，拾取电路中的杂散信号和周围的干扰信号，甚至是你自己身体所产生的干扰。当设计和制作电路时，一定要尽最大可能减小信号路径。在焊接电路时，将元件贴近电路板安装并剪去多余的管脚。

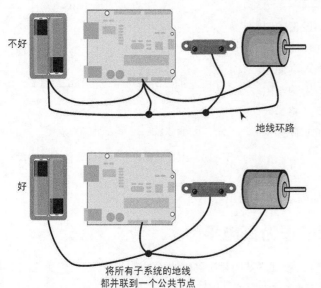

不好

地线环路

好

将所有子系统的地线
都并联到一个公共节点

图 30-16 地线环路是指有多个地线连接通路。地线环路可以导致电路工作不稳定。总是要将各个部分的地线端子连接到一个主要节点上

30.7.5　避免地线环路

地线环路是指一个电路的地线绕了一个圈又回到原点，电路上的正极和负极应该总是有它们的终点。地线环路可以导致电路工作不稳定或产生大量噪声，如图 30- 16 中对会产生若干问题的地线环路的描写。

30.8　什么是 RoHS

在很多电子零件上都有"RoHS"的标示，你知道它的含义吗？ RoHS 是在电气设备中禁止使用有害物质的标准，这是一个为了在世界范围内减少商业电子产品中所含的有毒原材料所指定的标准。这些原料包括铅、汞和镉，成吨的废弃电路板堆积在垃圾填满场会对健康造成极大的危害，就像 Alfred E. Neuman 将要说的那样。

按照国际法里面的规定，电子元件或电路板的销售商应该列出其所销售的产品是否遵从 RoHS 标准。在电子元件中，RoHS 标准特指限制铅的含量或者不使用铅。不遵从 RoHS 标准的产品，也不代表它的质量就很差，只是它的制造商还有没有贯彻这个标准而已。

第 31 章

机器人常用的电子元件

电子元件组成电路并使其运转。每个机器人项目里面都包含十几个或更多个各种类型的电子元件，包括电阻、电容、集成电路和光敏二极管等。

在本章里，你将学习机器人所需的常用电子元件，它们的作用是使机器人的控制电路正常运转。我们已经接触到了很多这方面的信息，现在正式开始。

31.1　首先是电路符号

电路使用一种专业的线路图告诉你一个电路里面都使用了哪些元件，以及它们是如何连接在一起的。这个图形化的线路图也被称为原理图（或电路图），它还是一个设计图，告诉了你制作一个电路所需要的全部信息。

原理图由专业符号和交叉的连线组成。符号代表的是单个元件，连线是把这些元件连接在一起的导线。大多数人都可以按照图形式说明再加上一点图片以外的信息就可以准确复制出一个电路的结构。

忘记你可能在其他专业书籍里看到的东西，其实掌握如何看懂一个原理图的技术并不是那么难。特别当它涉及机器人的时候，全部需要掌握的也只是一些最基本的符号。

这一章里将向你介绍每个主要电子元件的符号。图 31-1 显示的是几个组合符号，符号的作用是在原理图里表示各个元件是如何连接在一起的。纯粹为了举例说明，图 31-2 显示了如何用一些互相连接的符号组成一个简单的电路——推动开关，发光二极管点亮。

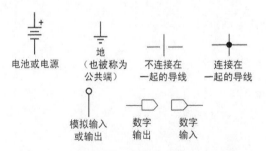

图 31-1　连接电路的基本电路符号。这里显示的只是几个例子，书里面还有很多像这样的连线符号

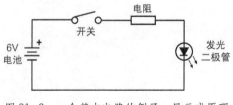

图 31-2　一个基本电路的例子，显示成原理图的形式。它里面包含了电池、开关、电阻和发光二极管。很多例子里的符号都带有文字或形象说明

电子元件多达数百种，但是机器人上最常用的只有少数几种。我不打算列出所有的元件，只对那些你最有可能遇到和使用到的元件加以介绍。

31.2　固定电阻

除了导线以外，电阻是所有电子元件里面最基本的元件。电阻可以阻止通过它的电流，这像挤压橡胶软管阻止管子里水的流动一样。固定电阻（也有可变电阻，在下面讨论）适用于电路里阻值确定的电阻。

把不同阻值的电阻连接在电路里，使不同的部分得到不同数值的电流。通过仔细分配电流使电路可以正常工作。

31.2.1　电阻的参数是怎么标识的

电阻的标准单位是欧姆，用符号 Ω 表示。欧姆值越高，元件在电路里面的电阻就越大。大多数固定电阻的阻值用色环标识，如图 31- 3 所示（你在这里看不到颜色，但是可以知道具体方法）。颜色编码从电阻的边缘开始，由 4 或 5 个，有时候是 6 个颜色不同的色环组成。大多数业余项目使用的现成电阻编码使用的是标准的 4 个色环。它们最容易找到，价格也最便宜。

读取阻值的时候，从电阻上面最接近边缘的那个色环开始。

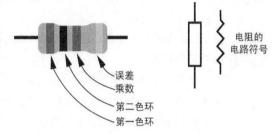

图 31-3　一个电阻元件的外形和电路符号。这本书里的电阻符号使用的是空心的长方形，你在其他地方也可能遇到"锯齿"状的电阻符号

表 31- 1　电阻色环表

颜色	第一位数字	第二位数字	乘数	误差
黑	0	0	1	—
棕	1	1	10	±1%
红	2	2	100	±2%
桔	3	3	1 000	±3%
黄	4	4	10 000	±4%
绿	5	5	100 000	±0.5%
蓝	6	6	10 00 000	±0.25%
紫	7	7	10 000 000	±0.1%
灰	8	8	100 000 000	±0.05%
白	9	9	—	—
金			0.1	±5%
银			0.01	±10%
无色				±20%

表31-1。（为了参考方便，附录D"电子参考"里面也收录了一份相同的表格。）

第1和第2个色环是前两位的数值，第3个色环是乘数，表示你需要在数字后面添加多少个零。举例说明，如果第1个色环是棕色，第2个色环是红色，第3个色环是橙色：

棕 =1

红色 =2

橙色 = 乘以 1 000（相当于简单地增加 3 个零）

得到的结果是 12 000。

四环电阻的第 4 个色环表示的是电阻的误差，误差（为百分数的形式）表示的是电阻的标称数值和实际数值的差别。举例说明，银色环代表电阻的误差是 10%，假设一个 12 000 的数值，10%就是 1 200。这就是说实际的阻值可能是 10 800 ~ 13 200 之间的任意一个数值。

提示: 注意表 31-1 里面列出的误差值的前面带有正负号。这指的是正百分比或负百分比。误差可正可负。

精密电阻是指误差小于 1%的电阻。一般来说，这类电阻的上面会有 5 个或更多个色环。色环的颜色代码是相同的，但是增加的色环可以提供更精确的数值。

常见的机器人电路几乎不需要使用高精密电阻，你基本上可以忽略掉它们。书中提供的信息是让你了解当你在购买电阻的时侯可能遇到不同的种类。

电阻的欧姆值可以从非常低到非常高变化。为了便于标注比较高的阻值，电阻使用了一种非常常见的表示方法。

● 字母 k 用来表示 1 000。所以，一个阻值为 5kΩ 的电阻，同样也是 5 000Ω。有时候会把 Ω 符号省略掉，因为它很容易理解，所以你也可以看到只是标注着 5k 的电阻。

● 字母 M 是用来表示一百万，1 000 000。阻值为 2 M 的电阻相当于两百万（2 000 000）欧姆，或简写为 2 兆欧。

● 电阻小数位的表示方法根据各国习惯可能会有所不同。在美国，4.7 欧姆的电阻简单地表示为 4.7Ω。但是一些国家，比如英国和澳大利亚，经常使用不同的方式，会用字母 R 代替小数点，就像 4R7。同样，一个 4.7kΩ 的电阻也可以表示成 4k7。

电阻的参数还包括它们的瓦数。一个电阻的瓦数表示在它上面可以安全通过的不会使它燃烧起来的功率，正确的叫法应该是功耗。高负荷、大电流条件下工作的电阻，比如电动机控制，需要具有比那些在低电流条件下工作的电阻更高的瓦数。大多数业余电路里面使用的电阻的功耗都是 1/4W，甚至 1/8W。

31.2.2   测量电阻的阻值

按照图 31-4 所示的方法，你可以很容易地测量任何一个电阻的阻值。

1. 把万用表设置到欧姆挡。如果你的万用表没有自动量程，可以选择一个比预计阻值更高的量程（如果你不知道它的阻值，可以从最高的电阻挡开始）。

2．把黑色（或 COM）表笔连接到电阻的一端，把红色表笔连接到另一端。

3．读取万用表上的结果。如果使用的是不带自动量程的万用表，可以换成比较低的电阻挡来提高测量精度。如果万用表显示超过范围（超范围指示，或闪烁的 1.…），把量程提高一挡再试试。

31.2.3　电阻的常见应用

电阻在电路里面有无数种用途，其中两个是最常见的。我们将主要介绍这两个用途。

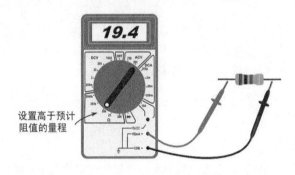

图 31-4　如何用一个万用表测量一个电阻的阻值。把万用表设置到欧姆挡，如果万用表没有自动量程，需要选择一个比预计阻值更高的量程

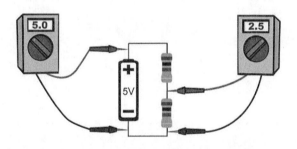

图 31-5　电阻经常用来改变电路里面的电压。两个电阻如图所示串联在一起可以组成一个电压分配器。电阻之间的实际电压取决于电阻的阻值。图中显示的读数是在假定两个电阻的阻值相等的前提下得到的

■ 31.2.3.1　用电阻分配电压

一个电阻从字面上的理解就是阻挡通过它的电流。在一个正常工作的电路里面可以利用电阻的这个特性来控制电压，因为电流、电压和电阻是相互关联的——详见下面的"理解欧姆定律"章节。

图 31- 5 显示的是两个串在一起的电阻。这就是所谓的串联连接，因为这两个电阻是彼此串联的（如果它们是一个挨着一个连接在电路里，它们就称为并联。我们暂时不需要研究这个连接方式，继续往下进行）。

图中所示的电路使用的是一个 5V 的电源。两个电阻连接在一起的中间那个点上面的电压为 0~5V。具体的电压值取决于电阻的阻值。

● 如果两个电阻的阻值相等，那么这个中点电压就是电源电压的一半，在这里就是 2.5V。

● 如果电阻的阻值不相等，这个电压比就是一个它们的阻值差别的比。举例说明，如果上面的电阻是 5kΩ，下面的电阻是 10 kΩ，中点电压就是 3.33V。

怎样才能不用万用表得到这个电压？全部的工作只是一点简单的数学计算。如图 31- 6 所示，上面的电阻是 $R1$，下面的是 $R2$。

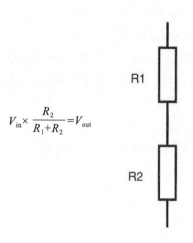

$$V_{in} \times \frac{R_2}{R_1+R_2} = V_{out}$$

图 31-6　两个阻值不相等的电阻串联在一起的基本（简单）分压计算公式

$$V_{in} \times \frac{R_2}{R_1+R_2} = V_{out}$$

现在我们插入 5kΩ 和 10kΩ 的阻值来测试这个公式，电源电压是 5V。公式变为：

$$5 \times \frac{10\ 000}{15\ 000} = 3.33$$

或者，可以简化成：

$$5 \times 0.66 = 3.3$$

■ 31.2.3.2　用电阻限制电流

很多电子元件，特别是发光二极管和晶体管，会吸收电源所能够提供的最大电流。这个特性非常不好，因为如果元件承受太大的电流将会烧毁。它们只能工作在一个适当大小的电流下，除此之外它们都会被永久地损坏。

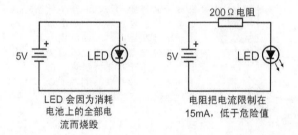

图 31-7　电阻的另一种常见应用是限制电流。图中的电阻用来防止一个发光二极管（LED）从电源消耗太大的电流。没有这个电阻限制电流，LED 将会迅速烧毁

通过把一个电阻串联在这些元件上，你可以限制它们上面的电流。这就是电阻的主要用途——限制电流。

图 31- 7 显示了一个非常有代表性的电路，一个电池点亮一个发光二极管，也称为 LED 的线路图。为了防止 LED 因为消耗太大的电流而烧毁，在它的正极和电池之间放置了一个电阻。这个电路使用了一个 200Ω 的电阻来限制电流。但是，我们怎么才能得到这个阻值？

同样地，全部的工作还是一点简单的数学计算，以及对常见 LED 特性的了解。

● 首先，大多数 LED 如果消耗 30mA 以上的电流都会烧毁。因此，我们要保证 LED 上面的电流要小于，或许是大幅度少于这个电流。比如说，我们希望 LED 上面的电流不超过 15mA。

● 其次，你需要知道 LED 的正向压降。从字面上理解就是电流通过元件时所形成的电压。常见 LED 的压降是 1.5V 到 3.0V，但你使用一些特制的 LED 的时候这个电压的变化可能会很大。

对于我们的例子来说，假定 LED 的压降是 2.0V。

使用这个简单的公式可以确定电阻的阻值：

$$R = \frac{V_{\text{in}} - V_{\text{drop}}}{I}$$

V_{in} 是 5，V_{drop}（电压降）是 2.0。我们想把电流限制在 15mA，所以公式变为：

$$200 = \frac{5 - 2.0}{0.015}$$

或者

$$200 = \frac{3.0}{0.015}$$

注意，LED 消耗的电流是一个小数，使用这种方式是因为公式里面的单位是安培而不是毫安（1 000mA 等于 1A）。

四环电阻具有特定的标准阻值，因为这个原因，200Ω 是一个标准阻值。当你的计算结果是一个非标准阻值的时候，可以选择下一个更高的标准阻值。这个方法可能发生的最坏的情况也就是 LED 的亮度不会那么高。

提示：除了计算阻值，你经常还需要确定电阻的瓦数。大多数电路可以使用标准的 1/8W 和 1/4W 电阻，但是你怎么才能知道是否需要一个更大功率的电阻？当你使用欧姆定律的时候，这是非常容易的，见下面章节。

31.2.4 理解欧姆定律

早在 19 世纪初，德国物理学家 Georg Ohm 就发现了电压、电流和电阻之间的关系。他想出了一个准确计算这些关系的方法，这就是欧姆定律。

图 31- 8 显示的是一个三角形组成的规则，它被称为欧姆定律三角形。三角形非常灵活，因为它表示出了当你知道两个数值的时候可以计算出另一个数值。针对不同的情况，你可以使用乘法或除法，同样显示在图里面。

V 代表电压（注：在一些文字描述的欧姆定律中，电压显示为 E）。

R 代表电阻。

I 表示电流（它不是 C，C 代表的是电容器的电容，也适用于可变电容器）。

■ 31.2.4.1　举例说明欧姆定律的计算方法

我们只使用其中的一个公式，一个用来计算 V（电压）的公式。对于这个例子，你需要知道的三角形上的其他数值是 I（电流，单位为安培）和 R（电阻）。公式是：

$$V = I \times R$$

假设电流为 1.2A，电阻是 50Ω。简单地用 1.2 乘以 50，结果是 60，因此电压是 60V。

■ 31.2.4.2　计算功率（瓦特）

你可以使用一个扩展的欧姆定律计算电路里面的功耗。这有助于确定你所选择的电阻的功率是否足够大。瓦数越大的电阻体积也越大，在它们的上面也就可以消耗更多的功率。

扩展的欧姆定律不是简单的欧姆定律三角形的一部分，而是一个变化更复杂的欧姆定律轮。如果你有兴趣学习更多的计算功率和瓦特的方法，可以参考附录 D"电子参考"，获得欧姆定律轮的使用方法的简要说明。不过，就目前而言，我们只需要使用轮子里面的 12 个公式中的一个。

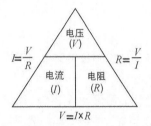

图 31-8　欧姆定律三角形显示了如何通过两个已知数值计算出未知数值。你可以计算电阻、电压或电流（电流表示成字母 I）

我们回到选择一个电阻限制流过 LED 上面的电流的例子。计算功率的公式非常简单：

$$V \times I = W$$

- V 等于通过 LED 的电压。这包含通过 LED 的电压降，按照前面的例子这个电压是 3.0。
- I 等于 LED 上面的电流。按照前面的例子，电流是 15mA（或 0.015A）。
- W 是功耗，以瓦为单位。这是电阻上面需要耗散掉的最小功率。

代入实际数值，会得到

$$3.0 \times 0.015 = 0.045$$

答案的单位是瓦（W），0.045 不足 1W 的 1/20，因此标准的 1/8W 电阻就已经足够了。

31.3　电位器

电位器是阻值可以变化的电阻。它们让你可以设定一个特定的阻值。阻值的变化范围取决于电位器的上限，也就是电位器的标称阻值。和固定电阻一样，电位器的阻值也是欧姆。举例说明，你可以把一个 50kΩ 的电位器的阻值设定在 0~50 000Ω。

电位器（或者简称为 pot）分为旋转和滑动两种类型。图 31-9 显示的是最常见的旋转型电位器，用在像收音机的音量调节和电热毯的恒温控制这样的场合。手柄的旋转角度接近 360°。在一端，电位器的电阻是零；在另一端，电阻是元件的最大值。

31.3.1　线性或音量型电位器

当你旋转电位器手柄的时候，电阻的变化是从一个特别低的阻值（通常是 0Ω 或非常接近）到电位器的标称阻值。阻值的变化比例取决于元件内部的结构。电位器有两种比例：线性和音频（也称为对数）。比例指的也是电位器的特性曲线。

● 线性电位器是最常见的品种，它的阻值随着手柄的转动成比例变化。举例说明，一个 10kΩ 的电位器旋转到 1/4 的位置的时候它的阻值是 2.5 kΩ。对机器人上面绝大多数的应用来说，线性电位器是最常用的。

图 31-9　电位器是一个可变的电阻。转动电位器的轴可以改变阻值

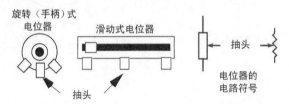

图 31-10　电位器（或者简称为 pot）的外形和电路符号。抽头是电位器中间的位置。抽头上可以获得不同的阻值

● 音频电位器的阻值和手柄的位置关系是一个对数函数。对于一个 10kΩ 的电位器，元件的阻值仍然可以从 0Ω 变化到 10 kΩ，但是这个变化不是一条直线，而是一条非常陡峭的曲线。音频电位器在剩余物资商店里很常见。除非你打算开展音频制作项目，否则不需要用到这种电位器。

31.3.2　使用电位器

大多数电位器有 3 个接头（见图 31- 10），基本上就是两个串联在一起的电阻。实际上电位器的特性也像两个串联在一起的电阻，它们也可以当作串联电阻使用，比如作为分压器。两个电阻的比值用来确定分配的电压。

如图 31- 11 所示，电位器两侧端子的功能就好像图 31- 6 里面的固定电阻 R1 的顶部和固定电阻 R2 的底部。中间的端子称为抽头，就好像 R1 和 R2 之间连接在一起的部位。你可以转动电位器的手柄改变两个电阻之间的比。

你可以把电位器连接到一个万用表进行测试（见图 31- 12）。

1. 把万用表设定在欧姆挡。如果你的万用表没有自动量程，你可以选择比电位器标称阻值高一级的挡位。

2. 把黑色（或 COM）表笔连接到电位器的中心抽头，把红色表笔连接到两侧的任意一端。

3. 慢慢向不同的方向转动电位器，观察阻值的升高和降低。

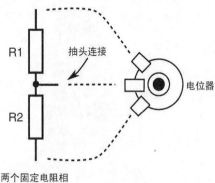

图 31-11　一个电位器基本上就是两个串联在一起的电阻，如图 31-5 所示。只是电位器里面的两个电阻的阻值是随着手柄的旋转不断变化的

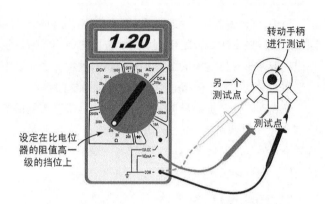

图 31-12　如何用万用表检查一个电位器的阻值。和测试电阻的方法是一样的，一边转动手柄一边查看阻值的变化

31.3.3　其他类型的可变电阻

电位器是最常见的可变电阻，你在制作机器人的过程里还会遇到其他几种类型的可变电阻。两个最常用的类型是光敏电阻和压力敏感电阻。

● 光敏电阻对光线敏感。它们阻值的变化取决于光线强度的变化。光敏电阻经常被称为光电池和 CdS，CdS 是英文硫化镉的缩写，这种化学物质可以制作出对光线敏感的元件。

● 压力敏感电阻，简称 FSR，可以感应到施加在它们上面的压力。元件的阻值随着压力的变化而增加或降低。FSR 的种类有很多，可以用在各种压力感应的场合。举例说明，弯曲传感时，阻值随着元件的扭曲或弯曲而变化。对于其他类型，元件薄膜的任意一个部位受到压力也会引起阻值的变化。

> **供参考**
>
> 了解更多有关光敏电阻在第 44 章中"机器眼"，您将学习如何使用 CdS 的细胞，使机器人对光线作出反应。一定要检查第 42 章"添加触觉"在某些的其他详细信息。

31.3.4　查看电位器的阻值

和固定电阻不同，电位器上面没有颜色代码。它们的阻值是直接标记出来的——举例说明，10 000 或 10kΩ。还有一种变通的十进制编码表示法，这种表示法的数值是一个 3 位数字的号码（比如 503），它代表的是 50 的后面有 3 个 0，也就是 50 000。这个数值的单位是欧姆，也就是说这个电位器的阻值是 50kΩ。

31.4　电容

在电阻后面，电容是第二种业余机器人电路里面最常见的元件。电容有很多种用途，它们可以用来延迟电路某些部分的动作或消除掉电路里面令人讨厌的电噪声。这些以及其他应用依靠的是电容能够在一段预定的时间里储存电荷的能力。

和电阻相比，电容的尺寸、形状和品种都要多得多，但是平时经常会遇到的只有少数几种。几乎所有的电容的基本结构都是相同的：一种称为电介质的绝缘材料隔离着两个或更多个导电元件（见图31-13）。

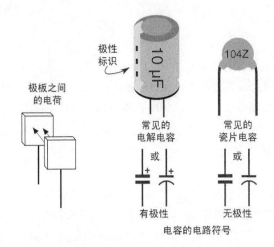

图 31-13　两种常见的电容的外形和电路符号。电容分成有极性和无极性两种。有极性电容在元件外壳上面会有极性标识。一定要保证电容在电路里面的方向是正确的

电介质可以由多种材料组成，包括空气、纸箔、环氧树脂、塑料，甚至是绝缘油。当你在挑选一个特定用途的电容的时候，一般还要同时确定它的电介质的材料。本章后面的表31-3里面收录了几种最常见的电容，表里还包括它们的典型应用。

31.4.1　电容的参数是怎么定义的

电容有两个重要参数：

● 电容量。电容量指的是电容储存电荷的能力。电容量越大，电荷储存的时间越久。

● 电介质击穿电压。电压太高会使电介质变得部分地或完全地导电，电容会无法正常工作。因此电容的工作电压必须低于这个电压。

电容量的单位是法拉。法拉是一个非常大的计量单位，因此现在的大部分电容的容量都是微法，1 微法是 1 法拉的百万分之一。

当电容低于 1 微法的时候，它的容量也可以表示成小数。举例说明，0.1 就是 1/10 微法。或者它也可以用毫微法表示。1 纳法是 1 微法的 1/1000，0.1 微法的电容也可以表示成 100 毫微法。容量相同，只是表达方式不同。更小的计量单位是皮法，或百万分之一的微法。

在英文里，微法一词的前缀"micro-"常用希腊字符"mu"（μ）来表示，比如 10 μF 就是10 微法。按照这种缩写方式，把纳法写成 nF，皮法写成 pF。

提示：在早期的电子类书籍和杂志里你可能会看到把微法缩写成 mfd。例如：10mfd 就是 10 微法（10μF）。Mfd 现在已经不太常用了，如果你想试验在图书馆里找到的一个老式电路，那么最好知道它代表的是什么意思。

31.4.2　电容是如何标识的

电容的标识一般会包括它们容量，许多电容还标误差和击穿电压。另外，对于有极性的电容——带有正极和负极——还会带有一个极性标识。

■ 31.4.2.1　电容量

一些电容的数值是直接标记在元件上面的。实际上容量大于 1μF 的电容都是这么做的，没有其他特别原因，只是因为它们的物理尺寸比较大，制造商能够直接把数值打印在元件外壳上罢了。

但是对于其他的电容，事情就不总是那么简单了。比较小的电容通常使用的是一种常见的 3 位号码的十进制电容标识方法。这种编码方法使用起来很方便，注意它的单位是皮法而不是微法。

比如号码 104 表示的是 10 后面有 4 个零，

100000

也就是 10 万皮法。进行转换的时候，把小数点向左边移 6 位：100000 变成 0.1。因此，这个 104 的电容就是 0.1μF（或 100 nF）。需要注意的是 1000 皮法以下的值不使用这个编码方法。反之，会标出实际的容量，单位是皮法，比如 10（指的是 10 pF）。表 31-2 把一些常见电容的号码标识转换成了对应的容量 μF（微法）。

表 31-2　电容容量参考

标识	容量（μF）	标识	容量（μF）
xx（数字从 01 至 99）	xxpF		
101	0.0001	331	0.00033
102	0.001	332	0.0033
103	0.01	333	0.033
104	0.1	334	0.33
221	0.00022	471	0.00047
222	0.0022	472	0.0047
223	0.022	473	0.047
224	0.22	474	0.47

供参考

和电阻一样，标记在电容上面的数值可能和实际数值不符。电容的准确数值变化范围非常大，通常比电阻要大得多。电容的误差有几种表示方式。为了在这里不占用过多的空间，我把一个介绍如何选择电容的说明上传到了 RBB 技术支持网站，详见附录 A。

■ 31.4.2.2　电介质击穿电压

一些电容特别指定了电介质击穿电压。电容的击穿电压是直接标注出来的，比如"35"或"35V"。有时候电压值的后面带有字母 WV。WV 是工作电压的缩写。电容在电路里面的电压不能超过它的工作电压。

对于那些没印着击穿电压的电容，你必须根据它们所使用的电介质的类型估计出一个数值。这是一个更深入的话题，在这本书里面没有涉及。不过在机器人电路里面很少会遇到这种情况，因为它们的大多数电路使用的电压只有 12V，或者更低，而大多数电容的额定击穿电压都在25 ～ 35V。为了安全起见，在选择电容的击穿电压的时候应该让它至少比电容在电路里面实际工作的电压大一倍。

■ 31.4.2.3　极性标识

有的电容是有极性的。电容上面标记出正极或负极。

如果一个电容是有极性的，那么最重要的一点就是你应该按照正确的方向把它连接在电路里面。举例说明，如果你把电容的管脚颠倒了——正极连接到了电源地，那么这个电容可能会损坏。电路里面的其他元件也可能会损坏。

 提示：按照习惯，铝电解电容上通常标注的是负极，钽电解电容上通常标注的是正极。

31.4.3　了解电容的电介质材料

电容是按它们所使用的绝缘材料分类的。表 31- 3 里面列出了一些最常见的电介质材料。一个电容里面所使用的电介质材料在一定程度上也决定了它的应用范围。

31.4.4　电容的常见用途

和电阻不同，电阻可以很容易地说明它在一个电路里面的实际用途，电容说明起来就会有点含糊。因为电容通常都是和其他元件一起工作的，它们一般不会独立工作。

电容通常用来过滤（或消除）输入电压的纹波，获得一个稳定的电压。这对各种电路来说都是非常有用的，因为一些元件会产生出很大的瞬时电压，形成"毛刺"。这些毛刺被称为电源噪声，电源噪声可能会干扰附近的元件，特别是集成电路。

电容还可以和电阻一起组成定时电路的一部分。电容的数值决定了一个状态可以持续多久——定时控制取决于电容的充电或放电。举例说明，这本书里面的应用涉及随处可见的 LM555 定时器IC，555 电路里面总是有一个电容和至少一个电阻组合起来确定定时器的持续时间。

表 31- 3　电容介质材料（和它们的应用）

介质	典型应用	极性 *
铝质电解	电源滤波；过滤电噪声（耦合）	有
钽电解	和铝电解一样，但是体积更小也更紧凑；价格更高；电压过高会损坏	有
陶瓷	最常见、便宜、通用，因为它们独特的形状，也常简称为"瓷片"电容	没有
银云母	高精度；常用于高频；价格昂贵	没有
涤纶（或迈拉）聚丙烯	适用于陶瓷电容不能胜任的低功率，低频应用；比陶瓷电容更稳定	没有
纸介	老式 Heathkit 收音机	没用（爷爷辈的元件）

*通常情况。但是凡事总有例外，也包括电容是不是有极性。因此在使用电容的时候应该仔细查看它的极性标识，或者其他标注。举例说明，一些铝电解电容是没有极性的。它们通常带有 NP 标识，是专为特殊用途而设计的，比如用于立体声音箱。

31.5　二极管

　　二极管是最基本的半导体器件。二极管（见图 31- 14）有很多种用途，也有很多种类。这里列出的是机器人领域里最常用的一些类型（第八部分的项目里面对这些话题进行了更全面的介绍）：

　　● 整流二极管。我们把它也称为"滤波"二极管。因为这种二极管的一个主要用途就是把交流电压转变成直流电压。它还可以用于许多其他的事情，在机器人电路里常用来进行电动机控制。

　　● 肖特基二极管。一种特制的高性能二极管。用于高速、低压降和快速响应的场合。

　　● 齐纳二极管。这种二极管可以把电压限制在一个预定的数值。齐纳二极管常用于低成本的稳压电路。

　　● 光电二极管。所有的半导体都对光线敏感，但是光电二极管对光线的反应更敏感。光电二极管和光电晶体管经常被用作机器人项目里的光传感器。

　　● 发光二极管。这种二极管在通上电流的时侯可以发出红外线或可见光。

　　● 激光二极管。现在常见的激光笔里面使用的就是一个专门制造的二极管，可以发出单色激光。它们可以用于视觉效果和一些传感器的应用。

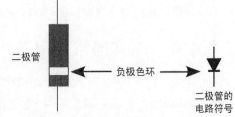

图 31-14　二极管的外形和电路符号。二极管是有极性的，用色环标识。色环表示的是二极管的阴极，也就是管子的负极（－）

31.5.1　二极管的参数是怎么标识的

　　二极管有 3 个重要参数: 峰值反向电压、电流和正向电压降（还有其他参数，但这些是最主要的）。

　　峰值反向电压（PIV）大致表示了二极管的最大工作电压。对常见的整流二极管来说，根据元件型号，最大电压可以是 50V、100V，甚至 1000V。这些电压远远超出了机器人电路的需要，你可以在元件之间灵活选择。

额定电流是二极管在不会过热损坏的前提下可以通过的最大电流。额定电流的单位是安培,对小二极管来说单位是毫安。这个参数对机器人的应用来说非常关键,通常电路工作所需的电流比二极管所能承受的平均电流大很多。

正向电压降指的是电压通过二极管时损失的数值。正向电压降会影响二极管的整体特性。举例说明,压差越低的二极管响应的速度也越快。

31.5.2　认识二极管的极性

所有的二极管都是有极性的,它们带有正极和负极端子。正极端子称为阳极,负极端子称为阴极。

你可以通过寻找靠近二极管一个管脚的色环或条带很容易地识别出一个二极管的负极。图 31-14 显示了一个负极带有色环的二极管。注意负极和二极管电路符号里的加重黑线是对应的。

31.5.3　探索二极管的组成

除了其他区别以外,二极管还有两种基本的组成方式,即锗和硅。它表示的是制造二极管里面的 PN 结(导通电流的部位)所使用的材料。这两种材料也会影响器件的正向电压降: 硅管约为 0.7V,锗管约为 0.3V。

因为电压降可以改变电路的运行状态,你一定要注意使用的哪种材料的二极管。如果电路没有特别说明,直接用硅管可能问题不大; 如果要求用锗管,就不能换成硅管。

31.5.4　二极管的常见应用

像其他所有电子元件一样,二极管的应用也非常广泛。二极管在机器人控制电路里面扮演着两个很好的角色: 消减电压和反接保护。

这两个例子都没有提到应该让所使用的二极管能够满足电路需要的电流的问题。在一个实际的电路里面你需要先确定出通过二极管的总电流,再挑选一个可以承受这个电流的二极管。

■ 31.5.4.1　消减电压

回想一下二极管正向电压降的特性,凭借这个特性,可以让电流通过器件的时候失去一部分的电压。硅二极管的压降大约是 0.7V。你可以使用二极管的这个"功能"逐渐把电压降低到一个特定的数值。需要注意的是这不是真正的电压调节,如果电源电压上升或下降,二极管另一侧的电压也会随着变化。

■ 31.5.4.2　反接保护

电池反向接入电路很容易导致电路损坏。你可以在电源的正极串联一个二极管防止这种损坏。这个方法的工作原理是因为二极管只能单方向通过电流,方向是从正极到负极。二极管不允许反方向的电流流动。

31.6　发光二极管（LED）

所有的半导体通上电流以后都会发光。半导体发出的光线通常都非常暗淡，并且只位于电磁光谱的红外区域。发光二极管（LED，见图 31- 15）是一种特殊类型的半导体，专门设计成可以发出明亮的光线。大多数 LED 在设计上可以发出特定颜色的光线，也包括红外线和紫外线。市场上最常见的是红色、黄色和绿色的 LED，但是蓝色、紫色，甚至白色（全色）的 LED 也可以买到。

LED 具有和其他二极管一样的规格。常见的 LED 也有一个最大额定电流，一般为 30mA 或稍低一点，但是这个数值变化很大，取决于 LED 的大小、类型，甚至是颜色。像二极管一样，所有的 LED 也有一个正向电压降，只是这个数值一般比标准二极管要高。根据 LED 规格的不同（一般会涉及它的颜色），可能的电压降会在 1.5~3.5V。一些专业的高亮度发光二极管的压降会更高。

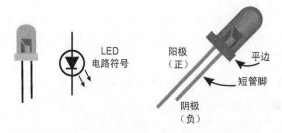

图 31-15　发光二极管（LED）的元件外形和电路符号。二极管是有极性的，根据元件，极性可能被标记成一个平边或者一个短管脚。这些标记表示的是二极管的阴极，也就是管子的负极（−）

而且，和标准二极管一样，LED 上面的端子也分为正极（＋）和负极（−）。不同的是 LED 上面没有白色或彩色条纹的极性标识，大多数 LED 使用的是两个另外的方法，如图 31- 15 所示。不是所有的 LED 都按照相同的标识习惯，所以你有可能需要进行实验（通常你把一个 LED 接反最坏的情况就是什么也不会发生——也就是说，如果你把 LED 的阳极和阴极颠倒过来，LED 是点不亮的）。

31.6.1　点亮 LED

LED 是常用在小功率的直流电路里面，供电电压低于 12V。一定要记住，如果元件上面的电流超过它额定的最大值，元件将会彻底损坏。所以，除非 LED 带有一个内置的电阻，你总是需要加上一个电阻来限制流过 LED 的电流。见本章前面提到的电阻应用的例子，里面详细地说明了这个方法。

31.6.2　形状、尺寸和亮度

发光二极管具有各种形状和规格。最常见的形状是顶部为半球形的圆柱。一般的尺寸有：

- T1 或小型：直径 3mm
- T1-3/4 或标准规格：5mm

● 巨型：10mm

最常见的 LED 是圆的，也有正方形、长方形，甚至三角形的 LED。不同形状适用于不同的用途——三角形看起来像箭头一样，所以它们可以被用来显示方向。

■ 31.6.2.0　LED 显示屏

LED 可以是单个元件的形式，也可以是多个 LED 封装在一起的显示屏。显示屏里面的 LED 可以单独点亮。3 种常见的 LED 显示屏包括：

7 段数码管： 有 7 个单独的 LED 按照特殊的形状组成一个大数字。控制相应的 LED 点亮或熄灭，数码管可以显示出 0 到 9 的数字。

条形显示屏： 通常包含了 10 个小型的矩形发光二极管。

点阵显示屏： 包含由点组成的行和列，可以通过点亮某些点显示出任意的数字、字母或特殊字符。

31.6.3　LED 的颜色

大多数 LED 只能发出单一的颜色，但是也有一些其他的设计可以发出两种或三种颜色。你可以把电流加在不同的管脚上控制 LED 发出不同的颜色（见图 31-16）。

● 两个颜色的（或双色）LED 包含有红色和绿色的 LED 单元（也可能是其他颜色，但是红和绿组合是最常见的形式）。你可以反转 LED 上面的电压决定它发出哪个颜色。你也可以快速地变换电压的极性让它发出桔色的光线。

● 三色 LED 和双色 LED 在功能上是相同的，不同之处在于它里面的红色和绿色的二极管是单独连接的。你可以把红色和绿色二极管同时点亮发出混合在一起的桔色光线。

● 多色 LED 包含红、绿、蓝 3 个颜色的 LED。你可以把电流加在不同的管脚上控制颜色的变化。这种 LED 也称为 RGB LED。

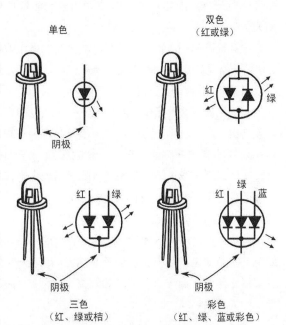

图 31-16　可以显示超过一种颜色的 LED 有多个管脚。接线方式取决于 LED 的类型。图中显示的是几种最常见的 LED

提示：双色和三色 LED 的结构比较容易混淆。它们都可以发出三种颜色：红色、绿色和桔色。但是它们的工作方式是完全不同的。LED 的组合也容易混淆，一些商家喜欢把多色 LED 称为三色 LED，因为它（的确）包含三种颜色。

■ 31.6.3.0　共阳极或共阴极

为了减少多个LED组合在一起的端子的数量，通常会把器件里面每个二极管的阳极或者阴极连接在一起。当所有阳极连接在一起的时候，LED被称为共阳。同理，当所有阴极连接在一起的时候，LED被称为共阴。

你需要根据电路的设计选择LED的类型。共阳的多色LED比较常见，7段数码管和其他LED显示元件可能是共阳也可能是共阴。一定要确保显示元件和你准备使用的电路是配套的。

共阴　　　共阳

31.7　晶体管

晶体管（见图31-17）是一种替代老式真空管的元件。和真空管一样，晶体管也可以放大信号或切换信号的开和关。

根据最近的一次统计，现有的晶体管的类型有数千种之多。晶体管可以分为两大类：信号管和功率管。通常你可以根据尺寸的大小区分管子属于哪种类型。

● 信号管。这种晶体管用于电流相对较低的电路，比如收音机、电话机和一些业余电子项目。它们的封装有塑料和复古的金属外壳两种形式。塑封管适用于大多数场合，一些对精度要求比较高的场合就要用到金封管。这本书里面的项目对精度都没有太高的要求，便宜的塑封小信号晶体管就完全能够满足要求了。

● 功率管。这种晶体管用于大电流电路，比如电动机驱动装置和电源。功率晶体管的外壳一般都是金属的，但也有一部分的外壳（背面或侧面）可能是塑料制作的。

图31-18显示了几种常用的晶体管外壳，外壳的样式称为封装，比如TO-92和TO-220封装。信号管的尺寸没有一颗豌豆大，管脚引线也很细。功率管一般带有一个尺寸比较大的金属外壳来帮助散热，它们的管脚引线也非常粗壮。

小信号晶体管　　　晶体管电路符号
（图示为NPN型）

图31-17　晶体管的外形和电路符号。外形显示的是一个小信号晶体管

TO-92 封装　TO-5 或 TO-18 封装

信号管

功率管

TO-3 封装　　　TO-220 封装

图31-18　晶体管有很多种形状和规格，一个共同的特点是它们大都带有3个管脚。尺寸比较大的晶体管一般用于高电流的场合，比如驱动电动机。图中显示的是4种常见的晶体管的封装形式

31.7.1　如何识别晶体管

晶体管是通过特定的代码来识别的，比如2N2222或MPS6519。你可以根据数据手册

确定你所感兴趣的晶体管的特性和参数。晶体管的参数有很多种标准，这些已经超出了本书讨论的范围。晶体管的参数不是直接打印在管子的外壳上的。

　　晶体管有三四根引出的管脚。常见的 3 个管脚的晶体管上面的管脚分别是基极、发射极和集电极（少数晶体管，特别是某些类型的场效应晶体管——简称 FET，有 4 个管脚。这本书里面的电路不会用到这类管子，它们也不太常见）。

31.7.2　NPN 和 PNP——一枚硬币的两个面

　　晶体管可以是 NPN 或 PNP 型的器件。这两个术语指的是器件内部半导体材料的结构。NPN 和 PNP 型晶体管之间的差别用肉眼是看不出来的。

　　型号的差别标注在晶体管的产品说明书里面，通过电路符号也可以看出它们的不同。NPN 管的箭头显示是向外的；PNP 管的箭头是向内的。这个差别可以帮助你快速分辨电路里面使用的是 NPN 型还是 PNP 型晶体管。

31.7.3　认识 MOSFET

　　一些半导体器件看起来像是一个晶体管，实际上它们也称为晶体管，但它们使用的是不同的衬底方式。到目前为止，我一直在谈论的晶体管都属于双极性结型晶体管，简称 BJT，它们是迄今为止最常见的。另一种形式的晶体管是 MOSFET，这串字母代表的是金属氧化物半导体场效应晶体管。它通常用于电流和精度要求都比较高的电路里面。

　　你或许不知道，但是这只会让事情变得更复杂，MOSFET 晶体管使用的不是你刚看到的标准的基极－发射极－集电极的接点。相反，它们的接点称栅极、漏极和源极。还应该注意的是，它们的电路符号也和标准晶体管不一样。

　　像双极结型晶体管一样，MOSFET 也分为两种——N 沟道和 P 沟道。和前面一样，你同样不能通过看一个 MOSFET 来分辨它是 N 沟道还是 P 沟道。

　　注意：因为两种类型的 MOSFET 在电路符号上只有很微小的差异，所以看电路图的时候一定要仔细。不能把 N 沟道和 P 沟道的管子弄混，在使用这种元件的时候一定要确保你选择的型号是正确的。

31.8　集成电路

　　集成电路的通俗名称是 IC 或芯片，它们是引领电子技术革命的中坚力量。常见的集成电路由晶体管和其他元件组成。顾名思义，集成电路就是一个一体化的功能完整的电路。IC 相当于大型电路的建材，把它们连接在一起就可以组成各种期望的项目。

　　集成电路封装在一个模块里，实际的集成电路本身只是模块里面的一小片。对于业余爱好者来说，最容易使用的 IC 封装是双列直插式封装（DIP），如图 31- 19 所示。插图显示了一个 8 脚的 DIP 封装，其他尺寸的芯片也很常见。

31.8.1　识别集成电路

　　像晶体管一样，集成电路（IC）上面也打印着一个特定代码。代码可能是一串简单的数字（比如 7400 或 4017），代码表示多家制造商制作的同一种类型的器件。你可以在集成电路手册里用这个代码来查找 IC 的规格。

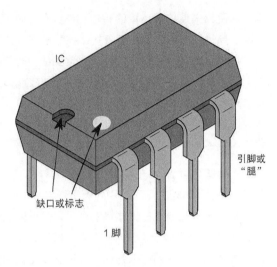

IC

引脚或"腿"

缺口或标志

1 脚

图 31-19　集成电路是一个塑料矩形体，有 4 个或更多个引脚（或腿）。元件"顶部"有一个打印的标志或缺口。1 脚永远是逆时针开始的第 1 个脚

　　更可能的情况是，IC 编号还包含进一步区分它是属于哪个系列的字母，就是说集成电路可以做几乎相同的事情，但是它们有不同的技术特性或制造工艺。这些 IC 系列之间的差别非常复杂，超出了这本书的范围。为了让你有所了解，我们把 7400 作为一个例子开始介绍。

　　7400 的历史可以追溯到的 20 世纪 60 年代，它包含 4 个数字与非门。与非门是用来制作计算机的几种常见形式的逻辑电路其中的一种。

　　这个芯片的种类包括：

- 7400——最初制造的基本芯片。
- 74ALS00——高级的小功耗肖特基，增强的低功耗版本。
- 74HCT00——CMOS 版本的 7400 和老器件兼容。

　　还有很多其他种类的 7400。当电路只是指定基本的芯片 7400，没有特别指定一个特定的系列时候，通常意味着这个电路对芯片的特性不是特别挑剔，你可以使用规格相同的各个系列的 IC。

　　很多 IC 上面还包含其他的打印信息，一般包括制造商的目录编号和日期代码。注意不要把日期码或编号和器件的标识弄混了。日期代码看起来可能像一组数字，比如 9206 可能代表 IC 的生产日期是 1992 年 6 月。

31.8.2　单片机和其他专用 IC

　　所有的芯片都像 7400（和它的近亲）一样，每个标准规格的芯片都有不同的制造商。除了成千上万种的专业集成电路以外，还有特定的芯片制造商和执行特定任务的芯片。

　　对机器人来说，最常见的特殊 IC 就是单片机，这是一种一体化的计算机，可以直接连接外部

输入和输出设备。单片机的详细介绍见第 35 ~ 40 章。

还有一些专用 IC 可以执行以下的任务：

- 感知机器人的倾斜角度，让你知道它是否跌倒了（加速度传感器）。
- 检测温度微小的变化，并且可以把这个信息转换成单片机能够读取的信号（温度传感器）。
- 非常高效地把一个电压转换到另一个电压（开关稳压器）。
- 产生声音效果和清晰的语音（声音和语音合成器）。
- 控制直流电动机的运转和转速（H 桥电动机驱动器）。

当然，还有很多其他功能的 IC。

和标准的 IC 模块一样，专用芯片的标记也表示了制造商名称、零件编号、日期代码和一些其他的重要信息。

31.9　开关

大多数机器人至少要用到一个开关——当程序紊乱时可以将它关闭或让电路复位。很多机器人会用到多个开关，它们的作用包括设置操作模式或者检测机器人是不是撞到了物体，比如墙、椅子腿或人。

开关有不同的形状和规格，但是它们总体的功能是一致的：开关由两个或更多个电气触点组成。开关在某个挡位的时候，触点是不连接的，电流也不通过器件，此时可以说这个开关是打开的。在其他挡位，触点连接在一起，电流可以通过，这个开关就称为是闭合的（见图 31-20）。

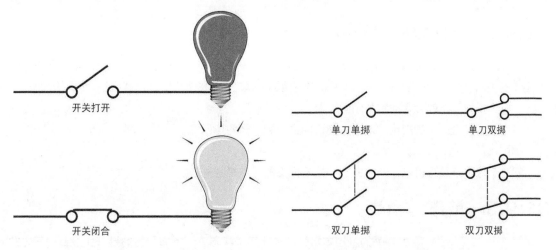

图 31-20　开关的基本功能：打开的时候，灯泡不亮（不通电）。闭合的时候，开关连通电路，灯泡点亮

图 31-21　常见的几种开关的刀和掷（挡）。机器人常用的开关包括单刀单掷（SPST）和双刀双掷（DPDT）

刀：基本的开关只有一组触点或单刀。有些开关则是带有好几个刀，因此也就有更多的触点——就像把很多个开关连接在一起组成的一个开关。多刀开关可以同时控制多个电路（译者注："刀"

和"掷"是常见的通俗叫法，刀可以理解成开关里面的动片，掷可以理解成开关的静片，同理也适用于对继电器触点的描述）。

掷：基本的开关只有两个挡位，开或关。有些开关有更多的挡位。每个挡位称为掷，和只能开或关的开关不同的是，双掷开关是可以双向打开的。每一个"打开的方向"可以连接到电路的不同部分。多掷和多刀经常组合在一起提供不同的功能。

瞬时位置：带有加载弹簧的开关也称为瞬时开关，因为当你松开开关以后，它会自动返回到原始位置。最常见的瞬时开关是按钮：按下，开关闭合；松开，开关自己返回到打开的状态（译者注：瞬时开关，通俗的叫法是非自锁开关或复位开关）。

开关按照操作方式的不同还可以进一步划分为 4 种主要的类型，每一种都可以都可以按字面意思理解：拨动、按钮、滑动和旋转。

31.9.1 搭配组合

刀、掷和瞬时位置可以搭配在一起构成不同组合。开关通常会用一串缩写字母表示它们的功能。这里列出了你可能会遇到的几种常见的组合（见图31-21）。

- 单刀单掷（SPST）有一个刀和一个掷。这是简单基本的开关。
- 单刀双掷（SPDT）有一个刀两个掷。
- 双刀单掷（DPST）有两个刀，每个刀对应一个掷。你可以把它看成两个合并在一起的 SPST 开关。
- 双刀双掷（DPDT）有两个刀和两个掷。

31.9.2 瞬时和中间关断

开关除了刀、掷和弹簧瞬间加载这些结构以外还有一个中间关断的特性。一个带有中间关断的 DPDT开关有 3 个挡位：开-关-开。其中一挡或两挡的状态可能是瞬时的，也就是说，是弹簧加载的。只要一松开开关，它就会返回到关闭的位置。

当你查看一个开关的规格的时候，你可能会看到这样的东西：

(on)-off-(on)

它表示这个开关是可以中间关断的，括号里面的状态是瞬间的。

31.9.3 常开、常闭

瞬时开关的触点有常开和常闭两个状态。"常态"指的是开关没有按下去的时候触点的位置。

对一个常开（简称 NO）开关来说，电路在常态是断开的。按下按钮，触点合上。常闭（NC）开关的动作正好相反：按下按钮，触点打开。

31.10　继电器

继电器相当于电子控制的开关。和需要人（或其他东西）按下开关改变接触设置的操作不同，继电器是完全借助电信号控制的。图 31-22 显示了继电器的基本结构和工作原理。如图 31-22 所示，继电器的两个基本部分是线圈和触点。工作过程中，线圈通电产生的磁场控制触点的开合。

因为继电器本质上就是一个开关，它们的标识方式和开关也一样：刀和掷表示了触点的数量。但是和开关不同的是，大多数（但不是全部）继电器都是瞬态的。继电器通电的时侯触点吸合，电流从继电器上撤走以后，弹簧式的触点会回到它们的原始位置。

31.10.1　常见的继电器类型

继电器有很多不同的种类和风格，最常见的有以下 3 种类型（见图 31-23）：

- SPST（单刀单掷）的继电器有 4 个接头：两个是线圈的接头，还有两个触点接头。触点可能是常开（最常见）或常闭。
- SPDT（单刀双掷）的继电器有 5 个接头：像通常那样，两个是线圈的，还有三个是触点的。接触的标记通常有公共接头（COM）、NC 和 NO。电路连接着公共接头和 NC，也可以是 NO。
- DPDT（双刀双掷）继电器是一个扩展了的 SPDT。它们有两组动片，一共有 8 个接头。

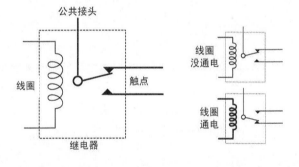

图 31-22　继电器是一个电子控制的开关。给线圈通上电流可以使继电器吸合。很多继电器有两个触点，还有一个公共接头。触点通常标记为常开（NO）和常闭（NC）。标记表示的是继电器不通电的状态

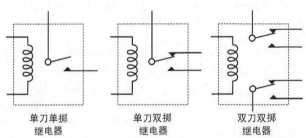

单刀单掷继电器　　单刀双掷继电器　　双刀双掷继电器

图 31-23　机器人上常用的 3 种典型的继电器：单刀单掷、单刀双掷和双刀双掷

31.10.2　继电器的尺寸

继电器的"等级"可以通过它们触点上可以通过的电流来划分。电流越大，继电器的体积也越大。对于一般的桌面机器人来说，微型继电器是最理想的，它们的尺寸和形状大致相当于一个集成电路。

大电流（负载）需要的触点也大，所以如果你打算用大号电动机驱动机器人，你就要用大号的继电器。随着继电器尺寸的增加，对它的操作也会变得更困难。一个问题就是你需要电路提供更大的驱动电流才能使继电器动作。对于像单片机和继电器之间加一个豌豆大小的信号放大晶体管这样的标准配置来说是远远不够的。

不管继电器是吸合还是释放，过大的电流都可能会使触点产生电弧和氧化的问题。大型继电器如果使用不当甚至可以导致触点焊接在一起。这些问题可以说不算是一个问题，因为你使用的是小型继电器和小型电动机——它们是普通桌面机器人素材。操纵大型战斗机器人上面的电动机超出了本书的范围，一些指导书和在线网站会涉及这个主题。感兴趣可以上网搜索或去本地的图书馆看看。

31.10.3　继电器的可靠性

继电器是一种机电元件，因为这个原因，随着工作时间的增加它们可能会磨损失效。不过，实话实说，对于用在普通机器人上的普通的小型继电器来说，很可能都等不到继电器报废这个机器宠物就已经不存在了。

大多数继电器额定的切换次数都超过 10 万一次。关键是要确保你的电路不会超过继电器触点的额定电流。继电器的结构越简单，使用的时间也就越长（替换所需的花销也越少）。低档的干簧管继电器（因金属簧片密封在玻璃管里而得名），可以使用很多年。

31.11　其余的

在老牌电视喜剧"盖里甘的岛"的第一季里，教授和玛丽安这两个角色在开始的主题曲里面甚至都没有提到。相反地，它们被称为"其余的"。

下面就是一些制作机器人电路需要使用的一部分"其余的"元件。它们都有自己的重要用途，这是肯定无疑的，其他章节里有介绍它们的实际应用的例子。这些元件包括：

扬声器可以让机器人发出声音。

话筒可以让机器人倾听你的声音（能不能听懂一句话）。见第 46 章"听觉与发音"，了解更多关于扬声器和话筒的信息。

光敏电阻、光电晶体管和二极管可以赋予机器人简单视力。关于这些元件更详细地介绍见第 44 章"机器人眼睛"。

LCD 显示屏让机器人可以和你沟通对话。更多相关信息见第 47 章"与你的作品互动"。

31.12　在线信息：囤积零件

你应该为机器人实验室准备哪些零件？应该购买多少电阻，选择哪些阻值？如果你刚入门，这可能是一个比较棘手的问题。为了节约一点纸张，并作为一个给本书读者的奖励，我在 RBB 技术支持网站里面提出了一些建议（包括供应商和零件编号），详见附录 A。

第 32 章

使用免焊电路实验板

使用免焊电路实验板不需要将电子元件焊接在一起也可以进行电路实验。你只需要按照设计插接上电子元件和一些导线就可以组成电路。免焊电路实验板可以节省你的时间，使你能够快速验证新设计的电路。

另一个显著的优点是，你可以非常方便地改变元件的数值，对电路进行调整。为此你只需要拔下旧元件，换一个新的插上去就可以了。

免焊电路实验板的主要用途是实验和测试，但是也没有规定说电路板一定要采用焊接连接的方式。很多机器人爱好者制作的免焊版本的机器人可以很好地运行数周、数月，甚至好几年。

当然，在最后你总是希望把成熟的设计转化成标准的焊接电路板的形式。在本章里，你将学习如何发挥免焊电路实验板的优点，并用其开展机器人项目的制作。下一章将介绍使用焊接的方式制作电路板和其他寿命更长的电路制作技术。

32.1　了解免焊电路实验板

免焊电路实验板（见图 32-1）由塑料制成，上面分布着横纵排列的小格子。纵列在电路板里面是公共连通的，无论什么东西插在纵列上都将分享唯一的电气连接（见图 32-2）。使用电路板时，你需要插入 IC、电阻和其他元件，然后按照电路用导线将对应的纵列连接起来。

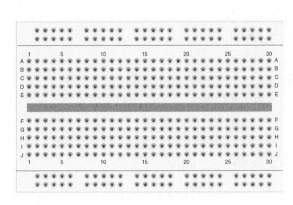

图 32-1　400 个连接点的免焊电路实验板。

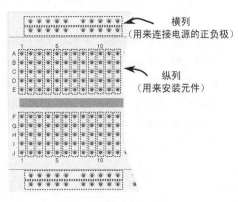

图 32-2　免焊电路实验板的插孔里面是条状带有簧片的金属导体，将导线插入插孔并适当用力使其与里面的簧片接触上

32.1.1　大小和布局

所有的免焊电路板都是由插孔和里面公共连通的接点组成。这些接点的间隔距离是 1/10 英寸。这样的布局适合安装集成电路和常见的晶体管以及分立元件，例如电容器和电阻。插孔称为接触点或连接点，适合插装大为 22Ga. 的单芯导线，每个纵列上可以连接最多 5 个导线或元件的管脚。

作为纵列连接的补充，很多免焊电路实验板的上下两侧还有很长的横列，它们为电源正负极提供了公共的连接点。

在大小和布局上，不同的免焊电路实验板差异也非常大。一些大小不过几英寸见方，上面只有 170 个连接点。这种 170 个连接点的电路板适合制作只有一两个小型 IC 的简单电路或少数几个小元件组成的电路，制作更大的电路需要更大的电路实验板。你可以在市场上买到 400、800、1200，甚至 3 200 个连接点的型号。

选择多大的尺寸合适？我认为开始可以先选择小一点的电路实验板，小板子的优点是价格便宜。它们完全可以满足常见的机器人控制电路或传感器电路的测试。随着需求的增长，你可以买更大尺寸的电路板。

32.1.2　进行连接

连接点通常由带有镀镍涂层的弹性金属片制成，镀层起到触点防氧化的作用。不考虑接触变形的问题，弹性金属片可以配合不同直径的导线和元件管脚使用。但是要注意，如果你使用粗细超过 20Ga. 的导线（记住：导线越粗，Ga. 值越小）簧片可能会损坏。

 注意：免焊电路实验板的弹簧很容易老化，使用得越频繁，电路板的寿命就越短。灰尘进入连接点里面会造成磨损，破坏电气连接。从这些方面考虑，不建议购买大尺寸价格比较高的免焊电路实验板。小尺寸的试验板即使更换花费也不会太高。

不适合插入免焊电路实验板的连接点里的东西包括：

多股导线，即使把它们绞合在一起也无法可靠接触。

粗细超过 20Ga. 的导线或太粗的元件管脚。

粗细小于 26Ga. 的导线或比较细的元件管脚（会造成接触不良的问题）。

各种类型的高压电源，包括墙壁插座上的交流电或使用高压的电路。免焊电路实验板只适合在低压直流的条件下工作。

32.1.3　连接电路实验板上面的导线

免焊电路实验板需要配合导线使用，可供使用的导线种类有很多。最适合免焊电路实验板使用的导线是：

- 22Ga.

- 实心导体

- 塑料绝缘导线

你需要准备一些长度各异的导线，将导线两端的绝缘层剥去 1/2 英寸。你可以购买预制好的跳线，也可以自己制作。我喜欢使用预制好的跳线。

如果你决定自己制作一套电路实验板的跳线，首先需要准备一些颜色不同的导线。按照下面的数据把它们分割成不同长度：

导线总长度	跳线长度	数量
1¼ 英寸	3/4 英寸	10
1½ 英寸	1 英寸	15
1¾ 英寸	1¼ 英寸	15
2 英寸	1½ 英寸	15
2½ 英寸	2 英寸	10
3 英寸	2½ 英寸	10
3½ 英寸	3 英寸	5
4½ 英寸	4 英寸	5
6½ 英寸	6 英寸	5

注意：跳线长度大致相当于导线两端分别剥去 1/2 英寸绝缘层所剩下的长度。

1. 参考上面的数据，按导线总长度进行分割。

2. 用剥线钳剥去导线两端各 1/2 英寸绝缘层，如图 32-3 所示，进行去除绝缘层的操作，将导线的末端插入剥线工具（如果工具可以调整，将它设定在 22Ga.），另一端使用尖嘴钳——最好使用不带锯齿的平口尖嘴钳。

3. 去掉绝缘层以后，用尖嘴钳将露出的导线弯折 90°，如图 32-3 所示。

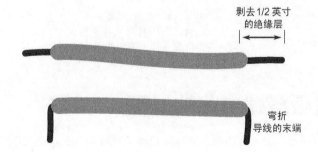

剥去1/2英寸
的绝缘层

弯折
导线的末端

图 32-3　将导线两端的绝缘层剥去 1/2 英寸制作自己的实验板跳线。小心不要割伤导线的外皮（这会破坏导线的强度使其很容易折断）。最后弯折导线的末端

32.1.4　使用针式跳线

实心导线反复使用很容易损坏。由于金属疲劳，导线会折断，有时折断的部分会留在实验板的连接点里面（可以用尖嘴钳把断了的线头拔出来）。

你可以选择更耐用的跳线，这是一种用标准导线制作两头带有插针的跳线。它们的寿命比普通实心导线要长，成品预制跳线是套装的形式，价格也要贵很多。

供参考

查看 RBB 技术支持网站获得详细的跳线制作示意图。参考附录 A 里面的内容获得技术支持网站的详细信息。

32.1.5　给实验板外面的元件制作针式接头

很多情况下你所使用的元件，比如扬声器、开关、电位器都无法直接与实验板上面的插孔进行连接。你可以给它们制作针式接头。与在导线两端都焊接插针的用法不同，你需要在导线的一端焊接插针，另一端焊接需要连接到实验板上面的元件。图 32-4 展示了大致的方法。

如果你不想在元件上进行焊接，可以使用一端是针式接头另一端是鳄鱼夹或推压式钩子的跳线。钩子连接器的尺寸更小，更方便固定在细小的管脚上面。针式接头的一端连接实验板，另一端连接元件。

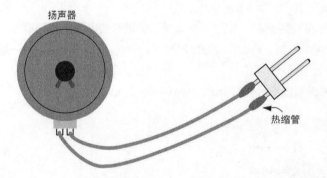

扬声器

热缩管

图 32-4　给无法直接插入实验板的元件焊接针式接头的例子，图示元件为一只扬声器

32.2　用免焊电路实验板搭建电路的过程

用免焊电路实验板制作电路只需要将电子元件插入电路板上的连接点再用跳线的方式连接好电路就可以了，从线路图或其他设计图开始，如图 32-5 所示。

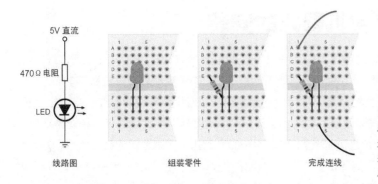

5V 直流

470 Ω 电阻

LED

线路图   组装零件   完成连线

图 32-5　按照线路图在免焊电路实验板上装配电路的步骤。先从大元件开始，将它们插入实验板，接着安装小元件，最后接好导线

1. 开始之前先检查并准备好电路所需的元件。没有比开始制作电路以后找不到某个重要的元件再糟糕的事情了。

2. 给元件设计好最佳的布局。简单电路的布局比较简单，因为你有大量的空间。复杂电路需要仔细设计好每个元件的位置，确保电路元件和试验板能够完美地搭配在一起。

3. 从线路图的一端开始依次将元件插入试验板上面的连接点里面，到另一端结束，避免遗漏。参考电路实例，结束的一端是电源正极和地线的抽头，对其他电路来说可以是信号输入端或传感器输出端。在实例中我是从 LED 开始的，因为它是这个电路里最大的元件。

4. 加入所需的跳线，包括电源抽头，完成电路的制作。

提示: 虽然实验板上的结构是横纵规则排列的，但是不是说你就一定要将元件按队列排列。你可以将元件旋转一定的角度，使其可以找到最合适的连接点。

32.3　制作长效免焊电路

当然，你已经了解到免焊电路试验板不适合用来制作永久电路。但是如果你一定要用免焊电路试验板制作长效电路，你需确保整个电路是一个稳定的结构。鸟巢一样的飞线和管脚过长左右晃动的元件都是不可取的。

使用一块新电路板：这样可以确保连接点里面的弹簧片不存在老化的问题。你可以多准备几块价格便宜的小尺寸电路板，在需要时使用起来很方便。

稳定地安装好全部元件：包括电阻、电容和二极管。你需要将元件的管脚剪断到合适的长度，使元件的外壳可以紧贴着电路板安装。

将跳线剪切到合适的长度：仔细计划好跳线与元件以及跳线与跳线之间的走线布局，使它们不会被意外拉出来。将跳线紧贴着电路板固定好。

提示： 为了防止零件或导线意外脱落，可以在电路板外面裹一层橡胶带。不要使用保存食物用的塑料薄膜，这种材料在缠绕和拆除的过程里会产生大量的静电，有可能损坏电路。

32.4　电路试验板和机器人的安装

　　如果你准备直接使用电路试验板制作机器人，先要给它们找一个合适的位置并妥善固定好。否则当机器人做剧烈运动的时候，上面的零件散落到地面上，之前的辛苦劳动就全部白费了。

　　电路试验板应该安装在方便操作的位置，你可以简单地用一块双面胶带将它粘在机器人上（见图 32-6），也可以使用尼龙搭扣或其他锁扣材料，这样你可以随时拆下电路板进行各种调整。

　　当双面胶带和尼龙搭扣不太方便使用的时候，可以用长的尼龙扎带在试验板的两侧将其固定好，找好位置将扎带拉紧。如果事后需要拆除试验板（比如想把它放在工作台上进一步调整），只要切断扎带就可以将其取下来。用一对新扎带将调整好的电路板再次固定到机器人上面。

　　有一些电路实验板，比如 Global Specialties EXP-350，在板子的四角有安装孔。孔一般都比较小，你可以使用 4-40 号或 2-56 号的微型螺丝和螺母进行固定。EXP-350 可以使用 4-40 号的机制螺丝和螺母，平头螺丝可以使外观看起来更规矩。在电路板的背面可以使用 6-32 号的螺丝，螺丝可以直接拧进塑料里面进行固定。

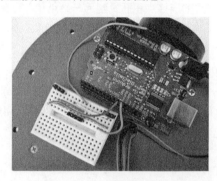

图 32-6　安装在机器人顶部的一块电路实验板，并排的是一个单片机控制板。试验板和单片机之间用跳线连接，它的用途是简单便捷的试验各种机器人上的传感器

32.5　使用好免焊电路实验板的窍门

　　下面是一些用好免焊电路试验板的成功例子：

　　● 当使用 CMOS 集成电路或 MOSFET 晶体管这些对静电敏感的元件时，制作好电路以后，先用测试元件试验电路是否能够正常工作。一切确定无误以后再换上准备正式使用的元件。

　　● 插接导线时，用一只尖嘴钳（不要用齿口尖嘴钳）辅助将导线插入，插实，确保导线与簧片接触良好。使用完试验板以后，用尖嘴钳辅助轻轻抽出导线。

　　● 永远不要将电路试验板放置在高温环境中，否则塑料会软化变形以致最后无法使用。IC 和一些元件可能会变得很烫（比如短路或电流过载），这会使它们附近的塑料熔化。电路通电工作以后，记得检查所有元件的温度是否正常。

　　● 使用芯片起拔器安装或拆出 IC。这可以降低手工操作损坏 IC 的机会。

　　● 避免随意的跳线形成杂乱无章的鸟巢结构，这会增加电路调整的难度和出错的机会。

　　● 谨记！免焊电路试验板设计用于低压直流电路。不可将它们用于家用交流电，这将是非常危险的。

第 33 章

制作电路板

你造出了一个机器人,一切准备就绪马上可以运转了。事先你已经在一块免焊电路板上对它的电路进行了测试,一切正常。但是现在你想先把免焊电路板上的电路转移到一块永久电路板上。这样可以让机器人更坚固,即使你的小外甥好奇的拿起来反复摆弄(不要责怪他,他和你一样喜欢机器人)也不会有什么问题。

制作电路板的方法有很多种。在这一章里你将学习到最常见(也是最经济实惠)的电路板制作技术。这些方法适合业余和从事教育行业的机器人爱好者,注意其中一些方法涉及损害儿童健康的危险化学药品,即使有成人监督也需要谨慎操作。

33.1 可供选择的电路板

在开始正式的制作之前,先简要看一下几个可供选择的最理想的方案:

● 焊接式实验电路板。这种电路板酷似第 32 章里面介绍的免焊电路板,只是它们设计用于焊接并永久使用。

● 没有铜箔的穿孔板。工艺传统但是仍然适用于非常简单的电路。这种板子上面带有很多预先钻好的小孔,使你能够在上面直接连接元件。

● 条带电路板 。和上面的思路相同,但是它们的网格上面有不同样式的导电铜箔,避免使用元件管脚直接连接方式。它们很好用,价格也便宜。市场上可供挑选的品种繁多。

● 便捷的印制电路板。在你的计算机上设计一块印制电路板(简称 PCB),把它送到工厂加工。价格绝没有你想象得那么贵。

● 自制 PCB。使用强力的化学药品,你可以在一张覆铜板上面蚀刻自己的印制电路板。这种方法耗费时间并且工艺非常繁琐,但是可以作为一个不错的学习经历。

● 定制开发板。一些像摇滚明星一样倍受欢迎的元件(最常见的类似 PICAXE、AVR 和 PICMicro 这样的单片机)有很各种各样的定制开发板。随便你挑。

● 绕接工艺。元件之间使用非常细的导线暂时连接在一起的结构。你可以随时取下导线对电路进行修改。

还有一些其他的方法我在这里略过了。很多是已经过时的方法,不是零件很难找到就是可能要用到专业工具。

33.2　清洁第一

印制电路板借助薄铜皮连通线路，铜皮起到导线的作用。随着时间的过去，铜皮会氧化变脏，这会影响焊点的质量。不论你使用哪种方法制作电路板，焊接之前一定先要用温水和厨房常用的去污粉彻底清洁一遍电路板。你可以用你的手指、折叠纸巾，或非金属的百洁布擦洗电路板。

清洁完毕以后，用清水冲洗掉板子上面的去污粉。用纸巾把板子擦干，让它在空气中自然干燥，通常需要几分钟的时间。为了获得一块更洁净的板子，使用在家用异丙醇里面浸湿过的棉花球最后擦拭一遍铜箔。把板子放在一边，让酒精全部蒸发。

33.3　在焊接式实验电路板上制作永久电路

图 33-1　一块免焊电路板和一块类似的焊接电路实验板。在免焊电路板上测试好你的电路，一旦完成设计并调试通过，你就可以把元件按照同样的布局转移到焊接板上

使用类似免焊电路板的焊接式实验电路板，你可以把免焊电路板上创造的电路制作成可以永久使用的电路。

成品焊接板上面有 550 个连接点。你可以先在免焊电路板上设计，当电路按照预想正常工作以后再把它们转移到焊接板上，只需要简单地按照和免焊电路板一样的布局把元件焊接到位就可以了，使用跳线连接好那些无法直接连通在一起的元件。图 33- 1 显示了一块免焊电路板和一块焊接式电路实验板。

小电路只需要占用焊接式电路实验板的一小部分。你可以用钢锯或剃刀切割下多出来的部分（但是要小心，这些电路板切割产生的"锯末"对健康是有害的，一定要防止吸入或摄取）。在板子边角留出一定空间钻出新的安装孔，这样就可以把电路板固定在你所使用的壳体内部了。另外，你也可以用双面泡沫胶带把板子固定在框架或壳体内部。

如果你制作的是小型电路，那么一块焊接板足够你完成好几个项目。最后，你将学会如何节省空间更充分地利用好焊接板上的资源。

33.4　用穿孔板点对点的搭建电路

焊接式电路实验板的一种替代方法是使用点对点的穿孔板（简称 PERF）进行电路的搭建。这种技术指的是把元件安装在穿孔板上并把管脚用焊接的方式直接连接在一起。穿孔板基本上就是一块酚醛树脂或其他塑料制成的空板，上面均匀排列着间距为 0.1 英寸的钻孔。这个尺寸是集成电路的标准间距，也适用于其他元件。

对机器人电路来说，点对点的穿孔板最适合用来搭建那些只有几个元件的简单电路。你可以把这种板子当作电路里面的一个结构件来用。

33.4.1　在穿孔板上制作一个电路

图 33- 2 显示了一块穿孔板的使用方法，再次说明，它只是一块预先打好了孔的空板。板子的基本制作过程是这样的：

1. 根据你需要制作的电路，把板子切割成合适的尺寸。你需要事先规划好电路板上面的空间。
2. 把元件依次对应着插进板子上面的孔里，反面露出的管脚稍微弯曲一下防止元件掉出来。

空板顶视图　　　　安装好元件的侧视图

直接把元件的管脚
或跳线焊接在一起

图 33-2　使用穿孔板（PERF），你可以直接把元件连接在一起或者把元件的管脚用绝缘跳线焊接在一起

3. 对于那些一个挨着一个的元件，把它们管脚绕在一起连接好。通常绕上 1 ~ 2 圈就足够了。
4. 对于那些间距超过一或两个英寸的元件，使用 30Ga. 的导线进行绕线（见后面绕线电路板的章节），剥去导线末端大约 1 / 2 英寸的绝缘层，把它缠绕在元件的管脚上。

5. 使用一个钎焊笔焊接好导线的连接部位。
6. 重复进行上述操作，直到所有的元件都安装好并用导线连接一起。
7. 剪去多余的导线以避免短路，最后仔细检查你的工作。

提示: 穿孔板的布线常被称为鸟巢构造，你能猜到其中的原因。对于两个元件以上的电路，常使用带有铜焊盘的电路实验板，详见下文。

在穿孔板上用点对点的方式搭建出来的电路非常脆弱，你需要用一两个小号紧固件或尼龙扎带把它们在机器人上固定好，避免电路板来回松动。

33.4.2　可供选择的穿孔板安装工艺

简单地去掉穿孔板，从穿孔板使用的点对点布线方法上可以演化出好几种替代工艺。多年以来，已经开发出了很多类似的技术，这里是其中的一些：

● 死臭虫布线工艺常被用于单个 IC 和几个元件之间的连接。它被称为"死臭虫"的原因是当把芯片翻过来面朝下，在它的引脚上面焊接元件的时候，芯片看起来就像一只死掉了的小黑虫子。

在焊接电阻、电容或其他类似元件的时候，剪掉多余的管脚，把末端折弯成 U 字形。弯制好的元件直接焊接在 IC 的引脚上。

● 绕线式插座的引脚长出来一截，可以在上面缠绕导线。当电路制作完成以后把 IC 插入插座。和死臭虫布线工艺一样，你可以把元件末端的管脚弯成 U 字形牢固地焊接在插座的引脚上面。

● 管脚对管脚的结构适用于当你需要把几个分立元件焊接在一起的情形。举例说，连接一个电阻和一个 LED，把两个元件的管脚剪切成合适的长度，末端弯一个小钩子形成一个很好的机械连接，然后把两个元件焊接在一起。

33.5   使用条带电路板

条带电路板和穿孔板一样上面有预制好的钻孔，但是条带电路板上至少有一面带有一系列贯穿钻孔中心的铜焊盘或条带。这种电路板有各种各样的尺寸和类型，它们全部设计用于 IC 和现在常用的电子元件。条带电路板的一个用途是制作绕线结构的电路，在本章的后面会详细介绍。此外，许多电路也可以直接焊接在板子上。

根据你搭建的电路类型选择条带板的样式。图 33-3 显示了几种可供挑选的条带板的基本布局。它们包括：

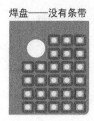  

焊盘——没有条带　　3 个孔的条带　　连续条带

没有条带的焊盘：这种板子的使用方法和前面介绍的穿孔板一样，只是你可以把元件的管脚焊接在钻孔周围的铜箔上，接着把导线焊接在元件管脚上制作出完整的电路。

板子上一段段的连续条带：制作电路的时候，焊接好元件和导线，然后用锋利的小刀（或者专用的表面切割工具）切断条带上面特定的连接部位，完成最后的电路。

图 33-3　几种样式的条带电路板。选择与你制作的电路和结构最匹配的布局方式

3 ～ 5 个孔为一组的条带：与自己把一条长的条带切割成小片段的工艺不同的是，这种电路板已经为你做好了。每一段条带连接着 3 ～ 5 个孔（有时候会更多）。一些板子还带有与这些小片段垂直排列的连续条带，它们作为公共母线使用，可以非常方便地连接到电源的正负极端子上。

从个人角度来讲，我更喜欢 3 个孔为一组连接起来的布局方式。元件可以用 3 个孔连接在一起。如果你需要在一个节点上连接更多的元件，可以用小段跳线把这些小片段跨接起来。板子上面额外的长条带可以作为电源的正负极使用，非常适合制作使用很多集成电路的电路板，可以简化电源的连接。交叉的电源通路同时有助于减小电噪声。

 提示：总是借助焊盘和小段的裸导线把元件固定并连接在一起。避免为了图省事而使用大量焊锡把小段条带连接在一起的方法。

33.6　用电气设计软件创建电子线路板

想设计自己的印制电路板吗？这里有一个方法：开始先在纸上完成你的电路布局，然后把它们转印到一张带有感光材料的覆铜板上。接着你需要准备一些不太讨人喜欢（也是有毒的）三氯化铁溶液并把板子浸入溶液里放置 20 分钟，还要小心不要让液体沾上你的衣服。最后经过一番艰苦卓绝的钻孔工作以后，你的印制电路板（PCB）终于可以准备焊接了。

使用另一种方式，你只需要用免费设计软件规划好电路板，然后按一下发送按钮。几天以后你就可以通过邮件得到一块专业生产出来的单面或双面 PCB 了。多花几个美元，你定制的 PCB 板上甚至可以包含有用白色油墨标示出所有元件的丝印层。

自动印制电路板制造是一种便捷的产品开发方式。在第 15 章 "用计算机辅助设计机器人的草图"里面你可以学习到如何快速的用金属和塑料制作出可以制作机械部分的设计原型。当把这个思路贯彻到电路板上以后，你可以在二维上设计 PCB。

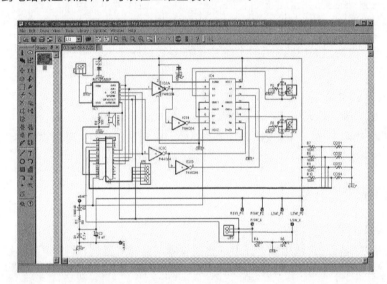

图 33-4　使用 CadSoft Eagle 设计绘制出来的 L'il 蟋蟀电路图

很多 PCB 服务机构（为你制作 PCB 的公司）使用他们自己专用的电气设计软件（ECAD）设计电路板。如果服务机构不向你提供 ECAD 程序，你需要准备一个和他们系统兼容的软件。CadSoft 的免费版 Eagle 程序是一个最常见的选择，它对板子布局的限制是 4 英寸 ×3.2 英寸。如果你需要制作更大尺寸的 PCB，可以选择完整版本的 Eagle。

图 33-4 显示的是 L'il 蟋蟀的电路图，使用 Eagle 设计的一个虫型机器人。机器人的尺寸是 5 英寸 ×3 英寸，PCB 也兼做它的身体。

图 33-5 显示的是完整的 PCB 布局。我把元件放在设计好的位置，Eagle 可以按照我事先准备好的电路图自动（它可以自己规划）连接好各个元件。 这是一块双面电路板，板子的上下层都有连接元件的铜皮。注意 PCB 视图还包含一个丝印层，它标识出了元件的轮廓和编号。阅读下面的章节关于这个功能的详细介绍。

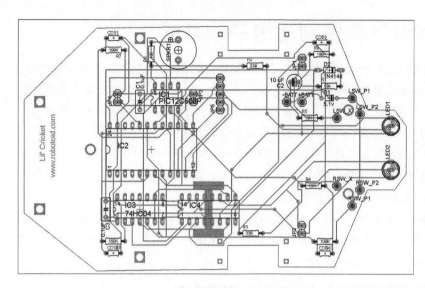

图 33-5　Eagle 制作的 L'il 蟋蟀的 PCB 布局图。布局已经准备好发送给 PCB 服务机构进行生产。为了创建这样的布局，先把元件摆放在我设计出的位置上，然后 Eagle 就可以根据我事先准备好的电路图进行自动布线了

无论你使用的是 Eagle 还是其他的软件，设计和制作印制电路板的基本过程都是一样的：

1. 对照你的电路创建一个电路图。电路图用电子元件的符号和线段表示出电路是如何连接在一起的。

2. 把元件拖拽到一个和实际电路板尺寸相同的模板里创建 PCB 布局。

3. 电路图和 PCB 布局的转换。把元件按照需要对应连接，完成 PCB 设计。

4. 如果有一个生产 PCB 的服务部门，可以把板子提交给他们去定制。费用是预先收取的。大多数服务机最少可以提供的板子数量是两或三个。

33.6.0　印制电路板详细资料

以下是你应该知道的一些制作印制电路板的概念：

焊盘和走线：印制电路板由焊盘和走线组成。元件的金属管脚焊接在焊盘上，焊盘通过走线连接在一起。走线就是一块印制电路板上面互相连接的导线。

单面或双面：所有的印制电路板都有两个面，你可以选择焊盘和走线仅在一面的方式。这种电路板的造价会稍微便宜一点。

层数：PCB 的每一面都可以分成若干单独的层。层和层之间有起到绝缘作用的保护膜，所以一个层的焊盘和走线不会和其他的层发生短路。你设计的 PCB 可能有 2 个、4 个、6 个，甚至 8 层。层数越多，板子越昂贵。

阻焊：你在订购的时候可以选择这个项目。阻焊剂可以在除了焊盘等元件焊接部位以外的地方加上一层绝缘漆。

丝网印制：丝网印制图例是另一种可选项目，它标示着元件的安装位置。你可以加入元件的外部形状、数值和编号，甚至五行打油诗。丝印的样式完全取决于你。

33.7　用 Fritzing 设计 Arduino 专用电路板

Fritzing（可以在 www.fritzing.org 下载到）是一个好用免费的 ECAD 程序，可以用来创建印制电路板。它的一部分功能提供了对开源 Arduino 的底层支持，Arduino 是本书制作项目中使用最多的一种单片机。

通过在一个虚拟的免焊电路板上面进行连线，你的电路设计可以自动转换成原理图和印制电路板的布局。PCB 布局的主要目的是制作 Arduino 的扩展板，这是一种安装在 Arduino 顶部实现其功能扩展的电路板（Arduino 和扩展板的介绍详见第 37 章"使用 Arduino"）。

图 33-6 显示了一个 Fritzing 软件自带的示例项目，一块步进电动机实验板。只需点击 Fritzing 程序里面的标签按钮，你就可以查看电路的原理图（见图 33-7），甚至一块 Arduino 的扩展 PCB 板。

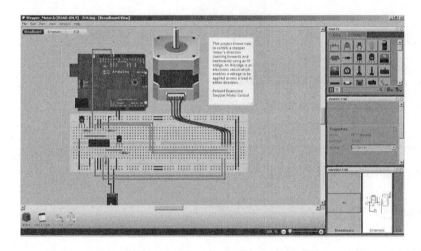

图 33-6　使用 ECAD 软件 Fritzing 创建的一个 Arduino 项目的虚拟免焊电路板视图。这是免费的 Fritzing 软件里面自带的一个演示项目

你可以把 PCB 布局导出成一个可供蚀刻的 PDF 文件，然后把 PDF 打印在一张特制的胶片上，使它可以转移到一张覆铜板上面。还涉及把准备好的板子浸泡在腐蚀性化学药品溶液里面除去多余的铜箔，以及钻出元件的安装孔。

其他使用 Fritzing 制作电路板的选择包括把设计导出成 CadSoft 的 Eagle PCB 软件可以使用的格式，Eagle 的介绍见上文。你还可以把 PCB 布局转换成一系列的 Gerber 文件，这些文件中包含有自动生产 PCB 所需的全部信息，你可以用它们来定制板子。Fritzing 所生成的文件定义了电路板实际的布局方式、阻焊层、丝印层和安装孔的尺寸。

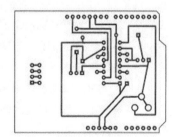

Fritzing 甚至可以为你生成一个"材料清单"（简称 BOM）文件，列出了项目所需的全部元件。BOM 文件是以文本文件的形式保存的，文件格式为统一码（Unicode）。Microsoft Word 可以读取一个 Unicode 编码格式的文件，但是 Windows 的写字板程序和其他的纯文本编辑器可能不知道怎么利用它，打开以后可能会出现乱码。

33.8　在线信息：蚀刻自己的印制电路板

至今为止，我谈论的都是使用一个布局软件设计 PCB 并把文件提交给相应的服务机构为你制作出电路板。至少，这是一种非常方便的方法，但是它的花费也相对比较高。如果你自己制作电路板可以节省不小的花销（仅指钱而言）。

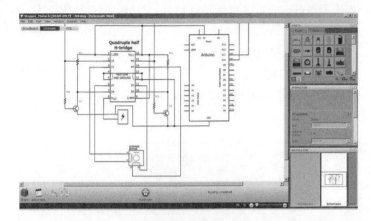

图 33-7　通过免焊电路板视图，Fritzing 可以自动生成一个电路原理图。你可以微调电路的走线方式

自己制作印制电路板的过程并不复杂，甚至操作起来也不是特别难，但这种方法比较费时，还涉及使用一些会在衣服上造成污渍或灼伤皮肤的化学药品。随着低成本 PCB 服务机构的出现，使自制电路板变成了一种快要消亡的艺术形式。如果你有兴趣使用这种技术制作自己的印制电路板，可以查看 RBB 技术支持网站里面的附加教程（见附录 A）。

33.9　使用定制开发板

几个品牌的单片机的普及催生了一种定制它们的开发板（或实验板）的家庭制造业。开发板是一块包含了电路布局和预制孔的空 PCB，可用来实现各种各样的项目。

你可以先把单片机焊接就位（最好使用 IC 插座，把单片机插入插座），然后加入其他元件完成整个电路板。很多实验板预留了进行常规实验的位置，使你可以在已经存在的基本电路上加入自己的电路。一些开发板的上面甚至附加了一块小型的免焊电路板。

提示：一些开发板上面已经焊接了单片机。这种情况下的单片机可能和你常用的双列直插式封装（DIP）不同，是一种更紧凑的封装。因为板子上已经包含了控制器，使用起来非常方便。

它的缺点是如果单片机不是使用插座安装的方式，那么芯片损坏后任何整块板子就报废了。我比较喜欢使用带有标准的 DIP 芯片插座的开发板，借助插座可以非常轻松地替换单片机。

33.10　用绕接工艺制作临时电路

用绕接工艺制作临时电路不需要焊接（或者只需要少量焊接工作），绕接使用的方法是把特制的插座安装到穿孔板上面，然后用一个专用工具把细导线缠绕在插座的引脚上面。绕接的优点是电路修改起来相对容易。只要松开导线重新连接到其他的金属柱上就可以了。

绕接工艺常用于 IC 密集型电路。这种构造技术追求的不是快速达成目的，适用于那些对学习电路知识感兴趣的孩子们，因为不需要焊接所以比较安全，而且即使出现错误也比焊接制作的电路更容易纠正。

33.10.1　如何制作绕接电路

绕线之前，先把绕接插座安装到穿孔板上面。插座上可以安装各种常见尺寸的双列直插式 IC。我喜欢使用孔周围有铜焊盘的穿孔板，这样我可以焊住插座的至少一个引脚，当我在板子上布线的时候插座就不会掉出来了。

绕接插座使用的是超长的方形引脚（也称为绕线柱），可以容纳大约 5 根绕接导线。使用一种如图 33- 8 所示的专业工具，把导线缠绕在类似图腾柱一样的引脚上。一旦导线缠绕在引脚上的长度超过半个引脚的时候，就实现了一个和焊接一样坚实可靠的连接。

图 33-8　创建一个绕接电路采用的方法是在金属柱上面绕线

33.10.2　选择一个绕线工具

你需要准备一个专用的绕线工具。手动绕线工具如图 33- 8 所示。它的使用方法是把剥去外皮的导线一端插入到工具的插槽里面，然后把工具套在一个方形的绕线柱上，让工具在绕线柱上旋转 5 ~ 10 圈完成连接。绕线柱边缘的棱角使导线可以牢牢地固定在上面。拆除导线的时候，使用工具的另一端松开缠绕在铜柱上的导线。

另外还有电动绕线工具，它可以辅助你自动完成绕线工作，把你从这种既耗时又繁重的工作中解放出来（需要购买比较昂贵的预先剥除绝缘层的导线）。我建议你先从一个基本的手动绕线工具开始。如果你认为绕接的方式适合你，再升级到其他更高级的工具。

绕接工艺需要一定的练习才能达到理想效果。当你准备用绕接技术制作第一个电路以前，先在一小块插座和电路板上练练手。用眼睛检查绕制好的线圈是否有松动和断丝的问题，以及在立柱的根部是否留下过多的裸导线。大多数绕线工具都设计成一端用于绕线另一端用于拆线，把工具反过来松开刚才绕好的部位，反复多试验几次。

33.10.3　选择成卷还是按规格裁切的导线

你可以购买规格为 30Ga. 的成卷绕接导线，但是除非你准备大量使用这种工艺进行生产，更舒服的方法还是买几种不同长度的按规格裁切好的导线，2 英寸和 4 英寸长的导线是一个不错的开始（长度不包括导线的裸露部分）。

使用成卷导线的时侯，你必须把导线裁切成一定的长度，然后用绕线工具上面附加的剥皮器剥掉导线的绝缘层。这个剥皮器只适合剥除绕接导线的外皮，因为这种导线的外皮比较硬。这些步骤都极大地增加了绕制一根导线所花费的时间。

当你使用的预先裁切或者剥除外皮的导线时，这部分工作厂家已经为你做好了。购买几种不同长度的预制导线，总是尽可能使用长度最短的导线。预先切割并剥去绝缘的导线的价格会比较贵（花费 5 美元或更多钱可以买 200 根），但是它们可以为你节省大量的时间和精力。

33.11　有效地使用插接头

说句题外话："生活中没有什么是固定的，除了死亡"。机器人电路板有非常多导线，你可以采用简单的方法把它们焊接到电路板上，但是一个更好的方法是按照汽车制造商给出的提示：使用大量的连接器。

有 3 种最常用的方法：

在电路板上使用插针，在进线上使用插孔式连接器。这种方式非常适合你的导线已经带有所需的连接器的情形，否则你就需要自己做连接器，这需要使用特殊的压接工具。

在电路板上使用插孔式接头，在进线上使用插针。使用这种方法，你可以做出各种插接式连接器。

特别设计的接线端子可以比插针承载更多的电流，把端子焊接到电路板上，用包含在端子上的螺丝可以安全连接导线。端子可以几个组合在一起构成端子排。它们适合连接大容量的电池、重型电动机和任何其他需要较粗导线的元件。

第六部分
计算机与电子控制

第 34 章

机器人"大脑"概述

"大脑，脑髓，脑是什么？"如果你是一个旅行爱好者，那么你一定看过 20 世纪 60 年代的一部连续剧《星际迷航》，其中一集名为"Spock 的大脑。"剧本比较一般，情节描述的是一个女人怎么用外科手术的方法把 Spock 的大脑切除下来控制他们空调系统的运转。McCoy 医生在 Spock 笨拙的身体上安装了一个简单的遥控装置。

"大脑"是区分机器人是一台简单的自动化机器还是一个笨拙的可能笔直撞向墙壁毁坏的 Spock。机器人的大脑处理外界的影响，如超声波传感器或碰撞开关，然后根据它们的程序或线路的设计采取适当的行动。

各种形式的计算机是机器人上面最常见的大脑。一个控制机器人的计算机和你办公桌上放的 PC 不太一样，尽管大多数机器人都可以通过个人计算机进行控制。当然，也不是所有的机器人大脑都是计算机化的。一些简单的电子元件组合在一起——几个晶体管、电阻和电容就可以制作出一个有一定智能的机器人。嘿，它就可以为 Spock 先生工作！

在这一章里，我们将评论业余机器人爱好者常用的几种不同类型的"大脑"，包括最新的单片机——为互动（控制）硬件特别制作的计算机。赋予机器人智慧是一个很大的话题，附加的内容贯穿 35 ~ 41 章，内容包括对一些常见的单片机进行分别介绍，比如 Arduino 和 PICAXE。

34.1 基本的大脑

让我们先回顾一下 6 个最主要的赋予你的"稻草人"智力的方法——不需要绿野仙踪一样的魔法世界，它只需要一些导线和其他零件。

人工控制：一些非常基础的机器人是人机交互控制的。你可以用机器人上面的开关或者有线控制盒手动操纵你的作品。人工控制是一种了解机器人是如何运作的理想方式。例如机器手臂，你可以手工控制手臂上面各个关节的运动。

分立器件：在过去的几年里，常见的机器人大脑使用的是基本的电子元件，例如电阻和晶体管（更早以前，甚至使用电子管）。现在，随着便宜的单片机日渐普及，这种类型的电路使用的已经不多了，但它们仍然适合控制简单的机器人执行简单的工作。

单片机：单片机是一个芯片上的计算机，包括一个"思考"处理单元、存储器并且可以和外界相连接。单片机是构成机器人大脑的理想元件，因为它们简单，价格便宜，而且使用方便。你可以用你的个人电脑给它们编制程序。

便携计算机：一些机器人需要比单片机更大的计算能力。任何一台重量比较轻而且不需要笨重电源的计算机都可以用于制作机器人的大脑。笔记本电脑、上网本和使用小型主板的电脑都是高智能机器人的最佳选择。

遥控计算机：常见的业余机器人大都是自主控制的，在技术上不需要使用电脑对其进行远程控制。另外还有一种"遥控操纵"机器人，比如那些用于军事或警方的拆弹机器人。计算机通过电缆、无线电波，或一些其他手段连接到机器人。

智能手机、平板电脑和掌上电脑：一些消费类电子产品，比如手机和掌上电脑可以用作机器人的控制器。理想的设备有一个 USB 或其他标准的通信接口和一个使你可以对它进行编程的开放结构。一种可能是使用手机的 Android 操作系统。

34.2　开关操作

我喜欢一切从简单开始，没有任何一种比用手工操作开关控制机器人更简单的方法了。虽然这不是一个真正意义上的"机器人"，但是它可以帮助你了解机器人是如何工作的。用你自己的双手操作机器人，你将学习到使用全电子控制的方法需要处理哪些问题。

用开关控制一个基本的机器人非常容易。我喜欢把开关和电池放在同一个手持遥控器里，这种方式接线比较少。我的第一个机器人教程（见 RBB 技术支持网站）里介绍了一个基本的 RBB Bot 机器人，它使用的是一块相框垫板、两个开关和一个标准的电池仓。你有兴趣可以用一个盒子制作一个控制盒。一些大小适中的工程壳体非常适合制作手持式开关控制器。

当操作的时候，你可以通过开关控制电动机的启动和停止和它们的转动方向。通过改变一个或两个电动机的方向，你可以了解到机器人是如何在房间里运行的。

34.3　分立元件组成的大脑

在电子世界里，分立元件指的是像晶体管、电阻和基本封装的集成电路这样的零件。这些元件巧妙结合在一起可以构成一个可以工作和思考的基本机器人大脑。

图 34- 1 显示了一种常见形式的用简单元件制成的机器人大脑。一种接线方式组成的大脑可以使机器人在看到明亮的光线的时侯向反方向运转。机器人的功能决定了这个电路非常简单：光线照射在光电探测器上使继电器翻转或让另一些电路发生动作。

另一个电路可以让机器人在看到明亮的

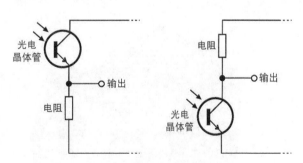

图 34-1　几个基本电子元件组成的一个可行的机器人大脑。根据零件的配置方式，机器人可以展示出不同的"行为"。在其中一个光线检测电路里，机器人对光线发生反应；在另一个电路里，机器人对黑暗发生反应

光线时停止运转。使用两个传感器，每个连接到单独的电动机，可以使机器人跟随着明亮的光线运动。简单地颠倒传感器和电动机的连接，可以让机器人展示出相反的行为方式：它将驶离光源，而不是向着光源行驶。

你可以在分立元件组成的机器人大脑上加入一些简单的电路扩展机器人的功能。例如，你可以使用 LM555 时基集成电路的延迟功能：触发定时器让它运行 5 秒或 6 秒，然后停止。

你可以用 LM555 控制继电器在特定的时间吸合或释放（这是我的第一个机器人教程里面的增强 RBB Bot 的一个基本功能）。在双电动机机器人上使用两个具有不同延迟时间的 LM555 定时器，机器人可以绕着周围的物体运动。

34.4 程序化大脑

也许分立元件制作的机器人大脑最大的缺点就是，因为大脑是由硬件连接组成的电路，改变机器人的行为需要进行大量的工作。你需要改变布线或者添加和删除元件，使用免焊电路板（见第 32 章），可以更容易地用元件插接连通的方式试验不同的设计。但是，你很快就会厌倦这种繁琐方式，并且它还可能会因为元件松动导致电路无法正常工作。

你可以简单地通过计算机上运行的软件重新配置机器人上面的计算机。例如，如果机器人上面有两个光线传感器和两个电动机，你只需要改变几行程序代码，不用做任何其他额外的工作就可以使机器人寻找光源而不是远离光源。

34.4.1 可编程灰质的类型

几乎有无数种计算机和类似计算机的装置都可以作为一个机器人的大脑。5 种最常见的类型是：

● 单片机。单片机可以用汇编语言或一些高级语言，比如 Basic 或 C 进行编程。图 34- 2 显示的是一个 Parallax BOE-Bot 机器人的套件，它由一个 BASIC Stamp 单片机控制。参考第 35 章"认识单片机"获得关于这个话题的更多信息。

图 34-2 一个可编程控制器使用软件，而不是具体的硬件来控制机器人做出不同的反应。这个 Parallax 生产的 BOE-BOT 机器人套件使用的是 BASIC Stamp 2 单片机，它读取传感器的参数并控制着机器人上面的两个电动机的运转（照片来自 Parallax 公司）

● 单板计算机。这种计算机也可以编程，通常提供比单片机更强大的处理能力。它更像是一个小型的个人电脑。例如，你可以买到基于英特尔奔腾处理器的单板计算机，它可以运行某些版本的 Windows 或 Linux 操作系统。

● 个人电脑。它们包括一些老型号的 IBM PC 及其兼容机，但是随着这些机器越来越古老，它们已经很难找到了。此外，它们需要消耗大量的电源，因为过去生产的电子器件的工作效率都比较低。更好的选择是笔记本电脑和电脑上网本。

● 小型个人电脑的主板。7 英寸见方的 Mini-ITX PC 主板或称母板，可以运行任何一种专门为 Intel 处理器设计的现代操作系统（OS），包括 Windows 和 Linux。我们的想法是，你不用把整个一台计算机安装到机器人上面，只需要使用一块主板。

● 智能手机、平板电脑和掌上电脑。如果一个你每天都在使用的设备已经具备了处理能力，比如你的手机，为什么不用它制作一个机器人？这个想法是使用个人消费类电子产品控制机器人。在理论上是完全可行的，它的实用性取决于设备自身的结构。有些产品是更适合用于电子比其他机器人。

如前所述，单片机在书中会有专门的章节进行介绍，让我们先仔细看看其他的类型。

34.4.2　单板计算机

单板计算机（简称 SBC）更像是一种单块电路板组成的"初级电脑"。有一些可以运行某个版本的 Windows（通常是 Windows CE 或嵌入式版本的 Windows），大多数则使用一种占用更少的磁盘和内存空间的操作系统，比如老式的 DOS 或 Linux。

SBC 从各方面看都属于一种成熟的计算机，只不过是所有必要的组件都安装在一块电路板上。它们的设计决定了这种计算机可以支持数兆，甚至数千兆程序和数据的存储（大多数单片机只有以千字节为单位的有限存储空间）。

无论你是否需要大量的存储空间，这取决于你的应用程序，但是如果你确实需要的话，SBC 可以提供很好的支持。

 提示：如果你的 SBC 不带有操作系统，你需要给它准备一个。DOS 是一个非常适合机器人使用的系统，因为机器人不需要 Windows 的钟声和口哨声。微软已经不再销售经典的 MS-DOS 操作系统了，它在以前是随着几乎所有的个人电脑打包提供的。现在有许多免费的开源版本的操作系统，比如 FreeDOS 和 DR-DOS，可以从网上下载到。

你有时也可以在古董电子商店的角落里找到一些现成 MS-DOS 5 和 6 的3½英寸软盘。你需要一个3½英寸的软驱读取磁盘的内容并把它转移到单板机常用的固态存储器里面。

■ 34.4.2.1　SBC 的架构

单板计算机具有各种形状和类型。许多制造商支持的标准架构是 PC/104，它的尺寸是 4 英寸见方。PC/104 这个名称来自"个人计算机（PC）"和用来把两个或更多的 PC/104 兼容板连接在一起的引脚数量（104 个）。

■ 34.4.2.2　SBC 的套件

为了处理不同的工作，SBCS 提供比 4 英寸 ×4 英寸的 PC/104 更大或更小尺寸的电路板。大多数 SBC 都是成品的形式，但是它们的套件也非常流行。例如，麻省理工学院的教师设计的 HandyBoard，这是一个基于摩托罗拉的 68HC11 处理器的单板计算机。它以成品或套件的形式提供。

34.4.3　个人电脑

你的个人电脑是一个现成可以用来控制机器人的资源，但是如果你打算把它安装在一个优秀的老式 Tobor（这是早期机器人的拼写方式）上并不总是可行的。对机器人来说，老式风格的台式 PC 实在是太沉重、太庞大、耗电也太多的一种制作大脑的资源了。

有两种方法用一台 PC 机来控制机器人：

● 大脑在机器人上，把计算机安装在机器人上面。对于笔记本电脑来说，你可以使用它内置的电池。但对于一部需要使用市电供电的台式 PC 机来说，你需要使用一个大号的 12V 电池和车载逆变器给计算机供电，或者对计算机的电源系统进行改造使它可以直接使用电池供电。

● 大脑不在机器人上。你可以通过导线、无线电射频（RF）链路，或光链路把各种类型的计算机连接到机器人上面。这是控制桌面型机器人手臂最常用的方式，因为手臂不需要在地板上跑动，你可以把它和旁边的 PC 机用电缆连接起来。通过 USB 连接是一个最常用的方式，价格便宜而且容易操作。如果你不想用电缆连接，还有蓝牙、Zigbee（基于 IEEE802.15.4 标准的低功耗个域网协议）和其他类型的无线电连接方式可供选择。

■ 34.4.3.1　使用机载 PC

你有很多的方法把一台 PC 机安装在机器人上面。

◆ 34.4.3.1.1　笔记本电脑和上网本

理想的用于机载大脑的计算机是一台运行着你最喜欢的操作系统的笔记本电脑上。笔记本电脑携带着自己的可充电电池，并且是轻量级的。你可以使用身边现成的笔记本电脑或者专门为机器人购买一台。你并不需要买一台全新的笔记本电脑，二手商品可以为你省下不少钱。

上网本是一更小型的轻量级替代品。很多都运行 Windows 版本或其他专用的操作系统。注意那些使用专用操作系统的上网本，你可能无法在这类电脑上给机器人编写程序。像笔记本电脑一样，上网本也是使用电池供电的。

◆ 34.4.3.1.2　Mini-ITX PC 机

另一种选择是 Mini-ITX PC 机，名称的由来是因为它里面使用了一块 mini-ITX 主板。

Mini-ITX 主板不是一个品牌，而是技术上的一种"架构"。这种主板的尺寸为 6.7 英寸 × 6.7 英寸，许多版本的主板都不需要风扇进行散热。

> **提示：如果你所使用的 Mini-ITX PC 机在设计上是市电供电的，你仍然可以在移动机器人上使用 12V 的电池和车载电源逆变器给它供电。逆变器的输入为 12V 直流电，输出为计算机所需的 110V 交流电。**
>
> **虽然听起来有点绕弯，但感觉上效率也不会太高，所以你需要一个容量更大的电池作为电源使机器人可以运行更长的时间。一个 12V 的摩托车电池就是一个不错的选择。**

◆ 34.4.3.1.3　Mini-ITX 主板

虽然把一台 Mini-ITX PC 机安装在机器人上是一种快速便捷地赋予机器人智能的方式，但是 PC 机的机壳和电源增加了不必要的重量，减少了电池的工作时间。一种方法是拔出 PC 机的主板（见图 34-3），把它直接安装到机器人上面。

Mini-ITX 主板集成了各种重要的插孔和插座，它们直接设计在板子上面。你只需要添加少量附件就可以搭建出一个系统，这些插孔可以连接 USB 鼠标、键盘、显示器、声音输出、话筒输入和其他外设。

DC-DC 电源模块使你可以使用 12V 电池给主板供电，不需要逆变器。这类模块体积小，效率高（可达 90%甚至更高），而且相对便宜。你可以用 DC-DC 电源模块配合给你的主板供电。如果 Mini-ITX 主板的功耗只有 90W 或 100W，这意味着你可以使用更便宜的 DC-DC 电源模块，可以节省不少钱。

图 34-3　可以运行 Windows、Linux 和其他各种流行操作系统的 Mini-ITX 主板。这种主板的尺寸较小对电源的需求也不高非常适合用于大中型尺寸的机器人

■ 34.4.3.2　通信互联

不久以前，计算机上面带有各种外部设备与它们进行连接的端口：打印机的并行端口、电话调制解调器的串行端口，以及和操纵杆连接的游戏端口等。所有这些提供了相当简单的方法使电脑可以与机器人的硬件进行连接。

现在，常见的 PC 机缺少以上的 3 个端口。反之，它们几乎完全依赖于 USB 端口。这个问

题不大，因为 USB 是一个灵活的系统，配套电缆也非常便宜。但是这也意味着你需要用一个适配器把 PC 机上面相当复杂的 USB 信号转换成一种机器人可以使用的形式。这些适配器可以把 USB 端口转换成并行或串行端口。它们通常可以在网上电子元件零售店里面买到，见附录 B "在线材料资源"获得一个常用的网上商店列表。

■ 34.4.3.3　数据存储

不管你使用什么类型的 PC 机，你都需要一些方法来存储你的程序和其他重要的数据。笔记本电脑和上网本已经解决了这个问题，它们带有自己的内置存储器，不是硬盘驱动器就是固态存储器。

如果使用的是一块 mini-ITX 主板，你可以选择多种海量数据存储方式：

● 闪存驱动器。对 Mini-ITX 主板来说相当于一个标准的硬盘驱动器，但是不包含运动部件。所有的闪存都是这样。此外闪存比传统硬盘驱动器的数据存储能力小，成本也比较高。但是，闪存驱动器工作时没有声音，重量也很轻，如果机器人突然翻到，它们也不会损坏。

● 小尺寸的硬盘驱动器（2.5 英寸）。当你需要大量的数据空间，没有什么比一个硬盘更好的了。小型硬盘非常紧凑，不占地方。因为它们包含旋转盘片，所以你必须非常小心地把它们安装在移动机器人上面。

● USB 硬盘或 U 盘。通过主板上的 USB 端口您可以连接各种各样的媒体驱动器，包括小型移动硬盘和 U 盘。当选择小型移动硬盘时，使用那种可以用 USB 端口供电的类型，不要使用那种需要使用电源适配器供电的移动硬盘。

提示：为了使用一个 USB 硬盘驱动器或闪存驱动器，你必须确保主板可以通过 USB 驱动器启动。大多数都可以，但是你在购买新的主板前一定要确定好。

■ 34.4.3.4　使用脱机 PC

桌面和遥控操纵机器人可以使用一个单独的 PC 进行控制。一个桌面机器人的例子是固定式机器臂，它们可以很容易地通过一根 USB 电缆连接到控制主机。除非手臂已经有了它自己的 USB 接口，否则你还需要准备一个 USB 转串口或 USB 转并口的适配器。

遥控操纵机器人还可以使用无线进行通信。有很多种现成的标准化解决方案可以通过空中的电波连接设备（也包括机器人），它们包括蓝牙、802.15.4 标准的 ZigBee 和 802.11 的 Wi-Fi 无线网络。在你的台式机或笔记本电脑上，通过标准 USB 端口连接一个无线电收发器，这个收发器将和你安装在机器人上面的另一个收发器进行通信。第二个收发器可以控制电动机，操纵远程摄像头，甚至还可以把采集到的视频信号回传到你的计算机。

如果按照这个思路，你可以选择半双工或者全双工通信方式。在半双工通信的情况下，同一时间只能进行单方面的沟通。例如，你可以指挥机器人，但是它不能在同一时间把反馈信息发送回来。为了获得最大的灵活性，你需要使用全双工的通信方式，这样你就可以同时发送和接收信息了。如果数据传输速度足够快，你可以很容易地指挥一个机器人在房间中走动并让它把摄像机拍摄到的画面发送给你。

无线通信的数据传输速度取决于发射器和接收器之间的距离以及所采用的技术。Wi-Fi 无线网络的连接速度比蓝牙快，蓝牙（通常）又比 Zigbee 快。在较长的距离上，为了避免发生错误，数据传输速度会有所降低。大多数射频数据通信系统可用于从主机到目标的距离为 50 ～ 100 英尺的通信。对红外通信来说，距离要少得多。

34.4.4　智能手机、平板电脑和 PDA

智能手机、平板电脑和个人数据助理（PDA）的加入使我们对机器人大脑的讨论变得更加充实。作为机器人大脑，设备应该具有以下特点：

● 应该是用户可编程的。一个你不能添加自定义程序的 PDA 或智能手机是无法作为机器人控制器使用的。

● 提供某种可以在设备自身和机器人电路之间进行通信的链路。很多设备都使用蓝牙进行通信，另一些设备则需要使用 USB（如果可用的话）。

在微软、谷歌和其他几种热门的智能手机上，你可以编写和上传自己的程序。例如：运行 Windows Mobile 的微软智能手机，这个版本的 Windows 是专门为小型设备定制的。你可以使用 Microsoft Visual Basic .NET 或 C ＃ .NET（都是微软免费提供的）编写在手机上使用的程序。使用谷歌开发的开源 Android 操作系统的手机也提供了类似的编程功能。

这些装置的缺点是在设计中存在着固有的局限性，产品中包含了一些机器人控制以外的东西。它们的编程工具设计并不是用于控制真实世界中的设备，因此在开发一个机器人应用程序时经常需要作出很多妥协。

34.5　输入和输出

机器人的体系结构需要具有输入功能，比如接收传感器和碰撞开关的信息，还需要具有输出功能，比如控制电动机、灯光和声音。一台计算机或单片机基本的输入和输出是两个状态的电平（既开和关），通常相当于 0V 和 5V。例如，一台计算机或单片机的输出置于高电平时，这个输出端的电压在软件的控制下将达到 5V。

 提示：在编程中，低电平相当于关，或二进制的 0；高电平相当于开，或二进制的 1。低电平和高电平用数据比特表示。阅读第 36 章"编程的基本概念"学习一些机器人编程的基础知识。

输入和输出俗称为 I/O。除了标准的低电平 / 高电平的输入和输出，在单板计算机和单片机上还有许多其他形式的 I/O。比较常见的按照类型列出在下面的章节。关于这些类型的更详细地讨论见第 40 章"单片机或计算机的接口电路"。

34.5.1　串行通信

机器人子系统需要借助某种方式实现彼此之间的通信，通常使用的是一个串行通信接口。串口通信，一次发送一比特的数据。听起来有点慢并且很单调，但实际情况并不这样。通信链路只需要少量导线，就可以轻松实现数万比特每秒的数据交换速度。

串行通信包括以下几种最常见的类型：

I2C（内部集成电路）：也可以写成 I^{2}C。这是一个双线的串行网络方案，使集成电路之间可以彼此进行通信。你可以将两个或多个单片机安装在一个机器人上面，使它们通过 I^{2}C 进行沟通。

SPI（串行外设接口）：这是一个在很多电子设备上广泛使用的串行通信标准。SPI 最常用来与单片机或微处理器类的电子产品进行连接。

同步串行口：这是一个通用的术语，指的是大多数可以在同一时间使用（至少）两根导线发送一比特数据的串行数据链路。一根导线包含发送的数据，另一根导线包含一个时钟信号。同步意味着时钟作为对所发送数据的定时参考。这是一个与异步串行通信（下面讨论）不同的地方，异步串行通信不使用单独的时钟信号。

UART（通用异步收发器）：UART 在桌面计算机上会经常见到，它们也适用于单片机。异步意味着数据不是采用同步方式进行传输的。相反地，数据本身嵌入了特殊的位（开始位和停止位），以确保适当的沟通。

MIDI（乐器数字接口）：MIDI 是一种相当老的接口标准，适用于几乎所有的数字键盘和电子音乐设备。你可以只使用 MIDI 的串行通信协议，用它来配合机器人。虽然这有点超出了本书讨论的范围，但实际上是可行的，比如在一个电子键盘上弹奏音符对机器人进行控制。

Microwire：这是美国国家半导体产品中使用的一种串行通信方案，它也是 Microchip 的 PICmicro 系列单片机常用的一种技术。这种接口方式有点类似 SPI。大多数 Microwire 兼容组件都可以和单片机连接。

34.5.2　并行通信

与串行通信相比，并行数据通信是一种更直接的方式，但是它并不一定更容易实现。并行数据传输需要把计算机或单片机上面的两个或更多的 I/O 端口组合在一起。使用 8 个 I/O 端口线，你可以发送 256 个不同的消息，这是因为线路有 256 种不同的方式设置两种可能的状态（0 和 1）。

使用并行通信的一个例子是在液晶显示器（LCD）的面板上显示文本信息。虽然你可以买到支持串行数据和单片机连接的液晶面板，但是昂贵得多。只需要使用 6 个 I/O 端口，你就可以直接控制一个 LCD 面板的工作。

提示: 大多数单片机的 I/O 引脚资源比较有限, 因此使用并行通信将会占用宝贵的数据线。为了避免这个问题, 你可以使用简单和廉价的电路把串行数据转换成并行数据。你也可以反过来做。参考第 40 章 "单片机与计算机的接口电路" 获得更多关于串行到并行和并行到串行转换的介绍。

34.5.3　模数转换

机器人上面的电路运行的指令是数字的, 而我们周围的世界是模拟的 (见图 34-4)。有些时侯两者需要进行混合与匹配, 这就是转换的目的。主要有两种类型的数据转换:

ADC: 模拟 - 数字转换把模拟电压转换为二进制 (数字) 信号。ADC 可以是独立电路, 也可以包含在一个单独集成电路里面, 或者作为单片机的一部分。带有多输入的 ADC 芯片可以实现单个 IC 对多个信号源的采集。

DAC: 数字 - 模拟转换把二进制 (数字) 信号转换为模拟电压。DAC 在机器人上不太常用, 但是这并不意味着你不能动脑筋想到一个巧妙利用它的方法。

34.5.4　脉冲频率控制

数字数据是由电脉冲组成的, 这些脉冲变化的速度可能会发生或多或少的变化。脉冲和脉冲率 (或频率) 常用于在机器人中读取传感器的数值或控制的电动机的转速。3 个主要类型的脉冲频率控制是:

输入捕获: 指的是一个数字信号输入到一个定时器, 定时器确定这个输入信号的频率 (每秒钟多少次)。这个信息的作用, 举例来说: 一个机器人可以区分两个不同的输入信号, 比如一个房间里面两个不同的定位信号。输入捕获在概念上类似于一个可调谐收音机。

PMW: 脉宽调制是一种数字输出信号, 脉冲具有不同的占空比 (即, 波形中 "开启" 的时间是长于还是短于 "关断" 的时间)。PMW 经常用于直流电动机的速度控制。

脉冲累加器: 这是一个自动的计数器, 计数器可以记录在一段时间内接收到的输入脉冲的数量。脉冲累加器是单片机结构的一部分, 可以通过编程实现自主运行。这意味着即使单片机忙于其他事情的时候, 累加器也可以收集数据。

图 34-4　比较数字信号和模拟信号。数字信号是一串离散变化的等效数值。模拟信号是连续可变的

第 35 章

认识单片机

单片机可以让机器人变得更聪明。使用单片机的理由：单片机价格便宜，电源要求低（通常只要 5V），最主要的一个原因是可以通过电脑进行编程。编程以后的单片机可以脱离 PC 机自主运行。

一个单片机就是集成在一个芯片里面的一个计算机。它包含了一部电脑正常运转所需的全部系统（或几乎是全部，取决于具体型号）。它包含有负责运算的中央处理器、存储程序和数据的内存，还有与外部设备连接的各种各样的接口。可以说单片机是最理想的机器人大脑。

在本章里你将学习单片机的一般概念，单片机里面有什么，它们的不同之处，以及如何选择合适的单片机。在第七部分将向你详细介绍三种非常流行的制作机器人的单片机，它们是 Arduino、PICAXE 和 BASIC Stamp。这些章节里还包含可供参考的简单项目和程序代码，在第八部分和 RBB 技术支持网站（见附录 A）里面可以找到更多信息。

35.1　单片机的分类

单片机，简称 MCU，有多种尺寸、型号和类别。一些用于特定用途，比如控制汽车引擎或者监控操作工业熔炉。另外一些是通用的，它们设计用于各种用途。后者是我们最感兴趣的类型。图 35- 1 显示了一个实验版的单片机模块，它包含有 MCU、液晶显示器和其他用来学习单片机编程的元件。

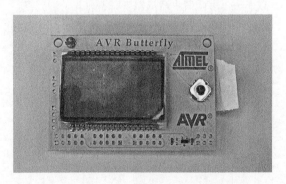

图 35-1　一个设计用于学习和实验的低成本单片机模块。它包含有单片机芯片、液晶显示器、操纵按钮和其他元件

此外单片机还有很多不同之处，每种类型也有各自的优点。

35.1.1　8bit、16bit 或 32bit

与台式电脑相比，单片机具有不同的数据处理方式，这是指它们在一次处理的数据量。

● 老式或简易单片机使用 4 bit 处理方式。对我们来说这种单片机的用途非常有限，此外，它们在市场上也很少见。

● 另一个极端是一次可以处理 64bit 数据的 MCU。它们是为专业的高端应用而设计的，造价昂贵，编程也非常困难。当然，如果你感兴趣，它们与业余爱好的距离也不是想象的那么遥远。

● 位于上述两者之间的是一次可以处理 8bit、16bit 或 32 bit 数据的单片机。业余机器人最常用的是 8 bit 的单片机，虽然它们一次只能处理 8 bit 的数据，但是对于大多数机器人的程序任务来说已经足够了。8bit MCU 的价格最便宜，用途也最广泛。

提示： bit 是存储在单片机内存或通过单片机的电路进行运算的最小单位。1bit 在电路里代表着开或关的状态。这两个可能的状态通常表示成数字 0 或者数字 1，但是比特里存储的并不是真正的数字"0"或"1"，它们只是一种方便记忆的表示方法。此外还有低位 0 和高位 1 的表示方法。

35.1.2　编程语言

所有的单片机都需要编程才能执行你想要的工作。全新的单片机是没办法工作的，除非它们带有预先编制好的演示程序。

常见的单片机按编程方式的不同可以分为两类，根据强弱差异，我把它们称为低级可编程和整合语言编程。这种笼统的定义涉及程序如何存储以及如何在处理器里面执行的问题。这两类单片机都可以完全编程。

■ 35.1.2.1　低级可编程

单片机传统的编程方法是使用汇编语言，用电脑作为主机进行系统的开发。汇编语言的特点是晦涩难懂，不适合刚入门的新手，这也是造成很多人对单片机望而却步的最主要原因。此外，不同品牌的单片机之间使用的汇编语言也是不同的，这就使问题变得更加复杂。

幸运的是，现代大多数单片机可以使用方便用户的语言进行编程，比如 BASIC 语言、C 语言或 Pascal 语言。这些语言更容易理解，也更容易学习和掌握。你可能对其中的一种或两种语言有所了解（或很精通），在这种情况下，给单片机编程会变得很简单。使用计算机软件将编写好的程序转换成机器码，它就可以直接被单片机读取和使用了（见图 35-2）。

Arduino 是一个单片机低级编程的典型例子，它实际上使用 Atmel AVR（一种常见的 8bit 单片机）作为它的处理器。你可以在第 37 章"使用 Arduino"中了解到它是一个控制器而不只是单独的一片芯片。它的功能很全（包含一套整合开发环境），在机器人爱好者和电子爱好者中受到好评。

■ 35.1.2.2　整合语言编程

这种类型的单片机，芯片自身包含了一种语言解释功能。计算机里面的一个程序通过编译软件转换成一种用"令牌"来表示具体行为的中间语言。单片机里面的解释器将令牌转换成芯片所需的底层代码。

典型使用这种方法的单片机包括 BASIC Stamp 和 PICAXE，它们都是 8bit 单片机。这两种控制器在后面的章节中会分别进行介绍，见第 38 章"使用 PICAXE"和第 39 章"使用 BASIC Stamp"。

■ 35.1.2.3　编程语言的选择

一片低级可编程单片机基本上就是一张白纸，单片机的最终运行效果取决于你给它写入什么程序以及你如何进行操作。对于这些控制器，有很多种编程语言可供选择，它们包括：

BASIC 语言：这种语言在刚开始学习编程的人中间非常流行，它是专门为初学者设计的语言。BASIC 里面的第一个字母 B，代表的就是初学者（英文 beginner）。在个人电脑上面它也广受精通 BASIC 语言的人们的喜爱，比如 Visual Basic 开发人员。BASIC 语言的宽容度很大，比如，它不区分大小写。你可以用不同的大写或小写字母来描述相同的事情。

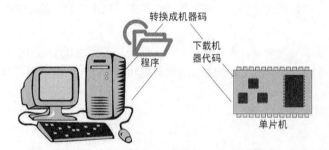

图 35-2　单片机的编程步骤。在 PC 上开发程序，编译成机器可以阅读的格式，最后下载（通常使用电缆）到单片机

C 语言：它是专业程序员的首选语言。C 语言有严格的语法规则，因此它常被认为很难学（在口语里，语法指的是如何将单词串联在一起构成一个连贯的句子。它同样适用于编程语言）。我认为 C 语言的坏名声应该归因于刻板的教学模式，实际上它并不比 BASIC 难学，至少当涉及单片机时是这样的。

Pascal 语言：这是一种现代的具有结构化程序特征的语言，对于单片机来说 Pascal 是一种很少使用的语言（因此也缺少相应的开发环境），但是它很容易学习。

提示：此外还有很多种适用于单片机的编程语言，包括 Forth、Java、Python 和 C#。选择使用哪种语言在很大程度上取决于你对它是否熟悉以及它是否能够使机器人实现预想的功能。

■ 35.1.2.4　单片机编程的 3 个步骤

不管你使用的是哪种系统、哪种语言，给单片机编程都要进行 3 个步骤，它们是：

1. 用个人电脑的写字板或其他应用软件完成程序的编写工作。很多商业程序语言都带有一个花哨的编辑软件，称为 IDE，含义为整合式开发环境。IDE 里面包含了下面两个步骤的内容。

2. 将编写好的程序编译成在单片机上可以运行的数据。单片机不知道以"If"开头的语句所要表示的意思，编译软件的工作是把人可以理解的程序代码转换成单片机可以理解的机器语言。

3. 把编译好的程序下载到单片机。通常使用 USB 或串行电缆连接电脑与单片机。下载完成以后，程序就可以在单片机上运行了。实际上单片机通常在下载完成的瞬间就可以运行。

35.2　单片机的形状和规格

所有单片机都是属于集成电路，根据复杂程度的不同，芯片引脚数量可以由 8 个增加至 128 个，甚至还会更多。但是你不必总是使用单个芯片进行工作。流行的单片机单元包括（见图 35-3）：

单个芯片：你可以用单个的单片机芯片进行工作。芯片可能需要也可能不需要外部元件。作为最小系统，一些单片机需要一个稳压器和一个作为时钟基准的振荡器。

电路模块：在这种形式的单片机安装在一个电路板上，电路板上包含其他元件。这个电路模块的尺寸和形状类似一个直插封装的集成电路，以 24 针双列直插式电路模块最为常见，比如 BASIC Stamp 和其他类似产品。电路模块可以插在免焊电路板上进行各种实验。不是所有的电路模块的形状都类似集成电路，有一些看起来更像是一块长条电路板，只是上面带有一排或两排插针。

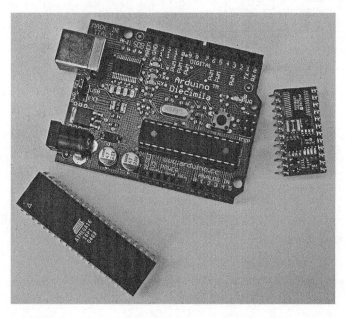

图 35-3　3 个典型的
单片机单元：单个芯
片（不包括外部元件）、
电路模块和开发板

整合式开发板：一块功能完备的开发板，里面包含单片机及其外部元件。此外还有用来进行各种试验的外部设备，如发光二极管、开关、连接器等。你可以用跳线把开发板连接到免焊电路板上，进行更多的传感器、舵机或其他外部组件的试验。

> 提示：开发板上面的单片机通常采用单个芯片或电路模块的形式。它有两方面的优势：
> 一是功能齐全，体积紧凑，节省安装空间；二是在需要的时候可以很方便地替换板子上
> 面的单片机。

35.3 典型单片机芯片里面的结构

单片机的主要特征是它们包含有多种与外部世界进行通信的输入与输出端口（称为I/O）。比如，Atmel ATmega328 是一个带有 28 个引脚的单片机（见图 35-4），它具有以下特征，在单片机中有一定的代表意义。

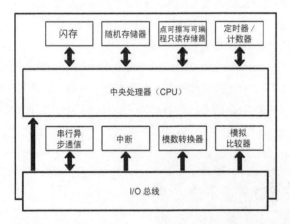

图 35-4 Atmel AVR ATmega328 单片机的基础结构框图。中央处理器（CPU）构成了控制核心。还有一些提供了特殊功能的内置硬件，比如定时器、模拟比较器和模数转换器

● 中央处理器（CPU）。这是单片机的核心，用来进行各种逻辑或数学运算。CPU 读取并运行你编写的程序指令。

● 23 个输入与输出端口。I/O 端口好比是单片机的信息输入与输出的大门。一个 I/O 端口可以设置成从外部接收数据的输入状态，也可以设置成控制外部设备的输出状态。ATmega328 一共有 28 个引脚，其中的 23 个可以作为输入与输出使用，也就是说它有 23 个 I/O 端口或引脚，其余的 5 个引脚用来连接电源。

● 内置模数转换器。芯片的 6 个输入与输出引脚连接有内部的模拟至数字的转换器（ADC），它的作用是将模拟电压信号转换成二进制数值。

● 内置模拟比较器。内部模拟比较器可以用于模拟电压的开或关的计算。

● 闪存程序存储器。编写好的程序下载到 32K 字节容量的可擦写闪存程序储存器里面。闪存可以使单片机一遍又一遍地重新编程。注意个别的 MCU 只能进行单次编程，详见本章后面的内容。

● RAM 和 EEPROM 存储器。少量的 RAM（2K 字节）和 EEPROM（1K 字节）存储器提供单片机运行时的数据。RAM（随机存储器）中的数据断电时就会丢失。EEPROM（电可擦写可编程只读存储器）中的数据当单片机不再供电时也可以保留。

● 硬件中断。单片机与外部世界的互动机制，硬件中断使芯片可以暂时停止当前的程序，转而去处理外部事件。这好比你要求某人掐一下你把你唤醒。中断可以使大多数机器人的编程工作变得更简洁。ATmega328 有两个硬件中断，连接在它的两个引脚上。

● 内置定时器和计数器。它们是单片机里面独立于 CPU 的万能附件，功能和用途非常广泛。例如，通过程序的控制，你可以让定时器产生一个每秒一次的脉冲。计数器同样是一个独立的专用附件，它可以记录单个事件的次数，比如机器人车轮的转数。

● 可编程全双工串行端口。串口数据不仅可以用来给单片机编程，还是单片机与外部设备通信的一种手段。

35.3.1 引脚功能

作为一种集成电路，单片机的引脚的用途是给芯片提供电源以及信号的输入输出。图 35- 5 显示了 ATmega328 单片机的引脚示意图和每个引脚的功能。为了使你对单片机引脚有一个大致的了解，示意图里标出了各个引脚的功能，具体的应用还需要参考单片机的配套手册。

大多数单片机的引脚都带有一个缺省功能，以及可选择的功能（如果有的话）。 缺省功能在图中以括号表示。比如，第一脚是芯片的复位脚，它被触发以后单片机会重新启动程序。

如果不需要复位，第一脚还可以定义成其他功能。它可以作为一个数字输入 / 输出端口（根据示意图，它属于 C 组 I/O 端口里面的一个）。

35.3.2 **程序和数据的存储**

乍看起来，单片机可供程序使用的容量非常有限。典型的低成本单片机可能只有几千字节（是字节，而不是兆字节）的程序存储容量。虽然看起来小得要命，但是实际上大多数单片机都是用来编程执行单一或特定的工作。这些工作的程序代码一般不会超过几十行。

常见的高级一点的单片机的程序存储容量可以达到 8K 或 32K，少数的可以支持超过 1M 字节的存储。在设计机器人大脑的时候应该选择容量适中的单片机。单

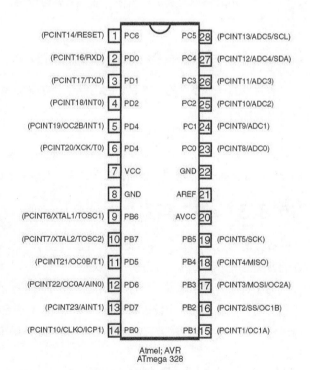

图 35-5　ATmega328 单片机的引脚示意图，显示了引脚的数量（从 1 到 28）和每个引脚的功能。多数引脚具有多重功能，显示在括号里

一类型的单片机一般分成多个版本，每个版本的容量是不同的。

单片机可供数据存储的容量更小。典型的单片机可能只有 1K 或 2K 用来存储数据的 RAM（EEPROM，如果有的话，容量会更小），但是大多数单片机的应用对空间的利用率非常高。如果你遵循良好的编码习惯，可以节省下不少数据空间。

35.3.3　擦除和重新开始

如前所述，大多数单片机可以一遍又一遍的编程。每次你给它下载一个程序，旧的程序会被删除替换成新的。现代单片机里面使用的最常见的程序存储器是闪存，它与 USB 存储器或数码相机的 CF 卡是一样的。

提示：除了采用完全擦除闪存给单片机编程的方法以外，你还可以有另外一个选择。一些单片机的闪存里面带有一个特殊的"自编程"引导区，通过设置特殊的代码，可以使重新编程变得更简单，不必将单片机从电路板上取下来就可以编程。

35.3.4　在线编程（或改编程序）

单片机的一个重要的优点是它的闪存可以在电路里面进行编程，也就是说，芯片插在电路板上就可以编程。

单片机的这个特点给可编程机器人的制作提供了极大便利。使用在线编程，不需要将单片机从机器人的电路板上取下来，你只需要用一条电缆连接到 PC 机上下载新的程序就可以了。当然，这需要电路板上有一个单片机专用的和 PC 电缆连接的接口。

35.3.5　单次编程

少数低成本单片机只能进行一次编程，适合永久安装使用。这些一次性可编程（OTP）单片机在消费类电子产品和汽车应用中广受欢迎。

对于机器人应用来说，OTP 适用于特定的环节，比如控制舵机或触发和检测超声波测距系统的声呐信号。你会发现市场上有现成的机器人的核心部位使用的就是一个 OTP 单片机。单片机可以简化电路，取代那些用分立集成电路制作的结构复杂的控制电路。

35.4　单片机编程器

所有的单片机都需要编程才能工作。单片机的结构决定了编程方案是否复杂。比如，PICAXE和 BASIC Stamp 控制器可以简单地使用串口电缆与 PC 机连接，串口电缆常用的 DB-9 连接器

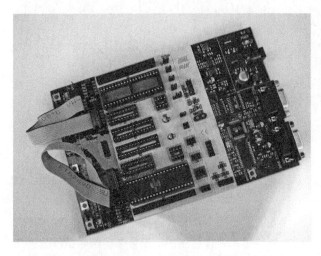

图 35-6　一个带有多种规格插座的单片机编程器。编程器通过电缆与计算机连接

连接在 PC 机的主板上，电缆另一头的插针连接在控制器上。

没有内置语言的单片机需要用编程器进行编程。编程器是一个硬件设备，它提供了单片机编程所需的必要条件，包括电源和各种信号连接。编程器通过串口或 USB（最常见）电缆与 PC 机进行连接。大多数编程器都是为特定品牌的单片机（比如 Atmel AVR 或 PICMicro）设计的，品牌之间不能通用。

图 35- 6 显示了一个 AVR 单片机的 STK500 编程器。像大多数编程器一样，STK500 也提供了不同规格的插座，使它可以配合 AVR 家族里面不同型号的单片机。使用的时候，将一片"空的"（没经过编程的）单片机插入对应的插座，将编程器连接到 PC 机，然后就可以下载应用程序了。

一些编程器整合有开发系统，在它的电路板上带有很多标准附件。你可以用它完成各种设计而不需要设计其他的电路板或制作专门的电路。这种编程器的开发系统里面包括了满足设计所需的全部（或几乎是全部）的扩展资源。

35.5　单片机的速度

如果你有一台个人电脑，你可以对处理器的速度有所了解。老式 PC 机的运算速度是兆赫兹（每秒钟数百万次），现代电脑的运算速度可以达到吉赫兹（每秒钟十亿次）。

同样地，单片机也有自己的运算速度。与现代的计算机设备相比，单片机的速度非常低，大多数 MCU 的运算速度为 4~40 MHz。这样的速度只相当于 20 世纪 80 年代 IBM 生产的第一台 PC 机。

但是，单片机的特点决定了它不需要太高的运算速度。因为许多单片机在执行它们程序代码的时候效率非常高。大多数单片机都可以在一个时钟周期处理一条语句。一个速度为 20MHz 的单片机每秒钟可以处理两千万条语句。

提示：然而，有时单片机的速度还是不够快，无法完成一些特定任务。处理动态视频影像就是一个很好的例子。你肯定不希望用一个速度只有 4MHz 的 MCU 来读取视频（每秒钟有 25 或 30 帧）以及逐帧分析视频里的每一个像素。

第 36 章

程序概念：基本原理

若是在"往昔"，你可能要用一对电动机、一些电子管、一个继电器和一个大号电池来制作机器人。而现在的很多机器人，即使是业余机器人，也会装备一个具有某种计算功能的大脑，大脑是通过软件程序告诉它应该做什么的。

为什么这个技术的进步要优于电子管和大号电池？这是因为和其他方法相比较，大脑和程序实现起来总是更容易，造价也更低。程序的种类取决于机器人做什么工作。不管你使用的是什么程序语言，机器人的所有功能都被归结到一个相对较小的指令集里面。如果你刚开始学习程序或者经验不是特别丰富，那么通过阅读本章的内容你可以学习到机器人的基本控制程序。这里讨论的都是基本的东西，有了这个基础你就可以更好地理解后面章节里面介绍的更丰富的技术资料了。

当然，如果你对程序已经非常熟悉也可以跳过这一章。

 提示：除非另外说明，本章里面所使用的程序示例均属于伪代码。伪代码是功能不完整的代码，很可能无法在你所使用的程序设计环境里面运行。所以，不要做无谓的尝试。伪代码使用类似英文的短语演示程序的整体功能。

如果你想查看可以实际运行的代码，可以参考书中第七和第八部分里面的章节。RBB 技术支持网站也提供了一些附加的程序实例，详见附录 A。

36.1　重要的程序概念

不管是用于机器人还是其他地方，都会涉及 11 个重要的程序概念。在本章里，我们将逐个进行详细讨论：

- 流控制
- 程序
- 变量
- 表达式
- 字符串
- 数值

- 条件语句
- 分支
- 循环
- 输入数据
- 输出数据

36.1.1　引入流控制

你可以在没有预先设计好的蓝图或流程图的条件下创建简单的单任务程序。对于更复杂的程序，你会发现绘制一个程序的流程图，包括程序执行的基本步骤，对你的工作是有帮助的。每个框图包含一个完整的步骤，连接在框图上的箭头表示整个程序的进度或一系列步骤。

当你创建的程序是由许多自主"例程"（见下一节）组成的时候，流程图是特别方便的，因为图形格式的图表有助于你直观地查看整个程序的功能和流程。

36.1.2　例程的优点

即使是最长、最复杂的程序也是由一些小片段组成的，这些片段称为例程。程序从一个例程到另一个例程以一个有序的和符合逻辑的方式执行。

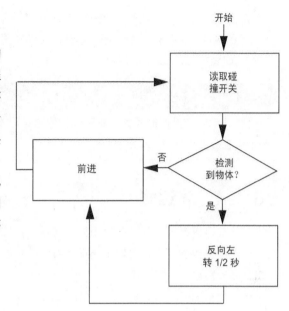

图 36-1　流程图显示了机器人的软件程序是如何分成单独的行动和反应的。根据碰撞开关是否激活，机器人会执行两个规定动作

例程是一段执行一个基本动作的自主代码。在机器人的控制程序里，一个例程可以是一个单个指令或者一个更大的动作。假设你的程序控制着一个机器人，你想让机器人在房间里四处游荡，当它碰到物体时可以倒转方向。这样的程序可以分成 3 个独立的例程：

- 例程 1：向前行驶。这是机器人的默认行动或行为。
- 例程 2：感知开关碰撞。这个例程检查机器人上的碰撞开关是否处于激活状态。
- 例程 3：反向转动。这是机器人在撞到一个物体以后，对开关碰撞做出的响应。

图 36-1 显示了这个程序映射出来的一个流程图。虽然没有绝对的必要把这些例程在程序里以物理的方式分开，但是这种方式常常有助于把程序看成是由这些最基本的部分组成得来加以思考。

 提示：例程的其他名称可能是例行程序、子程序、方法、类、函数或其他术语。这完全取决于程序语言的特点和程序员的习惯。虽然叫法不同，但基本概念是一样的。

36.1.3　变量

变量是一个用来存放信息的区域，像一种保存数据的盒子。大多数程序语言都允许你在编程的时候给变量起名字。变量的内容不是通过你指定就是在程序运行时填写的一些来源信息。由于信息保存在变量里，它可以在程序里面的其他地方多次使用。

变量可以容纳不同类型的数据，根据位或字节的数量需要来存储这些数据。举例说明，一个
0~255 的数值，需要 8 位，相当于 1 字节的存储空间。这意味着适用于这个值的变量至少要有 1 字节，
否则，这个数字将无法正确保存。

供参考

位、字节和其他形式的数据更详细的讨论见本章后面的 "了解数据类型"。现在你不熟悉这
些术语也没关系。

36.1.4　表达式

表达式可以是一个数学或逻辑的 "问题"，程序必须解决这个问题才能继续执行。表达式经常
是一个简单的数学式子，比如 2 + 2。当你要求程序执行某些类型的计算或思维过程的时候，其实
就是让它去判断一个表达式。

一个最常见的表达式是判断一个语句的真假（真和假表示正在处理的是逻辑操作）。

这里有一个很好的必须通过程序判断一个真假表达式的例子：

```
If Number = 10 Then End
```

这个表达式说的是："如果 Number 变量的内容等于 10，就终止程序"。你的机器人在继续
操作之前，必须先暂停，很快地看一眼 Number 变量里面的值，并将它应用到逻辑表达式里。如
果结果为真，那么程序结束；如果为假（编号 10 以外的值），就会发生别的事情。

36.1.5　字符串

程序世界里的一个常见术语是字符串。字符串是一系列简单的数字和字符。这些字符依次地存
储在计算机的内存里，像一串串起来的玻璃珠——因此而得名。

在程序语言的环境里，字符串通常用来和人类用户沟通信息，比如一个液晶显示屏（LCD）面
板上的文本信息。

36.1.6　数值

计算机和运行在它们上面的程序是完全地依赖数值，也就是古老的数字工作。数字与字符串有
一个显著的不同，程序可以执行对两个数字的计算，并向你提供结果。

36.1.7　条件语句

程序可以构造成使它们可以执行一个实例里面的特定例程和其他实例里面的其他例程。程序执行的例
程取决于指定好的条件，条件的设置是由程序员、机器人上的一些传感器，或变量的内容来完成的。

　　条件语句是一个岔路口，为程序提供了两个方向的选择，取决于它是如何对真假问题作出反应的。不同机器人的程序语言的条件语句类型和样式是有区别的，但是它们有一点是相同的：它们都可以启动一个指定的例程（或一组例程），取决于外部影响。

　　If 指令是最常见的条件语句。下面是一个例子，"如果外面很冷，我就会穿上我的夹克。否则，我会把夹克留在家里。"语句可以分成 3 个部分：

1. 要满足的条件（如果外面是冷的）。
2. 如果条件为真的结果（穿夹克）。
3. 如果条件为假的结果（把夹克留在家里）。

36.1.8　分支

　　类似的条件语句是分支，根据外部标准，程序可以采取几个途径之一。分支的一个很好的例子是机器人在运动过程里检测到一个碰撞，就像我们前面提到的例子（见"例程的优点"章节）。

　　机器人在正常状态下只是向前行驶，但是它的程序会在每一秒里多次转向一个例程，查看碰撞传感器是否激活。如果传感器没激活，就不会发生特别的情况，机器人会继续向前行驶。但是只要传感器激活，程序就会跳转到另一个例程，执行一个指定动作让机器人离开它碰到的障碍物。

36.1.9　循环

　　循环可以重复两次或两次以上的程序代码。一个典型的循环是检查确定某些条件是否得到了满足，如果条件满足，就处理循环的内容。当程序运行到循环的末端，会回到上端全部重新开始。这个过程会继续进行，直到检验条件不再满足。在这个情况下，程序会跳转到循环的末端执行后面的其他指令。

36.1.10　输入数据

　　你可以坐在电脑前，使用键盘和鼠标把数据输入到机器里。虽然一些机器人也有键盘或小键盘（少数带有鼠标），但是机器人的数据输入往往更加专业，举例说明，涉及触摸开关或声呐测距系统。总的来说，程序是利用提供给它的信息来完成它的任务。

　　前面描述的碰撞反向机器人再次成为了一个很好的例子。输入的数据非常简单，就是机器人前面的碰撞开关的状态。当开关激活的时候，它会提供了一个信号——"嘿，我想我碰到了什么东西"，随着这个信号机器人可以做出（举例说明）后退、闪开或朝向其他的方向继续行驶。

36.1.11　输出数据

　　在机器人控制程序的世界里，数据输出最常见的应用包括控制电动机的启动和停止，触发测量距离的声呐系统，还有驱动发光二极管闪烁着和你进行简单的莫尔斯码通信。（或者一个闪烁代表是，两个闪烁代表否？这样的话，它就可以为"星际迷航"里的派克队长工作了！）数据输出提供了一种使机器人与环境互动或者与你互动的方法。

机器人上配备的液晶显示屏输出的数据提供了一种完全地传达它的当前状况的方法。更简单地数据输出可以使用派克队长的发光二极管（LED）。或者更简单地，只要 LED 点亮就表示机器人可能遇到了麻烦，需要你的帮助。信号的具体含义完全取决于你。

36.2　了解数据类型

在最基本的层面上，程序操作的是数据。数据有很多形式，包括古怪的家伙，星际迷航里铂色皮肤的下一代（哦，不，这是另一个星际迷航笑话）。其实，我们所感兴趣的数据种类严格来说是各种类型的数字。这些数字可能代表一个数值，比如 1 或 127，数字相当于一个文本字符（在 ASCII 标准里，65 代表的是 "A"），或二进制的 00010001，这可能意味着 "启动机器人上面的两个电动机"。

36.2.1　最常见的数据类型

程序里的数据类型有以下几种常见的形式：

初值：初值从字面上看，就是程序里的一个 "硬性编码" 值。举例说明，在语句 MyVariable = 10 里，10 就是初值。

变量：我们已经知道了什么是变量。这是一个可以存储数据的地方，变量里的数据可以在程序里的其他地方引用。它就是语句 MyVariable = 10 里的 MyVariable。

常量：根据程序语言的设计方式，常量可以是直接量的另一个名称，也可以是一个特殊的变量，一旦设置好就不会改变。

表达式：一个数学或逻辑表达式的结果可以 "返回" 一个数据类型。举例说明，表达式 2+2 返回的值是 4。

无论何种形式的数据类型，程序语言希望看到的是它的数据符合预先定义好的类型。这是必需的，只有这样数据才可以正确地存储在内存里。最常见的数据类型是 8 位整数，之所以这么叫是因为这个值存储的是一个整数（一个完整的数），使用了 8 位。

 提示：位是可以存储在内存里由计算机进行处理的最小的值。位的状态不是开就是关。两个最常见的用来表示位的值是数码 0 和 1。位里面存储的值并不是一个真正的数字 "零" 或 "一"，0 和 1 只是作为一种速记。其他的速记术语包括低（表示 0）和高（表示 1）。

通过 8 位组合，程序可以处理从 0 ~ 255 的数字（或者是 -128 ~ +127，取决于程序如何使用第 8 位，在后面讨论）。基本的数据类型如下所示：

- 单个位，开或关；高或低；是或否；0 或 1
- 4 位（半个字节，有时也称为半字节）

- 8 位整数，或字节（可容纳一个数字，一个真 / 假值，或者一个字符串值）
- 16 位整数，或字
- 32 位整数，或长字，或双字（dword）
- 32 位浮点数，或单精度浮点数（"浮点"指的是带小数点的数）

36.2.2　有符号和无符号的数值

在许多情况下，程序语言提供的是（两者之中）任何一个"有符号"和"无符号"的值。有符号指的是数字可以表示为一个正的或负的值；无符号指的是数字只能是一个正值。在这些语言里，左侧的第一个位（称为最重要的位，简称 MSB，见图 36- 2）用来表示数字是正还是负。如果 MSB 是 0，表示的就是这个数字是一个正值，如果 MSB 是 1，这个数字就是负的。举例说明，对于 8 位无符号整数来说，程序可以存储从 0 到 255 的值。对于 8 位有符号整数来说，程序可以存储从 −128 ~ +127 的值。

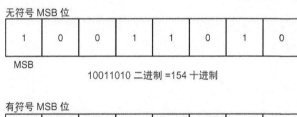

10011010 二进制 =154 十进制

10011010 二进制 =-102 十进制

图 36-2　数值以一组位的形式存储在单片机里，8 位构成 1 个字节。最重要的位，简称 MSB，通常来确定数字是否只有正，还是可正可负。在这里，二进制的 10011010 可以代表的值是 154 或 −102，取决于 MSB 的处理方式

36.2.3　简述：数据类型对数字的限制

一定要记住，给定的数据类型对可以存储的数字的大小是有限制的。如果你想存储的数字超过了数据类型的限制，你的程序将报告一个错误（也许会停止），最好的情况也会造成数据的不准确。主要的整数类型的数据对数字限制是：

数据类型	无符号	有符号
4 位，半字节	0 ~ 15	−8 ~ +7
8 位，字节	0 ~ 255	−128 ~ +127
16 位，字	0 ~ 65535	−32768 ~ +32767
32 位，双字	0 ~ 4294967295	−2147483648 ~ +2147483647

提示： 多年以来，程序语言的发展伴随着很多滥用术语形成的误区。一个很好的例子是 integer 一词。术语"integer"指的是（在拉丁语里，仍然还是）一个完整的数，然而许多程序语言用它来指定一个特定大小的数据类型。

　　更糟糕的是，数据类型的大小也随着程序语言的发展而变化。举例说明，在旧版本的 Visual Basic 里，"整数"指的是一个 16 位的有符号整数。而现在，它指的是一个 32 位的有符号整数。

　　当你在学习一种新的程序语言时一定要记住这一点。你可能会看到一个被称为 Int、int、Integer，或另一些变化的数据类型。是的，它是用来存储一个整数（完整的数），但是对这种语言来说它也是一个指定了大小的数据类型。

36.3　7 个最常见的程序语句

　　下面是 7 个最常见的你在几乎任何一种程序语言里都会遇到的语句。例子采用的是 BASIC 程序设计语言，但是原理对其他语言来说也是一样的。

36.3.1　注释

　　程序员把注释作为备注或者作为对一行特定的代码或例程的提醒。注释尤其适用于在许多人之间共享的程序。当程序编译完成（准备就绪）供计算机或单片机使用的时候，注释是排除在外的。注释只会出现程序的源代码里。

　　为了在 BASIC 里作注释，需要使用 '（单引号）符号。右侧的文字全部视为注释，编译器会把它们忽略掉。举例说明：

```
' this is a comment
```

提示： 不同语言之间的注释符号是不同的。举例说明，在 C 程序设计语言里，符号 // 用来表示一个指令。C 也提供了 /* 和 */ 标记的一个注释块。非常方便。

36.3.2　*if*

　　If 语句用来建立一个条件表达式。之所以称为条件表达式是因为它检验的是一个特定的条件：

- 如果表达式为真，程序就会执行 *If* 语句后面的部分。
- 如果表达式为假，程序就会执行 *else* 语句后面的部分，如果有的话。

下面是一个 BASIC 条件语句的例子：

```
If ExampleVar = 10 Then
Call (Start)
Else
End
End If
```

If 语句评价一个条件确定它是真的还是假的，最常见的是对相等的求值计算。=（等号）符号可以用来检验一个值，比如一个变量的内容是否等于另一个值。但是，也有其他形式的求值计算，比如"不等于"、"大于"、"小于"和其他几个。查看本章后面的"变量、表达式和运算符"一节，了解更多信息。

提示：在 C 语言里，相等的检验使用的是两个等号 ==。这是一个刚入门的 C 程序员最可能出现的错误。语句 if x = 1 的错误的，应该是 if x == 1。

36.3.3 *Select Case*

Select Case 语句用来检验一个值（通常是一个变量）对其他几个值的可能性。*Select Case* 语句让你可以分别地检验每个数字，并告诉程序当出现一个匹配的时候你想让它执行什么指定操作。

Select Case 语句的基本语法是：

```
Select Case (TestVar)
Case x
' do if x
Case y
' do if y

Case z
' do if z
End Select
```

提示：C 程序设计语言用 *switch* 语句取代了 *Select Case*。C 仍然可以使用 *case* 语句去检验每个条件，但是要记住 C 的 *case* 是全部小写的。

TestVar 是检验表达式。它会对后面的每个 *Case* 的参数进行求值计算。如果 *TestVar* 的值等于 *x*，程序就会执行 *Case x* 后面的动作。如果 *TestVar* 的值等于 *y*，程序就会执行 *Case y* 后面的动作，等等。

36.3.4　*Call*

Call 语句告诉程序暂时跳转到程序的其他地方。这是一个用标签名称识别的例程，程序会等待一个 *Return* 语句来终止例程。当遇到 *Return* 语句的时候，程序会跳转回 *Call* 语句继续执行。一个典型的 Call 语句和标签看起来是这样的：

```
Call (Loop)
' . . . additional program code here
Loop:
' statements to repeat go here
Return ' Program goes back to the Call, and continues
```

36.3.5　*Go*

Go 语句的作用是跳转到指定的标签。按照程序用语，使用 *Go* 跳转到一个标签被称为无条件分支。*Go* 语句有一个参数，即目的地的标签名称。举例说明：

```
Go (MyLabel)
' . . . some programming code here
MyLabel:
' Program doesn't go back to the Go
```

36.3.6　*For / Next*

For/Next 语句实际上是一对指令。它们会重复一定次数的执行程序操作。*For/Next* 也许是程序循环里最常用的结构。*For/Next* 循环的 *For* 部分使用表达式告诉程序从一个值计数到另一个值。对于每个计数，任何包含在 *For/Next* 结构里面的程序代码都会重复执行。

```
For x = 1 to 10
' . . . statements here repeated 10 times
Next
```

x 是一个程序用来跟踪循环重复的次数的变量。循环第一次运行的时候，*x* 包含的是 1。 下一次运行的时候，*x* 包含的是 2，依此类推。当 *x* 包含的是 10 的时候，程序就知道已经运行了 10 次，它会跳转到 Next 语句，接着将执行程序里剩余的代码。

36.3.7　*While / Wend*

While/Wend 语句也构成了一个循环结构，但是它们不像 *For/Next* 那样重复一定次数，只要条件得到满足，*While/Wend* 循环的结构就会重复。当 *While* 的条件不再满足的时候，循环打破，程序继续执行。填写在 While 和 Wend 之间的语句被认为是循环的一部分而重复执行。

```
While x
'. . . statements to repeat go here
Wend
```

x 是一个表达式，对每次循环的重复进行求值计算。举例说明，表达式可能是 *While switch* = 0，以此检验查看 *switch* 变量是否包含一个 0，表示可能是一些开关没有激活。当 *switch* 不再是 0 的时候，循环打破。

 提示：在很多机器人控制程序里，*While/Wend* 循环（和另外的，比如 *Do/Loop*）是无限期地运行的。无限循环的过程会一遍又一遍地重复，直到关闭机器人的电源。

36.4　变量、表达式和运算符

本章前面向你介绍了变量是如何暂时持有信息的。把数据放在变量里称为赋值，或者说把一个值赋给一个变量。

36.4.1　变量的赋值

最常用的把一个值分配给一个变量的方法是使用赋值运算符。在大多数用于机器人控制的程序里使用的是 =（等号）符号。给变量赋值之前先确定好储存在变量里的数据类型是最常见的也是必要的（或者至少是最好的）步骤。下面是一个 BASIC 语言的例子：

```
Dim X As Integer
X = 10
```

Dim 表示的是"尺寸"，它告诉程序你定义的变量类型，你想在内存里给它分配的空间（尺寸）。*X* 是你希望分配的变量名，=（等号）是变量的赋值符号，10 是你放在变量 *X* 里的值。

 提示：很多语言对你可以使用的变量名做了限制。具体来说，变量名必须以字母开始，并且不能包含空格或其他标点符号。像 *If*、*While* 和 *Select* 这样的保留字——特殊标识符也不能用作变量名。

很重要的一点是一旦你定义好了一个变量的数据类型，你就不能给这个变量分配其他类型的数据了。举例说明，下面这些都是错误的：

```
Dim X As Byte
X = 290 ' data overflow; byte range is 0 to 255
Dim X As String
X = 15 ' 15 is not a string
Dim X As Integer
X = "hello" ' "hello" is not an integer
```

大多数机器人控制语言让你可以给变量分配多种值，只要值的数据类型和你所使用的相匹配就可以。其中最常见的分配给变量的值类型是：

初值：正如前面所提到的，初值就是你在写程序的时候指定的值。举例说明：

```
X = 15 ' X is the variable; 15 is the literal value
```

另一个变量的内容：你可以把一个变量的内容复制到另一个变量。举例说明：

```
X = Y ' X is the newly assigned variable;
' Y contains some value you're copying
```

（注意这个问题！大多数语言里复制的是变量的内容，而不是变量本身。如果你稍后更改 *Y* 内容，*X* 会保持不变。但是一些程序语言会试图干扰你的思路，让你指定一个变量的"指针"，而不是复制它的内容。如果你改变 *Y*，*X* 也会变化。）

内存位置：很多程序语言让你可以引用物理内存的指定部分。举例说明：

```
X = Peek (1024) ' read value of data starting at memory
' location 1024
```

寄存器参考：寄存器参考是机器人的单片机保持的一个值。寄存器和变量一样，只是它们的名称是内建在单片机硬件里的。举例说明：

```
X = b7 ' read value in register b7
```

求值表达式：求值表达式变量存储的值是表达式的结果。举例说明：

```
X = 2 + 2 ' X holds 4
```

36.4.2 创建表达式

表达式告诉程序你想用它的信息做什么。一个表达式由两部分组成：

- 一个或多个值
- 你想用这些值做的一个指定操作

在大多数程序语言里，表达式也可以用来指定变量的内容，就像下面的：

```
Test1 = 1 + 1
Test2 = (15 * 2) + 1
Test3 = "This is" & " a test"
```

程序处理表达式并把结果放在变量里。下面的章节介绍了最常见的运算符，以及它们是如何用来构建表达式的。一些运算符与数字一起使用，有一些则可以用于字符串。下面的表分为两部分：数学运算符（只适用于数值）和关系运算符（可以与数字和一些程序语言的字符串一起使用）。

■ 36.4.2.1 数学运算符

运算符	功能
– 值	把值作为一个负数
v1 + v2	v1 和 v2 的值相加
v1 – v2	v1 和 v2 的值相减
v1 * v2	v1 和 v2 的值相乘
v1 / v2	v1 和 v2 的值相除，有时也表示为 v1 DIV v2
v1 % v2	v1 和 v2 的值相除，取余。有时也写成 v1 MOD v2

■ 36.4.2.2　关系运算符

运算符	功能
Not 值	计算值的逻辑非，逻辑非可以反转一个表达式：真变成假，反过来也一样
v1 And v2	计算 v1 和 v2 的逻辑与
v1 Or v2	计算 v1 和 v2 的逻辑或
v1 = v2	检验 v1 和 v2 是不是相等
v1 <> v2	检验 v1 和 v2 是不是不相等
v1 > v2	检验 v1 是不是大于 v2
v1 >= v2	检验 v1 是不是大或等于 v2
v1 < v2	检验 v1 是不是小于 v2
v1 <= v2	检验 v1 是不是小或等于 v2

关系运算符也称为布尔或真 / 假运算符。不管它们检验的是什么，得到的答案不是"是"（真）就是"否"（假）。表达式 2 = 2 是真的，而表达式 2 = 3 则是假的。

■ 36.4.2.3　使用 *And* 和 *Or* 关系运算符

And 和 *Or* 运算符是与数字（取决于语言）一起使用的，表达式的结果是条件的真 / 假。使用类似下面的真值表可以有助于查看 *And* 和 *Or* 运算符的作用。下表显示了表达式里的值的所有可能的结果：

***And* 真值表**

0 表示假，1 表示真		
值 1	值 2	结果
0	0	0
0	1	0
1	0	0
1	1	1

***Or* 真值表**

0 表示假，1 表示真		
值 1	值 2	结果
0	0	0
0	1	1
1	0	1
1	1	1

36.4.3　对字符串使用运算符

回想一下，一个字符串就是一串文本字符。你无法对文本进行数学计算，但是你可以让文本字符串之间相互比较。最常见的包括字符串的操作是检验一个字符串与另外的字符串是否相等，比如：

```
If "MyString" = "StringMy" Then
```

因为两个字符串不一样，这个结果是假的。在运行的程序里，你最好用变量构成字符串的比较，比如：

```
If StringVar1 = StringVar2 Then
```

现在程序比较的是两个变量的内容，并相应地报告真假。需要注意的是字符串的比较几乎总是对大小写敏感的：

字符串 1	字符串 2	结果
hello	hello	匹配
Hello	hello	不匹配
HELLO	hello	不匹配

尽管在比较字符串的时候，广泛使用的是 =（等号）运算符，但在许多程序语言里你也可以同时使用 <>、<、>、<= 和 > =。见前面"创建表达式"的章节，获得这些运算符的详细信息。

36.4.4　多重运算符和优先顺序

除了最古老或最简单的程序语言，所有的程序语言都可以在一个表达式里处理一个以上的运算符。这使你可以把 3 个或 3 个以上的数字，字符串或变量组合在一起构成复杂的表达式，比如 $5+10/2 \times 7$。

然而，这种多重运算符的功能也会带来一个不利的结果。你必须仔细处理好优先顺序，也就是，程序对表达式求值的顺序。有些语言严格地按照从左到右的顺序对表达式求值，而其他的语言则按照某些特定运算符优先的顺序进行处理。当使用后面的方法时，一个常见的优先顺序如下所示：

顺序	运算符
1	-（一元负号），+（一元正号），~（按位非），Not（逻辑非）
2	*（乘），/（除），%或 MOD（取余），DIV（整数除）
3	+（加），-（减）
4	<<（左移），>>（右移）

顺序	运算符
5	<（小于），<=（小于或等于），>（大于），> =（大于或等于），<>（不等于），=（等于）
6	&（按位与），|（按位或），^（按位异或）
7	And（逻辑与），Xor（逻辑异或）
8	Or（逻辑或）

　　程序语言通常不会区分相同优先级的运算符。如果它遇到用于加法的 + 号和用于减法的 - 号，通常按照从左往右的顺序对表达式进行求值计算。你可以用圆括号来指定其他的计算顺序，圆括号里面的数值和运算符是优先求值的。

36.5　在线信息：更多的程序原理

　　还有很多我想讨论的关于程序的话题，但是书里面的空间不够了。我在 RBB 技术支持网站（见附录 A）里放了几篇简文，文中提供了一些额外的程序原理。具体内容包括：

- 使用按位操作——控制一个字节的不同的位或更大的值。
- 对文本使用运算符——比较，匹配实例，在一个字符串里查找特定的文本。
- 额外的程序语句和概念。
- 减少内存使用的编程方法。

第七部分

微控制器构成的大脑

第 37 章

使用 Arduino

现在微控制器的应用范围已经非常普遍了，市场上有数百种样式和型号的产品，从非常简单的到超级复杂的供你任意挑选。处于中间级别的是 Arduino，这是一种小巧而经济的单片机开发板，一问世就迅速得到了认可。

Arduino 之所以成为世界各地制作爱好者的宠儿，是因为它的硬件设计和它的软件都是开源的。这意味着其他人可以用自己的想法对它加以改进，无需支付许可费用。这就创造出了一种带有家庭工业和第三方支持特点的东西。

在本章里面，你会了解到 Arduino 是什么，以及如何用它来实现对机器人的控制。建议你一定要看看第 8 章里面介绍的 Arduino 在现实世界中应用的例子，也可以上网查看 RBB 技术支持网站里面附带的程序实例。参考附录 A 获得更详细的信息。

37.1　Arduino 的结构

最先在 2005 年推出的 Arduino 已经通过了无数次的迭代、修改和完善。图 37-1 显示的是一块被称为 Arduino 的主板或核心的电路板：这是一块印制电路板，尺寸是 $2\frac{1}{8}$ 英寸 × $2\frac{3}{4}$ 英寸，板子上包含了一个 Atmel 生产的 ATmega 系列的单片机，芯片运行频率是 16 MHz，电源插孔是一个 2.1mm（中心是正极）的桶形连接器，还带有一个和 PC 机连接的 B 型的 USB 插座。控制器的型号包括 Uno 和 Duemilanove。

Arduino 上面有 28 个用来连接外部设备的插孔。插孔（引脚）分成 3 组：电源、模拟输入和数字 I/O。28 个引脚里有 20 个专门用于输入和输出，其中的 6 个是模拟输入引脚，也可以作为通用的数字 I/O 接口。14 个是数字输入/输出引脚，包括 6 个可以用来产生 PWM（脉冲宽度调制）信号的引脚，它们可以用来控制电动机的速度。所有的 I/O 引脚可以用作数字输出，沉电流或源电流的能力可以达到 40mA。

Arduino 的心脏是一个 Atmel 公司生产的 ATmega 单片机。芯片的具体型号取决于 Arduino 的型号。举例说明，老式的 Diecimila 使用的是一个 Atmel 的 ATmega168，之后的版本使用的是 ATmega328。这两种芯片在物理上是相同的，只是 328 提供了更多的存储空间。

 提示：这里我需要特别指出的是 Arduino 上使用的单片机芯片不是"空"的，实际上它们带有一个预先烧录好的小引导程序，和 Arduino 的开发编辑器一起使用，本章后面会做介绍。引导程序在下载过程中会起到作用。

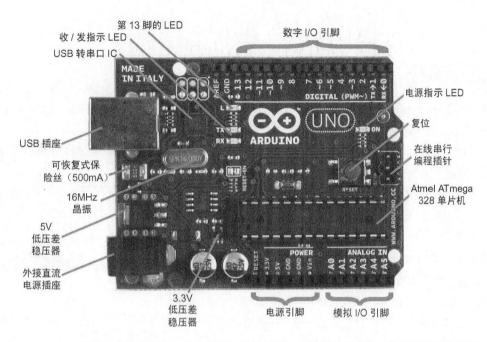

图 37-1   Arduino 电路板上的接点信息，包括 USB 和电源插座、功能插针和排在一起的插孔式连接器

37.2   版本上的变化

核心板的结构如图 37-1 所示，这是最常见，也是最流行的 Arduino，但是也有很多其他规格的版本。这里介绍的只是一些你可能会遇到的标准化的 Arduino 电路板——版本和名称可能会随时间而改变：

• Arduino BT 和 Fio 是为无线应用而设计的。BT 包含了蓝牙模块，Fio 有一个内置的 Zigbee 无线模块。

• Nano 是一个紧凑的条形电路板，可以和实验电路板配合使用。它具有核心板（包括内置的 USB 插口）上的全部功能，但是尺寸只有 0.73 英寸 × 1.7 英寸。

• Mini 的尺寸更小，非常适用于空间有限的小型机器人。Mini 没有自己的 USB 接口，需要用 USB 适配器或串行转 TTL 模块把它连接到 PC 机上进行编程。

• Mega2560 是一个大号的 Atmel 芯片，它上面有超过两倍数量的模拟和数字 I/O 接口，内存和程序空间也更大。

几个 Arduino 经销商提供他们自己定制的 Arduino 产品，这些产品通常使用不同的名称，比如 Boarduino 或 Freeduino，用来把它们和原始的 Arduino 区分开。

一些版本的 Arduino 脱离了 Arduino 核心电路板的标准结构，在设计上不能和扩展板一起使用，本章后面会讨论。一个很好的例子是 LilyPad，这是一个特殊的 Arduino 布局，设计用来制作可穿戴的单片机项目。花形的 LilyPad 的外形是扁平的，可以缝在衣服上。它的接点在 22 个花瓣的末端。

37.3　用扩展板扩展接口

在 Arduino 本身没有实验电路板的区域，但是它可以很容易地用导线把输入或输出连接到一个小实验板上。对于像机器人这样的应用，你可以扩展 Arduino 的 I/O 接头让它可以更容易连接上其他东西，比如电动机、开关、超声波或红外线传感器。

一种方法是使用一个附加的称为护盾的扩展板。护盾在设计上可以直接附着在核心板和 Mega2560 的顶部。护盾底部的针脚可以直接插入 Arduino 的 I/O 接口的插孔里面。两个常见的扩展护盾是实验电路板护盾（见图 37-2）和护盾的原型板，它们都提供了扩展的电路试验区域。

当然，你不一定非要用护盾扩展 Arduino。你可以把一块实验电路板——免焊或其他方式的板子——放在 Arduino 旁边，用带状电缆或接线把两者连接在一起。

图 37-2　Arduino 的扩展护盾，上面带有一个试验用的小型免焊电路板。面焊电路板可以用短跳线和 Arduino 的引脚（图片顶部和底部）进行连接（图片来自 Adafruit Industries）

37.4　USB 连接和电源

为了让编程操作变得更加最简单易行，所有 Arduino 核心板都支持 USB 连接。你只需要在 Arduino 和计算机之间连接上一根合适的 USB 电缆就可以了。Arduino 的软件提供了必要的 USB 驱动程序。大多数情况下驱动程序的安装都不是全自动的，但是手动安装的步骤很简单，Arduino 网站的支持页面提供了一个安装驱动的例子。

USB 插座提供了通信功能，包括从 PC 机上下载程序（稍后讨论），和与 PC 机之间的串行通信。USB 链路里包含一个 500mA 的自恢复保险丝，防止 PC 机上的 USB 端口出现故障对 Arduino 可能造成的损坏。当插在一个 USB 端口上面的时候，Arduino 可以从这个端口取电。根据不同的端口标准，使用 USB 2.0 端口的时候驱动电流限制在 500 mA。

Arduino 电路的工作电压是 5V，除了通过连接在 PC 机上的 USB 电缆供电，还可以通过电路板内置的低压差稳压器使用外接电源供电。稳压器的适用电压是 7 ～ 12 VDC，9V 的方块电池是理想的外接电源。不建议使用超过 12V 的电压，因为这样可能会导致稳压器过热。

提示：Arduino 还配备了一个 3.3V 的低压差稳压器。根据 Arduino 版本的不同，稳压器可能和 USB 转串口芯片是一体的，也可能是独立芯片。无论是哪种情况，稳压后的最大输出电流都非常低，通常为 50mA。3.3V 稳压器最适合给低压工作的小型电子器件供电。这些器件包括某些特定类型的加速度计和陀螺仪。

对于机器人上的应用，我认为最好的方式是 Arduino 自己的电池给它供电，用其他电池给电动机供电。你可以制作自己的 9V 电池转2.1mm 桶形连接器跳线，也可以购买现成的产品（见图 37-3）。

Arduino 上的 LED 指示灯可以用来进行测试和验证。一个LED 显示的是电源的状态；另外两个 LED 显示的是串口发送和接收的活动，当用计算机给板子编程的时侯，LED 应该是闪烁的。第4 个 LED 并联连接在第 13 个数字 I/O 接口，可以通过它简单测试Arduino 的工作状态是否正常。

图 37-3　用来连接 9V 电池和 Arduino 的 2.1mm 电源插座的成品电缆（图片来自 Adafruit Industries）

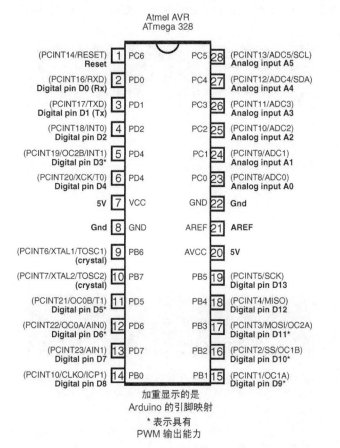

图 37-4　Atmel ATmega328 芯片的管脚排列图，带有和 Arduino 的 I/O 接口相对应的引脚映射说明

37.5　Arduino 的引脚映射

Arduino 使用的是自己的 I/O 接口命名方式，它的引脚的名称和编号和 ATmega 单片机上的

命名规则是不相关的。如果你之前接触和使用过单独的 ATmega 芯片，那么这种命名方式可能会使你产生一些概念上混淆。

图 37-4 显示了一个 28 脚的 ATmega328 单片机芯片的引脚排列图。芯片内侧的标签说明了每个管脚的主要功能，有的管脚外面也有标签，括号里说明的是替代用途。

图 37-4 还显示了 Arduino 和 ATmega328 之间的引脚映射。重要的是要记住它们两者之间引脚的序号是不同的：举例说明，ATmega328 上的 12 脚实际上映射到 Arduino 上的数字脚 D6。在典型的 Arduino 编程里你可以不用担心引脚映射的问题，但是最好弄清楚它的由来。

37.6　Arduino 的编程

单片机需要借助一台主机来开发和编译程序，主机上使用的软件被称为集成开发环境，简称 IDE。Arduino 的语言基于优秀的老式 C 语言。如果你不熟悉这种语言也不用担心，因为它并不难学，而且当你的程序出现错误的时候 Arduino 的 IDE 会提供一些反馈信息。

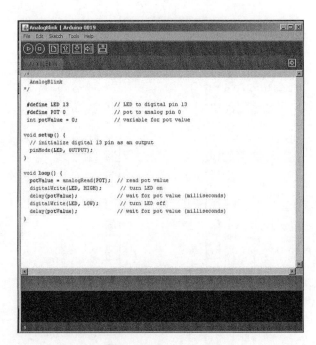

准备开始使用 Arduino 的 IDE 进行编程的时候，先访问 www.arduino.cc 网站，然后点击"下载"选项卡。找到适用于你的电脑操作系统的链接（PC、Mac、Linux），下载安装文件。Arduino 网站的入门指南里面有详细的使用说明，建议一定要仔细阅读一遍这个说明。

安装完成后，你就可以开始试验你的 Arduino 了。首先通过 USB 电缆把板子连接到你的 PC 机上。如果这是你第一次在 PC 机上使用 Arduino，你必须先安装 USB 通信的驱动程序，详见网站的入门指南。

图 37-5　Arduino 的集成开发环境（IDE）提供了一个集中的编写、编译和把程序下载到 Arduino 电路板的界面

37.6.1　使用 Arduino 的 IDE：基础知识

Arduino 的编程环境使用起来非常简单。第一次使用的时候编程环境会要求你指定所使用 Arduino 电路板的类型，在必要的时候，还要指定连接到电路板的串行端口（Arduino 的 USB 连接看起来就像是一个串行端口连接到你的计算机）。

然后，你可以打开一个现有的示例程序，把它下载到你的电路板上，或者你也可以在 IDE 编辑器里编写自己的程序。图 37-5 显示了 Arduino 的 IDE，主窗口里有一小段程序。

下一步是编译程序，Arduino 习惯把程序称为"草图"。这一步是准备把编写好的代码下载到 Arduino，文本编辑器底部的状态窗口会显示出编译的过程。如果程序编译成功，就可以把它下载到 Arduino 了，下载完成以后，程序会自动运行一次。

37.6.2　IDE 的版本说明

Arduino IDE 和标准编程语句还有库文件经常会随着新版本出现而发生变化。本章后面讨论的舵机库采用的是 0017 版本的 Arduino IDE。如果你已经安装的 IDE 版本比较老，那么你应该获得最新的版本。你可以在电脑上保留多个版本的 Arduino IDE，在必要的时候甚至可以在它们之间进行切换——尽管很少需要这么做。

这本书里面所有的编程示例需要 0017 或更高版本的 Arduino IDE，所以一定要确保你使用的版本是兼容的，可以把 Arduino IDE 设置成总是检查更新的状态。

37.7　机器人的编程

Arduino 支持库的概念，代码库可以扩展核心程序的功能。库让你可以重复使用代码而无需在程序里面进行物理的复制和粘贴。标准的 Arduino 软件安装包自带几个你可以使用的库，你也可以从 Arduino 网站的支持页面下载其他的库，第三方网站也会发布 Arduino 的代码库。

库的一个很好的例子是你在大多数机器人上都会用到的 Servo 库。这个库让你可以把一个或多个 R/C 舵机连接到 Arduino 的数字 I/O 引脚。Arduino 的标准安装包里带有 Servo 库，所以把它添加到你的程序里只需要简单的选择 Sketch->Import Library->Servo 就可以了。

在结构上，Arduino 的程序非常简单，很容易阅读和理解。所有的 Arduino 程序有至少两部分，名为 *setup( )* 和 *loop( )*。这些被称为函数，它们在程序里是这样显示的：

```
void setup() {
}
void loop() {
}
```

● 小括号（ ）用于任意可选的参数（函数使用的数据），在函数里面使用。在 *setup( )* 和 *loop( )* 的情况下，括号里没有参数，但是这里的括号必须是一样的。

● 大括号 { } 定义了函数本身。大括号之间的代码被解释为属于这个函数的——由大括号构成的一个代码块。因为这里没有要显示的代码，所以括号里面是空的，对实际的程序来说它们里面是一定要有东西的。

● 两个函数名字前面的 void 告诉编译器，当它完成处理以后函数不返回数值。你也可以使用其他的函数或创建自己的函数，让它们完成以后可以返回数值。数值也可以用在程序的其他部分。

● *setup( )* 和 *loop( )* 函数是必需的。你的程序里必须有它们，否则当你编译程序时 IDE 会报告一个错误。这些函数在程序里起到和它们名字一样的功能：*setup( )* 的作用是设置 Arduino 硬件，比如指定你计划使用的 I/O 接口。*loop( )* 函数是当 Arduino 运行的时候不断重复。

很多 Arduino 程序在开始的部分会有一段总体声明。除了其他东西以外，声明还会指出你打算把变量放在整个程序的哪个部位使用——见下一节里面的例子。它还是一个常见的告诉 IDE 你想使用一个外部库，比如 Servo，来扩展 Arduino 的基本功能的位置。

37.7.1　使用变量

当你的程序运行的时候，Arduino 使用变量来存储信息。这个平台支持很多用于容纳不同类型和大小的数据型变量。其中最常见的是

- int：包含一个有符号的（可正可负）完整数值（整数），值的范围可以从 -32768 到 32767。
- unsigned int：包含一个无符号整数（只有正），值的范围是从 0 到 65535。
- byte：包含一个从 0 到 255 的无符号数。
- boolean：包含 true 或 false 值。
- float：包含一个浮点数值，小数点右边的数字最多可以有 15 位。
- String：包含文本，通常指的是 LCD 上显示的或传送回 PC 机的一个消息。

使用变量的时候，你必须先声明它。可以在程序开始的位置或程序里面的任何一个地方声明变量。如果你在程序开始的位置声明了一个变量并确定了它的范围，那么它就是一个整体变量，也就是说它可以在程序里面的任何一个地方使用。函数里面的变量只能用于这个函数。

声明（或定义）一个变量的时候，需要先指定它的类型，然后指定它的名称，接着是通过一个可选的步骤给声明好的变量分配一个值：

```
int myInt = 30;
```

声明一个名为 myInt 的 int 变量，给它分配一个 30 的值。这一行相当于：

```
int myInt;

myInt = 30;
```

变量名只能包含字母，数字或下划线（＿）字符。名字不能以数字开头，并且不能包含空格。另外变量名对大小写敏感，所以 myInt 和 myint 是明显不同的。

 提示：很多程序员喜欢对他们的变量采用一致的命名规则。这也包括大小写的一致。现在最常见的做法称为 **camelCase**——两边低（小写），中间高（大写）。

　　一个例外是当使用常量的时候，变量的内容只能定义一次就不能再改变了。这里最常见的做法是全部使用大写字母，比如

const int POT = A0;

表示一个名为 POT 的常变量。

37.7.2　使用 Arduino 的引脚

Arduino 的输入 / 输出引脚是以编号为参考的。编号分为两组：一组用于模拟引脚，另一组用于数字引脚。

- 模拟引脚引用为 Ax，其中的 x 是一个编号。举例说明，要引用编号为 0 的模拟引脚，就要用到 A0。
- 数字引脚在程序里引用的就是它们的编号（此外，这本书里把数字引脚描述成 Dx——举例说明：D13 或 D9——避免引脚连接造成的混淆）。

在实际使用中，大多数 Arduino 编程语句都可以自己判断正在使用的是一个模拟引脚还是一个数字引脚。举例说明，当使用 analogRead 编程语句的时候，读取的是引脚上的电压值，编译器就会知道你说的是一个模拟输入引脚，因为数字引脚是不支持这个功能的。

默认情况下，数字引脚会被自动认作是输入，这意味着它们可以读取一个值，而不能设定一个值。在程序里的任何一个位置，你都可以告诉 Arduino 你想把一个引脚用作输出。过程非常简单：

```
pinMode(PinNumber, Direction);
```

PinNumber 是你想使用的引脚编号，Direction 是 INPUT 或 OUTPUT（它们是预定义的常量，这就是为什么它们全都用大写字母）的方式。举例说明，

```
pinMode(13, OUTPUT);
```

使 D13 引脚成为一个输出。一旦设置成输出，它就可以执行输出操作，比如点亮一个 LED。类似这样的例子在本章后面会做介绍。

数字引脚可以开启或关闭，定义为 0 或低电平（关闭），否则就是 1 或高电平（开启）。

- 用 digitalWrite 设定数字引脚的值。
- 用 digitalRead 检测数字引脚的值。通常可以用一个变量来存储引脚的值。

举例说明，

```
digitalWrite(13, HIGH);
turns pin D13 on (sets it HIGH).
myVar = digitalRead(13);
```

读取引脚 D13，把它的值（高或低）分配给 myVar 变量。

37.7.3　进行试验

下面显示的程序 arduino_test.pde，说明了 Arduino 在机器人上的几个基本使用方法，包括读取模拟传感器和提供视觉反馈。我把 Arduino IDE 里面的一个例子稍微做了一点修改，使它更符合本书的风格。这个例子是用一个 10kΩ 的电位器改变 Arduino 内置 LED 闪烁的快慢。

程序配套的电路原理图如图 37-6 所示。连接在电路板上的电位器构成了一个公共电压的分压器。在这种方式下，Arduino 检测到的电位器的值是一个 0 ～ 5V 的可变电压。

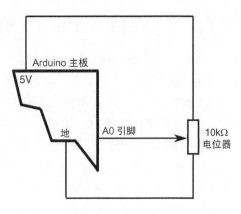

 注意：连接电位器的时候一定要小心。确保把电位器的抽头连接到引脚 A0，另外两条腿分别连接到 5V 和地。如果你不小心把抽头连接到了 5V 或地，那么当你旋转电位器的时候就会使它彻底短路。这样可能会烧坏电位器，Arduino 也会停止工作并进入"故障－安全"保护模式。

图 37-6　程序 arduino_test.pde 的电路原理图。10 kΩ 的电位器连接到 Arduino 引脚的 5V 和 GND，以及模拟的 A0

arduino_test.pde

```
const int LED = 13; // LED 连接至数字引脚 D13
const int POT = A0 // 电位器连接至模拟 A0 脚
int potValue = 0; // 把电位器数值设置为变量
void setup() {
// D13 脚初始化为输出
pinMode(LED, OUTPUT);
}
void loop() {
potValue = analogRead(POT); // 读取电位器数值
digitalWrite(LED, HIGH); // 点亮 LED
delay(potValue); // 等待数值（毫秒）
digitalWrite(LED, LOW); // 熄灭 LED
delay(potValue); // 等待数值（毫秒）
}
```

下面说的是这个程序是如何工作的：

前两行设置的是常量变量，这样连接着不同的硬件的 I/O 引脚就可以通过名称引用了，不需要提及引脚编号。这样做只是为了方便。内置的 LED 连接着数字的 D13 脚，电位器——在程序里命名为 POT——连接着模拟输入的 A0 脚。

另一个变量定义为容纳电位器的当前值，这是一个从 0 到 1023 的数字。这个数字来自 Arduino 内部集成的 10bit 模数（ADC）转换器，表示的是一个从 0 ~ 5V 的电压。

setup() 部分为程序的其余部分准备好 Arduino 的硬件。当单片机首次启动的时侯，所有的

I/O 接口都被自动定义为输入。但是 LED 需要一个输出引脚，所以要在这里对引脚进行定义。

loop( ) 部分自动开始执行下载到 Arduino 的程序。循环会继续下去，直到电路板被拔掉，Arduino 的复位按钮被按下，或一个新的程序被加载到内存中。循环开始的时候先读取模拟输入引脚 A0 上的电压，然后程序点亮 LED，等待一段通过电位器的当前位置定义好的时间以后，LED 再次熄灭。等待时间的单位为毫秒，0 ～ 1023，数值范围来自 Arduino 的 ADC。差不多 100ms 或更少的非常快的延迟可以显示出一个稳定的光线。

37.8   使用舵机

下面的程序控制一个舵机向两个方向来回转动，两者之间有一个短暂地停顿。你可以使用一个未经修改的或者改造成可以连续旋转的舵机来查看代码的动作。舵机的接线参考图 37-7 所示的电路。使用一个标准尺寸（或更小）的模拟舵机，不要用大型或数字舵机，因为它们消耗的电流可能会超过电脑 USB 端口的额定电流。

 提示：在下面的例子里，双斜线 // 符号后面的文本表示的是注释。它是给我们人类看的。在编译阶段，注释会被忽略，因为它们不是程序功能的一部分。

```
basic_servo_test.pde
#include <Servo.h> // 使用 Arduino IDE（版本 0017 或更高）自带的舵机库
Servo myServo; // 创建舵机对象控制舵机
int delayTime = 2000; // 延迟时间，单位为毫秒
void setup()
{
myServo.attach(10); // 舵机连接至
}
void loop()
{
myServo.write(0); // 舵机旋转至 0
delay(delayTime); // 等待延迟
myServo.write(180); // 舵机旋转至 180
delay(delayTime); // 再次等待
}
```

第一行，#include <Servo.h>，告诉 IDE 你想要使用 Servo 库，它是一个安装好的 Arduino IDE 的标准部分（其他库可能需要单独下载，但它们的使用方式都是一样的）。Servo

库的文件名是 Servo.h，所以这里使用的就是这个名字。

Servo 实际上是一个类名，这也是 Arduino 如何使用它的库的方式。你可以用一个类名创建出多个对象实例（副本），而无需重复大量的代码。需要注意的是 Servo 是作为类名使用的，而 myServo 则是我给刚创建的对象起的名字。

setup( ) 函数包含了一个语句，myServo.attach(10)。下面是它的全部含义：

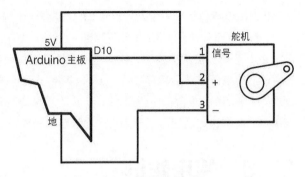

图 37-7　使用 Arduino 测试舵机功能的接线图。一定要保证连接到舵机的电源和地的极性是正确的

- myServo 是先前定义好的 Servo 对象的名称。
- attach 可以看成一种方法，指的是你用来控制对象行为的方法。在这种情况下，attach 告诉 Arduino 你实际上把舵机连接到了数字 D10 引脚，而且你想激活这个引脚。一个句点分隔着对象的名称和方法——myServo.attach。

注意语句最后部分的；（分号）。它是语句的结束。这样告诉编译器语句是完整的，并继续到下一行。loop( ) 函数包含着一部分程序，可以一遍又一遍地重复执行，直到你下载一个新的程序或切断 Arduino 的电源。

- myServo.write(0) 是另一种使用 myServo 对象的方法。用 write 可以命令舵机向一个方向一直转动。当使用的是一个改造过的舵机的时候，这个语句可以让电动机不停地在一个方向上旋转。
- delay(delayTime) 告诉 Arduino 等待一段先前在 delayTime 变量里指定的时间，这里是 2000ms（2s）。
- 这两个语句再次重复，这一次 myServo.write(180) 使舵机转向另一个方向。

这里需要特别注意的是变量、对象和语句名称的大小写的问题。像所有的基于 C 语言的语言一样，这些名称都是区分大小写的。这意味着，myServo 显然不同于 myservo、MYSERVO 和其他变化。如果你尝试使用

```
myservo.attach(10);
```

当你定义 myServo 对象的时候，（注意小写的"s"），Arduino IDE 将报告一个错误——"myservo not declared in this scope"，即 myservo 不在有效范围。如果你得到这个错误应该仔细检查大小写是否有误。

37.9　创建你自己的函数

Arduino 包含任何一种编程语言都具有灵活性，你可以用 Arduino 自带的方法开发可以重复使用的代码，比如创建用户定义函数。为了创建一个用户定义函数，你要给它一个唯一的名称，并

把你想要的代码放在一对大括号里面，像这样：

```
void forward() {
myS07.write(0);
delay(delayTime);
}
```

所有的用户定义函数都必须表明它们返回的数据类型（用于程序里的其他地方）。如果这个函数不返回任何数据，则用 void 代替。用户定义函数还必须包括一个圆括号围起来的参数，函数会用到这个参数。这里的 *forward* 用户定义函数是没有参数的，但是要记住，你同样需要加上一对圆符号。

用户定义函数确定了函数的功能，使用的时候你只需要从程序的其他地方把它调用出来就可以了。只要键入它的名称，后面跟一个分号标志着一行语句的结束：

```
forward();
```

arduino_servo.pde 是一个完整的 Arduino 演示程序，程序控制一个舵机以一种间隔的方式前进、后退，还有短暂地停止。当使用的是一个改造过的可以连续旋转的舵机的时候，程序的运行效果看起来会更直观。

```
arduino- servo.pde
#include <Servo.h>
Servo myS07;  // 创建舵机对象
int delayTime = 2000;  // 标准延迟时间（2 秒）
const int servoPin = 10;  引脚 D10 分配给舵机
void setup() {  // 设置为空
}
void loop() {  // 重复这些步骤
forward();  // 控制正向、反向、停止
reverse();  // 自定义功能
servoStop();
delay(3000);
}
void forward() {  // 激活舵机
myS07.attach(servoPin);  // 延迟时间
myS07.write(0);
delay(delayTime);
```

```
mySevo.detach(); // 注销舵机，停止
}
void reverse() { // 另一个方向做同样操作
mySevo.attach(servoPin);
mySevo.write(180);
delay(delayTime);
mySevo.detach();
}
void servoStop() { // 注销舵机，停止
mySevo.detach();
}
```

37.10　在线信息：控制两个舵机

用 Arduino 控制两个舵机也非常轻松。你只需要创建出第二个（复制的）Servo 对象的实例，并对它单独进行命名就可以了。举例说明，在一个双轮差速运转的机器人上，你可以把一个 Servo 对象命名为 servoLeft，把另一个命名为 servoRight。

作为一个补充项目，RBB 技术支持网站（见附录 A）提供了详细的资料、接线示意图和使用 Arduino 控制两个舵机的示例代码。

在支持网站上，你还可以找到扩展代码和另一个我命名为 ArdBot 的项目思路，ArdBot 是一个供 Arduino 机器人试验的低成本可扩展平台。基本的 ArdBot 如图 37-8 所示，机器人带有 Arduino 和一块电路实验板。

图 37-8　供试验使用的 ArdBot，带有 Arduino 单片机和迷你免焊电路实验板。RBB 技术支持网站提供了更多关于这个机器人的信息

37.11　流控制结构

流控制结构告诉程序必须满足什么样的条件才能执行下一个给定任务。目前最常用的流程控制结构是 if 指令。它可以测试一个条件是否存在，然后跳转到相应的程序去执行。if 结构看起来就像这样：

```
if(condition) {
// 真：条件成立
} else {
// 假：条件不成立
}
```

condition 是一个表达式，通常测定的是 A 是否等于 B，比如：

```
if(digitalRead(9) == HIGH)
```

这里测试的是数字引脚 D9 是否为高。如果是的话，那么程序执行 Ture 代码，因为这个条件得到了满足。否则，程序会执行 *False* 代码。一个完整的例子就像这样，为此，数字引脚 D9 的值会使 D13 引脚上的 LED 短暂地闪烁：

```
pinMode(13, OUTPUT);
if(digitalRead(9) == HIGH) { // 注意: 此处没有分号
digitalWrite(13, HIGH);
delay (1000);
digitalWrite(13, LOW);
}
```

注意在这个例子里当条件为否的时候是没有代码的。这种方式是可以接受的，并且应用得相当普遍。因为当条件为否的时候没有代码，*else* 指令也可以省略，还有和它相对应的括符。

提示：特别要注意大括号！你需要用一对大括号把条件为真的代码括起来。

```
if (blah- blah) {
// 真代码写在这里
}
```

如果当条件为否的时候你执行一段独立的代码，那么你必须加入 *else* 指令和它的大括号：

```
else {
// 假代码写在这里
}
```

if 测试条件通常测试的是某个事物是否等于其他事物，但是也有可能是和其他事物进行比较。下面是几种最常见的形式：

==	等于
<>	不等于
>	大于
<	小于
> =	大于或等于
<=	小于或等于

特别需要注意的是用于等于的双等号。单个 = 号是没有意义的，你需要使用双等号 ==。

一个实际的例子是测试是否一个模拟输入引脚上的电压高于或低于中间点——中间点是 511（可能的值是从 0 到 1023）。下面一个简短的例子测试的是模拟输入引脚 A0 的值是否在中间点以上，或 512 及以上。如果条件成立，数字引脚 D13 上的 LED 就是点亮的。

```
if(analogRead(A0) >= 512) {
digitalWrite(13, HIGH);
}
```

37.12　使用串行监视窗口

当把 Arduino 通过 USB 电缆连接到 PC 主机上的时候，它就提供了一个快速简便的查看正在运行的程序的反馈信息的方法。Arduino 的内部具有通过串行通信方式和 PC 机对话的能力。你只需要用下面的语句设置好串行链路：

```
Serial.begin(9600);
```

然后用下面的语句把数值或文本发送给 PC 机：

```
Serial.println(value);
```

结果显示在串行监视窗口，你需要选择 Tools->Serial Monitor 让它显示出来。

举例说明，假设你想查看加在模拟输入引脚 A0 上的一个数字电压值。只需要在 *setup( )* 函数里设置好通信链路，然后就可以反复读取模拟输入引脚并把它的数值返回到串行监视窗口里了。

```
void setup() {
Serial.begin(9600);
}
void loop() {
int sensorValue = analogRead(A0);
Serial.println(sensorValue, DEC);
delay(100);
}
```

 提示： 注意 Serial.println 语句里可选的数据格式。DEC 告诉 Arduino 返回的是一个十进制的数值。还要注意的是 *delay* 语句。它可以在从 Arduino 到 PC 机的通信上加入一个微小的延迟，此举可以有效地放缓数据处理过程。Arduino 处理这些指令的速度比串行链路能够适应的速度快，如果数据穿梭往来太快就会有数据丢失的风险。

37.13　一些常见的机器人功能

Arduino 支持一些内置的专门适合机器人使用的编程语句。我将简要地回顾它们中的一小部分，你可以在 www.arduino.cc 网站上查阅到更多的 Arduino 语言参考资料。这些语句中的大部分例子可以在本书的第八部分里面找到。

● tone。在一个 I/O 引脚上输出一个频率，当把这个引脚连接到一个压电式蜂鸣器的时候可以产生一个音调。音调播放的是指定频率，一个 440 的值产生出的声音是音乐会音高 A。

● shiftOut。把一个字节（或更多）的数据转换成比特流，然后可以逐个发送给一些外部设备，通常是一个移位寄存器 IC。移位寄存器接收串行数据并重构成并行输出数据。shiftOut 语句可以最大限度地减少外部设备所占用的 I/O 引脚数量。

● pulseIn。测量单个脉冲的宽度，时间范围从 10 μs 到 3min。你可以指定所使用的 I/O 引脚，不管它上面是从低到高还是从高到低变换的脉冲都可以进行测量。

● analogWrite。输出一系列脉冲，其持续时间或占空比通过软件控制——既所谓的脉冲宽度调制，简称 PWM。这个功能经常用来控制直流电动机的转速。analogWrite 语句只能用于带有特定标记的数字引脚。在核心板的设计里（Duemilanove、Uno 等），这些引脚为 3、5、6、9、10 和 11。

供参考

参考第 22 章"使用直流电动机"获得更多关于 PWM，特别是涉及用 PWM 控制电动机转速的信息。

37.14　使用开关和其他数字输入

读取开关或其他数字输入的数值对 Arduino 来说是一件非常简单的事情，只需要使用 digitalRead 语句，并表明你希望使用的数字引脚：

```
if(digitalRead(10) == HIGH) {
Serial.writeln("Pin 10 is
high.");
}
```

图 37-9A 显示的是把一个开关连接到数字输入引脚的传统方法。10kΩ 下拉电阻可以确保只要开关是打开的引脚就保持为低。当开关闭合的

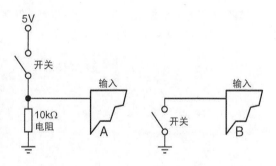

图 37-9　读取一个简单的开关量的标准连接方式。图 A 里的开关带有一个 10kΩ 的下拉电阻。这个电阻可以让引脚保持在低电平，直到开关闭合。图 B 里的开关通过 Arduino 内置的上拉电阻把引脚保持在高电平，直到开关闭合

时候，引脚变为高电平。

　　电阻是最常见的把开关连接到 Arduino 的方法，对它们没有严格要求，Arduino 也有它自己的上拉电阻，可以接通和关断。当接入上拉电阻的时候，引脚会保持在一个高电平，除非通过开关或其他输入使它变低。设置上拉电阻的时候，先把引脚指定为输入，然后用 digitalWrite 把它的值设置为高。

```
pinMode(10, INPUT); // 设置为输入引脚
digitalWrite(10, HIGH); // 激活上拉电阻
```

　　在这种情况下，可以不使用电阻，如图 37-9B 所示。需要注意的是内置电阻是上拉的，这意味着开关激活的时候电平为低。你的程序代码也需要作相应修改：

```
if(digitalRead(10) == LOW)
```

37.15　连接直流电动机

　　你已经看到了如何使用 Arduino 控制舵机，你也可以使用这个单片机控制直流电动机。Arduino 的 I/O 引脚只能提供大约 40mA 的电流，没有足够的功率直接驱动典型的直流电动机。但是像第 40 章"单片机或计算机的接口电路"所述的那样，你可以给 Arduino 配上一个电动机 H 桥或其他符合规格的直流电动机驱动器。

- 为了使电动机旋转，需要把高电平加到 Enable/PWM 引脚。
- 为了控制电动机的转动方向，需要把高或低电平加到 H 桥控制方向的引脚。
- 为了控制电动机的转速，需要使用 analogWrite 语句向 Enable/PWM 引脚发送 PWM 信号（记住：要做到这一点，你必须把接线连接到 Arduino 支持 PWM 的数字 I/O 引脚）。

　　在下面的程序里，电动机桥模块连接到数字引脚 D11（提供 Enable/PWM）和 D12（提供方向）。把这两个引脚设置成输出以后，程序重复控制电动机先全速向一个方向旋转，再让它换一个方向旋转，然后让它的速度下降到 50%。

```
arduino_motor_control.pde
int motDirection = 12; // 设置引脚 D12 为方向
int motEnable = 11; // 设置引脚 D11 为使能 PWM
void setup() {
// 设置引脚 11、引脚 12 为输出
pinMode(motDirection, OUTPUT);
pinMode(motEnable, OUTPUT);
}
```

```
void loop() {
digitalWrite(motDirection, LOW); // 设置转向
digitalWrite(motEnable, HIGH); // 启动电动机
delay(2000); // 等待 2 秒
digitalWrite(motDirection, HIGH); // 电动机反向
delay(2000); // 等待 2 秒
digitalWrite(motEnable, LOW); // 关闭电动机
digitalWrite(motDirection, LOW); // 设置转向
analogWrite(motEnable, 128); // 电动机半速
delay(2000); // 等待 2 秒
}
```

 提示：当你在同一个引脚上使用 digitalWrite 语句的时候，PWM 脉冲输出是禁用的。在这个例子里，使用 digitalWrite 控制电动机全速旋转，你也可以使用 analogWrite 语句把 PWM 的占空比设置为 255。然而，当不需要控制电动机转速的时候，digitalWrite 可以使单片机得到更有效地利用。

如果当你把 PWM 的占空比设置为 128（50%）的时候电动机不转，可以尝试一个更高的值。并不是所有的电动机都可以运行在占空比低于 50% 的情况。

除了自己制作 H 桥或驱动电路，你还可以使用很多第三方提供的带有 H 桥模块的扩展板。图 37-10 显示了一个例子，它上面的接点可以连接 2 个舵机、2 个步进电动机和最多 4 个直流电动机。扩展板设计成电动机和 Arduino 可以分开供电的形式。

图 37-10　扩展板可以用来测试和连接各种电动机。这个型号的扩展板支持 R/C 舵机、步进电动机和直流电动机（图片来自 Adafruit Industries）

第 38 章

使用 PICAXE

现在用单片机赋予机器人智能已经是一种很流行的方法了。单片机是一个带有自己的输入 / 输出接口和内存的单芯片计算机。你可以用电脑给它们编程，编好程序以后，它们可以从 PC 机上断开独立运行。

在本书的第 35 章 "认识单片机" 按照低级可编程和整合语言编程把单片机划分成了两个基本风格，这两个笼统的定义涉及控制器的编程方式。

PICAXE 系列单片机是现在比较有名的也是最常用的整合语言可编程器件（另一种是 BASIC Stamp，后面有单独的章节）。PICAXE 不是一个单片机，而是一个系列的单片机，每个都有不同的功能。它们的价格都不高，并且只需要少量外部元件就可以运转。

你可以在这一章里学习到如何把一个 PICAXE 插在免焊电路板上，加上几个电阻组成一个马上就可以使用的单片机系统。

供参考

一定要看看第八部分里面的章节介绍的一些 PICAXE 实际应用的例子。RBB 技术支持网站还提供了一些补充的 PICAXE 项目和例子，参考附录 A 获得更多信息。

38.1 认识 PICAXE 家族

PICAXE 是一个家族系列的单片机。版本上从最少 8 个引脚、5 个 I/O 接口的低端产品到 40 个引脚超过 30 个 I/O 接口的高端产品。我这里不会对它们一一进行介绍，只讨论两个最常见的型号。

PICAXE 的制造商 Revolution Education 会经常更新他们自己的产品线，你应该经常看他们的网站 www.picaxe.co.uk 获得最新信息。写这篇文章的时候，他们的 PICAXE 系列单片机大致可以分为 3 个等级：教学、标准和高级。

按照功能的不同可以把 PICAXE 进一步分成 M、M2、X、X1 和 X2 这几个级别。在本章里面你会遇到 08M，这是一个最小和最便宜的型号，但功能很强。还会遇到 18M2，这是一个 "中档" 的单片机，成本仍然很低，提供了一些比它低档的单片机所没有的功能。事实上，它是一种极具市场竞争力的单片机。

图 38-1 显示了 08M 和 18M2 的引脚。它们的差异不仅体现在芯片物理引脚的数量上，输入和输出的功能和顺序也是不一样的。18M2 还支持一些 08M 没有的附加指令。本章简要介绍了它

们之间的一些变化，但是对所有的 PICAXE 芯片来说，
它们支持什么功能，运行什么指令，可能容易使人感到
有一点混乱。参考 PICAXE 手册可以充分了解整个家族
里面各个芯片的功能和特点。

　　对所有的 PICAXE 芯片来说最重要的是要记住 IC
物理引脚之间的差异（PICAXE 文档里面把引脚称为
"腿"）和 I/O 接口的名称。举例说明，Pin4 或 C.4 是
一个指定的 I/O 接口，而不是芯片上的实际引脚。

　　这样做的原因是使不同的 PICAXE 芯片在程序上具
有一致性。芯片物理引脚（腿）的功能可能是不同的，
这意味着一个 PICAXE 单片机上的第 4 个物理引脚可能
和另一个 PICAXE 单片机上的第 4 个物理引脚的功能是
完全不同的。

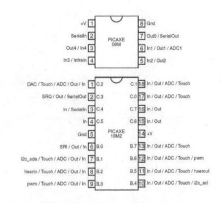

图 38-1　PICAXE 08M 和 18M2 单片机的引
脚排列示意图。还有其他型号的 PICAXE 芯
片，根据 PICAXE 的文档可以获得家族中其
他芯片的信息

　　引脚排列的变化是由 PICAXE 芯片里面的微型控制器的结构决定的。每个 PICAXE 都是基于
一个 Microchip 的 PICMicro 单片机制作的。PICMicro 的里面编写了一个可以读取并运行下载好
的程序的语言解释器，这样它就成了一个 PICAXE 芯片。

　　你购买的 PICAXE 芯片里面已经包括了一个带有核心程序的 PICMicro 单片机。当你下载自
己程序的时候，它们共同占用芯片存储器里面的空间；删除程序的时候，只有你的程序会被删除，
语言翻译器仍然保留。

38.1.1　PICAXE 单片机的基本知识

　　所有的 PICAXE 芯片都需要连接好电源和地。除了一些特殊的低压型号，PICAXE 可以在
3 ~ 5.5V 的电源上运行。芯片常见的电源是一组 2 个或 3 个的 AA 或 AAA 电池，使用普通电池
的时候可以提供 4.5V 的电压。如果使用额定电压为 1.2V 的可充电电池，最好用 4 节电池提供 4.8V
的电源。

**注意：PICAXE 的电源电压不要超过 5.5V。超压工作可能会使芯片工作不到一秒钟就
被烧毁。**

　　PICAXE 的编程需要通过串口和你的 PC 机连接，任何标准的串行端口都可以使用。如果你的
计算机没有串行端口，你也可以使用一个 USB 转串口的适配器。Revolution Education 销售一
种特制的 PICAXE 实验板（产品编号 AXE027），还有一种 USB 样式的编程电缆，电缆的一头
是标准 USB 接头，另一头是一个 1/8 英寸的迷你"立体声"插头。

　　所有的 PICAXE 控制器都需要至少两个外部电阻才能运转。图 38-2 显示的是一个最小电路，
说明如何使用两个电阻进行下载。即使在不下载程序的时侯，电阻作为电路的一部分也必须保留，

否则 PICAXE 将无法正确运行。

- 22kΩ 串联电阻的作用是限制 PC 机串口到芯片的电流。

- 10kΩ 下拉电阻防止串行输入引脚上面电压的浮动。PICAXE 和串口连接不可靠的时候就会发生这种情况。如果不接这个电阻芯片的工作可能会不稳定。

此外，PICAXE 芯片的复位引脚和电源的正极之间还需要连接一个 4.7kΩ 的电阻，如图 38-3 所示（开关是可选的，建议加上，它的作用是让单片机复位）。最后要说明的是，28 脚和 40 脚的 PICAXE 芯片可以使用外部谐振器，它会占用 IC 上面的两个引脚。三脚陶瓷谐振器的连接如图 38-3 所示。

在这本书里面，I/O 接口通过以下方式指定：

- 除非另外说明，基本上不考虑芯片物理引脚的编号。为了表示我说

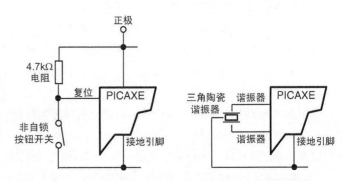

图 38-2　所有 PICAXE 控制器的最小电路，包括单片机自己和两个用来下载程序的电阻。断开下载电缆的时候电阻也必须保留

图 38-3　PICAXE 的复位脚和使用一个外部谐振器所需的其他元件。芯片的最低运行频率是 4MHz，但是大多数 PICAXE 单片机都可以工作在 8 ~ 64 MHz

的是芯片上的一个实际的引脚，我会把它称为一个物理引脚或一条腿。需要注意的是 PICAXE 手册里面使用的术语是腿。

- I/O 接口的通用名称是引脚，它们都带有编号。不同版本芯片的 I/O 引脚的名称也不同，08M 使用的名称是 Pin1、Pin2，依此类推（这和 PICAXE 手册里面的描述方式类似，只是它们的"Pin"和编号之间有一个空格）。18M2 使用的名称是 B.1、B.2，等等。

- I/O 接口的功能参考的是 PICAXE 手册里面的说明，只不过我删除了名称和编号之间的空格——对于 08M 来说，有 Out1、ADC2 和 In3。对于 18M2 我优先使用的是"端口.编号"的命名方式，像 M2 系列的 B.1、C.2，依此类推。

注意很多引脚是功能复用的，这些功能需要通过单片机的硬件进行设置。举例说明，18M2 的第 18 个物理引脚被指定为 C.1，它可以作为一个数字输入或输出、一个模/数转换的输入，或者作为一个电容式触摸传感器输入。

提示：PICAXE 的输出引脚最高可以提供 20mA 的电流，整个芯片的电流或总输出电流限制在 100mA 以下。如果你的一个项目里面需要使用大量的发光二极管，可以考虑在 PICAXE 和 LED 之间加入一个缓冲驱动器 IC，比如 ULN2003，也可以参考第 40 章"单片机或计算机的接口电路"里面介绍的其他方法。

最后要说明的是 PICAXE 芯片的默认频率是 4 MHz，但目前可以买到的控制器都可以在最低 8 MHz 的频率下工作。X1 系列的最高频率可达 20 MHz，更高级的 M2 和 X2 系列分别可以运行在 32 MHz 和 64 MHz。芯片运行速度的具体细节在 PICAXE 手册里有详细说明。

38.1.2 08M 的内部结构

我们先仔细观察一下 08M，参考图 38-1 显示的引脚排列示意图。

- 8 个引脚中的 3 个专门用于特定用途——电源、地和 SerialIn——剩下的 5 个是输入和输出脚。
- Pin3（物理第 4 脚）标注成 Infrain / In3，只是一个输入脚。
- Pin0（物理第 7 脚）仅作为输出。除了用于标准的数字输出（OUT0），它也被用于特殊功能：SerialOut 和 Infraout。这两个功能在后面的章节里面有详细说明。
- 其余引脚可以作为输入或输出使用，图中列出了它们各自的功能。

PICAXE（任何一个型号的芯片）的基本编程连接示意图如图 38-4 所示，可以使用 USB 转串口或串行的 DB-9（9 针）端口。注意 SerialOut 引出的导线是回到你的 PC 机的串行端口的。在编程过程中，这个 I/O 接口会被占用，如果把下载线断开，它也可以作为另一个输出端口。

08M 用来运行程序的内存比较有限。它带有 256 字节的 EEPROM 存储下载的程序，非易失性存储器可以永久保存数据，甚至把芯片从它的电源上拔下来数据也不会丢失。根据你使用的程序指令，08M 大概可以容纳 40 行代码。

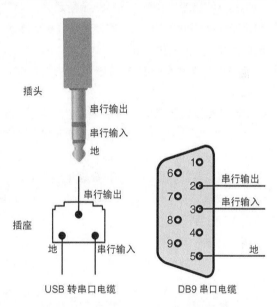

图 38-4　USB 转串口和标准 PC 机 9 针串口下载电缆的连接，它们和图 38-2 里面的电路是配套的

38.1.3 18M2 的内部结构

18M2 是一个新一代的 PICAXE 芯片，支持很多新功能。因此，它使用不同的名称来表示不同的 I/O 引脚。大多数 M2 上面的引脚都是可以复用的：输入、输出，还有很多。每个 I/O 的描述是用一个表示端口的字母再加上一个表示这个特定端口的引脚的编号组成的。举例说明，B.2 指的就是端口 B 的第 2 脚。

参考图 38-1 显示的 18M2 的引脚排列示意图。和 08M 一样，18M2 也有电源、地、SerialIn 和 SerialOut 的连接，个别 I/O 引脚也可以作为输入和输出。这个功能需要在软件里面设置。

18M2 大约有 2K 字节的空间保存下载的程序。程序存储在可擦写的闪存里面。根据你所使用的程序指令，18M2 大概可以容纳 600 行代码。还有一个附加的 256 字节的 EEPROM 非易失性数据存储器，可以用来保存数据记录和其他任务。

38.2　PICAXE 的编程

所有的 PICAXE 控制器都可以使用 Revolution Education 提供的免费编译软件进行编程，查看他们的网站 www.picaxe.co.uk 获得更多信息。程序编辑器包括可以运行在 Microsoft Windows（Windows 98 和更高版本）、Macintosh OS X 和 Linux 操作系统的不同版本。

如果你想使用 USB 电缆进行编程，还要准备好和操作系统配套的 USB 驱动程序。这些也都是免费提供的。注意 USB 或串行端口的连线是不向控制器提供电源的。

程序编辑器的界面如图 38-5 所示，支持 PICAXE BASIC 语言。你可以在软件里输入、保存和打印程序。PICAXE 程序的存储格式是标准的 ASCII 文件，它们可以用一个任何文本编辑器打开，默认的文件扩展名是 .bas。

程序编辑器有一些非常好用的功能，你可以试一试：

● 环境设置使用的是选项按钮，你可以在里面指定特定的 PICAXE 单片机和计算机连接到芯片的串行端口。

● 流程图工具使你可以更直观地创建程序。点击流程图按钮打开一个单独的编辑窗口，你可以用图形的方式设计程序。

● 语法检查器可以标记出你的程序里面的错误。错误的部分用线标记出来，你可以在必要的时候进行修正。

图 38-5　PICAXE 程序编辑器。你可以用编辑器输入、编辑、仿真、编译和下载你的 PICAXE 程序

● 很多帮助向导使你可以非常轻松地建立一些程序代码。比如使用声音向导可以建立一系列音符，数据记录向导可以存储一段时间里采集到的信息，还有好多其他向导。

● 内置模拟器可以运行你编写好的代码，告诉你程序在 PICAXE 内部是如何工作的。你可以看到内存的使用情况和代码会对控制器的 I/O 引脚产生的影响。

在你把你的程序发送到 PICAXE 之前，必须先对它们进行编译。点击编辑器的程序按钮可以完成这个操作。程序会把语法错误标记出来，一旦发现错误，编译就会停止。程序编译成功以后会自动下载到的 PICAXE。

38.3　核心语法

PICAXE 使用的是它自己的一种独特的 BASIC 语言，简称为 PICAXE BASIC。和其他大多数编程语言一样，它也是由一系列指令以特定的有序的方式组合在一起构成的。指令组合的方式称

为语法，你在 PICAXE 程序里面一定要使用正确的语法，否则它们将无法正常工作。

38.3.1 注释

你可以给自己的代码加上注释，方便他人阅读。注释在程序编译的时候是被忽略的，所以你可以不用担心注释的数量。注释指令标记有 '（撇号）符号，比如：

```
' This is a comment
b0 = 100 ' This is also a comment
```

38.3.2 变量和引脚 / 端口定义

PICAXE 在程序执行过程中使用变量来存储信息。大多数 PICAXE 芯片提供了几种方法来存储变量，其中主要包括 14 个（或更多，取决于芯片）通用变量，每个变量可以容纳一个字节的数据。

虽然通用变量是每个字节大小的，但是组成每个字节的 8 位数据可以单独操作，使你可以更有效地存储简单的开 / 关信息。PICAXE 的文档提供了各个系列的芯片是如何做到这一点的详细说明。

你可以对 I/O 引脚进行编组或独立操作。我会按照 PICAXE 的说明文档处理引脚编组控制的问题（特别要注意不同芯片的编组方式也不同），对独立的 I/O 引脚你可以单独指定想要的操作。举例说明，为了使 08M 上的 Out4 为高（把它打开），你会用

```
high 4
```

对于 18M2，你会用

```
high B.4
```

38.3.3 使用符号

另一种形式的变量是符号。符号是不是真正的变量——它不会被单片机用来作为临时的数据空间，在一定程度上它只是为了编程过程中的方便。它使你可以用自己的名称描述 PICAXE 建筑里的不同部位，让你的程序更容易阅读和理解。当编译程序的时候，PICAXE 编辑器会把你的每个实例的名称转换成实际的值。

为了使用一个符号，你先要在程序顶部对它加以声明。语法很简单

```
symbol yourname = PICAXE_name
```

yourname 是你想要表示的某个东西，PICAXE_name 是实际的端口或引脚名称。例子：

```
symbol LED = 4
```

使 LED 与 Out4 相等。每次你想对 Out4 执行一些操作的时候就可以在程序里用 LED 这个词来代表它。让 Out4 为高，你会用

```
high LED
```

这就相当于

```
high 4
```

38.3.4　程序结构

PICAXE 对它的程序没有太多的先决条件。虽然大部分程序使用的是下面的结构，但是实际上可以只有一行：

```
main:
' . . . programming commands here
goto main
```

Main: 是一个标签，一种供你参考程序的不同部分的方法。标签的组成是一个单词后面跟着一个冒号。

前面的结构创建了一个无限循环，这种形式在机器人上很常见。goto main 指令告诉 PICAXE 从当前位置转向识别出的标签，包含在循环之间的编程指令会一遍又一遍地重复这个操作。

常见的还有设计在程序里完成特定任务的专用子程序，有时子程序在程序第一次启动时只运行一次，或者根据 main: 循环得出的结果在特定时间运行。举例说明：

```
gosub init
main:
' . . . programming commands here
goto main
init:
' . . . do something first here
return
```

这段代码的第一个分支是一个名为 *init* 的子程序。即使这个子程序出现在程序底部，*gosub*（即转到子程序）也会告诉程序最先执行的是 *init*：。注意在 *init*：子程序后面的 *return* 指令，这是告知程序子程序已经结束了，并且告诉它回到 *gosub* 后面的指令行。

像以前一样，程序的主体是 *main*: 循环。

38.3.5　流控制

流控制指令告诉你的程序下一步应该怎么做。你已经看到了两种形式的流控制：*goto* 和 *gosub* 指令。它们是相似的指令，都可以无条件转移执行程序的另一部分。

另一种类型的流控制指令提供的是条件分支。这就是用在条件表达式里的 if 指令，如果条件 A 成立就执行程序的一部分，程序的另一部分被执行是条件 B 成立。

■ 38.3.5.1　使用 *if* 指令

if 指令通常和关键字 *then* 结合使用，条件分支执行的是一个表达式的结果。基本的语法是：

```
if Expression then Label
```

Expression 是判断一个语句是真还是假的条件表达式，*Label* 是一个用来识别程序跳转到哪里去执行的标签。一个典型的 *Expression* 的例子是检查一个输入引脚相对于一个预期值的结果：

```
if Pin4 = 1 then flash
```

如果引脚 4 的值等于 1（表达式为真），那么程序会跳转到预期的 flash 标签。像上一节里面详细介绍的那样，这个标签通过标签名后面跟着一个冒号加以识别，就像这样：

```
flash:
'. . . . rest of the code goes here
```

if 表达式可以使用多个逻辑运算符：

=	等于
<>	不等于
>	大于
<	小于
> =	大于或等于
<=	小于或等于

提示：PICAXE BASIC 支持 *if* 指令的多种变化。举例说明，你可以使用下面的格式把立即要执行的代码插在 *if* 指令的后面

参考 PICAXE 手册了解其他变化。

```
if expression then
' . . . code if expression is true
endif
```

通过使用关键字 *else*，你可以给出如果表达式错误（值为假）应该做什么特别说明：

```
if expression then
' . . . code if expression is true
else
' . . . code if expression is false
endif
```

■ 38.3.5.2　更多 *goto* 和 *gosub* 指令的用法

让我们仔细看一下 *goto* 和 *gosub* 指令。正如我们所看到的，*goto* 经常用来创建无限循环：

```
high 0
main:
pause 1000
toggle 0
goto main
```

在这个程序里，Out0 被设置为"1"（高电平）。程序会暂停 1s，然后把 Out0 切换到相反的状态。*goto* 指令使程序跳转回 main 标签。假定 Out0 引脚连接着一个 LED，它就会一开一关地闪烁起来。

gosub 和 *goto* 类似，唯一不同的地方是执行完标签代码以后，程序会立即返回到 *gosub* 后面的部分。下面是一个例子：

```
high 1
low 2
main:
```

```
gosub flash
'. . . some other code here
goto main
flash:
toggle 1
toggle 2
pause 500
return
```

这个程序开始先把 I/O 引脚 1 设置为高，引脚 2 设置为低，然后它会用 *gosub* 指令 "调用" flash 例程。Flash 例程里面的代码就会把 I/O 引脚 1 和 2 从它们先前的状态切换过来，等待半秒钟，然后用 *return* 返回到流控制指令。

■ 38.3.5.3　使用 *for* 指令

另一种类型的流控制指令是 *for*，它用来和关键字 *to* 和 *next* 一起使用。它们可以控制计数器以设定的次数重复执行代码。指令的语法是：

```
for Variable = StartValue to EndValue
'. . . more command
next
```

变量是一个用来容纳当前 *for* 循环计数的变量。StartValue 是开始的初值，EndValue 标出的是计数值。当变量超出 EndValue 值的时候，循环终止（接着运行其余的程序）。举例说明，如果你使用下面的

```
for b0 = 1 to 10
```

循环从变量 b0 的值为 1 开始，计数到 10，*for* 循环重复 10 次。你不一定从 1 开始，而且你还可以使用一个可选择的 *step* 关键字告诉 *for* 循环你想要的计数间隔，比如 2、3 或别的数值：

```
for b0 = 5 to 7
```

表示从 5 数到 7。

for 循环用来执行放在 *for* 和 *next* 指令之间的任何程序。下面是一个简单的例子：

```
high 1
for b0 = 1 to 10 'repeat total of 10 times
toggle 1
pause 500
next
```

38.4　PICAXE 适用于机器人的功能

　　PICAXE 的大部分能力来自它内置的指令集，指令集降低了程序的复杂性。大多数指令集设计用来控制芯片的一些活动，举例说明，通过一个输出引脚产生声音，或产生控制一个或更多个 R/C 舵机的定时信号。我将简要回顾一些最适合机器人使用的特殊功能，你可以查看 PICAXE 手册了解更多信息。

　　● *button*。button 指令随时检查一个输入值，如果这个按钮为低（0）或高（1）则跳转到程序的另一部分。button 指令让你选择一个输入引脚进行检查，寻找它的"目标状态"（不是 0 就是 1），延迟和速率参数可以起到类似开关去抖的功能。

　　● *debug*。PICAXE 程序编辑器有一个内置的终端，可以显示从芯片发送回 PC 机的字节结果。当然，你需要用串行 / USB 电缆把芯片连接到接收信息的设备上。*debug* 指令显示的信息在测试过程中非常有用。

　　● *infrain/infrain2/irin* 和 *infraout/irout*。这些指令用来接收和发送（分别地）红外线遥控器的控制信号，使用的是索尼的 SIRC 协议。Infrain、infrain2 和 irin 用来连接红外线接收器 / 解调器（见 41 章"遥控系统"），检测来自遥控器的信号，并把它们转换成开 / 关脉冲。反之，infraout 用来产生和索尼兼容的红外线信号。

　　● *servo*。servo 指令（还有它的副指令 *servopos*）使你可以控制 R/C 舵机。你可以用这个指令指定要使用的输出端口，以及精确到 1/10 μs 的电动机位置，有效值从 75 到 225（注意：必须使用整数）。

　　● *sound*。sound 指令主要用来生成再现出音频的音调。你可以设置 I/O 引脚、音符频率（单位为赫兹）和持续时间。您可以把一串音符（每个音符有各自的持续时间）组合起来创造出简单的单音音乐或声音效果。

　　● *pause*。pause 指令用来以一个设定的时间延迟程序的执行。使用 *pause* 的时候，你需要指定好等待的毫秒数。举例说明，*pause* 500 指的是暂停 500ms。

　　● *pulsin*。 pulsin 指令可以在 PICAXE 使用默认的 4MHz 速度工作的时侯用分辨率为 10 微秒（10μs）的精度测量单个脉冲的宽度。你可以指定要使用的 I/O 引脚，查看从 0 到 1 或从 1 到 0 的变化，还可以把结果存储在其中的变量里。*pulsin* 可以很方便地测量电路里面的延迟时间，比如超声波传感器返回的"*ping*"。

- *pulsout*。*pulsout* 和 *pulsin* 是相反的，你可以用 *pulsout* 创建一个脉冲持续时间为 10～65535μs（当 PICAXE 的运行速度超过 4 MHz 时分辨率增加）的精确脉冲。当你需要提供准确波形的时候，*pulsout* 指令是最理想的。

- *readadc*。*readadc* 指令用来读取 ADC（模数转换器）输入引脚上的线性电压，然后把电压转换为一个 8bit（从 0 到 255）的等效数字。一个类似的命令是 *readadc*10，它可以提供 10bit（从 0 到 1023）的分辨率。

- *serin* 和 *serout*。*serin* 和 *serout* 指令可以使用任何一个输出引脚发送和接收异步串行通信数据。它们代表着一个与其他设备进行通信的方法。*serout* 的一个应用是把液晶显示屏（LCD）连接到 PICAXE。

- *shiftin* 和 *shiftout*。这两个指令用来进行两线或三线同步串行通信。它们可以用在需要和各种外部设备进行通信的情况，这些设备包括串行转并行的移位寄存器和串行接口的模数转换器。

- *parallel tasking*。18M2 和其他 M2 系列的芯片能够运行最多 4 个独立的程序任务——同时一次调用。本质上讲，单片机可以把它的注意力分散到这些任务之中，为每个任务花费一小段时间。并行任务特别适用于你想要在机器人上同时监测几个不同的东西的时候，比如一组碰撞开关外加红外线和超声波传感器。

38.5　例子：用 PICAXE 控制 RC 舵机

PICAXE 包含的几个指令可以直接用来控制 R/C 舵机。指令 *servo*，它可以设置 PICAXE 去操作一个舵机，还有 *servopos* 指令，这个指令可以根据你给定的位置值控制舵机的转动。

图 38-6 显示了一个典型的 PICAXE 和舵机的接线图，串联在信号线上的 330Ω 电阻是可选的。PICAXE 文档建议加入这个电阻，它可以限制来自舵机的电流消耗，防止芯片失控。

注意单独给舵机供电的电池和连接在 PICAXE 和舵机之间的共同地线，两者都是正常运行所必需的。

代码很简单：

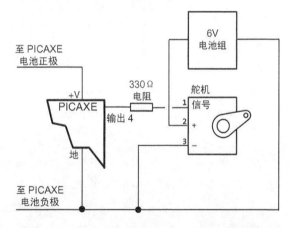

图 38-6　把一个标准舵机连接到 PICAXE 的接线图。你必须给舵机准备自己的 6V 电池。一定要把 PICAXE 电池和舵机电池的地线端子（地）连接到一起

```
init:
servo 4,150 ' Set up servo
servopos 4,100 ' Move servo to one end
```

```
pause 2500 ' Pause 2.5 seconds
servopos 4,200 ' Move servo to other end
pause 2500 ' Pause again
goto main ' Repeat
```

舵机连接到 PICAXE 08M 的 Out4 引脚。舵机的初始化值是 150，相当于 1 500μs，或者 1.5ms。主程序运行以后会重复一个循环，让舵机从一端转动到另一端，彼此间的停顿是 2½ 秒。

38.6　例子：读取按钮和控制输出

一个常见的机器人应用是读取一个输入，比如一个开关，并控制一个输出，比如一个 LED 或者一个电动机。下面的例子显示了读取一个开关状态的简单方法，然后用一个 LED 显示结果。开关连接到 In1 引脚，LED 连接到 Out4 引脚。图 38-7 显示的是一个接线图。代码注释了当开关闭合时在 In1 引脚上产生出一个 1（高电平），此时连接到 Out4 的 LED 点亮，接着程序停顿 1s 然后继续。

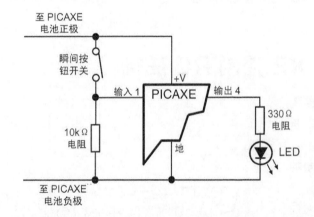

图 38-7　演示一个按钮开关输入（带去抖功能）和 LED 输出的连接示意图。按钮开关是瞬间常开的类型

```
main:
if pin1 = 1 then flash ' 1 = switch closed
low 4 ' Turn off Out4
pause 10
goto main ' Repeat
flash:
high 4 ' Turn off Out4
pause 1000 ' Wait 1 second
goto main
```

第 39 章

使用 BASIC Stamp

自问世以后，Parallax 推出的 BASIC Stamp 已经作为一种板载大脑应用在了无数个机器人项目中。这种拇指大小的微控制器使用 BASIC 语言进行操作，在机器人爱好者，电子与计算机科学技术教师，甚至在寻找一种低成本可替代微处理器系统的设计工程师中都受到好评。最初的BASIC Stamp 性能已经得到了极大的提高，新型号的运行速度更快，内存容量更大，软件编程更简单，附加的数据线可以连接到电动机、开关、以及其他机器人部件。

在这一章里，你将学习 BASIC Stamp 的基本原理，以及如何用它制作机器人。你还可以阅读第 37 章和第 38 章的内容，里面涵盖了非常流行的 Arduino 和 PICAXE 单片机。像 BASIC Stamp 一样，PICAXE 也有内嵌的 BASIC 语言，而 Arduino 则使用的是一种 C 语言。

 提示：这一章集中介绍的是 BASIC Stamp 2。此外还有其他版本的 BASIC Stamp，包括老式的 BASIC Stamp 1、BS-SX 和其他一些型号。特性和功能随型号的变化而变化，更多相关信息可以查看 Parallax 网站 www.parallax.com。

39.1　BASIC Stamp 的结构

BASIC Stamp 的生命之源是一个 Microchip Technology 生产的成品 PIC。"PIC" 指的是 "可编程集成电路"，然而也常可以用来表示其他含义，包括 "外围设备接口控制器" 和 "可编程接口控制器"。嵌入在这个 PIC 里面的是一个类似 BASIC 语言的专用解释器，称为 PBasic。

39.1.1　从 PC 到 BASIC Stamp

芯片存储的指令是从 PC 机或其他开发环境上下载的。当你运行程序的时候，BASIC Stamp 里面内建的语言解释器可以把指令转换成芯片可以使用的代码。常见的操作涉及像把一个已知的数据线指派成一个输入或一个输出，或者把一个输出线从高切换到低这样的事情，属于典型的计算机控制方式。

最终的结果是，BASIC Stamp 的作用就像是一个可编程的电路，具有智能控制所带来的额外好处，然而却没有复杂性和专用微处理器的开销问题。与其使用很多反向器、与门、触发器和其他硬件制作逻辑电路，不如只使用一个 BASIC Stamp 模块提供相同的功能，所有的操作都可以在软件里进行（事实上，BASIC Stamp 通常至少还需要一些外部元件才能连接到真实设备上）。你也不需要为机器人构建一个用神秘的机器语言编写的控制微处理器的插板。

因为 BASIC Stamp 可以接受来自外界的输入，所以你可以编写和输入相互配合的程序。举例说明，一个投篮事件可以激活一个输出，比方说，输出连接着一个电动机，当另一些输入（例如一个开关）的逻辑状态发生变化的时候，电动机转动。你可以使用这个方案给机器人编程，使机器人的电动机在一个碰撞开关激活的情况下反转。由于这是在程序控制下完成的，而不是硬件电路，这使你可以在机器人测试期间更轻松地对它加以修改和完善。

39.1.2　BASIC Stamp 的内存

BASIC Stamp 的单片机使用两种内存：PROM（可编程只读存储器）和 RAM。PROM 内存用来存储 PBasic 的解释器，RAM 用来当 PBasic 程序运行的时候存储数据。从你的计算机上下载的占用内存的程序放在一个单独的芯片里（仍然是 BASIC Stamp 自己的一部分，详见下一节对 BS2 模块的描述）。这个内存是 EEPROM，即"电可擦除可编程只读存储器"（"只读"用在这里是不准确的，因为它也可以写入）。

在操作过程中，PBasic 的程序是在 PC 机上编写的，然后通过一个连接到 BASIC Stamp 的串行电缆下载并存储在它的 EEPROM 里。EEPROM 里的程序为"令牌"的形式，通过存储在 BASIC Stamp 的 PROM 里的 PBasic 解释器一次一个地读取特定的操作。在程序执行期间，临时数据保存在 RAM 里。需要注意的是 BASIC Stamp 的 EEPROM 内存是非易失性的，断开电源内容仍然保持。RAM 和它不同，只要断开 BASIC Stamp 的电源，存储在 RAM 里的数据就会消失。还要注意的是存储在单片机的 PROM 里的 PBasic 解释器是不可替换的。

作为一个现代的单片机，当涉及内存空间的时候，BASIC Stamp 2 的资源显得有点紧张。这个模块只有 2K 的 EEPROM 和 32 字节的 RAM。32 字节里面的 6 个字节是保留的，用来存储 BASIC Stamp 输入 / 输出引脚的设置信息，只留下 26 个字节存储数据。对于大多数机器人的应用来说，2K 的 EEPROM（用于程序存储）和 26 字节的 RAM（用于数据存储）就已经足够了。然而，对于复杂的设计，你可能需要使用第二个 BASIC Stamp，或者选择一个可以提供更多内存的单片机，比如 BASIC Stamp 2-SX 或 Parallax Propeller。

39.2　单独的 BASIC Stamp 或开发套件

BASIC Stamp 可以直接从制造商或世界各地的经销商处采购。一手货源的价格都差不多。除了前面提到的 BS1、BS2 和 BS2-SX，你还会发现几种不同的 BASIC Stamp 预制套件以及独立产品。

● BS2 模块。BASIC Stamp 模块（见图 39-1）包含了实际的单片机芯片及其他支持电路。所有东西都被安装到了一个小印制电路板，板子的形状像一个常见的 24 脚 IC。实际上，BS2 可以直接插入 24 脚 IC 插座。BS2 模块包含了带有 PBasic 解释器的单片机，一个 5V 稳压器，一个谐振器（供单片机使用）和一个串行的 EEPROM 芯片。

● BASIC Stamp 教学板。通常情况下不带 BS2 模块出售，教学板也称为 BOE，向你提供了一个方便的用单片机做试验的方法。它包含了 4 个 R/C 舵机和一个小尺寸的免焊实验电路板。BOE 提供的连接器用来快速地连接到 PC 机对 BASIC Stamp 模块进行编程。连接器有串口和 USB 两个版本。

● BS2 探索套件。探索套件是起步学习的理想选择。它包括一个 BS2 模块、一个教育板、一根编程电缆、一个电源适配器、软件 CD-ROM，还有和一系列辅导课程相配套的电子元件。

图 39-1　BASIC Stamp 2 是一个整合型的单片机，本身拥有完整的控制芯片，外加电压调节器和其他部分。它是一个小电路板，尺寸和 24 脚宽体集成电路相同（照片来自 Parallax Inc）

● Boe-Bot。Boe-Bot 是一个小型金属结构的移动式机器人套件，包括 BS2 模块和 BASIC Stamp 的教育板。如果你已经有了 BS2 和 BOE，可以只购买机器人的底盘，底盘带有电动机、车轮和所有硬件。

39.3　BS2 的物理布局

BASIC Stamp 2 是一个带有 24 个引脚的器件，16 个引脚是输入 / 输出（I / O）接口，可以与机器人连接。举例说明，你可以使用 I/O 引脚操作一个无线电遥控（R/C）舵机，或者你也可以把步进电动机或普通直流电动机通过适当的驱动电路连接到模块的 I/O 引脚。作为输出，每个引脚可以提供：

● 20 mA 的源电流（即向负载提供电流）。

● 大约 25 mA 的沉电流。

可是，对于所有引脚组合使用的情况，整个 BS2 应该无法提供超过大约 80 ~ 100 mA 的源电流或沉电流。你可以轻松地点亮一系列 LED，不需要使用外部缓冲电路来提高功率处理能力。

或者，你可以给 BS2 连接一个超声波测距模块（见第 43 章"接近和距离感应"）、各种碰撞开关和其他传感器。每个 I/O 引脚的方向都可以单独设置，一些引脚可以用作输入，另一些可以用作输出。你在程序执行的过程中可以动态配置 I/O 引脚的方向，这使你可以把一个引脚即用作输入又用作输出。

图 39-2 显示的是 BS2 的引脚布局。除了电源和通信引脚，BS2 提供了 16 个 I/O 接口，习惯上指

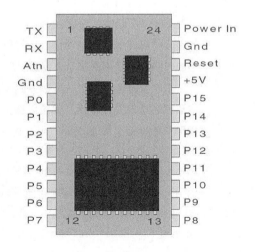

图 39-2　BS2 模块的引脚排列图。按照惯例，引脚编号从左上方开始逆时针排列

定为 P0 到 P15（有时 P 可以省略）。通过 PBasic 指令，你可以同时控制 8 位端口或每个引脚单独控制。

39.4　BASIC Stamp 与 PC 机的连接

BASIC Stamp 的设计使它可以很容易地连接到一台个人电脑的一个串行端口或 USB 端口。现在很多计算机都没有串行端口了，都是用 USB 来代替。如果你的电脑没有串行端口，那么你最好准备一个 USB 到串口的适配器，或者可以选择已经包含了 USB 连接器的 BASIC Stamp 实验板。你不应该依赖通过 USB 连接提供的电源给 BASIC Stamp 供电的方式，BASIC Stamp 需要有自己的电源。你可以在 BASIC Stamp 的电源端子上连接一个 9V 电池，内置的电压调节器可以给模块提供适当的电压。

一旦连接到 PC 机（USB 或串行），你只需要安装从 CD 或者从 Parallax 的网站下载安装软件就可以了。

39.5　认识和使用 PBasic

正如你在本章前面看到的那样，BASIC Stamp 的心脏是 PBasic，这是 BASIC Stamp 所使用的程序语言。随着 BASIC Stamp 产品的更新，PBasic 也发生了很多变化，适用于 BASIC Stamp 1 的 PBasic（称为 PBasic1）和适用于 BS2 的 PBasic（PBasic 2.0 和 2.5）之间的语法和指令是不同的。

提示：除非另有说明，以下内容所涉及的都是用于 BASIC Stamp 2 的 PBasic 2.0。虽然有一个新版本的语言，但是 2.0 程序仍然可以在当前的 BS2 模块上工作。PBasic 2.0 的程序代码例子在网络上也比较常见，考虑到这本书的实用性，我决定坚持使用 2.0 版风格的代码，以避免造成不必要的混乱。

　　2.5 版语言增加了一些额外的（和有价值的）软件语句，可以使你的程序更加精简，本章稍后会单独做介绍。你可以自由选择希望使用的版本，也可以混合和搭配。如果你想使用 PBasic 2.5 的功能，可以去 Parallax 网站下载正确的软件版本。

PBasic 程序是 BASIC Stamp 的开发编辑器，这是一个包含在入门套件里面的应用程序，也可以从 Parallax 网站免费下载。编辑器可以让你写、编辑、保存和打开 BASIC Stamp 的程序，它也可以让你把完成后的程序编译并下载到 BASIC Stamp。下载步骤需要把 BASIC Stamp 安装到一个连接着下载电缆的实验板或其他电路板上，下载电缆通过串口或 USB 连接到你的 PC 机，图 39-3 显示了一个 BASIC Stamp 编辑器的界面。

像任何一种语言一样，PBasic 语言也是由一系列的语句按照逻辑语法串在一起组成的。语句产生了 BS2 可以执行的操作。举例说明，一个语句可能告诉芯片获取它的一个 I/O 引脚上的数值，另一个语句则告诉它等待一段特定的时间。大多数 PBasic 语句可以大体上分成 3 类：变量和引脚或端口的定义、流控制，还有一些其他特殊功能。接下来我们将分别对它们进行讨论。

39.5.1　变量和引脚 / 端口的定义

和其他编程语言一样，PBasic 也使用变量存储程序执行过程中的零碎信息。变量有几个不同的尺寸，你应该总是力求选择尺寸最小的变量容纳你想存储的数据。通过这种方式，你可以节省宝贵的内存空间（一定要记住，你只有 26 个字节的 RAM 空间）。

PBasic 提供了以下 4 个变量类型：

- 比特，1 位（一个字节的 1/8）
- 半字节，4 位（4 位）
- 字节，1 字节（8 位）
- 字，2 个字节（16 位）

PBasic 程序里的变量必须声明才可以使用。这是通过 var 语句来完成的，就像这样：

图 39-3　BASIC Stamp 2 的集成式程序设计环境，这是一个运行在个人电脑上的软件。你可以用它编写程序并通过串口或 USB 电缆把程序下载到 BS2 模块里

```
VarName   var   VarType
```

其中 VarName 是变量的名称（或符号），VarType 是一个刚刚列出的变量类型。下面是一个例子：

```
Red var bit
Blue var byte
```

Red 是一位，Blue 是一字节。注意，PBasic 程序对大小写不敏感。声明之后，变量就可以在整个程序里使用了。最基本的用法是变量和赋值运算符 =（等号）一起使用，在这里就是

```
Red = 1
Blue = 12
```

变量也可以被指定为一个数学表达式（2 + 2）或者作为一个输入引脚的值。举例说明，假设一个输入引脚连接着一个机械开关，通常情况下，开关处于打开状态，引脚上的值为低（0）。假设有一个名为 Switch 的变量，存储引脚的当前值，只要开关是打开的，Switch 变量容纳的值就是

0。如果开关是闭合的，Switch 变量存储的值就是 1（或者逻辑高）。更多的还有多个 I/O 引脚构成的字节型变量。

变量存储的值随着程序的运行会发生变化。PBasic 也支持常量，对你来说会非常方便。常量的声明方式和变量非常相似，使用的是 *con* 语句：

```
MyConstant  con  5
```

MyConstant 是常量的名称，它的值是 5。

BASIC Stamp 把它的 16 个 I/O 引脚看作额外的内存。一个 I/O 引脚的瞬时值的作用和一个 1 位变量是完全一样的。如果 I/O 引脚是一个输入，那么它的输入值将是 0 或 1，具体的值取决于 BASIC Stamp 外部电路的状况。机械开关是一个很好的例子：根据开关是否被打开或关闭，输入引脚的值可以是 0（打开）或 1（闭合）。

当 I/O 引脚用作输出的时候，逻辑状态的改变是通过 *high*、*low* 和 *toggle* 语句来控制的。在每一种情况下，给出引脚的编号（0 ~ 15），告诉 BASIC Stamp 你想改变的 I/O 引脚：

- *High* 使 I/O 引脚为高（1）。
- *Low* 使 I/O 引脚为低（0）。
- *Toggle* 使 I/O 引脚的状态从 0 到 1 切换，反之亦然，取决于先前的值。

下面是一个例子（使用传统的单引号内联注释）：

```
high 1 ' put I/O pin 1 high
low 12 ' put I/O pin 12 low
toggle 5 ' change I/O pin 5 opposite
' to its previous value
```

 提示：几乎所有单片机的 I/O 引脚和芯片的物理引脚都是不同的。当提到 low 12 的时候，指的是在 BASIC Stamp 的说明书和教育版上标记为 P12 的引脚。物理的第 12 脚实际上是 I/O 引脚 7（P7）。

有很多方法可以确定一个用作输入的 I/O 引脚的当前值。大多数方法带有特殊的功能，将在本章后面介绍。你也可以也直接使用 *Inx* 语句引用一个输入引脚的值，*x* 是一个从 0 到 15 的数字。举例说明，读取引脚 3 的值并把它变成一个变量，你会使用以下语句：

```
SomeVar Var Byte
Main:
SomeVar = In3
' . . . rest of program
```

39.5.2 流控制

流控制语句告诉你的程序下一步该做什么。一个常用的流控制语句是 *if*，用在条件表达式里，如果条件 A 成立就执行程序的一部分，程序的另一部分是如果条件 B 成立。另外两个流控制语句 *goto* 和 *gosub*，用来实现一部分程序的单方面跳转，还有 *for* 语句可以一定次数的重复执行一个代码块。让我们先看看 *if* 语句。

■ 39.5.2.1 使用 *if* 语句

if 语句通常被用作结合当时的语句，有条件的分支执行一个表达式的结果。语法如下：

```
if Expression then Label
```

Expression 是判断一个语句是真还是假的条件表达式，*Label* 是一个用来识别程序跳转到哪里去执行的标签。一个典型的 *Expression* 的例子是检查一个变量值或者一个输入引脚相对于一个预期值的结果：

```
if MyVar=1 then Flash
```

如果 *MyVar* 所容纳的内容等于 1（表达式为真），那么这个程序会跳转到 *Flash* 标签。这个标签通过标签名称后面跟着一个冒号加以识别，就像这样：

```
Flash:
. . . rest of the code goes here
```

if 表达式可以使用多个逻辑运算符：

=	等于
<>	不等于
>	大于
<	小于
> =	大于或等于
<=	小于或等于

PBasic 2.0 的 *if* 语句和其他现代编程语言相比有一点古怪，它的表达式结果是跳转到一个标签去执行的。注意在 PBasic 2.0 里面没有明确规定 *else* 或 *endif* 关键字，它们指的是表达式为假时需要采取的行动。引用 BASIC Stamp 手册里面的例子，你的 *if* 语句必须包括真假两个部分，就像这样：

```
if aNumber < 100 then isLess
debug "greater than or equal to 100"
stop
```

```
isLess:
debug "less than 100"
stop
```

供参考

如果你喜欢 *if*…*else*…*endif* 的结构，你可以使用 PBasic 2.5 里面的增强型流控制语句，见本章后面更全面地描述。

注意这一小块程序是如何工作的：如果 *aNumber* 的值小于 100，程序就会跳转到 *isLess* 标签，*debug* 语句（可以在 PC 机上 BASIC Stamp 编程环境的调试窗口里打印文本信息）打印"小于 100 的值"。然而，如果 *aNumber* 的值大于 100，跳转到 *isLess* 就会被忽略，程序只是简单地执行下一行，这是另一个 *debug* 语句（"大于或等于 100"）。注意这里采用的另一个流控制语句：*stop*。*stop* 语句的作用是停止程序的执行。

■ 39.5.2.2　使用 *goto* 和 *gosub* 语句

goto 和 *gosub* 语句和标签一起使用，转向执行程序的另一部分。*goto* 最常用来创建无限循环，如下所示：

```
high 1
RepeatCode:
pause 100
toggle 1
goto RepeatCode
```

在这个程序里，I/O 引脚 1 被设置为 1（高）。程序会暂停 100ms，然后把 I/O 引脚从 1 切换到相反的状态。*goto* 语句使程序跳转到 *RepeatCode* 标签。随着代码一趟趟地运行，I/O 引脚 1 会在高低之间不停地切换。举例说明，如果这个引脚连接到了一个 LED，它就会迅速地每秒钟闪烁 10 次。

gosub 和 *goto* 类似，唯一不同的地方是执行完标签代码以后，程序会立即返回到 *gosub* 后面的部分。下面是一个例子：

```
high 1
low 2
gosub FlashLED
'. . . some other code here
stop
```

```
FlashLED:
toggle 1
toggle 2
pause 100
return
```

　　这个程序开始先把 I/O 引脚 1 设置为高，引脚 2 设置为低，然后它会用 *gosub* 语句"调用"*FlashLED* 例程。*FlashLED* 例程里面的代码就会把 I/O 引脚 1 和 2 从它们先前的状态切换过来，等待 100ms，然后用 return 返回到流控制语句。注意 *FlashLED* 标签前面的 *stop* 语句，它可以防止意外重复执行 *FlashLED* 例程。

■ 39.5.2.3　使用 *for* 语句

　　for 语句与 *to* 和 *next* 语句一起使用。这些语句构成了一个控制计数器，用来重复执行一定次数的代码。*for* 语句的语法是：

```
for Variable = StartValue to EndValue [more statements] next
```

　　variable 是一个用来容纳当前计数循环的变量，*StartValue* 是变量赋予的初始值。相反地，*endValue* 标出的是可以赋予给变量的最大值。当变量超出 *endValue* 值的时候——循环打破——其余的程序继续执行。举例说明，如果你使用下面的语句：

```
for VarName = 1 to 10
```

　　循环从 *VarName* 为 1 开始，计数到 10，*for* 循环重复 10 次。循环从变量 b0 的值为 1 开始，计数到 10，*for* 循环重复 10 次。你不一定从 1 开始，而且你还可以使用一个可选择的 *step* 关键字告诉 *for* 循环你想要的计数间隔，比如 2、3，或别的数值：

```
for VarName = 5 to 7 ' counts from 5 to 7
for VarName = 1 to 100 step 10 ' counts from 1 to 100,
' but steps by 10
```

　　for 循环用来执行放在 *for* 和 *next* 语句之间的任何程序。下面是一个简单的例子：

```
VarName Var Byte
high 1
for VarName = 1 to 10
toggle 1
pause 500
next
```

这个程序重复运行 10 次 *for* 循环。每重复一次循环，I/O 引脚 1 就会翻转一次（从高到低，然后返回）。

BASIC Stamp 还支持其他流控制语句，所有这些语句在 BASIC Stamp 手册里都有详细介绍。这些语句包括 *Branch* 和 *End*。

39.5.3　特殊功能

PBasic 语言支持几十个特殊功能，用来控制一些芯片的动作，包括通过 I/O 引脚发出提示音或等待一个输入状态的改变。我将在此简要回顾一些最适合机器人使用的特殊功能。你可以在 BASIC Stamp 手册（Parallax 免费提供下载，入门套件里也包括了一本印刷手册）里更全面地了解这些语句的特点。

* *button*。*button* 语句随时检查一个输入值，如果这个按钮的状态为低（0）或高（1）则跳转到程序的另一部分。

* *debug*。BASIC Stamp 编辑器有一个内置的终端，可以显示从 BASIC Stamp 发送回 PC 机的字节结果。*debug* 语句可以在屏幕上"回显"数字或文本信息，在测试过程中非常有用。

* *freqout*。*freqout* 语句用来生成主要为了再现出音频的音调。

你可以用 *freqout* 语句设置 I/O 引脚、持续时间和音符频率（单位为赫兹）。

* *input*。*input* 语句用来使特定的 I/O 引脚成为一个输入。作为一个输入，就可以在程序里面读取引脚的数值了。

* *pause*。*pause* 语句用来以一个设定的时间延迟程序的执行。使用 *pause* 的时候，你需要指定好等待的毫秒数（1/1000s）。

* *pulsin*。*pulsin* 语句可以用分辨率为 2μs 的精度测量单个脉冲的宽度。*pulsin* 可以很方便地测量电路里面的延迟时间，比如超声波传感器返回的"ping"。

* *pulsout*。*pulsout* 和 *pulsin* 是相反的，你可以用 *pulsout* 创建出一个精确的持续时间在 2μs 和 131ms 之间的脉冲。

* *rctime*。*rctime* 语句用来测量一个 RC（电阻／电容）网络充放电的时间。*rctime* 语句经常被用来作为一个简化的模拟转数字的电路。图 39-4 显示了一个示例电路。

* *serin* 和 *serout*。*serin* 和 *serout* 用来发送和接收异步串行通信。这两个命令都要求你设置串行通信的具体细节，比如数据的速率（波特率）和每个接收到的字的数据位的个数。*serout* 的一个应用是把液晶显示屏（LCD）连接到 BASIC Stamp。

* *shiftin* 和 *shiftout*。*serin* 和 *serout* 语句用于单线异步串行通信。*shiftin* 和 *shiftout* 语句用于两线或三线同步串行通信，

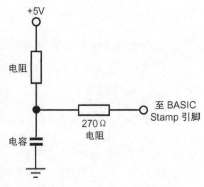

图 39-4　一个电阻和一个电容组成的基本 RC（电阻－电容）电路，用来测试一个输入引脚的电压。BASIC Stamp 手册里提供了详细的选择电阻值和电容值的信息

主要区别是 *shiftin/shiftout* 用一个独立的引脚传递来源和目的之间的时钟数据。

39.6   连接开关和其他数字输入

　　按照图 39-5 所示的方法，你可以非常轻松地把一个开关，不管是手动控制的开关还是"碰撞"开关或者其他形式的接触传感器连接到 BASIC Stamp。最简单的检测开关闭合的方法是使用 *Inx* 语句（*x* 是一个 0 ~ 15 的数字，表示的是一个引脚）。举例说明：

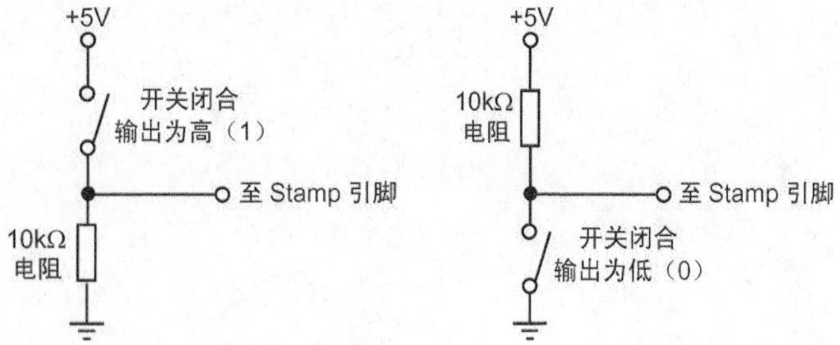

图 39-5   当使用开关输入的时候，需要用一个 10kΩ 电阻连接到地或电源之间。连接方式取决于开关打开时你希望输入引脚是高还是低

```
if In3 = 1 then
```

　　查看引脚 3 是否为 1（高）。

　　你也可以使用前面章节简要介绍过的 *button* 语句决定开关的当前值。*button* 语句还包括一个内置的去抖，因此 BASIC Stamp 可以忽略掉机械开关闭合时产生的典型"噪声"。参考 BASIC Stamp 手册了解如何使用 *button*，虽然不是很直观，但是能够达到效果。

39.7   BASIC Stamp 和直流电动机的连接

　　BASIC Stamp 非常适合连接到一个 H 桥电路（见第 22 章"使用直流电动机"）控制直流电动机的运转。在典型的用于单个电动机的 H 桥电路里，BASIC Stamp 用一个引脚控制电动机运转的启 / 停，用另一个引脚控制方向。通过使用 *high* 和 *low* 语句，你可以毫不费力地控制电动机的启动、停止，以及它的转动方向。

　　BASIC Stamp 用于控制直流电动机的代码比较简单，使用 *high* 和 *low* 语句，并注明你想要使用的 I/O 引脚就可以了。举例说明，假设把电动机的 H 桥连接到了引脚 0 和 1，引脚 0 用于开 / 关控制，引脚 1 用于方向控制。注意当引脚 0 为低（0）的时候电动机是停止的，因此可以不管引脚 1 的设置。

引脚	低	高
0（开 / 关）	电动机停止	电动机启动
1（方向）	正	反

这里是一个例子：

```
Main:
low 1 ' set direction to forward
high 0 ' turn on motor
pause 2000 ' wait two seconds
low 0 ' turn off motor
pause 100 ' wait 1/10 second
high 1 ' set direction to reverse
high 0 ' turn on motor
pause 2000 ' wait two seconds
low 0 ' turn off motor
goto Main
```

通过使用标签例程和 *gosub* 语句，你可以定义共同动作，开发出更紧凑的程序：

```
Main :
gosub motorOnFwd
gosub waitLong
gosub motorOff
pause 1
gosub motorOnRev
gosub waitShort
gosub motorOff
goto Main
motorOnFwd:
low 1
high 0
return
motorOnRev:
high 1
high 0
return
motorOff:
low 0
return
```

```
waitLong:
pause 5000
return
waitShort:
pause 1000
return
```

39.8　RC 舵机和 BASIC Stamp 的连接

无线电遥控（R/C）汽车和飞机上的舵机可以很容易地连接到 BASIC Stamp 并通过它进行控制，实际上，用来控制舵机的代码非常简单。

你可以把任何一个 BASIC Stamp 的 I/O 引脚直接连接到舵机的信号输入（见第 23 章 "使用舵机"，获得更多关于舵机是如何工作以及它们是如何连接的信息）。一定要记住 BASIC Stamp 不能提供舵机运转所需的电源，你必须给舵机准备一个单独的电池或电源。

图 39-6 显示了一个非常好的把常见的 RC 舵机连接到 BASIC Stamp 的方法，使用一个单独的电池给舵机供电。需要注意的是要把 BASIC Stamp 的地和舵机的电源地连接在一起。如果遇到电气噪声产生的干扰问题，你可以尝试加入一个 1μF 的钽电容，把这个电容放置在 BASIC Stamp 的电源和地之间。

控制舵机运转的时候，使用 *pulsout* 语句向一个 I/O 引脚发送一个特定持续时间的脉冲。舵

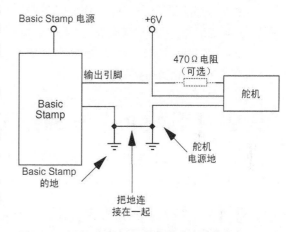

图 39-6　BS2 芯片和 RC 舵机的基本连接方式

机需要一个每秒钟 "刷新" 50 次的脉冲信号来保持它们的位置。通过加入一个延迟（使用 *pause* 语句）和一个循环，BASIC Stamp 可以控制舵机的移动并可以让它保持在任何一个位置。下面的例子显示了基本的程序，使用引脚 0 作为舵机的控制信号线。程序可以把舵机设置在近似中点的位置：

```
low 0
Loop:
pulsout 0,750
pause 20
goto Loop
```

这里是程序的工作方式：*low* 0 语句把引脚 0 设置为输出并把它的状态设置为低。*Loop*: 标签和 *goto loop* 语句之间的代码定义为重复循环的。*pulsout* 语句向引脚 0 发送一个 1500μs 的脉冲（低 - 高 - 低）。*pulsout* 的值为 750 是因为它的最低分辨率为 2μs，750 乘以 2 等于 1500μs。一个 1500μs 的脉冲可以把舵机的输出轴定位在近似中点的位置。

pause 语句把程序的执行暂停 20ms。当循环运行时，它将会每秒重复 50 次（20ms×50 = 1000ms，或 1s）。注意，如果你需要控制其他舵机，可以插入额外的 *pulsout* 语句。BASIC Stamp 有能力控制 7 个或 8 个舵机，但是这样操作会使它不会有太多的时间处理别的事情。

想要改变舵机的角度，只需要更改 *pulsout* 语句的定时值：

```
pulsout 0,1000 ' 2000 usec pulse, approx. 180
' degrees position
pulsout 0,500 ' 1000 usec pulse, approx. 0
' degrees position
```

这些值假设的是一个精确的 1000~2000μs 的操作范围，对应的是完整的从 0°到 180°的旋转。这实际上并不是一个典型值。你可能会发现你的舵机可能需要超出这个名义上的从 1000μs 到 2000μs 的范围才能有一个完整的 180°旋转。你最好通过试验判断这个范围，见第 23 章"使用舵机"获得这个话题的更多细节。

39.9　PBasic 2.5 的补充说明

随着 PBasic 2.5 的推出，你可以给程序应用上更多的结构，即使你的程序已经写完了很长时间，以后仍然可以轻松地编写、修改和看明白。下面是几个 PBasic 2.5 的更加突出的变化。

39.9.1　*if-else-endif* 结构

尽量不要使用 *goto* 或 *gosub* 写 *if* 语句，这会产生意大利面条式代码（指结构像面条一样杂乱无章，线索无迹可寻），在 PBasic 2.5 里，你可以定义模块化的 *if-else-endif* 结构，把所有东西都包含在一个地方。作为例子的代码：

```
' {$PBASIC 2.5} 'Tells compiler you're using v2.5
if in0 = 1 then
high 1
else
low 1
endif
```

查看 I/O 引脚 0 的状态，如果为高（1），就把 I/O 引脚 1 转换为高，否则把它切换到低。

39.9.2 *select-case-endselect* 结构

有时侯你需要测试各种条件下的值。I/O 引脚的值始终是两种状态(0 或 1)，但是一个字宽变量，或者 4 个 I/O 引脚读取的一个 4bit 的值就不同了，需要更多的东西。你可以创造面条式的 *if* 语句测试所有可能的变化 (16 为半个字节，256 为一个字节)，但是更容易的方法是使用 *select-case-endselect* 结构。

举个例子：

```
' {$PBASIC 2.5}
MyVar Var Byte
' . . . some additional code here
select MyVar
case 1
low 10: high 12
case 2
high 10: low 12
case 3
high 10: high 12
case else
low 10: low 12
endselect
```

MyVar 被赋予了一个字节型变量，在程序里的某个地方 *MyVar* 的值会被设置为某个值。示例代码寻找的是 3 个明确的值 1、2 和 3。根据不同的值，I/O 引脚 10 和 12 被置成带有一些组合变化的高或低。

注意 *case else*。这是一个"包罗万象"的情况，出现的条件是有另一些值 (如果有的话) 和 *MyVar* 相匹配。在这里，对于除了 1、2 或 3 以外的任何一种情况，I/O 引脚 10 和 12 都会设置为低。

39.9.3 *do/while /until- loop* 结构

结构循环使程序可以连续运行，直到某些条件得到满足或不满足。语句里面的循环结构是重复的。PBasic 2.5 支持 3 种不同的有条件的循环：

● *do- loop* 无限循环指令。这里没有实际的条件，*do- loop* 设计成一遍又一遍地重复代码，常用在机器人程序的主循环。

● *do-while-loop* 重复执行指令，直到条件为假。"do while"被认为很像一个 *if* 语句。

● *do-until-loop* 重复执行指令，直到条件为真。

do- loop **的例子：**

```
do
' . . . repeat these statements
loop
```

do 和 *loop* 之间的语句一遍又一遍地重复。如前所述，你通常可以把它用在主要程序代码。

do- while loop **的例子：**

```
do while in0 = 1
' . . . repeat these statements
loop
```

只要 I/O 输入引脚 0 的值是 1（高），*do while* 和 *loop* 之间的语句就重复执行。

do- until loop **的例子：**

```
do until in0 = 1
' . . . repeat these statements
loop
```

这个例子显示了 *do- while* 和 *do- until* 是如何做到彼此相反的。只要 I/O 输入引脚 0 的值不是 1（高），*do until* 和 *loop* 之间的语句就重复执行。

■ 39.9.3.0　提前退出 *do* 循环

你可能经常想在条件（这里指的是 *while* 和 *until*）得到满足之前退出 do 循环。这可以通过 *exit* 语句来实现，它通常是一个 *if* 表达式或其他结构的一部分。举例说明：

```
do while in1 = 0
' . . . repeat these statements
if in0 = 1 then exit
loop
' . . . program resumes here
```

只要 I/O 输入引脚 1 的值是 0（低），*do while* 循环就会一直持续下去。然而，满足另一个条件也可以跳出循环：如果 I/O 输入引脚 0 的值是 1（高），循环同样会中断。

第 40 章

单片机或计算机的接口电路

机器人的大脑不是真空运作的，即使你制作的是一台真空吸尘机器人。大脑需要连接电动机才能使机器人移动，需要连接传感器才能使机器人感知周围的环境。在大多数情况下，这些外部设备是不能直接连接到机器人的计算机或单片机上的。相反的是，它们的输入和输出通常要具备一定条件才能和机器人的大脑沟通。

在这一章里你将学到把现实世界里面的设备连接到计算机和单片机的最常见和实用的方法。为了阅读方便，这一章提到的一些内容在书中的其他章节也会有所体现。这里所做的是集中性的介绍。

40.1　传感器输入

目前为止机器人输入端最常见的设备就是传感器，传感器从超简单的到高精尖的有很多种。它们的作用是相同的：向机器人提供数据，使它可以做出聪明的抉择。举例说明，只需要一个低成本的温度传感器，"能源监测"机器人就可以在记录温度的同时在整个房间子漫步，寻找温差比较大的场所，标志出可能出现的能源泄漏。

40.1.1　传感器的类型

一般来说，传感器可以分成两大类：模拟和数字。这种叫法指的是它们产生的输出信号的类型：

● 基本的数字传感器可以产生开 / 关输出。开关就是数字式传感器的一个很好的例子：开关有闭合或打开两个状态。闭合或打开就相当于开 / 关、真假、高低（也称为逻辑电平）。 更复杂的数字传感器可以输出一串高 / 低脉冲信号，可以表示开或关以外的意思。举例说明，它可以代表一个温度或角度。这些传感器必须以特定方式连接到机器人的大脑上。

● 模拟传感器输出的是一个在一定范围里面变化的值，通常是一个电压。在很多情况下，传感器自身呈现出来的是一个变化的电阻或电流，然后再需要通过外部电路转换成电压。举例说明，暴露在光线下的一个 CdS（硫化镉）的电阻会发生非常大的变化，一个简单的电路可以用一个附加的固定电阻把 CdS 电阻转换成电压。

像图 40-1 显示的那样，数字和模拟传感器产生的是一个可以输送到计算机、单片机或其他电子设备上的电压。对于一个简易数字传感器，比如一个开关，机器人电路关心的只是输入的电压是逻辑低（通常为 0V）还是逻辑高（通常为 5V）。因此，这种简单的数字传感器一般可以直接连接到控制机器人的计算机上，不需要任何附加的接口电路。

对于模拟传感器的情况，你需要给机器人加上转换电路，把它输出的电压转换成在控制电脑上可以使用的形式。这通常会涉及模数转换器，本章后面将会讨论。

对于数字传感器的情况，传感器输出的是一串高 / 低变化的脉冲，里包含着复杂的数据，必须经过机器人控制电脑捕获并分析才能加以利用。具体怎么实现这个过程取决于传感器产生的数字信号的类型。在大多数情况下，传感器提供的数值都需要通过控制电脑上运行的软件加以解释，数字传感器对接口电路的要求不高。

提示：模拟信号有许多种。图 40- 1 显示了 3 种常见的类型：模拟正弦波、模拟方波和模拟变化的电压。模拟信号所涉及的实际电压可能会根据电路有所变化，而数字信号则通常只有 0V 和 5V。还要注意的是模拟方波可能看起来像是一个数字信号，但它的频率（每秒波形数）非常有意思。

40.1.2　传感器的例子

制作机器人的乐趣之一是发现新的使它们对事物产生反应的方法。使用现有的各种类型的传感器就可以很容易地实现，造价也不高。新型传感器不断推出，它们的性能也紧跟最新技术的发展。不是所有的新型传感器都是爱好者能负担得起的，当然你只能梦想拥有一套价值 5000 美元的视觉系统。但是也有很多低成本的传感器，大多数的价格只有几美元。

这本书的第八部分讨论了现在常见的多种类型的传感器，它们都适合业余机器人。为了引起你的兴趣，这里所列的只是一个简要清单：

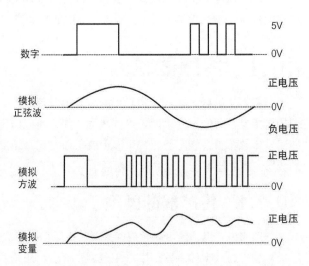

图 40-1　机器人传感器和其他电路上常见的几种类型的信号。数字信号包含的信息是高低变化的脉冲。模拟信号包含的信息除了瞬时电压还有在某一段时间里，比如 1s 内电压变化的次数

● 接触开关。用作"触摸传感器"，开关激活的时侯表示机器人接触到了一些物体。

● 超声波测距仪。通过声波的反射来判断距离。

● 红外线测距或接近传感器。通过红外线的反射来确定距离和接近状态。

● 热释电红外线传感器。用红外元件检测热量的变化，通常在运动检测器中使用。

● 语音输入或识别模块。你可以用自己的语言对机器人下命令。

● 声音传感器。机器人可以检测声源。你可以把机器人听觉的灵敏度调整在一个特定水平。

● 加速度计。用来检测速度或地球引力的变化，加速度计可以用来确定一个机器人的移动速度

有多快，不管它是偏离重心还是意外停止。

- 气体或烟雾传感器。气体和烟雾传感器可以探测到有毒或有害的烟雾是否达到危险值。
- 温度传感器。温度传感器可以检测环境或施加在它上面的热量。环境热量指的是室内或空气中的热量，施加在它上面的热量指的是直接施加到传感器的一些热（或冷）源。
- 压力敏感电阻。电阻传感器可以检测到接触、力、压力或张力。一种便宜的电阻传感器看起来像是一个圆形或方形的触摸板，它可以根据它上面压力的变化改变阻值。
- 光电传感器。各种光电传感器可以检测到可见光或不可见光。光电传感器成组（阵列）使用的时候可以检测物体运动的模式。这种方式虽然比不上一架摄像机，但是随着传感器数量的增长，机器人识别物体的能力也会越来越强。
- 视觉系统。一个由数千个感光元件组成的传感器阵列在本质上就是一个视频摄像机，摄像机也可以用来构造机器人的眼睛。

40.2　电动机和其他输出

机器人通过输出可以实现身体的动作。最常用的方法是把一个或多个电动机连接到机器人大脑的输出，使机器可以移动。在典型的机动式机器人上，电动机驱动着车轮，车轮带动着机器人在房间里飞奔。在一个固定式机器人上，电动机安装在手臂和夹持器上，使机器人夹取和移动物体。

电动机不是唯一的使机器人运动的方法。机器人还可以用线圈对铁芯的吸放或者用泵和阀门驱动气动或液压系统作为动力。无论机器人使用的是什么样的系统，基本概念是相同的：机器人的控制电路（一个计算机或单片机）向输出提供电压，电压操纵着电动机、线圈或泵的运转。当电压消失的时候，电动机（或其他东西）停止运转。

40.2.1　其他常见的输出类型

其他类型的输出方式包括：

- 声音。机器人可以用声音对一些即将发生的危险发出警告（"公主这次无处可逃了"）或吓跑入侵者。如果你已经制作了一个 R2-D2 风格的机器人（来自星球大战），机器人可能会用唧唧和哔哔的声音和你进行沟通。如果顺利的话，你应该知道"哔啵，哔"表达的是什么意思。
- 语音。不管是合成出来的语音还是事先录制好的语音，都可以让机器人的沟通方式更人性化。
- 可见指示。使用发光二极管（LED）、数字或液晶显示器（LCD），视觉指示器可以帮助机器人用最直接的方式和你沟通。

40.2.2　功率方面的考虑

输出通常驱动的都是比较重的负载：电动机、线圈、泵，甚至是需要大量电流的高音扬声器。常见的机器人控制电脑一般不能提供超过 15 ～ 40mA 的输出电流。这个电流足够点亮一个或两个

LED，但是不能再多了。

　　为了让输出能够驱动负载，你需要加入功率部分以提供足够大的电流。扩流电路可以是一个简单的晶体管也可以是一个现成的可以控制大功率电动机运转的功率驱动电路。一种常见的功率驱动器是 H 桥，因为它里面所使用的晶体管在电动机周围排列成一个大写的字母"H"而得名，见第 22 章"使用直流电动机"，获得更多关于 H 桥的信息。H 桥可以直接连接到机器人的控制电脑，并向负载提供足够的电压和电流。

40.2.3　源电流或沉电流

　　一个电路可以被描述为"源"电流或"沉（吸收）"电流。这两个术语是相对于负载而言的，即电路里面大量消耗电流的部分。负载的一个很好的例子是一个电灯泡，图 40-2 显示了一个非常简单的电路。灯泡用一个晶体管控制打开和关闭（译者注：图中电路里面电流是从负载流向 MOSFET 的，应该属于沉电流，以下是未经修改的原文）。

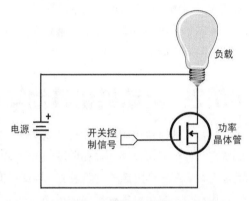

图 40-2　一个"负载"的基本控制电路，图里面是一个灯泡。根据负载的连接方式，它可以让电路流入或流出电路

　　● 源电流的情况是电路向负载提供电流。在这个电路里面，当输出变为高电平时灯泡点亮，电流是源的状态（从电路流入负载）。

　　● 沉电流的情况是负载消耗电路里面的电流。电路和上面的正好相反，当输出变为低电平时灯泡点亮，电流是吸收的状态（从负载流入电路）。

　　源电流和沉电流之间的差异其实一点关系也没有，虽然它们乍看之下似乎有点类似。这个问题非常重要，因为大多数电路可以吸收比它们所能提供的更多的电流。

　　这就是为什么你会在很多芯片上看到不同的源电流和沉电流的处理能力。（译者注：源电流就是通常所说的拉电流，沉电流对应的是灌电流。）源电流的值通常比较少，例如，一个器件的参数可能标有源电流 40mA，沉电流 50mA。

　　根据元件的连接方式，某些类型的半导体，比如 NPN 型晶体管，是不能作为源电流器件的。为了改善晶体管的操作特性，通常会在晶体管的集电极和电源正极之间连接一个上拉电阻（更多 NPN 型和其他类型的晶体管的信息，可以参考第 30 章和第 31 章）。上拉电阻只是一个普通的电阻，它的作用是在晶体管不导通的时候把晶体管的输出"拉高"到电源电压。

提示：LM339 电压比较器 IC 的输出是集电极开路的——只是一个 NPN 晶体管的集电极，没有任何其他附加的东西。这使芯片可以更灵活地用于不同类型的电路，但是这也意味着你需要在比较器的输出端加上一个上拉电阻，否则芯片将无法正常工作。

上拉电阻的阻值取决于具体的应用和晶体管的特性，在不考虑电路细节的情况下，弱上拉电阻的阻值可以取在 20 kΩ 以上。弱上拉电阻经常用来降低晶体管、芯片或其他使用它们的电路的能耗。很多单片机都带有内置的弱上拉电阻，可以在软件设置里面把它们禁用。

强上拉电阻的阻值是 2 ~ 10 kΩ。它们的首选应用是信号变化非常快或者电路里面的噪声可能会导致其他元件出现问题的场合。

40.3　输入输出架构

正如我们已经看到的那样，计算机或单片机的基本输入和输出是一个两种状态的二进制电压值（关和开），通常是 0V 和 5V。高 / 低变化的数字信号可以通过两种基本类型的接口传输到机器人的控制电脑。它们就是并行和串行接口。

40.3.1　并行接口

在并行接口里，多位数据同时用单独的导线传输。并行接口适合高速工作，因为多个数据位是在相同的时间里传输的。

一个典型的并行接口使用的是一个 8 位宽的端口，有 8 根数据线，8 位数据是同时传送的。当一个时钟（或选通）位从一个状态切换到另一个状态的时侯，连接到并行接口的电路就知道数据已经读取完毕了（见图 40-3）。

在机器人上你可能会遇到的最常见的并行接口是和液晶显示器（LCD）配套的 HD7740 控制器。HD7740 是公认的全字符 LCD 的标准控制器，它支持 4 位宽的端口。你要用 4 根数据线和它进行沟通，另外还需要 3 根控制用的数据线，在第 47 章"与你的作品互动"里面有一个实例可供参考。

40.3.2　串行接口

并行接口的缺点是会占用机器人计算机或单片机上面的大量输入和输出（I/O）接口。控制电脑上面的 I/O 接口的数量有一定限制，通常是 12 ~ 16 个，有时会更少。如果机器人使用一个 8 位并行接口，那么余下来做其他事情的 I/O 接口就非常少了。

而另一方面，串行接口需要占用少量的 I/O 接口，因为它们发送数据只需要一根或两根线。串行接口先把一字节的信息分成 8 位，再以单个文件的方式每次发送一位（见图 40-4）。大多数串行通信协议使用两个 I/O 接口，但是有一些只使用一个，此外还有使用 3 个或 4 个 I/O 接口的协议（见后面章节）。增加的 I/O 接口在数据发送方和接收方之间起到定时或协调的作用。

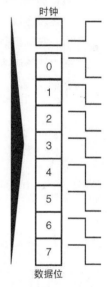

图 40-3　在并行接口里，所有数据位的通信用的都是单独的导线。还有一根独立的用来同步数据位读取的时钟线

　　机器人上使用的大多数传感器都带有串行接口，尽管表面上看起来它们的连接比并行接口要难。但是实际上并不存在这个问题，只要把正确的软硬件组合在一起就可以轻松连接这些器件。

　　在使用传感器串行传输过来的数据之前，你必须先按照时序找出所有数据位并将它们组合成 8 位数据，数据代表的是一些有意义的值——比如表示传感器和一些物体之间的距离。当你的单片机带有内置的串行通信命令的时候，可以让串行数据的重建工作变得更简单。BASIC Stamp、PICAXE 和 Arduino 都提供了这样的命令。

提示：串行通信可以大致可以分为两类：异步通信和同步通信。

　　在异步串行通信里，一根导线用来传输数据位，并提供收听者可以随着转换的定时信号。注意图 40-4 里面的空闲、开始和停止信号，它们是 8 位数据的一部分。当空闲的时候，收听者知道讲话者没有发送任何数据。但是，当遇到一个开始位的时候，收听者就会知道有数据发送过来。

　　在同步串行通信里，至少要用到两根导线：一根只包含数据位，另一根包含一个控制时钟。每个时钟脉冲里收听者都接收到 1 位数据。I2C 的方法详见下文，它就是一个同步串行通信的例子。

图 40-4　异步串行通信用一根导线传送数据。通信的同步——知道什么时候可以发送和接收数据——是通过嵌入在数据里面的开始和停止位来实现的

40.3.3　I2C 和 SPI 接口

　　因为大多数单片机都可以很方便地通过简单的命令实现串行通信，所以机器人更倾向于使用基于串口的硬件。带有串口的 LCD 模块比典型的并口模块更受欢迎，现在在越来越多的其他类型的硬件上也可以发现同样的概念，比如电动机控制模块和超声波传感器。

　　如前所述，同步串行通信使用两个 I/O 接口：一个作为数据，另一个作为时钟。时钟线每产生一个脉冲就有一位数据从发送者传输到接收者。这种方法的一个问题是你需要在系统里给每个串行链路准备两个 I/O 接口。如果你有 4 个串行链路，就需要 8 个 I/O 接口。如果你想在设备之间进行双向（两路）通信，就要使用更多的 I/O 接口。

　　单片机有几种常用的可供选择的串行协议，它们可以防止串行通信的数据错误还可以减少多个串口设备互相连接时占用的整体引脚数。两个最常见的串行协议是 I2C 和 SPI。

40.3.4　I2C

　　I2C 用两根双向数据线（因此，通常也把它称为两线接口，如图 40-5 所示）把一个或多个

从属节点连接到一个主节点。通信是双向的：主从节点间可以彼此互相交谈。I2C 的两根连线称为
SDA 和 SCL。SDA 代表的是串行数据线，它包含自己的数据位；SCL 代表的是串行时钟线，它
包含的是掌管数据的时钟脉冲。

图 40-5　同步串行通信要用到两根（有时会更
多）导线，一根线传送它自己的数据位，另一
根提供同步的时钟信号

 提示：从技术上讲，I2C 应该表示为 I²C，但是可能会因为平方符号在某些文档里面显示不
正确而造成误解。为简单起见，我们把它表示为 I2C，实际上，现在很多人引用它的时候都
称其为"I2C"，而不是"I 方 C"。你可以按自己的习惯选择任意一种方式。

I2C 常见的用途包括传感器和其他支持设备间的通信、内存的扩展（增加 RAM 和更多的
EEPROM），以及让两个（或更多个）单片机互相交谈。子控制器可以有多种用途：主控制器完
成大部分工作，附加的单片机用来进行特定的任务，比如操作电动机。

当有适当软件支持的时候，I2C 实现起来非常简单。

比如，Arduino 单片机的两个 I/O 接口在设计上就支持 I2C。控制器带有一个函数库，使 I2C
的设置和使用都很顺畅。在第八部分里面有几个在传感器和 Arduino 上使用 I2C 的例子。

40.3.5　SPI

SPI，或称为串行外围设备接口，使用 3 个 I/O 接口在主从设计之间进行通信，第 4 个 I/O 接
口预留作为一种"举手"信号防止每个人都在同一时间说话。第 4 个 I/O 称为从机选择（SS）线。
SPI 里面的所有 I/O 接口都按照它们的功能进行了命名：

- SCLK：串行时钟（由主器件产生）。
- MOSI：主器件输出，从器件输入。
- MISO：主器件输入，从器件机输出。

举例说明，为了把两个从器件连接到主器件上，你需要先把 3 个主要的 I/O 接口对应着连接到每
个从器件上，然后你需要用另外两根导线从主器件上单独连接到每个从器件，见图 40-6 里面的例子。

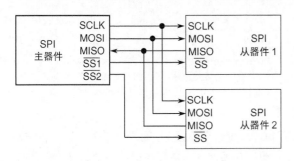

图 40-6　串行外设接口（SPI）使用最少 4 根导线进
行双向通信。你可以对应着加入更多的导线建立起另
外的通信链路，连接额外的器件

40.4　输出接口

像前面所提到的，大多数输出电路所需要的电压和电流比机器人控制电路（计算机、处理器、单片机）所能提供的要大得多。因此你需要用一些方法提高电流，使电路能够正常运转。这些方法包括：

直接连接：某些类型的输出设备可以通过机器人电路直接驱动，因为它们的电流消耗比较低。这些设备通常包括 LED 和小型压电式蜂鸣器。

双极型和 MOSFET 晶体管：晶体管的作用是放大电流。可以把一个晶体管连接在单片机的输出端，让晶体管代替单片机向负载提供电流。

电动机驱动模块：电动机驱动块是一种特殊类型的集成电路，可以作为直流电动机和控制器的接口。虽然电动机驱动是这种 IC 最常见的用途，但实际上它们可以用在很多需要大电流的场合。

继电器：一个低技术但是仍然可用的输出接口是机械式继电器。一些非常小的继电器可以直接连接在机器人的单片机或其他电路上，但是大多数情况下都需要一个电阻和晶体管来增加电流。

40.5　数字输入接口

下面的章节描述的是将数字输入连接到机器人的控制电路（处理器、计算机或单片机）的方法。

40.5.1　基本界面概念

开关和其他规范的数字（开 / 关）传感器可以很容易地连接到机器人上。最常用的方法是：

直接连接：最基本的设备之间的接口只是一根简单的导线。当不牵涉到电压和电流问题的时候，这是一个可接受的方法。一个最常用的连接方法是把开关作为碰撞探测器连接到单片机的输入端（见图 40- 7），或者在单片机的输出连接一个可以发出声音的压电元件。

开关去抖：机械开关切换状态的时候会产生几十个到上百个虚假触发。这些误动作称为"毛刺"、"瞬变"或抖动，它们的实际结果是一样的：你的单片机可能会对每个虚假的触发产生反应，多次运行重复的代码，导致机器人的动作可能会

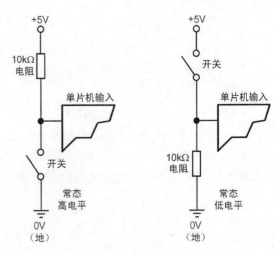

图 40-7　输入直接连接，图里面显示了一个简单开关连接到一个单片机或其他电路输入端的接线方法

出现问题（如果机器人出现注意力不集中的现象，很可能就是这个原因）。图 40-8 显示了一个（非常）基本的开关去抖电路，可以在开关切换的时候提供平稳过渡。电容值可以按经验选择，我会把

解决这些小麻烦的过程看成是一个通过实践学习的好机会。如果开关的毛刺比较多，你就需要选择一个容量更大的电容，但是随着电容值的变大开关的反应会变慢，使用钽或铝电解电容的时候要注意极性。

限制电流：电流太大会导致单片机的损坏，因此一些硬件接口可能需要对出入单片机的电流进行限制。通常一个普通的电阻（见图40-9）就可以用来限制电流。一个常见的应用是把电阻放在单片机和LED之间，电阻可以限制LED消耗太大的电流，电流太大肯定会损坏LED，还有可能损坏单片机。其他情况下的限流措

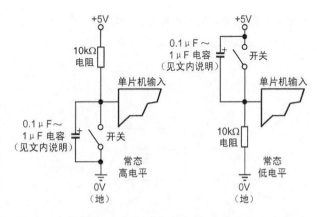

图40-8　机械开关在打开或关闭的时候会产生电气噪声——或者触点的"跳动"。图里面的电路可以消除额外的噪声，帮助控制电路更好地确定开关的状态

施包括把一个电阻内联在舵机和可能对单片机的输入端产生静电干扰的开关上。对于5V电压来说，电阻的典型值在330～680Ω。

缓冲输入：缓冲器是连接在输入/输出和控制器之间的一个有源电路。缓冲器有很多种，用途也很广，一种常见的形式是连接在单片机和控制电动机的继电器之间的一个晶体管。晶体管不但可以对控制器的I/O接口起到隔离保护的作用，还可以提高驱动继电器所需要的电流。其他形式的缓冲器包括运算放大器（见图40-10）和包含几个独立的缓冲输入和输出的专用集成电路。

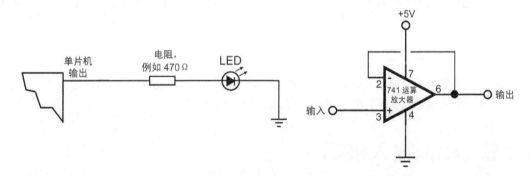

图40-9　一些电子元件，比如发光二极管，需要采取电流限制措施，否则就会损坏。电阻可以降低通过LED的电流

图40-10　缓冲器可以起到两个电路之间的隔离作用，也可以用来提供增加驱动电流，把数字信号从低转为高（反过来也一样），还有很多其他用途

40.5.2　使用光耦电隔离器

有时候你可能希望把输入电路和控制电路的电源完全独立起来，这样可以在输入和输出之间提供最大的保护。最容易实现的方式是使用光电隔离器，这是一种现成的IC封装的元件。图40-11

显示了光电隔离器的基本概念：信号源控制着一个发光二极管。控制电路的输入端连接在光电隔离器的光电探测器上。

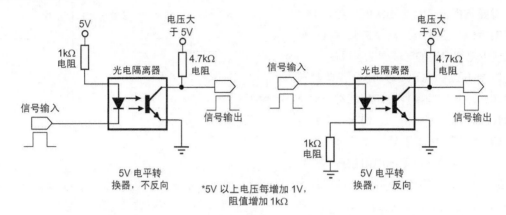

图 40-11　光电隔离器可以把两个电路彼此分开，同时还可以让一个电路控制另一个电路

　　需要注意的是光电隔离器的每一"侧"都有它自己的电源，你也可以用这种器件进行简单的电平转换，举例说明，可以把一个 +5VDC 的信号转换成 +12VDC，反过来也一样。

40.5.3　齐纳二极管的输入保护

　　当信号源的电平可能会超过控制电路工作电压的时候，你可以用一个齐纳二极管对输入电压进行"钳位"。当给齐纳二极管加上一个特定电压的时候，它就像一个打开的阀门，把齐纳二极管横跨着放置在输入 +V 和地之间，基本上就可以消除多余的电压，防止输入电压超出控制电路的许可范围。

　　齐纳二极管有不同的电压规格，4.7V 或 5.1V 的齐纳二极管可以用在大多数机器人电路的输入接口上。你需要用一个电阻来限制通过齐纳二极管的电流。齐纳二极管的使用方法和电阻的选择需要一些简单的数学计算，详见第 19 章"机器人的动力系统"。

40.6　模拟输入接口

　　在大多数情况下，模拟输入信号变化的特性决定了它们不能直接连接到机器人的控制电路。如果你想对输入信号进行量化，就需要用到某种形式的模数转换，详见本章后面的内容。

　　此外，你可能还需要对模拟输入信号做一些调整，使它的数值可以被可靠地计量出来。这可能包括放大环节，这一节里面会详细介绍。

40.6.1　电压比较器

　　电压比较器捕获的是一个模拟电压，输出到机器人控制电路的是一个简单的开/关(高/低)信号。

当你不关心输入电压可能会发生变化的时候，电压比较器的使用是非常简单的，但是你需要知道什么时候输入电压会高于或低于一个特定的阈值。

图 40- 12 显示了一个常见的电压比较电路。电位器的作用是设定比较器的"触发点"或阈值。设定电位器的时候，电位器中心抽头的电压就是比较器输入端的触发电压。调整电位器可以改变比较器的输出状态。

注意电路里面连接在比较器芯片（LM339）输出端的一个上拉电阻。LM339 是集电极开路输出的结构，这意味着它可以把输出拉低，但是不能让输出变高。上拉电阻可以在需要的时候让 LM339 的输出变高。

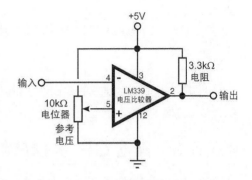

图 40-12　电压比较器的输入电压和参考电压相互对比。常见的电路如图所示，通过一个电位器设定比较器的参考电压

 提示：LM339 集成电路的里面实际有 4 个独立的电压比较器，在做很多机器人试验的时候非常方便，比如你想给安装在机器人的左右两侧或者前面和后面的传感器提供多个输入接口的时候。

你可能已经注意到电压比较器有两个输入端，一个标有 +，另一个标有 –，习惯上更喜欢分别把它们称为同相和反相输入端。你可以通过交换比较器的输入端来改变它的工作状态。也就是说，当比较器的输入达到阈值的时候，你既可以让它的输出关闭也可以让输出打开，只需要调转输入端的位置就可以了。

40.6.2　信号放大

某些型号的模拟传感器输出的信号强度不够，不能直接在机器人电路上使用。在这种情况下，你必须对信号进行放大，晶体管或运算放大器都可以实现信号放大。

大多数情况下 op-amp 放大信号的方法最简单。虽然 LM741 可能是最著名的 op-amp，但是根据应用的不同它并不一定总是最好的选择。因此我选定的是 OPA344，这是一个低成本的 op-amp，网上货源也很充足。和 LM741 相比，它有两方面优点，它的输出是轨至轨的，也就是说，假设电源电压是 5V，它输出的全电压摆幅就是 0 ~ 5V（或非常接近）。第二个优点是它可以在单电源下工作，不需要双（一正一负两组）电源。

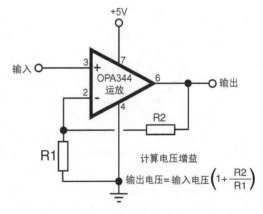

图 40-13　op-amp 是一种多功能的电路，它有数百种放大和调整信号的方法。图里面显示的是用 op-amp 组成信号放大电路时的基本连接方法

提示：如果你找不到 OPA344 芯片，也可以用其他的轨到轨和单电源的 op-amp 来替代。

图 40-13 显示的是把一个 op-amp 作为一个放大器，标记为 R1 和 R2 的电阻用来设定电路的增益（或放大率）。图里面还提供了一个计算大致电压增益的基本公式。

40.6.3 其他 OP-AMP 处理信号的方法

用 op-amp 进行信号调整的方法非常多，这里无法一一例举。一个比较好的资料来源是 Forrest M. Mims III 撰写的 *Forrest Mims Engineer's Notebook*，书里面收集了很多简单易懂的电路，大多数网上书店都可以买到这本书。Forrest 的书是机器人实验室的必备工具。

40.6.4 常见的模拟输入接口

很多类型的模拟器件都可以通过简单的接口连接到机器人电路上。大多数器件都可以提供一个变化电压，这个电压可以用于单片机的模数转换器（见本章后面的内容），也可以输入到电压比较器测定它是不是超过一定的阈值。最常见的用于机器人的接口：

* CdS（硫化镉）在本质上是一个对光线敏感的可变电阻，把一个 CdS 和一个电阻串联在一起接在电源正极和地之间（见图 40-14）组成的电路可以提供一个模数转换器或电压比较器可以直接读取的电压。通常不需要放大。

* 把一个电位器按照图 40-15 所示的电路可以连接成一个分压器。电压的变化范围是从 0V（地）到电源电压，不需要放大。

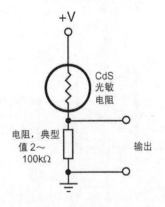

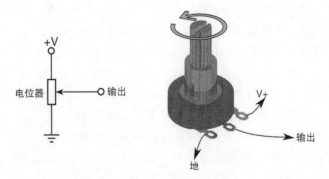

图 40-14 硫化镉光电池是一个可变电阻。它的电阻变化量取决于光线照射到传感器的数量。当和另外一个电阻搭配使用的时候，CdS 输出的是一个读数可变的电压

图 40-15 电位器提供了一种非常方便的检测电压变化的方法。电位器的轴可以连接到机器人的运动部件上（比如手臂），检测到的电压可用来标示位置

• 光电二极管或晶体管的输出是一个变化的电流，可以通过一个电阻转换成一个电压（见图40-16）。电阻的阻值越高，器件的灵敏度就越高。光电晶体管的输出通常是从0V（地）到接近电源电压，因此没有进一步放大的必要。

• 像光电晶体管一样，光电二极管的输出也是变化的电流，它们的输出可以通过一个电阻转换成电压。光电二极管的输出一般都比较低，这意味着通常都需要对它的输出进行放大。

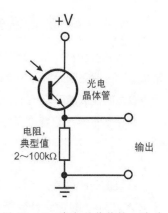

图40-16　光电晶体管是一种对光线敏感的晶体管。当光线照射在器件上的时候，它就会打开（导通电流的状态）。光线越强晶体管打开的幅度也就越大。当和一个电阻搭配使用的时候，晶体管输出的是一个可变的电压

40.7　连接 USB

USB表示的是通用串行总线，它是目前最常见的计算机和连接到它上面的设备进行通信的方式。你可能经常会使用一根USB电缆把你在计算机上开发好的程序下载到单片机上，为了让你的PC机和单片机可以通过USB对话，控制器上必须带有USB接口。

搭建在大电路板上的控制器一般都有一体的USB接口，比如Arduino，没有内置USB接口的电路板一般会提供可选配件。

提示：其他的 PC 机和单片机之间通信的方法包括使用老式的串行端口，还有现在几乎已经被忘了的并行端口。虽然现在并行端口的连接已经不常见了，但是很多单片式控制器（PICMICRO、AVR、PICAXE）还是通过 PC 机的串口进行编程。如果你的计算机没有串行端口，可以使用 USB 转串口适配器。这种转换器在很多专门经营个人计算机的实体店或网上商店都可以找到。

提示：一些机器人实验者更喜欢使用自供电的 USB 集线器。这种集线器有自己的电源，可以把你的项目和 PC 机隔离起来（防止 PC 短路），还能更好地向每个端口提供所需的电流（USB 2.0 为 500 mA，USB 3.0 为 900 mA）。

40.8　使用模数转换

计算机是二进制的设备：它们的数据由0和1组成，一连串的数据组合在一起形成有价值的信息。而现实世界是模拟的，数据可能是任何一个值，"有"和"无"之间有数以百万种变化。

模数转换是一种方法，它提取模拟信息并把它转换成适用于机器人的数字式信息，或者更精确地说是二进制格式的信息。很多机器人传感器都是模拟的，它们包括：温度传感器、话筒和其他音频传感器、变量输出的触觉反馈（接触）传感器、位置电位器（比如肘关节的角度）、光探测器，等等。这些器件需要经过模数转换才能连接到机器人。

40.8.1　模数转换是如何工作的

模数转换器（ADC）的工作原理是把模拟值转换成和它们相等的二进制数值。较低的模拟值（比如照射到光探测器上的一束微弱的光线），可能有一个较低的等效二进制数值，比如"1"或"2"，一个较高的模拟值可能代表一个较高的二进制数值，比如"255"。

模拟信号里面的微小变化会使二进制数值也发生变化，变化较大的 ADC 电路的"分辨率"也较高。转换的分辨率取决于电压跨度（0 ~ 5V 是最常见的）以及用来表示模拟电压的二进制数值的比特数。

假设信号跨度是 10V，用 8bit（或一字节）表示这个电压的值。8bit 有 256 个可能的组合，这意味着 10V 的跨度将被表示为 256 个不同的值（0~255）。图 40-17 显示了一个从 1V 到 10V 变化的模拟信号，以及它在 0V、5V 和 10V 时的等效二进制数值。

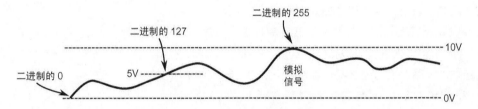

图 40-17　一个模拟电压（这个例子里是 0 ~ 10V）是如何转换成数字值的 0 ~ 255 的。满 10V 相当于二进制的 255，0V 相当于二进制的"0"。5V（介于 0~10V）是二进制的 127

- 0V 相当于二进制的 0。
- 5V 相当于二进制的 127。
- 10V 相当于二进制的 255。

对电压为 10V 的 8bit 转换来说，ADC 的分辨率为 0.039V 每档。显然，跨度越小比特数越高转换的分辨率就越细。比如，把比特数换成 10，就有 1024 个可能的二进制数，分辨率也提高了，每档大约为 0.009V。

40.8.2　模数转换 IC

你可以用单独的逻辑芯片制作模数转换电路，其实就是把一系列电压比较器串在一起，更简单的方法是使用专用的 ADC 集成电路。虽然现在提起来已经有点"老派"的味道了，但是 ADC 芯片仍然可以买到，价格相当便宜，而且可选择的种类也很多。这里有一些：

- 单路或多路输入。单路输入的 ADC 芯片，比如 ADC0804，只能接受一路模拟信号。多路输入的 ADC 芯片，像 ADC0809 或 ADC0817，可以接受一路以上的模拟信号（通常为 4、8 或 16 路）。ADC 上的控制电路使你可以选择想要转换的输入。

- 分辨率。基本的 ADC 芯片的分辨率是 8bit，还有更高分辨率的 10bit 和 12bit 的芯片。比如，LTC1298 就是一个 12bit 的 ADC 芯片，它可以把输入电压（通常为 0 ~ 5V）转换成 4096 挡。

● 并行或串行输出。带有并行输出的 ADC 的数据线是按位分开的。串行 ADC 只有一个单独的输出，一次只能发送 1bit 的数据。LTC1298 就是一个使用串行接口的 ADC 的例子。

40.8.3　集成在单片机里面的 ADC

很多单片机和单板计算机配备有一个或多个内置的模数转换器。和把一个独立的 ADC 芯片连接到机器人上相比，这种方式不光可以节省你的时间，还可以降低制作难度和造价。你只要告诉系统获取一个模拟输入，它会告诉你得到的数字值。

40.9　使用数模转换

数模转换（DAC）和模数转换正好是相反的。DAC 可以把一个数字信号转换成变化的模拟电压。DAC 常见于在某些类型的产品里，比如音频 CD。

在机器人领域里，通常把数模转换间接用在一种称为脉冲宽度调制（PWM）的技术上。PWM 最常见的应用是控制电动机的速度。操作的时候，电路把连续的脉冲加到电动机上。持续时间比较长的脉冲是"开"，此时电动机转动变快。因为电动机倾向于把加在它上面的脉冲"整合"成一个平均电压，因此不需要单独的数模转换。见第 22 章获得更多关于 PWM 和直流电动机的信息。

在需要的时候，你可以用特制的数模转换集成电路来完成任务。比如，DAC08 就是一个历史悠久的 8bit 数模转换 IC。它的价格很便宜（几美元），使用起来也很简单。

40.10　扩展可用的 I/O 接口

单片机或计算机控制的机器人比较让人头疼的问题是输入和输出引脚的数量太少。似乎机器人总是需要比现有的更多的 I/O 接口。解决这个问题的方法之一是减少机器人的功能或者添加第二个计算机或单片机。幸运的是，还有其他的方法。

40.10.1　从少到多

数据分配器或多路分配器，让你可以把几个 I/O 接口变成很多个。通常可以用它来扩展单片机输出接口的数量——比如用很少的接口就可以控制 8 个 LED。

多路分配器有很多种类型，常见的元件有 3 个输入和 8 个输出。你可以把一个二进制控制信号加在 3 个输入上单独激活 8 个输出里面的任意一个输出。

下表显示了用 3bit 的二进制控制信号选定输出的方法。3bit 信号显示成二进制的格式，其中 0 表示关闭或低，1 表示打开或高。3bit 的特定值对应着选定的输出（控制更多的输出只需要设置更多位的输入控制信号。比如，为了控制 256 个输出，你就需要 8bit 的控制信号）。

输入控制	选定输出	输入控制	选定输出
000	1	100	5
001	2	101	6
010	3	110	7
011	4	111	8

多路分配器的一个例子是古老的 74138 芯片，它可以让选定的输出为低的同时让其他的输出保持在高位。多路分配器一个需要注意的特点是，在任何时间里只能有一个输出是活动的。只要你改变输入控制信号，事先选定的输出就会被取消，一个新的输出将会被选中。

另一种方法是使用一个串行到并行的移位寄存器，比如 74595（这是一个系列芯片，你可以使用芯片家族里面的任何一个成员，比如 74HCT595 或 74LS595）。74595 芯片有 3 个输入引脚（还有一个可选的第 4 个输入引脚，我们这里用不到，可以把它忽略不计）和 8 个输出引脚。你可以向 74595 发送一个 8 比特的串行口令设置它的输出状态。

串行"口令"	选定的输出
00000001	1
00001001	1 和 4
01000110	2、3 和 7

图 40- 18 显示了如何让一个 74595 以独立或组合的方式点亮 8 个 LED。操作中，机器人的计算机或单片机的软件会向时钟线发送 8 个时钟脉冲，每发送一个时钟脉冲，数据线就发出 1 位串行口令。当全部 8 个脉冲都收到的时候，激活锁存脚。此时 74595 的输出会一直有效，直到你改变锁存脚的状态（当然也包括切断 74595 芯片的电源）。

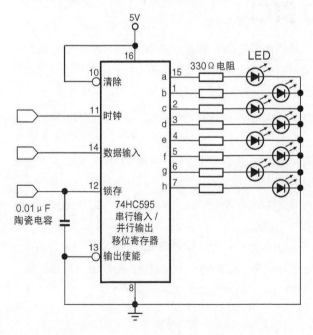

图 40-18　如何使用 74595 串行 / 并行（SIPO）IC 把串行数据转换成并行数据。SIPO 让你可以扩展单片机或计算机的 I/O 接口的数量。这个例子显示的是用 3 个输入接口控制 8 个 LED

虽然把 3 个 I/O 接口扩展成 8 个的操作看起来好像特别麻烦，但是实际上很多用在机器人上面的单片机（和某些计算机）都包含一个"Shiftout"命令，这个命令可以简化你的操作。74595 的一个最主要的优点是支持"级联"，你可以把它们级联起来把 I/O 输出扩展到 8 个以上。

40.10.2　从多到少

现在我们换成另一种方式：把多个输入变成一个。可以实现这个功能的是多路复用器（或数据选择器）。在单片机的世界里，经常用多路复用器把需要连接到控制电路输入端的接口数量降到最低。举例说明，你可以用一个多路复用器接收 12 个安装在机器人上面的按钮式接触传感器发出的信号，全部的 12 个开关信号都通过多路复用器进行选择，挑选出来的信号只需要连接到单片机的一个输入端就可以了。

多路复用器和多路分配器正好相反，CD4051 集成电路就是一个很好地说明它们是如何工作的很好的例子。这个芯片可以用 3 个选择线把 8 个信号混合成一个，用来指定你想要的是哪一个输入的数据和前面 8bit 分配器表里面的是一样的。举例说明，想要读取第 3 个输入的值，你就要把 3 个选择线设置成 011：二进制的 011 相当于十进制的 3。

40.10.3　模拟与数字的复用和分配

传统的（也是最常用的）多路复用器和多路分配器只能用于数字开/关信号。SN74151 就是一个很好的例子，它是一个数字多路复用器，也称为数据选择器，常用来从一系列数据里面挑选信息并把它们筛选成一个单一输入。图 40- 19 显示了一个 SN74151 的基本接线图，注意一定要把没用的输入接地（不要让它们"悬空"）。

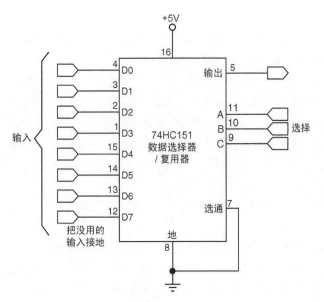

图 40-19　74151 数据选择器/复用器可以检测多达 16 个输入状态。芯片用 4 个选择脚挑选需要读取的输入，相应的输入值显示在芯片的输出脚

这个芯片最多可以接受 8 个输入，图里面标记了芯片的输入，通过选择引脚的高低设置可以把需要的输入指定到输出。下表显示的是根据 4 个选择引脚的值判断哪个输入引脚是有效的。

选择 C	选择 B	选择 A	有效输入
L	L	L	D0
L	L	H	D1
L	H	L	D2
L	H	H	D3
H	L	L	D4
H	L	H	D5
H	H	L	D6
H	H	H	D7

L= 低，H= 高。

但是也可以买到适用于模拟传感器或其他模拟设备的模拟复用 / 分配芯片。举例说明，CD4051 就是一个多用途的芯片，既可以用于数字信号也可以用于模拟信号。它的工作方式和 75HC151 相同，只是引脚排列的顺序不同，查看芯片手册获得进一步的信息。

● 用一个模拟多路复用器可以从多个模拟信号里面挑选出需要的信号并把它分派到单片机的一个模拟输入。典型应用包括读取一系列 CdS（光敏电阻）的值。你可以用 8 个或 16 个光传感器组成一个复合式的机器人"眼睛"，然后通过多路复用器分别读取每个传感器检测到的信息。

● 用模拟多路分配器可以把一个输入分成很多路。举例说明，你可以用这个方法把分配器和 LM555 定时 IC 组合起来制作出一系列的电压控制振荡器（VCO），这样你就可以用不同的电压创造出超自然的声音效果和科幻风格的音乐。

 提示：像 CD4051 这样的芯片既可以作为多路复用器也可以作为多路分配器，信号可以双向通过这个器件。8 个输入可以作为输出，输出也可以作为一个输入。

这个话题涉及的另一个器件是 CD4066 四双向开关 IC，它是一个包含了 4 个单刀单掷（SPST）开关的小东西。你可以把这些开关连接到一个单一的公共点上，并用它来组合模拟信号，举例说明，从不同的音源到一个放大器和扬声器。另一个用途是以电子的方式切换不同的元件，比如电路里的电阻，或者从 4 个不同的电压里选出一个。

40.11　理解端口转换

端口转换指的是从串行转为并行，或者反过来。多路复用器和多路分配器的概念是类似的，端口转换在连接单片机的时候还会涉及程序的问题，同时也为电路的设计提供了更大的灵活性。根据它们的工作方式，通常也把这类并行转串行和串行转并行电路称为移位寄存器。

40.11.1　并行入、串行出

让我们从并行转串行开始。这需要使用一种并行输入、串行输出，或称为 PISO 的芯片。一个例子是 74165（以及同一家族的成员，比如 74HCT165），另一种是 CD4014。IC 带有 8 个并行输入端，还有额外的用来加载并行值和提供串行数据输出的引脚。使用 PISO 的时候：

1．把 8 位数据连接到并行输入引脚。举例说明，它们可能是放置在机器人底盘四周的 8 个机械式瞬时碰撞开关。

2．加载并行数据并将其锁定。这是通过激活芯片上的一个控制引脚来实现的。

3．给芯片加入时钟脉冲，然后读取芯片输出的串行数据。串行数据是和时钟同步的一系列高低电平信号。下面的一串数据：

0 1 0 0 1 1 0 1

代表的是并行输入引脚对应位置上的电平是低（值为 0）还是高（值为 1）。

40.11.2　来自串行（到并行）的爱

好吧，我承认这是一个有点牵强的调侃，因为我正在听詹姆斯·邦德的电影配乐 CD。无论从哪个角度来看，串行到并行的转换结果都是和上面描述正好相反的。这种类型的电路称为串行输入、并行输出，或 SIPO，在前面的"扩展可用的 I/O 接口"里面已经进行过介绍。除了 74595，另一个常见的处理这个任务的 IC 是 74164（这个 IC 家族包括 75HC164、74LS164，还有很多其他规格，你可以使用任意一种）。图 40-20 显示了一个基本的连接图。

和多路分配器（见前面部分）一样，SIPO 电路也可以把少数几个 I/O 接口扩展到非常多的数量。SIPO 在机器人上常见的应用是点亮多个发光二极管，不需要

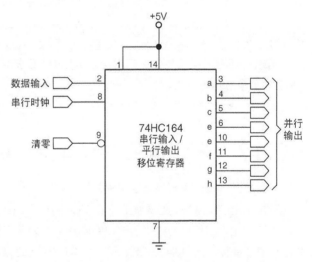

图 40-20　使用 74HC164 移位寄存器可以方便地把串口数据转换成并口数据

一个 LED 对应一个引脚。一个 SIPO 芯片只需要占用单片机的两个引脚就可以控制 8 个 LED。你只需要在每个时钟里发送一个 8bit 的串行数据并切换芯片时钟引脚的状态就可以让 LED 以任意组合的方式点亮。

74164 是一个非锁存的 SIPO，这意味着当您输入数据的时候芯片会立即改变它的并行输出，对于像 LED 显示屏和数据里的时钟非常快的应用可以不考虑这个问题。CD4094 IC 是一个带有锁存的 SIPO，这意味着芯片的输出会将一直保持，直到（除非）你改变锁存引脚的状态。

40.11.3   移位寄存器的级联

很多（但不是全部）移位寄存器 IC 都可以用级联或一前一后像链子一样方式组合在一起，这样你可以使用更多的比特。SIPO 的级联非常有意义——至少对机器人来说是这样的。级联可以把一个单一的串行数据扩展成 8、16、24，甚至多达 256 个并行输出。

40.11.4   专用 I/O 扩展芯片

对于那些输入 / 输出引脚数量比较少的单片机，市场上也有专用的 I/O 扩展集成电路。很多芯片可以用 I2C 串行接口标准和主处理器进行通信，并提供 8 个、16 个，甚至更多个输入和输出的扩展。

I/O 扩展芯片包括德州仪器和 NXP 的 PCF8575、Microchip 的 MCP23016、NXP 的 PCA9555N 和 Maxim 的 MAX7314。大多数扩展 IC 的价格在 3 ~ 5 美元，可通过比较大的网上电子分销商购买，比如 DIGIKEY 和 Mouser。扩展芯片的缺点是大多数芯片都是表面贴封装的形式，MCP23016 是少数例外之一，它是 DIP 的封装。为了能在标准的实验电路板上使用表面贴的芯片，你可能会需要一个表面转直插的转接板或者自制一个"跳线板"。

供参考

查看 RBB 技术支持网站获得更多常见的 I/O 扩展芯片的电路和编程实例。关于技术支持网站的详细信息见附录 A。

40.12   在线信息：认识端口编程

单片机上的每个引脚都可以单独控制，很多控制器也让你能同时操作多个引脚。引脚组合在一起就形成了端口，通常会把成套的 8 个 I/O 引脚组合在一起创建出 8bit 的端口。

你可以用端口编程的方式把端口的所有位作为一个整体进行管理。通过这种方式可以简化一些特定任务的编程，比如控制一串 LED 或多个电动机的情形。查看 RBB 技术支持网站（见附录 A）获得更多关于端口编程的介绍。

第 41 章

遥控系统

最基本的机器人其实就是一个用的有线控制盒操纵的电动玩具。你只要切换开关就可以控制机器人在房间里移动或者激活机器臂和机器手上面的电动机。

本章详细介绍了几种常见的使你和机器人之间达成联系的方式。你可以用遥控器激活机器人的所有功能，或者你可以用一台适当的机载计算机作为电子记录装置，把控制器作为一个示教盒来用。你可以手动给机器人编排一系列的动作和任务，然后通过计算机进行回放。一些遥控系统甚至使你可以把你的个人电脑连接到机器人上，你可以在键盘上输入指令或使用操纵杆进行控制，一条无形的链接会帮助你完成下面的工作。

供参考

所有软件例子的源代码都可以在 RBB 技术支持网站里面找到。见附录 A "RBB 技术支持网站"获得更多细节。为了节省页面空间，比较长的程序在书中不会打印，你可以在支持网站里找到它们。支持网站也提供了项目零件清单（含采购信息）、更新以及更多的例子，你可以试一试。

41.1 制作操纵杆式的"示教盒"

毫无疑问，你一定在迪士尼乐园或其他主题公园里面看到过机器人或"电子动物"担任的角色。这些舞台上的自动机通过一个复杂的电脑系统操作，可以播放编制好的声音片段以及控制舞台上机器人的每一个动作。

最常见的电子"表演"是通过一个人实时操纵一个操纵杆或其他控制器实现的。操作员随着系统播放的音响效果移动操纵杆控制舞台上的各种电子设备，操纵杆的动作被记录下来用于以后的回放。同样的概念也被用在很多种制造类的机器人上，它们的动作不是用键盘就是用一个示教器来编排的，这是一种可以记录操作员动作的控制器。

用一个比较老的（仍然可以买到）IBM PC 机的游戏手柄，你可以给自己制作一个造价低廉的示教机器人（如果你喜欢，也可以把它称为电动木偶）。在下面的项目里，我使用的是一个常见的品种繁多的 IBM PC 风格的模拟摇杆，摇杆带有一个 DB-15（15 针）的游戏口的连接器。虽然这种风格的摇杆已经不再广泛生产了，但是在廉价的剩余物资商店和二手店里还能买到，甚至你家里可能就有一个现成的。

提示：作为一个老式模拟 PC 摇杆的替代方法，你可以对一个具有老式摇杆基本功能的 USB 摇杆进行改装。你需要找到操纵杆里面电位器输出的位移模拟电压和两个按钮开关的触点。如果你找到一个不打算再用 USB 操纵杆，把它打开来看看是否容易对其进行改装。

图 41- 1 显示了 DB-15（15 针）游戏口连接器的引脚布局。各个引脚的功能总结在下面的表格里。需要注意的是连接器最多可以支持两个独立的操纵杆，用一个 Y 型电缆连接。在这个项目里，你只需要用到一个操纵杆（操纵杆 1）和它的两个按钮（按钮 1 和按钮 2）。

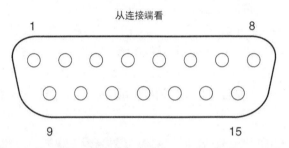

图 41-1 老式 PC 机游戏杆使用的 15 针游戏口连接器。图示为连接器的正视图

引脚	功能	描述
1	+5V	+5V
2	B1	按钮 1
3	×1	操纵杆 1 的 x 轴
4	地	按钮 1 的地
5	地	按钮 2 的地
6	Y1	操纵杆 1 的 y 轴
7	B2	按钮 2
8	+5V	+5V（或空脚）
9	+5V	+5V
10	B4	按钮 4
11	×2	操纵杆 2 的 x 轴
12	地	按钮 3、按钮 4 的地
13	Y2	操纵杆 2 的 y 轴
14	B3	按钮 3
15	+5V	+5V（或空脚）

通过编程使操纵杆示教器可以控制机器人车轮的两个电动机。您可以录制和回放多达 30s 的指令。你也可以让示教器工作在"自由"（没有记录或回放）模式下，在这个状态下你可以手动操纵控制机器人的运行。

对于控制电路，我们使用一个简单的接口把操纵杆连接到一个 Arduino 单片机上。图 41- 2 显示了操纵杆是如何连接到 Arduino 电路板上面的，Arduino 按照顺序连接着你所使用的电动机控制电路。

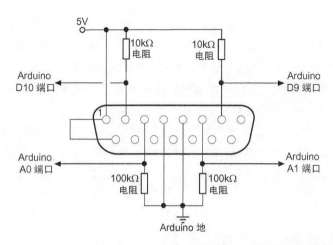

图 41-2 操纵杆的 15 针游戏插口与 Arduino 单片机之间只需要进行简单的电气连接

IBM PC 风格的操纵杆包含有模拟电位器，这些电位器的阻值随着你左右移动操纵杆而发生变化。在这个项目中，我们实际不会用到操纵杆的模拟特性，但是如果你喜欢，也可以在你自己的项目里添加上这个功能。例如，除了控制电动机的功率和方向，你还可以操纵摇杆，实现越往上推摇杆电动机转的越快的效果。

供参考

Arduino 摇杆 joystick.pde 为了节省空间，这个项目的程序源代码放在 RBB 技术支持网站上。见附录 A "RBB 技术支持网站"获得更多细节信息。

41.1.1　使用操纵杆示教器

按下操纵杆测试程序的运行。为了便于观察和测试，joystick.pde 程序使用了 Arduino 的串口监视器（选择工具里面的 Serial Monitor）来显示 4 个电动机控制信号的二进制数值（只用到最后四位）。举例来说，当你按下操纵杆的时候数值 00000101 显示在串行监视器上。最后的四位是 0101：

0	1	0	1
LeftMotDir	LeftMotCtrl	RightMotDir	RightMotCtrl

LeftMotDir/RightMotDir 的数值为 0 意味着电动机向前转动（反之，数值为 1 意味着电动机向后转动），LeftMotCtrl/RightMotCtrl 的数值意味着电动机是否被激活。对 0101 指令来说，意味着两个电动机同时向前转动。注意程序对摇杆位置的采样是每半秒一次。

41.1.2　记录和回放动作

短促地按下按钮 1（通常标示为"开火"按钮），一个"开始记录"的信息会显示在串行监视器上。

操纵杆现在进入记录模式，操纵杆的活动会被存储在内存里。Joystick.pde 程序里面的记录非常简单，每隔半秒钟操纵杆的动作会储存一次，一共有 60 个存储单元。 因为这 60 个单元是以每半秒一次的"快照"的形式记录操纵杆发出的控制指令，这就意味着最大的记录时间是 30s。

你可以修改程序延长程序编排的时间，但是需要意识到这样一点：像所有单片机一样，Ardunio 的数据存储容量也是有限的。存储的动作越多消耗的容量也就越大。

当你记录好需要的动作以后，再次短促地按下按钮 1，操纵杆会退出记忆模式。你可以短促地按下按钮 2 来回放你之前存储好的动作。在回放存储好的动作的时候，操纵杆上的所有操作都是无效的。如果有必要，你随时都可以再次按下按钮 2 退出回放模式。当回放完成以后，程序会自动进入"自由运行"模式。

41.2　用红外线遥控器指挥机器人

你可以用一个电视遥控器操纵一个移动机器人，此时需要用到一个计算机或单片机来对遥控器发送给红外线接收器的信号进行解码操作。因为红外线接收装置在剩余物资商店里很常见，用它配合一个遥控器对机器人进行控制实在是件非常简单的事情。

首要的问题是把几个零件连接在一起，然后你就可以用红外线遥控器指挥机器人做你期望的各种动作了——开始、停止、转弯，等等。

41.2.1　系统概览

下面内容介绍了机器人红外线遥控系统的主要元件：

● 红外线遥控器。大多数的现代通用红外线遥控器，如图 41-3 所示，都可以工作。在大多数折扣店，它们的起步价只有几美元，我甚至在一元店里也找到过一些。提示：你需要的是一个通用遥控器，适用于 Sony 电视和其他 Sony 品牌的电子产品——98% 都可以用，但是最好确定无误再购买。

● 红外线接收器 / 解调器。这种一体化的模块里面包含了一个红外线探测器，此外还有一些电子过滤、放大器和对接收到的信号进行解调的电路。遥控器发送的是一个开关编码的红外线信号，这个信号被调制在大约 38 ~ 40 kHz 以降低其他光线的干扰。接收器会去除掉信号里面调制的成分只保留经过编码的红外线信号。

● 计算机或单片机。你需要使用一些硬件对光信号进行解码，一个运行适当软件的计算机或单片机可以使这个工作变得很简单。对于这个项目，我们将使用 PICAXE 单片机，因为它有一个非常好用的内置命令，可以直接读取 SONY 遥控器发出的编码。这里描述的技术也可以用于其他单片机，但是你需要对程序进行调整。

图 41-3　一个通用红外线遥控器。为了让通用遥控器可以和 PICAXE 单片机一起使用，你必须挑选编码适用于 Sony 电视、录像机或其他家电类产品的遥控器

41.2.2 接收器 / 解调器的连接

第一步工作是把接收器 / 解调器连接到 PICAXE。大多数 38 kHz 的红外线接收模块都可以很好工作。我使用的是 Vishay 生产的 TSOP4838，因为（至少在撰写本文的时候）它很常见并且价格相当便宜。你也可以使用其他型号的工作频率为 38 kHz 的红外线接收 / 解调模块。你可以使用一块免焊电路实验板制作好电路进行试验。

 提示： 在开发这个项目的过程中我使用了一些库存的非常古老的红外线接收器，它们的工作电压只有 5V，现在生产的模块已经可以工作在一个比较宽的电压范围下了。如果你碰巧找到一个这样的老型号的模块，也可以把它用在你的项目里，但是需要注意把电路的电压限制在 5V。如果模块不工作或工作不正常，可以试着把电压降低到 4.6V。

图 41-4 显示了红外线接收 - 解调器与一个 PICAXE 08M 单片机的简单连接。你也可以用其他更高级的 PICAXE 单片机，只要它支持 infrain2 命令就可以。如果你使用其他型号的 PICAXE 芯片，注意要相应地改变电源，地和输入端口的引脚。图 41- 4 同时也显示了 TSOP4838 接收 / 解调器的引脚排列方式。

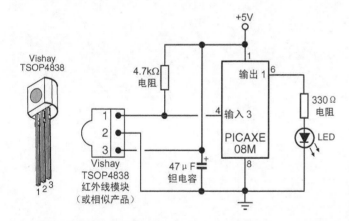

图 41-4 红外线接收 / 解调器和 PICAXE 08M 单片机的连接示意图。LED 提供了信号显示功能

 提示：PICAXE 提供了几个内置的对红外线遥控器发出的信号进行解码的命令。除了 infrain2，一些型号的 PICAXE 芯片还支持 infrain 和 irin 命令。参考 PICAXE 的技术文档更详细地了解这些命令的用法。

41.2.3 PICAXE 的编程

下面显示的 Sonyremote.bas 是一个用于 PICAXE 的简单演示程序。参考第 38 章"使用 PICAXE"获得更详细的芯片使用信息，包括程序的编译、下载和执行。现在，我假定你对这些事情已经非常熟悉，直接切入正题。

为了使用这个程序，一定要把你的万能遥控器设置在 SONY 电视的红外线编码模式。遥控器附带的说明书会告诉你如何设置适用的编码，在电视列表里找出 SONY 并记录下对应的代码，你可能需要多试几次才能得到正确的结果。

提示：在这个项目里我使用的是一个 RCA 生产的 RCU403 型通用遥控器。这个型号还有和它类似的产品（比如 RCU410，可以在 RadioShack 买到）在百货店或在线零售店里经常可以找到，它们的价格不足 10 美元（有时候会更低）。具体的型号并不重要，只要它可以支持 SONY 电视和录像机就可以。

我的电视机使用的是 002 代码，099 用来控制录像机和 DVD，录像机和 DVD 的代码支持遥控器底部的播放 / 回放 / 快进等穿梭控制功能。还有一些其他的 SONY 代码，使用它们可以获得不同的结果，你可以多做一些实验。

```
sonyremote.bas
main:
infrain2 'wait for new IR signal
select case infra
case 1 ' Button 2
high 1 'switch on output 1
case 4 ' Button 5
low 1 'switch off output 1
endselect
goto main
```

41.2.4　确定控制数值

在 sonyremote.bas 里，数值 1 和 4 代表着按钮 2 和 5。我是怎么知道的呢？我使用了一个简单的调试程序，它可以在 PICAXE 的调试窗口显示出数值：

```
main:
infrain2
debug 'open Debug window when run
goto main
```

　　像所有程序一样，使用窗口调试的时候你必须先把 PICAXE 通过它的串口或 USB 下载电缆连接到你的计算机上，使控制器可以发送返回数值。b13 变量表示的是 infrain2 命令收集到的数据。当你按下遥控器的按键的时侯，b13 在调试窗口中显示的第一列数字相当于 infrain 的数值。举例说明，按下开 / 关键，显示的数值为 21。

　　不同的 PICAXE 芯片支持其他版本的红外线解码命令。举例说明，PICAXE 18X 和 28X 芯片支持 infrain 命令，这个命令的工作方式和 infrain2 相似，除了它可以自动地"调节"代码返回的数字键和其他按键的数值——就是说，按下"1"键返回的也是一个 1。Infrain 是一个已经过时了的命令，现在常用的不是 infrain2 就是 PICAXE 器件提供支持的 irin 命令。

　　我使用的是 RCA403 遥控器，代码设置为录像机 /DVD 的 099，同时测试了 infrain2 和 infrain 命令，得到了以下结果：

功能键	infrain2 数值	infrain 数值
开关	21	17
音量 +	18	12
音量 −	19	15
频道 +	16	10
频道 −	17	13
静音	20	16
1	0	1
2	1	2
3	2	3
4	3	4
5	4	5
6	5	6
7	6	7
8	7	8
9	8	9
0	9	10
输入	11	0
天线	42	0
快退	27	15
播放	26	12
快进	28	16
录制	29*	17*
暂停	25	13
停止	24	10

* 按两下。

注意：infrain2 和 irin 的编码数值相同。

41.2.5　控制机器人的电动机

我们假设你想操纵的是一个传统结构的双电动机机器人，机器人由两个直流电动机驱动。你可以使用 PICAXE 08M，这个单片机上有足够数量的 I/O 端口可供使用，但是它没有更多的引脚执行其他的任务。除非你计划只把 08M 作为一个红外线信号解码器来用，否则你就要选择一个引脚更多的 PICAXE 芯片。

图 41-5 显示了一个使用 PICAXE 18M2 控制的机器人的线路图，机器人通过一个万能遥控器上面的按钮操纵。18M2 上面有足够数量的 I/O 引脚，你可以在空闲的引脚上添加其他硬件。机器人的程序是 ir-bot.bas。

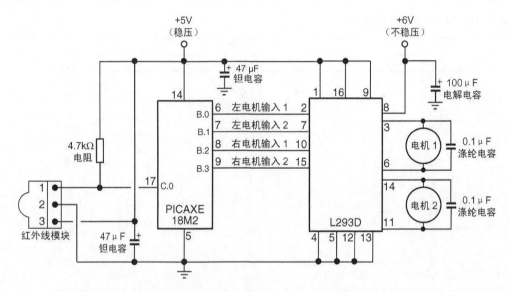

图 41-5　用一个 PICAXE 18M2 单片机接收来自红外线接收/解调模块的信号并控制一个双向电动机驱动芯片。参考第 22 章里面的内容获得电动机驱动技术的细节

PICAXE 芯片自身无法提供足够的电流来驱动电动机，因此需要在芯片和两个电动机之间加入一个电动机驱动电路。见第 22 章"使用直流电动机"，获得更多电动机驱动电路的信息。图 41-5 显示了一个常见的 L293D 双向电动机驱动 IC 组成的驱动电路，它可以向小型电动机提供最大 600 mA 的电流。注意这个电路需要专门给电动机准备一个独立的 6V 电源。这使整个电路的规划和实现都非常简单，可以用一个体积小巧的简易 5V 稳压电源给 PICAXE 供电。

注意：不管你使用哪种电动机驱动电路都一定要在电动机的两个端子上跨接一个 0.1μF 的涤纶或磁片电容。这个退偶电容可以防止过量的电噪声对红外线接收/解调器上面的信号造成干扰。像第 22 章"选择正确的电动机"里面提到的那样，直流电动机，尤其是便宜的类型，可以产生大量的射频（RF）干扰，会对电源电路造成影响。

电路里面还加入了一个大容量的电解电容，用来改善电源的工作状况。它也可以防止电动机产生的电噪声对红外线接收信号的干扰。如果你注意到这一点，就可以正常启动电动机进行后续的调试工作了。如果忽略这个问题，那么噪声很可能会导致电路的误动作。

41.2.6　用遥控器操纵机器人

现在你已经有了一个可以工作的遥控系统并进行了测试，可以看到机器人的最终运行效果了。把 ir- bot.bas 下载到单片机，断开 PICAXE 的编程电缆，把机器人放在地面上，打开全部电源。此时，机器人应该不会移动，把遥控器指向红外线接收 −解调器，按下以下的按钮指挥机器人的行动：

按键	动作	按键	动作
1	左侧电动机向前	3	右侧电动机向前
4	左侧电动机停止	6	右侧电动机停止
7	左侧电动机反转	9	右侧电动机反转
2	左 / 右电动机同时向前	8	左 / 右电动机同时反转

按下 5 号键可以使两个电动机同时停止。

41.2.7　特别注意

在对这个项目进行试验的时候需要注意以下问题：

● 机器人在应该前进的时候却原地旋转？把其中一个电动机的端子颠倒过来改变它的极性。举例说明，把 L293D 的 11 脚和 14 脚交换一下位置。

● infrain2 命令对 PICAXE 芯片的运行速度比较敏感。像 PICAXE 技术手册注明的那样，使用 infrain2 命令的时侯需要把单片机的速度设定在缺省的 4 MHz。

● 一次只能按下遥控器上的一个按键。如果你想进行创建编组控制，可以在程序里面用其他按键的代码定义这些事件。举例说明，你可以用音量 +/−或频道 +/−按键控制机器人的前进或后退。

● 红外线遥控系统最好在室内使用，避免阳光直射并远离明亮的光源。

● 质量比较好的遥控器可以发出更强的光线，这使你可以在更远的距离对机器人进行控制。根据你所使用的遥控器的型号，机器人的控制范围限制在 6 ~ 8 英尺。

● 如果当你按下按键的时候机器人没有反应，或者行为失常，那么就需要对连线进行仔细检查，或者尝试使用遥控器上面其他 SONY 产品的代码，或者换其他型号的遥控器。

41.3　在线信息：通过无线电信号控制

有线控制或红外线遥控对机器人的操纵距离都一定限制，一般只有几英尺。使用线控的时候，机器人的控制电缆很可能缠绕到其他东西，使它被自己的救命索绊倒。

你可以换成射频（RF）遥控器来扩展通信范围。虽然 RF 控制方式实现起来更加昂贵，但是也更加灵活，控制信号可以遍布各个角落（红外线遥控只能在视线范围内工作），使用适当的射频设备，甚至可以播放机器人回传过来的视频画面。

如果你对通过无线电波指挥机器人的技术感兴趣，可以参考 RBB 技术支持网站（查看附录 A 获得更多信息）。在支持网站里，你可以找到以下信息：

- 通信类型：单工、半双工、全双工；
- 802.11 无线网络、蓝牙和 ZigBee 通信标准；
- 在机器人上使用无线数字传输技术；
- 最大限度地提高无线电信号的控制范围。

41.4　视频传输

遥控操纵机器人系统可以远程控制一部机器人车辆，而它可以同时把拍摄到的视频画面传输给你。如果你的机器人已经可以通过某种遥控系统进行远程操纵，那么在系统里加入视频信号是非常简单的。一般有两种方法：

视频信号通过数字传输。这个方法适合你使用的是 802.11g（或更快）的 WiFi 的情形，因为你需要提供比较高的数据传输速率才能满足视频传输的需要。如果视频信号已经是数字格式，那么这是一个可行的方法。如果你使用的是模拟摄像机，那么你就要在信号送入通信链路之前先对其进行数字化处理。

这种技术非常实用，举例说明，如果机器人配备了一台笔记本电脑或其他带有 USB 端口的计算机，那么你就可以用一个网络摄像头来拍摄视频，然后把它的信号通过无线电回传给你。

使用独立的模拟视频传输装置。这种方法适用于任何类型的远程控制，因为它不使用视频传输的数据链接。你可以使用常规的有线控制、红外线或无线遥控操纵机器人，视频回传使用的是自己的发射器。

无线摄像头非常便宜，而且很多型号都可以在低电压下工作。图 41- 6 显示的是一个设计安装在汽车后部牌照板支架上的无线"倒车摄像头"。接收器安装在仪表盘附近，带有一个小型的 LCD 屏幕，显示摄像机拍摄到的图像。当然，摄像头和接收设备都可以在标准的 12V 汽车电源下工作。我在尾货店买的这套设备大约花费了 20 美元。

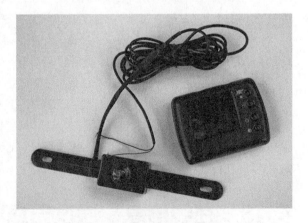

图 41-6　倒车监视系统，设计用来安装在汽车或货车后面的保险杠上。摄像头把彩色视频信号传送给接收机，接收机带有一个内置的液晶显示屏

　　在挑选无线摄像头的时侯，注意那种带有外部稳压电源插孔的产品。这种摄像头可以很容易地改装用于移动机器人。很多低成本无线摄像机的接收机可以通过 USB 电缆连接在电脑上，方便查看。如果你想遥控操纵机器人，那么这是一种非常简单的方法。

　　如果你不想这样，那么你需要的就是一个带有标准视频输出端口的接收设备，这样可以方便地查看图像。一些无线摄像头带有音频，这种设备用起来更方便。老式的无线监控摄像机只有黑白两种颜色，图像的质量也很糟糕，这种设备没有什么利用价值。现在生产的无线摄像头可以提供相当清晰且细节非常丰富的彩色图像，它们适合用来引导机器人穿过一个像迷宫一样摆满了家具的客厅，躲开好奇的宠物还有调皮捣蛋的小朋友。

第八部分
传感器、导航和反馈

第 42 章

增加触觉感应

检测物体最直接的方式是和它们进行物理接触。接触是最常见的物体检测的形式，实现起来的成本也是最低的——通常只需要一个便宜的开关。给机器人的底盘增加触觉感应，机器人就可以灵活地在客厅的地毯上行驶了，不用担心出现撞到物体散架的状况。还可以给手臂和夹持器加上触觉感应，使机器人可以感知是否抓住了物体。

本章讨论的是实现触觉感应的方法，包括安装在机器人身体上的简易碰撞开关以及可以检测到外力的人工"皮肤"。

 提示：这一章只涉及"触觉"，指的是让机器感知实际接触到的东西。其他常见的机器人传感方式还有接近检测和距离测量，这两种方式可以让机器人在撞到物体之前就检测到。更多关于接近和距离传感的信息见第 43 章。

供参考

所有软件例子的源代码都可以在 RBB 技术支持网站里面找到。见附录 A"RBB 技术支持网站"获得更多细节。为了节省页面空间，比较长的程序在书中不会打印，你可以在支持网站里找到它们。支持网站也提供了项目零件清单（含采购信息）、更新以及更多的例子，你可以试一试。

42.1　认识触觉

触觉也称为触觉反馈，这是一种事件反应机制。机器人通过物理接触感知周围的环境，接触是通过各种触觉传感器来实现的。通常，机器人和物体的接触会引起警报，它的反应是停下正在做的事情并原地后退。

在另外的情况下，接触可能意味着机器人已经找到了自己的大本营，也可能是它遇到了一个敌对机器人，对方正准备破坏它的动力。对常见的机器人来说，触觉只是可以感觉到机械外力。

 提示：机器人的触觉是建立在外力的基础上，受力大小决定了机器人敏感程度的高低。大型机械开关需要一个比较大的力量才能动作，对一般触碰不太敏感。为了激活这种开关动作，就需要让它们和物体产生一个比较大的碰撞。

反之，一个轻巧的触须开关只需要从边上轻轻碰一下就可以激活。你可以用不同类型和尺寸的接触探测器来调整制机器人触觉的敏感度。

42.2　机械开关

廉价的机械开关是最常见也是最简单的触觉（接触）反馈形式。弹簧加载开关几乎适用于任何场合（见图42-1）。当机器人发生接触的时候，开关闭合，电路连通，或在某些情况下，开关打开，电路断开。这两种方式都可以很好的工作。

开关可直接连接到电动机，或者更常见的是把它连接到单片机其他电路。图42-1显示了一个典型的开关

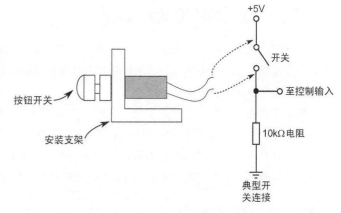

图42-1　瞬时（弹簧加载）按钮开关的机械和电气连接。10kΩ 电阻的作用是确保输出为低，直到开关闭合

接线图。当没有接触的时候，下拉电阻可以让电路的输出保持在低电平。当发生接触的时候，开关闭合，电路的输出变成高电平。

当使用单片机的时候，你可以通过编程来决定机器人如何对物理碰撞做出反应。通常情况下，对接触式开关传感器的编程包括引导机器人的停止、后退和改变机器人的行驶方向。

42.2.1　物理接触式碰撞开关

在设计触觉反馈的接触开关的时候你可以从多种类型的开关里面进行挑选。杠杆开关（有时也称为微动开关，根据一个常见品牌而得名）上的塑料或金属条的长度可以起到增加开关灵敏度的作用。见图42-2里面的一个例子，杠杆开关是小型机器人碰撞开关的理想选择。

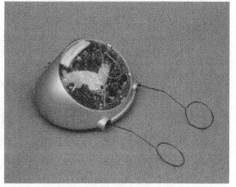

图42-2　杠杆开关是机器人碰撞开关的理想选择。你可以根据需要选择杠杆开关的动作簧片的长短

杠杆开关只需要一个很小的接触就可以触发。杠杆开关上的动作簧片非常小，从打开到闭合的间距只有几分之一英寸。动作簧片相当于一个机械杠杆，延长它的长度就可以提高灵敏度。但是这样做的同时也增加了距离（称为行程），簧片必须行进一段距离才能使开关接触。

42.2.2　扩大开关的接触面

大多数开关的表面积非常小。你可以通过在动作簧片上固定金属板、塑料板或长金属丝的方法扩大开关的接触面。一块刚性的 1/16 英寸厚的塑料或铝制碰撞板就是一个不错的选择，只需要把碰撞板黏接在簧片上就可以了。

低成本按钮开关的敏感度非常低。机器人不得不以一个相当大的力度撞到物体才能让这种开关接触，对于大多数应用来说，这显然是不可取的，你最好多花一点时间寻找质量更好的开关。

对于杠杆开关，你可以在动作簧片的末端安装一个塑料或金属板来增加它的表面积。如果簧片足够宽，你也可以用微型的 4-40 机制螺丝和螺母把板子固定好。

42.2.3　延长触须

猫可以用它的胡须在大脑里构造出一个周围动物的三维地形图。即使从最简单的角度来看，胡须也可以用来测量空间。我们可以把一个类似的方法应用在机器人的设计上——不管是不是一根真正的小猫的胡须都可以实现类似的用途。

你可以用一根粗细为 20 ~ 25Ga. 的钢琴（"音乐"）弦作机器人的触须。把琴弦固定在开关簧片的末端，或者把它们安装在一个设计好的位置上，让琴弦可以借助小橡胶圈的力量支撑起来。

通过弯曲触须，你可以扩展它们的效用和用途。图 42-3 显示了触须和一个小型（高灵敏度）的杠杆开关的组合。你可以把触须黏接或缠绕在开关的簧片上，并把触须弯曲成你想要的尺寸和形状。开关和触须的姿态使它们可以感知垂直运动，它们可以通过测定地形的变化注意到类似桌子的边沿和地毯的边角这样的东西。

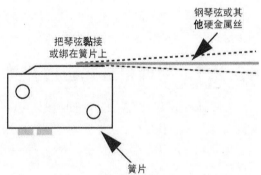

图 42-3　用钢琴（音乐）弦细小坚硬的管型材料扩展开关动作簧片的长度。可以把琴弦黏接或捆绑在开关的簧片上

注意：一定要避免机器人上有尖锐的金属丝伸出来。尖细的触须虽然也可以检测物体，但是它们还有可能刺到皮肤、眼球和其他的人或动物身体的敏感部位，可以把触须的头部弯成一个小圆圈。如果触须足够硬，也可以在头上套一个橡胶塞，就像那种编织针上的小帽子（也称为护帽）。护帽有好几种尺寸。

42.2.4　弹簧触须

你可以用硬金属丝和弹簧制作自己的触须开关。图 42- 4 显示了一种方法，把长金属丝和弹簧安装在一个穿孔电路板上。这两个零件构成了一个电子开关：金属丝弯曲的时侯会接触到弹簧，电路导通。重要的一点是要让弹簧包围着金属丝，发生接触的时候让金属丝可以碰到弹簧。弹簧的直径越大，开关的灵敏度越低。

您也可以对这个方法稍加修改：把一个细长的弹簧套在一个大弹簧里面。在大弹簧的末端弯一个小圆圈，用它代替来硬金属丝。当小弹簧接触到大弹簧的时候开关闭合。

图 42-4 用弹簧和金属丝自制的触须开关。当金属丝接触到弹簧的时候电路连通

42.2.5 自制触须开关

你可以用一些琴弦制作自己的触须开关，还可以把它们组成任意一个你喜欢的形状。图 42-5 显示了两个基本样式的机器人触须开关。这两个开关都是直接搭建在实验电路板（不要使用免焊实验板）上面的。

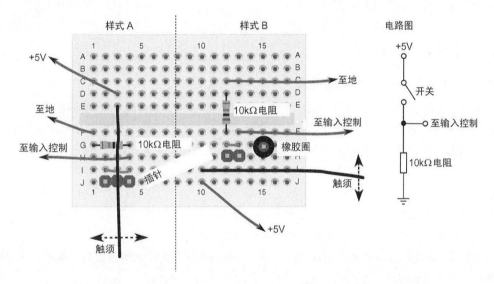

图 42-5 两种自制电子触须开关的实物平面图。左边的开关对侧向运动敏感，右边的对上下运动敏感。用插针作触点的方法见文字说明

- 在样式 A 里面，金属丝从 3 个插针中间穿过，中间的针脚是剪断的。触须可以向任意一侧运动并形成连接。如果感觉插针之间的距离太小，也可以用一排 4 个的插针，把中间的两个针脚剪断。
- 在样式 B 里面，在触须的运动方向上有一排插针。我还在另外一个插针上套了一个小橡胶圈，起到止限的作用。如果你想扩大接触面，可以加入更多的针脚并把它们连接在一起。

这两种样式的硬金属丝都是直接焊接在电路板的焊盘上面的。为了焊接这个接点，金属丝应该是铜或黄铜等金属材料，不锈钢材料很难焊接。你应该选用一个比一般电路焊接使用的功率更大的烙铁或钎焊笔。先焊好触须再焊接其他元件。

图 42-5 显示了一个常见的触须和控制电路的连接方法。触须的工作方式和开关一样，工作原理也是相同的。输入控制可以是一个单片机的 I/O 接口，也可以是一个电动机接点，或者其他类似的东西。

提示：在触须的末端增加一个小圆圈可以起到避免意外伤害的作用。这样可以防止金属线刺到脚踝、眼球或其他珍贵器物。

42.2.6　多个碰撞开关

当很多开关分散在机器人各个部位的时候，会发生什么情况？你可以把每个开关的输出都连接到单片机，但是这对 I/O 接口来说简直就是一种浪费。更好的方法是使用优先编码器、多路复用器，或者一个并行输入、串行输出的 IC（PISO）。

这 3 个方案都可以把多个开关连接到一个集中控制的电路上。机器人控制器获得的开关信息来自控制电路，而不是独立的开关。

■ 42.2.6.1　使用优先编码器

图 42-6 显示了一个由 74148 家族（比如 74HC148）的优先编码 IC 构成的电路。开关连接在芯片的输入端。当一个开关关闭的时侯，它的等效二进制数值就会出现在 A-B-C 的输出脚。在优先编码器上，只有最高有效位的开关动作才会显示在输出端（第 4 脚是最高有效位，第 10 脚是最低有效位）。

换句话说，如果连接在第 4 脚和第 1 脚的开关同时关闭，输出只会反映出第 4 脚开关是关闭的，因为第 4 脚的优先级更高。有时这是非常有用的信息（比如，一些碰撞开关比其他开关更重要），有时则不是。如果不是，可以使用下面讨论的其他方法。

当 74148 芯片连接的开关少于 8 个的时侯，一定要把没用的输入端连接到高电平。开关按优先级从高到低连接到芯片引脚的顺序是：4、3、2、1、13、12、11、10。

提示：74148 有一个你不可不知的有趣功能。注意芯片的第 14 和 15 脚。这两个引脚是"组合"输出，意味着任何一个开关闭合的时候，它们的状态都会发生变化。你可以把这个特性和带有硬件中断引脚的单片机（比如 Arduino）接合在一起使用。

　　只要 8 个开关中有任何一个闭合，组合输出脚就可以发送一个中断信号。接着单片机就可以检查 A-B-C 输出脚看是哪个开关闭合了（如果多个开关同时闭合，显示的是优先级最高的那个开关）。这个功能适用于单片机上面只有很少的硬件中断引脚而机器人上有很多开关的情况。

　　你可以把多个优先编码器级联（菊花链）在一起，检查 16 个或更多个开关的状态。参考 74148 芯片手册获得具体的方法。

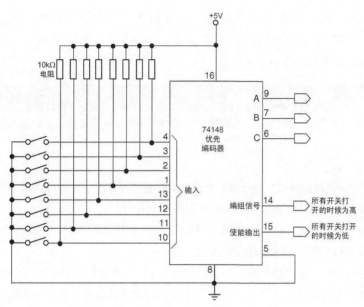

图 42-6　优先编码 IC 可以告诉你一个 8 位数据的最高有效位的值。10kΩ 电阻是开关输入的上拉电阻

■ 42.2.6.2　使用多路复用器

图 42-7 显示的是另一种方法。这个电路把一个 74151 系列的多路复用 IC（比如 74HC151）作为一个开关选择器。读取开关状态的时候，单片机或计算机向 3 个输入选择脚发送一个 8 位二进制的口令，选定的输入状态会显示在输出脚（第 5 脚）。74151 的优点是可以在任意时间读取任何一个开关的状态，即使几个开关同时闭合也不影响操作。下面是 74151 的真值表。A-B-C 输入选择脚控制的是 8 个输入中的哪一个出现在输出。

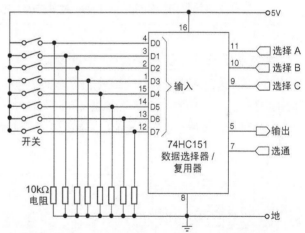

图 42-7　74151 多路复用 IC 可以告诉你 8 个开关的瞬时值。你可以设置 3 个输入选择脚决定读取哪一个开关

输入选择 C	输入选择 B	输入选择 A	选定输入
0	0	0	0
0	0	1	1
0	1	0	2
0	1	1	3
1	0	0	4
1	0	1	5
1	1	0	6
1	1	1	7

Arduino 单片机的程序 switch_mux.pde 提供了一个读取单个 74151 芯片的简单例子，芯片上连接着 8 个碰撞开关。打开串行监视器窗口可以看到按位显示的开关状态：0 表示开关是打开状态；1 表示开关是关闭的。8bit 数据是按从左往右，从 D0 到 D7 的顺序排列的。

供参考

switch_mux.pde 为了节省空间，这个项目的程序源码存放在 RBB 技术支持网站。查看附录 A 获得更多信息。

提示：现在你可能会有这样的疑问：为什么要费这么大劲节省可怜的 3 个 I/O 引脚？为了让 74151 芯片工作需要占用 5 个引脚，而它只能读取 8 个开关量。

诀窍在于你可以用简单的轮询技术连接多个 151 芯片。全部芯片可以使用共同的选择脚和选通脚，每个 74151 的输出单独连接到单片机。

假设你想要跟踪 24 个开关的状态，你需要 3 个 74151 芯片和总共 7 个 I/O 接口：A-B-C 选择脚和选通脚占用 4 个接口，另外 3 个接口用来连接每个芯片的输出脚。这 3 个 151 多路复用器的输出信号是同时发送的，每路输出代表 8 个为一组的开关。

■ 42.2.6.3 使用 PISO 集成电路

PISO 代表的是并行输入、串行输出：这种电路可以把你输入的一组并行值转换成一系列简单的串行数据。一个 PISO（也称为移位寄存器）芯片，比如 74HC165，为你提供了 8 个开关量的输入，如图 42-8 所示。任何一个开关的瞬时值都反映在串行输出上。

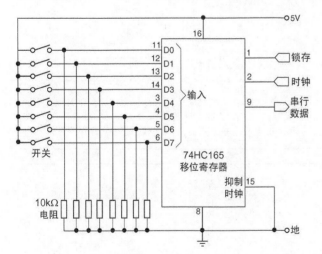

图 42-8　74HC165 移位寄存器读取 8 个开关量，输出一个单一的串行数据

PISO（和它相反的是 SIPO）在第 40 章"单片机或计算机的接口电路"里面会做更详细地介绍。基本上，你需要把 PISO 的时钟、数据和锁存脚连接到单片机。Arduino 的程序 switch_ piso.pde 显示了如何读取一个 74HC165 并行输入，串行输出移位寄存器 IC 的并行数据并把当前值输出到串行监视器窗口上。注意，虽然我指定了芯片的类型是 HC，但是你可以使用 74165 家族里面的任何一个类型的芯片，比如 HCT 或 LS。

- 短暂地把锁存脚设置成高电平读取 8 个开关的状态。
- 把锁存脚设置成低电平读取串行数据。
- 向时钟脚发送 8 个脉冲（对应着 8 个开关），读取输入到数据脚上的高低电平值。

开关的状态以二进制的形式显示在串行监视器窗口，其中 0 表示开关是打开的，1 表示开关闭合。举例说明，

01110001

表示的是编号为 2、3、4 和 8 的开关是关闭的，编号按照从 D0 到 D7 的顺序。

供参考

switch_piso.pde 为了节省空间，这个项目的程序源码存放在 RBB 技术支持网站。查看附录 A 获得更多信息。你还可以找到一个两个移位寄存器组合在一起的项目，可以一次读取最多 16 个开关。

在 switch_piso.pde 程序里，开关的状态在 dataStore 变量里被存储为 8bit 的数值。这个变量可以用于其他操作。如果 dataStore>0，那么你就可以知道至少有一个开关是闭合的。你可以使用 Arduino 的 getBit 语句确定哪一个（或哪几个）开关是闭合的，并采取相应地行动。

 提示：74165 最多可以读取 8 个开关量，很多时候你并不需要这么多。从 D0（第 11 脚）开始连接你想要的开关，不要让没用的输入引脚空着，应该把它直接接地。这样可以防止管脚形成悬空状态（可能会给出错误结果），影响数据的准确性。

42.3　使用按钮去抖电路

开关的触点在打开或关闭的时侯会发生抖动。按下开关以后触点不是立即打开或关闭的。每次开关状态的改变都可能产生几十次"试探性"的打开和关闭。抖动是一种电气噪声，会影响电路的程序的运转。

有很多种方法可以消除开关打开或关闭时产生的多余抖动。原则上都是延长发生第一个开关事件时的持续时间。大多数抖动小于 10ms 或 20ms（通常要短得多，这取决于开关的特性），通过延长开关的变化可以简单屏蔽掉之后发生的抖动。

图 42-9 显示了一个常见的用电路硬件消除按钮抖动的方法。它使用的是 1/6 个 74HC14 施密特触发反向 IC 以及一个电阻和电容组成的一个 RC 定时网络。需要注意的是 74HC14 包含反向缓冲器，即输入信号的极性和输出是相反的——低电平变成高电平，高电平变成低电平。当你把电路连接到单片机的时候要注意到这个问题（如果你不喜欢反向信号，同时有多余的反向器的时候，

可以把两个反向器以菊花链的方式连接在一起。这种方法可以把反转过来的信号再反转一次，就一切照常了）。

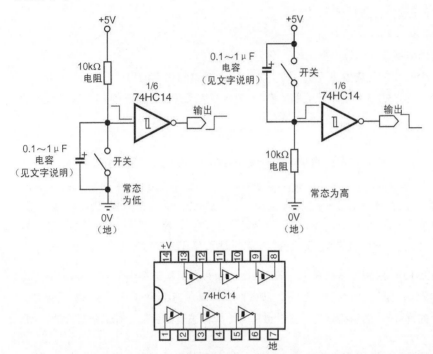

图 42-9　用施密特反向缓冲器制作的开关去抖电路。7414 IC 的内部有 6 个施密特反向器。改变电容值（0.1 ~ 1μF）可以调节脉冲输出的长短。电容的容量越高延迟的时间越长，对低质量开关的去抖效果越好

施密特触发器可以实现去抖的原因是它们的输出不是高就是低。即使在开关网络里引入电容，触发器也不会产生任何中间电压。电容可以把开关的切换从锋利的峭壁变成平滑的缓坡（因此屏蔽掉抖动），缓坡信号可能会导致单片机无法准确判断电平的高低。施密特触发器可以解决这个问题。

供参考

你可以用很多种方法来消除开关的抖动。查看 RBB 技术支持网站上补充的几个方法，包括一个使用 LM555 定时器 IC "延伸" 脉冲的电路。这个电路可以用于开关去抖，甚至还可以延长瞬间开关的闭合时间。这些功能会给设计带来方便，它们可以让单片机或其他电路准确地跟踪开关的动作。

42.4　用软件实现开关去抖

开关去抖电路的大部分或全部功能都可以建立在软件基础上——这个情况特别适合当你已经用单片机或计算机制作了机器人大脑的时候。和电容一样，软件也可以实现延迟，在开关切换的第一时刻暂时减缓程序。

大多数单片机的编程语句都提供了去抖延迟的功能，这就减少了你需要自己添加代码的麻

烦。Arduino 带有一个开关去抖的库文件，你可以把它下载并添加到自己的程序里。PICAXE 和 BASIC Stamp 都支持按钮语句，语句里包括一个指定延迟时间的参数。如果你认为有必要消除开关的抖动，可以使用这些语句。

42.5　碰撞开关的编程

碰撞开关和其他形式的接触开关产生的都是暂时性的事件：它们的状态不会存在很长一段时间，它们的动作都是短时间的。当使用单片机的时候，你需要先对它编程才能查看这些事件，然后才可以让机器人在发生接触的时侯采取适当的行动。

一般有 3 种方法对单片机进行编程，确定碰撞开关和其他事件持续时间的长短。它们是：抢占等待、轮询和中断。

● 抢占等待是用单片机的一个命令连续不断地检查一个开关或其他短暂输入的状态。抢占等待的工作方式决定了在它运行的时候单片机不能执行正常程序的其他部分。

● 轮询是定期检查机器人上的任何一个开关或其他瞬态事件传感器的状态，允许同时运行其他程序。因为和机器人的各种功能相比大多数单片机的速度都非常快，所以这是一个完全可以接受的方法。作为主要程序代码的一部分，轮询可以使机器人依次检查每个开关，检测开关是否已被激活。

● 中断是单片机的内部操作，相当于自己触发自己。你的软件只需要读取中断，告诉单片机你想要它什么时候触发就可以了。当一个事件发生时，中断会马上停下正常程序接着执行你事先设置好的特定任务。

程序 button-press.pde 显示了轮询和中断在 Arduino 上的操作。为了简单起见，只使用了两个开关：一个是轮询，另一个设置成中断。Arduino 上的两个数字输入引脚可以用来作为硬件中断。根据你使用的 Arduino 硬件的具体型号，这两个引脚通常是 D2 和 D3。试验这个程序的时候，把一个开关连接到 D12 脚，另一个连接到 D2 脚。

程序把 D13 脚设置成一个输出，它上面已经集成了一个 LED。它还设置了一个中断来查看 D2 脚（作为中断 0）的变化。通常情况下，LED 显示的是 D12 脚上的开关的值。如果开关是打开的它就是关，如果开关是关闭的它就是开。这是通过 poll 程序控制的。

当连接在 D2 脚的开关打开或关闭的时候，单片机会立即进入 handle_interrupt 程序，程序会让 LED 点亮和熄灭各 1s。执行完 handle_interrupt 程序以后恢复到正常程序。

提示：这个例子也表明，当 Arduino 的"服务"是中断的时候，不会执行代码的其他部分。这是由单片机的设计所决定的。只有中断完成以后程序才会从停止的地方继续执行。通常你不需要在中断程序里设置太长的延迟。

　　另外需要注意的是，我使用的是 delayMicroseconds 语句，而不是 delay。为什么呢？因为 delay 语句使用了 Arduino 的一些内部中断，在中断操作过程中它是禁用的。如果你想要一个延迟，你就需要使用 delayMicroseconds。for 循环可以在 1ms 的增量上延长延迟时间。

button_press.pde

```
const int led = 13; // 内置 LED
int bumperA = 12; // 数字引脚 D12
int bumperB = 0; // 中断 0（数字引脚 D2）


void setup()
{
pinMode(led, OUTPUT);
digitalWrite(led, LOW);
attachInterrupt(bumperB, handle_interrupt, RISING);
}
void loop() {
poll();
}
void poll() {
digitalWrite(led, digitalRead(bumperA));
}
void handle_interrupt() {
digitalWrite(led, HIGH);
for (int i=0; i <= 1000; i++)
delayMicroseconds(1000);
digitalWrite(led, LOW);
for (int i=0; i <= 1000; i++)
delayMicroseconds(1000);
```

```
        }
```

供参考

　　查看 RBB 技术支持网站（参考附录 A）得到一个带有详细注解的扩展程序。扩展程序带有控制两个电动机的功能，可以制作出触觉反馈机器人。

42.6　机械式压力传感器

　　开关是一个有 / 没有的器件，它只能检测到物体的存在，无法检测到物体上的压力。压力敏感探测器可以检测到物体施加在机器人上的力，反过来也一样，可以检测到机器人撞上物体的力度。

　　用在机器人上的压力敏感探测器有很多种，有些可以自己制做，有些可以从旧部件上获取，还有一些是专用传感器，很多在线商店都可以找到。

42.6.1　防静电导电海棉

　　用一块废弃不用的导电泡沫，用来包装对静电敏感的集成电路的材料，你就可以制作自己的力敏检测器（如果你喜欢花哨的术语也可以称为压力传感器）。这种泡沫材料类似一个电阻。把两根金属丝连接在一个 1 英寸见方的泡沫的一端，你就可以在万用表上得到一个读数。按下泡沫阻值会发生变化。

　　这种泡沫材料有多种厚度和密度。很幸运，我发现半成品泡沫受到挤压以后形状复原的速度非常快。密度非常大的蜂窝结构的泡沫用处不大，因为它们的形状不会迅速反弹。把你买的各种 IC 包装上的泡沫保存起来，同时测试其他类型的材料，直到你找到适合的材料。

■ 42.6.1.1　实验基本的电阻压垫

　　这里说的是如何制作一个可用于基本测试用途的"土制"压力传感器。切一片 1/4 英寸宽，1 英寸长的泡沫，给泡沫连接上 30Ga. 的绕接线作为管脚。让导线穿绕过泡沫的多个部位，确保良好的连接，然后用一点焊锡把导线焊好，让它们不会松动。

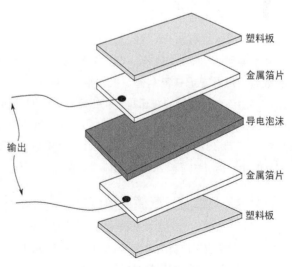

图 42-10　用防静电泡沫垫组成的压力传感器。金属箔片可以用切成形的薄黄铜或铜片（可在工艺和模型商店找到）。片材相对比较容易焊接导线

塑料板
金属箔片
导电泡沫
金属箔片
塑料板
输出

把垫子的管脚连接到一个万用表上。如果万用表不是自动量程，手动选择一个大约200kΩ的中间挡。把垫子放在一个坚硬的表面上，比如工作台，然后慢慢用手指按在上面。此时可以看到电阻值在下降，松开手指阻值又会慢慢恢复。

■ 42.6.1.2　增强型压垫

一旦你了解了导电泡沫的特性，你就可以把几个材料夹在一起制作出性能更好的传感器，如图42-10所示。导电泡沫放在两个非常薄的铜箔之间，铜箔在很多工艺或模型商店里都可以找到。你可以把一段30Ga.的绕接线小心地焊接在铜箔上，也可以使用导电胶，导电胶有很多在线资源（在上网搜索一下）。

把聚酯薄膜塑料，比如大号垃圾袋，粘在传感器的外面可以提供电气绝缘，这是一个可选环节。黏接的时候可以使用双面胶贴。

■ 42.6.1.3　读数的变化

泡沫传感器被压住的时候它的输出会突然改变。输出可能不会返回到原来的阻值（见图42-11）。所以在控制软件里你应该让机器人在抓取物体之前先对传感器进行复位。

举例说明，你在一个机器人夹持器上安装了一块导电泡沫。泡沫上没受到任何外力的时候，传感器最开始的输出值可能是30kΩ——确切的阻值取决于泡沫的类型、材料的尺寸、还有两个导线端子之间的距离。软件读取这个值并把传感器的常态（不抓取）点设定在30kΩ。

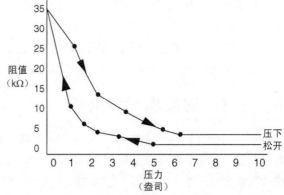

图42-11　泡沫垫压力传感器的阻值会根据压力发生变化，但是它的读数是非线性的

当抓到一个物体的时候，输出有可能下降到5kΩ。阻值的差异（25kΩ）一代表的就是受力的数量。但是要记住电阻值是相对的，你必须找出多大的外力可以引起每1kΩ阻值的变化。

使用这个传感器的诀窍是：当松开物体的时候传感器可能无法立即回复到30kΩ。它的值可能会跳升到40kΩ也可能只会回复到25kΩ。重要的一点是让软件把这个新值作为传感器的常态点，为下一次抓取物体做准备。

■ 42.6.1.4　连接到单片机

用万用表读取电阻的读数非常方便。大多数单片机（和电脑，对这个问题来说）没有能直接读取电阻的输入接口。但是它们大部分都有可以把模拟电压转换成数值的输入接口。单片机的程序可以用来自压力传感器的数值信息实现一些有用的功能。

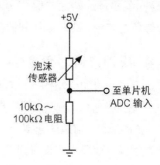

图42-12　把压力垫连接到单片机或其他可以读取电压的电路上。你可以通过增加或减少固定电阻的阻值改变压力垫的灵敏度

像第 40 章"单片机或计算机的接口电路"里介绍的那样，只要在电路里增加一个串联的电阻就可以很容易地把电阻转换成电压。实际上就是搭建了一个分压器。图 42- 12 显示了如何把压力垫和一个 10kΩ 电阻串联在一起。

电路工作的时候，传感器和电阻连接的那个点会出现一个电压。把这个点连接到单片机的模数（ADC）输入端就可以做进一步的工作了。

提示: 因为所有的导电泡沫都是不一样的（个体差异），你需要通过试验确定固定电阻的阻值。从 10 kΩ 开始进行灵敏度的试验。向上或向下调整电阻值来改善灵敏度，并让压力值更容易读取。尽量不要让阻值低于 2.2kΩ。

42.6.2　开/关式压垫

另一种方法是组成开/关式压垫。和直接把导电泡沫连接到 ADC 输入的方法不同，你可以把它连接到一个模拟比较器电路——这个方法适用于你的单片机没有 ADC，或者你不关心精确的压力值的情况。历史悠久的 LM339 IC 是一个非常便宜的四合一比较器芯片。电路如图 42- 13 所示。

试验确定连接在泡沫上的分压电阻的阻值。对于我使用的泡沫，我发现 56kΩ 的电阻可以获得比较好的整体响应，你也可以尝试其他阻值。你需要的是一个有效的没有错误读数的电压摆幅（泡沫按下或没按下）。并联在分压电阻上的 1μF 钽电容是可选的，它可以平滑泡沫输出的电压。

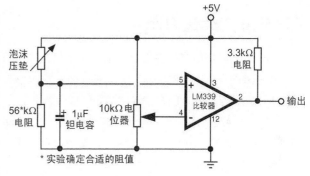

图 42-13　LM339 电压比较器 IC 可以构成一个开/关切换的压垫。调节电位器可以设定开和关之间的阈值。这个电路适用于任何一种电阻式的传感器。

电路工作的时候，导电泡沫和串联的电阻会产生一个电压，这个电压馈送到比较器的正相输入端。10kΩ 电位器的作用是调节比较器的参考电压。当指尖压在泡沫上的时候，设定电位器使 LM339 的输出恰好从低电平变为高电平。松开手指，输出应该再次回到低电平。在我的实验中，我发现 2.5V 的参考电压和作用在泡沫上的力度比较搭配，当松开手指的时候几乎可以立刻返回到低电平。

你可能需要经常调整电位器设定新的参考电压点。导电泡沫会老化（变硬变脆），它的电阻值会随着天长日久而发生变化。

42.6.3   力敏电阻

自制压力传感器在准确性和可重复性上都需要改进。如果你需要更高的精度，那么就应该考虑商业化的力敏电阻，简称 FSR。这种器件的成本比较高，但是它们可以随着压力的变化提供更精确的阻值。

FSR 在电路里相当于一个普通电阻，所以也可以把它用在和前面介绍一样的分压电路里。所有分压器的电路接口方式都适用。参考前面的章节，可以把压力垫替换成力敏电阻。根据 FSR 的参数，你可能需要相应地调整下面的（固定）电阻的阻值。力敏电阻由一个主衬垫组成，垫子构成了传感元件。垫子有多种形状和规格。对于机器人指尖的应用，你可以选择一个小的，5~10mm 的垫子。对于机器人碰撞检测的应用，你可以使用稍微大一点垫子。

 提示：你可以用切成一半的橡胶球扩大垫子的接触面。一个 2 英寸圆球的横截面是 2 英寸，而另一面的接触面只有几毫米——非常适合小号的 FSR。由此你可以想到很多巧妙的扩大力敏电阻接触面的方法。

42.6.4   柔性电阻

另一种力敏电阻是柔性电阻，类似一个狭长的电阻垫（见图 42-14）。这种形状使它对弯曲非常敏感。柔性电阻是制作机器人前方碰撞检测器的理想选择。

例子: 把柔性电阻固定在一个非常薄的塑料片上（比如模型商店出售的 1mm 聚苯乙烯），安装在机器人的前面创建出一个弯曲的弓形，弓形条带碰到任何物体发生变形都会引起柔性电阻阻值的变化。

因为柔性电阻也相当于一个可变电阻，它的用法和前面讨论过的防静电泡沫在电路里的用法是一样的。

42.6.5   用导电涂料自制传感器

导电油墨、漆或黏合剂可以和刚性或柔性材料组合在一起制作出各种类型的压力、弯曲和扭曲传感器。这些涂料包裹着导电材料（通常是镍、铜、银或它们的合金）。它们也可以和家电遥控器里面的碳基导电橡胶或者导电纤维组合在一起使用。

图 42-14   这个电阻式传感器可以检测到塑料条的弯曲。传感器的阻值会随着条带的扭曲和变形发生变化。可以采用和图 42-12 所示的同样类型的接口电路把它连接至单片机（图片来自 SparkFun Electronics）

导电涂料的一个例子是 CaiKote 44，这是一种铜 / 银混合涂料，适用于玻璃、塑料、橡胶和很多其他材料。用涂料和导电橡胶带可以制作出拉伸传感器（阻值随着传感器的伸展发生变化）或力敏橡胶片。参考 RBB 技术支持网站（详见附录 A）获得如何发现这些和其他导电材料产品的信息。

42.7　实验压电式接触传感器

一个世纪以前，两位科学家 Pierre 和 Jacques Curie 发现当某些晶体受到外力作用时会呈现出一种新形式的电特性。作用在晶体上的力会形成一个奇怪的电流——强度随压力变化。这种新形式的电特性称为"压电效应"，压电一词来自希腊文，原意是"挤压"。

后来研究发现，把电压施加在压电晶体上也可以让它们发生物理变形。压电现象是一个双向可逆的过程，按压晶体可以让它们输出电压，给晶体通电可以让它们弯曲收缩。

42.7.1　压电材料是如何产生电压的

所有压电材料有一个共同的分子结构，其中所有的可动电偶极子（正离子和负离子）都朝向一个特定的方向。压电效应只会发生在结构高度对称的晶体上——比如石英、罗谢尔盐晶体和电气石。晶体结构中的电偶极子的取向类似磁体中的磁偶极子的取向。

当给压电材料通上一个电流的时候，偶极子之间的物理距离会发生变化。这会导致材料在一个方向（或轴）上收缩，在另一个方向上伸展。这就是压电蜂鸣器的工作原理。

相反地，压电材料受到压力（比如，夹在台钳上）的时候会压缩偶极子，这会导致材料释放出电荷。

虽然天然水晶是最先使用的压电材料，但是现在人工合成的压电材料也已经非常成熟了。使用合成材料制造出的压电元件，即使通上很小的电流也会导致压电材料产生高频率的振动。

压电效应并不局限于像压电式蜂鸣器所使用的脆性陶瓷材料，也可以把压电材料转移到一个透明薄片上。通常把这种薄片称为 PVDF 压电薄膜——PVDF 代表的是聚偏二氟乙烯，这是一种塑料。PVDF 膜用于很多商业产品，包括无感式吉他拾音器、话筒，甚至是计算机上的固态风扇和其他电器设备。在机器人上你可以使用预制的 PVDF 元件作为接触传感器和力度传感器。

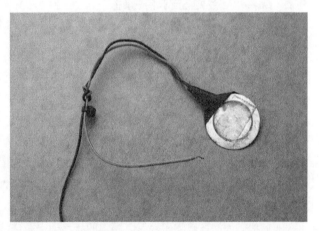

图 42-15　一个用压电陶瓷片自制的接触或"敲击"式传感器，压电陶瓷片在很多网上电子商店里会以独立组件或压电扬声器的形式出售

42.7.2　实验压电传感器

随处可见的压电陶瓷蜂鸣片也许是结构最简单的压电传感器的实验材料了。图 42-15 显示的是一个实物。盘片的材料是有色金属（不含铁）。压电陶瓷材料位于盘片一侧。大多数出售的盘片是给小扬声器或蜂鸣器使用的。它们上面已经接上了两根导线，黑色导线是盘片的"地"，通常是

直接连接到盘片金属的边缘。

　　当盘片上面的压电材料受到外力的时候，即使是一个微小的力，盘片也会输出一个和受到的力成比例的电压值。这个电压是短暂的，随着初始外力的变化，盘片输出的电压也将返回到 0V。当外力消失的时候，盘片会产生一个负电压。

42.7.3　需要注意的问题

　　不管你的实验是使用压电陶瓷还是可以弯曲的 PVDF 膜片，重要的是要了解压电材料的几个基本特性：

　　● 压电材料对电压敏感。这实际上意味着你加在压电元件上的外力越大，它输出的电压就越高。这个特性可以很好地用来确定相对的冲击力，但是它也意味着你需要在电路上采取保护措施，对来自压电元件的电压进行限制。

　　● 压电材料具有电容效应。这意味着它们可以积累电荷。通常这个特性对传感器没什么好处，最简单的处理方法是用一个电阻"释放"掉不需要的电压。

　　● 压电材料是双向的。举例说明：按下，材料产生一个正电压；释放，材料产生一个负电压。需要注意的是负电压可能会损坏某些类型的电路的输入端。

42.7.4　搭建接口电路

　　一个压电元件既是一个电的消费者又是一个电的生产者。当盘片连接在一个电路的输入端的时候，任何物理的碰撞或压力都会在盘片上产生一个电压。电压的大小和作用在盘片上的力度是成比例的：轻轻地压一下或碰一下，你就会得到一个微弱的电压；盘片受到一个更大的压力或砰撞击的时候，你可以得到一个更大的电压。

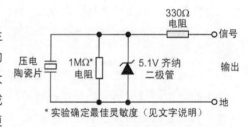

图 42-16　使用压电陶瓷片的保护接口电路。齐纳二极管限制电压；电阻限制电流。你的单片机或其他电路可能已经包含了输入保护二极管，这个电路可以提供额外的保护

　　压电陶瓷片上的压电材料的能量转化率非常高，即使盘片受到一个中等强度的外力也可以产生超过 5V 或 10V 的电压。

　　● 好的一面：压电陶瓷片可以简单的和其他电路连接，因为通常不需要对信号进行放大。

　　● 但是也有坏的一面：盘片产生的电压和电流可能超过与其连接的电子设备的最大输入值（事实上，用一个锤子砸压电陶瓷片，尽管你很可能会把它砸碎，但是它也将产生一个一千伏以上的电压）。

　　注意在图 42-16 里面显示的 5.1V 齐纳二极管。这个二极管和 330Ω 电阻除了把压电陶瓷片的输出电压钳位在 5.1V（一个对大多数接口电路相对安全的电压值），还会限制盘片产生的电流。

> **提示：** 按照惯例，大多数现有的单片机包括 **Arduino** 都已经具备了内置的保护电路，所以齐纳二极管和电阻不是必须的。这些元件不会影响电路的功能，你在不确定的时候可以把它们都加上。

考虑到压电陶瓷片有一个电容。这意味着随着时间的推移盘片将会积累电荷，电荷会使盘片产生一个不断变化的输出电压。为了防止这种情况，一定要在盘片的输出端和地之间加一个电阻。这个电阻可以消除盘片的电容效应。

经过对特定盘片的测试，我发现使用大约 1MΩ 的电阻既可以有效地消除电荷的积累又不会过渡地降低盘片的灵敏度。

● 阻值越高对灵敏度的影响越小，但是高阻值也会使盘片积累更多的电荷。最好不要让阻值超过 5.6MΩ。

● 低阻值可以有效地减少电荷的积累，但是也会降低盘片的灵敏度。

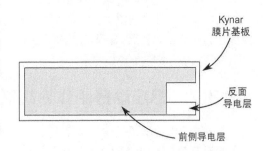

图 42-17　压电薄膜由一种双面涂覆着导电材料的塑料膜片制成。膜片有各种形状和规格

42.8　实验压电薄膜

类似 Kynar 和其他品牌的压电薄膜有各种各样的形状和规格。薄膜的厚度大概相当于这本书的一页纸的厚度，膜片上有两个接点，如图 42-17 所示。和压电陶瓷片上面的导线一样，这两个接点既可以接收电信号激活薄膜，又可以在膜片受到压力的时候输出电脉冲。

你可以用压电薄膜感知振动、冲击、接触和压力——凡是压电陶瓷片可以做的事情压电薄膜都可以做。

42.8.1　给压电薄膜安装管脚

和压电陶瓷片不同，压电薄膜一般不带有预制的管脚。因为塑料膜片受热会熔化，所以无法焊接。虽然市场上只有少数带有管脚的薄膜传感器，但我还是强烈建议你选择这类产品。否则，你可以尝试下面的方法：

● 导电油墨、漆或黏合剂。导电油墨，比如 GC Electronics 生产的 Nickel Print 涂料，可以把细导线制成的管脚直接固定在压电薄膜的接点

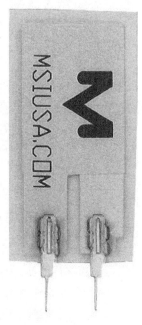

上。在接点上放一点涂料，然后把导线的一端插进去，根据干燥时间的长短，可能需要等几个小时让涂料凝固，最后用一段绝缘胶带辅助加强。

- 自粘铜箔胶带。铜箔胶带是设计用来修复印制电路板上面的导线的材料，你可以用它们把导线黏接在压电薄膜上。胶带使用的是导电黏合剂，使用非常方便。最后和导电油墨的做法一样，用一段绝缘胶带对连接部位进行加固。

- 金属五金件。使用小号的 2-26 机制螺丝、垫圈和螺母（可以在模型商店找到）用机械的方式把管脚固定在薄膜上。在薄膜的接点上戳一个小洞，在洞里穿一个螺丝，在螺丝上加一个垫片，然后把管脚绕在螺丝上用螺母固定。

42.8.2　把压电薄膜作为机械传感器

图 42-18 显示了一个简单的电路，当压电薄膜受到碰撞或弯曲时就会输出一个电压。你可以把这个电路的输出连接到单片机的 ADC（模数转换器）引脚、LM339 或类似的电压比较器电路，或其他你使用的电路上。注意压电薄膜以外的元件：

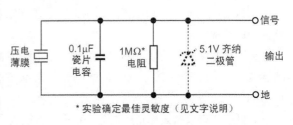

图 42-18　一个简单的压电薄膜实验电路

- 小瓷片电容有助于消除杂散信号。你可以根据所使用的压电薄膜的规格选择最合适的电容值。借助一台示波器可以看到电路的实际输出情况，如果没有示波器也可以通过实验确定一个工作效果最好的数值。

- 1MΩ（或近似）电阻的作用是防止压电薄膜上电荷的积累导致的输出电压不稳的问题。阻值越高电路越敏感，但是也更容易出现电压波动。降低阻值可以起到相反效果。

- 5.1V 齐纳二极管用来防止传感器输出信号过载。加入它只是作为一项预防措施，其实现在很多单片机和其他 IC 的输入端已经带有这种二极管保护的功能，所以这个管子不是必需的。YMMV（你的方法可能有所不同）。

提示：查看 RBB 技术支持网站（参考附录 A）获得常见的把压电陶瓷片或压电薄膜连接到 Arduino 和其他单片机的例子。你可以找到带有注释的程序代码以及其他的连接方式。

42.8.3　组装压电薄膜式弯曲传感器

你只需要把一个或两个小型压电薄膜传感器固定在一个薄塑料片上就可以轻松地创造出一个可以使用的接触传感器。图 42-19 显示的是一个完成后的测试版传感器，可以把薄塑料片安装在机器人的前面，用来检测物体的接触，也可以把它安装在机器人的手掌上。塑料片的弯曲会使压电薄膜的输出电压发生变化。

我把办公用品商店里常见的报告书的封皮
切下一块作为支撑用的塑料片，然后我告诉老
师机器人把我的报告给吃了。

Arduino 的示例程序非常简单。这个程序
可以显示（通过串行监视器窗口）0 ~ 1023
的值，数值取决于弯曲传感器弯曲的程度。在
实际的应用里，根据你所使用的压电薄膜的类
型，当使用标准的 0 ~ 5V 的模数转换器作为
参考（Arduino 可以设置不同的参考标准，现
在这个标准已经足够满足我们的需要了）的时
候，数值的变化范围是从 0 到 200 左右。程序
运行的时候，你可以忽略掉最小阈值以下的值

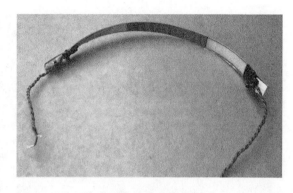

图 42-19　压电薄膜弯曲传感器的原型。两片压电薄膜粘在一个薄塑料片上（报告书的封皮），塑料片起到辅助支撑的作用，构成一个半圆形，检测机器人碰到的物体

（比如，5 或 10），只让机器人对高出来的值作出反应，表示它撞到了物体。

```
// 压电薄膜连接至模拟引脚 A0
const int filmSensor = A0;
void setup() {
Serial.begin(9600);
}


void loop() {
Serial.println(analogRead(filmSensor), DEC);
delay(500);
}
```

 提示：注意压电薄膜可以产生正向和负向信号，但是 Arduino 的 ADC 只能记录正向电压的变化。根据薄膜在塑料上的排列方式的不同，试着把图 42- 18 所示的接口电路里的传感器反接可能会得到一个读数更高的电压。

42.9　在线信息：制作压电式碰撞杆

本书英文版的第一版包含了一个完整的用两个压电陶瓷片组成"碰撞杆"的项目，完成后的碰撞杆如图 42- 20 所示。为了在这一版里给新项目腾出更多的空间，我把碰撞杆转移到了 RBB 技术支持网站，参考附录 A 获得这个网站的更多信息。碰撞杆项目包括装配说明、单片机的接口电路和示例

程序。

　　RBB 技术支持网站上还有一个独特的项目，使用的是光纤"触须"和神奇的激光，还有其他附带的碰撞检测（"软接触"）思路，你可以尝试一下。

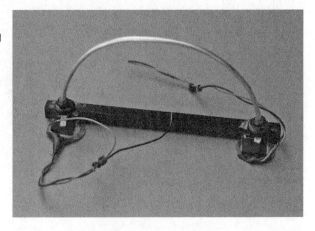

图 42-20　完成后的压电陶瓷片式碰撞杆。完整制作说明见 RBB 技术支持网站

42.10　其他类型的"接触"传感器

　　人体皮肤包含有多种形式的"触觉感受器"，一些感受器对物理压力敏感，另一些则对热敏感。你可能想给机器人添加一些其他接触方式的传感器。你可以在书里面的其他章节见到很多这样的项目。

- 热传感器可以检测到被抓住的物体的热量变化。

- 空气压力传感器也可以用来检测物理接触。把传感器连接到一个可以弯曲的管子或袋子（比如一个气球）上，管子里面的压力会使空气作用在传感器上，从而产生触发。

- 话筒和其他电声换能器也可以作为有效的接触传感器。除了常规的接触传感器和超声波，你还可以用话筒检测机器人接触到物体时发出的声音。

- 加速度计可以测量振动和摇摆。如果机器人撞到什么东西，它就会产生一个振动或摇摆，加速度计可以拾取到这个信号。当机器人停止移动（物体很大）的时候，加速度计也可以跟踪到。

- 接触面料由导电性的面料和线制成。最初设计用来制作服装、地毯和其他防止静电积累的纺织品，你也可以把它用于机器人需要灵活感应的部位。

第 43 章

接近和距离传感

你已经花了数百个小时设计和制作你的最新版机器人。现在它上面装满了复杂的小零件和各种精密设备。你把它拿到客厅，开启电源，退后一步，观察它的运行效果。很快这个崭新漂亮的机器人就撞到了壁炉，散落在客厅的地毯上。虽然你没有忘记给机器人设计电动机速度控制、电子眼睛和耳朵，甚至一个人工合成的声音的功能，但是你却忘了赋予它三思而后行的能力。

接近和距离传感讨论的是如何避免碰撞的问题。这类系统有多种形式，最基本的形式制作起来非常简单，使用起来也很方便。在这一章里我们将讨论一些适用于机器人的主动式和被动式障碍检测系统。你会阅读到几个造价便宜，容易仿制的传感器，可以用它们来避免机器人的碰撞。

供参考

所有软件例子的源代码可以在 RBB 在线支持网站里面找到。见附录 A "RBB 在线支持网站"获得更多的细节。为了节省页面空间，比较长的程序在书中没有印刷。在线支持网站还提供了添加有注释的源代码、项目零件清单（包含源代码）、更新、扩展方案以及更多的例子，你可以试试。

43.1 设计概述

一个在人类世界中可以自我适应的机器人必须能够测定它周围的环境。机器人通过检测物体、障碍物和它周围的地形来实现这一功能。这可能包括你自己、小猫、一只旧袜子、墙壁、地毯和厨房地板之间的小台阶，以及其他不计其数的东西。

机器人用接触和非接触的方式去感知对象。对于接触传感，机器人在发生碰撞后才能检测到。对于非接触传感，机器人可以在发生碰撞前就予以避免。碰撞检测和碰撞避免是机器人设计里面的两个相似的但是方向不同的问题。

● 在第 42 章 "增加触觉感应" 你可以了解到碰撞检测的技术，它所关心的是当机器人的运动超出预计范围或者机器人在它的运动路径上接触到任何异物时会发生什么的问题。

● 碰撞避免，本章的主题，机器人使用的非接触式技术确定它周围的物体的接近或距离。它会避免与任何检测到的物体发生碰撞。

碰撞避免可以进一步细分为两个子类型：近距离物体检测和远距离物体检测。

机器人制造商通常使用特定的目标检测方法引导一个机器人从一个地点移动到下一个地点。许多这样的技术在这一章里都有所体现，因为它们都与目标检测有关，更全面的机器人引导技术的内容，见第45章"机器人导航"。

43.1.1　近距离物体检测

近距离物体检测的特点正如它的名称所暗示的那样：它感觉的对象是接近的，也许只是8或10英尺外吹过来的一口气。这些对象是机器人在它周围的环境中能够感觉得到，并且需要尽快采取措施的对象。这些对象可以是人、动物、家具或其他机器人。一旦检测到他们，机器人就可以采取适当行动，这是由你为它设计的程序来实现的。

近距离物体检测有两种方法：接近传感和距离传感（见图43-1）。

● 接近传感器关心的问题是一些物体是否位于一个相关区域内。也就是说，如果一个物体距离机器人的视距距离足够近，传感器就可以检测到它并触发机器人上面相应的电路动作。物体超出传感器的接近范围以外时会因为传感器检测不到它们而不予理睬。

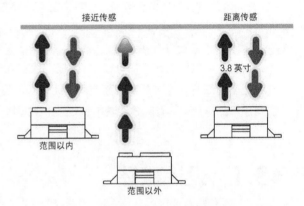

图43-1　接近与距离进行检测。接近提供了一个GO / NO-GO结果，而距离给出了实际的亲密的一个对象

● 距离测量传感器测定传感器和传感器范围以内的任何物体之间的距离。距离测量技术各不相同，最值得注意的是最小值和最大值的范围。如果物体恰好紧挨着机器人，那么很难得到准确的数据。同样地，物体在测量范围以外也会产生不准确的结果。远距离的大型物体可能会显示的比实际距离要近，非常小的物体显示出的距离可能又会异常的远。

两种检测方案使用相似的技术，最常见的接近检测方案使用的是红外线或超声波。如果有足够的光线（或声音）从物体反射回来，再次被机器人接收，说明接近范围以内有一个物体。

43.1.2　远距离物体检测

远距离物体检测对位于机器人主要工作区域以外，但仍然在检测范围以内的物体感兴趣。距离墙壁50英尺远的情况对机器人来说不太重要，但是距离墙壁1英尺远就显得比较重要了。

近距离和远距离物体检测之间的差异是相对的。作为设计者、建设者和机器人的主人，你需要确定物体远和近之间的界限。也许机器人非常小，行驶的也相当缓慢，在这种情况下，那些4～5英尺以外的都可以认为是远距离物体，任何更接近的物体都可以认为是"近"。对一个这样的机器人，您可以使用普通的声呐测距系统探测远距离的目标，包括绘制区域地图。

43.1.3　传感器的深度和广度

传感器有深度和广度的制约。

深度是指一个物体与机器人之间的最大距离，但仍然可以被传感器检测到。除了一些超声波传感器，大多数业余机器人使用的接近和距离测量探测器的极限值均小于 6 英尺。

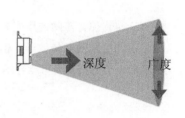

广度是指传感器在任何一个规定距离下的检测区域的高度和宽度。一些传感器具有一个非常开放的"横向"宽度，在一个时刻可以覆盖更大的面积。其他的更为狭窄和集中，两者同样重要。

光电传感器所感知的光线可以用透镜聚焦到一个很小的点。这种方式可以使传感器仅检测它正前方的情况。超声波传感器用各种方法控制它们发送的声波的特性，有些非常狭窄，其他则是比较宽。机器人专用超声波传感器的制造商会提供一个声波传播特性的图片，你可以对照选择与之相匹配的探测器。

43.2　简单的红外线接近传感器

避免碰撞在效果上比发生了碰撞才检测到要好得多。除了制作一些复杂的雷达距离测量系统，用于接近检测和避免碰撞的方法可以分为两类：光线和声音。我们从一个简单的利用光线的传感器开始。

光线总是直线传播的，但是当它碰到物体时会发生反弹。您可以借助光线的这个特点制作一个红外线碰撞检测系统。你可以在机器人边缘的四周安装多个红外线"缓冲"传感器，它们可以连接在一起告诉机器人"那里有东西"，或者它们可以给计算机或控制电路提供外部环境的具体细节。

图 43-2 显示了一个基本（同时也非常简单）的红外探测器，以及适当的接口电路。它使用一个红外线发射二极管和红外线光电晶体管。晶体管的输出部分可以连接至任意的控制电路，包括一个单片机或电压比较器。通过试验调整光电晶体管上面电阻的阻值，降低阻值会使电路的灵敏度跟着降低，升高阻值则增加灵敏度。

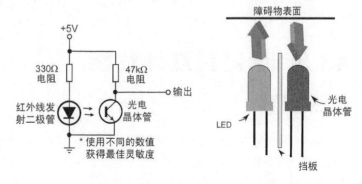

图 43-2　这个简单的接近传感器利用了红外线遇到障碍物会发生反弹的原理。电路的输出信号是一个与光电晶体管照射到的光线亮度呈比例变化的电压值

43.2.1　调节灵敏度

通过改变光电晶体管上面电阻的阻值可以调节探测器的灵敏度，升高（译者注：原文为降低）阻值可以增加灵敏度。灵敏度的增加意味着机器人将能够检测到距离更远的物体。灵敏度降低意味着机器人必须要靠得非常近才能检测到物体。

 提示：物体有不同的反光方式。你可能会调整机器人的灵敏度使它可以在一个白色墙壁的房间里获得最佳效果。但是当机器人机器人遇到深褐色的沙发或者你的老板的灰色西服时，它的灵敏度可能会不一样。

红外线光电晶体管应该采取遮光措施阻断来自室内的漫射光线以及红外线发射管的直射光线。试着把一小段黑色热缩管（不用收缩）套在红外线发射或接收管上，两者择一或者全部进行遮光保护。发射管和接收管的位置也非常重要，你必须小心调整，确保它们刚好对齐。

您可能会想到把红外线发射和接收对管安装在一小块木头上，在木头上钻出两个管子的安装孔，或者你可以购买已经把探测对管安装在电路板上的成品。图 43-3 显示了一个 Parallax 制造的红外线模块（见附录 B "在线材料资源"）。

43.2.2　在夹持器上使用红外线探测器

你可以在手指或钳形机器人夹持器的头部安装一对红外线探测器，如图 43-4 所示。这样的结构非常有用，它可以告诉机器人夹持器附近有可以夹取的物体。为了实现更全面地控制，在一个定型设计的夹持器里面可能会有两个或更多个红外线发射和接收对管沿着夹持器或手指的方向排列。另外，当你想检测一个物体是否靠近夹持器的手掌的时侯，你最好在相应的位置也安装上红外线发射和接收管。

图 43-3　集成式红外线发射和检测模块使你可以快速地在机器人上实现光电传感功能。连接器的引脚间距是标准的 0.100 英寸，非常好用（照片来自 Parallax Inc）

43.3　调制型红外线接近探测器

基本的红外线发射器/探测器系统有一个明显的缺点，即光电晶体管容易受到环境光线的干扰。这种传感器在黑暗房间里的工作效果最好，在这种环境下光电晶体管不太可能被一盏灯发出的光线或太阳光照射到。

另一种方法是使用一个过去几年中逐渐普及起来的简单技术：调制型红外线接近探测器，简写为 IRPD。这种方法仍然使用红外线发射器和探测器。但是为了避免环境光干扰的问题，系统使用

的是一束快速脉动，或者说是经过调制的光线。探测器只对调制在适当频率并以正确的速度闪烁的
光线发生反应，除此以外的杂散光线将被忽略。

听起来很复杂，但是实现起来却相当容易。这要得益于红外线遥控接收模块的广泛使用，它们
是组成 IRPD 的核心元件。这些用于电视、DVD 播放机和其他设备的从红外线遥控器接收指令的
模块都是相同的。

43.3.1　基本的 IRPD 电路

图 43-5 显示了一个典型红外线收发电路。它由两部分组成，互相配合工作。

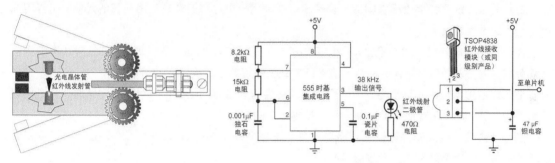

图 43-4　光电传感器可用来避免因为距离太近而发生接触的问题。它们也可用于机器人运动姿态或夹持器状态的指示。图中显示了当夹持器的手指夹紧时红外线发射管和接收管可以检测到相对应的状态

图 43-5　红外线调制技术克服了简易红外线检测存在的若干问题。传感器不易受到环境光线的干扰。图中的电路由一个产生稳定脉冲信号的 555 时基 IC 和一个有着相同频率的红外线接收器或解调器组成

- 一个时基电路，这里使用的是一个低功耗的 LM555 集成电路，产生一个 38kHz（每秒
38 000 次）的脉冲信号驱动红外线发射管工作。
- 同样频率的 38kHz 红外线接收模块，如果周围没有 38kHz 的光线，模块的输出端始终会保
持在高电平。当检测到脉冲频率为 38kHz 的红外线时，模块的输出转为低电平。

很多 IRPD 电路使用两个红外线发射管，它们上面的脉冲是交替的。通过检查模块在某个时刻
接收到的发射管的脉冲信号，机器人可以检测出物体是在它的左边、右边或是正前方。我们马上就
会研究这个技术。

提示：红外线接收器在可接受的频率范围以内有一定的自由度，所以频率不一定非要精确
到 38kHz，但越是接近这个值，探测器的灵敏度越高。假设图中所示的元件均为精确数
值，则定时器所产生频率为 37.8kHz，这肯定是一个足够接近的数值。

在我的实验中是实际测得的频率为 39.2kHz，电路仍然可以工作。测量频率的差异是由
常规元件的容差所造成的。我使用的电阻容差为 5%，0.01μF 独石电容的容差为 10%。

如果你想尝试调整频率的设置，可以把 15kΩ 电阻换成一个 12kΩ 固定电阻和一个 5kΩ 电位
器的组合。电位器一边的引脚通过 12kΩ 电阻连接至 8.2kΩ 电阻，抽头引脚连接到 LM555 IC 的
第 6 个引脚。从电位器的一端开始调整，频率范围应该可以覆盖 34.2 ~ 44.8 kHz 的区域。

根据定时器产生的频率和红外线发射管的输出功率，检测范围可以从 1 英寸到超出 1 英尺以外。你很可能不希望使用一个过于灵敏度的探测器。改变在连接红外线发射二极管下面的 470Ω 电阻的阻值，较高的阻值可以降低光线强度，这将缩短传感器的探测距离，降低阻值可以增加距离。注意电阻的阻值不要低于 200Ω，否则发射管可能因为电流过大而烧毁。

为了达到最佳效果：

让红外线发射二极管远离你的面包板或电路板，否则会因为光线反射的问题而得到错误读数。

增加指向性（以及减少错误读数），把一段 3/4 英寸长的黑色热缩管套在红外线发射管上。热缩管的长度越长，传感器的识别能力越强。

在红外线发射管和接收模块间加一块挡板。尝试用一小片保护集成电路或其他元件的抗静电黑色导电泡沫做为挡板。

使用不同的红外线发射二极管实验传感器的检测范围。小型的 2 ~ 10mW 的红外线发射管适合几英寸以内"近距离"物体的检测，查看红外线发射管的手册确定它的输出功率。

把元件引脚剪短（尤其是电容），否则你可能会得到错误的结果。一旦你的电路通过测试可以正常工作，把它们从免焊面包板上取下来焊接到正式的电路板上。

频率"失调"会改变探测器的灵敏度范围。尝试用一个与标准 38 kHz 频率相差 1 ~ 4 kHz 的频率，使你的探测器不会过于敏感。

43.3.2　连接到单片机

IRPD 与单片机的接口非常简单。你可以用一个如图 43-5 所示的 LM555 定时器组成的分立电路产生红外线探测器所需要的脉冲信号，也可以使用当前的单片机或者另外一个单片机产生这个信号。

使用一个 LM555 时基集成电路或一个单独的单片机来产生调制信号使主控制器可以更自由地做其他更重要的事情。

■ 43.3.2.1　基于 LM555 的定时器

再次参考图 43-5 中的电路，LM555 定时器独立运行产生一个持续稳定的(约)38 kHz 的脉冲。如果探测器模块接收到足够的红外线脉冲信号，它的输出转为低电平，单片机中运行的软件会产生相应的动作。

用于 Arduino 的程序 irpd.pde 演示了如何读取红外线传感器信号，每当接收器检测到一个 38 kHz 脉冲信号时就会点亮 Arduino 单片机上的 LED 指示灯。如果不再检测到脉冲，LED 会在持续点亮 1/4s 后熄灭。

在我的测试中，使用了如图 43-5 所示的元件值和一个额定输出为 16mW 的大功率红外线发射二极管（RadioShack 产品编号 #276-143），所得到的探测距离超过 1 英尺。

irpd.pde

```
const int led = 13; // Built- in LED pin
```

```
const int receiver = 12; // Connect receiver to pin D12
void setup() {
pinMode(led, OUTPUT);
pinMode(receiver, INPUT);
}
void loop(){
// read the receiver, LED on if detection
if(digitalRead(receiver) == LOW) {
digitalWrite(led, HIGH);
delay(250);
}
digitalWrite(led, LOW);
}
```

■ 43.3.2.2　辅助单片机

大多数红外线模块喜欢在不连续的调制信号下工作，最理想的信号是每毫秒（或左右）导通和关断一次脉冲。这提高了传感器的工作范围。开/关脉冲信号与探测器内部的自动增益电路配合工作，使探测器可以适应房间里面的环境光线。

使用很多低成本的单片机，你可以模仿一个完整的时序电路，像 LM555 那样产生出一个开/关各为 50ms 和20ms 的调制脉冲。单片机不需要有很多引脚、功能或存储空间，因为产生定时信号是一个简单工作。PICAXE 08M 单片机非常适合完成这个工作，它的成本只有几元钱。此外它也容易编程和与其他电子设备进行连接。

图 43-6 显示了一个基本的连接示意图。PICAXE 08M 采用电阻限流的方式连接至一个红外线发射器。PICAXE 里面运行的程序代码控制着调制频率和开/关循环。示例程序见 irpd-pic-axe-simple.bas。

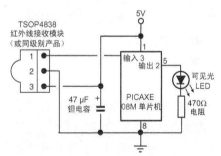

图 43-6　单片机可以用来产生调制的光脉冲信号，用来和一个红外线接收器/解调器一起工作

提示：这个例子显示了 PICAXE 08M 产生的红外线调制信号，与另一些单片机或其他的电路解决方案一起实现接近探测功能。只需要一点点附加的代码你就可以开发出一个独立的 IRPD 模块，PICAXE 负责系统中的信号调制和探测器的监视。参考下一节"加强版 IRPD 电路"。

irpd- picaxe- simple.bas

```
main:
high IR ' Toggle output high for 5 ms
pause 5
low IR
pause 1
pwmout IR, 25, 52 ' Approx.38.4 kHz for 50 ms
pause 50
pwmout IR, 0, 0 ' Turn off PWM
pause 20 ' 20 ms "quiet" time
goto main ' loop
```

43.3.3　加强版 IRPD 电路

如前面提到的，通过使用一对红外线发射管，发射管之间交替产生一个短促的经过脉冲调制的红外线信号，机器人就可以确定物体是否在它的右边、左边还是正前方。你可以用一对 LM555 时基集成电路（或 LM556 双时基 IC）来实现这个功能。使用单片机可以让问题变得更简单，从成本和效益的角度考虑也更加合算。这里再次推荐简单好用的 PICAXE 08M 单片机。

加强版 IRPD 的线路如图 43- 7 所示。电路中使用了两个红外线发射管（你仍需要在它们中间的位置加上一个探测器）。发射管和探测器之间的距离是可变的，典型值为几英寸，你可以尝试采用 6 ～ 8 英寸的距离，把发射管的前端稍微向内弯一个角度帮助红外线的定向，确保探测器（译者注：原文为发射器）充分的看到它们。你部分可以随意发挥。

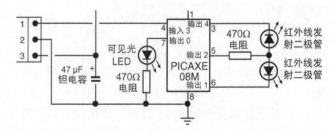

图 43-7　基于 PICAXE 08M 单片机的加强版光调制器。脉冲在两个红外线发射管之间交替进行，接收器 / 解调器放置在发射管之间。另一个单片机（需要你来设计）负责检查当接收器被出发时哪一个发射管处于激活状态

　　提示：通过把探测器的位置比发射管稍微提前一点，使发射管发出的光线经物体反射后直接进入红外探测器，你可以减少"串扰"问题的产生。你还可以尝试在发射管的两侧加上黑色的硬卡纸或塑料挡板，或者在它们的前面套上一小段黑色热缩管，防止发射管发出杂散光线。

加强版 IRPD 的程序代码见下面的 irpd-picaxe-enhanced.bas。两个红外线发射管通过一个限流电阻连接到单片机的 PWM2 脚（PICAXE 08M 芯片的第 5 个引脚）。这种接法是正常的，因为两个发射管永远不会在同一时刻打开。每个发射管的 LED 打开和关闭通过程序代码控制：程序语句中的 low 是将它打开，high 是将它关闭。

irpd- picaxe- enhanced.bas

```
symbol IR_L = 1 ' Left
symbol IR_R = 4 ' Right
symbol LED = 0 ' Results LED
pwmout 2, 25, 52 ' Approx. 38.4 kHz
Main:
gosub ToggleL
gosub ToggleR
goto Main
ToggleL: ' Toggle right on/off
low IR_L
pause 50
if pin3=0 then gosub f_flash
high IR_L
pause 20
return
ToggleR: ' Toggle right on/off
low IR_R
pause 50
if pin3=0 then gosub s_flash
high IR_R
pause 20
return
' Routines for displaying which side (left or right
' is currently being triggered
f_flash: ' Fast flash display LED
for b0 = 1 to 4
high LED
pause 30
low LED
pause 30
```

```
next b0
return
s_flash: ' Slow flash display LED
for b0 = 1 to 4
high LED
pause 75
low LED
pause 75
next b0
return
```

可见光 LED 连接到单片机的 pin0，起到指示的作用，它可以显示出哪一侧的发射管正在触发传感器。

指示 LED	含义
熄灭	左右没有障碍
快速闪烁	左侧出现物体
慢速闪烁	右侧出现物体
快慢交替闪烁	正前方出现物体

LED 的闪烁代码是为了提高自己的兴趣。对于一个正常运转的机器人来说，你可以把 PICAXE 近距离探测器的输出端连接到它的主控制器，用一些其他方式显示左、右、中间的状态。一个可能的简单方式例如：

- 输出低电平：没有检测到物体
- 输出高电平：左侧检测到物体
- 输出飞速变化：右侧检测到物体

或者，你可以使用单片机的串行通信口与另一个控制器连接。PICAXE08M 支持串行指令，包括 sertxd，恰好使用的也是 pin0 脚，与芯片上连接 LED 的物理引脚是相同的（因此你不需要对线路进行任何改动），把它连接到你的其他处理器上发送简单的代码指示出接近检测的状态。下面的代码是一个纯粹的示范，程序里面新起的一行里面插入了文字说明和 ASCII 代码。

```
ToggleL:
' activate left IR LED
if pin3=0 then
sertxd("Something is to the left", 13, 10)
end if
' deactivate left IR LED . . .
```

除了使用文字说明以外，你还可以使用只有你和机器人的单片机才能知道的编码组，比如 0 表示没有物体，1 表示左侧有物体，2 表示右侧有物体，3 表示左右两侧同时出现物体。

如果你所使用的 PICAXE 芯片有多余出来的 I/O 引脚，你可以用两个引脚指示出 4 个可能的状态。在下表中的两个引脚标注为 Pin A 和 Pin B，实际的引脚是你在单片机上选定作为输出的两个引脚。

Pin A	Pin B	探测到的情况
低电平	低电平	没有物体
低电平	高电平	左侧出现物体
高电平	低电平	右侧出现物体
高电平	高电平	左右两侧同时出现物体

43.4 红外线测距

红外线不仅可以用来检测附近是否存在物体，还可以测量出机器人和一些物体之间的距离。红外线测距探测器发出的红外线是反射到一个直线位移传感器上面的，如图 43-8 所示。

红外线测距的工作原理是：传感器发出的一束红外线照射到某个物体，光束碰到物体以后反射并回传给传感器，反射回来的光束聚焦到一个对位置敏感的器件（简称 PSD）上面。PSD 表面电阻的变化取决于光线照射的位置。当传感器和物体之间的距离发生变化时，照射在 PSD 表面上的直线移动光线也发生变化。传感器里面的电路监测着 PSD 元件上面的电阻并通过这个电阻计算出距离。

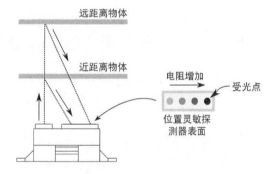

图 43-8　夏普红外线距离和接近传感器的内部工作方式。发射器发出的光线碰到物体后以同样的角度反射至传感器，如图所示。反射回来的光束照射在一个位置灵敏探测器（简称 PSD）的表面。这个传感器可以检测到光线偏离中心时的情况

图 43-9　夏普红外线传感器实物照片。这个版本的传感器带有方便固定的螺丝安装孔

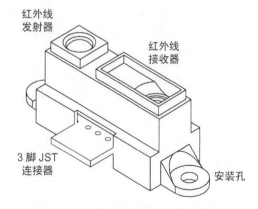

图 43-10　夏普红外线传感器的重要部位。注意 3 脚 JST 连接器，它比你常用的 0.100 英寸的标准连接器要小，需要给它准备一根特制的电缆

你会发现几乎所有的红外线测距模块都是夏普生产的。图 43-9 显示了一个典型的夏普红外线接近传感器，图 43-10 的轮廓图显示了它上面的重要部位。夏普生产的传感器抗环境光干扰的效果明显高于一般水平，所以你可以把它们用于光线条件比较复杂的环境（除非是室外极度明亮的光线）。

这种传感器使用一个经过调制的非连续红外线光束，避免产生误触发的问题。这也使系统更准确，甚至可以检测到物体吸收或散射出来的红外光线，比如厚重的窗帘或深颜色的面料。

 提示：大多数夏普红外线模块使用的都是一个微型的 JST 三脚连接器。这种连接器看起来很像标准的 0.1 英寸连接器，但它比较小。购买红外线模块时，一定要注意带有和它相配套的连接器。

传感器电路能够提供数字或模拟两种输出方式。它们在机器人上都很常见，我们在下面都会加以介绍。

43.4.1　熟悉不同类型的传感器

需要注意的是红外线测距传感器并不是专门设计用于机器人的，只是它们能够在机器人上很好的工作。从某种程度上讲，它们更适合用于工业控制。因此这里有几个可供选择的型号，每个型号都有自己独特的特征。

● 焦距是传感器的最大和最小有效距离。"有效"指的是你可以准确检测的距离。这个距离几乎总是表示为厘米。最常见型号的夏普传感器的最小工作距离是 10cm，或者说大约 4 英寸，最大工作距离是 80cm（31.5 英寸）。超出这个范围，传感器仍然可以检测到物体，但是测量精度会受到影响。

● 光束宽度（或范围）涉及传感器可以扫描到多大的区域。大多数红外线模块的波束宽度非常窄，通常只有 5° ~ 10°，这意味着物体几乎要正对着传感器才能被检测到。一些版本设计成具有很宽的测试范围，另一些的视场则非常狭窄，你可以根据具体应用进行选择。

● 带有数字输出的传感器使用起来最简单。它的输出不是高电平就是低电平，这取决于是否有一个物体出现在一个事先设定好的距离范围以内。它们被称为距离判断传感器，因为它们只是判断适当距离范围以内的情况。

● 模拟测量输出提供的是一个以距离为代表的变化的电压信号。距离与电压不是线性（直线路径）的关系，这就给准确读数带来了挑战。它们被称为距离测量传感器，因为它们告诉你的是模块和物体之间的距离。

这里我要谈的是两个更常见的夏普红外线模块，除此以外在你喜欢的在线式机器人专业零售店里还可以找到很多其他的型号（再经典的型号也会过时，所以原则上总是要寻找最新出的产品）。它们的工作面是相同的，只是具有不同的工作距离和光束宽度。

● GP2D15——高 / 低电平数字输出指示，判断在 24cm（或者 9.5 英寸）的范围以内是否存在物体。这个模块使用起来非常简单。

- GP2D12——模拟输出的指示范围是一个变化的电压信号。

 提示： 夏普的红外线模块的数据手册里面存在一些已知错误，例如说一个模块有一个数字输出时，其实它只有模拟输出。这些错误最终都得到了纠正和更新。一定要参考最新版本的数据手册，去夏普网站查找他们发布的更新数据是一个不错的选择。

43.4.2　基本电气连接

许多夏普红外线模块都有一个标准的连接方式，如图 43-11 所示。

- 引脚 1——信号输出。这个引脚可以输出一个数字或模拟信号，见上一节所述。
- 引脚 2——电源地。
- 引脚 3——电源电压，这里是 4.5 ~ 5.5V（适用于大多数模块）。

 提示： 几个机器人材料供应商，如 lynxmotion，提供特制的由 JST 连接器转为标准的 0.1 英寸连接器的转接电缆。需要注意的是很多这种转接电缆的线序都发生了变化，你可以按照导线颜色区分对应的引脚。

　　为什么他们会调换引脚的顺序？他们是遵循正确的规范把正极端子安排在中间位置，这样即使电缆插反也很少会对传感器造成破坏。同样的连接规范也适用于模型舵机。

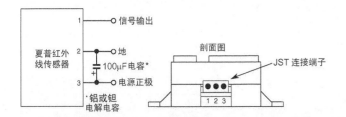

图 43-11　夏普红外线传感器的典型连接示意图。不是所有模块都按照这个方式连接，但大多数都是这样。输出可能是一个数字（开 / 关）信号或者一个模拟电压信号

需要注意的是一些早期版本的夏普传感器，比如 GP2D02，使用了不同的引脚布局。其他几个紧凑型的模块在这里也没有介绍，它们使用的是 6 针的连接器，需要加入外部元件才能正常工作。

43.4.3　使用 GP2D15 红外距离判断传感器

GP2D15 是一个"距离判断"传感器而不是测距传感器。它有一个 1bit 输出口，输出电平的高低取决于阀值范围以内是否检测到物体。工厂设定的阀值范围是 25cm。这个简单的逻辑关系使 GP2D15 非常容易使用，由于你只需要知道物体的距离是否小于9½英寸。它可以和机械式碰撞开关配合使用。

GP2D15 是一个早期版本 GP2D05 的升级版，你可以在这个版本的传感器上调整阈值范围。我曾经在网上看到过一些修改 GP2D15 阀值范围的操作方法，我的建议是除非你有相当丰富的经

验，否则不要效仿。这些模块一旦拆开就非常容易损坏。

你最好使用带有模拟输出的传感器，比如 GP2D12（见下一节），把它连接到一个 LM339 电压比较器上，如图 43-12 所示，不要忘了在比较器的输出端加上一个上拉电阻，调节电位器设定比较器的参考电压。

43.4.4　使用的 GP2D12 模拟输出红外测距传感器

GP2D12 模拟输出红外线传感器是一种更常用的夏普模块（还有同系列的 GP2D120，这个模块的光学检测范围比较短）。它输出的是一个表示模块和物体之间距离的模拟电压。从最小的焦点距离开始，电压随着物体距离的增加而降低，超过最大焦点距离时的电压达到最小值。

GP2D12 的电压跨度范围大约为 0.4 ~ 2.4V，模块之间可能存在微小的差异。理想的测量这个电压的方式是使用一个带有至少一个 ADC 输入的单片机，配合 Arduino 的示例程序见下面的 gp2d12.pde。

注意 GP2D12 的电压输出不是线性变化的（见图 43-13），这意味着你得到的电压值和传感器与检测物体之间距离的比例不是 1 ：1。虽然你可以编写一个数学函数让 GP2D12 的模拟响应曲线变得线性化，但是多数人会用简短地查表或转换语句来使电压与大致的距离相互关联。对物体与传感器之间的一组距离进行测试（用卷尺来保证测量准确），并用它们作为基准。

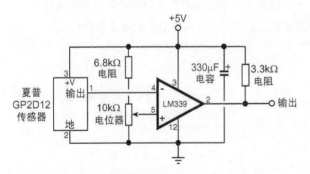

图 43-12　如何用传感器的模拟输出连接电压比较器。10kΩ 电位器设置比较器的门限电压，当传感器上的电压达到预定值时，比较器触发

图 43-13　夏普红外线传感器的模拟电压输出是非线性的

提示：读数的精确度在很大程度上取决于目标的宽度。你可以让传感器正对着一面光滑的白色墙壁，改变传感器与墙壁的距离，记录下你的测量结果。

从个人来讲，我认为当需要精确测量距离时最好使用超声波传感器。红外线传感器适合用于不是太担心几英寸误差的大致距离的测量，在这类应用中你所感兴趣的只是大致判断出一个物体的远、近或非常近等情况。

注意当物体的距离非常近，以至于小于传感器的最小检测范围的时候，传感器返回的数值是毫无意义的。根据你所使用的传感器，它可能会显示出一个和没有检测到物体时相同的数值，所以一定要在红外线传感器的基础上加一个后备方案，最起码也要加上一个辅助的机械式碰撞检测开关。

gp2d12.pde

```
int distance = 0;
int averaging = 0;
void setup() {
Serial.begin(9600); // 使用串行监视窗口
}
void loop() {
// 从传感器的 10 次读数中获得一个采样
for (int i=0; i <= 5; i++) {
distance = analogRead(A0);
averaging = averaging + distance;
delay(55);
}
// 取 5 个读数的平均值
distance = averaging / 5;
averaging = 0;
Serial.println(distance, DEC); // 显示结果
delay(250); // 短暂延迟
}
```

43.4.5 夏普红外线模块的习惯做法

多年来，机器人爱好者总结出了许多如何利用好夏普红外线测距和距离判断传感器的实用技巧和小窍门。下面是一些值得注意的问题：

● 夏普模块在工作中会消耗大量的电流。根据模块型号和瞬时发生的距离测量操作，最高电流可达 50mA。当设计机器人电源和电池规格时需要对这个问题加以考虑。

● 虽然并不严格要求，但是在传感器的电源正极和地之间加入一个 100μF 的旁路电容将有助于减少因电源感应噪声引起的读数错误。你也可以用同样的方式再加上一个 0.1μF 的独石电容。

● 启动模块以后至少等待 100ms 再进行读数。这样可以给设备一个准备时间，否则读数有可能不准确。

● 为了提高精确度，可以采用在不小于 50ms 的时间间隔上连续采集传感器读数再求平均值的方法。

● 对求平均值的方法，你还需要去除掉一组读数里面明显有异于其他的数值。举例说，如果你的读数为 100、105、345、97 和 101，时间间隔为 55ms，那么你可以肯定 345 这个读数是不正常的，在计算中应该不予以考虑。

● 当传感器安装在一个快速移动的机器人或者一个旋转式的传感器转台上面时，精度可能会有所降低，运动会影响读数。在机器人行驶或运动的时候，你可以使用传感器的一般接近检测功能。为了得到更精确的距离读数，你需要让机器人（或转台）减速或停止。

● 增加红外线光束的宽度可以增加检测距离。当机器人上面安装有多个传感器时你可以对这个优势加以利用。调节两个传感器的最大的光束覆盖范围，使它们互相交叉，调节最小光束覆盖范围（让传感器具有一定选择性），使它们互不干扰。

43.5　网上资源：被动式红外线检测

被动式红外传感器可以检测人类和动物的接近状态。这种技术广泛用于室内和室外的安全监控系统，通过检测传感器前面红外线辐射的变化来进行工作的。这种传感器里面使用的是一对随着温度的变化而发生反应的热释电器件。当这两个器件检测到运动，尤其是发热物体，比如一个人时，它们的输出会出现差异。

查看 RBB 在线支持网站里面提供的更多关于被动式红外探测的信息（参考附录 A），你可以找到几个使用热释电传感器检测物体和运动的项目。

43.6　超声波测距

警方的雷达系统能够发出高频率的无线电波束，波束遇到附近的物体会发生反射，比如路上超速行驶的车辆。送出发射脉冲和接收到回波的时间差表示出了物体的距离。

雷达系统即复杂又昂贵，在美国需要通过政府机关的认证，比如联邦通信委员的认证才能使用这类设备。幸运的是，在机器人上你可以使用另一种方法：高频率的声音。

超声波距离测量，也称为超声波测距，现在来说已经是一门成熟技术。宝丽来即时拍相机里面自动对焦系统已经使用了好几年。为了测量距离，需要通过传感器发送一个短促的超声波脉冲，这里的转换器是一个特制的超声波扬声器。声波遇到物体发生反射，回波被另一个转换器（这里是一个特制的超声波话筒）接收。电路计算发射脉冲和回波之间的时间间隔得出最后的距离值。

需要注意的是一些超声波测距传感器使用一个传感器完成声波的发送和接收，它的转换器设计成一个高频扬声器和话筒组合的形式。

在以前，如果你想给机器人加上超声波测距功能，你不得不采用分立元件制作一个组件，改装一个古老的宝丽来相机，或者购买一个昂贵的超声波

图 43-14　使用单个换能器（发送和接收声音）的超声波距离传感器（照片来自 Maxbotics Inc）

测距实验板套件的方法。现在很多地方都可以买到成品的超声波测距模块，如图 43-4 所示。根据功能不同，价格从大约 25 美元到 30 美元不等。我们在本章里面将要学习这些成品模块的使用方法。

43.6.1 确实的信息

首先介绍一些统计数据。在海平面上，声音传播的速度大约是 1130 英尺每秒（约 344m/s）或 13560 英寸每秒。这个时间的变化取决于大气条件，包括空气压力（海拔高度的变化）、温度和湿度。

如果物体与机器人的距离是几英寸甚至几英尺，那么接收到回波所使用的时间将是以微秒为单位的，把从发射出脉冲和接收到回波之间所经过的总时间除以 2，以补偿机器人与物体之间的往返时间。

假定声音的传播时间为 13560 英寸每秒，那么它每行进 1 英寸需要 73.7μs。如果一个物体与超声波传感器的距离是 10 英寸，那么传感器发出的超声波需要 737μs 抵达物体，再加上一个额外的 737μs 返回时间，总时间就是 1474μs。计算公式为：

（1474/2）/ 73.7=10

首先，把总的传播时间除以 2，再除以 73.7（使用 74 以避免浮点运算），这是声音在海平面上传播 1 英寸所需的时间。

43.6.2 使用超声波测距传感器

超声波距离传感器有好几个类型。最便宜的需要你自己完成所有的数学计算，虽然像上一节所显示的那样，这个计算不是太困难。

更高级的传感器（也更昂贵）它们自己本身就可以进行数学计算，并提供给你一个数字或模拟输出。你需要做的事情只是告诉传感器你希望发送一个探测信号，这时它就会发出一个短促的超声波脉冲信号，看看附近是否有什么物体。

 提示：使用超声波的一个优点是它不像红外线传感器那样对物体的颜色差异和光反射特性敏感。不过，一些材料反射声音的效果比其他材料要好，一些材料甚至会完全吸收声音。

出于这个原因，一个比较理想的方法通常是把超声波传感器和红外线接近或距离感应器联合起来使用，同时检索两者的数值。这种方法称为传感器合并，它非常适用于当一个传感器的技术性能比其他传感器在规定情况下工作更好的时候。

43.6.3 基本超声波传感器的编程

现在广泛使用的 SRF05 模块是由总部设在英国的制造商 Devantech 所生产的。这个型号的传感器是这家公司原始的 SRF04 模块的升级版（写这篇文章时 SRF04 仍然在产），SRF04 是所有类型中最好的，它的市场直接面对机器人制作者和家庭电子实验者。

SRF05 是一个基本的超声波传感器，它包含有自己的定时器，可以连接到单片机或其他电路上面。使用方法是让你的电路产生一个超声波脉冲，然后开始测量计时，直到接收到回波。你的控制程序需要完成往返时间的数学计算，比如用于 Arduino 的 srf05.pde。图 43-15 显示了传感器与 Arduino 的简单连接示意图。

srf05.pde

```
int duration; // 储存脉冲的持续时间
int distance; // 储存距离
int srfPin = 2; // SRF05 连接至数字引脚 D2
void setup() {
Serial.begin(9600);
}
void loop() {
pinMode(srfPin, OUTPUT); // 设置引脚为输出
digitalWrite(srfPin, LOW); // 确保引脚为低电平
delayMicroseconds(2);
digitalWrite(srfPin, HIGH); // 开始发送
delayMicroseconds(10); // 间隔 10ms
digitalWrite(srfPin, LOW); // 结束发送
pinMode(srfPin, INPUT); // 设置引脚为输入
duration = pulseIn(srfPin, HIGH); // 读取返回脉冲
distance = duration / 74 / 2; // 转换为英寸
Serial.println(distance); // 在串行监视窗口里显示距离
delay(100);
}
```

使用的时候，编译并上传代码，打开串行监视器窗口查看运行结果。

注意：连接 SRF05 的时侯一定要注意不要搞错模块的 +5V 和 GND 的位置，否则你的 Arduino 会进入故障安全模式（单片机内部保险丝"熔断"，自己无法复位，直到你切断电源）。图 43-15 显示了 SRF05 模块元件的连接方法，这指的是模块上面 LED、集成电路和其他表面贴元件的一侧，两个超声波元件在另一侧。连接前仔细确定 +5V 和 GND 引脚。

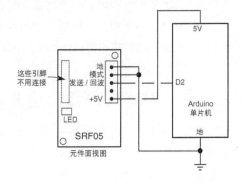

图 43-15　Devantech SRF05 超声波传感器与 Arduino 单片机的基本连接示意图

43.6.4　增强型超声波传感器的编程

如果你不希望在单片机上做往返时间的计算，或者你使用的单片机无法满足超声波所需的准确度的时间事件，那么你可以使用一个距离测量传感器为你执行所有的数学计算。传感器输出的距离测量结果为数字格式（通常是一个串行数据）。

市场上有多种型号的模块可供选择。比如 Devantech 系列产品中的 SRF02，它带有一个内置的帮助你完成数学计算的单片机。这个传感器需要你的单片机带有 I2C 接口，现在很多单片机都带有这个接口（你也可以在串行模式下使用传感器，参考制造商的产品规格获得更详细的信息）。

模块的连接非常简单，图 43-6 显示了把 SRF02 连接到一个 Arduino 单片机上的示意图。与前面的 SRF05 警告一样，必须非常小心不要弄错 +5V 和 GND 的连接。

控制代码见 srf02.pde。使用的时候，编译并上传代码，打开串行监视器窗口查看运行结果。

供参考

srf02.pde 为了节省空间，这个项目的程序代码存放在 RBB 在线支持网站。见附录 A "RBB 在线支持网站" 获得更多信息。

43.6.5　超声波传感器的参数

不是所有的超声波传感器都提供相同的参数，阅读产品说明选择最适合工作的传感器。需要考虑的事情包括：

工作距离：超声波传感器的最大和最小有效距离。对于类似 SRF08 这样的传感器，最小距离大约为 2 英寸，最大距离大约为 20 英尺。传感器的测量范围大小不等，在机器人手臂或夹持器上适合使用探测距离比较小的超声波传感器。

灵敏度：术语"灵敏度"不仅指传感器的分辨能力（见下面的"分辨率"），也决定了传感器在一定距离精确地检测物体的能力。传感器的灵敏度除了受到接收电路设计的影响，在户外使用还非常容易受到一些不可控因素的影响，比如温度、湿度、甚至气流的影响。

分辨率：声音的频率决定了它能够探测到物体的大小或薄厚。低成本超声波传感器所使用的 40 kHz 的声波非常粗糙，这相当于从一个波峰到下一个波峰之间的距离大约是 8.5mm。这意味着

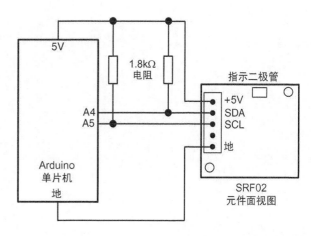

图 43-16　Devantech 的 SRF02 超声波传感器与 Arduino 单片机的连接示意图，传感器与单片机之间使用的是 I2C 串行通信协议

工作在频率为 40 kHz 的超声波传感器的最小分辨率不足半英寸（在实际使用中，大多数 40 kHz 的传感器可以检测到小于 8.5mm 的物体，但是读数不一定可靠）。当有大量空气流动或者传感器附近有热源，比如户外发热的路面，再或者一个室内的通风管道的环境中使用传感器都会导致分辨率的降低。

扩束模式：典型的超声波传感器有着一个非常宽的圆锥状回波模式。在传感器的最大距离上的物体的变化与中心是偏离的（不是对齐在 0℃）。在一些传感器上，远端的圆锥面非常宽，它们适用于你想大面积检测的情况。另一些传感器的圆锥面非常窄，这些被称为直通波束的超声波信号非常适合测量位于机器人正前方的物体的距离，不会受到距离机器人比较近但不是在一条直线上的物体的干扰。

第 44 章

机器视觉

传感器对机器人非常有用，机器人上面安装的传感器越多它的运行效果就越好，即使最基础的机器人也会带有触觉传感器，可能只是几个小开关，也可能是一个常见的红外线或超声波传感器。

当涉及视觉的时候，事情就会变得有点复杂。让机器人看到图像是完全没有问题的，你需要的只是一个廉价的摄像头。问题是如何解读这些图像，如何让机器人判断起居室的地板上是一只熟睡的猫还是一双随意丢在那里的袜子？

除了挑战一个带有眼睛的机器人，还有很多负担得起并且相对容易的创造机器人视觉的方法，包括基本的用来检测有光还是无光的"独眼"视觉系统，还有更复杂的解码相对光线强度的传感器阵列。我们现在开始。

供参考

在 RBB 技术支持网站里面可以找到全部示例软件的源代码。参考附录 A 获得"RBB 技术支持网站"的更多细节。为了节省版面，冗长的程序在这里没有打印出来。技术支持网站提供的源代码带有附加的注释、项目的零件清单（包含采购资源）、升级、扩展制作方案以及更多的例子。你可以试试。

44.1 适用于机器视觉的简单传感器

本章里面讨论的话题仅限于低端领域。花 10 000 美元，你可以买一套专业的机器人视觉系统并用它做各种事情，但是这个花销对我们来说有点太高了。这里介绍的一切东西，花费都在 0 ~ 100 美元，其中大部分只需十几美元。

大多数人想象中的"机器人视觉"是一些完整的视频快照，并且带有辅助的文字解释发生了什么情况，就好像电影里面的终结者机器人一样。实际不一定都是这样，很多非常简单的电子器件都可以作为效果极好的机器视觉。

它们包括：

- 光敏电阻，也称为光电导管和光电池。
- 光电晶体管，类似常见的晶体管，只是遇到光线照射时会发生反应。
- 光电二极管，它们是对光线敏感的二极管，暴露在光线下会导通电流。

光敏电阻、光电二极管和光电晶体管用同样的方法连接到其他电路上：你把一个电阻与器件串联接入电源的正极与地之间，这样就形成了一个分压电路。器件和电阻之间连接的点是这个电路的输出端，如图 44-1 所示。这样的结构使器件输出一个变化的电压。

44.1.1　光敏电阻

　　光敏电阻通常是由硫化镉制造的，因此它们在大多数情况下被做 CdS 电池或光电池。光敏电阻的作用像一个对光敏感的电阻（也被称为 LDR）：光电池电阻的变化取决于入射光的强度。

　　当没有光照射到光电池的时候，器件的电阻非常高，通常高达 100kΩ，甚至可以达到兆欧级别。光线可以降低电阻，通常数值为几百至几千欧姆。

　　光敏电阻很容易与其他电路进行连接，图 44-2 显示了两种将光敏电阻连接到电路里面的方法。电阻阻值的选择应该与你所使用的光电池的亮阻与暗阻相匹配。你可能需要根据试验确定理想的电阻值，从 100kΩ 开始，逐渐降低阻值。实验的时候你可以用一个 100kΩ 的电位器。如果你使用一个电位器需要串联加入一个 1 ~ 5kΩ 的电阻防止光电池管暴露在明亮光线下可能发生的短路问题。

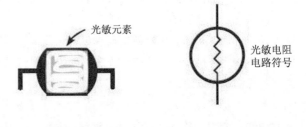

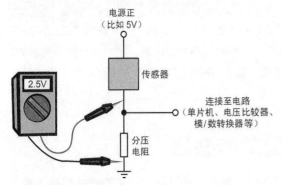

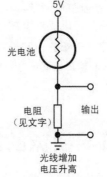

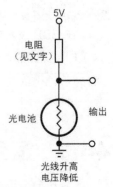

图 44-1　光敏电阻、光电晶体管和光电二极管的输出通过一个分压电阻转换成一个变化的电压。你可以用万用表测量这个电压

图 44-2　光电池是最常见类型的光敏电阻，不同的连接方式可以另输出电压随着光线的增加而升高或降低。通过实验确定最灵敏的固定电阻的阻值

　　需要注意的是光电池的反应非常慢，无法分辨每秒钟闪烁超过 20 或 30 次的光线。这个特点其实非常有用，因为它意味着光电池基本上不受交流电灯的闪烁的影响。光电池仍然能够看到光线，但是因为速度不够快而不能响应。

44.1.2　光电晶体管

　　所有的半导体器件都对光线敏感。如果你去掉一个常规晶体管顶部的外壳，那么它也具有和光电晶体管一样的作用，但只有真正的光电晶体管才具有足够高的对光线的灵敏度。一个玻璃或塑

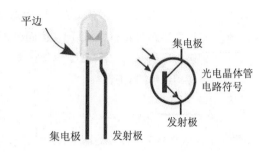

料的外壳保护着管子里面脆弱的半导体材料。许多光电晶体管的封装看起来非常像发光二极管。它们和发光二极管一样,一侧的塑料外壳是平的。除非在光电晶体管的手册里另外说明,平的一端表示的是集电极（C）,另一端是发射极（E）。

与光敏电阻不同,光电晶体管的响应速度非常快,能够察觉到每秒钟数以万计的光线闪烁。因此,它们可用于光学数据通信。这也意味着,当使用交流电或荧光灯时,传感器的输出端会因为记录到光线强度的波动而迅速发生变化。

光电晶体管的输出不是"线性"变化的,就是说当越来越多的光线照射到光电晶体管时它的输出变化是不成比例的。光电晶体管很容易被过量的光线所"淹没"。当很多光线照射到器件上时,光电晶体管无法检测到任何变化。

参考图 44-3 的方法把光电晶体管连接到其他的控制电路上。像光敏电阻一样,通过实验确定一个最灵敏的固定电阻的数值,电阻值通常在 4.7 ～ 250kΩ 选取,具体数值取决于光电晶体管的特性和你想要实现触发的光线数量。从较低的阻值开始,逐渐增加,阻值越高电路的动作越灵敏。

提示:你还可以用一个小型 250kΩ 电位器串联一个 1 ～ 5kΩ 的固定电阻接入电路中进行调整。调节电位器获得你需要的灵敏度。你可以把万用表按照图 44-5 所示连接测试电压的摆动,通过读数你可以判断有光和无光的情况。我选择电阻的标准是,在环境光或正常光线的水平下,传感器输出的电压是电源电压的一半（在这里是 2.5V）。

44.1.3　光电二极管

光电二极管是一种工作方式和光电晶体管相同但是更简单的器件。和光电晶体管一样,它们使用玻璃或塑料保护着里面的半导体材料。另一个和光电晶体管一样的地方是光电二极管的响应速度也非常快,它们暴露在过量光线下也会产生"淹没",超过一个特定的点,器件上通过的电流不再发生任何变化,即使光强度继续增加也会依旧如此。

光电二极管基本上是反向过来的 LED。其实,你甚至可以把一些 LED 当作光电二极管一样来用,尽管作为传感器它们没有那么高的灵敏度。

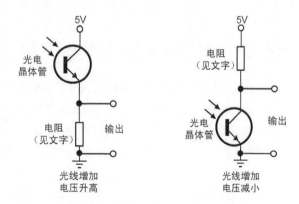

图 44-3　光电晶体管连接到电路里面的区别。输出是一个变化的电压。通过实验确定最灵敏的固定电阻的阻值

> 提示：如果你想试验用 LED 作为光电二极管技巧，设法找一些透明外壳的 LED。光线应该直接射入 LED 的顶部，侧面射入是无法工作的。你可能还需要用一个简单的调焦透镜来提高聚光能力。LED 对和它发出的颜色相同波长的光线更敏感，比如，想检测绿光就使用绿色的 LED。

大多数光电二极管的一个常见特性是它们的输出非常低，即使是完全暴露在强光下。这就意味着为了增加效果光电二极管的输出必须连接在一个小型运算放大器或晶体管放大器上。

44.1.4　简单传感器的光谱响应

光敏感器件有它们自己的光谱响应，其跨度范围包括可见光和近红外区域内的电磁频谱，在这个区域里它们的灵敏度是最高的。如图 44-4 所示，硫化镉光敏电阻表现出光谱响应非常接近人类的眼睛，在绿色或黄绿色区域它们的灵敏度最高。

光电晶体管和光电二极管的光谱响应峰值位于红外和近红外区域。此外，一些光电晶体管和光电二极管集成了光学过滤设备，降低它们对某一特定光谱的敏感度。在大多数情况下，光学过滤所要达到的效果是使传感器对红外和近红外更敏感，对可见光不敏感。

一些特殊用途的光电二极管在设计上增加了对短波长光线的敏感度，这使它们能够检测到经过紫外线发射器照射以后涂料和油墨颜料在可见光谱上发出的荧光。举例说，它们可以用于货币验证系统。对机器人来说，你可能会利用这种传感器跟踪地面上的用荧光涂料画出的轨迹。

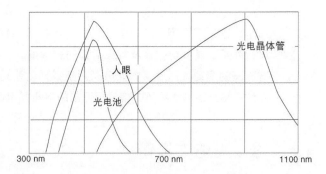

图 44-4　人眼、光电池和做常见的光电晶体管的光谱敏感度对比曲线。可见光的范围为 400 ～ 750nm

44.2　制作一个"单细胞"眼睛

机器人只需要一个单独的光敏电阻就可以感觉到光线的存在。向前面提到的那样，光敏电阻相当于一个可变电阻，它很像一个没有调节柄的电位器。你可以增加或减少照射到它上面的光线改变它的阻值。

如图 44-2 所示，把光电池连接成"电压随光线增加而增加"的版本。像前面章节中说明的那样，把一个电阻与光电电池串联，"输出抽头"位于光电池和电阻之间。这种方法可以把光电池电阻的变化转换成输出电压的变化，这个电压在实际电路里很容易测量。

典型电阻值是 1~10kΩ，但是对实验来说是开放的。你可以升高或降低阻值来改变光电池的灵敏度。在光电池的输出和地之间连接一个万用表进行测试，如图 44-5 所示。为了试验方便，你可以把一个 2kΩ 电阻和一个 50kΩ 电位器串联在一起，用它们替换掉图中所示的固定电阻。改变电位器的阻值试验光电池的效果。

至此，你有了一个极好的光 - 电传感器。如果你想进一步使用它，有很多种方法都可以把这个超简单的电路连接到机器人上面。一种方法是把传感器的输出端连接到一个电压比较器的输入端，LM339 四合一电压比较 IC 就是一个很好的选择。当比较器输入端的电压超过或低于一个参考电压或"触发点"时，比较器输出端的状态就会发生改变。

根据图 44-6 所示的电路，比较器的同相输入端（标记为 +）连接作为一个参考电压。调节电位器让参考电压稍高于或低于你期望的触发点。先把电位器设置在中间，然后实验在不同的光线下升高或降低触发电压所达到的效果。光敏电阻电路的输出端连接在比较器的反相输入端（标记为 -）。当这个点的电压高于或低于电位器抽头上的电压时，比较器的输出状态改变。

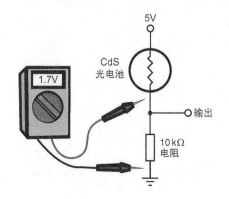

图 44-5　如何用一个万用表测量一个 CdS 光电池。把万用表设置的直流电压挡，如图所示测量读数

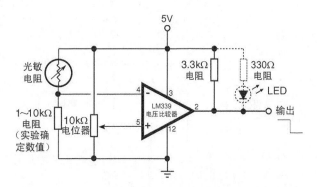

图 44-6　用一个 LM339 电压比较器和光敏电阻（同样适用于光电晶体管组成的最基本的开 / 关输出电路。调节 10kΩ 电位器令电压比较器在所需的光线强度下的触发

按照图中的接线方法，随着光线的增加，电路的输出从高电平变为低电平。一个应用是调节电位器使 LM339 在正常室内光线下的输出电平为高，当光线直接照射到传感器时，输出改变为低电平。

 提示：如果你想获得相反的效果——随着光线的增加，电路的输出从低电平变为高电平——只要简单的将电压比较器的第 4 和第 5 个引脚交换一下位置就可以了，这会使电路的逻辑反向。

电路里还有一个可选的 LED 和电阻，它们的作用是信号显示，仅供在测试中查看电路的工作状态。LED 点亮时，比较器的输出电平为高，熄灭时电平为低。当你把比较器连接到另外的数字电路，比如一个单片机上面的时侯，需要把 LED 和电阻拆下去。

44.2.0　创造一个感光机器人

这个电路的一个实际应用是检测周围房间里的光线是否高于正常水平。它使机器人可以忽视背景光线只对高强度的光线做出反应，比如手电光。机器人甚至不需要一个单片机或其他智能电路去控制，只需要简单的电子元件和继电器就可以控制机器人。图44-7显示了一个老式机器人的例子，它可以对照射在一个光电晶体管上的光线做出反应。

首先，调节10kΩ的电位器使电路在黑暗的房间中输出切换为高电平（这会另继电器释放），用一个换上新电池的手电聚焦以后的光点直接照射晶体管。观察比较器输出从高电平改变为低电平的状态，在低电平时，继电器因为2N3906 NPN晶体管的导通而吸合。

你可以用这个简单的基本电路来控制机器人。当你打开手电照射它的时候它会向你走过来，或者反过来：它会从你身边跑掉。你只需要改变电动机的极性就可以实现。

你也可以用光敏电阻代替光电晶体管。通过实验确定串联电阻的阻值，你需要选择一个与你实际使用的光敏电阻最匹配的阻值。

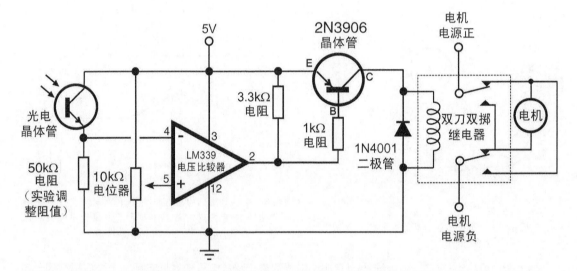

图44-7　基于光电晶体管上面光线的变化操作电动机运转的多合一控制电路。当继电器吸合时，电动机反转。通过改变光电晶体管下面的电阻数值调节感光电路的灵敏度

当机器人接近光线时，它被认为具有趋光特性——它"喜欢"光。当机器人躲开光线时，它被认为具有避光特性——它"不喜欢"光。当与其他行为接合在一起时，这些行为使机器人展现出它似乎具有人工智能。

供参考

查看RBB技术支持网站寻找更多的感光机器人的实例（见附录A），包括一个完全程序化控制的追光/避光机器人的单片机的代码。

44.3　制作一个机器人复眼

人类的眼睛上面有数百万微小的感光细胞。这些细胞组合在一起使我们可以看得见形状，这是真正意义上的"看"，而不只是分辨光线的强度。图44-8 显示了一个效果不俗的再现人眼视觉的机器人复眼。它的设计者是机器人技术的领先人物 Russell Cameron。8 个光电晶体管两个一组分成 4 组，4 组信号连接到单片机的 4 个独立的输入端。这个设计的一大优势是大谷机器人把它设计成了一个价格便宜的商业产品，一些在线专业机器人商店，包括 RobotShop 里面都可以买到成品模块。

通过程序控制，当红外线发射二极管点亮时，4 组红外线光电晶体管前面的景象变化会即时输入到单片机的 4 个输入端。传感器可以检测到 6～8 英寸以外的物体，比如手、脚、球或者小猫，并且可以检测到物体是在它的前面还是侧面。

图 44-8　"复眼"由 4 个红外线发射二极管和 8 个光电晶体管组成。光电晶体管两个一组分成 4 组，放置在模块的上、下、左、右4 个位置。传感器可以检测出它前方障碍物的基本方向

提示：这个机器人复眼设计由 8 个独立的光线传感器组成，你也可以根据需要增加或减少传感器的数量。你完全有可能用 32 个以上的光电晶体管制作出具有一个视觉的组件，它可能是一个非常大而且不太好看的眼睛。

44.3.1　复眼的物理结构

图 44-9 显示了复眼的布局，图 44-10 显示的是线路图。红外线发射二极管位于复眼传感器电路板的中间位置，4 组光电晶体管分布在四角。

全部红外线发射管和光电晶体管的参数需要保持一致，为了达到最佳的效果，应该选用新生产批次的元件，剩余的和零散的拆机件可能会在输出上存在比较大的差异而无法使用，电路中的 4.7kΩ 电阻尽可能使用误差为 1% 或 2% 的型号。为求最佳效果，选择内部带有红外线滤波器的光电二极管，它们从外表上看是暗红色、深蓝色或棕色的。过滤功能可以帮助阻挡不需要的室内光线。眼睛的最佳工作环境是室内的自然光线，太亮的光线或阳光下都会降低它的效果。

44.3.2　测试程序

程序 flyeye.pde 包含了 Arduino 代码，可以用来对复眼进行测试。使用图 44-11 里面的电

路可以直观的查看传感器的动作。在传感器前面缓慢的上、下、左、右挥动手掌，4 个 LED 指示灯应该随着你手掌的运动依次点亮。程序假定眼睛是按照图 44-9 所示的顺序，上、下、左、右进行连接的，如果在你的测试里眼睛的位置是颠倒的，那么只需要简单的将 Arduino 模拟输入端的 A0 和 A3 连线交换位置就可以了。

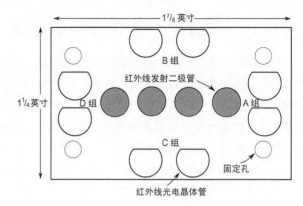

图 44-9　复眼上面的红外线发射管和光电晶体管的布局

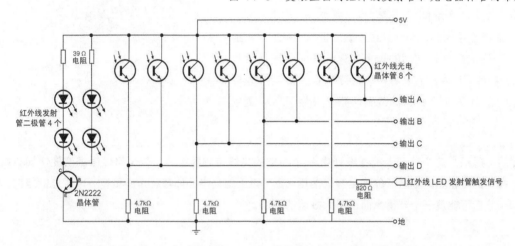

图 44-10　复眼连接示意图。调制信号控制着红外线发射二极管的点亮、熄灭（不需要的时候）或者脉动（电路图来自 Russell Cameron）

提示：注意阀值的变化，它设定了传感器的门限或灵敏度。降低阀值会增加灵敏度，实际使用多小的数值取决于多种因素。在我的测试里全部眼睛设定的最小门限是 200，但是偶尔会出现误动作。最后我把它设定在 250 这样一个留有一定余量的安全值（阀值设定的是 4 个红外线发射二极管的动作。当这个数值非常小的时候这些发射管会熄灭，复眼只对房间里面的自然光线产生反应）。

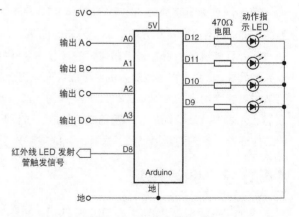

图 44-11　复眼和 Arduino 单片机的连线示意图。复眼的 4 个输出连接在 Arduino 的 ADC 输入端。一组 LED 用来显示哪一组眼睛检测到了物体

你可以用下面的代码测试每对眼睛输出的数值：

```
const int eye = A0;
const int LED = 8;
void setup() {
Serial.begin(9600);
pinMode(LED, OUTPUT);
digitalWrite(LED, HIGH);
}
void loop() {
Serial.println(analogRead(eye), DEC);
delay(500);
}
```

打开串口监视器窗口，查看连接在模拟端口 A0 的眼睛返回的数值，把端口换成 A1、A2 或 A3 读出其他眼睛对管发送回来的数值。你可能会发现在同样光线条件下有的眼睛返回的数值会比较高或比较低。这由于光电晶体管自身特性、它们的安装角度以及你所使用的 4.7kΩ 电阻的差异所造成的。如果需要，你可以分别给这些眼睛设定不同的门限使它们可以保持一个相对平衡的状态，但是你很可能会发现完全没有这个必要，因为这些眼睛之间的布局比较松散，对定位的影响不是特别大。

供参考

flyeye.pde 为了节省空间，我把这个项目的程序代码存放在了 RBB 技术支持网站。见附录 A"RBB 技术支持网站"获得更多信息。此外还提供了一个说明如何用复眼直接控制一个双轮机器人的附加例子。

44.3.3 处理光污染

杂散光源是光敏探测器失灵的主要原因。举例包括：

● 不是从机器人上的红外线发射管发出的光线，如户外照射进来的红外线、桌子上的台灯或其他光线。你可以用不透光的塑料管或胶带减轻杂散光，把一段黑色的热缩管（无需收缩）剪切成适当长度套在光敏器件上就可以构成一个简易遮光罩。

● 不是直接射入的光线，而是从传感器侧面，甚至是后面照射进来的环境光（室内自然光）。CdS 光电池对从它们背面照射过来的光线也非常敏感。为了避免这个干扰，你需要总是把光敏电阻的背面靠着一个黑色或不透明的位置以阻挡不需要的光线。

● 从发射管侧面泄露出来的光线直接进入传感器。用热缩管制作遮光罩或在两者之间加入一块挡光板。它们可以使发射管发出的光线位于传感器的前方。

● 可见光和液晶显示面板距离传感器太近。它们的光线可能会影响传感器的动作，一定要使你的传感器远离任何存在潜在干扰的光源。

44.4　给光敏传感器配上透镜和滤波器

给单个眼睛或复眼系统配备上简单的透镜和滤波器可以极大地提高它们的灵敏度、指向性和执行效果。在光敏电阻微小的梳状电极前面安装一个透镜通过聚焦室内的光线可以使光敏电阻对人类或其他生命体的移动更敏感。你还可以利用光学滤波器来提高光敏电阻的性能。

见 RBB 技术支持网站（参考附录 A）获得在机器人光学系统中透镜和滤波器的选择与使用的更多讨论。

44.5　视频视觉系统：简介

视觉是一个最具潜力也是最复杂难懂的机器人感官技术。机器人视觉就好像潘多拉的盒子一样充满许多未知因素。提供视频影像的传感器十分常见，你现在只需要花费 20 美元就可以买一台带有镜头的黑白电视摄像机。

视觉等式的第二部分是用采集到的图像数据去做什么。机器视觉作为一门迅速成长的科学，正在试图寻找到确切的答案。

前面介绍的单个眼睛和复眼视觉系统可以用于检测光线是否存在，但是它们除了可以大致辨别非常粗糙的物体轮廓以外无法做其他任何事情，这就极大地限制了机器人的运行环境。一个机器人可以通过检测物体的形状对周围的环境进行判断，并可能适应周围的环境，比如识别出它的"主人"和更多的东西。

> **供参考**
>
> 这里描述的机器视觉有别于安装在机器人上面的摄像头发送给操作者的视频图像。后者的技术用于无线电操纵的机器人，基本上机器人看到什么你就看到什么。在第 41 章"遥控系统"里面会对无线电视频传输进行介绍。

44.5.1　摄像机成套设备

机器人视觉需要非常精密的视频系统。图像的最低分辨率可以是 300 像素 ×200 像素。彩色摄像机不是必须的，但是有一些视觉分析技术需要借助色彩的变化来跟踪物体的运动。

带有一个数据输出的视频系统比那些只提供一个模拟视频输出的摄像头要好用得多。你可以把通过串口、并口或 USB 口把数字视频系统直接连接到一台 PC 机上面。模拟视频系统需要 PC 机有一个视频采集卡、快速模/数转换器或安装上其他类似的装置。

44.5.2　以 PC 机为基础的视觉

如果机器人是以一个笔记本电脑或个人电脑为基础，祝贺你交到好运了。市场上有不计其数的价格便宜并且可以直接连接到 PC 机上的数字摄像机。网络摄像头属于个人电脑的配套设备，它们花费低于 50 美元，一些基础型号的价格还会更低。你可以使用不同的操作系统——Windows、Linux 或 Macintosh。你需要知道的是网络摄像头的驱动程序可能并不适用于每一个操作系统，在购买前一定要进行核对。

把摄像机连接到 PC 机是一个很简单的环节，接下来如何使用它输出的信号就是一个非常复杂的问题了。你需要用软件去解释摄像机采集到的视频图像。RoboRealm 就是一个这类的软件，它的网站是 www. roborealm.com。RoboRealm（见图 44-12

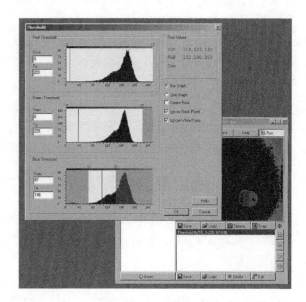

图 44-12　一个 RoboRealm 计算机视觉软件界面的彩色阀值窗口的截屏。图片来自 RoboRealm

显示的截图）是一套低成本的视觉分析工具，它使机器人可以识别物体的形状，甚至实时对其进行跟踪。

提示：如果你有兴趣，可以查看以前出版的 *Nuts and Volts* 和 *SERVO* 杂志，它们里面都刊登了一些极好的介绍机器视觉的文章。如果你找不到纸质版，可以购买杂志配套的 CD 光盘。寻找机器人视觉专家 Robin Hewitt 所撰写的系列文章。

如果你使用 Windows 操作系统下的 .NET 编程环境并且非常熟悉 C# 或 VB，建议你研究一下 Sourceforge 推出的一个 DirectShow.Net 开源项目，网站为 directshownet. sourceforge.net。DirectShow.Net 是 .NET 包装的流媒体处理开发包，它使你无需使用 C++ 就可以调用 Windows 平台下功能超强的 DirectShow 架构里面的资源。

项目作者提供了视频采集实例和几个演示如何检索系统采集到的每一帧视频里面的位图图像的方法。你可以编写自己的图像分析程序来处理检索到的位图图像，比如寻找一个指定颜色的像素，或者还可以用相当简单的镜头平均数技术测定画面中物体的运动。

44.5.3　其他例子——以单片机为基础的视觉

PC 机可以非常容易地与网络摄像头整合在一起，但是它不是唯一的机器人视觉解决方案。一

些以单片机为基础的视觉系统同样可以很好地与大
多数机器人大脑，包括价格便宜的像 Arduino 或
BASIC Stamp 这样的控制器相兼容。

　　CMUcam 是一个流行的单片机基础的视觉解
决方案，在一些商业上的专业机器人商店里可以买
到。见附录 B "在线材料资源" 获得这些商店的名录。
这个装置包括一个彩色成像器、镜头和图像分析电
路。CMUcam 通过色彩和运动来跟踪物体，它可
以通过串行电缆与计算机或单片机进行通信。

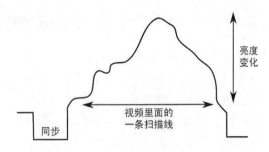

图 44-13　影像是由很多独立的扫描线共同产生
的一整幅画面所组成。图中仅显示了用一个同步
信号的一条视频扫描线

44.5.4　使用复合视频的视觉

　　在这个现代的数字化世界，很容易忽视模拟技术的存在，其实它并没有消亡。很多低成本的黑
白或彩色安防摄像机都会提供一路模拟复合视频信号输出，可以把它直接连接到一台监控摄像机或
者电视监视器上面。

　　视频信号有一些制式上的划分，NTSC 和 PAL 是两个最常见的视频制式。你需要选择与本地
视频制式相匹配的摄像机。NTSC 用于北美、日本和加拿大，PAL 广泛用于中国、澳大利亚和欧洲（除
此以外，还有第 3 个制式标准，称为 SECAM，用于俄罗斯和法国 ）。

**提示：从技术上讲，NTSC 制式定义了一个彩色图像的标准。RS-170 视频标准定义
了基本的适用于 NTCS 制式的视频信号的格式，即使是一个黑白摄像机，制造商仍然会
规定他们的产品与 NTSC 制式是兼容的。**

　　为了处理摄像机输出的复合信号，你需要对信号进行分离。单色视频信号由两部分组成：同步
和视频信号（见图 44-13）。类似 LM1881 这样的低成本（Digikey、Newark 和其他芯片批发
商的售价为 3 美元，使用 www.findchips.com 网站可以查找相应资源）集成电路使你可以把一个
摄像机输出的复合信号分离成垂直和复合同步信号。

　　你可以用一个单片机来处理摄像机信号中的同步信号，分析里面的信息。你可以采集一个完整
的帧视频或者对某个时刻的一条扫描线进行分析。

　　为了有效地运用好与 LM1881 类似的同步分离 IC，你需要很好地了解模拟视频的工作原理。
这是一门老技术，你可以去本地图书馆寻找关于这方面问题的参考书，即使一本十几年前的书也
可以给你一个用模拟视频开发视觉系统的提示。参考附录 A "RBB 技术支持网站" 里面的链接，
更详细地了解使用 LM1881 处理模拟视频的方法以及其他这方面的技术。

第 45 章

机器人导航

机器人一旦能够适应它们周围的环境就会一下子变得有用起来，寻找路线和穿越障碍是机器人最先应该具备的能力。这一章所包含的内容和项目关注的是机器人空间导航的问题——这里所说的空间指的不是外太空，而是客厅的两张椅子、卧室到走廊的卫生间，或家里的大门到游泳池之间的空间。

导航的技术有很多：循线、循边、罗盘定位、里程表等。

供参考

所有软件例子的源代码都可以在 RBB 技术支持网站里面找到。见附录 A "RBB 技术支持网站"获得更多细节。为了节省页面空间，比较长的程序在书中不会打印，你可以在支持网站里找到它们。支持网站也提供了项目零件清单（含采购信息）、更新以及更多的例子，你可以试一试。

45.1　跟随预定路线：循线

跟随一些预先在地面上标记好的路线也许是最简单的移动机器人的导航系统了。路线可以是硬地板上画出的一条黑线或白线、一根预埋在地毯里的导线、一条物理的轨道，或任何其他的方式。一些工厂里面会用到这种类型的机器人导航方式。反光带是最好的方法，因为轨道更改起来非常简单，不会破坏地板。

你可以很容易地将一个路线跟随导航系统组合在机器人上。循线功能可以是机器人上唯一的一种半智能的实现方式，也可以是一个更复杂的智能机的一部分。举例说明，你可以用路线引导机器人回巢给电池充电。

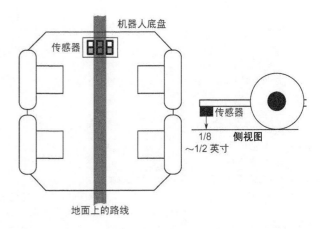

图 45-1　机器人底部的循线传感器的布局。为了获得最佳效果，传感器与地面的距离应该控制在 1/8~1/2 英寸

45.1.1 循线机制

对于循线机器人，你需要在地板上铺设一段白色、黑色或反光的路线——路线的颜色要和底板有一定对比度。

为了获得最佳效果，底板应该是硬的，比如没有地毯的木头或油毡。一个或多个光学传感器放置在机器人的下面，这些传感器包括一个红外线发射 LED 和一个红外线光电晶体管，当晶体管接收到路线反射的 LED 光线时，晶体管导通。显然，地板的颜色越深，效果就越好，因为路线是相对于背景显示的。

你可以搭建自己的循线传感器，也可以使用商业化的光电对管。探测器安装在机器人的底部，如图 45-1 所示，探测器放置的位置需要大于路线的宽度。

图 45-2 显示了几种布局方案，使用的是 1/4 英寸、1/2 英寸和 3/4 英寸宽的美工胶带。你可以尝试使用图里面显示的布局，也可以试验其他方式。图 45-3 显示的是基本的传感器电路以及 LED 和光电晶体管的接线方式。大多数循线机器人会在路线上放置 3 对光电对管：

• 两侧的对管告诉机器人是向左还是向右偏离了路线。为了纠正错误的跟随方向，机器人行驶的方向和激活的传感器的方向是相反的。举例说明，如果右侧的传感器看到线，机器人会向左转纠正错误。

• 中间的传感器用来指示正确的跟随方向。只要这个传感器看到线，机器人就可以朝着正确的方向行驶。

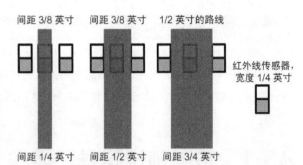

图 45-2　传感器的间距可以根据路线的宽度灵活调整，大多数循线机器人的传感器的间距大致和需要跟随的路线的宽度是相等的

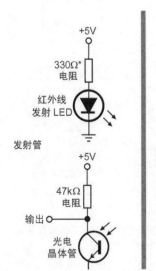

图 45-3　用于循线机器人（和其他机器人应用）的 LED 发射和光电接收对管电路。红外线发射管上方的电阻应该选择一个既可以向 LED 提供一个比较大的电流又不会损坏它的阻值。如果发射管发出的光线太弱，光电晶体管可能不会接收到信号。参考第 31 章里面介绍的如何计算 LED 的限流电阻的内容

提示：相对于光电晶体管，一些机器人爱好者喜欢使用光敏电阻（CdS）。光敏电阻比较受欢迎的原因是它们的传感器感光面更大，但是它们对光线强度的变化反应比较慢。

　　因为光敏电阻对可见光谱的中间区域最敏感（参考第 44 章获得更详细的信息），所以最好用绿色或黄色的 LED 做光源，而不要用红外线发射管。和光电晶体管相比，光敏电阻的输出也并不总是一致的，即使是相同品牌和型号的元件，一个电阻的输出值也可能会比另一个更高。这可能需要你通过改变和光敏电阻串联电阻的方法调整它的灵敏度。

45.1.2　选择合适的电阻

红外 LED 和光电晶体管的规格有很大的差异，你可能需要调整图 45-3 所示的两个电阻，确定出可以获得最佳工作效果的阻值。

- 红外线发射 LED 上方的电阻控制着 LED 的亮度。
- 光电晶体管上方的电阻控制着光电晶体管的灵敏度。

两者协同工作，提供适量的光线和对光线的检测。

有些 LED 发出的光线不够强，所以你需要增加它们的电流使它们的亮度尽可能高。我从阻值为 330Ω 的电阻开始，降低阻值（不要小于 200Ω）增加 LED 的输出功率。反之，如果 LED 太亮——LED 泄漏的杂散光线会使光电晶体管产生误触发——这时你就需要把阻值适当加大，大概从 470Ω ~ 1kΩ。

同样地，我给光电晶体管指定的电阻是 47kΩ。你可以尝试使用从 3.3 ~ 470kΩ，甚至阻值更高的电阻。阻值越低，光电晶体管检测光线的灵敏度越低。如果你发现把光电晶体管交替着隐藏或暴露在一个明亮光源下的电压摆幅不够大，可以试着加大这个电阻的阻值。在我的原型测试里，我使用的是一个 RadioShack 的红外晶体管，产品编号为 #2760148，使用 47kΩ 电阻可以获得良好的响应，但是使用更低或更高的阻值也可以让光电晶体管继续工作。

45.1.3　发射器 / 探测器的布局

虽然大多数循线机器人使用的是前面所述的 3 对发射器 / 探测器组合在一起的方式，但是你也可以试验其他的组合方式，如图 45-4 所示。3 对传感器组合的特点是简单方便，因为你可以买到成对的发射器 / 探测器。

一个发射源两个检测器： 一个单一的 LED（红外线或可见光）放置在中间，两侧是两个光敏传感器（光电晶体管适用于红外光源，光敏电阻适用于可见光）。这样做的好处是当两个传感器位于相同颜色的路线上方的时候可以接收到同样强度的光线，这样就节省了使传感器和光源一致的校准工作。

4 对（或更多对）发射源 / 探测器： 没有规定你只能使用 3 对发射器和探测器。随着传感器数量的增加，你可以编写更复杂的机器人控制软件。中间的传感器可以用于精确的方向修正，外侧的传感器可以用来检测明显的转向错误。

提示：不确定你的红外 LED 是否发出了光线？可以试着用摄像机或手机摄像头拍一张照片。这些设备一般都对红外线敏感，因此，如果 LED 工作正常，你会看到它在图片里发出白光。

45.1.4　使用现成的发射器 / 探测器

你可以选择现成的产品，这种产品的红外 LED 和光电晶体管是一个一体的模块，也可能把传感器安装在一块可以直接固定到机器人的小电路板上。图 45-5 显示了一块带有 8 对光发射器 / 探测器阵列的电路板（其中 2 对可以折下来，形成 2 对和 6 对传感器的两块电路板，给使用带来了方便）。

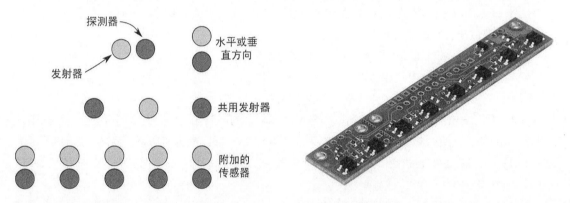

图 45-4　用于循线机器人的其他的发射器 / 探测器布局。你可以调整对管的水平和垂直方向，让几个探测器共用一个发射器，或者使用 3 个以上的发射器 / 探测器

图 45-5　由红外发射器 / 探测器构成的传感器阵列。每对传感器的间隔是 0.375 英寸（3/8 英寸）。其中 2 对可以从板子上拆下来（照片来自 Pololu）

45.1.5　避免过度地急转弯

如果角度太小机器人可能无法完成转弯。当你给机器人画跟随路线的时候，应该让弯道的地方尽量缓合，不要出现突兀的分叉，否则，机器人会脱线和迷失航向。实际的转弯半径主要取决于机器人的尺寸、底盘的轴距，还有速度。

同时，你应该也想挑战一下让机器人应对越来越复杂的急转弯的状况。循线是一门博学的艺术，从简单的开始，循序渐进。使用正确的设计和程序，机器人确实可以绕过一枚硬币。这是一个需要具备一定机器人制作技术才能实现的目标。

45.1.6　循线软件

单片机的类型取决于线上导航机器人所要完成的任务。3 个传感器的循线机器人要求有 3 个输入接口。程序的作用是监视 3 个传感器的状态并调整相应的电动机。

图 45-6 显示了一个把 3 个一组的红外线发射器和探测器连接到 Arduino 的接线图。参考本章前面"选择合适的电阻"的内容，获得更多试验确定电路里面使用的电阻信息。程序 line_follow.pde 可以用 3 个传感器控制常见的两轮机器人。

在操作过程里，当左侧传感器看到路线的时候，左侧的电动机会停止运转，这样产生的效果是使机器人向左侧转动。右侧传感器看到路线的时候动作正好相反。

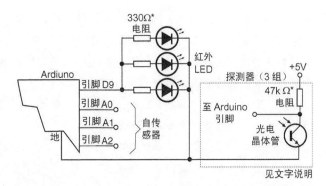

图 45-6　循线机器人的 3 对发射器 / 探测器和 Arduino 的连接示意图。LED 通过数字输出驱动（因此它们可以工作在开关状态，甚至是脉冲状态）。光电晶体管的每个输出都连接到 Arduino 上的独立的模拟 I/O 引脚

 提示：路线的"颜色"很重要，适合循线软件的理想路线应该在黑线白底和白线黑底之间选择。后者需要掉转输入引脚上的逻辑：把低看成高，反之亦然。

供参考

line_follow.pde 为了节省空间，这个项目的程序代码保存在 RBB 技术支持网站上。参考附录 A"RBB 技术支持网站"获得更多细节。

45.1.7　循线传感器的其他用途

你可以把循线传感器用在其他的机器人应用上。举例说明，用传感器检测机器人将要从桌子或楼梯边沿掉下去的状态。只要传感器看到光，机器人就是在地面上的，但是当反射光线消失的时候，就表示它的前面是悬空的。

显然，这种技术最适合应用在循线传感器位于驱动轮前面的机器人上。如果车轮在传感器前面则意义不大，因为直到机器人跌下去它都不会知道自己已经到了边沿。

45.2　循边

循边机器人和循线机器人差不多。和用色带标识出的路线一样，墙壁也可以用来给机器人提供导航和定位。循边机器人的一个优点可以直接使用，不需要画线或粘贴色带。根据不同的机器人的设计，这种机器装置甚至可以灵活地绕开周围的小障碍。

45.2.0　各种循边方式

循边可以通过 4 种方法来实现。图 45-7 显示了所有的方法。

● 接触。机器人用一个机械式开关，或连接在开关上面的硬金属丝感知它和墙壁的接触。这是迄今为止最简单的方法，但是开关很容易随着时间的增长出现机械故障。

● 非接触，主动传感器。机器人用主动式接近传感器，比如红外线或超声波，确定它和墙壁的距离，不需要和墙壁物理接触。

● 非接触，被动传感器。机器人用被动传感器，比如线性霍尔效应开关，测量它和一面特别制作的墙壁的距离，墙壁上安装了一根通着交流电的导线。当机器人靠近导线的时候，传感器会拾取到交流电产生的感应磁场。

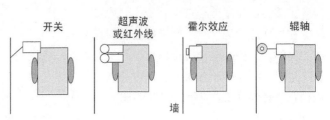

图 45-7　几种循边的方法，包括非接触（超声波、红外线、霍尔效应）或接触（辊轴、触须开关）

● "软接触"。机器人用机械的方法检测和墙壁的接触，但是接触被所使用的柔性材料"软化"了。举例说明，你可以把一个轻型泡沫轮作为一个"墙辊子"。

在所有的情况下，只要遇到一堵墙，机器人就会进入一个受控制的程序阶段跟随着墙壁直到抵达终点。在一个简单的接触系统里，机器人接触到墙壁以后会有一个短暂的适应过程，然后摆动一个弧度再次接触墙壁。这个过程是重复的，实际结果是机器人"跟着墙壁"。

和其他方法相比，首选的方法是让机器人和墙壁保持适当的距离。只有当附近的墙壁丢失的时候，机器人才会进入一个"寻找墙壁"的模式。这需要让机器人以弧形朝着预定方向的墙壁移动。当接触到墙壁的时候，让机器人反向稍微调整一个角度开始新一轮的循边运动。

45.3　测距：计算机器人的行驶距离

测距是通过计算机器人车轮的转数确定它的行驶距离的方法。测距也许是最常用的用来确定机器人在给定时间里走了多远的技术（也可以提供其他信息，比如速度）。它的特点是成本低，易实现，短距离使用精度相当高。

里程表通常称为编码器或轴编码器，因为它们是安装在电动机和车轮的轴上计算转数的。术语"里程表"、"编码器"和"轴编码器"一般是可以交替使用的。

编码器让你不仅可以测量机器人的行驶距离，还可以测算它的速度。通过计算编码器输出的编码次数，机器人的控制电路可以记录车轮的转数。

45.3.1　光学编码器

给机器人加入测距功能最常用的方法是在驱动轮的轮毂上安装一个码盘（也称为编码轮）。码盘是光学系统的一部分，它负责的工作是反射或透射光线。无论使用哪种方法，光电探测器每感应到一次光线就会产生一个脉冲。

● 用一个反射码盘，让红外线照射到盘片上再反射回光电探测器。红外 LED 和光电探测器可以安装在码盘的同侧。

● 用一个透射码盘，让红外线在盘片的槽或小切口上不是通过就是阻塞。检测光线的传感器安装在相对 LED 的另一侧。

45.3.2　磁性编码器

你可以用一个霍尔效应开关（对磁场敏感的半导体）和一块或多块磁铁组成一个磁性编码器。磁铁每通过一次霍尔效应开关就会产生一个脉冲。另一种方法是使用一个金属齿轮和一个特制受齿轮产生的变化磁场影响的霍尔效应传感器。

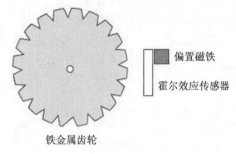

偏置磁铁

霍尔效应传感器

铁金属齿轮

把一块偏置磁铁放在霍尔效应传感器的后面。齿轮的齿每在传感器的面前通过一次就会产生一个脉冲。这个方法可以让车轮或电动机轴在每一圈的运转上产生更多的脉冲，不需要在轮辋或轮轴上单独安装磁铁。

45.3.3　机械编码器

低成本编码器是机械触点的结构，而不是光线或磁铁。虽然严格地来说就是编码器，但是更多的是被当作数字电位器使用。实际上，很多机械编码器带有推拉开关的功能，可以用在像汽车收音机的电源和音量控制的场合。很多编码器都带有一种在旋转的时候会产生触觉反馈的"止动"装置。

虽然你可以在机器人上使用现成的机械编码器，但你很可能会发现它的寿命不如其他类型的传感器长。在机器人上经过一段时间的来回运转，编码器的机械触点很快就失效了。

45.3.4　细看测距

机器人测距是通过计算电脉冲测量行驶距离（如果需要，还有速度）。打个比方，码盘的圆周上有 50 个槽，这代表最小的检测角度是 7.2°。当车轮旋转时，它向计算电路提供一个每 7.2° 一个的脉冲信号。通过这些脉冲可以算出每秒钟有多少个脉冲，只要知道了机器人车轮的直径，就可以测定出距离和速度。

假设机器人配套的是一个直径是 7 英寸的车轮（周长为 21.98 英寸，用车轮的直径乘以 π，或者近似乘以 3.14）。考虑到车轮每转动 7.2° 就产生一个脉冲，在分辨率上相当于每个脉冲可以产生近似 0.44 英寸的线性位移。这个数字可以通过车轮的外周长除以码盘上面的槽数计算出来。如果机器人接收到了 100 个脉冲，它就知道它移动的距离是 0.44 英寸 ×100，也就是 44 英寸。采用传统双轮驱动方式的机器人，光学编码器是安装在两个轮子上的。这样做是必需的，因为机器人的驱动轮势必会随着时间的推移出现轻微地速度差异。通过整合两个光学编码器的结果，就有可能确定出相对于期望值哪一个更符合机器人的真正行驶距离。同样，如果其中一个车轮滚过一段电线或者其他小疙瘩，它的转动就会受到阻碍，这可能导致机器人偏离航线。

45.3.5　解剖的反射式编码器

反射式编码器也许是最容易制作的里程表的类型，如图 45-8 所示。你可以在车轮的内侧粘贴上一个带有黑 / 白条纹的圆形图样。粘贴好图样的车轮本身就是一个编码器（码盘）。然后，你可以在靠近码盘的位置安装一个红外线发射和探测器，随着车轮的旋转，探测器感应到码盘上面的黑 / 白条纹，产生可供控制电路使用的信号。

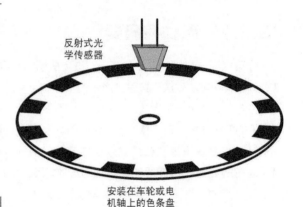

反射式光学传感器

安装在车轮或电机轴上的色条盘

图 45-8　轮式里程表上的单条纹反射式编码器。编码器旋转的时候，位于条带上方的一对发射器 / 探测器可以感应到黑 / 白条纹的变化

供参考

查看 RBB 技术支持网站（见附录 A），获得多种可以下载和打印的免费码盘设计图。

打印反射式码盘图样的时候，打印纸应该是有一定厚度（24＃或更高）的光面或亚光纸。照片打印纸是一个不错的选择。一定要确保打印机里面的墨盒是相对较新的，把打印质量设置在超高精细级别（或其他最高精细度的设置）。

另一种方法，你可以把你的图样拿到一个专业的复印中心，让他们用蜡纸或其他高密度的油墨进行打印。

45.3.6　解剖透射式编码器

透射式编码器是一个外侧边缘附近带有无数的孔或槽的码盘，和光线从打印图样上反射的方式不同，透射式编码器的光线是通过码盘的。一个红外线发射器放在码盘的一侧，以便它发出的光线可以通过孔或槽。一个红外线探测器放在对面的位置（见图 45-9），以便码盘旋转的时侯孔可以间歇地透过光线，结果是探测器看到一串闪烁的光线。

透射式编码器很难制作，因为你需要在硬质材料上切割或钻出孔 / 槽。码盘的材料必须对红外线不透明，很多类型的暗色或黑色塑料实际上是可以通过红外线的，使它们不适合这个工作。薄金属板

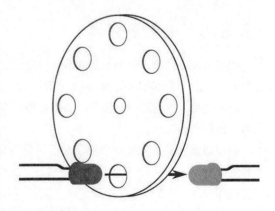

图 45-9　透射式编码器用阻断的方式感应色条信号。编码器可能是不透光的上面有孔的盘片，也可能是透明膜片、玻璃，或塑料盘片上面涂着一层实心的黑色条纹

是整体上的最佳选择，接着是 ABS 或 PVC 塑料，黑着色的聚碳酸酯或丙烯酸有可能不适合。

你应该可以找到符合要求的加工好的零件，比如废弃的鼠标（电脑"鼠"，此鼠非彼鼠）里面的编码器轮子。鼠标包含着两个编码器，可以用在机器人的两个车轮上。

45.3.7　编码器的分辨率

对反射式和透射式里程表来说，码盘上的条纹 / 孔 / 槽的数目决定了编码器的分辨率。分辨率反过来又会影响距离测量的准确性。条纹、孔，或槽的数目越多，精度也就越高。

在反射式编码器上增加条纹的数量很简单，根据打印机的类型和质量，以及图样的尺寸，你可以很容易地制作出超过 100 个条纹的编码器。

45.3.8　测量距离

距离测量可以使用一个装备了脉冲累加器或计数器输入的单片机，这种输入端从它们最后一次被重置以后就开始独立地记录接收到的脉冲个数。获取测距读数的时候，你需要先对累加器或计数器清零，然后再启动电动机。软件不需要对累加器或计数器进行监视，让电动机停止，然后读取累加器或计数器里面的数值，用脉冲的个数乘以已知的每个脉冲的行驶距离（这取决于机器人的构造：需要考虑车轮直径和编码器每转一圈产生的脉冲个数）。

如果两个编码器的脉冲个数是一样的，你就可以假设机器人行驶的是一条直线，那么你只需要用脉冲个数乘以每个脉冲的距离就可以了。

另一种测距方法使用的是脉冲之间的计时。从某些方面讲，这种技术更容易实现，不需要机器人控制器统计它接收到的脉冲个数。

计时脉冲的编程命令包括 Arduino 的 pulseIn 和 PICAXE 的 pulsin。这个方法的缺点是：

● 码盘上的图样应该准确，徒手绘制不能保证精度。需要使用商业化的码盘，或者用图样打印一个，比如 RBB 技术支持网站里面提供的图样。

● 计时脉冲命令有一个最低分辨率，并在很大程度上取决于单片机的运算速度。举例说明，一个运行在 4 MHz 的 PICAXE，最小脉冲测量分辨率为 10 μs，16 MHz 的分辨率是 2.5 μs。为了获得最佳效果，可以把码盘条纹（或孔）的数量控制在不超过 6 ~ 16 个。这有助于最大限度地提高脉冲的持续时间，因为在车轮每转一圈的期间里不会产生太多的编码。

45.3.9　安装码盘和光学器件

码盘制作好以后，你需要把它们安装到车轮（或电动机轴）上并固定好红外线发射器 / 探测器等光学器件。

■ 45.3.9.1　安装码盘

● 对于反射式编码器，把打印好的码盘剪下来粘贴到车轮的内侧。如果车轮表面不够平整，可以用一个薄塑料盘作为一个衬板，除非码盘的纸张是完全不透明的，否则最好使用白色衬板。

●对于透射式编码器，把码盘安装在距离车轮的内侧 1/4 英寸或更远的位置，在车轮的轮毂上面用一个间隔装置保持车轮和码盘的距离。

■ 45.3.9.2　安装的光学传感器

在支架上安装红外线发射器和探测器，把它们紧贴着码盘固定。对于反射式编码器，你需要把传感器放置在靠近码盘 1/8 英寸以内，最多不能超过 1/4 英寸的位置。对于透射式编码器，一定要确保发射器和探测器是直接面对面的。你可以弯曲发射器或探测器的管脚，使它们可以比着孔对齐。

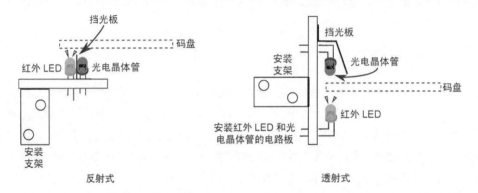

图 45-10　反射式和透射式码盘的安装方式。对于这两种方式，你都要使用挡光板或遮光罩防止杂散光线对探测器的干扰

不论哪种类型的编码器，你都要用给光电晶体管探测器盖上一块挡光板（一块黑色的厚毛毡或类似的东西），让它无法拾取杂散光或反射器泄露的光线，详见图 45-10。如果你使用的光电晶体管没有内置的红外滤波片（一般都应该有），你可以在它上面加装一个红外滤波片来改善传感器的工作效果。

45.3.10　电气接口和调整

图 45-11 显示一个光学编码器的发射器和探测器的接线图。反射式和透射式编码器的电路是相同的，从现在开始，为简单起见，我假设你使用的是反射式编码器。

光电晶体管的输出在连接单片机之前可能需要调整，否则，你可能会得到各种错误信号和不准确的读数。电路使用的是施密特触发器，这是一种可以调整光脉冲的波形的缓冲电路。缓冲器的输出限定为只有开启和关闭。这有助于防止虚假触发，并提供一个更干净的输出。

施密特触发器的输出施加到机器人的控制电路，你可以使用正向或反向的施密特触发器，反映在电路上只是开关状态的转变。

电阻的实际阻值取决于你在编码器上使用的红外 LED 和光电晶体管的规格。尝试使用图里面显示的数值，并根据需要进行调整。

• 红外 LED 上方的电阻控制着 LED 的亮度：低阻值电阻可以增加 LED 的亮度。如果 LED 太亮以至于光电晶体管总是处于导通状态，可以换成阻值更高的电阻。千万不要使用阻值太低的电阻（低于 200Ω），否则 LED 可能会因为电流过大而损坏。

• 光电晶体管上方的电阻决定了光电晶体管的灵敏度，低阻值的电阻会降低晶体管的灵敏度，高阻值的电阻与之相反。

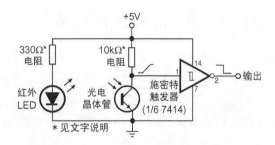

图 45-11　用于轮式测距的红外 LED 和光电晶体管的电气连接，包括一个施密特触发器接口

 提示：需要注意的是施密特触发器上面的信号是反转的：随着光电晶体管输出的增加，施密特触发器会由高变低。如果你喜欢另外的方式，可以把光电晶体管和电阻的位置调过来（让电阻在下面），或者把输出连接到另一个触发器的输入——反转再反转。

45.3.11　测试你的编码器

测试编码器的时候，把光电晶体管连接到一个万用表，缓慢地转动车轮或电动机轴。如果系统工作正常，当探测器经过明暗条纹的时候你应该能看到一个明显的电压摆幅。如果看不出太大的区别，仔细检查你的工作，确保探测器不受室内灯光的干扰（把桌子上的台灯拿走，使它远离车轮）。

• 如果电压保持不变并且电压值很高，可能是因为发射器的驱动电流太大。尝试把红外 LED 上方的电阻换成阻值较高的电阻，这样可以降低发射器的输出功率。

• 如果电压保持不变并且电压值较低，可能是因为发射器的驱动电流太小。尝试在红外 LED 上方使用阻值较低的电阻，但是不要低于 200Ω，否则发射器可能会被损坏。

• 如果电压的变化幅度很小，有可能是因为条纹图案的颜色不够深，黑色条纹可以反射更多的红外线。重新打印码盘，一定要使用新鲜的碳粉或墨盒，可能的话，在打印选项里设置加深。

 提示：不确定你的红外 LED 是否发出了光线？可以用数码相机或其他摄像机快速检查，你应该会看到发射器发出的一束白光。虽然人的眼睛看不到，但是数字成像传感器对红外线发射器发出的光线非常敏感。

45.3.12　脉冲计数程序

只要把车轮上的编码器连接到单片机或其他电路就可以准备开动了。程序 single_encoder.pde 显示了如何用 Arduino 单片机实现一个基本功能的脉冲计数的里程表。

供参考

single_encoder.pde 为了节省空间，这个项目的程序代码保存在 RBB 技术支持网站上。参考附录 A"RBB 技术支持网站"，获得更多细节。

45.3.13　使用正交编码

到目前为止，我们介绍的编码器只有一个脉冲输出。脉冲是随着编码轮的旋转产生的，通过把两个发射器和两个探测器相差 90°相位放置（见图 45-12），你可以组成一个不但可以计算行驶距离还可以指示方向的系统。

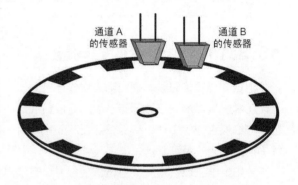

当机器人上的码盘旋转的时候能够确定它的方向是非常有用的，因为你可以根据码盘的运动进一步确定机器人的行驶方向。所谓的双通道正交编码系统指的是通道之间的相位差是 90°（1/4 个圆）。

除了可以计算开关编码的次数，正交编码器还可以计算两个传感器之间的全部变化：

关 / 关
开 / 关
开 / 开
关 / 开
（……）

图 45-12　采用正交编码的单条纹反射式编码器。两对发射器 / 探测器在位置上有一个 90°的相位差

提示：这样看起来可能不太直观，这是因为正交编码器上面一共有 4 个触发事件而不是只有一个，里程表的有效分辨率也提高了 4 倍。也就是说，如果码盘上有 10 个条纹，它的分辨率就不是每圈 10 个编码，而是每圈 40 个编码。

图 45-13 显示了一个正交编码器的开 / 关波形。码盘上的两组传感器确定了编码器的两个通道，简称为通道 A 和通道 B。注意在一个方向上，是通道 A"引导"通道 B，当码盘向另一个方向旋转的时候，是通道 B 引导通道 A。这就是一个正交编码系统是如何确定方向的。

正交编码背后的"秘密"在于它的两个通道之间有一个 90°的相位差，从编码器的顶部开始，有一个白色的条纹，紧接着是一个黑色的条纹，把这两部分看成是一个整圆，条纹里面的部位对条纹自身或条纹外面的部位的相位差是 90°。

对正交编码器的时序和相位的另一种描述如图 45-14 所示，图里面显示了水平放置的条纹，以帮助理解的脉冲序列所表达的意思，来自两个通道的信号在白色和黑色条纹之间上升和下降。

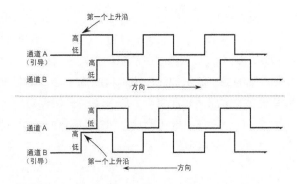

图 45-13　通道 A 和通道 B 之间的时序关系确定了正交编码器的旋转方向

45.3.14　使用现成的编码器

你不一定局限在只是使用自制的编码器。商业化的光学、磁性和机械编码器也是可以利用的，很多成品编码器的价格都不太高，其中一些非常适合用在机器人上。

Wheel Watcher（见图 45-15）也许是最好的用于机器人的正交编码解决方案，它是由 Pete Skeggs 在 Nubotics 开发出来的。这个产品通过 Acroname 和很多其他在线专业机器人零售商销售。Wheel Watcher 包含一个带有所有光学和信号调整电路的电路板，外加一个专业印刷条纹编码轮。

多个版本的产品可用于标准的 R/C 舵机，以及常见的直流减速电动机，比如 Solarbotics 引进的 GM2 和 GM3 电动机。编码轮设计成和一些常见的直径 2.5 英寸的模塑成型的车轮相配套，还有一个垫片套件可以把码盘固定在大多数 R/C 舵机驱动的车轮上，这种驱动方式的车轮是通过一个标准舵盘连接在舵机上的。

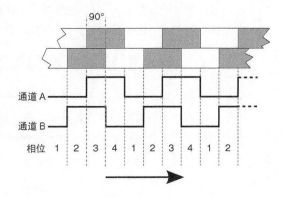

图 45-14　正交编码里面的信号经历 4 个阶段，图里面标示的两个通道的 4 个可能的值是：0/0、0/1、1/1 和 1/0

其他低成本的商业化里程表包括 US Digital 的套件（www.usdigital.com），可以和 1.5 ～ 4mm（0.059 ～ 0.157 英寸）的电动机轴配套使用。这个方案的成本比其他解决方案稍微高一点，但是考虑到它的高品质和高精度，总的来说仍然相对比较便宜。几个在线机器人商店，包括 Lynxmotion 和 Pololu，提供类似的产品。

图 45-15　Wheel Watcher 模块和附带的反射式编码轮，编码轮是用黑色油墨印刷在金属化塑料箔上制成的。这个模块提供了一个一体化的正交编码解决方案

提示：US Digital 还销售各种直径的透射式码盘，间距可调的反射式编码器模块，以及很多其他的解决方案，适用于任意一个中级或高级机器人项目。

45.3.15　测距误差

里程表并不完美。超过 30 ～ 50 英尺这个范围，里程表对机器人测距的平均误差会超过半英尺甚至更多。

为什么会有这么大的出入？首先，车轮打滑。车轮在转动时必然会打滑，特别是在硬而光滑的表面上行驶，或者是前方有障碍物的时候。其次，某些机器人的驱动方式比其他的更容易出错。带有履带的机器人是滑动转向的，这使得里程表在大多数履带式车辆上基本是没有用的。

细节问题也会导致测距误差。如果你在测量车轮直径的时候有一个 1/100 英寸的误差，那么这个误差随着行驶会产生累积，你最好把里程表用于短距离测量。你应该考虑到机器人随着车轮的转动，实际移动的距离可能和测量结果有一定区别。

45.3.16　什么时候不需要里程表

记住，一些机器人应用根本不需要使用里程表，这可以减轻你在设计上的麻烦。一个很好的例子是循线机器人。它们的导航使用的是预先设计好的路线，所以它们的行驶距离是已知的。

其他的例子包括循边机器人，虽然在某些情况下，可以通过加入简单的距离测量强化它们的功能。出于显而易见的原因，那些用腿行走的、在水面上活动的，或者在空中飞翔的机器人是不适合使用这里介绍的里程表的。

45.4　罗盘定位

除了星星，磁罗盘曾经是人类最主要的远距离辅助导航设备。你知道它是如何工作的：一个指针指向地球的磁北极。一旦你知道了哪个方向是北，你就可以更容易地调整自己的方位。

　　机器人也可以使用罗盘，同时，有很多可供业余机器人使用的电子和机电罗盘，其中最便宜的是 Dinsmore 的 Dinsmore 1490 传感器。1490 看起来像一个胖大的晶体管，它的下面有 12 个突出的引脚。引脚有 4 组，每组 3 个，每组代表一个罗盘的主要方位：东、西、南、北。每组里的 3 根导线分别是电源、地和信号。图 45-16 显示了一个 Dinsmore 1490 传感器。

　　1490 可以通过对地球磁场的测量提供 8 个方位信息（东、西、南、北、东南、东北、西南、西北 8 个方向）。它是通过微型霍尔效应传感器，和一个旋转的罗盘针（类似普通罗盘）来实现的。据说这个传感器内部感知方向变化的设计很像一个液体指南针。它从一个 90° 位移转到指示的方向所需的时间大致是 2.5s。制造商的技术手册声明这个元件可以工作在最大 12° 的倾斜条件下并能保证一定的准确性，但是特别需要注意的是任何偏离中心的倾斜都会造成精度的损失。

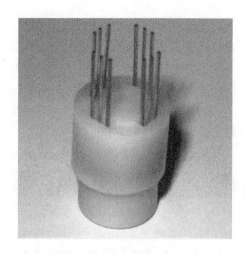

图 45-16　Dinsmore 1490 机电式罗盘。元件有 4 个输出，可以提供 8 个不同的罗盘定位：东、西、南、北和中间方向

　　图 45-17 显示的是 1490 的电路图，它需要用到计算机或单片机的 4 个输入。注意在传感器的输出端加一个上拉电阻。使用这个配置，机器人可以确定的方向精度大致是 45°（如果 1490 罗盘发生倾斜，精度会降低）。Dinsmore 也制造模拟输出的罗盘，具有更好的准确性。

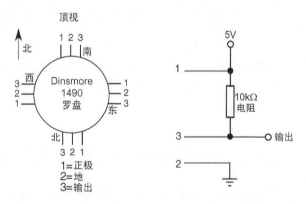

图 45-17　Dinsmore 1490 罗盘的接线图。每组 3 个引脚的连接方式相同

　注意：引脚极性反转会造成器件的损坏，通电之前一定要仔细检查你的工作。图 45-17 显示的是 1490 引脚排列的顶视图，和制造商提供的手册是一致的。

　　带有数字或模拟输出的电子罗盘现在已经相当普遍了。一个常见的型号是 Devantech 的 CMPS09 罗盘，它配备了一个 3 轴磁力计，一个 3 轴加速度计和它自己的单片机。传感器的输出提供了罗盘定位以及俯仰和翻滚信息（对非水平的机器人非常有用）。

　　传感器通过 I2C 或串行通信连接到单片机，或者通过 PWM 的方式，用脉冲宽度表示从 0° ~360° 的方位，增量是 0.1°。程序 compass.pde 显示的是 CMPS09 和 Arduino 通过 I2C 连接的方法，电路连接如图 45-18 所示。千万小心不要把 5V 和地接反了。注意 1.8kΩ 的上拉电阻：这里显示的是制造商给出的例子里的数值，并不是一个公认的适用于 I2C 设备的上拉电阻的"最佳"值。如果你发现 1.8kΩ 的电阻存在一些问题（电阻本身不应该有问题，除非接线错误），可以尝试把阻值增加到 4.7kΩ。

供参考

compass.pde 为了节省空间，这个项目的程序代码保存在 RBB 技术支持网站上。参考附录 A "RBB 技术支持网站"获得更多细节。

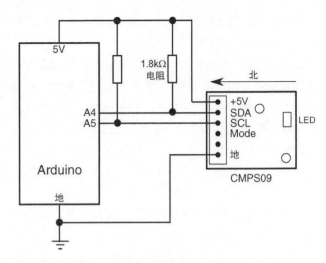

图 45−18　Devantech CMPS09 罗盘和 Arduino 的连接。CMPS09 通过 I2C 串行通信接口提供可靠的方位信息

　提示：罗盘需要安装在机器人的适当位置才能正常工作，因为它们对磁场敏感，所以必须让罗盘远离任何大的金属体或直流电动机的强磁场。

程序 compass.pde 还演示了如何检索来自 CMPS09 罗盘内置的 3 轴加速度计的俯仰和翻滚信息。内置的加速度计可以对传感器的倾斜进行补偿，歪的罗盘会使方位读数出现误差。你可以查询 CMPS09 的俯仰（向前和向后）和翻滚（一侧到另一侧），确定它的姿态。

45.5　实验倾斜和重力传感器

每一个小学生都知道，人体有 5 种感官：视觉、听觉、触觉、嗅觉和味觉。这些是主要的发达感官，但显然身体上还有更多的感官。这些比较"原始"的感官通常被称为"第六感"——一个和其他 5 种感官加以区分的通用短语。

其中一个最重要的"第六感"指的是纯粹意义上的平衡感。这个感官由一个贯穿整个身体的复杂神经网络构成，包括那些内耳神经。平衡感可以在我们将要摔倒时使我们保持直立。

我们的平衡感连接着身体的角度和运动信息，一小部分平衡感来自对重力的感觉——地球对我们身体的引力。

同样地，机器人也可以"感觉"到重力。帮助我们保持直立的重力同样适用于两条腿的机器人，或者轮式和履带式机器人——通过测定机器人的倾斜角度是否过大，避免出现栽倒或撞到其他物体的问题。

45.5.1　用传感器测量倾斜

一般意义上的给机器人提供平衡感的方法是使用倾斜传感器或倾斜开关，传感器或开关测量机器人和地心的相对角度。下面是一些比较常见的方法：

- 填充着汞的玻璃管构成的简易通 / 断开关。液态汞（水银）可以根据玻璃管的角度连通或切断开关的触点。水银倾斜开关的主要缺点是水银本身是一种毒性很高的金属。

- 老式弹球机里面常用的一种"球室"结构的全机械式滚球接点开关。开关是一个方形或圆形的密封腔，腔体内部有一个金属球。球的重量使它可以连通腔体里面的电气触点。腔体可能有多组触点，使它可以检测各个方向上的倾斜。

- 滚球式光电倾斜开关（光学球室）是另一种形式的滚球接点开关。这种开关的腔体里面使用的是红外线发射器和红外线探测器。一个小球位于内部的发射器和探测器之间，当装置倾斜的时候，球可以阻断或允许光线的通过。

- 电子水平尺看起来和五金店里面常见的普通水平尺一样，里面也有一个活动气泡，外加一些电气接口。它基本上就是一个填充了液体的玻璃管，因为液体没有充满，管子的顶部形成了一个气泡。当你倾斜玻璃管的时候，重力会使气泡来回晃动，气泡位置指示了倾斜的角度。

- 电解式倾斜传感器类似水银开关，但是结构更复杂，造价也更高。玻璃管里填充的是一种特殊的电解液——更确切地说，是一种可以导电的液体，但是有一定标准。开关发生倾斜时，电解液在玻璃管里面晃动，改变金属触点之间的导电率。

45.5.2　认识加速度计

一种非常准确的，成本出乎意料的低的，测量倾斜的方法是使用加速度计。加速度计在过去只应用在高技术航空和汽车测试实验室领域，现在它已经迅速地在消费类电子产品中普及开了。

加速度计在制造中使用了新技术，它们的灵敏度和精度都很高，价格却很便宜。几年前成本高达 500 美元的器件现在制造商给出的批发价格不足 5 美元。幸运的是，同样的用在汽车和其他产品里的器件机器人爱好者可以买到，尽管成本有点高，因为我们不需要一次买入 10 万个。

基本的加速度计是一个可以测量速度变化的器件。很多型号的加速度计对地球的重力也非常敏感。感知重力的能力是我们所感兴趣的，因为这意味着你可以使用加速度计测量机器人在任何一个给定时间的倾斜或者"姿态"。倾斜是通过作用在传感器上的重力的变化表现出来的。

45.5.3　单轴、双轴和三轴传感

基本的加速度计是单轴的，这意味着它只能检测到一个轴上的加速度（或重力）的变化，虽然这有一定的局限性，但是你仍然可以使用这种器件为机器人创建出一种可以精确地感知倾斜和运动的功能。

双轴加速度计可以检测加速度和重力在 x 轴和 y 轴上的变化。如果把传感器垂直安装——y 轴的指向是直上直下的——y 轴就可以检测向上和向下的变化，x 轴可以检测两侧的运动。反之，如果把传感器水平安装，y 轴检测的就是向

前和向后的运动，*x* 轴检测仍旧检测两侧的运动。

三轴加速度计可以检测加速度和重力在 3 个轴上的变化，基本就是 3D。这种类型的加速度计经常用在除了陀螺仪以外的某些种类的自平衡机器人上。

45.5.4　验加速度计

两轴或双轴加速度计是在业余爱好者中使用的最多的类型，其中以 Analog Device 的 ADXL 系列元件最常见。ADXL 是表面贴装的元件，需要少量的外部元件。大多数人得到的基于 ADXL 的加速度计是芯片已经在接口板或试验电路板上焊接好的形式，如图 45-19 所示。成品的价格比单独芯片高一点，但是用起来非常方便。几乎所有的在线专业机器人商店都会提供至少一种双轴加速度计，而且大多数产品使用的都是 ADXL 系列的芯片。

ADXL 加速器包括双轴或三轴的版本，同时元件对重力（或 g）的敏感程度也不同。举例说明，ADXL320 是一个双轴的型号，敏感度是 ±5g。一般情况下，2 ~ 10g 的加速度计可以在精度和性能的制约上提供一个比较均衡的效果。大多数机器人的应用不需要读取超过 5g 的重力信息。

注意：g 的敏感度越高，传感器可以测量的外力、冲击力和加速度的数值就越大，但是元件对微小的变化就越迟钝。一个火箭模型可以使用一个 18g 的或 50g 的加速度计，但是大多数机器人都是在地面小范围内活动的，用不到这么大的规格。

加速度计的另一个变化是输出方式不同。3 种最常见的输出是模拟、串行和 PWM。

● 模拟输出是一个变化的电压，通常略小于加速度计的正常工作电压。因为加速度计可以记录正反两个方向的重力，所以在 0g 的时候的输出电压是介于 0V 和电源电压之间的。

● 串行输出使用 I2C、SPI 或其他串行通信协议把重力读数传递给单片机或计算机，虽然比使用模拟输出的方式复杂，但是串行数据不容易被噪声干扰，还有一些加速度计可以接受串行链路上的命令，改变它的运行状态。

● PWM 输出是一系列的脉冲，持续时间取决于加速度计上的重力变化。为了读取脉冲的持续时间，你需要一个带有输入捕获（或类似）引脚的单片机。

图 45-20 显示的是一个基于 ADXL 的模拟输出接口板（来自 SparkFun Electronics）和 Arduino 单片机的典型连接方式（需要注意的是图里面的加速度计是一个独立模块或接口板，不只是芯片自己）。

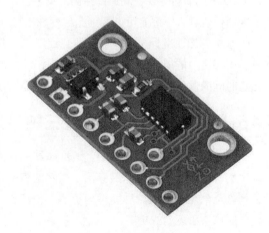

图 45-19　一块可以用于机器人项目的三轴加速度计接口板。特定型号的可调节范围是 ±1.5g 和 ±6g，可以输出一个和器件上的重力成比例变化的模拟电压（图片来自 Pololu）

接口板的输出有 x、y 和 z，但并不是所有器件都带有第 3 个轴。程序 accel2.pde 演示了如何轻松地设置和读取双轴模拟输出加速度传感器的 x 轴和 y 轴的数值。数值显示在串行监视器窗口。

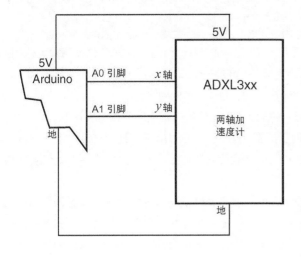

图 45-20　Arduino 和 ADXL3xx 加速度计接口模块（已经包含了必要的外部元件）的接线图。图里面显示的是双轴的型号，对于带有 Z 轴的型号，只需要再将一根导线连到一个空闲的模拟输入上

 注意：电路显示了连接到 Arduino 的 5V 引脚的电源。这里假定你使用的加速度计的电压是 5V。如果你使用的是 3.3V 的型号，一定要是确保把它的电源脚连接到 Arduino 的 3.3V 引脚。

**　　还要注意的是 3.3V 加速度计使用 PWM 或串行输出可能无法直接连接到 5V 供电的单片机上，你可能需要使用 3.3 ~ 5V 的电平转换电路。参考加速度计配套的说明书，RBB 技术支持网站（见附录 A）也提供了一些电平转换的提示和技巧。**

accel2.pde

```
const int xpin = A0; // x 轴连接至模拟引脚 1
const int ypin = A1; // y 轴连接至模拟引脚 2
void setup()
{
Serial.begin(9600); // 设置串行监视器
}
void loop()
{
Serial.print(analogRead(xpin)); // 显示 x 轴数值
Serial.print("\t");
Serial.print(analogRead(ypin)); // 显示 y 轴数值
```

```
Serial.println("");
delay(100); // 读数之间的延迟
}
```

串行监视器窗口显示的数值所示的是电压从 0（0V）到 1 023（5V）的变化。在 0g（轴指向侧面，就是说既不向上也不向下），轴的输出为 512，这是一个 0V 和 5V 中间的值。在 +1g（轴向上），输出上升到将近 650，而在 -1g（轴向下），输出则会降低到 345。

这些数值是通过 ADXL322 测得的，它的敏感度为 ±2g。根据你所使用的加速度计的具体型号，你会得到不同的测量数值。你也会遇到一些输出的变化，x 和 y 的输出不对称，这是由元件的误差造成的。在我的测试原型里，x 和 y 的输出在 +1g 下相差了 10 个数，这是预料之中的，你可以通过软件调整这个误差。

当现实中的机器人出现了向一侧翻倒，或者倾斜过度将要栽倒的状况的时候，传感器可以给出相应的数值。我们假设加速度传感器的 x 轴表示的是从一侧到另一侧的倾斜（加速度计有多种安装方式，因此你可以选择让什么轴做什么工作），当加速度计是水平的时候，x 轴的读数是 0g，输出大约是 512。任何过高或过低的读数都表示 x 轴出现了倾斜，如果这个数值比 512 大了 75 或是小了 75，那么你就可以确定传感器倾斜的角度过大了。

45.5.5　加速度计的附加用途

在准备使用加速度计测量角度或运动之前，让我们先回顾一下这种器件在机器人上的应用。除了感知倾斜的角度，重力敏感加速度计也可以用于下列任务：

● 冲击和振动检测。如果机器人撞到东西，加速度计的输出会瞬间"冲顶"。因为加速度计的输出和冲击力是成正比的，机器人撞到东西的力度越大，电压的峰值就越大。你可以把这个功能用于碰撞检测，很明显这种方式的效果比简单的碰撞开关要好得多，因为加速度计对任何方向上的冲击都非常敏感。

● 运动检测。即使在机器人的车轮不转动的时候，加速度计也可以检测运动。对于那些必须应对复杂地形的机器人或者电动机阻转失速的情况，这个功能可能是有用的。如果机器人在不应该移动（或停止）的时候停止了（或仍然在动），会在速度上显示出一个变化，加速度计可以感觉到这个变化。

● 操纵遥控机器人。你可以把加速度计安装在你的衣服上把你的运动传送给机器人。举例说明，安装在你脚上的加速度计可以检测到你的腿部运动，可以把这些信息发送（通过无线电或红外线链接）到腿式机器人上，让它复制这些动作。或者你可以制作一个"空心杆"式的无线操纵杆，它的结构可能是一根管子的顶部或底部安装着加速度计和某种发射电路，当你移动操纵杆的时候，你的动作就被发送给机器人，它会听你指挥。

45.6　更多机器人导航系统

只需花费不到 100 美元，就可以让机器人知道它在地球上的哪个位置，或者在房子里的具体哪个房间（甚至哪堵墙或它附近有什么家具）。你可以在 RBB 技术支持网站找到一系列详细描述这些技术的补充文章（见附录 A），包括：

● 无线射频识别，简称 RFID，使用一种小型问询设备把信号发送到没有电池供电的标签上，标签粘贴在附近的墙壁或物体上。每个标签都有一个唯一的识别码，可以用来作为一种信标系统。

● 如今全球卫星定位（GPS）是一项众所周知的技术，GPS 使用卫星提供空间位置、海拔高度，甚至速度信息。你可以把同样的技术用在机器人上。

● 陀螺仪感知速度和方向的变化，可以提供惯性导航。把惯性导航和其他技术，比如里程表和加速度计组合在一起，可以让机器人保持的准确定位。Gyro（陀螺仪的简称，不要和同名食品混淆）也可以用来制作自平衡机器人。

第 46 章

听觉与发音

科幻小说里面的机器人很少不会说话或者根本听不见声音。它们可能说出精辟的格言"你不要总说我是一个愚蠢的哲学家,你这个超重的死肥胖子",或者发出闪光和蜂鸣,这是某种只有其他机器人才能够理解的"高级"语言。

语言和声音的输入和输出可以使一个机器人更像人类,或者至少使它更有趣。谁说个人机器人不能使人快乐?

小说和电影里面描写的机器人对我们来说已经非常好了,这一章提出了一些实用项目,使你的机械作品具有发音和听音的能力。这些项目包括使用事先录制好的声音、发出警报、识别并响应语音指令以及倾听周围的声音。不可否认,本章所讨论的只是现代技术的表面应用,尤其是像声音的数字压缩这样的技术,鼓励你对这个有趣的话题进行更深入地研究。

供参考

所有软件例子的源代码都可以在 RBB 技术支持网站里面找到。见附录 A "RBB 技术支持网站"获得更多细节。为了节省页面空间,比较长的程序在书中不会打印,你可以在支持网站里找到它们。支持网站也提供了项目零件清单(含采购信息)、更新以及更多的例子,你可以试一试。

46.1 预编程声音模块

最底层的声音技术是使用预先编制或"罐装"好程序的声音模块,典型的产品比如贺卡和音乐饰品。大多数产品里面编制了一首歌曲,也有少数像电子放屁坐垫是发出声音效果,这是出于幽默的考虑。

大多数声音模块都是一体的,包括小扬声器(压电陶瓷片或动圈扬声器)、按钮电池和一些配件,通常是一个小型按钮开关。常见的几种模块如图 46- 1 所示。你可以对贺卡或其他产品里面的声音模块重新加以利用,把它们安装在机器人上面。工艺品商店是一个很好的来源,可以买到各种新的用于制作手工装饰品的声音模块。

用单片机控制声音模块需要使用电气信号来触发模

图 46-1 几种事先录制好声音和歌曲的模块。大多数模块可以改装成通过控制电路进行操纵

块，而不是使用它自带的机械式按钮开关。根据模块的结构，你可能只需要把按钮开关换成图 46-2A 的电路就可以触发它工作。一个光电耦合器和一些配件取代了原来的开关。你可以把连接在光耦的单片机接口电平设置为高实现对模块的触发。

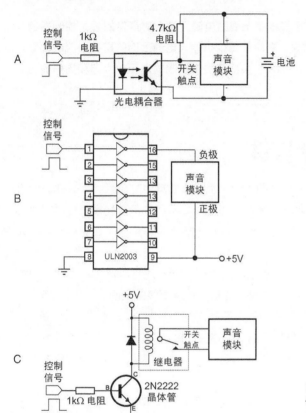

图 46-2　一些把声音模块连接到单片机或其他控制电路的方法。技术包括光电耦合、电源驱动（改变电池电源的开关状态）和用继电器代替机械开关

如果声音模块的电源在 5V 左右，你可以试着把模块的触发开关短接起来，用单片机自己的接口向模块提供动力（见图 46-2B）。如果单片机不能提供足够的电流驱动模块，可以试着加入 ULN2003 芯片里面的一路缓冲器进行扩流。驱动器作为一个缓冲器同时也起到保护单片机的作用。

最后，如果模块的工作电压只有 1.5V（一颗纽扣电池），那么你可能需要使用类似图 46-2C 所示的电路。取下模块的机械开关，替换成一个小型继电器。

46.2　商业电子音效套件

在所有的电子套件里，带有音响效果的总是特别受欢迎。有多家公司生产和销售这类音效套件，你可以把它作为一个独立的模块用于机器人项目。例如，Chaney Electronics 生产的光敏感的泰勒明电子琴套件可以通过照射在两个传感器上的光线数量产生出清晰地声音效果。这家公司还出售一种可以发出 10 组声音的套件和一些其他的产品。

大多数音效套件都是一体化设计的。这意味着它们都带有一个放大器，如果有需要还会带有一个扬声器。在机器人上控制它们要求把选择器的按钮与单片机的输出端进行连接，声音模块的连接可以参考上一节的内容。大多数套件都附有一个示意图，你可以很容易地确定连线的位置。

> **提示：如前面所述，使用一个驱动 IC 切换板子上面的电源，实现对声音的开关控制是最好的方法。因为在不需要声音效果的时候，它可以减少机器人电池上面的整体电流消耗。此外还有其他的方法，比如使用一个 CD4051 模拟开关来控制输送至放大器和扬声器的声音信号。**

46.3　制造警报和其他警告音

如果你把机器人作为一个安全设备或者用来检测闯入者、水、火或其他的东西，那么你一定希望这个机器可以对当前出现的或潜在的危险向你发出警告。图 46-3 所示的颤音警报器可以实现这个功能，为了达到最佳效果你可以把它连接到一个功率强劲的放大器上（本章稍后会提供一些放大器电路）。

这个电路由两个 555 定时器芯片组成，或者你也可以使用一个 556 双定时器芯片实现相同的功能，但是我更喜欢使用独立芯片，因为它们可以在电路试验板上提供更多的空间。"颤音速度"和音调可以通过改变每个芯片引脚 2 和接地之间的电容进行调整。

- 左边的定时器实现每秒一次的高低电平的转换，这会制造出"颤音"。
- 右边的定时器产生出两个频率互相切换的高音调警报音。这两个频率由左边的定时器控制，因为它实现着高低电平的转换。

当使用一个 8Ω 或 16Ω 的电动式扬声器的时候，可以输出相当大的声音，足够让家庭成员进入你的工作室发一通牢骚了（是的，这是我的亲身经历）。如果你需要更大的刺激，可以把第 2 个 555 的输出连接到一个高功率的放大器。你可以用 LM386 集成电路制作一个放大器，见后面章节的介绍，或者使用一个输出功率为 8W、16W 或更大功率的音频放大器套件。可以先看一看附录 B "在线材料资源"里面收录的电子套件销售商。

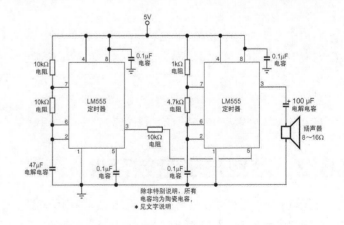

图 46-3　颤音警报器的电路图，由 2 个 LM555 定时器 IC 制作而成

　　这个电路需要使用几个小容量的陶瓷（独石或磁片）电容来防止电源故障导致 LM555 芯片产生出各种类型的电"噪声"。我使用容量 0.1μF 的电容作为旁路电容连接到颤音发生器的第 5 脚。更关键的是连接在两个芯片的电源引脚（8 脚和 1 脚）之间的 0.01μF 电源去耦电容，尽量让这些去耦电容靠近 IC 安装。

 提示：如果你在免焊电路板上搭建这个电路，一定要保证元件管脚长度尽可能地短，特别是电容器。一旦电路测试完毕，你就可以把它转移到一个焊接式电路实验板上面了，同样要注意尽可能地把管脚剪短一点。

46.4　用单片机制造声音和音乐

　　任何一个带有脉冲宽度调制（PWM）功能的单片机都可以用来制造声音，甚至是音乐。当 PWM 的频率在听力范围以内的时候，即 20Hz ~ 20 kHz，我们可以听到它的音调。为了能够听到这个声音，需要把 I/O 接口输出的信号发送给一个扬声器或放大器。

　　通过不同的音调，你可以制造声音。你可以用一个 PWM 输出接口（单声道）创造出音乐，或者你可以把两个或两个以上的 PWM 接口组合在一起，创造出和弦效果，就像一个音乐合成器。这种方法可以非常容易地制造出警报、颤音、生物的声音（一个简化版的 R2-D2）和其他效果。

　　PICAXE 系列芯片包含有简单好用的声音语句。你可以用一个低端的 PICAXE 08M 单片机为机器人制作一个可编程的声音协处理器，这样可以使机器人的主控制器空闲出来实现更高级的功能，比如电动机控制和传感器。声音虽然比较简单（不要期待好莱坞电影的效果），但是足够产生一定的互动效果了。

　　图 46-4 显示的是一个单声道的 PWM 声音输出到一个放大器的接口电路。你可以使用一个 LM386（译者注：原文为 LM368）放大器，详细介绍见本章后面的"使用音频放大器"。LM386 连接到一个阻抗为 8Ω 或 16Ω 的标准扬声器上。

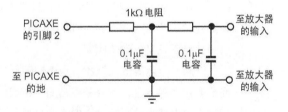

图 46-4　推荐的 PICAXE 单片机和放大电路的接口。本章后面将向你详细介绍一个放大器

　　用 PICAXE 的声音语句可以产生出一个持续在一定音高上的音调。声音语句的语法非常简单：

```
sound pin, (tone, duration)
```

● pin 指的是连接到放大器的 I/O 接口的序号。

● tone 是你想产生出的音高的数值，有效值为 0 ~ 255。参考下表中的一些常用的音值和（近似的）它们所对应的音阶（你还可以选择中间值制造出"指缝"之间的声音）。

- 持续时间是声音的基调，数值为 50 近似等于 1s。

音符	音值	音符	音值
A	49	A#	65
B	54	C	78
C#	61	C#	65
D#	71	E	78
F	88	G	100

你可以把音调和持续时间组合在一个声音语句里，产生连续演奏的效果：

```
sound 2, (57, 25, 71, 25, 78, 12)
```

演奏 C、D # 、E，前两个音符持续半秒，最后一个音符持续 1/4s。

你可以用不同种类的循环产生出一定的声音效果。PICAXE 的手册里面提供了一段可以发出一高一低的类似欧洲警笛声音的代码：

```
main:
sound 2, (100, 30)
pause 100
sound 2, (85, 30)
pause 100
goto main
```

试验其他的音调和持续时间的数值，看看你能制作出什么样的音响效果。

提示：声音语句使用脉冲宽度调制技术发出噪声。PICAXE 08M 和更高级的芯片还具有独立的 PWM 和 PWMOUT 语句，提供额外的功能。也就是，你可以控制脉冲持续时间，而不只是它们的频率。

使用一个运算放大器和一些像电阻和电容这样的基本元件，你可以改变脉冲的形状进而改变声音的音色，音色是声音的一种品质属性。举例说明，通过把脉冲的形状转换成锯齿波，可以使声音听起来更像一个小提琴（当然，只是大致接近）。声音的设计和加工超出了本书的范围，如果你有兴趣可以访问当地的图书馆，寻找模拟音乐合成器方面的书籍。

46.5　使用音频放大器

一些声音发生电路本身具有放大功能，在这种情况下你只需要把扬声器直接连接到它上面就可以了。另一些则可能需要一点帮助。图 46- 5 显示了一个非常简单的输出功率为 0.5W 的音频放大器，核心元件是一个 LM386 放大集成电路。虽然这个放大器的声音不是特别大，但是芯片容易找到，价格便宜，很快就可以把它制作出来。这是一个非常好的声音试验项目。

图 46-5 里面的放大线路具有大约 20 倍的增益，可以很好地满足大多数机器人的声音应用需要。增加几个元件可以把放大器的增益提高 10 倍，达到 200 倍的增益（见图 46-6）。这两个放大器都可以很好地驱动小型的 8Ω 或 16Ω 的扬声器。

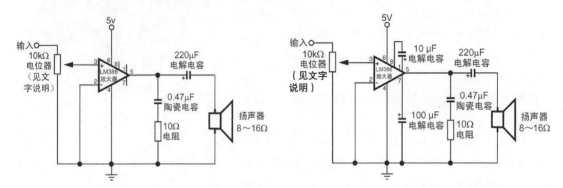

图 46-5　LM386 音频放大器，按照图中的连接方式增益大约为 20 倍　　　图 46-6　LM386 音频放大器，按照图中的连接方式增益大约为 200 倍

为了获得最佳效果，一定要确保 10kΩ 的电位器是对数（或音频）变化的型号，而不是常见的线性电位器。当使用线性变化的电位器的时候，音量的变化将集中在旋钮的一端，使用对数电位器，可以让旋钮上的音量变化更均匀。

46.6　用单片机播放声音和音乐

我的第一个机器人使用一个旧的盒式录音机来播放声音和音乐。这种方法，现在看来实在有点笨重。使用一些现成的与 Arduino 或其他常见的单片机配套的附加电路板，你可以把优美的旋律、效果和其他声音组合起来。你可以精确控制想要播放的声音——从短暂的只有 1/4s 的枪声到长达 10min 的摇篮曲。

这些附加的事先录制好的声音是你在计算机上创建出来的。声音文件可以是 WAV、MP3、WMA、OGG 或者一个专用格式，然后把它们转移到一个固态存储卡里面，通常是 SD 卡或 μSD 卡（微型 SD 卡，标准 SD 卡的缩小版）。把存储器卡插到播放电路板上，播放板通过单片机发送的简单指令控制。

市场上有很多可以给 Arduino 或其他单片机添加上声音功能的接口板或扩展板。大多数声音电路板使用固态存储卡来储存声音、音乐和音效文件。记忆卡的格式为 FAT16（有一些支持 FAT32），这意味着你可以把卡插在计算机上并把声音文件复制到卡里面。

 提示：支持读取存储卡内容的程序库会大量占用单片机的内存。出于这个原因，最好保证这些项目所使用的单片机的内存至少应该为 2KB，闪存容量应该不小于 32KB。当使用 Arduino 的时候，你需要选择使用 ATmega328（或更高档）的控制芯片的版本。

通常情况下，声音文件在存储卡上被存储为 DOS 的 8+3 结构的文件名。声音文件的大小没有限制，文件存放在存储卡的根目录下，根据存储卡实际容量，最多可以保存 512 个文件。这对一般的机器人应用已经足够了。

一些声音电路板支持 MP3 的数字文件标准。举例说明，SparkFun 的 MP3 Trigger 板（见图 46-7）就是一个完全独立的 MP3 开发模块。它包括板载的 MP3 解码器芯片（具体型号为 VS1053）、小功率放大器（如果你需要更大的音量也可以使用一个外部放大器），以及一个内置的 μSD 卡读卡器。

MP3 Trigger 支持 DOS FAT16 格式的存储卡，这样你就可以在你的 PC 机上整理好所需的音乐和其他声音效果，然后把文件的复制到 SD 卡就可以在开发板上使用了。播放可以通过串口控制或直接使用触发输入控制，电路板上带有 18 个触发端口。

图 46-7　多合一 MP3 播放板，可以连接开关手动控制或者通过单片机自动选择声音片段。它最多可以支持存储在 SD 卡中的 256 个声音片段。你可以用你的电脑把声音文件复制到存储卡上（图片来自 SparkFun Electronics）

46.7　语音合成：让机器人开始讲话

不久以前，集成电路再现人类语音的技术已经相当成熟了。有几家公司大规模生产这些语音驱动芯片的产品，比如拼写与讲话玩具。在大多数情况下，这些芯片可以创造出无限种语音，因为它们只是再现基本的讲话声音。

随着数字录音技术的发展，无限词汇量的语音合成器成为了一个特例，仅使用软件和一块声卡，就有可能重现出男性或女性的声音。事实上，Windows 和 Macintosh OS X 都为他们的操作系统都配备了免费的语言制作工具。

46.7.0　专业语音芯片

大多数大型芯片制造商很早就退出了语音芯片市场，现在对机器人爱好者来说只有少数几个可供使用的低成本解决方案。它们包括：

- Magnevation 生产的 SpeakJet
- Savage Innovations 生产的 Soundgin

这两个产品都可以用音位变体创造出人类的语音效果，音位变体是口腔和声带在讲话时发出的分立声音。音位变体的本质是串连在一起发出像人说话的声音。由于声音中的自然断音造成的影响，实际上它的清晰度比不上真人发出的声音，与其让机器人听起来像是它在讲话，不如使用事先录制好的声音。

SpeakJet 和 Soundgin 同时也是复杂的声音发生器，包含有"生物"音效、按键式电话铃声和警报音。芯片包含独立的振荡器，可以重建人类的噪音和声音效果，对于 Soundgin 来说，它还可以合成音乐。

通过简单的串口通信协议也可以把芯片连接到单片机。SpeakJet 也可以通过它的 8 个事件输入端控制播放 16 个预置短语，输入端可以直接连接到机器人的碰撞开关上。

图 46-8 显示了一个 SpeakJet 的简单电路。电路里没有表示出音频输出元件、放大器和扬声器，它们在 SpeakJet 的技术手册里都有详细说明。下面的用于 Arduino 单片机的 speakjet.pde 程序里面包含了一句简单的短语："我是一个机器人"。短语使用的音位变体代码以及配套的 Phrase-A-Lator 程序可以从 Magnevation 网站上下载。

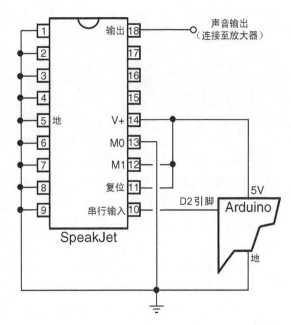

图 46-8　SpeakJet 声音处理 IC 和 Arduino 的基本连接方法。播放语音或声音的串行数据是通过 Arduino 的 D2 引脚发送的

 提示：把电路连接在一起，一定要确保 SpeakJet、Arduino（译者注：原文为 PICAXE）、音频放大器（如果你使用的话）的地线都连接在一起，各部分都使用相同的 5V 电源供电。

speakjet.pde

```
// 使用 SoftwareSerial 库（内置在 Arduino IDE 里）
#include <SoftwareSerial.h>
#define txSerial 2 // 串行输出
#define rxSerial 3 // 串行输入（SpeakJet，但必须定义）
SoftwareSerial SpeakJet = SoftwareSerial(rxSerial, txSerial);
void setup() {
pinMode(txSerial, OUTPUT);
SpeakJet.begin(9600); //  SpeakJet 的标准波特率
}
void loop() {
// 语音设置（"I am a robot"）
```

```
char phrase[] = {20, 96, 21, 114, 22, 88, 23, 5, 157, 132,
132, 140, 154, 128, 148, 7, 137, 7, 164, 18, 171, 136, 191};
SpeakJet.println(phrase); // 发送短语至 SpeakJet
delay (4000); // 等待 4s，重复
}
```

如果你的电路不发音，可以试着把 SpeakJet 的 13 脚（标记为 M0）从地线上断开并连接到 +5V，启动芯片的演示模式。SpeakJet 应该宣布"准备完毕"，然后输出一系列声音效果。把 13 脚重新连接到地（译者注：原文为 +5V）可以返回到正常模式。

注意在演示模式下不要把 SpeakJet 的 12 脚连接到地，否则你会使芯片进入波特率配置模式。在这种模式下，SpeakJet 将尝试匹配任何一个在它的串行输入脚（引脚 10）上检测到的串行波特率。波特率会存储在芯片内部并保持，直到重新配置。

如果在你试着向 SpeakJet 发送讲话短语的时候得到不正常的随机声音，那么一个可能的原因是这个芯片的波特率已经不再是默认的 9600 波特，因此它无法匹配 Arduino 发送给它的串行数据。

参考 SpeakJet 的说明文档获得重新配置波特率的详细信息，简而言之就是：13 脚连接至 +5V，12 脚连接至地。当芯片进入波特率配置模式的时候，你会听到一连串的"声呐"效果。

把 speakjet.pde 程序里面短语替换成下面的代码：

```
char phrase[] = {85};
```

编译并下载程序，让程序运行 10 ~ 15s，然后切断 SpeakJet 的电源。按照图 46-8 重新连接好芯片的 13 和 12 脚，重新把原始的 speakjet.pde 程序下载到 Arduino。现在，SpeakJet 的波特率应该重新设置成了正确的 9600 波特。

提示：只能输入代码而无法直接输入文本的方式相当麻烦。另一种方法是给 SpeakJet 和 Soundgin 配上一个 TTS256 文本转代码 IC，见 www.speechchips.com。这个 IC 承认单词形式的文本，并把它们创建成可供语音合成芯片使用的音位变体的声音。虽然这个 IC 无法正确地发出每一个单词的声音（实际上，芯片设计师自己也承认这是不可能的），但是对于那些很难解码的单词，你可以直接输入音位变体的声音。

46.8　倾听声音

下面要说的是人类最重要的听觉感官。和视觉相比，听觉检测在机器人上更容易实现。你可以用不了一个小时就制作一个简单的"耳朵"，使机器人听到周围的世界。

声音检测让你创造出来的机器人可以听从你的命令，它们可以接受一系列音调、超声波哨子或拍手形式的指令。机器人也可以检测闯入者发出的异常响动或者按照主人的命令寻找房间里的声音。

一旦检测到声音，电路就可以触发一个电动机运转、点亮一个小灯泡、让一个蜂鸣器发出警报或者让一个电脑进行计算。

46.8.1 话筒

显然，机器人需要一个话筒（也称为话筒或麦）拾取它附近的声音。灵敏度最高的话筒是驻极体电容麦，它们大都使用高品质的 Hi-Fi 话筒。和碳晶话筒不同，驻极体电容麦使用起来比较麻烦，需要给它们提供电源。不管怎么说，给话筒供电都不是一个太大问题，因为电压值比较低，只有 4V 或 5V。

所有的驻极体电容传声元件都配有一个内置的场效应晶体管（FET）放大级，这样可以使声音被传递到主放大器之前先放大一次。驻极体电容元件有很多供应商，包括 RadioShack，他们的价格低于 3 美元或 4 美元。你应该尽可能买质量最好的，廉价话筒的灵敏度会明显不足。

话筒的位置非常重要，你应该把话筒安装在机器人上面受电动机振动影响最小的位置。否则，机器人除了听到它自己的声音以外其他什么也做不了。根据不同的应用环境，比如检测入侵者发出的声音，你就不能把话筒放的距离声源太远，否则就需要让机器人保持足够安静。你必须设计好机器人的程序，让它先停止，再倾听。

46.8.2 话筒放大器

图 46-9 显示的电路是一个用于话筒的放大器。电路的核心是一个 op-amp（运算放大器），实际使用的 op-amp 型号为 OPA344，你可能对它不太熟悉。和常见的 LM741 op-amp 不同的地方是 OPA344 使用的是单电源，也就是说，你不需要向它同时提供正负电源。它也被称为轨到轨（rail to rail）放大器，这意味着它的输出变化可以从 0V 到全部的电源电压（或近似相当）。

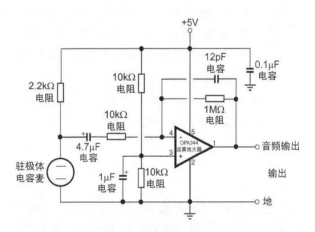

图 46-9　话筒放大器电路。你可以搭建自己的放大器也可以购买成品（电路来自 SparkFun Electronics）

提示：有些时侯现成的模块或电路板是更容易使用。我尤其喜欢这种形式的声音放大电路，基于印制电路板的电路可以避免杂散电容和类似的干扰。幸运的是，声音放大电路板和模块都很常见并且价格相对便宜，有时甚至比你买齐所有分立元件的花费还要低。

图 46-10 里面的小模块就是一个很好的例子：它含有话筒、运算放大器，还有图 46-9 电路里面的其他零件，模块（型号为 BOB-09964）提供一个超小型的接口电路，你可以在项目里直

接使用。它是一个表面贴装元件制作的成品，轻巧到你打个喷嚏都能让它蹦起来。只需要接好电源（2.7 ~ 5.5V），并把它的 AUD 音频放大输出端连接到你的电路上面就可以使用了。

46.8.3　连接到你的单片机

完成了声音探测器的硬件部分以后，你就可以把它连接到单片机了。图 46-11 显示的接口电路可以把来自放大器的输出信号限制在一个和单片机的模拟转数字输入接口相匹配的范围。电容的作用是过滤掉放大器输出端的直流电压。二极管可以使输出信号总是正向变化。

图 46-10　驻极体电容麦和安装在一个接口电路板上的前置放大器。给模块提供电源（见文字说明），并把 AUD 端子连接到一个电路或单片机上监听声音（图片来自 SparkFun Electronics）

 提示：当连接到 Arduino 的时候，你最好使用的是一个外部电源，而不是通过 USB 接口给单片机供电。如果这样不太容易实现，尽量用 Arduino 的 3.3V 引脚给模块供电，或者使用一个独立的 5V 稳压电源给放大器供电。

下载完程序以后，就可以打开串口监视器在窗口中查看通过放大器记录的实际数值了。假设模块使用 5V 电压供电，理论上的数值的变化范围是从 0 到 1023，代表着放大器输出的整个 0 ~ 5V 的电压摆幅。

注意程序开始部分设置的阈值，超过这个级别的声音会使 Arduino 内置的 LED 点亮。即使在没有声音的房间里，放大器的输出端也会产生一些电压，在加上放大器固有的热噪声，既放大器开启时的"嘶嘶"声，

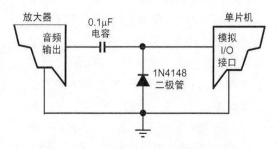

图 46-11　话筒放大器与单片机的连接方法。一定要将地线连接在一起。查看文字获得关于电源的提示

这个电压可能比你预料的要大。根据你的线路，你可能会需要一个噪声在 0 ~ 25 之间的环境（安静的房间），尤其是当你靠近 PC 机时可以听到它的冷却风扇的声音。这样就可以把阈值设置为一个高于环境噪声的范围，使周围响亮的声音可以触发点亮 LED。

sounddetect.pde

```
const int ledPin = 13; // 内置 LED
const int soundSensor = A0; // 音频输出分配给引脚 A0
const int threshold = 105; // 声音阈值
int sensorReading = 0;
```

```
void setup() {
pinMode(ledPin, OUTPUT); // 指定 LED 为输出
Serial.begin(9600); // 使用串行监视器
}
void loop() {
sensorReading = analogRead(soundSensor); // 读取声音
// 如果声音高于阈值，LED 闪烁
if (sensorReading >= threshold) {
digitalWrite(ledPin, HIGH);
delay(300);
digitalWrite(ledPin, LOW);
}
// 显示声音数值
Serial.println(sensorReading, DEC);
delay(50);
}
```

提示：声音测量是一门独立学科，前面的例子只是一个监控音频电平的简单方法。你还可以进一步研究如何加入峰值检测电路，这个电路可以捕捉到那些稍纵即逝的大音量音频信号而不会出现丢失的情况。峰值探测器可以在运行期间把检测到的最大音量信号存储起来。校验完音量强度以后，电路被清零。

峰值检测电路可以由运算放大器和一些标准元件（电阻、电容、二极管，还可能有一个晶体管）组合而成。多上网做做研究，看看你具体应该怎么做。

46.9 在线资源：更多声音项目

查看 RBB 技术支持网站（见附录 A）获得更多的使机器人具有声音功能的思路和项目。

- 如何用一个 LM339 电压比较器设定你需要捕捉的声音电平的"触发点"。由于比较器输出的是一个数字的高 / 低电平信号，你可以不使用单片机的 ADC 输入。
- 如何让比较器输出短促的"延伸"信号，使你的单片机可以捕获到它。
- 如何改装廉价的声音录制模块，把自己的声音加到机器人上面。
- 如何把多路音源切换成一个放大器输出。
- 如何使一个基于 PC 机的机器人发出声音。
- 如何用 PC 机里面的发音软件创造出人工合成的语音、音乐以及机器人的噪声和特殊效果。
- 如何使机器人具有语音识别功能。

第 47 章

与你的作品互动

机器人就像小孩子——它们偶尔会做出一些回应。你可以用一些反馈技术让机器人和你进行沟通，这样你就可以知道程序工作的是不是正常了。本章所介绍的内容含盖了几种容易实现的反馈技术。

从另外一个方面来看，机器人与人互动可以拉近机器与人之间的距离。机器人可以通过动作、声音、光线和颜色来吸引观众的眼球。这一章你将学习一些简单的方法（15 种或更多），使机器人更富有表现力。机器人越个性化，对它感兴趣的人也就越多。

> **供参考**
>
> 所有软件例子的源代码都可以在 RBB 技术支持网站里面找到。见附录 A "RBB 技术支持网站"获得更多细节。为了节省页面空间，比较长的程序在书中不会打印，你可以在支持网站里找到它们。支持网站也提供了项目零件清单（含采购信息）、更新以及更多的例子，你可以试一试。

47.1　用 LED 显示反馈信息

一个发光二极管就可以让机器人能够和你进行沟通。语言未必是优雅的，谈话也异常简短，但是它能够完成任务。当你不需要一个喜欢说话的机器人的时候，你可以只用一个单个的 LED，否则，语言里面的单词比较多的话，也可以用多个 LED 或 7 段 LED 数码管。

47.1.1　用一个 LED 显示反馈信息

基本的 LED 反馈电路如图 47-1 所示，机器人单片机的一个 I/O 引脚通过一个限流电阻连接到一个 LED 上。单片机上运行着的程序，像下面这个超简单的 led.pde（适用于 Arduino 单片机），可以使 LED 点亮或熄灭，改变延迟值可以使 LED 闪烁的速度产生或快或慢地变化。

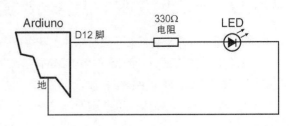

图 47-1　用单片机的一个引脚点亮 LED 的基本连接方法。引脚电平设置为高的时候 LED 点亮

```
void setup() {
pinMode(12, OUTPUT); // 设定引脚 D12 为输出
}
void loop() {
digitalWrite(12, HIGH); // 点亮 LED
delay(500); // 等待 1/2s（500ms）
digitalWrite(12, LOW); // 熄灭 LED
delay(500);
}
```

注意你不光要点亮 LED 还要用它来显示状态——无论是好的状态还是坏的状态。你可以让 LED 以各种模式闪烁达到传递更多信息的目的，用莫尔斯电码可以转达各种条件或"说出"一些短语。

即使你不熟悉莫尔斯电码，也可以创造出自己的信息反馈系统。这里只是一点想法。需要注意的是，在每一组的 3 次闪烁次序之间都有一个停顿。

闪烁次序	含义
短－短－短	状态全部正确
长－长－长	未知错误
长－短－长	电池电量低
短－长－短	不能读取传感器
短－长－长	抵达目标
……	

提示：选择一个大而明亮的 LED 并放置在容易看到的地方，这样在房间里即使距离很远也可以看到。我喜欢用大号 5mm 的亮红色或黄色 LED，把它安装在机器人的顶部，使我从任何角度都可以清晰地看到。

47.1.2　多个 LED 显示反馈信息

当你想要迅速转达操作或传感器状态的时候可以使用多个发光二极管，举例说明，你可以在碰撞开关或接近传感器检测到物体的时候点亮一个 LED。

当 LED 的数量不是特别多的时候，你可以把它们直接连接到单片机的 I/O 接口。你只需简单重复上一节"用一个 LED 显示反馈信息"里面介绍的电路和代码就可以了，每个发光二极管使用不同的输出引脚。

如果你想使用超过 4 或 5 个 LED，那么，你可能不希望让每个 LED 都占用一个 I/O 引脚。你

可以用一个简单的串行输入、并行输出（SIPO）移位寄存器把 3 个引脚转换成 8 个。

参考图 47-2 显示的使用一个 74HC595 SIPO 集成电路的电路图。这个芯片很常见，价格也很便宜。你可以根据能找到的货源选择任何一个 595 家族中的芯片，比如 74HC595 或 74HCT595。

Arduino 的示例程序代码见 multi_led.pde。移位寄存器的工作原理是首先把锁存脚设置为低电平，并让它暂时保持状态，然后将 8 位数据

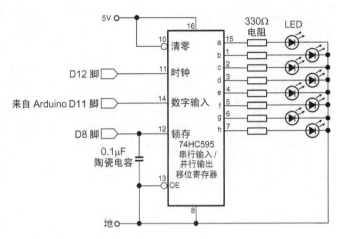

图 47-2　一个 74HC595 串行输入、并行输出（SIPO）移位寄存器把单片机的几个 I/O 接口转换成 8 个输出

一个比特一个比特地发送到芯片的数据引脚。595 的时钟引脚完成每个比特的切换并告诉芯片是否有新的数据送出。

Arduino 有一个简单的数据和时钟封装语句，shiftOut，这使它发送串行数据非常容易。使用这条语句的时候，你需要指定数据引脚和时钟引脚、数据发送的顺序和数值——可以使用 0 ~ 255。

```
shiftOut(dataPin, clockPin, MSBFIRST, numberValue);
```

提示：MSBFIRST 告诉 Arduino 你想要从最高有效位开始发送数据，这是最常见的方式。举例说明，发送一个数值 127，Arduino 先把它转换成二进制形式，即 10000000，然后从 1 开始，从左往右依次发送。另一个方式是 LSBFIRST，从最低有效位或从右往左开始发送。一些电路接口可能需要使用这个顺序。

一旦全部的移位数据发送完毕，程序返回把锁存脚设置为高电平，这可以使 74HC595 芯片的输出脚点亮相应的 LED。

multi_led.pde

```
int latchPin = 8; // 连接至锁存引脚
int clockPin = 12; // 连接至时钟引脚
int dataPin = 11; // 连接至数据引脚
void setup() {
// 全部引脚设置为输出
pinMode(latchPin, OUTPUT);
```

```
pinMode(clockPin, OUTPUT);
pinMode(dataPin, OUTPUT);
}
void loop() {
// 从 0 计数到 255
for (int val = 0; val <= 255; val++) {
// 计数期间取消更新
digitalWrite(latchPin, LOW);
// 移位
shiftOut(dataPin, clockPin, MSBFIRST, val);
// 激活 LED
digitalWrite(latchPin, HIGH);
// 到下次更新的短暂延迟
delay(100);
}
}
```

47.1.3 用 7 段 LED 数码管显示反馈信息

机器人也可以用 7 段数字式 LED 数码管和你交流。你可以点亮数码管上面的段位使它显示数字，在这个情况下机器人可以输出多达 10 个"代码"来表示它的状态。举例说明，0 可以代表正确，1 可以代表电池电量低，诸如此类。

你也可以点亮数码管段位，使它显示出非数字的形状。你可以单独点亮每个段位也可以把它们组合起来使用。图 47-3 显示了其中的一些变化，包括 E 代表错误，H 代表帮助，以及更多表示其他含义的符号。

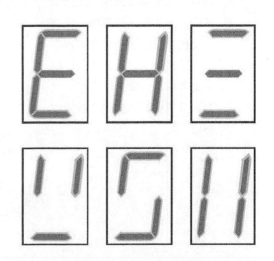

图 47-3　点亮 7 段 LED 数码管上面选定的部分可以显示出特殊的非数字形状。可以用这种元件显示数字（当然）或代码

■ 47.1.3.1　显示数字

让 7 段 LED 数码管显示数字最简单的方法是使用显示驱动 IC，比如 CD4511 或 7447。这类芯片有 4 个输入端和 8 个输出端（7 个输出端用来显示数字，第 8 个输出端用来显示小数点），我们在例子里不使用这个端口。显示数字的时候，把它设置成 A 到 D 输入的二进制编码的十进制（BCD）代码的状态。

4511　输入

BCD	A	B	C	D	输出	数字
0000	0	0	0	0	1111110	0
0001	1	0	0	0	0110000	1
0010	0	1	0	0	1101101	2
0011	1	1	0	0	1111001	3
0100	0	0	1	0	0110011	4
0101	1	0	1	0	1011011	5
0110	0	1	1	0	0011111	6
0111	1	1	1	0	1110000	7
1000	0	0	0	1	1111111	8
1001	1	0	0	1	1110011	9

　　图 47-4 显示的是一个 CD4511 和一个共阴 7 段 LED 数码管的接线图。使用一个简单的 Arduino 程序 segment.pde 向 CD4511 发送不同的数值，点亮不同的字段（你也可以用同样的方法点亮单个 LED）。

提示：这个电路使用的是一个共阴 7 段 LED 数码管，也就是说所有 LED 字段的阴极都是连接在一起的。试验的时侯一定要确保你使用的也是一个共阴数码管，不要使用共阳数码管。

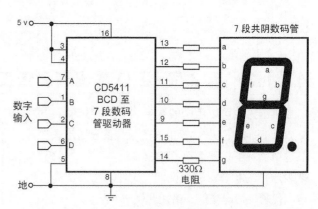

图 47-4　一个 CD4511　BCD（二/十进制代码）至 7 段数码管驱动器的接线图。显示在数码管上的数字取决于 A ~ D 输入脚上的二进制编码

segment.pde

```
int outA = 8; // 连接至 4511 的引脚 A
int outB = 9; // 连接至 4511 的引脚 B
int outC = 10; // 连接至 4511 的引脚 C
int outD = 11; // 连接至 4511 的引脚 D
void setup() {
// 全部引脚设置为输出
pinMode(outA, OUTPUT);
```

```
pinMode(outB, OUTPUT);
pinMode(outC, OUTPUT);
pinMode(outD, OUTPUT);
}
void loop() {
// 显示数字 3
digitalWrite(outA, HIGH);
digitalWrite(outB, HIGH);
digitalWrite(outC, LOW);
digitalWrite(outD, LOW);
delay (1000);
// 显示数字 9
digitalWrite(outA, HIGH);
digitalWrite(outB, LOW);
digitalWrite(outC, LOW);
digitalWrite(outD, HIGH);
delay (1000);
}
```

■47.1.3.2 显示任意形状

7 段数码管其实是多个 LED 的阴极（或阳极）连接在一起组成的。你可以点亮个别的字段，见本章前面的内容"用多个 LED 显示反馈信息"。

参考图 47-5 把 74HC595 SIPO 芯片和 7 段数码管连接在一起。用程序 segment_shapes.pde 送出 8 位数据点亮小数点在内的 7 个段位，使用这个设置可以显示出全部的 10 个数字，还可以显示出一些只有你（和机器人）能够理解的特殊符号。

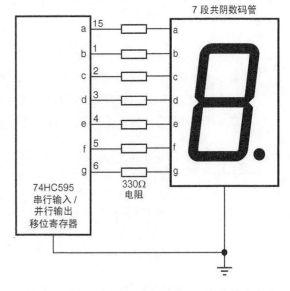

图 47-5 74HC595 SIPO（串行输入、并行输出）移位寄存器驱动一个 7 段 LED 数码管。移位寄存器可以组合显示 LED 的段位

segment_shapes.pde

```
int latchPin = 8;
int clockPin = 12;
int dataPin = 11;
void setup() {
pinMode(latchPin, OUTPUT);
pinMode(clockPin, OUTPUT);
pinMode(dataPin, OUTPUT);
}
void loop() {
// 显示一个标准的数字 7
digitalWrite(latchPin, LOW);
shiftOut(dataPin, clockPin, LSBFIRST, B11100000);
digitalWrite(latchPin, HIGH);
delay(1000);
// 显示一些特殊符号
digitalWrite(latchPin, LOW);
shiftOut(dataPin, clockPin, LSBFIRST, B01110011);
digitalWrite(latchPin, HIGH);
delay(1000);
}
```

 提示：你可能会发现用最低有效位优先的方式显示二进制格式的数字更容易，如图例所示。第 1 位的字段是 A（见图 47-4），第 2 个字段是 B，诸如此类。这里有一个简单的通过 74HC595 移位寄存器把二进制位转换成标准数字的对照表，即使你不使用小数点，在末尾也要把这一位包括进去，否则显示会不正常。

二进制位	数字
11111100	0
01100000	1
11011010	2
11110010	3
01100110	4
10110110	5
00111110	6
11100000	7
11111110	8
11100110	9

47.2　简单声音反馈

小扬声器发出的音调可以提供某种形式的听觉反馈。电路连接非常简单，甚至都不需要放大器——只需要做一些编程工作，要用一个单片机产生出脉冲宽度调制信号就可以了。大多数单片机都可以通过内部命令实现这个功能。在这个例子里，我使用的是带有内部声音指令的 Arduino。

 提示：如果你长时间使用 IBM 或兼容的个人电脑，你将会注意到这个概念有点像电脑内部的上电自检（"POST"）。电脑在上电时，操作系统被加载之前，会通过内置扬声器发出一系列短促的声音，音调的次序表示了自检的状态。

Arduino 和压电陶瓷扬声器的接线图见图 47-6，你还可以给 Arduino 接上一个小功放来放大声音，具体方法参考第 46 章 "听觉与发音"。程序 tones.pde 显示了如何产生出两个简单的用来表示通信状态的哔哔声。音调的数量和含义完全取决于你的设置。

程序里的音调是通过一个指定的引脚播放出来的，在这里是数字的 D8 脚，它连接着一个压电陶瓷扬声器。第 2 个参数是频率，单位为赫兹（每秒的周期数）。一个频率为 440 Hz 的声音是 "音乐会音高 A" 或 "音乐会 A"，这是一个高于钢琴上面中央 C 的 A 音。880Hz 的频率也是 A，只是高了一个 8 度。

Tone 语句的第 3 个参数是持续时间。程序先分别播放 440Hz 和 880Hz 的 A 音各半秒，等待 1 秒，然后重复。如此反复，一遍又一遍地播放。

tones.pde

```
void setup() {
}
void loop() {
tone(8, 440, 500); // 音乐会音高 A, 1/2s
delay(500);
tone(8, 880, 500); // 高八度
delay(1000); // 等待 1s
}
```

47.3　使用 LCD 显示屏

液晶显示屏（LCD）可以让机器人显示完整的单词，甚至是句子。即使是最小号的 LCD 显示屏也可以显示多达 8 个的字符——对一些单词来说已经足够了。如果需要，机器人还可以详细地显示出表明它的状态的错误代码。

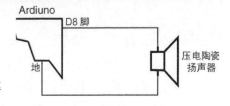

图 47-6　用 Arduino 单片机的一个引脚驱动压电陶瓷扬声器的基本接线图。使用 Arduino 的声音编程语句产生出声音

当机器人从编程电脑上脱离开来以后，借助 LCD 可以非常方便地对它进行测试和调试。你可以让 LCD 显示当前最新的程序运行状态，指示出像传感器被激活以及机器人单片机正在运行什么子程序这类事情。

47.3.1　文本或图形

LCD 显示屏大体上可以分为文本和图形两种形式。它们的不同之处是显而易见的，我们先简要讨论一下两者的特点：

● 基于文本的 LCD 只能显示储存在模块内部的文本和其他字符（比如美元符号或标志）。显示容量定义为每行可以显示的字符数以及可以显示的行数。举例说明，一个 16×1 的 LCD 有一行，最多可以显示 16 个字符。一个 32×2 的 LCD 有两行，每行最多可以显示 32 个字符。

● 基于图形的 LCD（GLCD）就好像电脑的显示器，可以用水平和垂直的点阵显示出文本以及其他图像。图形 LCD，或称为 GLCD，通过点阵数量的宽度和高度来定义，256×128 指的是在显示面板上有 256 个水平像素和 128 个垂直像素的点。

一些 GLCD 表面带有一层触摸屏（或作为一个配件），这使你可以直接在显示屏上按压提供反馈。大多数触摸屏都是电阻屏，这意味着你可以（应该能够）在它们上面使用橡胶手写笔。

提示：很多文本和图形显示屏都使用标准的接口控制器，这使它们使用起来更简单。这个控制器是 LCD 内部的电路，起到通信网关的作用。

**　　对于文本显示屏，最常见的控制器是日立的 HD44780。对于 GLCD 显示屏，最标准的控制器是三星的 KS0108，其他制造商生产的控制器和它们兼容。**

47.3.2　彩色、单色、背光

文本和图形 LCD 产品都有单色或彩色的版本。彩色显示屏常见于 GLCD，彩色也增加了造价和程序的复杂性。除非你特别需要，尽量使用单色显示器（注意，单显实际显示的颜色可以是黄色、绿色、黑色、白色或其他颜色）。

很多高级一点的 LCD 显示屏带有自己的背光，从而增加了在多种类型的室内和室外光线条件下对比度，虽然背光不是必需的，但是它是一个很有用的功能。

47.3.3　LCD 接口类型

你在使用 LCD 显示屏之前必须先把它连接到一个单片机上。有两个连接方法，并行和串行：

● 并行接口需要把单片机上面的多个 I/O 引脚分别连接到 LCD。基于文本的 LCD 需要 7 个 I/O 接口，GLCD 需要大约 16 个 I/O 接口，这显然增加了连接的难度。你的程序直接和 LCD 显示屏上面的控制器通信。

● 串行接口需要把单片机上面的两或三个 I/O 接口连接到 LCD。你的程序通过串行指令与 LCD 通信，LCD 上面附加的电路把这些指令转换成显示屏可以使用的并行数据。

由于基于文本的 LCD 是目前最常见的类型（很多控制器都内置了支持文本显示的功能），我将以它们为主做介绍。下面的例子显示了如何把一个 Arduino 单片机连接到基于文本的 HD44780 液晶显示屏上。为简单起见，例子里使用的是一个 16×2 LCD。这种 LCD 最常见，价格也最便宜。

提示：串行 LCD 有一些适用的标准指令集，如果你准备使用一个串行 LCD，可以参考它附带的使用说明。说明书会告诉你如何连接显示屏的控制器，如何建立通信（比如波特率的设置），以及如何把命令发送到 LCD。

图 47-7 显示了 Arduino 单片机和一个基于 HD44780 的 4 位并行字符型液晶显示模块的接线图。图中还显示了如何用一个 10 kΩ 电位器调节显示屏的对比度。调节电位器可以在显示屏上显示出清晰的字符。

注意：你的 LCD 显示屏需要与日立的 HD44780 驱动器兼容。大多数都是兼容的，但是你最好先检查一下，确定无误再使用。图 47-7 所示的是你会碰到的最常见的引脚排列顺序，但也有一些不太标准的 LCD 显示屏。你所使用的显示屏可能有 14 个引脚（不带 LED 背光），或 15、16 个引脚（带有 LED 背光）。

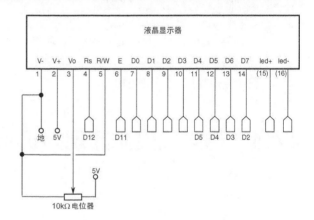

图 47-7　标准 4、8 位字符型 LCD 显示屏管脚示意图（仅限于使用日立 HD44780 驱动器的 LCD）。工作在 4 位模式的 LCD 可以减少 I/O 接口的占用

程序 lcd16X2.pde 是一个基本的编程示例，在 LCD 上显示 "Robot Builder's Bonanza. 4th Ed."。

lcd16x2.pde

```
#include <LiquidCrystal.h>
// 初始化 LCD 接口
LiquidCrystal lcd(12, 11, 5, 4, 3, 2);
void setup() {
// 设置 LCD 的数字 / 行
lcd.begin(16, 2);
// 显示信息
```

```
lcd.setCursor(0, 0);
lcd.print("Robot Builder's");
lcd.setCursor(0, 1);
lcd.print("Bonanza, 4th Ed.");
}
void loop() {
}
```

提示：对于 LCD 的对比度调节功能，为了简化设置，你可以去掉 10kΩ 电位器，试着把 LCD 的第 3 脚（VO）接地。或者把这个引脚连接到 Arduino 的 D9 脚，然后在程序 setup（）功能开始的地方加入一行：

```
analogWrite(9, 20);
```

　　这是用 Arduino 的 PWM 功能在 LCD 的第 3 脚设置一个非常低的电压。analogWrite 语句第 2 个参数的数值可以从 0 到 255 变化。在大多数 LCD 显示屏上，这个数值越高，对比度越小。

47.4　用光线效果实现人机互动

　　如果机器人发出有趣的声音或是闪烁的灯光，一些观众将会问你，"这是做什么的"。机器人的互动可以使它像一个人一样有趣。机器人的互动功能越强它也就越吸引人，这可以增加观众对机器人的关注程度。

提示：有很多种方法可以使机器人吸引别人的注意，比如使用的音乐铃声和声音效果，甚至你可以让机器人每隔一段时间停止一次，比划一点洋洋得意的动作。
　　你可以实现机器人的个性化动作（提示：可以通过启动和停止相应部位的电动机来实现），此外还有音乐和其他听觉效果，一定要看看第 46 章 "听觉与发音" 里面的内容。

　　在机器人上实现光线效果的首选方案是使用发光二极管，过去的发光二极管尺寸小、亮度低、颜色单一。现在它们有多种颜色，单点发光亮度也显著改善了，可以把 LED 当作手电筒用。

供参考

　　阅读第 31 章 "机器人常用的电子元器件" 了解更多关于 LED 的基础知识，包括如何选择合适的限流电阻防止 LED 烧毁。

47.4.1　多个 LED

不要满足于只使用一个 LED。使用多个 LED，选择相同的或不同的颜色，把它们安装在机器人的不同位置。从计算角度来看，最好给每个 LED 都配上一个限流电阻，把它们分别连接到机器人的电源上，这也有助于确保各个 LED 的亮度是均等的。只要确定好流过 LED 的最大电流，就可以改变限流电阻的阻值调节单个 LED 的亮度了。

47.4.2　超亮和特亮 LED

常见 LED 的亮度相当低，只有几个毫烛光（烛光是一个标准的光测量单位，一个毫烛光是一个烛光的 1/1000）。超亮和特亮 LED 的亮度可以达到 500 ~ 5000 毫烛光，个别的亮度会更高。一些 LED 发出的光线异常明亮，如果你盯着它们发出的光束将会对眼睛造成伤害。

超亮和特亮 LED 尤其适合用来突出小型机器人的效果。调暗灯光，让机器人在地板上随意走动。如果你的照相机带有开放式快门（也称为 open-bulb）功能，你可以拍摄一张长时间曝光的图片显示出机器人在房间里的活动路径。

在选择超亮和特亮 LED 的时候，要特别注意它们的发光角度。亮度越高的 LED 发出的光束越窄，一般只有 10 或 15 度。如果你想从多个角度都能够看到 LED，应该选择一个发光角度更宽的类型。

很多非常明亮的 LED 需要的电流超出了一些单片机的输出脚所能提供的范围，你需要用一个晶体管（图 47-8）或一个电流驱动器（图 47-9）来提高 LED 上面的电流。图中显示的驱动器是一个 ULN2003 达林顿晶体管阵列，它里面 7 个驱动器中的每一个都可以提供高达 500 mA（半安培）的电流，实际电流值取决于芯片的版本。如果你需要 8 个驱动器，可以使用 ULN2803，它和 ULN2003 的功能是相同的，只是增加了额外的驱动器。当然，这个芯片也带有更多的引脚。

同样要注意的是：高亮度 LED 也需要限流电阻，否则它很快就会烧坏。根据第 31 章里面的公式，为了计算电阻的阻值，你需要知道通过 LED 的正向电压以及可以安全地通过器件的最大电流。这些信息可以在 LED 配套的手册里面找到。

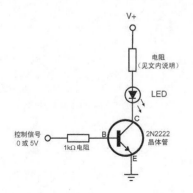

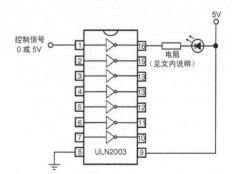

图 47-8　高亮度大功率 LED 可能需要比单片机的 I/O 引脚能够提供的电流更大的驱动电流。可以用晶体管提高电流驱动这种 LED。选择适当的电阻使通过 LED 的电流不会太大

图 47-9　缓冲器或驱动器也可以用来驱动（一个或多个）LED。ULN2003 芯片里面包含了 7 个大电流输出的驱动器，每个驱动器可以提供几百毫安的电流

47.4.3　多色 LED

有些 LED 可以发出不止一种颜色，第 31 章"机器人常用电子元件"已经详细讨论过这个话题，在这里只做简单说明。市场上有以下几种常见的多色 LED：

- 包含红色和绿色 LED 的双色 LED（也可能是其他颜色的组合）。你可以调转 LED 上面的电压点亮相应的颜色。你还可以用快速地切换电压极性的方法产生出混合的颜色。
- 三色 LED 和双色 LED 在功能上是相同的，不同的是它们里面的两个彩色二极管的连接方式。
- 包含红、绿、蓝三种颜色 LED 的七彩 LED。你可以分别控制每个颜色的 LED 上面的电流。

图 47-10 显示了如何把一个双色 LED 连接到单片机的两个引脚上，把两个引脚都设置成低电平可以让 LED 熄灭，把其中一个引脚设置成高电平，可以点亮对应的颜色。

引脚 A	引脚 B	LED 输出 *
低电平	低电平	关
低电平	高电平	绿
高电平	低电平	红
脉冲†	脉冲†	桔红

* 实际颜色取决于你连接 LED 的方式。当然，一些双色 LED 还可以显示出除红绿以外的其他颜色。

† 脉冲的情形是，当一个引脚为低电平的时侯另一个引脚就为高电平。脉冲切换的速度是每秒钟 10 次。根据人眼的视觉暂留特性可以看到一个单一的混合色。

作为一个例子，下面的代码为 Arduino 的两种颜色之间的切换双色 LED。

```
digitalWrite(led1, HIGH);
digitalWrite(led2, LOW);
delay(1000);
digitalWrite(led1, LOW);
digitalWrite(led2, HIGH);
delay(1000);
```

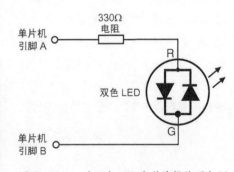

图 47-10　一个双色 LED 和单片机的两个 I/O 引脚的连接。为了显示颜色，需要把 LED 的管脚置于高电平。快速切换两个管脚的电平可以产生出两个色彩组合在一起的效果

为了产生混色效果，只需要简单地提高两种颜色之间的切换速度。试着把延迟从 1 000ms（1s）降低到 10ms（1/100s），查看 LED 颜色的变化。

在一个双色 LED 里面一次只能点亮一个二极管，但是三色 LED 就不同了，它里面的每个二极管都有自己的连接管脚，这样你就可以对它们进行开或关的控制。你也可以让它们在同一时间点亮，把颜色混合在一起。

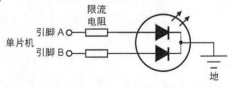

图 47-11　一个三色 LED 和单片机的两个引脚的连接。两个二极管可以单独点亮也可以同时点亮

图 47-11 显示了如何把三色 LED（3 个管脚的 LED）连接到单片机上。注意，LED 上的每个二极管都需要自己的限流电阻。Tricolor.pde 是一个很短地演示程序，实现三色 LED 从红色到绿色再到橙色的切换。

引脚 A	引脚 B	LED 输出 *
低电平	低电平	关
低电平	高电平	绿
高电平	低电平	红
高电平	高电平	桔红

* 实际颜色取决于你所使用的 LED。

tricolor.pde

```
int redPin = 9; // LED 红色引脚
int greenPin = 10; // LED 绿色引脚
void setup() {
pinMode(redPin, OUTPUT);
pinMode(greenPin, OUTPUT);
}
void loop() {
digitalWrite(redPin, HIGH);
delay(500);
digitalWrite(redPin, LOW);
delay(500);
digitalWrite(greenPin, HIGH);
delay(500);

digitalWrite(greenPin, LOW);
delay(500);
digitalWrite(redPin, HIGH);
digitalWrite(greenPin, HIGH);
delay(500);
digitalWrite(redPin, LOW);
digitalWrite(greenPin, LOW);
delay(500);
}
```

最后是一个红、绿、蓝三种颜色的二极管组成的七彩或 RGB LED，它可以独立地显示 3 个主要的颜色，也可以通过不同的组合产生出很多其他的颜色。它们的用法和三色 LED 一样，只是要多占用单片机的一个引脚控制额外的颜色。

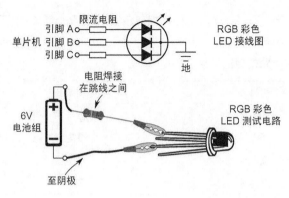

图 47-12 显示了一个七彩 LED 的连接示意图，以及一个用来试验它是如何工作的测试电路。在跳线上焊接一个限流电阻（比如 330Ω ~ 470Ω），把电池的负极连接到 LED 的阴极，然后依次连接阳极管脚查看颜色的变化。

图 47-12　七彩（红－绿－蓝）LED 和单片机的 3 个 I/O 引脚的连接。通过改变 3 个二极管的亮度可以产生出彩虹的颜色

回想一下，你可以同时点亮一个以上的二极管使 LED 发出混合的颜色，你可以用单片机输出的 PWM（脉冲宽度调制）脉冲改变光线的强度，创造出数以千计的色彩组合。适用于 Arduino 的程序 rainbow-_led.pde，显示了如何使用 analogWrite 语句，它可以在单片机特定引脚上产生出 PWM 信号。我们将用数字引脚 D9、D10、D11 连接七彩 LED（不要忘记加入限流电阻）。

供参考

rainbow_led.pde 为了节省空间，这个项目的程序代码保存在 RBB 技术支持网站上。参考附录 A "RBB 技术支持网站" 获得更多细节。

三色和七彩 LED 的接线图显示的是共阴器件，也就是说，器件里面所有二极管的阴极（负极）是连接在一起的。多色 LED 也有共阳的类型，这种类型的阳极（正极）是连接在一起的。不过，它们的用法是相同的，当然，你必须把接线反过来，当阴极上面的电平为低时 LED 点亮。

47.4.4　在线信息：更多唬人的光影戏法

不使用太复杂的技术，也可以让机器人呈现出另人眼花缭乱的光线特效。RBB 技术支持网站提供了一些方法和思路：

- 使用电子发光（EL）导线、光导纤维或者激光；
- 用发光材料点缀机器人的身体（荧光棒、节日彩灯、LED 磁性耳环）；
- 用不同颜色的冷阴极荧光灯管作为机器人的外部照明光源；
- 使用被动式的装饰材料，比如贴花纸、荧光涂料、转印膜。

第 48 章

注意安全，独行侠

每个人都抱怨业余制作的机器人没有什么实用价值，只是可以让它们的主人能够以"科学"的名义来摆弄这些小装置罢了，其实你马上就可以给机器人分派一个实用的任务：火灾和烟雾探测。本章将要展示的是，你可以毫不费力地把传感器安装在机器人上，使它可以检测到火焰、热量、烟雾以及有毒气体，使机器人成为一种移动式的安全检查员。

注意： 现在先不要期待机器人哨兵会万无一失地完成工作，这里描述的方法仅限于实验目的。因为这个原因，我们最好不要让一个机器人来检测一个房间里的烟雾或气体。为了确保真正的安全，这些任务还是留给那些专门设计用来检测火灾、煤气和烟雾的电子设备吧。

供参考

所有软件例子的源代码都可以在 RBB 技术支持网站里面找到。见附录 A "RBB 技术支持网站"获得更多细节。为了节省页面空间，比较长的程序在书中不会打印，你可以在支持网站里找到它们。支持网站也提供了项目零件清单（含采购信息）、更新以及更多的例子，你可以试一试。

48.1 火焰检测

火焰检测需要使用适当数量的能够检测到红外线的传感器，当传感器被激活时通过电路触发电动机、警报器、计算机或其他的移动设备的动作。事实证明，几乎所有的光电晶体管都是专门设计对红外线或近红外线敏感的，你只需要把几个元件和光电晶体管连接起来就可以获得一个完整的火焰检测电路。

有趣的是探测器可以"看"到我们看不见的火焰。许多气体，包括氢气和丙烷，在燃烧时几乎看不到火焰。探测器可以在你之前发现它们，或者可以在物体被点燃和屋子里充满烟雾之前检测到危险。

48.1.1 检测火焰中的紫外线

在所有的火和火焰的检测方法里，使用紫外线传感器的方法可能是最常见的。紫外火焰传感器设计用于中央供暖系统行业，用来检测石油和天然气锅炉的标灯状态和火焰的设定。你可以在机器人上使用相同的传感器来寻找明火，需要注意的是，这些传感器的价格并不便宜，而且你必须给紫外线传感器配备一个合适的放大器。

　　Hamamatsu 生产的 R2868 型火焰探测和紫外线传感器以及配套的放大电路板是业余机器人上面最常用的火焰探测器，它也是最便宜的，可以通过 Acroname 和其他网上专业机器人零售店购买。此外还有其他型号的传感器，比如 Honeywell 生产的 C7027 也可以完成相同的工作。

48.1.2　寻找闪烁的火焰

　　对于闪烁的火焰检测，你可以在机器人的火灾探测系统上使用一种火焰调制技术以帮助区分什么是真正的火，或者可能只是透过窗户照射进来的阳光或附近白炽灯发出的灯光。通过检测火焰闪烁的速率并以它作为参考过滤掉一些已知数值，可以减少误报的发生。

　　虽然这项技术的应用超出了本书讨论的范围，但是只要对其稍加改进，你就可以用一个光电晶体管（不能用光敏电阻）和一个单片机的模拟转数字的输入端口创建一个简单的火焰闪烁探测系统。光电晶体管将采集火焰发出的红外线和近红外线。

　　程序每秒钟读取 15 ～ 20 次光电晶体管（译者注：原书为光敏电阻）的数值，寻找阳光或白炽灯发出的有别于火焰的参数。参数越接近，一个真实火焰的可能性就越大，举例说明：

- 如果光的强度不变，这就好比一个稳定的太阳光或者像手电筒这样的稳定光源发出的光线。无论哪种情况，都不是一个真正的火焰（当然，太阳本身就是一个巨大的火球，但是它距离我们有 8300 万英里远，只要保持在这个距离，我们就可以接受）。

- 如果光线在固定的时间间隔里闪烁并且强度相等，那么它可能是交流供电的白炽灯或者是荧光灯具发出的光，同样地，我们对这种光线不感兴趣。

- 如果光线强度不断变化并且随机闪烁，那么它很可能是一个火焰发出的光线。

48.1.3　探测火焰中的红外线

　　火焰的热量会散发出红外线，其中有一些位于电磁光谱近红外（超出暗红色）的部分，另一些则位于远红外光谱。一个简单的近红外火灾传感器电路图如图 48-1 所示。它使用了一个光电晶体管，元件对红外线的自然响应位于近红外区域，大约为 800 ～ 1500nm。为了获得最佳结果，光电晶体管的前面需要加上红外线滤波器阻止外部光线的干扰。红外线滤波器只让红外线可以通过，阻止其他的光线的通过。

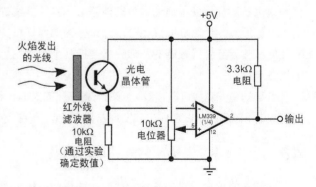

图 48-1　基本测试电路用来检测附近火焰发出的光线。调节 10kΩ 电位器获得最佳灵敏度

提示：一些光电晶体管带有内置的红外线滤波器，它们的典型设置是可以接收波长大约为 950 nm 的红外线。如果光电晶体管是棕色、深蓝或暗红色，说明它已经内置了一个红外线滤波器。

你需要知道的是这种类型的检测电路还有很多可以改进的地方，因为它会在各种光线下触发，包括来自太阳的光线、白炽灯，以及机器人自己的红外线导航传感器。但它是一个实用技术，可以对受控环境中的机器人进行各种常规测试和实验。

一个更好的但更昂贵的技术使用的是热电堆传感器，如图 48-2 所示，这种特殊的装置包含了水平排列的 8 个红外线热成像传感器，据说它能够检测到距离 6 英尺的烛光。因为里面包含了比较多的传感器，当它指向一个目标时，可以描绘出一种简单的马赛克加热曲线图。

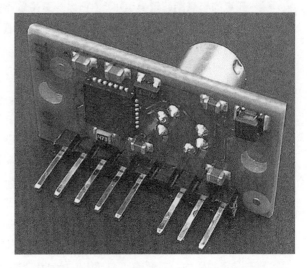

图 48-2　这个热电堆传感器在一个 8×1 阵列里包含了 8 个红外线探测器。它提供的串口可以输出每个探测器的瞬时值（图片来自 Devantech）

火焰会消耗有机材料并燃烧掉氢，放出二氧化碳 CO_2。这种气体的排放会产生出一个非常明显的"尖峰"式红外线辐射，波长为 4300nm（见图 48-3）。通过一个特制的窄带红外线滤波器，阻止 4300nm 以外的辐射信号，可以让传感器可以有效地忽略本底辐射，包括自然和人工光源产生的辐射。

遗憾的是波长 4300nm 的红外线滤波器并不常见，购买新器件的价格非常昂贵，但是你可以碰碰运气，或许在你家附近的一些无人问津的剩余物资商店或学校的储藏室里就可以找到一个。

48.2　烟雾检测

"哪里有烟，哪里就有火"。花费不到 15 美元，你就可以给机器人添加一个烟雾检测功能，通过少量的程序设计，它就可以在房子里徘徊，检查各个房间是否存在问题了。

你可以购买独立的元件制作自己的烟雾探测器，但是在很多时候，类似烟雾探测传感器这样的元件很难找到。使用一个商业化的烟雾探测器，对

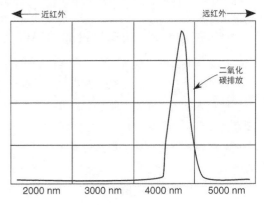

图 48-3　火焰燃烧产生的二氧化碳（CO_2）可以在电磁光谱的红外线范围发出一个波长为 4300nm 的"尖峰"

其加以改装并用在机器人上，会使事情变得更加容易。实际上，给机器人添加传感器的过程非常简单，只需要拆开烟雾传感器的外壳把它从主电路板上取下来就可以了。

 提示： 许多烟雾探测器使用了一个带有中等放射性物质（镅 241）的离子腔。这种人造元素的半衰期超过 400 年（它会一直持续不停地衰变），但是离子腔会因为灰尘或其他污染使用不了 10 年就会失效，使用一个积压的或二手的报警器会使你的"防火机器人"很难检测到烟雾或火情。

48.2.1　改装烟雾报警器

你可以为机器人购买一个新的烟雾探测模块，也可以从一个商业化的烟雾报警器里面拆一个，后者的造价更便宜——你只要花 7 ~ 10 美元就可以买到质量不错的烟雾报警器。在这一节里，我将讨论改装一个商业化的烟雾报警器，具体地是一个型号为 SA300 的火灾报警器，使它可以直接连接在机器人计算机的端口或单片机上。当然，烟雾报警器有不同的设计，但是大多数报警器的基本结构和这里介绍的是一样的。你在对其他规格的烟雾报警器进行改装时可能会遇到一些小问题。

不管怎么说，你应该把改装的报警器范围限制在使用传统的 9V 电池的类型。某些型号的报警器，尤其是非常老的品种，需要使用交流电或特制电池供电，它们是不适用于电池供电的机器人上。

■ 48.2.1.1　检查操作是否正常

先要检查报警器是否可以正常工作，如果它还没有电池，先在电池仓里放入一块新电池，戴好隔音耳塞（或用东西盖住警器的发声部位），按下报警器上的"测试"按钮，如果它工作正常报警器应该发出洪亮尖锐的音调。

如果一切测试无误，取下电池并拆开报警器。一些低档产品不是用螺丝固定的，它们采用的是一种"卡口"结构，可以用小号平头螺丝刀将卡口部位撬开。

■ 48.2.1.2　烟雾报警器的内部

烟雾探测器的内部是一个包含有驱动电路和烟雾探测器单元的电路板。

其他安装在电路板上或安装在附近的是一个用来发出报警音的压电陶瓷片。取下电路板，小心不要把它弄坏了，仔细查看板子上可以"改装"的部位，记住压电陶瓷片的连线。如果运气足够好，陶瓷片上可能会连接着两或三根导线：

- 压电陶瓷片上连接着两根导线：导线为电源正极和地。这种方式常见于一体化设计的压电式蜂鸣器，蜂鸣器内部包含了发音电路或者把陶瓷片当作一个简易扬声器。
- 压电陶瓷片上连接着三根导线：导线分别是电源正极、地和使陶瓷片振动发音的信号。

找出接地的导线。在 SA300 上很容易找到这根线，因为电池的端子在电路板上标着 + 和 –。找出地（负极或 –）端子，把万用表的黑色表笔的 COM 端连接在上面，把红色表笔连接到压电陶瓷片上面的一根导线或其中一端。

　　把电池放回电池仓,按下报警器的"测试"按钮,注意观察万用表上电压的变化。对于双线陶瓷片,你应该能看到电压随着声音的出现而变化。对于三线陶瓷片,分别测试每根导线找出电压变化较高的那一根,这根导线应该是你将要用到的。如果你使用的是一台示波器,对照屏幕找出那根可以产生清晰的开 / 关脉冲的导线。

　　一旦你确定了压电陶瓷片上连接着的导线的功能,就可以把陶瓷片拆下来保存用于其他的项目了。重新测试警报器的电路,确保你仍然可以用万用表读出电压的变化,接着剪掉电池仓的导线,除了电路板以外其他部分都不需要。

　　在 SA300 报警器上,压电陶瓷片上连着三根导线,右上角的一根可以产生最大的电压变化,因此我在它的印制电路板下面对应的位置焊了一根长的"引出"线 。在示波器上可以看到这个电压的变化显示出的是一系列快速的锯齿脉冲,这些脉冲就是使压电陶瓷发出高音报警的信号。图 48- 4 显示的是一个 SA300 报警器的外壳和里面的机芯,拆除压电陶瓷片,在 PCB 上焊接一根引出线。

图 48-4　一个常见的电池供电的烟雾报警器的机芯

48.2.2　报警器与单片机的连接

　　图 48-5 显示了使用电池供电的烟雾报警器的输出信号与单片机或其他输入为 5V 的电路连接图。为求安全,电路使用了一个 5.1V 的稳压二极管和一个限流电阻来防止可能出现的过压状况。大多数电池供电的烟雾报警器使用的电压为 9V (个别型号可达 12V),你需要防止高于 5V 的电压进入你的单片机。

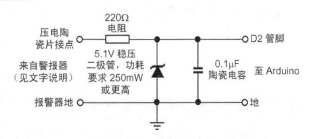

图 48-5　一个 5.1V 稳压二极管把烟雾报警器的输出电压钳制在 5V,有助于保护单片机的输入端口。你还可以添加其他形式的保护措施,比如光电耦合器或缓冲器(见第 41 章)

注意:单片机连接到外部设备时总是有可能损坏,因此你在操作的时候一定要加倍小心。

提示:图 48-5 里面的电路假定烟雾传感器输出给压电蜂鸣器的电压为 7 ~ 12V。你可以加入一个光电耦合器(见第 40 章),它可以加强探测器与机器人电路之间的保护效果。

按照图中所示的电路，我们假定单片机指定的输入管脚已经连接到烟雾传感器电路板上，程序 smoke_detector.pde（适用于 Arduino）每秒钟检查几次输入管脚。当管脚为高电平时，烟雾报警器处于触发状态，Arduino 的指示灯点亮。

smoke_detector.pde

```
const int alarmPin = 2;
const int ledPin = 13;
void setup() {
pinMode(ledPin, OUTPUT);
pinMode(alarmPin, INPUT);
}
void loop(){
if (digitalRead(alarmPin) == HIGH) {
digitalWrite(ledPin, HIGH);
}
else {
digitalWrite(ledPin, LOW);
}
}
```

48.2.3　测试警报器

一旦把烟雾警报器的电路板连接到单片机或计算机的端口上，就可以通过按下烟雾报警器上面的"测试"按钮对你的软件进行测试了。

48.2.4　在 5V 电压下工作

我发现 SA300 报警器的工作电压是 5V，而不是它使用的电池上面的 9V 电压。或者我可以这么说，当它在 5V 电压下工作的时候，按下测试按钮它可以照常触发并发出警报音。我不知道这个设备在低电压下的烟雾检测能力是否有所减弱，但是我觉得这是一个问题。不管怎么说，让电路板在 5V 电压下工作你就不必专门再为它准备一块独立的电池了，因此这个方法值得加以考虑。

从另一方面来说，低压下的输出信号无法提供足够的上升沿实现对 Arduino 的触发，D2 管脚上的电压不足以显示为高电平。解决这个问题的一个附加方案是在烟雾探测器的输出端连接一个电压比较器，调节比较器的参考电压使电路在减少的信号下也可以触发（我的试验值是 2V）。查看第 40 章获得更多的使用电压比较器电路的信息。

48.2.5　机器人探测烟雾的局限

你应该意识到机器人火灾探测器有着某些内在的局限。在火灾的早期阶段，烟雾是附着在房顶上的。这也是为什么厂家建议你应该把烟雾探测器安装在天花板上而不是墙壁上，只有当火势大起来烟雾变浓的时候，它才开始下降到房间的其他位置。

机器人的个头很可能非常矮，当烟雾还在天花板的时候它可能检测不到。这并不是说把烟雾探测器安装在一个超过 1 英尺高的机器人上就不能检测到一场小火灾，只是不值得这样去做。正确的做法是，在需要实际防护的场所，总是使用一个标准的烟雾报警器，具有烟雾报警功能的机器人可以作为一个教育玩具。

48.3　检测危险气体

烟雾报警器可以检测火灾产生的烟雾但是无法检测有毒气体。一些火灾只冒出很少的烟雾但是会产生大量的有害气体，这些气体无法被传统的烟雾报警器探测到。此外，即使没有火灾，也可能会存在致死的气体。举例说明，一个发生了故障的煤气灶可以产生有毒的一氧化碳气体。

有检测烟雾的报警器，就有检测危险气体，包括一氧化碳气体的报警器。这种气体报警器的造价比烟雾报警器要稍微贵一点，但是它们可以像烟雾报警一样进行改装，还可以使用包含有烟雾和气体报警功能的组合设备。你可以判断这种一体化的设计对你是否有用。在一些烟 –气报警设备中，无法通过简单的方式判断到底检测到了哪一种危险（烟雾或者气体）。

48.3.1　制作有害气体检测电路

市场上可供用于机器人试验的烟雾探测模块并不多，但是气体探测器的情形就大不一样了。Parallax、Seeedstudio 和很多其他厂商提供了一种规格各异的由单块电路板构成的气体探测模块，你可以很方便地把它们组合在机器人上，不需要对其进行改装。

图 48- 6 显示了一个丙烷和液化石油气的传感器模块，它可以很容易地与单片机连接。 传感器的型号为 Hanwei MQ- 6 气体探测器，能够嗅探到各种挥发气体，尤其对液化石油气体、丙烷和丙烷敏感。常见的连接方式如图 48- 7 所示，与 Arduino 配套的示例程序为 propane.pde。传感器的输出端连接到单片机的模拟管脚 A0。

需要注意的是这个电路和演示程序适用于同一家公司生产的大多数气体和空气质量传感器（但不是全部，

图 48-6　检测丙烷、液化石油气和其他有害易燃气体的气体传感器（图片来自 Parallax Inc）

一些型号的传感器接线方式更复杂，还需要冷 / 热循环处理）。举例说明，MQ-3 酒精传感器可以用来制作一个醉酒检测机器人。检查你使用的传感器附带的技术说明获得详细信息。

　　调整 20 kΩ 电位器获得最佳灵敏度。因为你很可能没有可供校准的气源，所以你只能简单地估算最佳的设置。开始先把电位器设置在中点，然后试着缓慢地把它调高或调低。

　　这个或任何一个有害气体传感器的测试和使用都应该严格按照制造商建议进行，否则会导致严重的人身伤害甚至死亡。测试只能在室外或通风良好的地方进行，同时应该远离火焰、明火或热源。本项目只供用于实验目的。

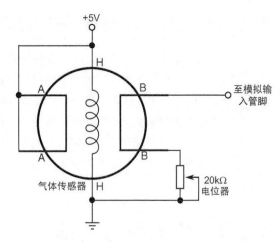

图 48-7　气体传感器的基本连接示意图，传感器使用内部的加热原件。调节电位器获得最佳灵敏度和探测范围

propane.pde

```
int val = 0;
void setup() {
Serial.begin(9600);
}
void loop() {
val = analogRead(0);
Serial.println(val, DEC);
delay(250);
}
```

48.3.2　预热、调节和使用

　　MQ-6 通过加热腔室内部的空气来工作，因此它带有一个内置加热器元件（这就是为什么传感器在运行过程中会变得有点热）。你应该总是让传感器达到一定温度再进行读数。传感器手册里说明测试前需要预热 24 小时或更长的时间，对于一般的测试和作为一个机器人的气体嗅探器，只需要预热一分钟左右就可以了。

　　运行程序，打开串行监视器窗口，让传感器预热。预热以后，调节 20 kΩ 电位器使读数大致在中间位置。在我的试验里，电位器旋转到两端的读数是从 0 到 330，因此我把 160 作为近似的中点。

　　我使用了一个普通的丁烷打火机进行气体测试，熄灭火焰只是放出气体（当然，我是在一个通风良好的房间里操作，而且整个过程只有几秒）。读数迅速超过 850，表明传感器检测到了高浓度的气体。读数需要几分钟返回正常值。在操作过程中不要触摸传感器，这会影响读数的准确性。

加热器持续运行的时侯，消耗约 750mW 的功率，电压为 5V，这相当于 150mA 的电流。不要使用一个小型的 9V 方块电池来操作你的 Arduino 和气体传感器，你需要的是一个容量比较大的电池组，比如一组 6 个或 8 个的 D 型电池组。注意当 Arduino 使用 USB 端口供电的情形，此时电流限制为 500mA。不要把气体传感器和其他电流消耗比较高的元件一起使用，比如舵机。

48.3.3　不同比重的气体

和烟雾探测器一样，气体探测器安装的位置对它的检测效果会产生非常大的影响。具体原因是：根据比重的不同，气体在空气中不是上升就是下降。如果一种气体比空气轻，它就会上升——就像当你松开手的时候氦气球就会上升一样。

● 比空气轻的气体，如甲烷和天然气，如果气体检测器安装在一个只有 6 英寸高机器人上面，那么当气体上升到天花板的时候都有可能不被注意到（取决于浓度）。

● 比空气重的气体或比重和空气差不多的气体，将会沉到地面上。传感器对这些气体的检测效果比较好，气体包括苯和丙烷，它们很适合用于机器人的试验。

气体	比重	在空气中的活动
乙炔	0.9	缓慢上升
酒精蒸气	1.6	下降
苯	2.7	下降
丁烷	2.0	下降
二氧化碳 *	1.5	下降 *
一氧化碳	0.9	缓慢上升
天然气	0.6	上升
甲烷	0.5	上升
丙烷	1.5	下降

* 二氧化碳通常不认为是一种有毒气体，除非它的浓度非常高。

48.4　热传感

在一场火灾里，高温是引发烟雾和火焰的罪魁祸首。这种情况一开始的时候很难察觉，直到火越烧越大。怎么样可以在起火之前检测到潜在的危险，比如放在那里忘了关的煤油炉或者一个翻倒了的烙铁使低龙衣服底部开始熔化？

实际上，热传感器对火灾只能起到有限的保护作用，但是热传感器很容易实现。此外，当机器人不寻找火焰的时候，它还可以在房子里面游荡，不知疲倦地检测或者提供外界温度的报告，由此你可以联想到更多的功能。

　　图 48- 8 显示了一个由常见的 LM34 温度传感器组成的基本但是可以工作的电路。这个器件比较容易找到，成本只有几美元。器件输出的是一个线性变化的电压，连线如图 48-8 所示。温度每上升 1° F（华氏温度），电压增加 10mV。Temperature.pde 程序是一个用 Arduino 单片机读取传感器数值的例子。

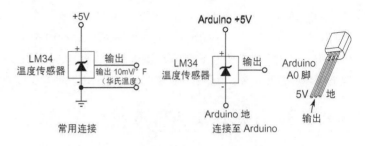

图 48-8　LM34 华氏温度传感器电路图。为了达到最佳效果，可以用导热性黏合剂把传感器固定在一小片铝或其他金属上

 提示：**LM34 的输出是相对华氏温度而言的，如果你想测量摄氏温度，使用 LM35 传感器。**

temperature.pde

```
int lm34 = A0;
int tempF = 0;
void setup() {
Serial.begin(9600);
}
void loop() {
tempF = (500.0 * analogRead(lm34)) / 1024;
Serial.print("Current temperature: ");
Serial.println(tempF, DEC);
delay(500);
}
```

　　LM34 的另一种应用方法如图 48- 9 所示。在这个电路里，传感器连接在一个 LM339 电压比较器上，为了检测温度是否超过预定的限制，你要通过 10 kΩ 电位器对电路进行设定。举例说明，你可以把电路的触发点"校准"在 100° F 附近。当温度超过预定值的时候，LM339 比较器的输出端被触发并产生相应动作。

　　最简单的校准电路的方法是在你需要的温度上设定好电位器。如果这个方法不好实现，你也可以使用万用表测量出 LM34 在一些已知温度下的输出电压，推断出所需的值。计算出已知温度和需求温度之间的差异，把结果乘以 0.01（谨记，LM34 上面每一度的电压变化是 1 mV）换算成压差。最后在已知温度电压值的基础上加上或减去这个差值。

举例说明，如果当前的温度是 75°F，你想要要触发的温度是 100°F，温差为 +25°F。如果在 75°F 的时候，LM34 的输出电压为 2.4V，把这个电压加上 0.25（25×0.01），通过电位器把比较器的参考电压设定在 2.65V（2.4+0.25）。

48.5　机器人救火竞赛

如果你对消防救火类的机器人异常着迷，可以考虑参加每年一度的三一学院杯国际家用机器人灭火竞赛（访问 www.trincoll.edu/events/ robot/ 网站获得更多附加信息，包括规则及相关活动介绍）。

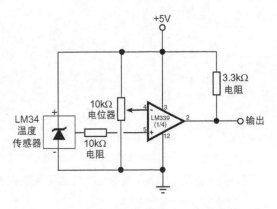

图 48-9　LM339 电压比较器作为一个触发器，当达到特定的温度的时候电路动作。10kΩ 电位器负责调整特定温度下比较器的触发值

这个比赛需要机器人在有限的时间里在一个类似房子的测试场地中穿行（"房子"和所有的房间都按一定比例缩小制作的），目的是要在最少的时间里找到蜡烛发出的火焰和烟雾。比赛分为初级组（高中以下）和高级组（其他人），为选手提供了一个更公平的竞争环境。

几个本地的机器人团体也举办他们自己的消防比赛，上网查找哪个团体距离你最近，以及他们提供什么类型的比赛。

48.6　最后，着手去做

焊接最后一根导线、打磨最后一块金属、拧紧最后一个螺丝，启动机器人，生活中很少有这样激动人心的瞬间。你亲手创造出来的东西开始走进你的生活，服从你的命令并按照预先编排好的指令运行。这是机器人爱好者最美妙的时光。事实证明，在工作室度过的无数个夜晚和周末是有所回报的。

我在本书开始的时候许下了一个探险的承诺——为你提供一张包含了方案、图解、图表以及制作你自己的机器人项目的藏宝图。我希望你根据我描述的机械结构和电路已经制作了几个机器人。当你读完本书的时候，可以答应我一件事：完善这些想法，使它们变得更好，以其他人想象不到的创造性的思路去运用它们，创造出每个机器人爱好者梦寐以求的超级机器人。

欢迎提出你的想法、建议和其他意见。如果你在电路或机械结构中发现一处错误，我保证在本书的下一版中会加以修正。参考附录 A，访问本书的技术支持网站。如果你有一个独一无二的机器人设计，为什么不与其他人分享，给我你的制作完成的或正在制作的机器人的详细信息。

现在，合上书本。马上着手创造出一些让我们印象深刻的大作吧！

附录 A

RBB 技术支持网站

机器人技术发展的非常快，篇幅所限，许多内容在书中无法完整收录。为了丰富你的阅读体验，请访问本书配套的 RBB 技术支持网站获得更多更新信息。

网址为 www.robotoid.com

网站内容

我的第一个机器人教程——内容丰富，配有插图，从零开始教你制作自己的第一个 RBB-Bot 机器人。这是一个结构简单、可升级的电动机驱动机器人。

全部制作项目的材料资源——包括在线资源，元件采购编号，可供使用的购买链接。点击即可访问。

全部制作项目的程序列表——复制、粘贴或者直接下载项目配套程序，马上就可以使用。

更新材料——本书内容的变更、纠正、补充、替换。

ArdBot 机器人的制作与程序——基于 Arduino 控制器的机器人的完整制作方案。适合中级机器人爱好者制作。

补充章节——第 4 版书没有编录进去的章节，以线上文档的形式提供给读者。

比例设计模板——提供超过 12 个机器人项目的模板和通用模板，提供 PDF 文档可供下载并打印。

可缩放打印的圆盘编码器模板——下载自己喜欢的模板，用喷墨或激光打印机打印。

视频教程——包括从购买工具到给机器人编程的各个环节的教程。

动画教学工具——用彩色动画的方式教你学习电子学与机器人技术。

另有免费文章、项目升级方案、新闻、测评以及更多内容。

后备技术支持网站

如果 RBB 主站 robotoid.com 暂时无法访问，可以访问下面的后备站点获得机器人制作大宝藏一书中的技术文档和源代码等资料。

网址为 www.mhprofessional.com/rbb4

特殊材料和网站资源

本书下面的内容和在线支持网站里面所涉及的特殊材料可以帮助你提高机器人的制作水平。在附录 B 的"在线材料资源"中你可以找到这类网站，在 RBB 技术支持网站里可以找到更多资源。

为方便查阅，我对所列出的一些主要网站进行了分类和简要介绍。

所列出来的资源包括：

- 塑料和金属支架
- 免费或低成本的计算机辅助设计软件
- 田宫减速电动机升级套件
- 稀少的电子元件（包括资源和目录编号）
- 试验声音、音乐和语音的网站
- 机械和机器人视觉资源
- 可以讨价还价的剩余物资采购场所
- 互联网上最好的与电子相关的自学网站
- 互联网上最好的机器人博客
- 机器人技术团队、论坛和竞赛

附录 B

在线材料资源

在这些页面里你可以发现一个机器人和机器人制作的在线可选资源列表。我在书中所列出的并不完整，只是收录了一些在一段时期里最方便使用的资源。

> **供参考**
>
> 网站更新变化很快。在 RBB 技术支持网站里可以找到新出现的和最近更新的资源，详见附录 A。

机器人技术

机器人套件、传感器、舵机、车轮、零配件。

Acroname：www.acroname.com

Active Robots：www. active- robots.com

Arrick Robotics：www.robotics.com

Budget Robotics：www.budgetrobotics.com

CrustCrawler：www.crustcrawler.com

Fingertech Robotics：www.fingertechrobotics.com

Lynxmotion：www.lynxmotion.com

Machine Science：www.machinescience.com

Mark III Robot Store：www.junun.org/MarkIII/

Mr. Robot：www.mrrobot.com

OWI Robots：www.robotikitsdirect.com

Parallax：www.parallax.com

Pitsco：www.pitsco.com

Pololu：www.pololu.com

RB Robotics：www.rbrobotics.com

Robot MarketPlace：www.robotmarketplace.com

Robotis：www.robotis.com

RobotShop：www.robotshop.com

Robot Store（香港）：www.robotstorehk.com

Solarbotics：www.solarbotics.com

TrossenRobotics：www.trossenrobotics.com

Vex Robotics：www.vexrobotics.com

Zagros Robotics：www.zagrosrobotics.com

电子学

元件、模块、单片机，包括新的和过时材料。

Allied Electronics：www.alliedelec.com

Arrow Electronics：www.arrow.com

Avnet (Avnet Electronics)：www.avnet.com

BG Micro：www.bgmicro.com

Circuit Specialists：www. web- tronics.com

Devantech Ltd.：www. robot- electronics.co.uk

Dick Smith Electronics：dicksmith.com.au

Digi- Key：www.digikey.com

Electronix Express：www.elexp.com

Farnell：www.farnell.com

Future Electronics：www.futureelectronics.com

Hobby Engineering：www.hobbyengineering.com

HVW Tech：www.hvwtech.com

Images SI：www.imagesco.com

Jameco Electronics：www.jameco.com

JDR Microdevices：www.jdr.com

Maplin Electronics：www.maplin.co.uk

Marlin P. Jones & Assoc：www.mpja.com

MCM Electronics：www.mcmelectronics.com

Mouser Electronics：www.mouser.com

Newark Electronics：www.newark.com

Nu Horizons Electronics Corp.：www.nuhorizons.com

Parts Express：www.partsexpress.com

RadioShack：www.radioshack.com

SparkFun Electronics：www.sparkfun.com

模型

舵机和附件、无线电遥控套件、模型飞机和汽车的零件，很多零件在前面的机器人技术和电子学分类中所列出的资源里面已经涵盖。

BP Hobbies：www.bphobbies.com

Central Hobbies：www.centralhobbies.com

Hobby Lobby：www.hobbylobby.com

Hobby People：www.hobbypeople.net

Horizon Hobby：www.horizonhobby.com

Servo City：www.servocity.com

Tower Hobbies：www.towerhobbies.com

论坛和博客

Arduino Forum：arduino.cc/forum

Google Groups：groups.google.com

Let's Make Robots：www.letsmakerobots.com

Lugnet：news.lugnet.com/robotics

Parallax Discussion Forums：forums.parallax.com

PICAxE Forum：www.picaxeforum.co.uk

Robots.net：www.robots.net

Society of Robots：www.societyofrobots.com

更多在线资源

在 RBB 技术支持网站里可以找到上百个特殊材料的资源链接（参考附录 A 获得更详细地介绍）。它们被分成好几类，网站的内容会定期进行更新。

机械参考

十进制小数

分数	小数	分数	小数
1/64	0.015625	33/64	0.515625
1/32	0.3125	17/32	0.53125
1/64	0.046875	35/64	0.546875
1/16	0.625	9/16	0.5625
5/64	0.78125	37/64	5781125
3/32	0.09375	19/32	59375
7/64	0.109375	39/64	0.609375
1/8	0.125	5/8	0.625
9/64	0.140625	41/64	0.640625
5/32	0.15625	21/32	0.65625
11/64	0.171875	43/64	0.671875
3/16	0.1875	11/16	0.6875
13/64	0.203125	45/64	0.703125
7/32	0.21875	23/32	0.71875
15/64	0.234375	47/64	734375
1/4	0.25	3/4	0.75
17/64	0.265625	49/64	0.765625
9/32	0.28125	25/32	0.78125
19/64	0.296875	51/64	0.796875
5/16	0.3125	13/16	0.8125
21/64	0.328125	53/64	0.828125
11/32	0.34375	27/32	0.84375
23/64	0.359375	55/64	0.859375
3/8	0.375	7/8	0.875
25/64	0.390625	57/64	0.890625
13/32	0.40625	29/32	0.90625
27/64	0.421875	59/64	0.921875
7/16	0.4375	15/16	0.9375
29/64	0.453125	61/64	0.953125
15/32	0.46875	31/32	0.96875
31/64	0.484375	63/64	0.984375
1/2	0.50	1	1.00

钻头和丝锥的尺寸 —— 英制

丝锥	钻头 / 分数	钻头 / 数字	钻头 / 字母
0-80	3/64	–	–
1-64	–	53	–
2-56	–	50	–
3-48	–	47	–
4-40	3/32	43	–
5-40	–	38	–
6-32	7/64	36	–
8-32	–	29	–
10-24	5/32	25	–
10-32	5/32	21	–
12-24	11/64	16	–
1/4-20	13/64	7	–
1/4-28	7/32	3	–
5/16-18	17/64	–	F
5/16-24	–	–	I
3/8-16	5/16	–	–
3/8-24	21/64	–	Q
7/16-14	23/64	–	U
7/16-20	25/64	–	–
1/2-13	27/64	–	–
1/2-20	29/64	–	–
9/16-12	31/64	–	–
9/16-18	33/64	–	–
5/8-11	17/32	–	–
5/8-18	37/32	–	–
3/4-10	21/32	–	–
3/4-16	11/16	–	–

钻头和丝锥的尺寸 —— 公制

丝锥	钻头 / 公制	钻头 / 近似分数
3mm × 0.5	2.5mm	–
4mm × 0.7	3.3mm	–
5mm × 0.8	4.2mm	–
6mm × 1.0	5.0mm	–
7mm × 1.0	6.0mm	15/64
8mm × 1.25	6.8mm	17/64
8mm × 1.0	7.1mm	–
10mm × 1.5	8.7mm	–
10mm × 1.25	8.8mm	11/32
10mm × 1.0	9.0mm	–
12mm × 1.75	10.25mm	–

丝锥	钻头／公制	钻头／近似分数
12mm×1.5	10.7mm	27/64
14mm×2.0	12.0mm	–
14mm×1.5	12.5mm	1/2
16mm×2.0	14.0mm	35/64
16mm×1.5	14.5mm	–

钻头的数字与分数英寸对照表

钻头／数字	钻头／近似分数
53	1/16
47	5/64
43	3/32
35	7/64
30	1/8
29	9/64
25	5/32
16	11/64
14	3/16
7	13/64
3	7/32

紧固件：英制螺纹标准一览

UNC（粗牙螺纹）	UNF（细牙螺纹）
4–40	4–48
5–40	5–48
6–32	6–40
8–32	8–36
10–24	10–32
1/4×20	1/4×28
5/16×18	5/16×24
3/8×16	3/8×24
7/16×14	7/16×20
1/2×13	1/2×20
5/8×11	5/8×18
3/4×10	3/4×16
7/8×9	7/8×14
1×8	1×14

十进制英寸、分数英寸、Mil 与 Gauge（以铝板为例）的对照表

十进制／英寸	分数／英寸	Mil	Gauge
0.010	1/96	10	30
0.016	1/64	16	26
0.020	1/48	20	24
0.032	3/96	32	20
0.040	3/72	40	18
0.050	3/64	50	16
0.064	1/16	64	14
0.080	5/64	80	12

上网获得更多信息

访问 RBB 在线支持网站可以查找到更多常用的参考数据和表格（见附录 A 里面的说明）。

电子参考

公式

下面总结了一些你在工作中经常要用到的电子公式，其中很多都是我们熟悉的公式。

欧姆定律

欧姆定律计算的是功率、电压、电流和电阻之间的关系。基本的公式为：

未知量	求解	公式
电压	伏特	$V = IR$
电流	安培	$I = V/R$
功率	瓦特	$P = VI$
电阻	欧姆	$R = V/I$

其中：

V = 电压（单位为 V）

I = 电流（单位为 A）

P = 功率（单位为 W）

R = 电阻（单位为 Ω）

举例说明：

计算一个电压为 100V，电流为 10A 的电路所消耗的功率，用电压乘以电流（$100 \times 10 = 1000$），答案：1000W。

欧姆定律轮盘可以帮助你记忆这些公式，通过两个已知量计算出另一个未知量。从圆盘中心 4 个未知量中的任意一个开始，应用适当的公式，利用两个已知量进行求解。例如，已知功率和电流，计算电压，你可以用：

$V = P/I$

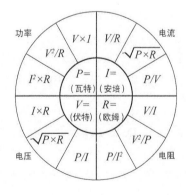

电阻的计算

电路中的单个电阻的阻值很容易确定，但是当你把几个电阻串联或并联在一起时，它们的阻值就会发生变化。

计算两个电阻并联

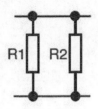

$$R_{\text{total}} = \frac{R_1 \times R_2}{R_1 + R_2}$$

R_1 和 R_2 是两个电阻各自的阻值，R_{total} 是并联后的总电阻。

计算三个或更多个电阻并联

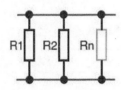

$$\frac{1}{R_{\text{total}}} = \frac{1}{R_1} + \frac{1}{R_2} + \ldots + \frac{1}{R_n}$$

R_1、R_2，……是每个电阻的阻值。R_{total} 是并联后的总电阻。

计算电阻的串联

$$R_{\text{total}} = R_1 + R_2 + R_n$$

R_1、R_2，……是每个电阻的阻值。R_{total} 是串联后的总
电阻。

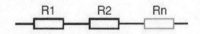

电容的计算

下面的公式可以计算一个电路里面的总电容。注意它们与电阻的计算公式基本上是相反的。

计算电容的并联

$$C_{\text{total}} = C_1 + C_2 + C_n$$

C_1、C_2，……是每个电容的容量。C_{total} 是并联后的总电容。

计算两个或多个电容串联

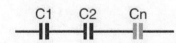

$$\frac{1}{C_{\text{total}}} = \frac{1}{C_1} + \frac{1}{C_2} + \ldots + \frac{1}{C_n}$$

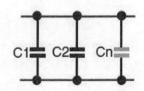

C_1、C_2，……是每个电容的容量。C_{total} 是串联后的总电容。

缩写

缩写可用来描述电路和电路图。下表列出的是一些最常用的缩写。注意缩写可能不遵循任何一种技术标准，一些缩写的用法也可能随着时间的推移而改变。

缩写	含义	缩写	含义
AC	交流电	PCB	印制电路板
AM	调幅	PCM	脉冲编码调制
amp	安培、放大器	PF	功率因数
ASCII	美国信息交换标准码	pos	正极
assy	装配	pot	电位器
aud	音频	preamp	前级
aux	辅助	PS	电源
avg	平均	pri	初级
AWG	美国线标	pwr	功率
cap	电容器	Q	电容器或电感的品质因数
C	电容、电容器 集电极、摄氏	RC	电阻－电容
DC	直流电	R/C	无线电遥控
DMM	数字万用表	rcvr	接收机
DPDT	双路双掷（开关）	ref	参考
DPST	双路单掷（开关）	res	电阻
EMF	电动势	RF	射频
EMT	电气金属管	RFI	射频干扰
E	发射极、电压	rms	电压有效值
F	华氏	RPM	每分钟转速
f	频率	RPS	每秒转速
FM	调频	R	电阻、电阻器
gnd	地	RC	电阻 / 电容
ID	内径	RL	电阻 / 电感
IF	中频	sec	秒、次级
inp	输入	sig	信号
I/O	输入 / 输出	SNR	信噪比
IR	红外	SPDT	单路单掷（开关）
I	电流	spkr	扬声器
IC	集成电路	SPST	单路单掷（开关）
K	开尔文、介电常数	sq	方波
l 或 L	长度、电感、电感器	sw	开关
LP	低通（滤波器）	t	时间

续 表

缩写	含义	缩写	含义
LSB	低有效位	UF	超声波
LSI	超大规模集成电路	V 或 v	电压
mic	话筒	Vcc、Vdd	半导体元件的正极
mom	瞬时（开关）	Vee、Vss	半导体元件的负极
MSB	高有效位	vid	视频
NC	常闭、断路	VOM	电压欧姆表
neg	负极	VTVM	真空管电压表
neut	中性	×	电抗
NO	常开	Z	阻抗
nom	名义上的（指正常，典型）	+	加、正
norm	正常的	–	减、负
osc	振荡器、示波器	°	度
out	输出	Ω	欧姆
PC	印制电路		

电子符号

下表是电路中常见的描述符号。

符号	含义	符号	含义
A	安培、放大器	MeV	兆电子伏
Ah	安时	MΩ	兆欧（×1000000 欧）
c/s、cps	每秒一次（赫兹）	mA	毫安
dB	分贝	mH	毫亨
eV	电子伏	ms	毫秒
f	频率	mV	毫伏
F	法拉	mW	毫瓦
GHz	千兆赫兹	nF	纳法
H	亨	ns	纳秒
hp	马力	pF	皮法
Hz	赫兹	S	西门子（导抗单位）
J	焦耳	V	伏特
k	千	V/A	伏安
kΩ	千欧（×1000 欧）	W	瓦特

续表

符号	含义	符号	含义
kHz	千赫兹	μ	微（百万分之一）
kV	千伏	μA	微安
kW	千瓦	μF	微法
kWh	千瓦时	μH	微亨
M	兆（百万）	μs	微秒

电子单位

在电子技术中，使用所谓的 SI，即国际单位系统（International System of Units）来定义非常大的数量和非常小的数量。最常见的单位名称如下表：

单位名称	符号	十进制数	数量单位
吉	G	1000000000	十亿
兆	M	1000000	百万
千	k	1000	千
一		1	一
毫	m	0.001	千分之一
微	μ	0.000001	百万分之一
纳	n	0.000000001	十亿分之一
皮	P	0.000000000001	万亿分之一

你可以用移动小数点的方式进行单位之间的转换。在国际单位系统里，不同单位之间以三位十进制为间隔，可以向左或向右移动三位小数点完成转换。

皮	纳	微	毫
100	0.1	0.0001	0.0000001
1000	1	0.001	0.000001
10000	10	0.01	0.00001
100000	100	0.1	0.0001
1000000	1000	1	0.001
10000000	10000	10	0.01
100000000	100000	100	0.1
1000000000	1000000	1000	1

举例说明：

电容：10000 pF = 10 nF = 0.01 μF

时间：1000 μs=1ms

六种最常见的电子计量单位

电子技术是一门以数学和数字关系为基础的科学。不同的电子元件有不同的计量单位，这些单位之间可以进行计算。以下 6 种是最常见的电子计量单位，在电子技术中占有相当大的比例。

单位	计量	符号
电容	法拉	F
电流	安培	A
电感	亨	H
功率	瓦特	W
电阻	欧姆	Ω
电压	伏特	V

注释：

- 法拉是一个非常大的单位，电容的数值通常为百万分之一法拉（微法或 μF）或十亿分之一法拉（皮法或 pF）。参考"电子单位"里面的内容，进行单位数值间的转换。
- 同样地，法拉也是一个非常大的单位，电感的数值通常为百万分之一亨（微亨或 μH）。

电阻色环

因为电阻的体积非常小，它们通常用编码的方式进行识别。最常见的电阻编码方案是使用一系列的色环。

电阻色环编码表

颜色	第一位数字	第二位数字	乘数	误差
黑	0	0	1	–
棕	1	1	10	±1%
红	2	2	100	±2%
桔	3	3	1 000	±3%
黄	4	4	10 000	±4%
绿	5	5	100 000	±0.5%
蓝	6	6	1 000 000	±0.25%
紫	7	7	10 000 000	±0.1%
灰	8	8	100 000 000	±0.05%
白	9	9	–	–
金			0.1	±5%
银			0.01	±10%
无				±20%

导线规格

Gauge 定义了导线的直径。导线越粗，Gauge 数值越小。导线直径指的是导电体的直径，不包括导体外面包裹的非导电材料和绝缘层。下表是一个从 12Gauge 至 30Gauge 的导线截面直径的对照表，包括英制和公制的尺寸。线规有时简称为 AWG，这是一个美国标准的导线规格。

导线直径	英寸	毫米	最大电流 *
12	0.0808	2.053	41
14	0.0641	1.628	32
16	0.0508	1.291	22
18	0.0403	1.024	16
20	0.0320	0.812	11
22	0.0253	0.644	7
24	0.0201	0.511	3.5
26	0.0159	0.405	2.2
28	0.0126	0.321	1.4
30	0.0100	0.255	0.86

* 最大电流，指的是在低压条件下多股导线上面可以通过的最大电流，单位为安培。单股导线的最大电流低于多股导线。